HANDBUCH DER PRAKTISCHEN UND
EXPERIMENTELLEN SCHULBIOLOGIE

HANDBUCH DER PRAKTISCHEN UND EXPERIMENTELLEN SCHULBIOLOGIE

STUDIENAUSGABE IN 8 BÄNDEN

Herausgegeben von Oberstudiendirektor a. D.
Dr. *Hans-Helmut Falkenhan*, Würzburg

Unter Mitarbeit von

Oberstudiendirektor Prof. Dr. *Ernst W. Bauer*, Nellingen-Weiler Park; Universitätsprofessor Dr. *Franz Bukatsch*, München-Pasing; Studiendirektor Dr. *Helmut Carl*, Bad Godesberg; Studiendirektor Dr. *Karl Daumer*, München; *Hilde Falkenhan*, Würzburg; Studiendirektorin *Elisabeth Freifrau v. Falkenhausen*, Hannover; Dr. *Hans Feustel*, Hessisches Landesmuseum, Darmstadt; Studiendirektor Dr. *Kurt Freytag*, Treysa; Oberstudiendirektor a. D. *Helmuth Hackbarth*, Hamburg; Universitäts-Prof. Dr. *Udo Halbach*, Frankfurt; Studiendirektor *Detlef Hasselberg*, Frankfurt; Studiendirektor Dr. *Horst Kaudewitz*, München; Dr. *Rosl Kirchshofer*, Schulreferentin, Zoo Frankfurt; Studiendirektor *Hans-W. Kühn*, Mülheim-Ruhr; Studiendirektor Dr. *Franz Mattauch*, Solingen; Dr. *Joachim Müller*, Göttingen-Geismar; Professor Dr. *Dietland Müller-Schwarze*, z. Z. New York; Gymnasialprofessor *Hans-G. Oberseider*, München; Studiendirektor Dr. *Wolfgang Odzuck*, Glonn; Studiendirektor Dr. *Gerhard Peschutter*, Starnberg; Studiendirektor Dr. *Werner Ruppolt*, Hamburg; Professor Dr. *Winfried Sibbing*, Bonn; Studiendirektor Dr. *Ludwig Spanner*, München-Gröbenzell; Studiendirektor *Hubert Schmidt*, München; Universitätsprofessor Dr. *Werner Schmidt*, Hamburg; Oberstudienrätin Dr. *Maria Schuster*, Würzburg; Oberstudienrat Dr. *Erich Stengel*, Rodheim v. d. Höhe; Oberstudiendirektor Dr. *Hans-Heinrich Vogt*, Alzenau; Dr. med. *Walter Zilly*, Würzburg

AULIS VERLAG DEUBNER & CO KG · KÖLN · 1981

HANDBUCH DER PRAKTISCHEN UND EXPERIMENTELLEN SCHULBIOLOGIE

Band 5

Der Lehrstoff III:
Allgemeine Biologie

AULIS VERLAG DEUBNER & CO KG · KÖLN · 1981

Der Text der achtbändigen Studienausgabe ist identisch
mit dem der in den Jahren 1970–1979 erschienenen Bände 1–5
des „HANDBUCHS DER PRAKTISCHEN UND
EXPERIMENTELLEN SCHULBIOLOGIE"

Best.-Nr. 9436
© AULIS VERLAG DEUBNER & CO KG KÖLN
Gesamtherstellung: Clausen & Bosse, Leck
ISBN 3-7614-0549-9
ISBN für das Gesamtwerk: 3-7614-0544-8

Inhaltsverzeichnis

Aufbauender und abbauender Stoffwechsel

Seite

Vorwort XI
   Einführung 3

A. Allgemeiner Teil 5
   I. Übersicht über die chem. Struktur der Wirkstoffe 5
   II. Feinbau der Zellorganelle 8
   III. Biochem. Weg wichtiger Stoffumsätze 14
   IV. Hinweise: Arbeitsplatz, Bezugsquellen, Lehrmittel 21

B. Spezieller Teil (Versuche) 24

   I. Versuchsübersicht, Gliederung usw. 25
      1. Makromolekulare Stoffe 28
      2. Protoplasma (Grenzschichten, Permeabilität, Viskosität) 35

   II. Wasserhaushalt bei Pflanze und Tier 39
      1. Wasser- und Nährstoffaufnahme bei Pflanzen 39
      2. Osmot. Versuche m. Tieren, bzw. tier. Geweben 43
      3. Saftstrom b. Pflanzen, Transpiration, Stomata 46
      4. Mineralstoffbedarf, Wasserkultur d. Pflanzen 59
      5. Bodenkundliche Versuche 62

   III. Samenkeimung, Keimungsbedingungen 69
      1. Keimfähigkeitsprüfung 69
      2. Einflüsse auf die Keimung 70

   IV. Autotrophe Pflanzenernährung 76
      1. Phototaxis 76
      2. Photosynthese u. Nachweismethoden 77
      3. Chloroplastenfeinbau, Blattpigmente 88
      4. Primäre Assimilate u. ihr Nachweis 96
      5. Sekundäre Pflanzenstoffe (Auswahl) 103

   V. Teilweise u. volle Heterotrophie b. Pflanzen, tier. Ernährung 107
      1. Ernährungsspezialisten 107
      2. Halbschmarotzer 108
      3. Vollheterotrophe Pflanzen 109
      4. Ernährung bei Tieren 112

	Seite

VI. Stofftransport im Tierkörper, Kreislauf, Hormone 115
   1. Nahrungsaufnahme bei Muscheln 115
   2. Blut, Blutströmung, Blutfarbstoff 116
   3. Chemismus des Blutes 120
   4. Blutzellen, Eigenschaften 123
   5. Spektroskopie des Hämoglobins 126
   6. Stickstoffhaltige Abfallstoffe im Blut 128
   7. Hormonwirkungen bei Kaulquappen 130

VII. Energiegewinn beim Stoffabbau 130
   1. Kohlenhydratnachweise 130
   2. Demonstrationsversuche zur Atmung 132
   3. Atmungsarten bei Tieren 139
   4. Quantitative Atmungsmessung 142
   5. Intramolekulare Atmung ohne Sauerstoff 145
   6. Glykolyse u. Hydrierungen (Mikroorganismen) 146
   7. Alkoholische Gärung, Gärungsbedingungen 148
   8. Gärungsumlenkung bei Hefe, Fettsynthese 153
   9. Atmungs- u. Gärungsvorgänge im Boden 157
  10. Säurebildung durch Mikroorganismen 159
  11. Energieäußerung bei der Atmung 163

VIII. Fermente, Bau, Eigenschaften 164
   1. Dehydrogenasen, Mitochondrien 164
   2. Zytochrome in Mikroorganismen 168
   3. Oxidasen, Aktivität von Bodenorganismen 171
   4. Katalase 174
   5. Enzyme der Kartoffelknolle 176
   6. B-Vitamine als Wirkgruppen v. Enzymen 178
   7. Amylasen 180
   8. Proteasen u. Urease 182
   9. Nitrogenase, bakterielle Stickstoffbindung 187
  10. Desaminierung im Boden 191

IX. Anhang „Schulversuche mit Fermenten" 195

Versuche zur Sinnesphysiologie, zum Wachstum, zur Entwicklung und Biologischen Regelung

A. Sinnesphysiologie der Pflanzen 209
  Vorbemerkungen; Literatur 209
   I. Phototropismus 210
  II. Phototaxis 213
 III. Geotropismus 213
 IV. Seismotropismus 217
  V. Hydrotropismus 218
 VI. Chemotropismus 219

		Seite

B. Sinnesphysiologie der Tiere und des Menschen 221

    Vorbemerkungen; Literatur 221

    I. Lichtsinn 222
        1. Sinnesorgane 222
        2. Funktion der Lichtsinnesorgane 224
        3. Das binokulare Sehen 232
        4. Optomotorik 233
        5. Lichtorientierung 233

    II. Die mechanischen Sinne 236
        1. Der Tastsinn 236
        2. Der Lagesinn 238
        3. Der Gleichgewichtssinn 239
        4. Der Bewegungssinn 239
        5. Der Hörsinn 240
        6. Der Temperatursinn 243

    III. Die Chemischen Sinne 244

    IV. Anhang: Physiologische Versuche am med. Blutegel 247
        1. Vorbemerkungen 247
        2. Versuche 248
        3. Literatur 251

C. Wachstum und Entwicklung 252

    Einführung 252

    I. Wachstum und Entwicklung der Pflanze 252
        1. Die Keimung 252
        2. Das Wachstum 255
        3. Regeneration 258
        4. Entwicklung 259

    II. Entwicklung der Tiere 259
        1. Zellteilungen 259
        2. Ontogenese 260
        3. Regeneration 264
        4. Literatur 264

D. Biologische Regelung 265

    Vorbemerkungen 265

    I. Technische Regelung als Modell 265

    II. Versuche zur Biologischen Regelung 268
    Literatur 272

Ökologie

	Seite
Einführung	275

A. Forschung und Aufgabenbereich der Ökologie ... 277

B. Ökologie und biologischer Unterricht ... 279

   I. Begriffe ... 279

   II. Der Bildungsweg ... 280

   III. Arbeiten im Freien ... 280
      1. Studientage ... 281
      2. Kartierungsarbeiten ... 282
      3. Beobachtungsgebiete ... 284

   IV. Ökologie im biologischen Unterricht ... 287
      1. 19. Jahrhundert ... 287
      2. Lehrbücher im 20. Jahrhundert ... 288
      Literatur ... 289

C. Lebensräume oder Biotope ... 291

   I. Die Bestimmung abiotischer Faktoren ... 291
      1. Wärme ... 291
      2. Lichtstärke ... 291
      3. Niederschläge — Luftfeuchtigkeit ... 291
      4. Windstärke ... 291

   II. Die Kardinalpunkte ... 293

   III. Phänologische Beobachtungen mit jüngeren Schülern ... 294

   IV. Das Mikroklima ... 295
      Literatur ... 296

D. Bodenuntersuchungen ... 297

   I. Geologisch-geographische Grundlagen ... 297
      1. Bodenprofile ... 297
      2. Beschaffenheit des Bodens ... 298

   II. Die Bodenarten ... 302
      1. Wichtigste Böden ... 302
      2. Eigenschaften der Böden ... 302
      3. Chemische Analysen ... 304

   III. Bodenkolloide ... 307

   IV. Bodenanzeigende Pflanzen ... 307
      1. Primelgewächse ... 307
      2. Mohngewächse ... 308

	Seite
3. Salbei und Besenginster	308
4. Kalkliebende und kalkmeidende Pflanzen	308

V. *Bodentiere* 309
   1. Säugetiere 309
   2. Wirbellose Tiere 309
     Literatur 312

E. Gemeinschaften von Pflanzen und Tieren 313

  I. *Gemeinschaften von Pflanzen* 313
    1. Assoziationen 313
    2. Symbiosen 313
    3. Parasitismus 314

  II. *Gemeinschaften von Tieren* 314
    1. Freßgemeinschaften 314
    2. Fortpflanzungsgemeinschaften 315

  III. *Gemeinschaften von Pflanzen und Tieren* 316

F. Lebensgemeinschaften oder Biocoenosen 317

  I. *Gesetzmäßigkeiten* 317
    1. Gesetze der Lebensgemeinschaften 317
    2. Aufbau und Abbau von Stickstoffverbindungen 319

  II. *Biocoenose Wald* 320
    1. Die gelogisch-geographischen Grundlagen der Wälder 320
    2. Die Artenkenntnis 321
    3. Einflüsse des Wetters auf den Wald 323
    4. Einfluß des Waldes auf die Umwelt 323
    5. Lebensbezirke des Waldes 326
    6. Kreislauf der Stoffe 330
    7. Waldsukzessionen 331
    8. Waldwirtschaft 332
      Literatur 333

  III. *Biocoenose Teich (See)* 333
    1. Die geographischen Gegebenheiten 334
    2. Die Artenkenntnis 334
    3. Lebensbedingungen im Teich 337
    4. Lebensbezirke im stehenden Gewässer 341
    5. Kreislauf der Stoffe 343
      Literatur 343

Seite

G. Der Mensch und seine ökologischen Gegebenheiten 345

I. Die natürlichen Biotope des Menschen 345

II. Die Umgestaltung der natürlichen Biotope 346
 1. Das Kulturschaffen des Menschen 346
 2. Die abiotischen Lebensbedingungen im Biotop Großstadt 346

III. Die Veränderungen in dem Verhalten des Menschen 348
 1. Akzeleration 350
 2. Tag-Nacht-Rhythmus 350
 3. Unterfunktion 350
 4. Überfunktion 351
 5. Fortpflanzung 351

H. Umweltschutz 352

I. Die Alarmierung der Öffentlichkeit 352

II. Der Stellenwert der Schule im Umweltschutz 353

III. Umweltsthemen im biologischen Unterricht 354
 1. Das Ausräumen der Landschaft 355
 2. Die Vergiftung von Wasser und Boden 357
 3. Störungen in der Biosphäre 361
 Literatur 366

J. Hilfs- und Anschauungsmittel 367

I. Arbeitsgeräte 367
 Literatur 367

II. Filme 368

III. Bildreihen 369

Namen- und Sachregister 371

Vorwort des Herausgebers

Nach den Handbüchern für Schulphysik und Schulchemie bringt der AULIS VERLAG das vorliegende Handbuch der praktischen und experimentellen Schulbiologie heraus. Zur Mitarbeit an diesem mehrbändigen Werk haben sich erfreulicherweise mehr als 25 Biologen von Schule und Hochschule bereit erklärt, die im Handbuch jeweils ihr Spezialgebiet bearbeiten und sich durch ihre bisherigen schulbiologischen Veröffentlichungen einen Namen gemacht haben. Real- und Volksschullehrer werden es besonders begrüßen, daß unter ihnen auch Professoren der Pädagogischen Hochschulen zu finden sind.

Keine Wissenschaft hat in den letzten Jahrzehnten eine so stürmische Entwicklung durchgemacht, wie die Biologie. Beschränkte sie sich um die Jahrhundertwende noch fast ausschließlich auf Morphologie und Systematik, so haben inzwischen andere Disziplinen, wie Genetik, Physiologie, Ökologie, Phylogenie, Ethologie, Molekularbiologie, Kybernetik und Biostatistik eine ständig wachsende Bedeutung erlangt. Wenn es vor 30 Jahren noch möglich war, das Fach Biologie allein zu studieren, so ist es heute für den Biologen unbedingt notwendig, neben gründlichen chemischen Kenntnissen auch ein Basiswissen in Physik und Mathematik zu besitzen.

Diese sich ständig ausweitende Stoffülle erschwert den modernen Biologieunterricht außerordentlich. An der Hochschule und im Seminar hat der junge Biologielehrer zwar die Methodik und Didaktik seines Faches gründlich kennen gelernt, aber der praktische Unterrichtsbetrieb mit seiner starken Belastung macht es ihm nicht leicht, das Erlernte auch anzuwenden. Will er nicht nur mit Kreide und Tafel seinen Unterricht gestalten, muß er sehr viel Zeit für die Vorbereitung aufwenden, denn die Beschaffung der lebenden oder präparierten Naturobjekte, die Bereitstellung der verschiedenen Anschauungsmittel und die Vorbereitung eindrucksvoller Unterrichtsversuche erfordern viel Arbeit. Von erfahrenen Pädagogen sind zwar irgendwo in der umfangreichen Literatur die Wege beschrieben worden, wie man diese Schwierigkeiten am besten überwinden kann, aber gerade das Zusammensuchen der verstreuten Literaturstellen erfordert wiederum Zeit und Mühe und der Anfänger weiß oft nicht, wo er suchen soll. Manche Buch-

und Zeitschriftenveröffentlichungen sind außerdem für ihn oft kaum beschaffbar. Hier will das Handbuch helfen! Es soll dem in der Schulpraxis stehenden Biologen auf alle im Unterricht und bei der Vorbereitung auftauchenden Fragen eine möglichst klare und umfassende Antwort geben. Er soll hier nicht nur Ratschläge zur Beschaffung der Naturobjekte und Anschauungsmittel erhalten, sondern auch Vorschläge und genaue Anweisungen für Lehrer- und Schülerversuche finden, die sich besonders bewährt haben und ohne großen Aufwand durchführbar sind. Darüber hinaus bietet ihm das Handbuch statistisches Material, Tabellen, vergleichende Zahlenangaben und oft auch die Zusammenstellung wichtiger Tatsachen, die besonders unterrichtsbrauchbar sind. Auch die neuesten medizinischen Erkenntnisse, die für den Biologen interessant sind, wie etwa über Krebsvorsorge, Ovulationshemmer und die Belastungen bei der Raumfahrt, kann er im Handbuch finden.

Wenn auch bereits in der Aufführung der Tatsachen, die für einen modernen Biologieunterricht wichtig sind, eine gewisse methodische Anweisung steckt, so wird doch im Handbuch auf spezielle methodische und didaktische Hinweise verzichtet, denn zur Ergänzung der bereits vorhandenen Literatur ist im AULIS VERLAG ein besonderes methodisch-didaktisches Werk von Prof. Dr. *Grupe* herausgekommen. Außerdem soll der Fachlehrer hier die Freiheit haben, nach eigenem pädagogischen Ermessen zu unterrichten. Gerade aus diesem Grund wird das Handbuch von den Fachbiologen a l l e r Schultypen erfolgreich verwendet werden können.

Dagegen werden im Handbuch auch solche Probleme behandelt, die als V o r a u s s e t z u n g e n für einen modernen und erfolgreichen Biologieunterricht wichtig sind, wie etwa die Einrichtung von Unterrichts- und Übungsräumen und des Schulgartens. Auch die Beschreibung und Einsatzmöglichkeit der verschiedenen optischen und akustischen Hilfsmittel fehlt nicht. Trotz seines Umfanges kann das Handbuch, von dem ich hoffe, daß es eine in der Schulliteratur vorhandene Lücke ausfüllt, natürlich nicht vollständig sein. Deshalb steht am Ende jeden Kapitels ein ausführliches Literaturverzeichnis.

Neben dem Inhaltsverzeichnis wird ein Stichwortverzeichnis dem Leser das Suchen erleichtern. Es ist so angelegt, daß alle Seiten aufgeführt sind, auf denen das Stichwort zu finden ist. Wenn aber das Stichwort an einer Stelle im Handbuch besonders gründlich behandelt wird, so ist die entsprechende Seite durch Fettdruck hervorgehoben.

Der vorliegende Band 4 enthält den Lehrstoff III, die „Allgemeine Biologie", die ja hauptsächlich im Oberstufenunterricht behandelt wird. Für dieses Stoffgebiet sind zahlreiche bewährte und neuartige Lehrer- und Schülerversuche beschrieben, wobei auf die Bedürfnisse der Kollegstufe und der Arbeitsgemeinschaften besonders Rücksicht genommen wurde. Dort aber, wo Schulversuche kaum möglich sind, wie etwa in der Phylogenie, werden dem Lehrer der neueste Stand der wissenschaftlichen Erkenntnisse und die Möglichkeiten ihrer unterrichtlichen Darstellung aufgezeigt.

Um Wiederholungen zu vermeiden, wurde im allgemeinen auf Abschnitte in den schon erschienenen Bänden verwiesen. Wenn aber der Zusammenhang dadurch zu sehr verloren ging, auch um dem Benutzer unnötiges Suchen zu ersparen, erwies es sich als zweckmäßig, manche Versuche noch einmal zu beschreiben, besonders wenn es verschiedene Möglichkeiten ihrer Durchführung gibt.
Die Ausweitung des Lehrstoffs in der „Allgemeinen Biologie" machte es notwendig, den Band in die beiden Teilbände 4/I und 4/II aufzuteilen.

Würzburg, im Herbst 1973

Dr. Hans-Helmut Falkenhan

AUFBAUENDER UND ABBAUENDER STOFFWECHSEL

Von Prof. Dr. Franz Bukatsch

München

EINFÜHRUNG

Als vor mehr als 300 Jahren Robert *Hooke* am Flaschenkork die ersten pflanzlichen Gewebe untersuchte, fand er zunächst nur leere Kämmerchen vor und gab ihnen folgerichtig den Namen „Zellen".
Das Wesentliche der Zellen aber, der lebendige Inhalt, wurde erst etwa 200 Jahre später von *Schwann* und *Schleiden erkannt:* Das Protoplasma und der Zellkern (Abb. 1).

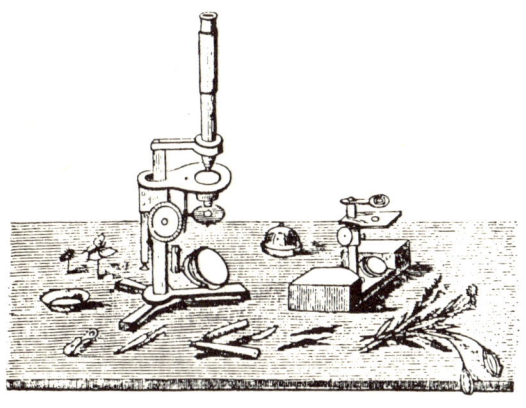

Abb. 1: Instrumentarium zur Zellforschung vor über 100 Jahren (Schleiden: „Die Pflanze und ihr Leben", 1848)

Du kannst im Großen nichts verrichten
Und fängst es nun im Kleinen an.

Fauſt.

Das Protoplama mit seinen neben dem Kern noch zahlreichen, lebenswichtigen Gebilden („Organellen": Plastiden, Mitochondrien, Mikrosomen usw.) wurde erst in den letzten Jahrzehnten dank verbesserter Techniken, wie Elektronenmikroskop, Ultrazentrifuge, Ultramikrotom, in seinem Feinbau erforscht und in der Funktion schrittweise geklärt. Dazwischen liegt eine Epoche intensiver biochemischer Forschung, welche die wesentlichsten Wege des Stoffwechsels, der Stoffaufnahme und Abgabe in ihren vielfältigen, enzymgesteuerten Reaktionsketten aufdeckte.
Vor dem experimentellen Teil wollen wir hier auf die wichtigsten daran beteiligten Wirkstoffe und auf die Feinstruktur der Organellen eingehen, um uns dann nicht mehr wiederholen zu müssen.

Die Feinstruktur erscheint besonders wichtig, denn man erkennt immer mehr, daß viele der grundlegend wichtigen Lebensprozesse trotz weitgehend aufgeklärtem chemischem Verlaufsmechanismus im Reagenzglas nicht gelingen, weil der Feinbau der Organellen mit ihrem topographisch-genauen Anordnungsschema der Wirkstoffe in vitro nicht nachgeahmt werden kann (Abb. 2).

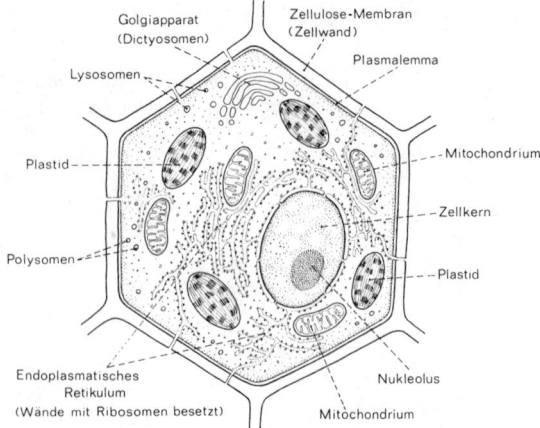

Abb. 2: Elektronenoptisches Bild einer Pflanzenzelle (nach einem Foto, schematisiert).

A. Allgemeiner Teil

I. Übersicht über die chemische Struktur der wichtigsten Wirkstoffe

Der grundsätzliche Aufbau der Substrate: Zucker, Polysaccharide, Eiweiß und Lipide darf hier als bekannt vorausgesetzt werden; man vergleiche dazu die Handbücher der Biochemie, bzw. Physiologischen Chemie, s. Literaturverzeichnis.

1. Wasserstoffüberträger:

NAD^+ $NADH + H^+$ $NADP^+$ $NADPH + H^+$
(**N**ikotin **A**denin -   (**N**ikotin **A**denin -
Dinukleotid)   **D**inukleotid-**P**hosphat)

Das NAD^+ unterscheidet sich von dem hier dargestellten $NADP^+$ nur durch das Fehlen des hier mit Pfeil gekennzeichneten Phosphatrestes.

Flavinmononucleotid (FMN) enthält am Isoalloxazinring nur Ribosephosphat, der übrige Rest des FAD-Moleküls fehlt hier.

Die Flavinenzyme (FAD) unterscheiden sich hauptsächlich vom NAD^+, $NADP^+$-Typ dadurch, daß sie anstelle der Nikotinsäureamidgruppe das Isoalloxazin-Ringsystem enthalten, das auch den Hauptteil des Riboflavins (Vitamin B_2) ausmacht. Flavinenzyme sind in der „Atmungskette" den Kodehydrasen vom Nikotinsäureamid-Typ nachgeschaltet und pendeln zwischen einer gelben (oxidierten) und farblosen (hydrierten) Form, daher auch der ursprüngliche Name „Gelbes Enzym".

An den obigen „Redoxasen" haben wir ein gutes Schulbeispiel für die Wirkung von Vitaminen (der B-Gruppe) als „prosthetischen Gruppen in der biochemischen Wasserstoffübertragung. Ähnlich ist das Aneurin (Vitamin B_1) in der Wirkgruppe der Kokarboxylase (s. u.), welche im anabolischen Stoffwechsel bei der CO_2-Abspaltung aus Karboxylgruppen beteiligt ist, eingebaut.

Während NAD hauptsächlich als Wasserstoffüberträger bei Spaltungen (anabolischen Prozessen) dient, setzt die Zelle NADP bei Biosynthesen (katabolischen Prozessen) vorwiegend ein.

2. *Ubichinon und Plastochinon als Wasserstoffüberträger in Photosynthese und Atmungskette,* sie sind chemisch nahe verwandt.

3. Elektronenüberträger der Atmungskette

Cytochrome, Häminfermente mit Wertigkeitswechsel des Eisens.

Cytochrom b reduziert $2e^-$ → $2 \, Fe^{3+}$ Cyt c. oxydiert

$2 \, Fe^{2+}$ Cytochrom c reduziert $2e^-$

4. Energieübertragende Phosphate

Adenosintriphosphat (ATP), Guanosintriphosphat (GTP)

Adenosintriphosphat = ATP

$$CH_2-O-\overset{O}{\underset{O^-}{P}}-O-\overset{O}{\underset{O^-}{P}}-O-\overset{O}{\underset{O^-}{P}}-O^- \rightleftharpoons$$

$$CH_2-O-\overset{O}{\underset{O^-}{P}}-O-\overset{O}{\underset{O^-}{P}}-O^- + ⓅP + \text{Energie (7-9 kcal)}$$

Adenosindiphosphat = ADP

$$CH_2-O-\overset{O}{\underset{O^-}{P}}-O-\overset{O}{\underset{O^-}{P}}-O-\overset{O}{\underset{O^-}{P}}-O^- \quad \text{(reagiert ähnlich)}$$

Guanosintriphosphat = GTP

5. Kohlendioxid — abspaltendes Enzym, Kokarboxylase
Aneurin-**P**yro-**P**hosphat = APP

6. Essigsäureaktivierendes Enzym, Coenzym A (CoA)

Pyruvat → Acetyl-CoA (CO_2, 2 H)

7. Ferredoxin, Wasserstoffüberträger der Photosynthese

$Fe(III) \underset{+e^-}{\overset{-e^-}{\rightleftharpoons}} Fe(II)$

Polypeptidkette

II. Feinbau (Submikroskopische, morphologische Struktur) der für den Stoffwechsel wichtigsten Zellorganellen

Die Einzelzelle für sich allein oder Zellen im Geweberverband stehen mit der Umgebung (Wasser bzw. Körperflüssigkeit) in einem ständigen Stoffaustausch, bewahrt dabei aber ihre eigene „Innenarchitektonik" und den geordneten Bestand der biochemischen Wirkstoffe, die den Ablauf der Stoffumsätze bestimmen.

So stellen Zellen und die daraus aufgebauten Organismen „offene Systeme" dar, die mit ihrer Umwelt in einem „dynamischen Fließgleichgewicht" stehen. *(Bertalanffi)*. Diese Konstanz im ständigen Fluß ist mit ihrer kybernetischen Selbststeuerung und Anpassungsfähigkeit (Plastizität) ein wesentliches Kennzeichen des Lebendigen.

1. Biologische Membranen

Nur bei Pflanzenzellen gibt es eine starre Zellwand (Zellulose- oder Chitinmembran). Alle Zellen, pflanzlicher und tierischer Art sind aber über ihre zarten, protoplasmatischen Grenzschichten mit besonderem Feinbau in einem geregelten Stoffaustausch mit ihrer Umgebung (Plasmalemma, Tonoplast).

Schon die Betrachtung eines einfachen wasserbewohnenden Einzellers, wie etwa einer Amöbe, zeigt, daß selektiv Stoffe aufgenommen bzw. ausgeschieden werden, aber im Zellinneren gelöste Nähr- und Wirkstoffe nicht nach außen gelangen, d. h. „ausgelaugt" werden können.

Der Stoffdurchtritt ist im allgemeinen einseitig beschränkt, eine Erscheinung, die „Semipermeabilität" genannt wird. Da diese aber nicht streng gilt, wäre es besser, von einer „selektiven Permeabilität" zu sprechen; auf ihr beruhen auch die osmotischen Vorgänge, wie Wasseraufnahme usw.

Die Einschränkung eines ± physikalisch bedingten Stoffaustausches gilt aber nicht nur für die Zelloberfläche, auch im Inneren des Protoplasmas gibt es Grenzflächen selektiver Permeabilität wie die Membransysteme des Zellkerns, der Mitochondrien und Plastiden. So kommt es, daß scheinbar gegensätzliche Vorgänge des Auf- und Abbaues innerhalb der gleichen Zelle ungestört nebeneinander ablaufen können. Denken wir nur an gleichzeitige Photosynthese und Atmung innerhalb einer Zelle eines belichteten Laubblattes oder in einer grünen Euglenazelle.

Im Elektronenmikroskop erscheinen diese biologischen Membranen meist als Doppelschichten. Sie machen bis über ein Drittel der Trockensubstanz einer Zelle aus.

Ihr submikroskopischer Aufbau aus Eiweiß- und Lipoidschichten, zum Teil auch aus Kohlenhydratabkömmlingen läßt sich durch Osmium-Kontrastierung der Lipide und aus ihrem physiologischen Verhalten, d. h. den Permeationsverhältnissen für lipo- und hydrophile Substanzen, verbunden mit Änderung der „Porenweite" erschließen. In Abb. 3 erkennen wir Lipidmizellen (—o) in verschiedener Anordnung zwischen Proteinschichten (nun) und zum Größenvergleich Protein- und Polysaccharidmoleküle (O).

Vermutlich können Membranen nur wieder aus Membranen hervorgehen.

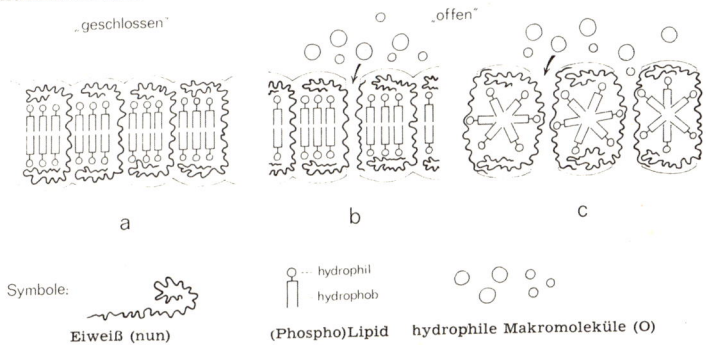

Abb. 3: „Biologische Membran", (hypothetische Ultrafeinstruktur)

2. Das Zytoplasma

Es stellt das Protoplasma außerhalb des Zellkerns dar. Die Grundsubstanz (Hyaloplasma) weist — auch elektronenoptisch — keine erkennbaren Strukturen auf. Es ist ± dünnflüssig („Cytosol") und wird vom „Endoplasmatischen Retikulum", einem feinen Kanälchensystem durchzogen, das mit zahlreichen wandständigen Granula („Ribosomen") besetzt ist. Es steht mit Poren der Zellkernmembran in Verbindung und dürfte als Kommunikationsweg der genetischen Information (DNS — m - RNS — Ribosom — Transfer-RNS — Eiweiß) aufzufassen sein.
Das unstrukturierte Hyaloplasma dürfte der Sitz der gelösten Fermente des anaeroben Zuckerabbaus („Glykolyse") sein.

3. Zellkern

Er besteht aus der im Elektronenmikroskop doppelschichtig erscheinenden Membran und deren Inhalt, dem Karyoplasma.
Die Kernhaut (eine Doppelmembran) enthält einen Spaltraum, der in die Kanälchen des obengenannten Endoplasmatischen Retikulums übergeht (Abb. 2).
Das Karyoplasma besteht aus einem dichten, aber nur scheinbar regellosen Gewirr feinster Fäden, welche als „Euchromatin" die in Eiweiß „verpackten" DNS-Doppelspiralen, also die Erbinformation enthalten. Hier finden sich neben Eiweiß die Nukleotide als Bestandteile der DNS-, bzw. m-RNS-Synthese.
Die im Kernplasma meist schon im Lichtmikroskop deutlich erkennbaren Kernkörperchen (Nukleolen) bestehen im wesentlichen aus RNS. Es sind Anzeichen vorhanden, daß in den Nukleolen die Ribosomen „vorfabriziert" und durch das Retikulum an ihren Bestimmungsort „verfrachtet" werden. In den Kernkörperchen dürfte auch der Entstehungsort eines Teiles der RNS zu sehen sein, jedenfalls können sie Ribonukleoproteide herstellen.
Es ist hier weder Aufgabe noch Platz und Rahmen für eine eingehende Schilderung des Weges der genetischen Information von der DNS bis zur Aminosäuresequenz des Bau- und Wirkeiweißes. Hier sei nur auf die hervorragenden, optisch akustischen Unterrichtshilfsmittel zum Verständnis dieser fundamentalen und sehr gut erforschten Vorgänge verwiesen. Die Farbtonfilme des Instituts für Film und Bild München FT 925 (Chemie der Zelle I) und FT 926 (Chemie der Zelle II), sowie auf die entsprechenden Super 8 mm-Arbeitsstreifen 8 F 51 (Aufbau der DNS), 8 F 52 (Replikation der DNS), 8 F 53 (Proteinbiosynthese), 8 F 54 (Sequenzanalyse eines Proteins), 8 F 55 (Aufbau eines Strukturproteins), sowie 8 F 80 (Bakteriophage T₄) verwiesen. Ferner auf das dynamische Modell nach *Falkenhan-Müller* der PHYWE AG, Göttingen.
Der Farbtonfilm „Chemie der Zelle I" (21 Minuten Laufzeit) bringt Aufbau und Struktur von Proteinen und Nukleinsäuren; Darstellung von Proteinen und ihre Strukturermittlung; Strukturbeispiel DNS.
Der Film „Chemie der Zelle II" (15 Min. Laufzeit) zeigt die Rolle der DNS und RNS bei der Proteinsynthese: DNS als Träger der genetischen Information, Proteinsynthese an den Ribosomen; identische Replikation der DNS und Rolle des Basentripletts, „Codons" im „genetischen Code".
Das PHYWE-Modell zeigt den Aufbau der DNS aus den Desoxiribose-Phosphorsäure-Strängen und den 4 Basen Adenin - Tymin - Gwanin - Cytosin aus auswechselbaren Kunststoffplättchen dreidimensional, und auf einer Magnettafel

zweidimensional die identische Replikation der DNS, die Rolle der „Codons" und die Weitergabe der Information bis zur Eiweißsynthese.

4. Ribosomen

Sie gibt es einzeln frei im Zytoplasma, sowie in Gruppen („Polysomen"), hauptsächlich aber als Auskleidung des Endoplasmatischen Retikulums (vgl. Abb. 2). Sie sind die Hauptorte der Proteinsynthese in den Zellen.
Besonders dicht mit Ribosomen sind die Wände des Retikulums in solchen Zellen besetzt, die besonders biochemisch-aktiv, z. B. bei der Sekret- und Proteinbildung, sind: Bauchspeicheldrüse, Leber usw..
Über ihre Funktion als „Kopierstellen" der genetischen Information ist in den vorgenannten Filmen das Wesentliche zu finden. An ihnen wird die von der DNS als m-RNS kommende Kopie mittels der zu bestimmten Basentripletts (Codons) passenden t-RNS in die Aminosäuresequenz umgesetzt. Ribosomen finden sich auch in anderen Zellorganellen, wie den Plastiden.

5. Plastiden (Chloro-, Chromo- und Leukoplasten)

Hier sind vor allem die Chlorophyll führenden Chloroplasten wichtig. Sie treten bei höheren Pflanzen als Blattgrünkörner auf, die als ± linsenförmige Scheibchen eine besondere Feinstruktur (Grana und „Sandwich-Struktur") aufweisen (vgl. Abb. 4a).

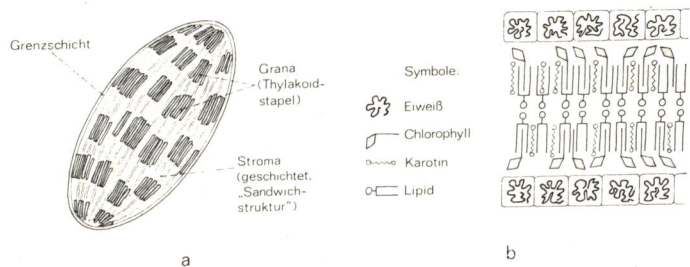

Abb. 4: a) Schematischer Aufbau eines Chloroplasten (Längsschnitt im Elektronenmikroskop)
b) Ultrafeinstruktur der Thylakoidmembran (verändert nach Räuber, 1971)

Die Chloroplasten weisen einen deutlichen Schichtbau („Sandwich") auf aus ± parallelen Eiweißlagen (Stroma), in welche chlorophyllhaltige, abgeplattete Bläschen (Thylakoide) in Stapeln übereinanderliegen. In der Aufsicht sind diese Stapel schon im Lichtmikroskop als „Grana" sichtbar.
Die Thylakoide tragen in ihren Wänden das Chlorophyll in orientierten Schichten, welche die Übertragung der Sonnenenergie zwischen zahlreichen Molekülen zur Verwertung in der Photosynthese ermöglichen: Viele geordnete Chlorophyllmoleküle wirken hier als „photosynthetische Einheit" zusammen.
Als zusätzliche Energieüberträger dürften auch die stets mit dem Chlorophyll vergesellschafteten gelben Pigmente (Karotinoide) wirksam sein. Einige Dutzend Fermente, die für die Licht- und Dunkelreaktionen der Photosynthese notwendig sind (s. u.), finden sich ebenfalls wohlgeordnet in den Thylakoidwänden (Abb. 4b).

Somit können wir sagen, daß die Photosynthese vollständig im Inneren der Thylakoidstapel abläuft. Isolierte Grana sind unter günstigen Bedingungen auch im Reagenzglas zur Photosynthese befähigt *(Hill*-Reaktionen). In den Chloroplasten schreitet die Kohlenhydratsynthese bis zur Stärke fort („autochthone Stärke"). Die Plastiden sind ebenfalls von Doppelmembranen umgeben.
Die Kohlendioxidassimilation und Atmung sind gegenläufige Prozesse; während die Photosynthese innerhalb der Thylakoide abläuft, sind die Mitochondrien die Zentren der Zellatmung, Abb. 5.

6. *Mitochondrien*

Die Mitochondrien sind in der Regel sehr kleine, im Lichtmikroskop gerade noch sichtbare Gebilde; ihre Gestalt gleicht etwa einem winzigen Getreidekorn. In Geweben hoher Energieleistung sind die Zellen besonders reich an diesen Organellen.
Die Mitochondrien sind von einer Doppelmembran umgeben; die Innenschicht ragt in Form von Leisten oder Kämmen („Cristae") in den Innenraum (Matrix) vor (vgl. Abb. 5).

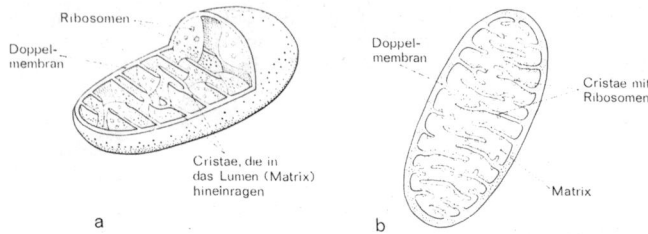

Abb. 5: a) plastische Darstellung eines teilweise aufgeschnittenen Mitochondriums
b) Längsschnitt durch ein Mitochondrium (elektronenoptisch)

Auf den Leisten der Mitochondrien finden sich in geordneten Schichten alle Wirkstoffe der Zellatmung: die Fermente des sogenannten Zitratcyklus (s. u.) und die wasserstoffübertragenden und sauerstoffaktivierenden Wirkstoffe der Atmungskette, der oxidativen Phosphorylierung (s. u.).
Die Spaltprodukte der im Zytoplasma stattfindenden Glykolyse und der Sauerstoff treten als Substrate in die Mitochondrien ein. Die Endprodukte, Kohlendioxid und Wasser, sowie die in Form von Adenosintriphosphat (ATP) gespeicherte chemische Energie treten aus den Mitochondrien wieder aus.
ATP wird sodann für alle energieverbrauchenden Prozesse der Zellen verwendet, so daß man mit Recht die Mitochondrien als die „Kraftwerke" der Zelle bezeichnen kann. Auch der oxidative, viel Energie liefernde Fettabbau erfolgt in den Mitochondrien.
Manche Typen von Mitochondrien besitzen im Inneren keine Kämme oder Leisten, sondern geknäuelte, schlauchförmige Gebilde. Dieser „tubuläre Typ" findet sich häufig in Mikrobenzellen „Mesosomen", während bei höheren Organismen der „Cristae-Typ" vorherrscht.
Ähnlich den Plastiden gehen bei Zellteilungen die Mitochondrien nur durch Vermehrung aus ihresgleichen hervor.

Neueste Befunde mit besonderen „Färbemethoden" haben ergeben, daß die Mitochondrien in der Matrix eine Art „Nukleoid" mit ringförmiger, relativ kleinmolekularer DNS besitzen, die sich außerordentlich rasch redupliziert. Auch Segmentaustausch ist gelungen (Vortrag v. *Prof. J. André* an der Univ. Lüttich, 23. 8. 72: „La Biogenese des mitochondries"). Die an den Cristae sitzenden Ribosomen produzieren nicht nur organell-spezifisches Eiweiß, sondern dürften — wie aus Markierungsversuchen hervorgeht — auch das Cytosol mit Protein und Polysomen „beliefern".

7. Dictyosomen

sind mit einfachen Membranen umgebene, meist mehrschichtige Lagen farbloser Bläschen an oder etwas über der Sichtbarkeitsgrenze des Lichtmikroskops. Sie werden in ihrer Gesamtheit auch als „Golgi-Apparat" der Zelle bezeichnet. Sie ähneln manchmal einer Strobila bei Hohltieren (Quallenpolypen), wenn man sie aus zahlreichen elektronenoptischen Bildern räumlich rekonstruiert.

Die Aufgabe der Dictyosomen besteht wohl in der Zusammenlagerung kleiner Moleküle durch Kondensation zu großmolekularen Kolloiden, wie etwa Zellwandschleime niederer Organismen (Bakterien, Algen usw.) Diese Kolloide werden dann in Form von winzig kleinen sich abschnürenden Bläschen nach außen befördert (Pinocytose). Auch in den Dictyosomen gebildete Membran-Polysaccharide wandern auf diesem Weg durch die Plasmahautschicht.

8. Lysosomen

Hier handelt es sich um winzige, von einer zarten Membran umhüllte Flüssigkeitsbläschen im Protoplasma. Sie sind von wechselnder Größe und enthalten den Großteil der abbauenden Enzyme (Lipasen, Katalasen, Kathepsin, Urease, Phosphatasen, Ribonukleasen u. a.). Man könnte sie grob mit der Nahrungsvakuolen der Einzeller vergleichen.

9. Die Zellmembran der höheren Pflanzen

Sie enthält als wichtigsten Bestandteil fadenförmige Zellulosemoleküle (zickzackförmige Ketten aus ß-glykosidisch verknüpften Traubenzuckereinheiten in Ringform; Molekulargewicht bis über 2 Millionen). Diese fadenförmigen Micellen sind sehr dünn, aber bis zu mehreren μm lang und elektronenmikroskopisch sichtbar (Abb. 6).

Abb. 6: Skizze einer Zellulosemembran nach einer elektronenoptischen Aufnahme

Die Zellulosefadenmoleküle sind schichtweise ausgerichtet und elektronenmikroskopisch direkt sichtbar (vgl. Abb. 6). Auch schon im Lichtmikroskop lassen sie sich polarisationsoptisch an der Formdoppelbrechung sowie dem Dichroismus eingelagerter Farbstoffe nachweisen.

Im Gegensatz zu den Plasmagrenzschichten ist die Zellulosewand auch für größere Moleküle durchlässig, also nicht selektiv permeabel. Die Zellulosefibrillen liegen einer schon bei der Zellteilung vorgebildeten Primärwand auf, welche pektinhaltig ist (mit Kalzium- und Magnesiumionen verbundene Galakturonsäurereste).

Die große Bedeutung der Zellwände höherer Pflanzen besteht darin, daß sie als feste Hülle dem osmotisch bedingten Ausdehnungsbestreben des Zellinhalts Widerstand bietet und so durch „Turgor" die Straffung auch zarter Gewebe ermöglicht.

III. Der biochemische Weg der wichtigsten aufbauenden (katabolischen) und abbauenden (anabolischen) Stoffumsätze der Zelle

Die Vielfalt der hierhergehörigen Prozesse würde allein Bücher füllen. Um davon einen Eindruck zu bekommen, betrachte man das Faltblatt, das dem Buch *Karlson P.* „Kurzes Lehrbuch der Biochemie" (Thieme, Stuttgart) am Schluß beigegeben ist. Genauer noch ist die Tafel „Biochemical Pathways" (erhältlich von Fa. *Boehringer,* Mannheim). Wir wollen uns hier nur auf die allerwichtigsten Vorgänge beschränken.

Exemplarisch für den aufbauenden Stoffwechsel sei die *Photosynthese* der grünen Pflanze dargestellt. Dieser, auch Kohlendioxid-Assimilation genannte Vorgang ermöglicht der grünen Pflanze im Licht den Aufbau wertvoller Nahrungsstoffe aus Kohlendioxid und Wasser; er bildet somit die Grundlage allen irdischen Lebens*).

Für den Abbau eines Stoffwechsels wollen wir exemplarisch die anaerobe Zuckerspaltung, die *Glycolyse* mit einigen wichtigen Gärungsformen und anschließend die Endoxidation über „aktivierte Essigsäure", den *Zitratzyklus* und die *Atmungskette* behandeln. Diese endet schließlich wieder in den Rohstoffen für die Photosynthese, nämlich Kohlendioxid und Wasser.

1. Die *Assimilation des Kohlendioxids* im Licht folgt der Bruttogleichung

$$6\ CO_2 + 12\ H_2O \xrightarrow[\text{(Chlorophyll)}]{+\ 675\ \text{Kal.}} C_6H_{12}O_6 + 6\ O_2 + 6\ H_2O$$

und stellt formelmäßig das Gegenstück der Veratmung der Kohlenhydrate dar. Die einzelnen Schritte der Photosynthese sind aber — wie wir nun zeigen wollen — zum Teil von der Atmung *recht verschieden*. Bei der Photosynthese, an der etwa 100 verschiedene Wirkstoffe beteiligt sind, unterscheiden wir eine *Lichtreaktionsfolge,* in der das durch die Strahlen angelegte Blattgrün im wesentlichen den zur Reduktion des Kohlendioxids dienenden Wasserstoff und die dazu notwendige Energie in Form von ATP bereitstellt, und eine *lichtunabhängige Reaktionskette.*

Diese „Dunkelreaktion" bzw. „Blackman-Reaktion" stellt den zur Kohlendioxid-Bindung notwendigen Akzeptor über viele Zwischenstufen bereit und führt schließlich zur Reduktion des gebundenen Kohlendioxids, zu Zucker und Stärke. Der Großteil (etwa 5/6 der so gebildeten Kohlenhydrate) wird aber im sogenann-

---

*) Als erste Einführung in die Kohlendioxidassimilation für die Sekundarstufe I unter Verzicht auf deren Formeln kann der FWU-Film FT 2058 „Photosynthese" (16 mm/Lichtton, Farbe, 8 Min.)

ten *Calvin*-Zyklus in den CO_2-Akzeptor zurückgeführt. Licht- und Dunkelreaktionen greifen bei der Gesamtphotosynthese wie Zahnräder ineinander. Zunächst die Lichtreaktion in einem vereinfachten Schema: (Abb. 7)

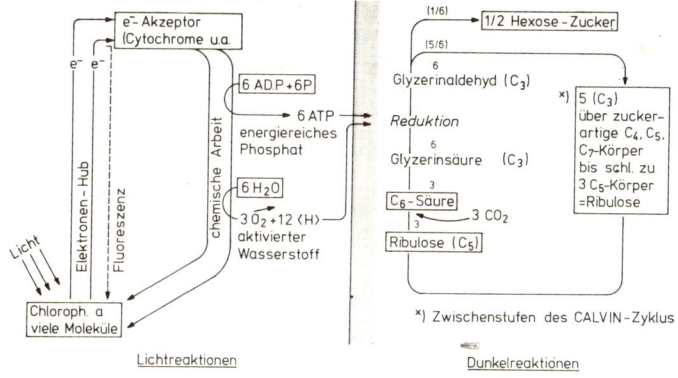

Abb. 7: Stark vereinfachtes Photosyntheseschema

„Das Pigmentsystem I" besteht aus zahlreichen Molekülen Chlorophyll a, die gemeinsam Lichtenergie sammeln (Photosynthetische Einheit), und Elektronen des Chlorophylls dabei auf ein höheres Niveau anheben.
Dieses „angeregte Chlorophyll" gleicht nun für ganz kurze Zeit einer „gespannten Feder" mit potentieller Energie. Die Elektronen „fallen" sehr rasch danach auf den Anregungszustand zurück (Entspannung der Feder). Sind keine für die Photosynthese günstigen Bedingungen dabei gegeben, so wird die dabei freiwerdende Energie teils als Wärme, teils als Resonanzfluoreszenz wieder ausgestrahlt (*Kautsky*).
Sind aber die Bedingungen zur Umwandlung in chemische Energie (Redoxvorgänge) vorhanden, so leisten die Elektronen bei ihrer Rückkehr über Zwischenstufen chemische Arbeit („Elektronenleiter" *Arnons*), wobei aus ADP + P energiereiches ATP entsteht (Zyklische Photophosphorylierung *Arnons*). Außerdem wird $NADP^+$ mit Protonen in $NADPH + H^+$, den Wasserstoffüberträger bei der Kohlendioxid-Reduktion, umgesetzt (linker und oberer Teil unseres Schemas).
In einem zweiten Lichtprozeß wird das „*Pigmentsystem II*" (Chlorophyll a + Chlorophyll b + Karotinoide) in ähnlicher Weise zu einem Elektronenhub angeregt. Hier wird die Energie bei der Rückkehr der Elektronen teils zur Bildung weiterer ATP („nichtzyklische Photophosphorylierung") teils zur Wasserspaltung verwendet (Photolyse des Wassers). Dabei entsteht freier Sauerstoff, während die Protonen zur Reduktion von $NADP^+$ dient. Dies ist aus dem rechten unteren Teil des Schemas zu entnehmen.
ATP und auf diese Weise aktivierter Wasserstoff gehen in den Dunkelvorgang der Photosynthese ein, der ganz rechts im Schema als graues Feld angedeutet ist. Zum Dunkelprozeß gehört ferner (s. o.) die Bindung von Kohlendioxid an einen Akzeptor, nämlich einen Zucker mit 5 C-Atomen: Ribulosediphosphat. In dieser

Form können nun ATP und aktivierter Wasserstoff das in einer C 6-Verbindung gebundene CO_2 reduzieren etwa nach der Gleichung:
Akz + CO_2 → Akz · CO_2; Akz · CO_2 + NADPH + H^+ → [CH_2O] + Akz + $NADP^+$
Aus sechs derartigen (nur theoretischen) Abläufen könnte bereits ein Zuckermolekül entstehen. In Wirklichkeit aber entsteht die Hexose langsamer, da ein Teil der kohlenhydratartigen Reaktionsprodukte auf einem recht komplizierten mehrstufigen Weg zum CO_2-Akzeptor zurückgeführt wird. Diesen Vorgang konnte *Calvin* mit radioaktiv-markiertem $^{14}CO_2$ verfolgen: Daher der Name Calvin-Zyklus. Die Verhältnisse sind in folgendem Schema Abb. 8 dargestellt.

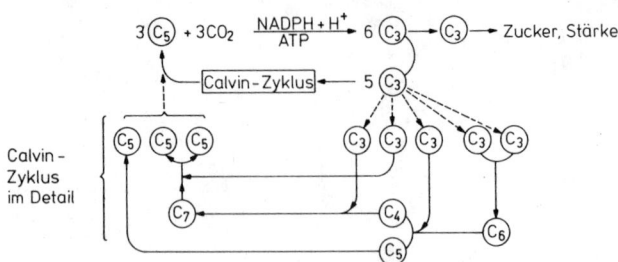

Abb. 8: Schema des CALVIN-Zyklus

Wegen der Eleganz der dabei verwendeten Forschungsmethode sollte die *Calvin*-Technik den Schülern kurz dargestellt werden. Sie liegt aber außerhalb der Experimentiermöglichkeit normaler Gymnasien und erfordert Schulung des Experimentators in der Handhabung radioaktiver Isotope, zumal die Halbwertszeit des ^{14}C beträchtlich ist.

Die Calvin-Methode besteht in einer sinnvollen Kombination von radioaktiver Markierung des C-Atoms in Kohlendioxid bzw. Natriumhydrogenkarbonat mit einer zweidimensionalen, papierchromatographischen Trennung der nach kurzer Zeit auftretenden Photosyntheseprodukte. Diese bilden sich nämlich, soweit sie ^{14}C enthalten, von selbst beim Kopieren auf Röntgenfilm als Schwärzungen ab.

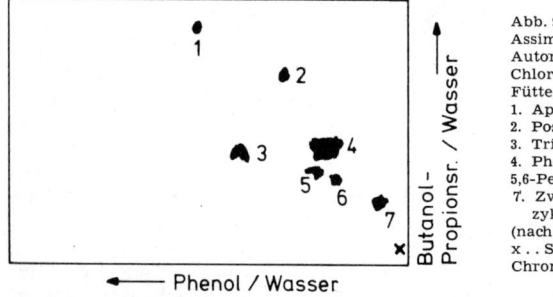

Abb. 9: Autoradiogramm der ersten Assimilate
Autoradiogramm des alkohol. Chlorella-Extrakts nach 2 Sekunden Fütterung mit $NaH^{14}CO_3$
1. Apfelsäure
2. Posph. Enol.-Brenztraubensäure
3. Triosephosphat
4. Phosphor-Glyzerinsäure
5,6-Pentose- und Hexosephosphate
7. Zwischenprodukte des Calvinzyklus
(nach CALVIN u. Mitarb.)
x .. Start des 2-dimension. Chromatogramm

Einzellige Algen (vor allem *Chlorella*) werden kurz in Gegenwart von radioaktivem CO_2, bzw. Karbonat belichtet, dann sofort mit heißem Alkohol getötet und extrahiert. Nach Entfernung der Lipide und Konzentration des Extrakts erfolgt die papierchromatographische Aufteilung. Abb. 9 zeigt die zuerst auftretenden Photosyntheseprodukte; diese werden bei längeren Expositionszeiten der Algen immer vielfältiger.

2. Anaerobe Zuckerspaltung (Glykolyse)

Der Verlauf der Glykolyse wurde von vielen Biochemikern eingehend studiert. Nach bedeutenden Forschern auf diesem Gebiet wird sie auch „Embden-Meyerhof-Parnas"-Schema genannt. Sie besteht aus einer nach Phosphorylierung von Hexose erfolgenden Spaltung derselben in zwei Triosephosphat-Moleküle, welche schließlich nach Wasseranlagerung dehydriert werden und über die Enolform in Brenztraubensäure übergehen; dabei nimmt NAD^+ den Wasserstoff auf (Abb. 10):

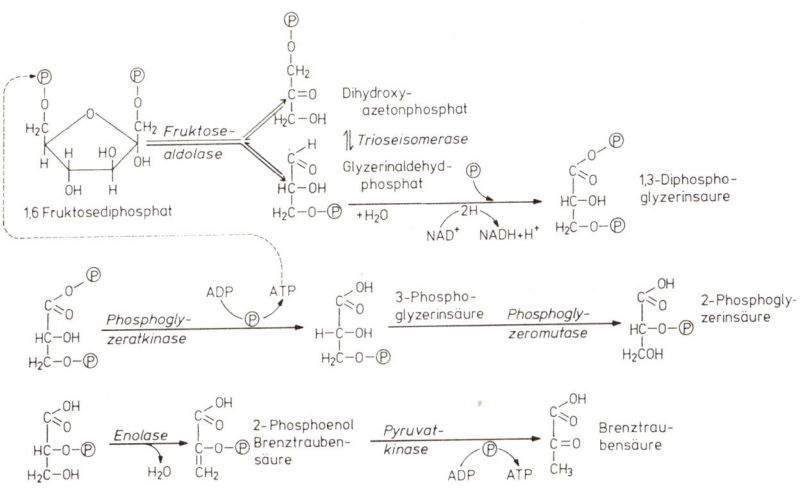

Abb. 10: Anaerobe Zuckerspaltung bis zur Brenztraubensäure

Die Brenztraubensäure stellt einen Knotenpunkt für weitere Reaktionswege dar, von denen die wichtigsten genannt seien:
a. Milchsäureentstehung (bakteriell, bzw. im Muskel);
b. Alkoholbildung (Gärung durch Bakterien oder Hefen);
c. Bereitstellung von „aktiver" Essigsäure (Azetyl COA).

Der bis zur Brenztraubensäure erfolgende Energieabfall wird pro Molekül Hexose in die Bildung von zwei Molekül ATP umgesetzt („Substratkettenphosphorylierung"). Diese anaerobe Zuckerspaltung erfolgt im Zytoplasma (s. o. S.   ).
Die unter 1 und 2 genannten Vorgänge, wie auch die weniger praktisch bedeutende Buttersäurebildung verlaufen ohne Beteiligung von freiem Sauerstoff; sie stellen somit im engeren Sinn „Gärungen" dar.
Abb. 11 gibt ein stark vereinfachtes Schema der Zuckerspaltung mit Hinweis auf die Weiterwege in a. Milchsäure, b. Äthanol und c. Acetyl-CoA. Beim Schritt von

Glycerinaldehyd zur Glycerinsäure wird nach Zwischenanlagerung von Wasser Wasserstoff auf NAD⁺ übertragen; die Energie, die bei diesem Reaktionsschritt, der letztlich eine Oxidation bedeutet, frei wird, ergibt schließlich ATP.

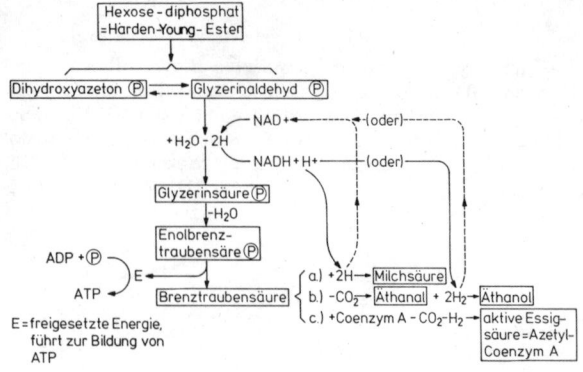

Abb. 11: Vereinfachtes Glykolyse-Schema

Das hydrierte Koenzym (NADH + H⁺) gibt im weiteren Verlauf den Wasserstoff an die (durch Wasserabspaltung und Umlagerung aus Glycerinsäure entstandene)

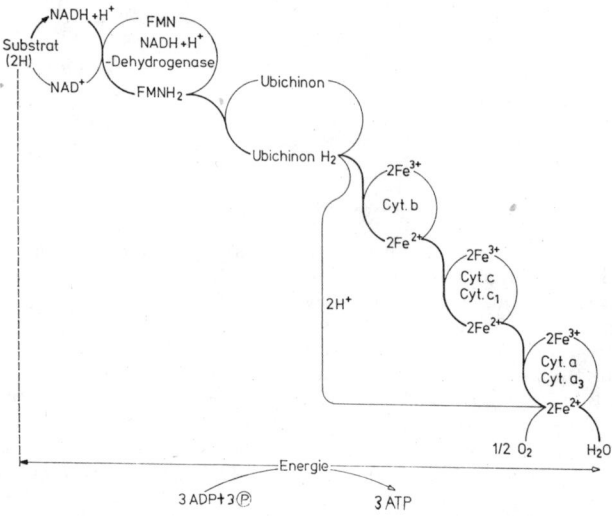

Abb. 12: Weg der Reduktionsäquivalente in der Atmungskette

Brenztraubensäure ab. Diese wird dadurch zur *Milchsäure*. (Im Schema der Abb. 11 Mitte rechts).

Das hydrierte Koenzym kann aber den Wasserstoff auch an Azetaldehyd übertragen, der wieder durch Dekarboxylierung aus Brenztraubensäure entstanden ist. Auf diese Weise wird Äthanol gebildet: „Alkoholische Gärung". In beiden Fällen wird NAD^+ regeneriert und kann in den Kreisprozeß zurückkehren (aufsteigende Pfeile im Schema der Abb. 11 rechts).

Schließlich kann nach Dekarboxylierung der Brenztraubensäure aus Azetaldehyd unter Wasseranlagerung und darauffolgender Wasserstoffabspaltung *Essigsäure* gebildet werden.

Diese wird durch Koenzym A (CoA) über dessen Sulfhydrylgruppe in aktive Essigsäure übergeführt (Azetyl-S-CoA). Die eben erwähnte Wasserstoffabspaltung führt über $NADH + H^+$ und die Atmungskette bis zur Endoxydation (Wasser), wobei die Energie in Form von drei neu gebildeten ATP gespeichert wird.

Die Endoxydation des Wasserstoffs in der Atmungskette, die wir mehrfach auch im sogenannten Zitratzyklus wiederfinden werden, sei in Abb. 12 schematisch dargestellt.

Der Vorgang heißt infolge der ATP-Bildung auch oxidative Phosphorylierung und liefert, wie erwähnt, pro mol gebildeten Wassers 3 ATP. Es handelt sich dabei um eine „gebremste Knallgasreaktion"; sie stellt in der biologischen Vereinigung von aktiviertem Wasserstoff aus dem Substrat mit aktiviertem Sauerstoff aus der Luft den hauptsächlichsten Energie liefernden Prozeß der Atmung dar.

Trikarbonsäure-Zyklus

Die *aktive Essigsäure* wird in den Zitratzyklus eingeschleust und verbindet sich dort mit *Oxalessigsäure* über Zwischenstufen zur *Zitronensäure*. Dieser außer-

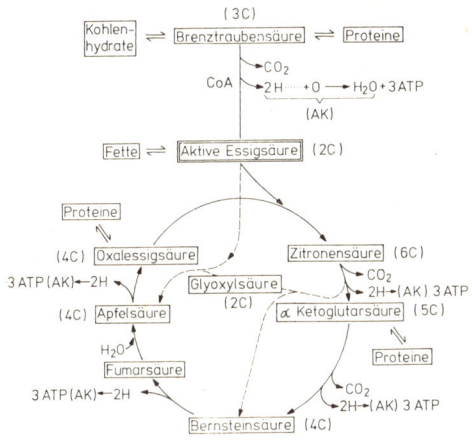

Abb. 13: Vereinfachtes Schema des Zitronensäure-Zyklus
(mit Zusammenhängen zu den Nährstoffgruppen).
(AK) ... Atmungskette;
(...C) = Anzahl der C-Atome der Zwischenstufen

ordentlich wichtige Kreislauf wird nach seinem Entdecker Krebs auch „Krebszyklus genannt. In ihm werden über mehrere Reaktionsschritte, bei denen im

wesentlichen Wasser angelagert, Wasserstoff und Kohlendioxid abgespalten werden, als Endprodukte CO_2 und H_2O gebildet.
Das durch das Ferment Dekarboxylase freigesetzte Kohlendioxid entweicht als Gas bei der Atmung.
Eine Übersicht über die wichtigsten Stufen des Zitronensäurezyklus (auch Zitrat-, Krebs- oder Trikarbonsäurezyklus genannt) gibt Abb. 13 wieder.
Wir erkennen aus der Gesamtbilanz des Schemas, daß bei einem Umlauf der Reaktionskette vom Zusammentritt von Oxalessigsäure mit Azetyl-CoA zur Zitronensäure zweimal Kohlendioxid entsteht (also das Essigsäuremolekül vollständig abgebaut wird). Viermal wird Wasserstoff <2 H$>$, der teilweise aufgenommenem Wasser (2 H_2O) und teilweise der abgebauten Essigsäure entstammt, gebildet.
Die oben erwähnten 8 Wasserstoffatome werden in der Atmungskette völlig oxidiert, wobei neben 4 Wassermolekülen noch $4 \times 3 = 12$ Moleküle ATP entstehen.
Nicht nur Kohlenhydrate werden nach vorhergehender glykolytischer Spaltung im Zitratzyklus „veratmet", sondern auch Fette, bei deren Abbau ebenfalls aktive Essigsäure entsteht.
Bei Fettveratmung (z. B. bei Keimung ölhaltiger Samen) wird oft nicht der ganze Zitratzyklus durchlaufen, sondern die „Abkürzung" des *„Glyoxalat-Zyklus"*, der in unserem Schema gestrichelt eingezeichnet ist.
Dieser Nebenweg spielt hier keine besondere Rolle; viel wichtiger erscheint der Hinweis, daß von allen Stellen des Zitratzyklus, wo Ketosäuren entstehen, die

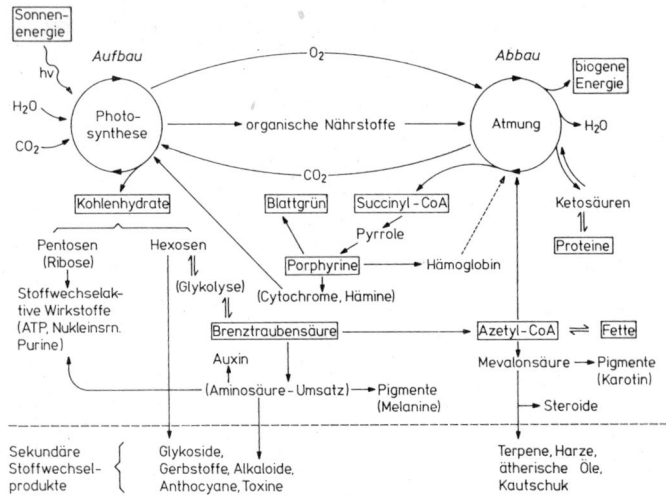

Abb. 14: Zusammenfassung einiger wichtiger Stoffwechselwege (schematisch, vereinfacht)

Aminosäure-Synthese ausgeht, die schließlich in die Eiweißbildung einmündet. So z. B. von der Ketoglutarsäure die Glutaminsäure, von der Oxalessigsäure die Asparaginsäure, von der Brenztraubensäure das Alanin durch reduktive Ami-

nierung. Umgekehrt können durch biologische, oxidative Desaminierung aus Aminosäuren Ketosäuren für den Zitratzyklus zur Weiteratmung gebildet werden.
Doch greift der Körper nur in Notfällen zu diesem Abbauweg. Mit diesem Ineinandergreifen von Kohlenhydrat-, Fett- und Eiweißstoffwechsel sei dieser Abschnitt geschlossen. Weitere Einzelheiten finden sich in größeren Handbüchern der Physiologischen Chemie bzw. Biochemie (s. Literaturverzeichnis).
Abb. 14 zeigt zusammenfassend die zentrale Stellung der Brenztraubensäure und der „aktiven" Essigsäure im biochemischen Geschehen; aus ihr sind auch die Zusammenhänge zwischen primären und sekundären Stoffwechselprodukten (bei Pflanzen) zu ersehen.

IV. Hinweise zur Einrichtung und Ausstattung des Arbeitsplatzes, Bezugsquellen, Lehrmittel usw.

Für stoffwechselphysiologische Versuche ist ein Arbeitsplatz, der sowohl mikroskopische wie chemische Untersuchungen ermöglicht, Voraussetzung.

1. Arbeitsplatz und Gerät

Neben der üblichen Ausstattung (Wasser-, Strom, Heizgas-Anschluß), Reagenzgläser, Erlenmeyerkolben, Bechergläser, Meßzylinder, Büretten (25 oder 50 ml), Meßpipetten (10 ml), Standzylinder, Petrischalen (ca. 10 cm ϕ) Uhrgläser, Reibschale mit Pistill, Spritzflasche, Absaugkolben, Meßkolben (100 und 500 ml), Kolbenprober (100 ml), Thermometer (0—100° C) sind noch einige größere Geräte wie Stative, Präzisionswaage (200 g Tragkraft), Briefwaage, Wasserstrahlpumpe, Chromatographiereinrichtung mit Küvetten usw. nötig.
Zur optischen Ausstattung gehört neben einer etwa 6—10-fach vergrößernden Lupe ein Präpariermikroskop und ein mechanisch und optisch einwandfreies Mikroskop mit Ölimmersion, evtl. Phasenkontrast- und Polarisationseinrichtung, ferner ein einfaches Handspektroskop (möglichst mit Wellenlängenskala), eine UV-Analysenlampe und — wenn möglich — ein Kolorimeter und Polarimeter.
Wasserbad, Aquarienthermostat (regelbar zwischen etwa 20—50° C) ein kombinierter Brut- und Trockenschrank vervollständigen die Ausrüstung. Als starke Lichtquelle kann eine Reuterlampe, bzw. der Kleinbildprojektor Verwendung finden.
Auf die Handhabung dieser Geräte kann hier nicht eingegangen werden, zur Orientierung diene das Buch *Baer H. W. - Grönke, O.* „Biologische Arbeitstechniken" (1964 Berlin).

2. Bezugsquellen für Reagenzien und Laboreinrichtung

a. *Feinchemikalien*
E. Merk, Darmstadt
Schering, Berlin, München
Dr. Schuchardt, München
Riedel de Haen, Hannover

Niederlagen in
allen Großstädten

b. *Chemikalieneinzelhandel*
Dr. Bender, Dr. Hobein, München
Unfried, H., Chemie K. G. München
Waldeck & Co., Roxel-Westf.

c. *Fermentpräparate*
Böhringer, Mannheim und Tutzing
E. Merk, Darmstadt

d. *Farbstoffe für Mikroskopie usw.*
Chroma-Ges., Stuttgart-Untertürkheim

e. *Laborgeräte*
R. Kind O.H.G., Lichtenfels
E. Leybold Nachf., Köln-Bayental
Phywe A.G., Göttingen

3. Beschaffung von Pflanzen und Tieren

Ausführliche Hinweise finden sich in Band II dieses Werkes „Handbuch der praktischen und experimentellen Schulbiologie" (Aulis-Verlag Köln 1971)
und zwar:

H. Schmidt, Tierkunde	S.	2—383
J. Müller, Bakterien, Algen, niedere Pilze und Flechten	S.	284—462
H. H. Falkenhan, Höhere Pilze	S.	465—494
L. Spanner, Moose, Farne, Samenpflanzen	S.	499—522

Einzelne Hinweise finden sich auch bei:
J. Müller und *E. Thieme* „Biol. Arbeitsblätter" (Göttingen 1964).

Einige Hinweise zur Beschaffung der in folgendem Versuchsteil gebrauchten Mikroorganismen seien noch angeführt:

Achtung!
Im Unterricht dürfen auf keinen Fall krankheitserregende Mikroorganismen verwendet werden!

Bakterien:

Harmlose Keime, wie der Heubazillus *(Bac. subtilis)* als Beispiel eines grampositiven, sporenbildenden Bakteriums und das Kolonbakterium *(Escherichia coli)* als Beispiel eines gramnegativen, nicht sporenden Darmbewohners lassen sich durch Anreicherung auf Standard-Agar II (Merk) und schließliche Reinkultur durch Ausplattieren selbst ziemlich leicht gewinnen (vgl. Mikrobiologische Praktika).
Einfacher ist es allerdings, solche Keime aus Kultursammlungen von Hochschulinstituten zu beschaffen.
Bacillus mycoides wächst fast ständig auf Standard-Agar II Platten von Bodenverdünnungsreihen und ist an seinem charakteristischen wurzelartig verzweigten Wachstum mit zumeist spiraliger Drehung leicht zu erkennen. Auch hier gelingen auf oben*) genannten Nährboden leicht Reinkulturen.
Das freilebende, stickstoffbindende Bakterium Azotobacter chroococcum läßt sich in einer schwach alkalisch reagierenden Nährlösung aus Leitungswasser mit einer

---

*) Vgl. auch dieses Handbuch, Bd. 2, S. 401; ich machte auch gute Erfahrung mit: 1 % Hefeextrakt Cenovis, 0,5 % Glyzerin, 2 % Agar-agar; pH = 7.

Spur Dikaliumhydrogenphosphat und 2 % Mannit durch Zugabe verschiedener kleiner Proben von Kulturerde züchten. Dazu wird die Lösung etwa 1—2 cm hoch in Erlenmeyerkolben abgefüllt und mit je einem Hornlöffel voll verschiedener gesiebter Erdproben versetzt unter lockerem Watteverschluß etwa 1—2 Wochen bei Zimmertemperatur stehen gelassen. Bildet sich auf der Flüssigkeit eine zunächst gelblich weiße, später bräunliche Kahmhaut, die allmählich schleimig wird, so hat sich darin Azotobakter angereichert.

B. Versuchsteil

Allgemeine Bemerkungen

Pflanzen- oder Tier-Versuch?

Dieses Thema ist in Pädagogenkreisen viel diskutiert worden. Man wird natürlich beides bezugs- und sachgerecht in den Unterricht einzubauen versuchen, zumal der Wert des Versuchs — zumindest seit den grundlegenden Untersuchungen *Kerschensteiner's* u. a. — über allen Zweifel erhaben ist*). Für den Tierversuch spricht die große Aufgeschlossenheit, das Interesse und die Anteilnahme am Tier bei allen unseren Schülern, besonders auch der jüngeren Jahrgänge**).
Doch liegt darin auch eine gewisse Gefahr: der Lehrer hat als vornehmliche Aufgabe (die u. a. auch in den Richtlinien aufscheint) zur Liebe zur Natur und ihren Geschöpfen zu erziehen, zur Achtung und zum Verständnis der lebenden Kreatur. Das Tierexperiment, soweit es in den Rahmen der Physiologie fällt, läuft aber in manchen Fällen diesem Prinzip zuwider, indem es dem Tier Zwangslagen, unnatürl. Situationen, wie Nahrungsmangel, ungewohnten Milieueinflüssen u. a. aussetzt, von chirurgischen Eingriffen in den lebenden Organismus ganz abgesehen, die ja von vornherein für allgemeinbildende Schulen bis zur Sekundarstufe II m. E. ausgeschlossen sein sollten.
In den folgenden Versuchen wird Tierquälerei soweit als möglich vermieden; gelegentliche Untersuchungen am narkotisierten Tier sind in den Folgen reversibel und führen zu keiner Dauerschädigung des Objekts. Vor allem müssen m. E. Fälle, die auch *nur den Verdacht* der Tierquälerei mit einschließen, aus erzieherischen Gründen, vom Versuchsprogramm allgemeinbildender Schulen gestrichen werden. Deshalb ist in der Folge, dies auch zur Rechtfertigung des Autors, dem botanischen Experiment ein breiterer Raum als dem Tierversuch gegeben — denn die emotionale Bindung zur Pflanze ist, im Schulalter zumindest, wohl kaum vorhanden. Freilich sollte man als Unterrichtsprinzip auch die Einstellung des Schülers zur Pflanze als wachsendes, sich vermehrendes und auch empfindendes — wenn auch meist langsam reagierendes — Lebewesen fördern.
Auf Versuche zum menschlichen Stoffwechsel braucht hier nicht eingegangen zu werden, dies ist bereits in Band 3 (Lehrstoff II, Teil 1) von *Carl* geschehen.
Die hier gebotene Versuchsauswahl erhebt keinerlei Anspruch auf Vollständigkeit — sicher gibt es noch viele hier unberücksichtigte Versuche und es kommen immer neue hinzu.

---

*) *Kerschensteiner* G.: Wesen u. Wert des naturwissensch. Unterrichts (hrsg. v, *Dolch,* Ehrenwirth, München).
**) *Plötz, F.*: Kind u. lebendige Natur (München).

Hier sei auf die periodisch erscheinende Fachliteratur in deutscher Sprache hingewiesen: in der BRD die Organe „MNU", „Praxis der Naturwissenschaften", „Naturwissenschaften im Unterricht" (besonders die beiden letztgenannten, in Aulis-Verlag, Köln erscheinenden Zeitschriften gewähren der Biologie einen breiten Raum); in der DDR ist es die Zeitschrift „Biologie in der Schule" (Volk u. Wissen, VEB. Berlin). In den drei letztgenannten wird auch in Kurzreferaten auf ausländische, einschlägige Literatur verwiesen.

Gliederung des Versuchsteils

Die doch beachtliche Zahl der folgend aufgeführten Versuche verlangt eine gewisse Gliederung, zumal bewußt — um die Einheitlichkeit der Lebensvorgänge zu betonen — auf eine Trennung botanischer und zoologischer Versuche und Beobachtungen verzichtet wird.
Oft sind die Übergänge fließend, da sich die Lebenserscheinungen nun einmal nicht in ein starres Schema pressen lassen; doch wurde eine Gruppeneinteilung versucht, die sich an die allgemeinen, vorhergegangenen Ausführungen anschließt:

I. Makromolekulare Stoffe in der Zelle, wie Nukleinsäuren, Eiweiß, Speicherstoffe, Gerüstsubstanz d. Pflanzenzelle: Versuche 1—13
II. Wasserhaushalt bei Pflanze und Tier: osmot. Verhältnisse, Wasser und Nährstoffaufnahme, Stofftransport, Boden als Wasser- u. Nährsalzreservoir der höh. Pflanzen: Versuche 14—35
III. Samenkeimung, Voraussetzung, Mobilisierung der Reserven, Keimfähigkeitsprüfung, Wechselwirkung v. Pflanzen bei der Keimung: Versuche 36—40
IV. Autotrophe Ernährung der grünen Pflanze: Photosynthese, Bedingungen, photosynthetisch-wirksame Pigmente, Assimilate u. ihr Nachweis, bes. Kohlenhydrate: Versuche 41—65
V. Andere Ernährungsarten: teilweise und volle Heterotrophie im Pflanzenreich — Beispiele tierischer Ernährung: Versuche 66—74
VI. Verteilung der Stoffe im Tierkörper, Säftestrom, Blut und Blutkreislauf, Hormonwirkung: Versuche 75—89
VII. Energiegewinn durch Stoffabbau: Atmung und Gärungen, Energieäußerungen: Versuche 90—120
VIII. Fermente: Bau und Eigenschaften, mikrobielle Stoffumsätze im Boden an ausgew. Beispielen: Versuche 121—148

Versuchsübersicht

1 Lebendbeobachtung v. Zellkernteilungen
2 Selektivfärbungen des Chromatins
3 Nachweis v. Chromatin auf Grund des Pentosegehaltes (Orcein-Reaktion)
4 Fraktionierung des Zellinhaltes der Hefe
5 Nachweis von Nukleinsäuren in Hefe
6 Untersuchung u. Nachweis von Glykogen in Hefe
7 Nachweis der Eiweißkomponenten im Hefeprotein (Chromatographie)
8 Nachweis der „Semipermeabilität" von Plasmagrenzschichten
9 Unterschiedliche Permeabilität der Plasmagrenzschichten (Kappenplasmolyse)
10 Änderung der Protoplasmaviskosität durch Chemikalien
11 Unterscheidung lebender und toter Zellen an der Intrabilität von Farbstoffen

12 Einfluß von Ionen auf die Zähigkeit des Protoplasmas
13 Gewebespannung in Abhängigkeit von der Außenkonzentration der Lösung
14 Exosmose von Wasser in hypertonischen Lösungen
15 Plasmoptyse von Algenfäden in Alkohol
16 Bestimmung der Zellsaftkonzentration bei Pflanzen
17 Osmotische Experimente am Hühnerei
18 Osmotische Wasseraufnahme und -abgabe beim Regenwurm
19 Wasserhaushalt der Tiere; Messung der Wasserabgabe bei niederen Tieren
20 Osmotisches Verhalten von Meerestieren (Seesternen)
21 Hämolyse beim Verdünnen von Blut mit Wasser
22 Osmose-Modell zum aufsteigenden Saftstrom bei Pflanzen
23 Wurzeldruck — Guttation
24 Wurzelunabhängige Wasseraufnahme bei Pflanzen
25 Treibende Kräfte des aufsteigenden Saftstroms bei Pflanzen
26 Nachweis des aufsteigenden Saftstroms in der Pflanze
27 Wasserwegigkeit verholzter Achsen
28 Spaltöffnungen als Orte der Wasserdampfabgabe des Blattes
29 Vergleich des Öffnungszustandes von Spaltöffnungen im Blatt (Porometer)
30 Modellversuch zur Mechanik der Spaltöffnungsregulation
31 Mineralstoffbedarf grüner Pflanzen („Hydroponik")
32 Nachweis des (Nähr)-Salzgehaltes im Boden
33 Die Bedeutung der Bodenkolloide als Nährstoffspeicher f. höhere Pflanzen
34 Aufschluß wasserunlöslicher Mineralstoffe im Boden durch die Wurzeln
35 Zellulosezersetzung durch Bakterien: Humus und Humusarten
36 Keimfähigkeitsprüfung von Saatgut mit der Tetrazolium-Methode (TTC)
37 Notwendigkeit des Sauerstoffs zur Samenkeimung
38 Mobilisierung von Hemizellulosen bei der Keimung
39 Umwandlung von Fett in Zucker bei der Keimung
40 Einflüsse auf die Samenkeimung
41 Phototaxis (Lichtwendigkeit) niederer Pflanzen

42 Nachweis der Sauerstoffabscheidung bei der Photosynthese („Trichterversuch")
43 Annähernde Messung der Photosyntheserate mit der „Blasenzählmethode"
44 Nachweis des bei der Photosynthese submerser Pflanzen sich im Wasser lösenden Sauerstoffs (Farbreaktionen)
45 Halbquantitative Bestimmung der Sauerstoffentwicklung bei der Photosynthese submerser Pflanzen
46 Quantitative Bestimmung der Photosynthese und Atmung von Wasserpflanzen
47 Sauerstoffbestimmung mit der Oxi-Elektrode
48 Photosynthese- und Atmungsmessung nach Älvik
49 Lichtoptische Untersuchung der Grana in den Chloroplasten
50 Polarisationsoptische Untersuchung von Chloroplasten
51 Spektralverhalten lebender Laubblätter
52 Pigmente aus grünen Blättern (Rohchlorophyllauszug)
53 Histochemischer Nachweis des Karotins als Chlorophyllbegleiter
54 Nachweis von Blattgrün in roten Blättern
55 Trennung der Blattfarbstoffe durch Dünnschichtchromatographie
56 Lichtintensität, Lichtfarbe und Photosynthese
57 Hill-Reaktion mit zentrifugiertem Spinat-Preßsaft
58 Glukose als „erster Zucker" der Photosynthese (enzymatischer Nachweis)
59 Induktion der Stärkebildung durch Traubenzuckerfütterung bei Mais
60 Untersuchung des 1. „sichtbaren" Assimilates — Stärke
61 Bausteine des Stärkemoleküls und der Zellulose
62 Mikrochemischer Nachweis der Zellwandsubstanzen höherer Pflanzen
63 Histochemischer Nachweis von Askorbinsäure (Vitamin C) in Gewebeschnitten
64 Nachweis eines sekundären Photosyntheseproduktes (Glykosid „Aesculin")
65 Mikrochemischer Nachweis von Flechtensäuren
66 Besondere Ernährung grüner Pflanzen: „Insektivorie"
67 Ernährung von grünen Halbschmarotzerpflanzen

68 Heterotrophe Ernährung höherer Pilze
69 Gegenseitige Ergänzung niederer Pilze bei der Synthese von Vitamin B_1
70 Kultur eines Vollschmarotzers ohne Blattgrün: „Seide" (Cuscuta sp.)
71 Nahrungsaufnahme beim Pantoffeltierchen, Reaktion des Vakuolen-Inhalts
72 Nahrungsaufnahme bei Muscheln: Filtration von Seewasser
73 Nährstoffbedarf von „Mehlwürmern"
74 Nahrungsauswahl der Fliegen
75 Zilienbewegung der Miesmuschelkiemen Physiologische Bedeutung der Ionen im Medium
76 Blutströmung im Schlammwurm (Tubifex)
77 Nachweis des Blutfarbstoffs bei wirbellosen Tieren
78 Atmung und Blutkreislauf bei Jungfischen
79 Blutströmung im Flossensaum der Kaulquappe oder in zuführenden Adern der Fischflosse
80 Herztätigkeit und Adersystem beim Hühnerembryo
81 Mineralstoffgehalt in Blut und Milch von Säugetieren
82 Eiweißgehalt im Serum von Schlachttierblut
83 Gerinnung von Schlachttierblut
84 Mikroskopischer Nachweis der Blutzellarten
85 Osmotische Resistenz der Roten Blutzellen
86 Nachweis von Hämin und Fermentwirkungen im Wirbeltierblut
87 Rolle des Hämoglobins bei der Atmung der Tiere (Spektroskopie des Blutfarbstoffes)
88 Ausscheidung von stickstoffhaltigen Abbauprodukten durch Tiere
89 Hormonwirkung auf Kaulquappen
90 Mikrochemischer Kohlenhydratnachweis „Molisch-Reaktion"
91 Zuckergehalt tierischer Leber
92 Einfache Demonstration pflanzlicher und tierischer Atmung
93 Atmungsquotient bei verschiedener Art der veratmeten Stoffe
94 Nachweis der Kohlendioxidbildung durch atmende Pflanzenteile
95 Kohlendioxidnachweis in Projektion
96 Quantitative Atmungsbestimmung, Temperatureinfluß auf die Atmungsrate
97 Temperatur und Wachstum
98 Hautatmung und Lungenatmung bei Amphibien
99 Hautatmung beim Regenwurm
100 Nachweis der Kohlendioxidabgabe bei der Atmung von Tieren
101 Quantitative Messung der Atmung von Wassertieren
102 Atemfrequenz und Sauerstoffgehalt des Wassers (Libellenlarven)
103 Intramolekulare Atmung bei Sauerstoffmangel
104 Umschaltung von Atmung auf Gärung bei Sauerstoffmangel
105 Hydrierungen als Nebenreaktionen der Glykolyse (Alkoholgärung)
106 Bakterielle Reduktion von Nitrat
107 Alkoholische Gärung und Temperatur
108 Gravimetrische Bestimmung des Gärverlaufs
109 Eignung verschiedener Zucker zur alkoholischen Gärung (Kleingärmethode nach *Lindner*)
110 Azetaldehyd-Glyzeringärung (2. Vergärungsform nach Neuberg)
111 Gärung ohne lebende Zellen
112 „Verfettung" von Hefe (nach *Halden*)
113 Enzymatische Fettsynthese
114 Bestimmung der Atmungs- und Gärungsaktivität von Bodenorganismen
115 Säurebildung durch Mikroorganismen
116 Milchsäuregärung
117 Reduktasen (Dehydrogenasen) der Milchsäurebakterien („Schardinger Enzym")
118 Bildung von Essigsäure aus Alkohol durch Bakterien
119 Wärmeentwicklung bei der Atmung
120 Unmittelbarer Nachweis der Energieäußerung (Plasmaströmung bei Pflanzen)
121 Dehydrogenasenachweis in den Mitochondrien der Hefezelle
122 Mitochondrienfärbung mit Janusgrün
123 Nachweis von Oxydasen in Mitochondrien (NADI-Reaktion nach *Perner*)
124 Nachweis der Sukzinat-Dehydrogenase in Bakterien: Mitochondrienäquivalente
125 Cytochromnachweis in Hefezellen
126 Schnellnachweis der Cytochromoxydase in Mikrobenkulturen
127 Histochemischer Nachweis von Oxydationsfermenten (Peroxidase, Tyrosinase) in Zellen und Geweben
128 Bestimmung der Fermentaktivität der Bodenorganismen I (Invertase)

129	Fermentaktivität der Bodenorganismen II (Katalase)
130	Kleingerät zur Katalaseprüfung
131	Oxydasenachweis bei Bakterien
132	Phenoloxidasen in der Kartoffelknolle
133	Enzyme in Kartoffelkeimen
134	Nachweis von Riboflavin (Wirkgruppe der Flavinenzyme)
135	Nachweis von Aneurin (Wirkgruppe der Kokarboxylase)
136	Nachweis der Stärkespaltung durch Diastase auf Agarplatten bzw. Filterpapier
137	Temperaturabhängigkeit der Amylasewirkung
138	pH-Optimum der Amylasewirkung
139	Labferment — eine eiweißspaltende und -fällende Protease
140	Gewinnung pflanzlicher Urease
141	Proteolytischer Abbau von Urease durch Pepsin
142	Zusammensetzung von Urease und Pepsin
143	Substratspezifität der Urease
144	Fermenthemmung (Urease) durch Schwermetallsalze und Formaldehyd
145	Stickstoffbindung durch Azotobacter sp.
146	Stickstoffbindung durch symbiontische Bakterien (Rhizobium sp.)
147	Harnstoffspaltung durch Bodenbakterien

I. Makromolekulare Stoffe in der Zelle, wie Nukleinsäuren, Eiweiß, Speicherstoffe, Gerüstsubstanz der Pflanzenzelle

Versuch 1: Lebendbeobachtung von Zellkernteilungen

An zarten, meristematischen Blattbasen von *Tradescantia virginica*, bzw. *Zebrina pendula* kann man nach Infiltration der Interzellularräume Kernteilungen unmittelbar mikroskopisch beobachten und sogar u. U. den Ablauf verfolgen.

Material:
Junge, noch nicht entrollte Blätter aus den Knospen von *Tradescantia* bzw. *Zebrina* (beides beliebte Zimmerpflanzen mit herabhängenden Zweigen)

Geräte:
Phasenkontrastmikroskop (mittl. bis starke Vergrößerung), Botanisches Besteck, Schälchen, Reagenzglas (dickwandig) mit durchbohrtem Gummistopfen und Glasrohransatz, Vakuumschlauch, Wasserstrahlpumpe oder Zentrifuge.

Chemikalien:
2 %ige Zuckerlösung, Methylviolett

Zeit:
Vorbereitung etwa ½ Stunde, Beobachtung etwa 1½ Stunden.

a. *Vorbereitung des Objekts:*
Wir stellen eine 2 %ige Zuckerlösung her und färben sie mit etwas Methylviolett an (etwa 0,02 %); darin werden im Reagenzglas Streifen von der Blattbasis ganz

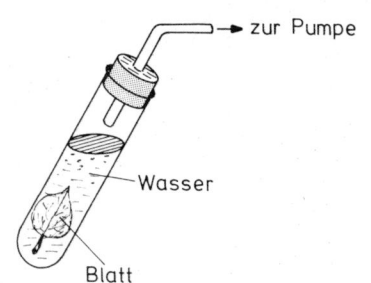

Abb. 15: Gerät zur Vakuuminfiltration

junger, von Knospen stammenden Blätter eingelegt und entweder im Vakuum (vgl. Abb. 15) oder mit der Zentrifuge (2—3 Min.) infiltriert. Das Gewebe ist dadurch so durchsichtig geworden, daß man in den kubischen Zellen der Wachstumszone die relativ großen Zellkerne in verschiedenen Teilungsphasen beobachten kann. Beim Besitz eines Phasenkontrastmikroskops kann man auf die Vitalfärbung mit Methylviolett verzichten. Eine Zellteilung läuft innerhalb von 1½—2 Stunden ab; sind die Blätter in gutem Wachstums(Vitalitäts-)Zustand, so kann man die Stadien der Mitose ablaufen sehen.

Ergebnis:
In der meristematischen Blattbasis von *Tradescantia* kann man die Folgen der Reduplikation der DNS an Teilungsstadien der Chromosomen direkt am lebenden Objekt beobachten.

Versuch 2: Selektivfärbungen des Chromatins in Zellkernen zur mikroskopischen Untersuchung
Voraussetzung ist die Freisetzung von Desoxyribose aus DNS, was durch Säurehydrolyse erreicht wird. Dann kann man spezifisch a. nach *Feulgen* oder b. mit Orcein färben.
Manchmal, z. B. für Pollenmutterzellen oder für Speicheldrüsenchromosomen, eignet sich c. die Schnellfärbung mit Karminessigsäure, besonders gut auch für Dauerpräparate.

Material:
Meristematische Gewebe, z. B. Wurzelspitzen, Blattgrund junger Tradescantiablättchen, Schnitte durch sehr junge Blütenknospen (Pollenmutterzellen), Speicheldrüsenchromosomen usw.

Gerät:
Mikroskop (starke Vergrößerung), Wasserbad, Brenner mit Sparflamme, Brutschrank (60° C), Thermometer (100° C), Stoppuhr oder Kurzzeitwecker, Waage, Meßzylinder (100 m*l*), Filtertrichter mit kleinem Filter, Reagenzgläser, kleine Erlenmeyerkolben (100 m*l*), einer davon mit aufsetzbarem Rückflußkühler.

Chemikalien:
Feulgen-Reagenz (24 Stunden vorher ansetzen!), N Salzsäure, Kaliummetabisulfit ($K_2S_2O_5$), bas. Fuchsin, Orcein, Eisessig, Karmin, Alkohol.

Zeit:
pro Verfahren (a—c) je etwa 1 Stunde

a. *Feulgen-Reaktion*
Das Material wird bei 60° C im Brutschrank oder am Wasserbad mit N HCl 15 Min. hydrolisiert, wobei die Nukleotide bis zur Desoxyribose gespalten werden. Diese zeigt die Aldehydreaktion mit fuchsinschwefliger Säure, so daß (bei nicht zu langer Einwirkung) nur die Orte der DNS gefärbt werden.
Nach der Hydrolyse werden die Objekte 15—30 Min. im Feulgen-Reagenz gefärbt, das folgendermaßen hergestellt wird:
100 m*l* dest. Wasser werden kurz aufgekocht und nach Kühlung auf 70° C mit 0,5 g basischem Fuchsin versetzt und zur Auflösung gerührt. Bei 50° C fügen wir noch 10 m*l* N HCl und 1 g Kaliummetabisulfit zu. Die Lösung bleibt 24 Stunden verschlossen stehen, bis sie sich entfärbt hat; sollte dies nicht der Fall sein, schütteln wir mit Aktivkohle und filtrieren.
Nach der Färbung werden die Objekte auf dem Objektträger mit dem Deckglas bedeckt und im Falle mehrschichtigen Gewebes vorsichtig bis zum Zerfall in Einzelzellen gequetscht.

Ergebnis:
Die DNS-haltigen Zellorte färben sich bläulich rot an; die Färbung ist nicht sehr lange haltbar.

b. *Orcein-Essigsäurefärbung der DNS*
Diese geht auf den Pentosegehalt des Nucleotids zurück.
Die Hydrolyse in HCl erfolgt wie unter a. oder in einem Gemisch Alkohol/konz. HCl 2:1; nachher spülen in Leitungswasser. Dann schließt sich für 2—3 Minuten die Färbung in essigsaurer Orceinlösung an.
Herstellung der Orceinlösung
1,1 g Orcein in 50 ml kochendem Eisessig lösen und nach Filtern mit der gleichen Menge destill. Wasser verdünnen.
Ergebnis:
Orte der DNS in den Zellen blaugrün gefärbt (vgl. auch Vers. 3).

c. *Karminessigsäure-Methode (nach Heitz-Geitler)*
1 g Karmin wird in 50 ml 45 %iger Essigsäure 15 Min. auf dem Rückflußkühler gekocht. Die filtrierte Lösung ist unmittelbar gebrauchsfertig und in dunklen Fläschchen einigermaßen haltbar.
Die Objekte (sehr junge Blütenknospen, Speicheldrüsen von Mücken oder Fliegen) werden auf dem Hohlschliffobjektträger mit Karminessigsäure kurz aufgekocht, dann das Objekt bei schwacher Vergrößerung mit der Präpariernadel auf einem normalen Objektträger zerzupft bzw. durch Quetschen mazeriert, bis die Zellen einzeln nebeneinanderliegen.
Ergebnis:
Die DNS-Orte in den Zellen sind leuchtend karminrot angefärbt; Einschluß in (Karmin)-Essigsäure möglich.

Versuch 3: Nachweis von Chromatin auf Grund des Pentosegehaltes (Orcein-Reaktion)
Material:
Zwiebelwurzelspitzen, Larven der Zuckmücke (Chironomus), konkave Epidermis aus den Schuppen der Küchenzwiebel u. a.
Gerät:
Mikroskop, Erlenmeyerkolben (200 ml) mit aufgesetztem Rückflußkühler, Waage, Meßzylinder (100 ml), Filtertrichter, Uhrschale, Brenner mit Sparflamme, Pinzette, Stoppuhr.
Chemikalien:
Essigsäure, 1 N Salzsäure, Orcein
Zeit:
1—2 Stunden
Das Pflanzengewebe (Wurzelspitzen, bzw. Epidermis der Zwiebel) oder tierische Gewebe (Speicheldrüsen der Zuckmücke) werden auf einem Uhrschälchen 5—10 Minuten bei 60° C in 1 N Salzsäure hydrolysiert, wobei die Pentose aus den Nukleotiden freigesetzt wird. Diese gibt mit Orcein eine Farbreaktion nach folgendem Verfahren:
Nach der Säurehydrolyse läßt man auf das Präparat auf einem Hohlschliffobjektträger 30 Min. lang Orceinlösung einwirken. (2 g Orcein in 100 ml 50 %iger Essigsäure mit dem Rückflußkühler gekocht und filtriert). Unter dem Mikroskop

wäscht man dann so lange mit verdünnter Essigsäure, bis das Chromatin klar grünlich-blau hervortritt. Die Präparate werden dann auf einen frischen Objektträger überführt und durch leichten Deckglasdruck mazeriert, so daß die Kerne der Zellen leichter beobachtet werden können. Einschluß kann in Glyzeringelatine erfolgen.

Ergebnis:
Desoxyribonukleinsäure (DNS) läßt sich durch Pentosereagenzien, wie Orcein, nach leichter Säurehydrolyse selektiv anfärben und somit recht spezifisch histochemisch nachweisen.

Bemerkung: Präparation der Speicheldrüsen der Zuckmückenlarve:
Unter der Präparierlupe wird eine mit Äther narkotisierte Zuckmückenlarve hinter dem Kopf mit 2 Präpariernadeln gefaßt und auseinandergezogen. An der Kopfkapsel bleiben dann meist 2 kleine traubige, fast durchsichtige Gebilde hängen, die Speicheldrüsen. Sie sind wegen ihrer großen Kerne mit den polyploiden Chromosomen schon bei mittlerer Vergrößerung ausgezeichnet sichtbar. Die Färbung kann auch mit Karminessigsäure oder nach Feulgen erfolgen (vgl. Versuch 2).

Versuch 4: Fraktionierung des Zellinhaltes der Hefe in verschiedene Gruppen von großmolekularen Substanzen
Zum Aufschluß des Zellinhaltes der Bäckerhefe müssen die Zellwände zerstört werden, um dann die Stoffgruppen (Eiweiß, Polysaccharide, Nukleinsäuren) durch wiederholte Fällungs- und Lösungsvorgänge aufzuteilen.

Material:
Bäckerhefe, reinster, feiner Quarzsand, Eiswürfel

Geräte:
Reibschale, Bechergläser (200 ml), Meßzylinder (100 ml), Waage, Zentrifuge, Kühlschrank, Wasserbad, Brenner

Chemikalien:
Kochsalz, Äthanol, Trichloressigsäure

Zeit:
etwa 2 Stunden

Die Hefe wird mit Quarzsand etwa 15 Min. in der Reibschale gründlich zerrieben und dabei portionenweise Trichloressigsäure zugesetzt, welche die Eiweißstoffe und Nukleinsäure ausfällt.
Nach Umfüllen der Aufschwemmung in ein Becherglas läßt man den Sand absetzen und zentrifugiert den Überstand, wobei sich das feinverteilte Protein und Nukleinsäuren abscheiden, Glykogen aber in Lösung bleibt.
Dieser Überstand (Polysaccharide) wird in konzentriertem Alkohol gefällt, wobei wir zur Abscheidung des Glykogens durch Einstellen in eine Kältemischung aus Eis und Kochsalz kühlen und dabei rühren müssen. Diese Fällung wird zentrifugiert und dann kühl aufbewahrt.
Der Rückstand vom ersten Zentrifugieren enthält Nukleinsäuren und Protein; zur Trennung behandeln wir ihn mit heißer konzentrierter Kochsalzlösung (etwa 35 %), worin sich die Nukleinsäuren auflösen. Nach Rühren zentrifugieren wir nochmals; den Niederschlag waschen wir aus und heben die Proteinfraktion im Kühlschrank auf, falls wir ein Aminosäurechromatogramm beabsichtigen (Ver-

such 7). Sonst schließen wir die bekannten Farbreaktionen auf Eiweiß, z. B. die Xanthoprotein-Reaktion mit Salpetersäure, die Biuret-Reaktion mit Natronlauge und Kupfersulfat, die Schwefelbleiprobe oder die Färbung mit Ninhydrin an.
Der aus Nukleinsäuren in Kochsalzlösung bestehende Überstand wird nochmals mit Alkohol ausgefällt, oft ist er viskos und fädig. Er wird im Tiefkühlfach bis zur Chromatographie, bzw. zum Pentosenachweis (Feulgen, Orcein) aufbewahrt.
Ergebnis:
Durch wiederholtes Abscheiden, Zentrifugieren und Lösen der Fraktionen lassen sich Proteine, Polysaccharide und Nukleinsäuren aus einem Hefehomogenisat präparativ darstellen.

Literatur: Klein, K.: Praxis d. Naturwiss. (Biol.) 21, Heft 6, S. 112 (Köln 1972).

Versuch 5: Nachweis von Nukleinsäuren in Hefe

Wir wollen hier die nach Versuch 4 abgeschiedenen Nukleinsäuren hydrolysieren und nachfolgend chromatographieren.
Material:
Nukleinsäurefraktion von Versuch 4, Chromatographiepapier (z. B. Schleicher & Schüll, 2043 b)
Gerät:
Wasserbad, Brenner, Bechergläser (50 und 200 ml), Meßzylinder (50 ml), Chromatographierkammer (evtl. Weckglas oder Zylinderglas mit Schraubverschluß), Meßpipette (10 ml), Zentrifuge, U.V.-Analysenlampe, Föhn (Heißluftdusche)
Chemikalien:
N Schwefelsäure, N Barytlauge, Bromthymolblau (Indikator), Essigsäure, Butanol; Testsubstanzen: Adenin, Guanin, Cytidinmonophosphat, Uridinmonophosphat
Zeit:
etwa 3 Stunden

Das Chromatographiergefäß füllen wir etwa 1 cm hoch mit einem Gemisch aus 12 Teilen Butanol, 3 Teilen Eisessig und 5 Teilen Wasser. Wir lassen es verschlossen zur Dampfsättigung des Innenraums stehen.
Inzwischen hydrolysieren wir die Nukleinsäurefraktion in N Schwefelsäure: Der nochmals zentrifugierte Rückstand von Versuch 4 wird in der Säure gelöst, sodann auf 2 kleine Bechergläser (A und B) verteilt.
A wird sogleich mit Barytlauge neutralisiert (Bromthymolblau als Indikator), B vorher noch $3/4$ Stunde in ein kochendes Wasserbad gestellt und dann ebenso neutralisiert. Barytlauge hat hier den Vorteil, daß bei der Neutralisation der Schwefelsäure keine Ionen entstehen ($BaSO_4$-Niederschlag).
Die beiden Proben A und B werden am Wasserbad eingeengt und dann 2 cm vom unteren Rand auf der Startlinie des Chromatographiepapiers mehrmals unter Zwischentrocknung punktförmig nebeneinander in etwa 2 cm Abstand aufgetragen. Als weitere Substanzen kommen ebenfalls in 2 cm Abstand auf die Startlinie: Adenin, Guanin, die Monophosphorsäureester des Cytidins und Uridins.
Wenn die Steigflüssigkeit bis zu 1 cm vom oberen Rand des Papiers in der Küvette hochgestiegen ist, unterbrechen wir das Chromatogramm und trocknen es mit dem Föhn im Abzug oder bei offenem Fenster.
Die Flecke der stickstoffhaltigen Basen sind dem Auge unsichtbar. Zum Nachweis nützen wir aber die Absorption dieser Stoffe im mittleren Ultraviolett aus. Unter

dem Strahl der Analysenlampe leuchtet das Chromatographiepapier bläulich, dagegen erscheinen die Stellen, an denen sich die Basen finden, dunkler. Durch das Mitlaufen von Vergleichssubstanzen (Kochromatographie) können wir die Basen identifizieren. Daraus geht hervor, daß es sich vorwiegend um Bestandteile von RNS handelt, da das Thymin fehlt.

Ergebnis:
Nukleinsäurehydrolysat aus Hefe gibt beim papierchromatographischen Auftrennen vor allem die Basen der RNS. Sie werden unter der Analysenlampe durch ihre UV-Absorption sichtbar gemacht.

Gefahrenhinweis:
Die Dämpfe des Laufmittels sind hustenreizend, daher soll das Trocknen im Freien oder unter dem Abzug erfolgen. Nicht in die UV-Lampe schauen!

Versuch 6: Untersuchung und Nachweis von Glykogen in Hefe
Material:
Fraktion „Polysaccharide" von Versuch 4
Gerät:
Erlenmeyerkolben (100 ml), Bechergläser (250 ml), Wasserbad, Brenner, Dialysierschlauch (ca. 1 cm ϕ, 30 cm lang), Pipette (10 ml), Reagenzgläser, Reagenzglashalter, Schere, Zentrifuge, Rührwerk
Chemikalien:
N Salzsäure, N Natronlauge, Jodjodkalilösung (Lugol), Fehlingsche Lösung (1+2), Klinistix- oder Glukoteststäbchen (zum Glukosenachweis), Bromthymolblau (Indikator)
Zeit:
etwa 2 Stunden

Die mit Alkohol ausgefüllte Glykogenfraktion von Versuch 4 wird nochmals zentrifugiert, der Niederschlag in 5 ml N Salzsäure aufgenommen und in 2 Teile (A und B) geteilt.
A wird zugleich mit Natronlauge neutralisiert (Bromthymolblau als Indikator), B 30 Min. im kochenden Wasserbad hydrolysiert und nach Abkühlen ebenfalls neutralisiert.
Wir schneiden etwa 15 cm lange Stücke von Diasysierschlauch, den wir vorher in Wasser eingeweicht haben, ab, verknoten vorsichtig, ohne die Membrane zu verletzen, ein Ende fest und überzeugen uns durch Hineinblasen oder Einfüllen von Wasser vom dichten Abschluß.
Beide Schläuche werden sodann mit je etwa 3 ml Probe von A, bzw. B gefüllt und oben wieder zugeknotet. Sie kommen in ein großes Becherglas mit dest. Wasser. Ein Rührwerk (mit Propeller oder Magnet) sorgt durch Wasserumwälzung für rasche Dialyse, so daß wir nach etwa 30—40 Minuten unterbrechen können.
Nun überprüfen wir eine Probe der Außenlösung im Reagenzglas durch Kochen mit *Fehling:* Verfärbung zeigt reduzierenden Zucker an. Mit Hilfe von Glukotest oder Klinistix können wir diesen Zucker als Glukose identifizieren (Vergleich mit Schlauchinhalt B).
Schlauch A enthält die großmolekularen, daher nicht dialysierbaren Polysaccharide. Wir füllen einen Teil seines Inhaltes in ein Reagenzglas und versetzen mit Lugol'scher Jodlösung. Rotbraunfärbung, die beim Erwärmen ausbläßt, beim Abkühlen aber wiederkehrt, beweist Glykogen.

Ergebnis:
Das hauptsächliche Reservekohlenhydrat der Hefezelle ist Glykogen; dieses läßt sich hydrolytisch in Traubenzuckerbausteine spalten, welche eindeutig mit der Glukoseoxidasereaktion nachweisbar sind.

Versuch 7: Nachweis der Eiweißkomponenten im Hefeprotein
(Chromatographie)
Durch Hydrolyse in 6 N Salzsäure zerfallen Proteine in Aminosäuren, die wir zweidimensional-papierchromatographisch trennen wollen.
Material:
Eiweißfraktion von Versuch 4, evtl. Trockenhefe, Chromatogrammpapier,
Geräte:
Wasserbad, evtl. Trockenschrank (105° C), Brenner, Föhn, Reagenzgläser, Reibschale, Scheidetrichter (100 ml), Ampullenfeile, Porzellanschale, Tropfpipette, Kapillarpipette, Chromatographierkammer mit Chromatographierpapier, (evtl. auch großes Weckglas mit dichtem Verschluß), Pinzette, Büroklammern, Meßzylinder (100 ml), Meßpipette (10 ml), Petrischalen, Sprühgerät f. Chromatogramme
Chemikalien:
Starke Salzsäure (konz. HCl 2:1 mit Wasser verdünnt), Natronlauge (20 %), Collidin, Lackmuspapier, Phenol (kristall.), Ninhydrin, Butanol, Eisessig.
Zeit:
Einige Stunden

Wir trocknen vorsichtig die Proteinfraktion von Versuch 4 oder verwenden 1—2 g Trockenhefe, zerreiben fein in der Reibschale und füllen das Pulver in ein Reagenzglas, das wir vorher in der Mitte durch Ausziehen über der Flamme bis auf etwa 2 mm ϕ verengt haben. Dazu fügen wir etwa 3 ml der starken Salzsäure zu, schmelzen die enge Stelle über dem Brenner zu und bringen die so entstandene Ampulle in den Trockenschrank bei 105° C (Vorsicht: Glasschale unterlegen, erst dann anheizen), bzw. in ein kochendes Wasserbad für 2—3 Stunden.

Das so entstandene braune, nach Maggiwürze riechende Hydrolysat dampfen wir auf der Porzellanschale vorsichtig fast bis zur Trockne ein, neutralisieren mit wenig Natronlauge (Lackmusprobe) und tragen dann mit der Kapillarpipette einige Tropfen unter Zwischentrocknung (Föhn) hintereinander auf die mit einem Bleistiftkreis versehene Startstelle je 2 cm vom Rand in die rechte untere Ecke des Chromatographiepapiers (Schleicher Schüll 2043 b), das wir passend für die Kammer zugeschnitten haben.

Die Kammer (Weckglas) wurde vorher schon 1 cm hoch mit dem Laufmittel wassergesättigtem Collidin gefüllt und bedeckt stehen gelassen (Dampfsättigung des Innenraumes). Das Papier, mit Start nach unten, wird zu einem Zylinder gerollt, falls wir ein Weckglas verwenden, mit einer Klammer oben zusammengehalten und in die Kammer gestellt, ohne die Glaswände zu berühren. Sobald die Steigflüssigkeit etwa 1 cm unter dem oberen Rand erreicht hat, bezeichnen wir die Front mit einem Bleistiftstrich und trocken mit dem Föhn.

Dann stellen wir das Chromatogramm um 90° gedreht, wieder Start (nunmehr links) unten in die Kammer, die jetzt mit etwa 80 % Phenol (Kristalle in destill. Wasser eben gelöst) 1 cm hoch beschickt ist. Nun erfolgt beim Hochsteigen die Trennung in der 2. Dimension. Ist auch hier der obere Rand fast erreicht, markie-

ren wir wieder die Front und trocknen bei offenem Fenster (oder Abzug) mit dem Föhn. (Vorsicht: Phenol ist sehr ätzend, Dämpfe giftig!)
Das gut trockene Chromatogramm wird auf einer Glasplatte mit Ninhydrinlösung (0,1 g Ninhydrin in 50 ml Butanol mit einigen Tropfen Eisessig gelöst) besprüht und dann im Trockenschrank bis zur Entwicklung der Farbflecke (Aminosäureorte) belassen. Ein Bild des fertigen Chromatogramms zeigt Abb. 16.
Die Aminosäuren werden aus ihrem Rf-Wert ermittelt.

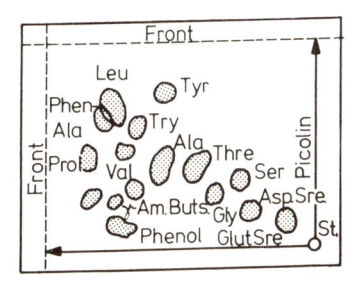

Abb. 16: Zweidimensionales Chromatogramm der Aminosäuren aus Hefeeiweiß

Gefahrenhinweis:
Die Dämpfe der Laufmittel sind giftig! Trocknen unter dem Abzug oder im Freien vornehmen!
Ergebnis:
Mit Papierchromatographie eines Eiweißhydrolysats läßt sich die Aminosäurezusammensetzung qualitativ feststellen.

Literatur: Bukatsch, F.: Nahrungsmittelchemie (Franckh, Stuttgart, 1963).

Versuch 8: Nachweis der „Semipermeabilität" von Plasmagrenzschichten
Die Semipermeabilität der Grenzschichten lebender Zellen geht beim Tode verloren; daher läßt sich an pflanzlichen Zellen aus der Plasmolysefähigkeit der Vitalitätsgrad erkennen.
Material:
Junge Blättchen der Wasserpest, Moosblättchen *(Mnium sp.)*, Häutchen der Küchenzwiebel, Ligusterbeeren usw.
Gerät:
Mikroskop, Hohlschliffobjektträger, kleine Petrischalen mit Deckel, botanisches Besteck, feuchte Kammer, Waage, Meßzylinder 100 ml, Bunsenbrenner, Bechergläser (200 ml), Tauchsieder.
Chemikalien:
10 %ige Rohrzuckerlösung, Glyzerin 1:5 verdünnt, Alkohol 50 %ig
Zeit:
etwa 1 bis 2 Stunden.
Zarte Blättchen der Wasserpest oder vom Sternmoos bringen wir auf Hohlschliffobjektträger, deren Vertiefung mit hypertonischen Lösungen gefüllt ist, z. B. 10 % Rohrzucker, verdünntes Glyzerin. Als Kontrolle dient reines Wasser. Nach Auflegen des Deckglases mikroskopieren wir bei mittlerer Vergrößerung: die Zellen erscheinen zunächst unverändert.

In einer zweiten Reihe stellen wir die gleichen Versuchsansätze wie oben her, doch werden die Blättchen vorher durch Eintauchen in heißes Wasser, bzw. 50 % Alkohol abgetötet.
Die Präparate kommen nun für einige Zeit in eine feuchte Kammer und werden im Abstand von 10 Minuten wiederholt mikroskopiert.
Nur an den lebenden Zellen ist ein Abheben des Protoplasmas von der Zellwand (Plasmolyse) zu erkennen. In reinem Wasser bzw. an den abgetöteten Geweben erfolgt sie nicht.
Beim Zurückführen plasmolysierter Gewebe in reines Wasser dehnt sich der Protoplast wieder aus: Deplasmolyse.
Ergebnis:
Infolge der Semipermeabilität, besser Selektivpermeabilität, erfolgt durch hypertonische Lösungen in Pflanzenzellen, Plasmolyse, welche beim Übertragen in reines Wasser zurückgeht. Die Plasmolysefähigkeit ist ein Lebenskriterium von Zellen höherer Pflanzen.

Versuch 9: Unterschiedliche Permeabilität der Plasmagrenzschichten (Kappenplasmolyse).
Material:
Epidermishäutchen der Küchenzwiebel
Gerät:
Mikroskop, 5 kleine Petrischälchen, botanisches Besteck
Chemikalien:
10 %ige Lösungen von Kaliumnitrat und Kaliumrhodanid, 20 %ige Rohrzuckerlösung, Neutralrotlösung (wäßrig, 1 : 10 000),
Zeit:
etwa 2 Stunden.
Wir ziehen von der Innenseite frischer Zwiebelschuppen nach Einritzen mit dem Skalpell vorsichtig Stückchen der Oberhaut ab und legen sie sogleich zu je 2—3 Stück in die kleinen Petrischalen, die der Reihe nach mit Wasser (Kontrolle), Rohrzuckerlösung, Kaliumnitrat- und Kaliumrhodanidlösung beschickt sind. In einem 6. Schälchen färben wir einige Schnitte etwa 15 Minuten in Neutralrotlösung 1 : 10 000 vor und ersetzen diese dann durch Kaliumrhodanidlösung.
Die Beobachtung der Plasmolysen erfolgt in Abständen von etwa 15 Minuten etwa 1½ Stunden lang bei mittlerer Vergrößerung im Mikroskop.
Rohrzucker erzeugt normales Abheben der Protoplasmen von der Zellwand; in der Kontrolle (Wasser) bleiben die Zellen unverändert.
In Kaliumrhodanidlösung bzw. Kaliumnitrat zeigt sich, daß der Zellsaftraum sich sehr stark verkleinert hat (Tonoplastenplasmolyse), während das Protoplasma

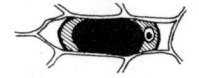

Abb. 17: Kappenplasmolyse einer Zelle der Zwiebelschuppenepidermis

ziemlich stark gequollen erscheint. So kommt es besonders an den Schmalseiten der Zellen zu deutlicher Kappenbildung („Kappenplasmolyse" vgl. Abb. 17).
Diese tritt besonders dann und deutlich ein, wenn man den Zellsaft mit Neutralrot vorgefärbt hat (*Strugger*). Aus der Plasmaquellung läßt sich erschließen, daß

die stark quellungsfördernden Ionen (K⁺, NO₃⁻, SCN⁻) durch das Plasmalemma ziemlich rasch eintreten, jedoch kaum durch den Tonoplasten in den Zellsaftraum.

Ergebnis:
Durch Plasmolyse in geeigneten Salzlösungen läßt sich an der Erscheinung der „Kappenplasmolyse" die verschiedene Durchlässigkeit der äußeren und inneren Plasmagrenzschichten erweisen.

Versuch 10: Änderung der Protoplasmaviskosität durch Chemikalien
Material:
Frisch vom Standort geholte Fäden von *Spirogyra sp.*
Gerät:
Mikroskop, Zentrifuge, Meßpipette (10 ml), Petrischalen, Pinzette, Stoppuhr
Chemikalien:
Ätherlösung 1:1000 in Teichwasser, Kupfersulfat
Zeit:
1—2 Stunden.

Eine frisch geholte, möglichst einheitliche Algenwatte von *Spirogyra* teilen wir in mehrere Portionen und bringen diese in 5 bis 6 Petrischalen mit Teichwasser. In 2 Schalen geben wir verschiedene Mengen Ätherwasser; in die anderen Schalen tropfen wir verschiedene Mengen sehr verdünnter Kupfersulfatlösung.
Zunächst bestimmen wir an den Algenfäden, die in reinem Wasser in der Kontrollschale ohne Zusatz blieben, mit der Stoppuhr, die Zentrifugierdauer, die zur totalen Verlagerung der bandförmigen Chromatophoren nötig ist. Zu diesem Zweck untersuchen wir bei schwacher Vergrößerung mehrere Gesichtsfelder.
Dann zentrifugieren wir in gleicher Weise diejenigen Proben, die ½ Stunde unter dem Einfluß von Äther, bzw. Kupfersulfatlösung standen, einmal kürzer und einmal länger als die Verlagerungsdauer der Kontrolle war.
Bei richtigem Ausfall des Versuchs ist die Zeit für die Verlagerung der Chlorophyllbänder bei den Algen unter Ätherwirkung kürzer, für die Proben aus Kupfersulfatlösung aber länger als die Zentrifugierdauer der Kontrolle. Das bedeutet, daß Äther die Viskosität des Protoplasmas vermindert, Kupfersalze sie aber erhöhen.

Ergebnis:
An geeigneten Objekten läßt sich ziemlich einfach der Einfluß bestimmter Chemikalien auf die Zähigkeit des Zytoplasmas ermitteln.

Literatur: Strugger, S.: Praktikum der Zell- u. Gewebsphysiologie d. Pflanzen (Bln.).

Versuch 11: Unterscheidung lebender und toter Zellen an der Intrabilität von Farbstoffen.
Tote Zellen weisen infolge des Zusammenbruches der im Leben ausgeprägten Semipermeabilität des Plasmalemmas eine wesentlich höhere Anfärbbarkeit als lebende Zellen auf.
Für die Gärungsindustrie ist z. B. die Unterscheidung lebender und toter Hefezellen von großer praktischer Bedeutung; wir folgen hier dem Verfahren nach *Fink-Weinfurtner* (1933).

Material:
Verschieden alte Kulturen von Bier-, Wein- oder Preßhefe; zum Vergleich durch Hitze oder Alkohol abgetötete Zellen.
Gerät:
Mikroskop, Zählkammer, Impföse, Pipette, kleine Erlenmeyerkölbchen (50 oder 100 ml), Meßzylinder (100 ml), Waage, Wasserbad, Brenner.
Chemikalien:
Methylenblau, 10 % Essigsäure, 50 % Alkohol, primäres Kaliumphosphat.
Zeit:
Etwa 1 Stunde.
In 100 ml einer wäßrigen Methylenblaulösung 1 : 10 000 lösen wir 1,3 g Kaliumdihydrogenphosphat zur Ansäuerung auf (pH = ca. 5), verteilen jeweils einige Tropfen davon auf Objektträger. Darin verreiben wir je 1 Impföse von frischer, alter, bzw. durch Erhitzen auf dem Wasserbad oder durch Alkohol abgetöteter Hefe und bedecken die Präparate mit Deckgläsern.
In Abständen von etwa 5 Minuten vergleichen wir die Zahl der angefärbten und farblos gebliebenen Zellen, wobei eine Zählkammer die Durchführung erleichtert.
Ergebnis:
Tote Hefezellen färben sich in saurer Methylenblaulösung sehr viel rascher und intensiver als lebende Zellen. Dies weist auf den Verlust der Semipermeabilität bei toten Zellen hin.

Versuch 12: Einfluß von Ionen auf die Zähigkeit des Protoplasmas
Die Stoffwechselintensität des Protoplasmas ist weitgehend von seinem Quellungszustand, seiner Viskosität abhängig. Alkaliionen (z. B. Kalium) setzen die Zähigkeit des Protoplasmas herab, während Ionen der Erdalkalien und Erdmetalle (z. B. Kalzium und Aluminium) die Viskosität erhöhen. Dies läßt sich aus der Plasmolyseform erkennen.
Material:
Epidermishäutchen der Zwiebelschuppen
Gerät:
Mikroskop, kleine Petrischalen, 2 Erlenmeyerkolben (100 ml), Waage, Meßzylinder (100 ml), Kurzzeitwecker oder Stoppuhr.
Chemikalien:
Kalium- und Kalziumnitrat
Zeit:
etwa 2 Stunden.
Durch Auflösen von 10,1 g Kaliumnitrat in 100 ml destilliertem Wasser stellen wir uns eine 1-molare Lösung her; ebenso durch Auflösen von 12 g wasserfreiem Kalziumnitrat in 100 ml dest. Wasser eine 0,7-molare Lösung.
Diese beiden hypertonischen Plasmolytika geben wir in kleine Petrischalen, legen Stückchen von Zwiebelhäutchen hinein und beobachten alle 10—15 Minuten die Plasmolyseform der Zellen bei mittlerer Vergrößerung.
Die Plasmolyse in Kaliumnitrat zeigt alsbald abgerundete Kuppen an den Zellschmalseiten, weil hier das Plasma eine niedrige Viskosität besitzt. Dagegen sind die Plasmolyseformen in Kalziumnitrat konkav, d. h. der Protoplast hebt sich in

Buchten von der Wand ab. Dieses Zeichen erhöhter Zähigkeit nennt man „Krampfplasmolyse" (*Strugger* a. a. o.).
Ergebnis:
Anhand der Plasmolyseform kann man Schlüsse der Wirkung von Kationen auf den Quellungszustand des Protoplasmas ziehen.

Versuch 13: Gewebespannung in Abhängigkeit von der Außenkonzentration
Einen sehr einfachen, dabei eindrucksvollen Versuch zum Turgor können wir folgendermaßen durchführen.
Material:
2 kleine Gläser mit Rillenrand (etwa von Marinaden, Sardellen, Senf u. dgl.), Nadel, entfettete Schweinsblase oder Dialysiermembrane, kleine straffe Gummiringe (entspr. Glasdurchmesser)
Geräte:
2 große Bechergläser (breite Form 1 l) oder Weckgläser, Schere, Waage, Meßzylinder (500 ml)
Chemikalien:
Kochsalz, Rohrzucker je etwa 100 g, Eosin
Zeit:
Ansatz ½ Stunde, Beobachtung nach 12—24 Stunden (5 Min.)
Ein Glas mit Rillenrand füllen wir voll mit starker Kochsalz- oder Zuckerlösung, ziehen ein vorher eingeweichtes Stück entfetteter Schweinsblase oder Dialysiermembrane straff darüber und befestigen diese straff mit einigen Gummiringen, die wir über die Rille legen; die überstehenden Ränder schneiden wir in 1 cm Abstand mit der Schere ab.
Das Glas wird in ein großes Becherglas mit Wasser gelegt; als Kontrolle dient ein zweiter gleicher Ansatz, nur mit umgekehrter Füllung: innen Wasser, außen im Becherglas die Zucker- bzw. Kochsalzlösung. Das kleine Glas soll von der Außenflüssigkeit ganz bedeckt sein.
Nach ½—1 Tag beobachten wir die Veränderungen an der Membrane; sie ist im 1. Fall straff nach außen gewölbt, was hohen Binnendruck anzeigt; bei der Kontrolle aber nach innen gezogen.
Stechen wir den 1. Ansatz an, spritzt Flüssigkeit unter Druck heraus; im 2. Fall wird beim Anstechen Luft eingezogen.
Ergebnis:
In einfacher Weise lassen sich osmotische Erscheinungen, wie Turgordruck von Zellinhalten, an einem Modell demonstrieren.

II. Wasserhaushalt bei Pflanze und Tier:

Osmotische Verhältnisse, Wasser und Nährstoffaufnahme, Stofftransport, Boden als Wasser- und Nährsalzreservoir der höheren Pflanzen

Versuch 14: Exosmose von Wasser in hypertonische Lösungen
Neben der mikroskopisch beobachtbaren Plasmolyse von Zellen in höher konzentrierten Lösungen läßt sich der Wasserdurchtritt durch die Plasmagrenzschichten auch makroskopisch zeigen.

a. *Durch Turgorverlust*
Material:
Zarte Sprosse von Schattenpflanzen (z. B. Balsaminen wie kleinblütiges Springkraut *(Impatiens parviflora)*, Ranken vom Kürbis oder der Zaunrübe *(Bryonia)*
Gerät:
20 Erlenmeyerkolben (100 ml), Meßzylinder (250 und 100 ml), Waage
Chemikalien:
Kristallzucker, Kalisalpeter
Zeit:
Ansatz ½ Stunde, gelegentliche Beobachtung über einige Stunden
Wir stellen frisch abgeschnittene Sprosse von Balsaminen oder sonstigen zarten, wenig verholzten Pflanzen in mehrere Erlenmeyerkolben ein, die verschieden konzentrierte Zucker- bzw. Kalisalpeterlösungen (0,2—0,8 molar) enthalten. Zur Kontrolle dient reines Wasser.
Eine molare Zuckerlösung: 68,4 g in 200 ml Wasser
Eine molare Kalisalpeterlösung: 20,2 g in 200 ml Wasser
Aus diesen Lösungen stellen wir durch Verdünnung die geringeren Konzentrationen her, die wir jeweils in Erlenmeyerkolben abfüllen.
Beobachten wir die Sprosse während einiger Stunden in hellem Licht, doch nicht in direkter Sonne, so können wir in bestimmten Konzentrationen Welken (Turgeszenzverlust) beobachten.
Ergebnis:
Durch osmotischen Wasserentzug verlieren Pflanzen in hypertonischen Lösungen ihre Gewebsspannung und welken. Die Konzentration, in der gerade noch kein Welken auftritt, gibt ein grobes Maß für die Zellsaftkonzentration in den betreffenden Geweben.

b. *Schlierenoptische Darstellung des Wasseraustritts*
Material:
gelbe oder rote Rübe, Kartoffelknolle, Rettich, u. a.
Gerät:
Projektionsküvette mit Kleinbildprojektor, Korkbohrer, Draht, Drahtzange, Taschenmesser
Chemikalien:
Glyzerin, 1-molare Zuckerlösung vom vorhergehenden Versuch
Zeit:
etwa 45 Minuten
Voraussetzung ist eine schmale Küvette, die man anstelle der Bildbühne in den Projektor einschieben kann; sie läßt sich u. U. aus Diadeckgläsern mit Glasstreifenzwischenlage durch Uhu-plus zusammenkleben. In die Küvette kommt ein kleines Drahtgestell, auf das man ein mit dem Korkbohrer ausgestanztes, kaum bleistiftdickes Gewebszylinderchen aufspießen kann (siehe Abb. 18).
Wir füllen sodann die Küvette entweder mit Glyzerin oder molarer Zuckerlösung, stellen auf dem Bildschirm das Zylinderchen, das als Silhouette erscheint, scharf ein.
Alsbald bemerken wir, wie Schlieren aus dem Gewebe austreten. Sie bestehen aus Wasser, das sich durch seine geringere Lichtbrechung deutlich von der übrigen Lösung abhebt. Dabei ist zu beachten, daß durch die Umkehrwirkung des

Projektors das Wasser nach unten zu sinken scheint, in Wirklichkeit steigt es wegen seines geringeren spezifischen Gewichtes nach oben.

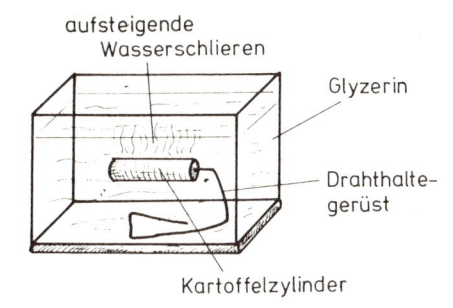

Abb. 18: Schlierenoptischer Nachweis des Wasseraustrittes aus Geweben in hypertonischer Lösung

Ergebnis:
Mit Hilfe der Schlierenprojektion läßt sich der Wasseraustritt aus Geweben in konzentriertere Lösungen auf dem Bildschirm sichtbar machen.

Versuch 15: Plasmoptyse von Algenfäden in Alkohol
Material:
zartwandige Fadenalgen *(Spirogyra, Mougeotia* usw.)
Gerät:
Mikroskop (möglichst mit Okularmikrometer), Meßzylinder (50 ml), Becherglas (100 ml)
Chemikalien:
Methanol (abs.), Äthanol (abs.)
Zeit:
etwa 30 Min.
Wir legen Fäden einer großzelligen Spirogyraart auf den Objektträger in einen Tropfen 50 % Methanol und untersuchen rasch unter dem Deckglas bei mittlerer Vergrößerung.
Meist tritt bald durch schnelles Eindringen des Alkohols in die Zelle eine Aufblähung des Protoplasmas auf, die bis zum osmotischen Platzen der Zelle führen kann: „Plasmoptyse".
Einen Parallelversuch machen wir auch mit Äthanol. Das Aufblähen der Zellen läßt sich auch mit dem Okularmikrometer messend verfolgen.
Ergebnis:
Tritt in Zellen ein Stoff rascher ein als Wasser austreten kann, so kommt es bei zartwandigen Zellen u.U. zu einer Ausdehnung des Inhalts, die bis zu einem Zerreißen der Membran und Austritt des Zellinhaltes führen kann (Plasmoptyse).

Versuch 16: Bestimmung der Zellsaftkonzentration bei Pflanzen
Die Semipermeabilität der Plasmagrenzschichten bewirkt, daß Gewebe aus Lösungen, deren Konzentration niedriger als die des Zellsaftes ist, Wasser aufnehmen, dagegen die Lösungen, die konzentrierter als der Zellsaft sind, Wasser abgeben. Durch einfache Wägung läßt sich auf die folgende Art die ungefähre Zellsaftkonzentration ermitteln.

Material:
Einige große, frische Kartoffelknollen, Filterpapier
Geräte:
Waage (auf 0,1 g genau), Meßzylinder (250 ml), Bechergläser(100 ml), Petrischalen (10 cm $\varnothing$), Messer, Schneidebrett, Pinzette, Spatel.
Chemikalien:
Rohrzucker oder Traubenzucker
Zeit:
Vorbereitung etwa 20 Minuten, Auswertung nach 1—2 Stunden etwa 20 Minuten.
Aus Traubenzucker (Mol. Gew. 180) oder Rohrzucker (Mol. Gew. 342) stellen wir 1-molare Lösungen her (je 250 ml) und davon wieder Verdünnungsreihen 0,8, 0,6, 0,4, 0,2 M (je 100 ml). Die Lösungen werden in 6 Petrischalen gefüllt mit 1 M, 0,8 M, 0,4 M, 0,2 M bezeichnet; in die 6. Schale kommt reines Wasser (0) als Kontrolle.
Frisch geschälte Kartoffeln werden in 1 cm³ große Würfel geschnitten; je 15 Würfel auf 1/10 g genau gewogen und in die Verdünnungsreihen eingelegt, so daß sie von der Flüssigkeit in den Schalen ganz bedeckt sind. Um Verdünstung der Flüssigkeit zu vermeiden, bleiben die Schalen zugedeckt 1—2 Stunden stehen.
Dann nimmt man die Kartoffelwürfel aus den einzelnen Konzentrationen wieder heraus, trocknet sie sanft (ohne Druck) mit Filterpapier ab und wägt sie wieder: aus der Gewichtsdifferenz gegenüber dem Ausgangsgewicht kann man ersehen, in welchen Lösungen Wasser aufgenommen, bzw. abgegeben wurde; dazwischen liegt der osmotische Wert.

Graphische Ermittlung des osmot. Werts von Kartoffelparenchym
Wir tragen in ein Diagramm mit den Gewichtsdifferenzen in Gramm als Ordinate und den steigenden Zuckerkonzentrationen als Abszisse (etwa entsprechend der Abb. 19) die Werte ein und sehen nach, wo die Kurve die O-Linie schneidet (im Fall der Abb. 19 bei etwa 0,4 M Rohrzucker. Aus den Gasgesetzen (Avogadro und

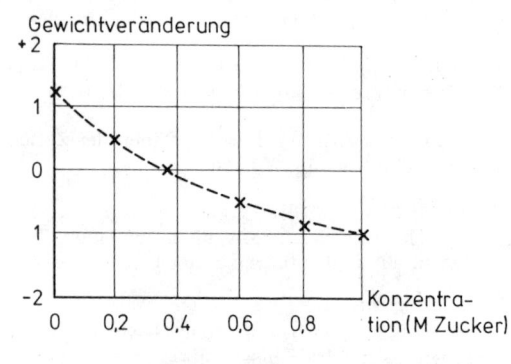

Abb. 19: Graphische Ermittlung des osmotischen Wertes aus Gewichtsänderung von Kartoffelparenchym in versch. konz. Zuckerlösungen

Boyle-Mariotte) errechnet sich der osmot. Druck einer 1 M Lösung nicht dissoziierter Stoffe (z. B. Zucker) mit rund 22.4 Atmosphären. 22,4 x 0,4 ergibt einen osmotischen Wert von rund 9 Atmosphären.

Ergebnis:
Mit Hilfe der Bestimmung von Gewichtsdifferenzen läßt sich an Stücken parenchymatischer, gleichmäßiger Gewebestücke, die in eine gestufte Konzentrationsreihe einer nicht dissoziierten, relativ großmolekularen Substanz, z. B. Saccharose verweilt haben, der osmotische Wert ermitteln.

Versuch 17: Osmotische Experimente am Hühnerei
Das dünne Eihäutchen, das unter der Kalkschale des Eies liegt, zeigt Eigenschaften selektiver Permeabilität.
Material:
3 gleichgroße Hühnereier, Zellstoffwatte, Filterpapier
Gerät:
Bechergläser (200 ml), Waage, Meßzylinder (100 ml), Meßpipette (10 ml), Suppenlöffel, Uhr
Chemikalien:
10 %ige Salzsäure, Kochsalz
Zeit:
Mit Vorbereitung etwa 2 Stunden
Die Eier werden in Salzsäure, die etwa 1:4 verdünnt ist, gelegt, bis sich die Kalkschale gelöst hat, was sich durch Aufhören der Kohlendioxidentwicklung zeigt. Die Eier werden dann vorsichtig mit einem Löffel herausgenommen, kurz abgespült, mit Zellstoffwatte oder Filterpapier abgetupft und gewogen. Die Gewichte werden notiert.
Ein Ei kommt in etwa 25 %ige Kochsalzlösung, das 2. in 0,8 % Kochsalzlösung, das 3. in reines dest. Wasser. Nach etwa 1½ Stunden entnehmen wir die Eier vorsichtig, spülen sie kurz ab und wägen nochmals nach Abtupfen mit Zellstoffwatte. Das Aussehen und die Gewichtsdifferenzen zeigen deutlich die Wirkung der verschiedenen Außenkonzentrationen.
Ergebnis:
Das Ei in starker Kochsalzlösung ist geschrumpft und leichter geworden, in der physiologischen Kochsalzlösung hat sich nichts geändert. In reinem Wasser ist das Ei schwerer geworden und erscheint aufgequollen.
Literatur: Wieser, G.: „Aus der Heimat" 46, Heft 8 (1933).

Versuch 18: Osmotische Wasseraufnahme und -abgabe beim Regenwurm
Material:
3 kräftige, etwa gleichgroße Regenwürmer, weiches Filterpapier
Gerät:
3 Petrischalen, Waage, Meßzylinder (100 ml), Bechergläser (100 ml), Pipetten, Pinzette
Chemikalien:
Kochsalz
Zeit:
etwa 1½ Stunden
Wir spülen 3 Regenwürmer kurz ab, trocknen sie und wägen sie auf 0,1 g genau. Dann bringen wir sie in 3 Petrischalen.

Eine Schale wird mit 2 %iger, die 2. mit 0,5 %iger (Lösung 1 mit 3 Teilen Wasser verdünnt), die letzte mit Regenwasser beschickt. In jeder der drei Schalen sollen die Tiere mit Flüssigkeit fast bedeckt sein.
Nach 1 Stunde nehmen wir die Tiere aus den verschiedenen Lösungen, spülen sie kurz ab und wägen sie nochmals nach Abtrocknen mit Filterpapier.
Ergebnis:
Der in reinem Wasser befindliche Wurm wurde etwas schwerer, der aus 2 % Kochsalzlösung leichter als vorher; der Wurm in 0,5 % Kochsalzlösung veränderte sein Gewicht kaum. Dies beweist, daß der Wasserhaushalt des Regenwurms osmotisch reguliert wird. Die 0,5 %ige Kochsalzlösung ist mit der Körperflüssigkeit ungefähr isotonisch.
Bemerkung:
Wenn wir die Tiere aus den Salzlösungen nach dem Versuch gut waschen, ist mit dem Experiment kaum eine Tierquälerei verbunden.

Versuch 19: Wasserhaushalt der Tiere, Messung der Wasserabgabe bei niederen Tieren
Die Trockenresistenz der Tiere hängt vom Feuchtigkeitsgehalt ihres normalen Lebensraumes ab. Man könnte diese Versuche auch auf kleine Wirbeltiere ausdehnen, z. B. Frösche, weiße Mäuse u. a., doch besteht hier eher die Gefahr von Tierquälerei.
Material:
Mehlwürmer (20), Kellerasseln (20), Regenwürmer (5), und, wenn erhältlich, Küchenschaben (10)
Gerät:
Großer Exsikkator mit Kalziumchlorid, genaue Waage, Uhr, kleine, leichte Tragkäfige, Millimeterpapier
Zeit:
einige Stunden
Wir bringen die obengenannten Tiere von den kleinen mehr, von den größeren weniger in weite, vorher gewogene Tragkäfige und bestimmen jeweils ihr Nettogewicht.
Die Käfige kommen dann in den großen Exsikkator und werden in Stundenabständen mit den Tieren gewogen. Die Gewichtsabnahme können wir auf das Gesamtnettogewicht der frischen Tiere (= 100 %) bezogen graphisch darstellen. Als Abszisse wird die Zeit, als Ordinate das Gewicht in g aufgetragen.
Ergebnis:
Die Wasserdampfabgabe hängt weitgehend von der Art des normalen Lebensraumes der Tiere ab. Mögliche Werte der Gewichtsabnahme bei 20° C, bezogen auf das Frischgewicht pro Stunde:
Mehlwürmer 0,05 %
Küchenschaben 0,1—0,2 %
Kellerasseln 4 %
Regenwürmer 15—20 %

Versuch 20: Osmotisches Verhalten von Meerestieren (Seesternen)
Material:
6—9 kleine. etwa 20 g schwere Seesterne (aus Helgoland bzw. Büsum zu beziehen), Leinentücher, Millimeterpapier

Gerät:
Kleine Aquarien oder Weckgläser (etwa 1,5 l Inhalt), genaue Waage, Meßzylinder (500 ml), Uhr, Spatel
Chemikalien:
Kochsalz
Zeit:
1½—2 Stunden
Wir stellen mit Leitungswasser je 1 l 2,1 %, 3,2 % und 4,5 %ige Kochsalzlösung her und füllen damit jeweils einige gekennzeichnete Weckgläser. Dann werden kleine Seesterne nach vorsichtigem Abtrocknen durch Einschlagen in reine Leinentücher auf 1/10 g genau gewogen und in die einzelnen Weckgläser mit den verschiedenen Kochsalzkonzentrationen gebracht.
In 1/4stündigen Abständen werden sie wieder nach vorsichtigem Trocknen gewogen und dann wieder in ihr Gefäß zurückgebracht.
Die Gewichtsänderungen werden als Kurven (bezogen auf das Anfangsgewicht = 100 %) dargestellt.
Ergebnis:
In der isotonischen Lösung (3,2 %) ergibt sich keine Gewichtsänderung. In der schwächeren Lösung Gewichtszunahme, in der stärkeren Lösung Abnahme des Ausgangsgewichts um etwa 10—15 %.
Bemerkung:
Bezugsquellen für Meerestiere: Zoologische Station Büsum (Holstein) bzw. Biologische Anstalt Helgoland.

Versuch 21: Hämolyse beim Verdünnen von Blut mit Wasser
Die roten Blutzellen des Wirbeltierblutes sind von einer sehr dünnen, selektivpermeablen Zellhaut umschlossen, die auf Veränderung des osmotischen Wertes empfindlich anspricht.
Material:
Frischblut (Schlachttier, Mensch), bedrucktes Zeitungspapier
Gerät:
Mikroskop, Petrischalen, Spritzflasche mit dest. Wasser, Glasstäbe, Meßpipette (10 ml)
Chemikalien:
Physiologische Kochsalzlösung (0,8 % NaCl in Wasser)
Zeit:
15 Minuten
In 2 Petrischalen, eine halb mit dest. Wasser, die andere mit physiologischer Kochsalzlösung gefüllt, geben wir die gleiche Menge Blut (etwa 5 ml) und mischen mit dem Glasstab, nachdem wir die Schalen auf großbedrucktes Zeitungspapier gestellt haben.
Schon nach ganz kurzer Zeit wird die zunächst trübe Blutprobe im dest. Wasser klar, rot-durchsichtig, so daß man die darunter liegende Schrift ohne Mühe lesen kann. Das mit Kochsalzlösung verdünnte Blut bleibt trüb.
Im Mikroskop sind in der wasserverdünnten Probe keine Blutkörperchen mehr erkennbar, während sie bei Kochsalzzusatz intakt geblieben sind.
Der Versuch wird beim Thema Blut noch ausführlicher abgewandelt; diese einfache Durchführung genügt aber zur raschen Demonstration der osmotischen

Empfindlichkeit roter Blutzellen und zum Vergleich mit der „Plasmoptyse"
pflanzlicher Zellen.
Ergebnis:
Die zarte Zellhaut der roten Blutkörperchen platzt durch osmotische Wasseraufnahme bei Übertragung in ein hypotonisches Medium, z. B. beim Verdünnen mit Wasser.
Dies weist auf ein vergleichbares selektivpermeables Verhalten der Grenzschichten des Plasmas im Pflanzen- und Tierreich hin.

Versuch 22: Osmose-Modell zum aufsteigenden Saftstrom bei Pflanzen
Material:
Dialysierschlauch aus Kunststoffolie, dazu passender durchbohrter Gummistopfen, Bindfaden, Tesa-Klebeband
Geräte:
Großes Becherglas (etwa ½ l), Stativ mit Muffe und Klemme zur Halterung des Steigrohrs, 50 cm Steigrohr aus Glas (in Gummistopfen passend, s. o.), Schere, Stoppuhr, Fettstift, Millimetermaß.
Chemikalien:
20 %ige, wäßrige Zuckerlösung, mit Farbstoff deutlich sichtbar gefärbt.
Zeit:
Ansatz etwa 15 Minuten, Beobachtung 1—2 Stunden in je 5 Minuten Abstand.
Entsprechend Abb. 20 verschließen wir das untere Ende eines etwa 1 cm weiten,

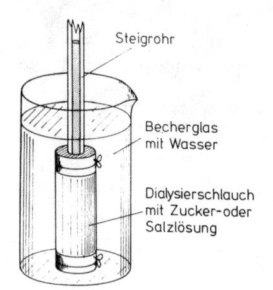

Abb. 20: Darstellung des Osmotischen Drucks
(Dialysierschlauch-Osmoskop)

10 cm langen Stückes angefeuchteten Dialysierschlauches mit einem gut passenden Gummistopfen und befestigen mit Bindfaden oder Tesaband möglichst dicht. Dann füllen wir die Hülse mit angefärbter, etwa 20 %iger Rohrzuckerlösung und setzen den durchbohrten Gummistopfen luftblasenfrei so auf, daß die Füllung im Steigrohr sichtbar wird. Auch hier erfolgt möglichst gute Abdichtung mit Tesaklebeband oder Bindfaden.
Am Steigrohr hängend, wird der Dialysierschlauch völlig in ein mit abgestandenem Leitungswasser (von Zimmertemperatur) eingetaucht, so daß der äußere Wasserspiegel mit dem Meniskus der Zuckerlösung im Steigrohr übereinstimmt. Ist unsere Anordnung dicht, können wir mit der Zeit zunehmendes Steigen der gefärbten Zuckerlösung im Glasrohr beobachten und in Zeitintervallen markieren.

Ergebnis:
Infolge osmotischen Einsaugens von Wasser (und gelösten Salzen) durch die selektiv permeable Grenzschicht der Wurzelzellen — in unserem Fall der Dialysierschlauch als Modell — wird Flüssigkeit in die aufsteigenden Wasserleitungsbahnen der Pflanzen gepreßt.

Versuch 23: Wurzeldruck - Guttation
Die Wasseraufnahme durch die Wurzeln erfolgt osmotisch, der dabei entstehende „Wurzeldruck" ist in den meisten Fällen nicht ausreichend, um Wasser in größere Höhen des Stengels (Stammes) zu heben. Er läßt sich aber bodennah als „Guttation", d. h. Auspressen von Wassertröpfchen an Blatträndern und -Spitzen im dunstgesättigten Raum nachweisen.
Material:
Im Dunkeln herangezogene Jungpflänzchen von Getreide, Kapuzinerkresse *(Tropaeolum)*, junge Pflänzchen des Frauenmantels *(Alchemilla)* aus dem Freiland in Blumentöpfchen.
Geräte:
Glasstürze, unten geschliffen, mit Bodenplatte aus Glas.
Zeit:
1—2 Tage (Beobachtung am Morgen).
Wir bringen obengenannte Jungpflanzen in gut feuchter Erde unter eine Glasglocke, die gut schließend auf einer Glasplatte steht.
Im dampfgesättigten Raum treten „tautropfen"-ähnliche kleine Wassertröpfchen an Blatträndern und Keimlingsspitzen auf, die durch den Wurzeldruck aus Hydathoden (besonders „Wasserspaltöffnungen") hervorgepreßt werden.
Ergebnis:
An bodennahen Blättern lassen sich bei geeigneten Pflanzen Wassertröpfchen bei hoher Luftfeuchtigkeit beobachten, besonders morgens. Sie sind aber kein „Tau", sondern das Ergebnis des osmotisch bedingten Wurzeldruckes „Guttation".

Versuch 24: Wurzelunabhängige Wasseraufnahme bei Pflanzen
Bei niederen Pflanzen (Thallo- und Sporophyten) ist Wasseraufnahme durch oberirdische Teile sehr verbreitet (Flechten, Moose); aber auch angewelkte Blätter von Blütenpflanzen vermögen Wasser aufzunehmen.
a. Wasserdampfaufnahme bei Flechten
Material:
Lufttrockene Lager von Laub- und Strauchflechten (Peltigera, Lobaria, Cetraria u a.)
Geräte:
Feuchte Kammer (kleines, mit Filterpapier ausgelegtes Aquarium oder Weckglas) Feinwaage (Genauigkeit etwa 10 mg: Torsionswaage) mit Gewichtsatz, Drahthäkchen, Schere, Zange
Zeit:
Vorbereitung etwa ¼ Stunde; dann 5—6 mal stündliche Wägung, schließlich Wägung nach 1 Tag.
Ein großer Flechtenthallus wird lufttrocken gewogen, dann in eine mit feuchtem Filterpapier feuchte Kammer gebracht und einigemale in stündlichen Abständen gewogen. (Evtl. kurvenmäßige Darstellung). Letzte Wägung nach 24 Stunden.

Ergebnis:
Flechten vermögen an ihrer Oberfläche Wasserdampf zu kondensieren und dann das Wasser kapillar aufzunehmen; auch die Quellung spielt dabei mit. Die Gewichtszunahme ist anfangs hoch, nimmt bis zur Sättigung allmählich ab.

b. *Wasseraufnahme durch Moospflänzchen*
Material:
Lufttrockene Polster von Laubmoosen (*Polytrichum, Leucobryum, Sphagnum*), Zellstoffwatte
Geräte:
Große Schalen, Feinwaage, Pinzette, Mikroskop
Zeit:
Einige Stunden, Schlußwägung nach etwa 6 Stunden.
Die Moosrasen bzw. -Polster werden lufttrocken gewogen, dann in Schalen mit Wasser getaucht und — nach vorhergehendem Ausschütteln — noch auf Zellstoffwatte oberflächlich getrocknet und jeweils in Stundenabständen gewogen und dann in die Kammer zurückgebracht. Man gibt die Gewichtszunahmen in % des Anfangsgewichts an.

Ergebnis:
Laubmoose können bis zum Zehnfachen des Frischgewichts (und sogar mehr) Wasser aufnehmen; beim Torfmoos sind es hohle, versteifte Blattzellen, die durch eine Pore nach außen geöffnet sind und kapillar Wasser speichern, wie wir im Mikroskop schon bei mittlerer Vergrößerung sehen können.

c. *Wasseraufnahme welker Blätter von Blütenpflanzen*
Material:
Beliebige Blätter mit glatter Oberfläche (**Flieder, Holunder, Spinat u. a.**), Filterpapier.
Geräte:
Schere, Feinwaage, Glasschalen, UV-Analysenlampe, starke Lupe (etwa 10 x), Spatel, Drahthäkchen, Porzellantiegel, Brenner, Föhn
Chemikalien:
Berberinsulfatlösung (1:10 000), Vaseline
Zeit:
einige Stunden.
Die frisch abgenommenen Blätter tauchen wir an der Schnittstelle in verflüssigte, warme Vaseline und legen sie eine Zeitlang in warme, trockene Luft (evtl. Föhn aus größerer Entfernung), bis sie angewelkt sind.
Dann kommen sie — nachdem sie markiert einzeln genau gewogen sind — in Petrischalen, die mit Berberinsulfatlösung 1:10 000 gefüllt sind, und werden in stündlichen Abständen, nach kurzem Abtrocknen mit Filterpapier wiederholt gewogen; die Aufsättigung durch die Blattspreite läßt sich in % des Ausgangsgewichts graphisch darstellen. Nach 6—8 Stunden betrachten wir die Blätter im Dunkelraum unter der UV-Strahlung einer Analysenlampe. Die Blattränder (Zähnchen), Blattrippen und (bei mikroskop. Beobachtung) auch die Schließzellen der Stromata fluoreszieren grünlichgelb durch das mit dem Wasser aufgenommene Berberinsulfat (Mikroskop).

Ergebnis:
Durch Wägung und durch Aufnahme fluoreszierender Farbstoffe kann man das Eindringen von Wasser in welke Blätter über die Blattfläche beobachten. Die

Stengelwunde ist mit Vaseline abgeschlossen; trotzdem werden die schlaffen Blätter wieder nach einigen Stunden voll turgeszent.

Literatur: Steubing, L.: „Pflanzenökolog. Praktikum (Parey Berlin 1965).

Versuch 25: Treibende Kräfte des aufsteigenden Saftstroms bei Pflanzen
Für die Photosynthese ist ein Zustrom von Wasser und Nährsalzen wichtige Voraussetzung. Da Kapillarität und Wurzeldruck nicht zur Versorgung des Laubes in hohen Baumkronen ausreichen, kommt als weitere Kraft noch der Sog dazu, der durch Verdunsten von Wasser aus den Blättern entsteht. Wir unterscheiden eine rein physikalische Komponente = „Evaporation" und eine biologisch geregelte Wasserdampfabgabe „Transpiration". Für beides wollen wir Beispiele anführen.

a. *Evaporation*
Material:
Stuckgips, abgestandenes Leitungswasser
Geräte:
kleiner Glastrichter (ϕ etwa 5 cm), Stativ, Porzellanrundschale (ϕ etwa 10 cm), Verbindungsschlauch, Becherglas (500 ml) (niedere Form), Steigrohr (ϕ etwa 5 mm, 50 cm lang), Warmlufttrockner (Föhn), Zentimetermaß, Uhr, Gipsschale, Spatel, Messer.
Chemikalien:
Chloroform oder Tetrachlorkohlenstoff (etwa 250 ml), Jod, Vaselin
Zeit:
Vorbereitung etwa 20 Min., Versuchsdauer etwa 1 Stunde.
Wir rühren Gipsbrei an und füllen damit eine runde, vorher mit wenig Vaseline innen „gefettete" Porzellanabdampfschale zu 3/4 voll. Bevor der Gips abbindet,

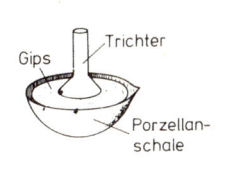

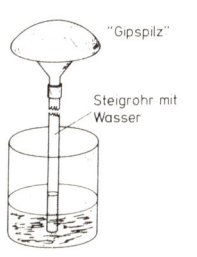

Abb. 21: Nachweis des Evaporationssogs

a) Herstellung des „Gipspilzes" b) Gipspilz am Steigrohr

senken wir entsprechend Abb. 21a die weite Öffnung eines kleinen Glastrichters in den Gips und lassen ihn erstarren.
Ist der „Gipspilz" fest geworden, lockern wir vorsichtig mit einem Taschenmesser den Rand an der Schale, bis sich der Pilz löst.
Er wird nun im Trichterteil mit abgestandenem Wasser gefüllt und ein kurzes Stück Verbindungsschlauch für das Steigrohr aufgesetzt (ebenfalls mit Wasser luftblasenfrei zu füllen!). Das Steigrohr wird auch mit abgestandenem Wasser

gefüllt, das untere Ende mit einem Finger verschlossen, das obere Ende mit dem Verbindungsschlauch des Gipspilzes luftblasenfrei vereinigt, was etwas Übung erfordert und die Hilfe eines Assistenten.
Nun wird das Ganze aufgerichtet und in ein großes zu 2/3 mit Wasser gefülltes Becherglas gebracht und der Finger unter Wasser weggezogen, vgl. Abb. 21b.
Wir haben uns inzwischen eine gefärbte Sperrflüssigkeit, mit Wasser nicht mischbar und spezifisch schwerer, vorbereitet: eine tief violette Lösung von etwas Jod in Chloroform oder Tetrachlorkohlenstoff. Wir gießen sie auf den Grund des wassergefüllten Becherglases und sorgen durch Einstellung des Haltestativs dafür, daß das Steigrohr in die Sperrflüssigkeit eintaucht.
Ergebnis:
Durch die Verdunstung der freien, feuchten Gipsoberfläche wird Flüssigkeit in das Steigrohr nachgesogen, was man am Anstieg der Sperrflüssigkeit erkennt.

b. *Transpiration eines Eibenzweiges*
Gerät und Anordnung wie bei a), doch wird an Stelle des Gipspilzes ein frisch abgeschnittener kräftiger Eibenzweig gesetzt, dessen unteres Ende genau und dicht in das Verbindungsrohr passen muß.
Zeit:
Auch hier sehen wir innerhalb einer Stunde, wie Flüssigkeit nachgesogen wird. Wir können auch mit dem Föhn den Einfluß strömender kalter oder warmer Luft feststellen.
Ergebnis:
Durch Wasserverdunstung des Laubes wird Wasser im Stamm hochgesogen.

Versuch 26: Nachweis des aufsteigenden Saftstroms in der Pflanze
Das für die Photosynthese notwendige Wasser wird von den höheren Landpflanzen in der Regel über die Wurzel aus dem Boden entnommen und gelangt mit den notwendigen Mineralsalzen durch den Transpirationsstrom bis in die Blätter.
a. *Mit Hilfe von Farbstoffen*
Material:
Balsaminen (kleinblütiges Springkraut, *Impatiens parviflora*), „Fleißiges Lieschen" u. a.); Sprosse meist weißer Blüten (z. B. Wucherblume, weiße Taubnessel, Tulpen, Hyazinthen, Alpenveilchen u. a., Filterpapier.
Geräte:
Erlenmeyerkolben (100 oder 200 ml), Lupe, Pipette, Spatel, Schere, Mikroskop, Botanisches Besteck.
Chemikalien:
Eosin, Cyanol (zum Vergleich Fuchsin, Safranin, Methylenblau).
Zeit:
Ansatz etwa 15 Minuten, Beobachtung gelegentlich über 2—3 Stunden; mikroskopische Untersuchung etwa 15 Minuten.
Wir stellen uns tiefgefärbte, wäßrige Lösungen von sauren (Eosin(rot), Cyanol (blau) und basischen Farbstoffen (Safranin (rot), Methylenblau (blau)) in Erlenmeyerkolben her, die bis nahe zum Rand gefüllt sein sollen, und stellen in diese, sowie in eine Blumenvase unsere frisch abgeschnittenen Sprosse bzw. Blütenstengel ein. Im Verlauf von einigen Stunden sehen wir in dem fast durchsichtigen Stengel des kleinen Springkrauts (bzw. des „Fleißigen Lieschens"), wie sich die

Leitungsbahnen (Gefäßbündel) zunächst anfärben und wie dann die Farbstoffe auch in die Blattadern vordringen. Bei der weißen Taubnessel (und anderen Pflanzen, bei denen die Blüten übereinander angeordnet sind) bemerken wir, daß sich die Blumenkronen der untersten Blüten zuerst färben und der Farbstoff allmählich in die „höheren Stockwerke" vordringt.

Es fällt auf, daß sich die sauren Farbstoffe zum Nachweis des Saftsteigens besser eignen als die basischen. Die Erklärung zeigt uns ein Modellversuch:
Setzen wir 1 Tropfen eines *basischen* Farbstoffes, z. B. Methylenblau, oder Safranin auf weißes Filterpapier, so sehen wir, wie der Farbstoff selbst von der Zellulosefaser des Papiers an der Auftropfstelle festgehalten wird, während das Wasser nach außen läuft (Randbildung!); der *saure* Farbstoff läuft aber mit dem Lösungswasser bis zum Rand mit (Cyanol, Eosin).

Erklärung:
Basische Farbstoffe werden von Zellulosezellwänden absorbiert infolge entgegengesetzter elektr. Aufladung: Zellulose bindet Farbstoffkationen, nicht Farbstoffanionen. Dies bedeutet, daß basische Farbstoffe gegenüber dem Wasserstrom zurückbleiben und somit langsamer vordringen als saure.

Gegen Ende des Versuches waschen wir die Stengel, bzw. Sproßenden gut mit Wasser ab und fertigen mit dem Rasiermesser Querschnitte an. Schon unter der Lupe, besser noch bei schwacher mikroskopischer Vergrößerung (50—100 x) erkennen wir, daß sich nur die Holzteile der Leitbündel angefärbt haben; das Xylem ist der Ort des aufsteigenden Saftstroms.

Ergebnis:
Durch Einstellen von Pflanzenteilen, die durchscheinend sind bzw. weiße Blüten tragen, in Farbstofflösungen läßt sich der aufsteigende Saftstrom in den Pflanzen nachweisen. Aus Gründen elektrostatischer Adsorption an den Zellulosewänden im Xylem wandern in der Regel basische Farbstoffe langsamer bzw. weniger gut als saure.

b. *Spektroskopisch (an der Flammenfärbung von Lithiumsalzen)*

Material:
siehe a), aber auch sonst frische, beblätterte, gut transpirierende Sprosse.

Geräte:
Erlenmeyerkolben (100 m*l*), Waage, Meßzylinder (100 m*l*), Spatel, kleiner Tiegel, Brenner, Handspektroskop (womöglich mit Skala), Dunkelraum, Magnesiastäbchen, Pinzette.

Chemikalien:
Lithiumchlorid (LiCl), Salzsäure.

Zeit:
Ansatz etwa 1/4 Stunde, Auswertung nach 1—2 Stunden etwa 20 Minuten.

Da Lithium eine deutliche, rote Flammenfärbung zeigt und normalerweise in der Asche heimischer Pflanzen nicht vorkommt (Ausnahme: bestimmte amerikanische Tabake), können wir mit seinen Lösungen das Aufsteigen in Pflanzensprossen nachweisen.

Wir stellen uns 100 m*l* einer 1 %igen Lithiumchloridlösung her, füllen sie in einen Erlenmeyerkolben und stellen darin beblätterte Sprosse unserer Versuchspflanzen für etwa 2 Stunden ein.

Dann trennen wir Blätter verschiedener Insertionshöhe ab, trocknen und veraschen sie in einem kleinen Tiegel über der Bunsenflamme. Die Asche wird mit einem ausgeglühten Magnesiastäbchen, das wir vorher in Salzsäure getaucht haben, aufgenommen und in die nicht leuchtende Flamme gebracht. Lithium ist an roter Flammenfärbung, u. genauer an einer hellroten Spektrallinie im Spektroskop bei $\lambda = 610$ nm kenntlich.

Die Lithiumlinie darf bei Asche von normalen Blättern, von Sprossen, die nicht in Lithiumsalzlösung standen (Kontrolle), nicht auftreten. Hat das Spektroskop keine Skala, so vergleiche man die Linie mit der Flammenfärbung an einem ausgeglühten, in Lithiumchlorid direkt eingetauchten Magnesiumstäbchen.

Ergebnis:
Das Aufsteigen von Salzen mit dem Wasserstrom in Pflanzensprossen bis in die Blätter kann man spektralanalytisch mit Lösungen von Lithiumsalzen nachweisen. Rote Flammenfärbung an salzsauren Extrakten veraschter Pflanzenteile (typ. Spektrallinie bei $\lambda = 610$ nm).

Versuch 27: Wasserwegigkeit verholzter Achsen

Für den Wassertransport in Holzgewächsen ist der Leitungswiderstand von Stamm und Zweigen von großer Bedeutung; so müssen z. B. sehr dünnstämmige Kletterpflanzen, wie die tropischen Lianen, aber auch unsere Waldrebe (Clematis vitalba) in ihren Stämmchen sehr weitporiges Holz aufweisen, um einen hinreichend starken Wasserstrom von ihrer Wurzel bis in ihr Laubwerk zu ermöglichen. Andererseits kommen Pflanzen mit eingeschränkter Transpiration, wie unsere Nadelbäume mit engen, unterteilten Leistungsbahnen (Tracheiden) von relativ hohem Widerstand aus. In dem folgenden Versuch wollen wir die Hölzer diesbezüglich, d. h. auf die Durchsatzgeschwindigkeit von Wasser unter gleichem Druck vergleichen.

Material:
Etwa bleistiftdicke, gerade Zweigstücke von gleicher Länge (etwa 20 cm) von Waldrebe, Eiche, Linde, Eibe (oder and. Nadelholz).

Geräte:
Mikroskop, Rasierklinge, große Flasche (5—10 l Inhalt) mit heberartig gebogenem Glasrohr (vgl. Abb. 22), 2—3 m Gummischlauch (etwa 8 mm ⌀), Verteilerrechen aus Glas, 4 kurze Schlauchstücke (5 cm, etwa 6 mm ⌀), Korkbohrerhülse (etwa 8 mm ⌀), Stativ, 4 Meßzylinder (100 ml), Stoppuhr, große, flache Schale (Quecksilberwanne) als Unterlage, Schraubenquetschhähne, Schrank oder Regal in 1,8—2,0 m Höhe über dem Arbeitstisch.

Zeit:
Aufbau etwa 30 Min. (s. Abb. 22a), Versuch ½—1 Stunde.

Die mit Wasser gefüllte Vorratsflasche wird möglichst hoch über der Arbeitsfläche aufgestellt, der Winkelheber mit dem Verbindungsschlauch zum Wasserverteilerrechen eingesetzt. An diesen werden schonend — ohne die Rinde zu verletzen — die versch. Zweigstücke eingesetzt.

Zu diesem Zweck empfiehlt es sich, einen Korkbohrer, der nur wenig weiter als der Zweigdurchmesser ist, in das Schlauchende etwa 2 cm einzuführen, den Zweig durchzustecken und dann vorsichtig den Korkbohrer herauszuziehen; auf diese Weise umschließt der Schlauch elastisch Holz und Rinde (Abb. 22b).

Am Ende des Verteilerrechens wird nun Wasser angesogen und durch Drehen des Verteilers und leichten Druck auf die Verbindungsschläuche das Gerät luftblasen-

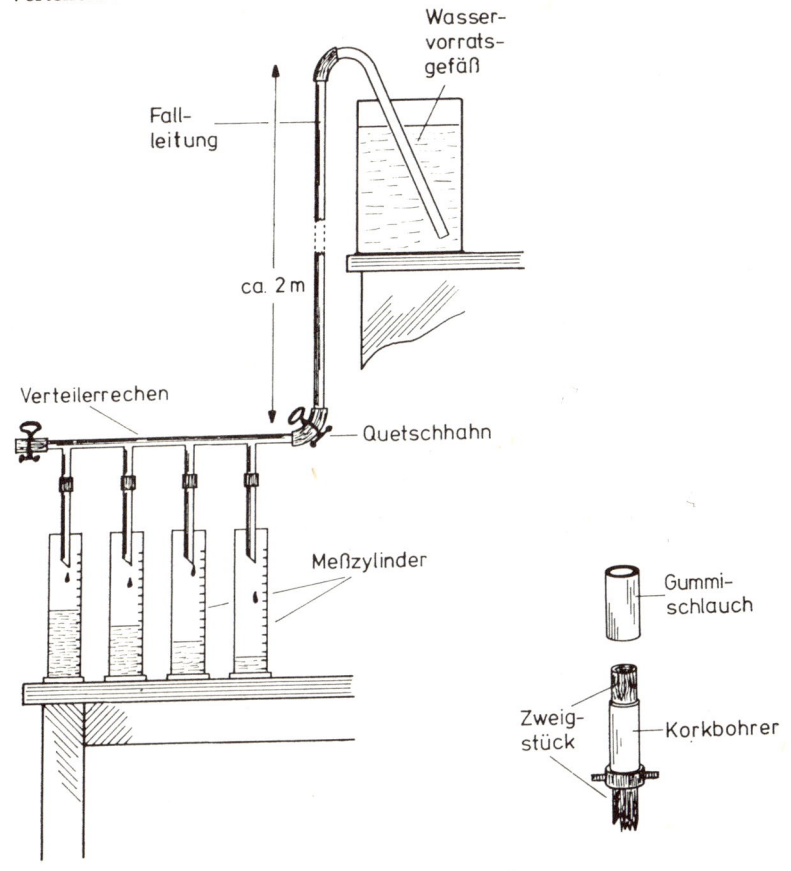

Abb. 22: Wasserwegigkeit von Hölzern

a) Versuchsanordnung

b) Einführen eines Zweigs in einen Gummischlauch

frei gefüllt. Ist dies erreicht, so schließen wir den Quetschhahn am Ende des Verteilers.

Das Wasser tropft nun unter dem für alle Zweige gleichen Druck der Wassersäule (10 m Höhendifferenz entsprechen rund 1 atü; also in unserem Fall: 2 m Fallhöhe ≙ etwa 1/5 atü) aus den Zweigenden in darunter gestellte Meßzylinder (100 ml).

Mit der Stoppuhr bestimmen wir die Durchsatzmengen, die bei Lianen (Waldrebe) besonders groß, bei Nadelhölzern dagegen klein sind.

Ergebnis:
An Zweigen gleichen Querschnitts und gleicher Länge lassen bei gleichem Wasserdruck die Durchsatzmengen Rückschlüsse auf die Leitungswiderstände der einzelnen Holzarten zu.

Versuch 28: Spaltöffnungen als Orte der Wasserdampfabgabe des Blattes

Die Spaltöffnungen (*Stomata*) sind nicht nur Orte der Wasserdampfabgabe (Transpiration), sondern auch des Gasaustausches, wichtig für Photosynthese und Atmung. Lage, Bau und Funktion der Stomata sollen uns hier beschäftigen.

a. *Lage der Stomata und mikroskopische Untersuchung*

Material:
Verschiedene Blätter, Laub von Landpflanzen, Schwimmpflanzen (z. B. Laichkraut, Seerose) und submersen Wasserpflanzen zum Vergleich.

Geräte:
Mikroskop, Rasierklinge, Pinsel, Pinzette, starkwandiges Reagenzglas mit Gummistopfen, Wasserstrahlpumpe, Vakuumschlauch.

Chemikalien:
Kollodiumlösung (aus der Apotheke), zur Not auch Uhu-Alleskleber, Neutralrotlösung (1:10 000).

Zeit:
je nach Ausführlichkeit ½ bis einige Stunden.

Wir machen von verschiedenen Laubblättern mit der Rasierklinge möglichst dünne Oberflächenschnitte der Blattober- und Unterseite und mikroskopieren sie bei mittlerer Vergrößerung.

Landpflanzen haben, sofern sie dorsiventrale Blätter besitzen, die Stomata in der Regel in der unteren Epidermis, keine oder wenige an der Oberseite.

Schwimmblätter, wie z. B. Seerose, zeigen Stomata nur an der Oberseite, untergetaucht lebende Wasserpflanzen, wie Wasserpest, brauchen keine Spaltöffnungen.

Einfacher als das Schneiden sind Abzüge der Blattepidermen: Wir streichen mit dem Pinsel eine dünne Kollodiumschicht auf die Blattflächen (oder etwas „Uhu") und warten kurze Zeit, bis sich der eintrocknende Film vom Blatt löst. Wir nehmen ihn mit der Pinzette ab und mikroskopieren unter dem Deckglas in Luft (nicht im Wassertropfen), weil dann das Relief des Abzugs deutlicher ist.

Die meist bohnenförmigen Schließzellen sind durch Turgoränderungen beweglich, so daß die Spaltenweite reguliert werden kann. Wir können sie nach *S. Strugger* selektiv färben, indem wir z. B. Tradescantienblätter in ein dickwandiges Gläschen, gefüllt mit stark verdünnter (1:10 000) Neutralrotlösung bringen, mit durchbohrtem Stopfen, der über einen Schlauch mit der Wasserstrahlpumpe verbunden ist, verschließen und evakuieren. Dann unterbrechen wir die Verbindung zur Pumpe; der äußere Luftdruck infiltriert die Blätter mit Farbstofflösung. Mikroskopieren wir nun die untere Epidermis, so sehen wir die Schließzellen rot gefärbt.

b. *Nachweis der Wasserdampfabgabe durch die Spaltöffnungen*
Material:
Zweige von Laubbäumen und Sträuchern mit glatten Blättern, (z. B. Flieder, Birke u. a.), Gelatinefolie (oder Zellophan, das sich beim Anhauchen krümmt), Objektträger, Gummiringe (eng), Filterpapierstreifen (ca. 2 cm breit), zähe Vaseline oder Tesafilm
Geräte:
Glasschalen, Becherglas (100 ml), Schere, Föhn.
Chemikalien:
Kobaltchlorid, kristallisiert.
Zeit:
etwa 1 Stunde.
Wir tränken Filterpapierstreifen in rot gefärbter, ziemlich konzentrierter Kobaltchloridlösung und trocknen sie im Warmluftstrom (Föhn), dabei färben sie sich blau.
Diese blauen Streifen, etwa 10 cm lang, werden in der Mitte gefaltet, so daß ein 5 cm langes Doppelblatt entsteht. Dazwischen legen wir ein Birkenblatt, decken beiderseits den Streifen mit 2 Objektträgern ab, die wir mit Gummiringen zusammenhalten (vgl. Abb. 23).

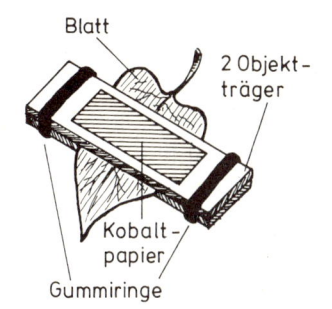

Abb. 23: Nachweis der Waserdampfabgabe aus Blättern mit Kobaltpapier

Nach etwa 10 Minuten merken wir einen Farbunterschied des Kobaltpapiers zwischen Blattober- und Unterseite.
Gelatinefolien und nicht gelackte Zellglasstreifen sind hygroskopisch; sie krümmen sich bei einseitiger Befeuchtung. Kleben wir einen geraden Streifen von etwa 5 cm Länge an einer Seite mit Vaseline oder Tesafolie auf die Unter- und Oberseite eines Blattes, so können wir verschieden starke Krümmung feststellen.
Ergebnis:
Durch Mikroskopieren der Blattepidermen bzw. der Kollodiumabzüge können wir Lage, Zahl, Größe und Form der Schließzellen von Spaltöffnungen feststellen. Die Wasserdampfabgabe durch Stomata läßt sich mit Kobaltpapier (trocken blau, feucht rot) oder Gelatine-(Zellophan)Streifenkrümmung vergleichend zwischen Ober- und Unterseite eines Blattes beobachten.
c. *Öffnungszustand der Spaltöffnungen — Infiltrationsmethoden*
Material:
glatte Blätter (Flieder, Birke, Kapuzinerkresse u. dgl.), Alufolie.

Geräte:
starkwandiges Pulverglas (ca. 100 ml) mit gut passendem Korkstopfen, Hammer, Dunkelsturz
Chemikalien: Paraffinöl, Alkohol, Xylol (oder Benzol), Petroläther in kleinen Pipettenfläschchen (Tropffläschchen)
Zeit:
etwa 15 Minuten.
Verfahren nach Molisch:
Die Unterseite verschiedener Blätter (eine Probe aus Tageslicht, die andere längere Zeit verdunkelt) betupfen wir der Reihe nach mit folgenden Flüssigkeiten: Petroläther, Xylol, Äthylalkohol, Paraffinöl und beobachten, ob die Stoffe eindringen, was sich in der Aufsicht durch einen dunklen Fleck, in der Durchsicht als Aufhellung des Gewebes zeigt (ähnlich Fettfleck).
Leichtigkeit des Eindringens: Petroläther > Xylol > Alkohol > Paraffinöl.
Je weiter wir in der Reihe links beginnend eine Infiltration des Schwammparenchyms unter sonst vergleichbaren Bedingungen erhalten, desto stärker sind die Spalten geöffnet.
Genau genommen kann damit der verschiedene Öffnungszustand an Blättern der gleichen Pflanzenart verglichen werden. Wenn wir z. B. schon früh am Morgen einen Teil eines Blattes (z. B. beim Flieder) mit einem Aluminiumfoliestreifen (mit Büroklammern befestigt) verdunkelt haben und bei gutem Wetter am Nachmittag die Infiltration vornehmen, können wir zeigen, daß Dunkelheit Spaltenverschluß ergibt. Auch welke Blätter haben meist geschlossene Stomata.
Nach *Fröschel* kann man die Infiltrationsprobe auch so durchführen, daß man ein Blatt in ein mit Wasser ganz gefülltes Pulverglas mit gut passendem Korken bringt. Schlägt man mit einem Hammer in Abständen auf den Korken, so kann man, je nach Öffnungszustand, früher oder später Eindringen des Wassers in das Schwammparenchym beobachten (dunkle Flecken).
Ergebnis:
Mit Hilfe verschieden leicht in das Blattparenchym durch die Stomata eindringender Flüssigkeiten *(Molisch)*, oder durch Druckinfiltration *(Fröschel)* kann man auf den Öffnungszustand der Spaltöffnungen Schlüsse ziehen.

Literatur: Molisch — Biebl: „Botanische Versuche ohne Apparate" Fischer-Stuttgart (1965).

Versuch 29: Vergleich des Öffnungszustandes von Spaltöffnungen im Blatt (Porometer)
Neben der recht umständlichen Messung der Spaltweite im Mikroskop mit dem Okularmikrometer gibt es auch einen einfachen weithin sichtbaren Demonstrationsversuch, an dem wir die Stomataweite bei der gleichen Pflanze vergleichend demonstrieren können.
Material:
Fliederzweige gleichen Alters und etwa gleicher Blattgröße möglichst von der gleichen Pflanze, aus dem Tageslicht, verdunkelt, bzw. leicht angewelkt
Gerät:
Glaszylinder, Dunkelsturz, Porometer (entspr. Abb. 24), Föhn, Stoppuhr, Meßband, Stative, Glasschalen

Chemikalien:
Zähes Hochvakuumfett (bzw. Porometerkitt zusammengeschmolzen aus Wachs, Kautschuk und Vaseline), beliebige Farbstofflösungen (als Sperrflüssigkeit)

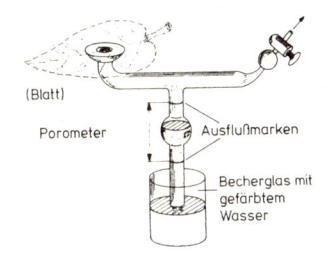

Abb. 24: Gerät zum Nachweis der Spaltöffnungsweite: „Porometer"

Zeit:
1 bis mehrere Stunden (je nach Ausführlichkeit)
Wir bestreichen den Teller des Porometers, um die Mittelöffnung mit zähklebrigem Fett, spannen das Porometer so über das Stativ ein, daß das senkrechte Rohr in eine Schale mit Farbstofflösung taucht, dann wählen wir ein Blatt aus dem Zweig, der im Tageslicht stand, kleben es vorsichtig mit der Unterseite auf den Porometerteller möglichst luftdicht. Dann saugen wir nach Öffnen des Hahns am Mundstück die Flüssigkeit bis zur Marke über der kugelförmigen Erweiterung des Steigrohrs hoch.
Nach Schließen des Hahns setzen wir sogleich die Stoppuhr in Gang und bestimmen die Zeit, die verstreicht, bis die Flüssigkeit die Marke unterhalb der Erweiterung erreicht hat.
Die Zeit ist offensichtlich von der Luftwedigkeit des Blattes, d. h. von der Spaltenweite der Stomata abhängig.
Wir wiederholen das gleiche mit einem vorher verdunkelten Blatt, bzw. einem leicht angewelkten Blatt (Föhn).
Ergebnis:
Aus den unterschiedlichen Zeiten, die bis zum Absinken des Flüssigkeitsspiegels zwischen den Marken des Porometersteigrohrs verstreicht, kann man Rückschlüsse auf den Öffnungszustand der Stomata ziehen.
Da die anatomischen Verhältnisse im Schwammparenchym von Blättern verschiedener Pflanzenarten unterschiedlich sind, eignen sich zum Vergleich nur Blätter der gleichen Art.

Versuch 30: Modellversuch zur Mechanik der Spaltöffnungsregulation
Die Formänderung der bohnenförmigen Schließzellen, die für die Regelung der Spaltöffnungsweite verantwortlich ist, beruht auf osmotischen Erscheinungen, die Turgorschwankungen bewirken (Versuch a).
Im darauffolgenden Versuch b) konstruieren wir ein einfaches, weithin sichtbares Demonstrationsmodell der Spaltöffnungsbewegung.
a. *Turgorbedingte Öffnungsweite der Stomata*
Material:
Glatte Blätter mit leicht abziehbarer Unterepidermis (Tradescantia, Liguster u. a.)

Gerät:
Mikroskop, Rasierklinge, Pinzette, Blockschälchen
Chemikalien:
20 %ige Traubenzucker- oder 30 %ige Rohrzuckerlösung
Zeit:
etwa ½ Stunde.

Von einem gut belichteten Blatt ziehen wir die durch Flächenschnitt mittels Rasierklinge freigelegte untere Epidermis mit der Pinzette ab und beobachten in Wasser bei starker Vergrößerung den Öffnungszustand der Schließzellen. Sind die Stomata offen, so übertragen wir das Präparat in ein Blockschälchen mit Zuckerlösung. Nach einigen Minuten mikroskopieren wir wieder in Zuckerlösung: die Spalten sind geschlossen, bedingt durch Turgorverlust der Schließzellen.
Ergebnis:
Die Spaltweite der Stomata wird durch den Turgor der Schließzellen beeinflußt.

b. *Demonstrationsmodell zur Mechanik der Schließzellenfunktion*
Material:
Holzbrett (etwa 50 x 20 x 2 cm), Fahrradschlauch kleinen Durchmessers mit Ventil. Schrauben usw., Gummifolie, Paragummilösung
Geräte:
Werkzeug, Fahrradpumpe, großer Schraubenquetschhahn, Reparaturkästchen für Fahrradschlauch
Zeit:
Bau der Apparatur etwa 1 Stunde.
Der Zusammenbau des einfachen Gerätes erfolgt entsprechend der Abb. 25.

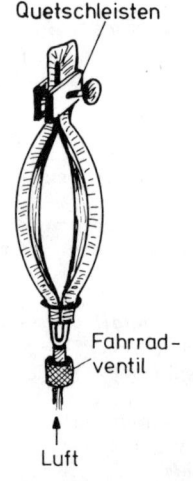

Abb. 25: Modell zur Funktion der Schließzellen einer Spaltöffnung, links: schemat. Schnitt durch eine Spaltöffnung

Auf einem Holzbrett wird ein Fahrradschlauch laut Abbildung montiert; die Innenseite des Schlauches wird entsprechend der Verstärkung der Innenseite der Schließzellenmembrane, durch Bekleben mit je einem Streifen Gummifolie

(Reste eines alten Schlauches) verdickt. Die obere Befestigung erfolgt mit einem breiten Schraubenquetschhahn, der an dem Brett montiert ist. Unten wird der Schlauch mit einer Metallschelle gehalten, deren Kanten abgerundet sein sollen, um den Schlauch nicht beim Aufblasen zu beschädigen.

Das Aufpumpen geschieht wie beim Fahrradschlauch über das Ventil. Dabei weichen, entsprechend der Druckzunahme („Turgor"), die Schlauchhälften auseinander: der Spalt dazwischen wird weiter.

Ergebnis:
In einem einfach zu bauenden Modell aus einem Fahrradschlauch läßt sich die Mechanik der turgorbedingten Bewegungen der Schließzellen weithin sichtbar machen.

Literatur: Brauner-Bukatsch: „Kleines pflanzenphysiol. Praktikum" S. 41, 7. Aufl. (Jena 1964).

Versuch 31: Mineralstoffbedarf grüner Pflanzen („Hydroponik")

Als vor rund 100 Jahren *Justus von Liebig* die 10 für Pflanzen unentbehrlichen „klassischen" Nährelemente fand (C, N, O, H, S, P, K, Ca, Mg, Fe) und zeigen konnte, daß sie in Form geeigneter Salze zum Wachstum genügen, war ein ungeheurer Erfolg in der Düngungsforschung erreicht, der unsere Ernteerträge vervielfachte. Heute wissen wir, daß, ähnlich dem Eisen, auch andere „Spurenelemente" in kleinsten Mengen zum Gedeihen nötig sind, wir können diese aber in unserem Kleinversuch vernachlässigen, da die verwendeten Pflänzchen genügend davon mitbringen.

a. *Herstellung der notwendigen Nährlösungen*
Geräte:
Meßzylinder (100 ml), Waage (auf 0,5 g genau), 10 Meßpipetten (10 ml), 10 Flaschen (100 ml) und Korkstopfen, 5 Erlenmeyerkolben (100 ml), Glasstab, Spritzflasche mit destill. Wasser, Fettstift.

Chemikalien:
Kalziumnitrat, Kaliumnitrat, Kaliumdihydrogenphosphat, Magnesiumsulfat, Eisen(II)sulfat, Natriumnitrat, Natriumdihydrogenphosphat, Kaliumchlorid, Kalziumsulfat (Gips), destill. Wasser.

Zeit:
1—2 Stunden.

Wir markieren an unseren Fläschchen mit Fettstift die 100 ml-Marke in einem Vorversuch, dann entleeren wir sie wieder und bezeichnen die Fläschchen fortlaufend.

In Flasche	1	wägen wir 10 g Kalziumnitrat ein,
in Flasche	2	2,5 g Kaliumnitrat,
in Flasche	3	2,5 g primäres Kaliumphosphat,
in Flasche	4	2,5 g Magnesiumsulfat,
in Flasche	5	2,5 g Eisen(II)sulfat,
in Flasche	6	2,5 g Natriumnitrat,
in Flasche	7	2,5 g prim. Natriumphosphat,
in Flasche	8	2,5 g Kalziumsulfat,
in Flasche	9	2,5 g Kaliumchlorid und
in Flasche	10	10,0 g Gartenerde.

Die Chemikalien sollen rein, müssen aber nicht „p. a."*) sein. Nun füllen wir alle Flaschen mit destilliertem Wasser auf 100 ml auf. So erhalten wir Stammlösungen, aus denen wir verschiedene Nährsalzkombinationen für den folgenden Versuch herstellen:

In 4 Erlenmeyerkolben mischen:

A) *Normale Vollnährlösung*
96 ml destill. Wasser
1 ml.... aus Fl. 1
1 ml.... aus Fl. 2
1 ml.... aus Fl. 3
1 ml.... aus Fl. 4
1 Tropfen aus Fl. 5

B) *Mangellösung ohne Stickstoff*
96 ml destill. Wasser
1 ml.... aus Fl. 8
1 ml.... aus Fl. 9
1 ml.... aus Fl. 3
1 ml.... aus Fl. 4
1 Tropfen aus Fl. 5

C) *Mangellösung ohne Kalium*
96 ml destill. Wasser
1 ml.... aus Fl. 1
1 ml.... aus Fl. 6
1 ml.... aus Fl. 7
1 ml.... aus Fl. 4
1 Tropfen aus Fl. 5

D) *Mangellösung ohne Eisen*
96 ml destill. Wasser
1 ml.... aus Fl. 1
1 ml.... aus Fl. 2
1 ml.... aus Fl. 3
1 ml.... aus Fl. 4
kein Eisensulfat!

b. *Ansätze der Hydroponik-Kulturen*
Material:
1 kräftige Topfpflanze von *Bryophyllum* mit vielen Brutknospen an den Blatträndern; Filterpapierbogen, reine Verbandwatte, wasserfester Filzschreiber oder Fettstift.
Geräte:
1 Aquarium aus Glas oder Plexiglas (etwa 40 x 30 x 20 cm) mit Glasdeckplatte, 3 große Petrischalen mit Deckel, Meßzylinder (50 ml), Pinzette, Waage
Chemikalien:
Nährlösungen A—D von a)
Zeit:
Ansatz etwa 1 Stunde, Beobachtung über 3 Wochen.
Wir kleiden 6 Petrischalenhälften mit einer Watteschicht aus, befeuchten sie gut mit den Nährlösungen A (Vollnährlösung), B, C, D (Mangelnährlösungen, denen 1 Element fehlt), schließlich 1 Schale E mit der in Flasche 10 überstehenden Endaufschwemmung und die letzte Schale F (als Kontrolle) nur mit destill. Wasser. Die Schalen stellen wir in das mit feuchtem Filterpapier am Boden ausgekleidete Aquarium, legen zur Bildung einer feuchten Kammer den Glasdeckel auf (Luftspalt durch Zwischenlage eines Pappestreifens sichern). Die Aufstellung erfolgt am besten an einem hellen Nordfenster, damit nicht die Mittagssonne die Aquarienluft zu sehr erwärmt. Ferner müssen wir bei unseren Beobachtungen in etwa wöchentlichen Abständen darauf achten, daß die Kulturen nicht austrocknen (mit destill. Wasser aus Spritzflasche eventuell nachgießen).

*) pro analysi.

Zu Beginn des Versuches setzen wir in jede Petrischale 10 gleich große Brutknospen von Bryophyllum (von Blättern gleicher Insertionshöhe vorsichtig mit der Pinzette entnommen) und achten auf guten Kontakt der Pflänzchen mit der feuchten Unterlage. Die Größe und Färbung der wachsenden Pflänzchen wird über 3—4 Wochen laufend beobachtet und protokolliert; am Ende des Versuchs kann man die Pflanzen aus den einzelnen Schalen ernten und jeweils Länge und Frischgewichte bestimmen.

Ergebnis:
In Flüssigkeitskultur (Hydroponik) kann man, je nach Nährsalzversorgung unterschiedliches Wachstum und verschiedene Blattgrünbildung der Versuchspflanzen beobachten: Bestes Gedeihen in Vollnährlösung, ziemlich gut auch im Gartenerdeauszug, die N-, Fe-, K-Mangelkulturen zeigen typische Symptome (bei N- und Fe-Mangel ist das Ergrünen gehemmt) und verzögertes Wachstum. Letztes ist in der Kontrolle (destill. Wasser allein) besonders ausgeprägt, hier reichen die spärlichen Reserven nur zu Kümmerwuchs.

c. *Wasserkultur von Tradescantia* (Dreimaster-Blume);

Wirkung der Spurenelemente
Die beliebte hängende Ampelpflanze Tradescantia ergibt Stecklinge, die sich leicht und rasch in Nährlösung bewurzeln. Damit können wir in Wasserkultur leicht den Einfluß der „Spurenelemente" auf das Wachstum prüfen.

Material:
Einige kräftige 6—8 Knoten umfassende Sprosse von *Tradescantia* (möglichst von der gleichen Mutterpflanze), Verbandwatte, Einwickelfolie aus Aluminium.

Geräte:
4 Erlenmeyerkolben (250 ml), Meßzylinder (250 ml), Meßpipetten (1 ml und 10 ml), Schere, Waage.

Chemikalien:
Vollnährlösung A) aus dem vorhergehenden Versuch, Zusatzlösung „AZ" nach Hoagland (s. Text); destill. Wasser.

Zeit:
Ansatz etwa 2 Stunden, Beobachtung etwa 6—8 Wochen.

Wir stellen uns 500 ml der Vollnährlösung A) vom vorhergehenden Ansatz a) her und füllen damit 2 Erlenmeyerkolben (250 ml), ein 3. Kolben dient als Kontrolle (destill. Wasser), ein 4. Kolben wird ebenfalls mit destill. Wasser gefüllt, bekommt aber einen Zusatz von 2 Eßlöffeln Gartenerde.

Zu dem 2., mit Vollnährlösung gefüllten Kolben kommt noch als Ergänzung ein Spurenelementzusatz, nämlich vereinfachte *AZ-Lösung nach Hoagland.*

In 4 Litern Wasser gelöst: je 0,1 g Lithiumchlorid, Kaliumbromid und -jodid, je 0,2 g Kupfersulfat, Zinksulfat, Kobaltsulfat, je 0,3 g Manganchlorid und Borsäure.

Von dieser Lösung setzen wir dem 2. Kolben (mit der 1 ml Meßpipette) 0,15 ml zu: „Voll- + Spurennährlösung."

Die Kolben werden nun mit Wattestopfen versehen, in welche vorher je 3 Tradescantiasprosse, die im unteren Teil entblättert wurden, (vgl. Abb. 26) locker eingerollt wurden. Die Wattestopfen setzen wir so in den Kolbenhals, daß sie die Nährlösungen nicht berühren, aber die Enden der Stecklinge (3—4 entblätterte Knoten) in die Lösungen eintauchen lassen.

Zur Vermeidung von Algenbewuchs in den Kolben werden diese mit Aluminiumfolie umwickelt und dann an einem Nordfenster aufgestellt. Das Wachstum wird

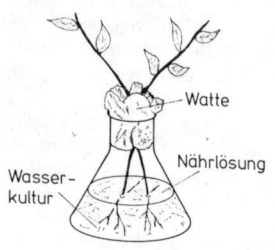

Abb. 26: Anordnung zur Wasserkultur

etwa 1—2 Monate verfolgt. Am Ende des Versuches soll sich der fördernde Einfluß der AZ-Lösung deutlich zeigen.
Ergebnis:
In Wasserkultur von Stecklingen der Zimmerpflanze *Tradescantia* läßt sich der Einfluß von Spurenelementen auf das Wachstum feststellen.

Versuch 32: Nachweis des (Nähr-)Salzgehaltes im Boden
Salze sind bekanntlich in wäßriger Lösung ionisiert und bewirken so Leitung des elektrischen Stroms; beim Eindampfen hinterlassen Salzlösungen einen Rückstand.
Material:
verschiedene Bodenproben (gesiebt, lufttrocken)
Geräte:
Porzellanabdampfschale, Waage (0,1 g genau), Bechergläser (200 ml), Brenner, Dreifuß, Asbestdrahtnetz, Spatel, Lupe, Leitfähigkeitsgerät (2 Kohlenstifte etwa 20 cm lang bleistiftdick in Gummistopfen etwa 2 cm voneinander entfernt montiert. Der Stopfen soll auf ein etwa 200 ml fassendes Pulverglas passen, Glühlampe 15 W, möglichst Klarglas, mit Fassung auf ein Holzgrundbrett montiert,

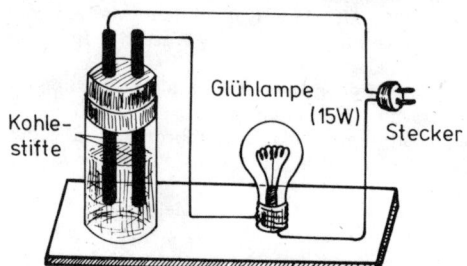

Abb. 27: Nachweis des Salzgehalts im Boden: Leitfähigkeitsprüfgerät

das auch einen Ring zum Einpassen des Pulverglases trägt, vgl. Abb. 27); Leitungsdrähte isoliert, Stromanschluß über Netzstecker; Filtertrichter mit Filter, Erlenmeyerkolben (100 ml)

Chemikalien:
destill. Wasser, Kochsalz.
Zeit:
Aufbau des Geräts etwa 1 Stunde, Versuch etwa $\frac{1}{4}$—$\frac{1}{2}$ Stunde.

a. *Auslagen eines Bodens, Rückstandbestimmung*
Wir laugen etwa 10 g lufttrockenen Bodens in 50—100 ml destill. Wasser aus, filtrieren und dampfen das Filtrat in einer Porzellanschale, die vorher gewogen wurde, ein. Wir betrachten den Rückstand und können auch sein Gewicht bestimmen (Feinwaage).

b. *Leitfähigkeitsprüfung der Bodenlösung*
Zunächst überzeugen wir uns mit unserem einfachen Gerät, daß *destill.* Wasser den Strom nicht leitet. (Das Leitungswasser, das aus der Erde kommt, leitet, besonders in Gegenden mit Kalkuntergrund, den Strom recht gut, was wir am Aufleuchten der Lampe erkennen können.)
Fügen wir zum destill. Wasser einige Körnchen Kochsalz (für Schüler als „Salz" bekannt) oder ein anderes wasserlösl. Salz (z. B. Nährsalze der *Knoop*'schen Lösung), so merken wir, wie beim Auflösen die Lampe immer stärker aufzuleuchten beginnt.
Daraus erschließen wir, daß die Leitfähigkeit
a) von Salzen bewirkt wird, und
b) daß sie von der Konzentration, d. h. der Zahl der Ionen abhängt.
Wir waschen nun unser Gerät gut mit destill. Wasser aus, füllen destill. Wasser ein und prüfen durch Zugabe von je 1 Löffel verschiedener Bodenproben nach Umrühren deren Leitfähigkeit am ± hellen Aufleuchten der Lampe.
Ergebnis:
Der Salzgehalt im Boden kann durch Eindampfen der Lösung (Rückstand!) oder an deren Leitfähigkeit erkannt werden.
Gefahrenhinweis: Da es sich um einen Starkstromversuch handelt, nur Lehrerexperiment. Kohlenstifte nicht berühren!
Anordnung mit Niederspannung (Trafo 6—12 V) und Niedervoltlämpchen (Fahrradbirnchen) auch als Schülerversuch geeignet.

Versuch 33: Die Bedeutung der Bodenkolloide als Nährstoffspeicher für höhere Pflanzen
Humus (organische Zusetzungsreste) und Ton (Alumohydrogensilikate) sind als Feinbestandteile der Bodenkrume von großer Bedeutung für die Pflanzenernährung. Als negativ geladene Kolloidteilchen können sie elektrostatisch Wasserdipole binden; noch wichtiger ist aber ihre Eigenschaft, Nährstoffkationen, wie K^+, NH_4^+, Mg^{2+}, Ca^{2+}, Fe^{3+} festzuhalten, so daß diese bei Regen nicht in für Wurzeln unerreichbare Tiefe geschwemmt werden. Die Pflanzenwurzeln vermögen durch Säureausscheidung diese Metallionen gegen H_3O^+-Ionen einzutauschen. Dazu einige Versuche:

a. *Nährsalzbindung durch Bodenkolloide*
Material:
Gesiebter Ackerboden, Gartenerde, zum Vergleich Sand (mit geringem Lehmanteil), Filterpapier

Geräte:
Erlenmeyerkolben (100 ml), Tropfpipetten, Filtertrichter (ca. 10 cm $\emptyset$), Bechergläser 200 ml, große Reagenzgläser in Gestell, Hornlöffel, Spatel.

Chemikalien:
Kupfersulfat, Eisen (3)-chlorid, Kaliumchlorid, Ammoniak, Salzsäure und Salpetersäure reinst, Kaliumrhodanid (10 %ige, wäßrige Lösung), Silbernitrat-, Bariumchloridlösungen

Zeit:
etwa ½ bis 1 Stunde.

Wir legen mehrere Filtertrichter mit Papierfiltern aus und füllen diese bis 1 cm unter dem Rand mit verschiedenen vorher auf ca. 1 mm Korngröße gesiebten Bodenproben gleichmäßig und dellen die Erde in der Mitte etwas ein (vgl. Abb. 28).

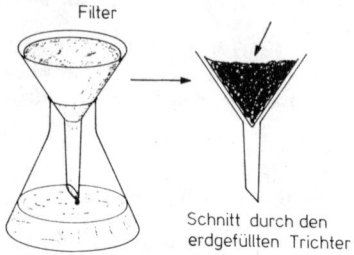

Abb. 28: Nachweis der Kationenbindung durch Bodenkolloide

In Bechergläsern stellen wir uns je etwa 150 ml sehr verdünnte Eisenchlorid- und Kupfersulfatlösungen her, so schwach, daß man ihre Färbung gerade noch wahrnimmt.

Kupfer- und Eisen(3)-Salze werden hier deshalb gewählt, weil sich ihr Gehalt durch Farbreaktionen leicht abschätzen läßt; außerdem spielen sie als „Spurenelemente" eine gewisse Rolle beim Aufbau von Wirkstoffen, wie Polyphenoloxydasen, Zytochromen, Katalysatoren der Blattgrünbildung usw.

Auf die Erde gießen wir nun entweder Kupfersulfat oder Eisenchloridlösung so lange auf, bis wir etwa 10 ml Filtrat erhalten. Den nicht verbrauchten Rest der Lösungen verwenden wir zum Vergleich mit dem Filtrat als „Kontrolle".

Kupfer: Wir verteilen vom Filtrat bzw. der ursprünglichen Lösung je 5 ml auf 2 Reagenzgläser, also insgesamt 4 Reagenzgläser. Zusatz von einigen Tropfen Salmiakgeist ergibt in der ursprünglichen Lösung (Kontrolle) eine deutliche Blaufärbung, hervorgerufen durch die Entstehung des tiefgefärbten Kupfer-Tetramminkomplexes; im Filtrat ist die Färbung auf Ammoniakzusatz höchstens schwach, meist ganz negativ. Dies zeigt, daß die Bodenkolloide (außer im kolloidarmen Sand) das Metallion festgehalten haben.

Sulfat: In die verbleibenden beiden Reagenzgläser bringen wir einige Tropfen Bariumchloridlösung. Der in beiden Fällen (Kontrolle und Filtrat) ziemlich gleichstarke Niederschlag zeigt, daß die Säurerestanionen (hier Sulfat) kaum vom Boden gebunden werden.

Führen wir das gleiche mit der Eisenchloridlösung (Kontrolle und Filtrat) durch, so finden wir auch hier die Bindung des Kations (Fe^{3+}), aber nicht die des Anions (Cl^-) im Boden.

Eisen: Je 5 ml der ursprünglichen Lösung und des Filtrats versetzen wir mit je 2 Tropfen reinster (!) Salzsäure und 2—3 Tropfen Kaliumrhodanid. Starke Rotfärbung bei der Kontrolle, sehr geringe bis fehlende im Filtrat zeigt die Bindung des Metallions an.

Chlorid: Fügen wir zu je 5 ml Kontrolle und Filtrat einige Tropfen Silbernitratlösung zu, bekommen wir in beiden Fällen eine deutliche Fällung von AgCl etwa von gleicher Stärke.

Ergebnis:
Von negativ geladenen Bodenkolloidteilchen werden Metallionen festgehalten, die gleichsinnig geladenen Säurerestionen aber kaum.

b. Wir verwenden die Erdproben in den Trichtern gleich weiter für *Ionenaustauschversuche*.

Wir übergießen die nun mit Kupfer-, bzw. Eisenionen angereicherten Böden in den Trichtern entweder mit etwa 5 %iger wäßriger Kaliumnitratlösung oder 5 % Salpetersäure, bis jeweils wieder etwa 10 ml Filtrat erhalten werden. Machen wir nun wieder die Kupferprobe mit Ammoniak (im Fall des Säureauszugs brauchen wir mehr davon), bzw. die Eisenprobe mit Kaliumrhodanid, so fallen nunmehr beide Färbungen positiv aus. Dies beweist, daß unter dem Überschuß an gebotenen Kationen (Protonen, bzw. Kaliumionen) andere Kationen in Lösung gehen.

Mit einem Überschuß an Kaliumionen können wir aus neutralen Kulturböden auch darin bereits vorhandene Kalziumionen „auswaschen", die wir im Filtrat durch Zugabe von etwas Ammonoxalat als weißen, in Essigsäure unlöslichen Niederschlag nachweisen können. Beim Auslaugen mit Salpetersäure muß allerdings für diesen Versuch das Filtrat vorher mit Salmiakgeist neutralisiert werden, sonst kann kein Kalziumoxalat ausfallen; dieses ist nämlich in Mineralsäuren löslich.

Ergebnis:
Durch Protonen bzw. Hydronium-Ionen (H_3O^+), (aus Säuren), oder einen Überschuß an Alkaliionen können andere an der Bodenkolloidoberfläche gebundene Kationen abgelöst werden: Rolle der Bodenkolloide als Kationenspeicher, die von der Wurzel durch Säureabscheidung eingetauscht werden können (vgl. Versuch 34).

Literatur: Bukatsch u. Taupitz: „Bodenkunde, Bodenmikrobiologie" (Salle, Frankfurt/M.)

Versuch 34: Aufschluß wasserunlöslicher Mineralstoffe im Boden durch die Wurzeln

Im Versuch 33 erwähnten wir das Speichervermögen der Bodenkolloide (Ton, Humus) für bestimmte Nährstoffionen und deren Austauschbarkeit gegen Protonen von wurzelbürtigen Säuren. Diese Säureproduktion wollen wir in einfachen Versuchen nachweisen (Indikatorumfärbung und Auflösung von Kalk).

Material:
Bohnen-, Erbsen- oder Getreide-Keimpflanzen mit gut entwickelten, sich verzweigenden Wurzeln, Quarzsand (rein, mittelkörnig), Filterpapier

Gerät:
große Petrischalen, (etwa 20 cm ⌀), Bechergläser (200 ml), Wasserbad, Brenner, Meßzylinder (250 ml), Waage, Schere

Chemikalien:
1 Bogen blaues Lackmuspapier, Schlämmkreide, Essig, Sodalösung (etwa 10 %ige), Agar.
Zeit:
Ansatz je ½ Stunde, Beobachtung nach einigen Tagen (5 Min.) Keimlinge 14 Tage vorher heranziehen.

a. *Säurenachweis:*
Wir tränken 1 Bogen Filterpapier mit Lackmuslösung, die wir durch Zusatz von etwas Soda blau gefärbt haben. Das blaue Filterpapier wird zu einer Scheibe zurechtgeschnitten, die auf den Boden einer großen Petrischale paßt.
Dann legen wir in geeigneten Abständen einige Keimpflanzen mit den Wurzeln auf das Indikatorpapier und bedecken mit einer mit Leitungswasser befeuchteten, 1—2 cm hohen Schicht reinen mittelkörnigen Quarzsandes.
Während der Versuchsdauer (etwa 1 Woche) wird der Sand mäßig feucht gehalten.
Am Schluß des Versuchs sollen die Stellen des Lackmuspapiers, die mit den Wurzeln Kontakt hatten, gerötet sein, was auf Säureproduktion der Wurzeln hinweist.

b. *Auflösung von Mineralstoffen durch Wurzelsäuren*
Der Versuchsansatz ist dem vorhergehenden ähnlich, doch wird der Boden der großen Petrischale etwa 5 mm hoch mit aufgeschmolzenem 3 %igen Agar, der durch Verrühren mit Schlämmkreide (Karbonatpulver) deutlich milchig getrübt ist, ausgegossen.
Ist der Agar in horizontaler Lage der Schale gleichmäßig dick erstarrt, so legen wir wieder die Keimpflanzen mit den Wurzeln darauf, decken mit feuchtem, körnigem Quarzsand ab. Der Sand muß 1 Woche lang feucht gehalten werden.
Am Ende des Versuchs schwemmen wir unter der Wasserleitung die Sandschicht behutsam ab, entfernen die Keimlinge, deren Wurzeln in der trüben Agarschicht klare Lösungszonen erzeugt haben; hier hat die Säure das Kalkkarbonat gelöst.
Ergebnis:
Mit Hilfe von Indikatoren (blaues Lackmuspapier, oder durch Auflösung von kohlensaurem Kalk in Agarsuspension läßt sich die mineralstofflösende Säureabscheidung von Wurzeln einfach nachweisen.
Bemerkung:
Der in der älteren Literatur beschriebene Versuch, daß man auf einer polierten Marmorplatte durch aufliegende Wurzeln rauhe Ätzspuren erhalten kann, die mit Druckerschwärze sichtbar gemacht werden, sei der Vollständigkeit halber erwähnt. Er ist relativ umständlich und erfordert längere Zeit.

Literatur: Bukatsch-Taupitz: „Bodenkunde und Bodenmikrobiologie" (Salle-Verlag, Frankfurt/M., 1961).

Versuch 35: Zellulosezersetzung durch Bakterien; Humus und Humusarten
Ein Großteil der für die Fruchtbarkeit und das Mikroorganismenleben im Boden so wichtigen Humusbestandteile stammt aus dem Abbau pflanzlicher Gerüst (= Zellwand-)Substanz durch Mikroorganismen.
Wir wollen a. einen Modellversuch zur Humusbildung im Boden und b. — d. einige einfache Humusuntersuchungsmethoden kennen lernen:

a. *Abbau pflanzlicher Gerüstsubstanz (Zellulose) durch Bodenbakterien*
Material:
Verschiedene Bodenproben (fein gesiebt, lufttrocken) z. B. Sand, Torf, Heide, Garten- und Komposterde, Filterpapier
Geräte:
Petrischalen, Bodensieb mit etwa 1—2 mm Maschenweite, Spritzflasche mit destill. Wasser, Schere, Spatel, Brutschrank (30° C)
Zeit:
Ansatz 10 Minuten, Beobachtung gelegentlich über 2—4 Wochen.
Wir beschicken einige Petrischalen mit verschiedenen Bodenproben, befeuchten sie gründlich und streichen sie mit einem Spatel glatt. Dann werden, als Modell für Zellulose, Filterpapierstreifen (etwa 2 x 4 cm) in die Mitte der Bodenprobe gelegt, mit dem Spatel dicht an die Bodenoberfläche angeschmiegt und 2 Wochen im Brutschrank bei 25—30° C gehalten, evtl. nachfeuchten.
Gelegentlich sehen wir den Zersetzungsgrad der Filterpapierproben nach: in aktiven Böden zerfallen sie zu einer erdigen, braunen Masse, die Humus vergleichbar ist.
Ergebnis:
In Böden, die reichlich Zellulose ersetzende Bakterien oder Schimmel- und Strahlenpilze enthalten, zerfällt Zellulose zu einer humusartigen Masse. Die Schnelligkeit der Humifizierung ist ein gewisses Maß der Stoffwechselaktivität der Bodenarten.

b. *Feststellung der Humusart in einem Boden*
„Saurer" Humus ist für die meisten Pflanzen ungünstiger als „milder Humus", der mit Kationen elektrostatisch abgesättigt ist (zumeist Ca^+).
Material:
Bodenproben wie bei a.; Moorerde
Geräte:
Reagenzgläser mit Gestell, Waage, Hornlöffel
Chemikalien:
Ammoniakwasser etwa 2—3 %ig (Salmiakgeist mit 9-vol. Teilen Wasser verdünnt)
Zeit:
10—15 Minuten
Wir schütteln etwa 2 g Boden mit verdünntem Salmiakgeist, lassen dann absetzen und vergleichen die Farbe der überstehenden Lösung. Ammoniumhydroxid als „milde Base" greift abgesättigten, milden Humus nicht an, neutralisiert aber die Protonen von saurem Humus unter Bildung brauner, wasserlöslicher Ammonhumate.
Ergebnis:
Rohhumus ergibt einen ± braunen Extrakt; abgesättigter, milder Humus einen fast farblosen Ammoniakauszug: Zwischentöne geben verschiedene Zwischenstufen an.

c. *Fällung der Huminsäuren*
Material:
Hochmoorerde, Torf, Filterpapier, Lackmuspapier

Geräte:
Erlenmeyerkolben (100 ml) Filtertrichter, Schere, Glasstab, Reagenzgläser
Chemikalien:
verdünnte (etwa 10 %ige) Salz- oder Schwefelsäure, Natronlauge (10 %), Kalkwasser (gesättigt)
Zeit:
etwa $\frac{1}{4}$—$\frac{1}{2}$ Stunde.

Zunächst stellen wir durch Schütteln von Hochmoorerde oder Torf mit Natronlauge einen dunkelbraunen Auszug von Natriumhumaten her, den wir klar filtrieren.
Das Filtrat verteilen wir auf einige Reagenzgläser und fügen zu einem Säure bis zur Rotfärbung von Lackmuspapier hinzu. Die starke Mineralsäure fällt aus dem Extrakt bräunliche Flocken von freien Huminsäuren, die sich im Laugenüberschuß wieder lösen.
Zu einer 2. Extraktprobe geben wir Kalkwasser zu: es entstehen Flocken von schwer wasserlöslichem Kalkhumat. Dies wäre ein Modell für die krümelnde, bodenverbessernde Wirkung der Kalkung saurer Moorböden.
Ergebnis:
Durch Säurezugabe zu Extrakten saurer Moorböden, bzw. durch Kalkung lassen sich freie Huminsäuren bzw. Kalkhumate ausfällen.

d. Maßanalytische Bestimmung des Gesamthumusgehaltes

Material:
Böden verschiedenen Humusgehalts (z. B. Wald-, Lehm-, Garten-, Moorerde) lufttrocken, fein gesiebt, Feinsand.
Geräte:
Waage, Bürette (50 ml) mit Stativ, Meßkolben (250 ml), Meßzylinder (100-250 ml), Tropfpipette, Wasserbad, Brenner, Meßpipette (25 ml), großes Becherglas (mit Eisstückchen).
Chemikalien:
konz. Schwefelsäure, 2 N Kaliumdichromatlösung, 25 %ige Schwefelsäure, 20 %ige Kaliumjodidlösung, lösliche Stärke (als Indikator), N/10 Natriumthiosulfatlösung.
Zeit:
Einige Stunden.

Je nach Humusgehalt werden 1—5 g Feinerde in einem 250 ml Meßkolben mit 25 ml 2 N-Kaliumdichromatlösung (49.0 g $K_2Cr_2O_7$ in 500 ml destill. Wasser) versetzt und unter Kühlung (Becherglas mit Eiswasser) 40 ml konzentr. Schwefelsäure eingerührt.
Der Ansatz wird für 3 Stunden im Wasserbad gekocht, wobei gelegentlich geschüttelt wird, um die organische Substanz durch die heiße Chromsäure völlig zu oxydieren. Die restliche Chromsäure, bzw. das noch übrige Dichromat in saurer Lösung oxidiert Kaliumjodid zu Jod:
$$K_2Cr_2O_7 + 7 H_2SO_4 + 6 KJ \rightarrow Cr_2(SO_4)_3 + 4 K_2SO_4 + H_2O + 3 J_2$$
Das freigesetzte Jod wird dann mit N/10 Natriumthiosulfat rücktitriert, wobei gegen Ende als Indikator etwas Stärkelösung zugegeben wird: Farbumschlag blau → farblos, bzw. hellgrünlich.

Berechnung:
1 ml verbrauchte N/10 Thiosulfatlösung entspricht 1 ml restlicher Dichromatlösung, welche wieder 0,8 mg Sauerstoff liefert, die 0,3 mg organisch gebundenen Kohlenstoff zu CO_2 oxidieren können.
Es ist empfehlenswert, eine „Blindprobe" ohne Humusboden mitlaufen zu lassen und die evtl. Differenz zu dieser der Berechnung zugrundezulegen.

Ergebnis:
Durch Oxidation des Humuskohlenstoffs eines Bodens in einem heißen Gemisch von Dichromat und konzentr. Schwefelsäure läßt sich der Humusgehalt verschiedener Böden mittels Meßanalyse jodometrisch ermitteln und vergleichen.

III. Samenkeimung, Voraussetzung, Mobilisierung der Reserven, Keimfähigkeitsprüfung, Wechselwirkung von Pflanzen bei der Keimung

Versuch 36: Keimfähigkeitsprüfung von Saatgut mit der Tetrazolium-Methode (TTC)
Die Keimfähigkeitsprüfung langsam keimender Samen, z. B. von Nadelbäumen, ist eine ziemlich langwierige Angelegenheit. Um das Ergebnis zu beschleunigen, kann eine biochemische Methode eingesetzt werden, die auf der Reduktion eines Redox-Indikators vom Tetrazoliumtyp durch Dehydrogenasen der lebenden Zellen zu rotem Formazan beruht.

Material:
Frisches und altes, abgelagertes Saatgut von Weizen und Mais

Gerät:
Petrischalen, kleine Deckelschälchen ($\emptyset$ etwa 3—5 cm) aus Glas oder Porzellan, evtl. Blockschälchen mit Glasplatte; Waage, Meßzylinder (100 ml), starke Standlupe (6—8 x) oder Präpariermikroskop, Präparierbesteck mit Lanzettnadel und Skalpell, feuchte Kammer

Chemikalien:
Triphenyltetrazoliumhydrochlorid (TTC, z. B. von Fa. Merck, Darmstadt oder Serva, Heidelberg)

Zeit:
Vorquellen 12 Stunden, Präparation der Keimlinge etwa $\frac{1}{2}$ Stunde, Inkubation 6 Stunden; Auswertung etwa $\frac{1}{2}$ Stunde

Prinzip der Methode: In lebendigem Gewebe finden sich Dehydrogenasen und dazu gehörige Substrate, welche im Stande sind, farblose Redoxindikatoren, deren E_0 positiver als das von $NAD/NADH+H^+$ ist, zu einem wasserunlöslichen Farbstoff zu reduzieren.
So bleibt die Färbung des Embryo auf die (noch) lebenden Zellpartien beschränkt. Aus dem Ausmaß und der Ausdehnung der Färbung kann man schon nach einigen Stunden auf die Keimfähigkeit des Saatgutes schließen [s. Literatur].
Man quillt über Nacht etwa 50—100 Weizenkörner, bzw. 50 Maiskörner (in Petrischalen eben mit Wasser bedeckt) an.
Inzwischen bereitet man durch Auflösen von 1 g TTC in 100 ml destill. Wasser die Indikatorlösung. Sie ist farblos und in braunen Fläschchen im Kühlschrank einigermaßen haltbar. Am besten sind stets frischbereitete Lösungen. Jeweils

10 ml davon werden auf kleine Deckelschälchen oder Blockschälchen mit Glasplatte verteilt.
Das vorgequollene Saatgut wird vor dem Inkubieren in den TTC-Lösungen folgendermaßen vorpräpariert:
Beim Mais genügt die Längsspaltung des Korns, so daß der Embryo freiliegt; beim Weizen wird unter der Lupe jeweils der Embryo mit einer Lanzettnadel vorsichtig, möglichst ohne Teilchen des Skutellums herauspräpariert. Die halbierten Maiskörner bzw. Weizenembryonen werden dann für 6 Stunden in die Tetrazoliumlösung gebracht.

$$\text{TTC} + 2H^+ + 2e^- \longrightarrow \text{Formazan} + HCl$$

Die vorhandenen Dehydrogenasen reduzieren dabei in den lebenden Zellen das TTC zu rotem Formazan nach folgendem Schema

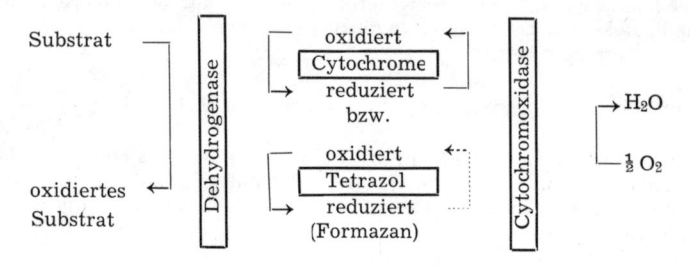

Substrat	Dehydrogenase	oxidiert / Cytochrome / reduziert bzw. oxidiert / Tetrazol / reduziert (Formazan)	Cytochromoxidase	$\rightarrow H_2O$ $\rightarrow \tfrac{1}{2} O_2$
oxidiertes Substrat				

Zur Auswertung verwendet man Tabellen [vgl. Literatur], welche angeben, welche Partien des betreffenden Embryos gefärbt sein müssen, um Keimfähigkeit anzuzeigen.
Beim Weizenembryo müssen die Sproßanlage und mindestens die beiden seitlichen, primären Wurzelanlagen gefärbt sein, sonst ist das Ergebnis negativ. Beim Mais muß die Sproßanlage ganz und die Wurzelanlage mindestens teilweise gefärbt sein, um noch ein positives Resultat zu geben.

Ergebnis:
Nur lebende Keimlinge sind dehydrogenaseaktiv; darauf beruht eine Schnellmethode der Keimfähigkeitsprüfung, wobei farblose Tetrazoliumsalze zu gefärbtem Formazan reduziert werden.

Literatur: Eggebrecht, H.: „Untersuchung von Saatgut", S. 37 ff (Neumann, Radebeul).

Versuch 37: Notwendigkeit des Sauerstoffs zur Samenkeimung
Zur Samenkeimung als einem Stadium hoher biochemischer Aktivität ist Atmungssauerstoff nötig.

a. *Teilweiser Sauerstoffmangel*
Material:
Vorgequollene, eben zur Keimung ansetzende Erbsen oder Bohnen, Filterpapier.
Geräte:
Große Glasschale (Petrischalendeckel, Photoschale), 2 Stative mit Klemmen, Schere, Pinzette.
Zeit:
Ansatz 10 Minuten, Beobachtung 1—2 Wochen (gelegentlich Wasser in Schale nachfüllen).
Wir legen 2 Reagenzgläser mit Filterpapierstreifen so aus, daß diese etwa die Hälfte des Rohrumfanges freilassen und etwa 5 cm über die Mündung vorragen (vgl. Abb. 29).

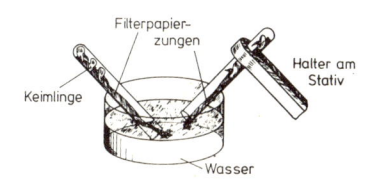

Abb. 29: Anordnung für Keimung bei teilweisem Sauerstoffmangel

In die Reagenzgläser füllen wir 3—4 eben keimende Erbsen oder Bohnensamen und stellen sie, an Stativen befestigt, schräg mit der Mündung nach unten so in die wasserbeschickte Schale, daß das eine Röhrchen voll mit der Mündung etwa 1 cm eintaucht, das 2. Röhrchen mit seiner Öffnung seitlich noch nicht völlig eintaucht (Kontrolle).
Nach 1—2 Wochen können wir den Wachstumsunterschied feststellen.
Ergebnis:
Schon ein teilweiser Sauerstoffmangel verzögert die Keimung von Samen.

b. *Völliger Sauerstoffmangel*
Material:
Kurz vorgequollene Gartenkresse- oder Leinsamen (gut keimfähig), Eisendraht (Blumendraht), Watte
Geräte:
2 Pulvergläser (ca. 250 ml) mit passendem Gummistopfen, Schere, Drahtzange, Petrischale, Meßzylinder (50 ml), Präpariernadel, Brenner, Pinzette
Chemikalien:
Sodalösung (10 %), Pyrogallollösung (5 %).
Zeit:
Ansatz 10 Minuten, Beobachtung 1—2 Wochen.
Wir stechen mit der erhitzten Präpariernadel in die untere Stopfenseite zentral etwa 3 cm tiefe Löcher und setzen sofort ein etwa 10 cm langes Blumendrahtstück ein. Dann formen wir je eine etwa kirschengroße Wattekugel, die wir so an der Drahtschlinge befestigen, daß sie mitten im Pulverglas hängt. Die Wattekugeln werden mit Wasser getränkt und mit den klebrigen Samen (Lein oder Gartenkresse) besetzt (Pinzette).

Auf den Boden des einen Pulverglases kommt 1 cm Wasser (Kontrolle), auf den Boden des anderen zunächst Pyrogallollösung etwa ½ cm hoch und dann, unmittelbar vor Aufsetzen des Stopfen, noch ebensoviel Sodalösung (Abb. 30).

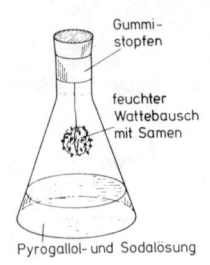

Abb. 30: Keimhemmung bei totalem Sauerstoffmangel

Die Ansätze bleiben unter gleichen Bedingungen (diffuses Licht, Zimmerwärme) 1—2 Wochen stehen.
Ergebnis:
In dem mit Pyrogallol + Soda beschickten Gefäß wurde der Sauerstoff chemisch gebunden, was eine völlige Keimhemmung zur Folge hat.

Versuch 38: Mobilisierung von Hemizellulosen bei der Keimung
Hemizellulosen sind leichter als Zellulose in Wasser lösliche Reservestoffe in verdickten Membranen (Dattel-, Lupinensamen), die bei der Keimung in Hexosen vom Typ der Mannose, Galaktose u. a. abgebaut werden.
Material:
1 Tag vorgequollene Lupinensamen und 2—3 Wochen alte Lupinenkeimlinge.
Geräte:
Mikroskop, Rasierklinge
Chemikalien:
Jodjodkalilösung nach *Lugol*
Zeit:
Vorkultur 2—3 Wochen, Versuchsdauer 10 Minuten.
Wir fertigen Querschnitte durch frisch angequollene Lupinensamen an und betrachten sie bei mittl. Vergrößerung nach Anfärbung mit Jod: die aus Hemizellulose bestehenden Membranenverdickungen im Nährgewebe treten deutlich hervor. Vergleichsschnitte durch die Keimblätter älterer Keimlinge zeigen unter gleichen Bedingungen, daß die Hemizellulosen weitgehend verbraucht worden sind.
Als weitere, günstige Objekte können für diesen Versuch auch die Samen des Springkrauts (Impatiens balsamina) oder der Kapuzinerkresse *(Tropaeolum maius)* dienen.
Ergebnis:
Hemizellulosen sind bei der Samenkeimung relativ leicht lösliche Kohlenhydratreserven in verdickten Membranen.

Literatur: U. Ruge: Übung zur Wachstumsphysiologie d. Pflanzen (Springer Berlin) S. 10.

Versuch 39: Umwandlung von Fett in Zucker bei der Keimung
Bei Hefe (Versuch 112, S. 155) ist unter besonderen Bedingungen eine Umwandlung von Kohlenhydrat-Reserven (Polysaccharid Glykogen) in Fett möglich; das Umgekehrte geht in ölhaltigen Samen vor sich, die bei der Keimung Kohlenhydrat (Zucker) bilden.
Material:
Samen und etiolierte Keimlinge (8 Tage bei etwa 25° C im Dunkeln gezogen) von *Ricinus communis.*
Geräte:
Erlenmeyerkolben (100 ml), Reibschale mit Pistill, 2 Trichter mit weichen Filtern oder Zentrifuge, Rasierklinge, Reagenz- und Zentrifugengläser, Spatel, Reagenzglashalter, Brenner, Spritzflasche mit destill. Wasser.
Chemikalien:
Fehling'sche Lösung I und II, Jodlösung
Zeit:
Etwa 1—2 Stunden.

In einem Vorversuch an Querschnitten durch Ricinussamen, die wir mit etwas Jodlösung betupfen, überzeugen wir uns durch das Ausbleiben der Blaufärbung, daß keine Stärke vorhanden ist, dagegen hinterlassen auf Papier gequetschte Schnitte einen bleibenden Fettfleck. Zerriebene, mit warmem Wasser extrahierte, ungekeimte Samen geben auch keine positive Fehling-Reaktion auf Zucker.
Zerreiben wir aber die im Dunkeln angezogenen etiolierten Keimlinge und prüfen wir den filtrierten, wäßrigen Auszug davon mit Fehling's Reagenz, so tritt beim Kochen deutliche Rotfärbung auf: Nachweis von Zucker, der bei Dunkelhaltung der Keimlinge nicht aus der Photosynthese stammen kann.
Ergebnis:
Bei der Keimung fetthaltiger Samen wird der zum Aufbau und für die Wachstumsenergie notwendige Zucker aus den Fettreserven gebildet.

Versuch 40: Einflüsse auf die Samenkeimung
Der Stoffwechsel ruhender Samen „erwacht" mit der Keimung. Wasseraufnahme (Quellung), Sauerstoff, Temperatur- und Feuchtigkeit sind so bekannte allgemeine Voraussetzungen, daß wir uns hier nur auf einige Besonderheiten beschränken: Strahlung und chemische Einflüsse der eigenen bzw. fremder Pflanzen.
a. *Licht und Keimung*
Man unterscheidet (neben den meisten Pflanzen, bei denen die Keimung lichtneutral erfolgt), ausgesprochene „Licht"- und „Dunkelkeimer".
Material:
Samen (Früchte) von Weiderich *(Lythrum salicaria)*, Nachtkerze *(Oenothera biamis)*, Fuchsschwanz *(Amaranthus caudatus)*, Gretchen im Busch *(Nigella sativa* oder *damascena)*, Büschelkraut *(Phalecia tanacetifolia)* u. a.
Geräte:
Petrischalen mit passenden Rundfiltern, Spritzflasche, Pinzette, Meßpipette (10 ml, Dunkelkammer mit Rot- oder Grünlicht; bzw. klimatisierter Raum, verdunkelbar, mit Leuchtröhrenlampen (Tageslicht), lichtdichte große Pappkartons (Schubladen, Dunkelstürze).

Zeit:
Ansatz etwa 1 Stunde; gelegentliche Beobachtungen über 2 Wochen.
In mit feuchtem Filterpapier ausgelegte Petrischalen kommen je 50 Samen obengenannter Pflanzen. Von jeder Gattung werden 2 Schalen beschickt, von denen eine im Tages- (bzw. Leuchtröhren-)licht, die andere jeweils ins Dunkle kommt. In Abständen von etwa 2 Tagen werden bei schwachem Grün- (oder Rot-)licht die Zahlen der gekeimten Samen ermittelt und protokolliert.
Ergebnis:
Während für viele Pflanzen die Lichteinwirkung ohne Einfluß auf die Keimung bleibt, gibt es ausgesprochene „Lichtkeimer" (dch. Dunkelheit gehemmt), andererseits „Dunkelkeimer", die im Licht nicht keimen können.

b. *Fremdeinflüsse auf die Keimung „Äthylenwirkung"*
(Allelopathie nach *Molisch*)
Material:
Samen der Gartenerbse, Saatwicke; Orangen, reife Äpfel, Vaseline.
Geräte:
Kleine, erdgefüllte Blumentöpfe, große Glasglocken (ca. 3 l) mit Glasunterlageplatten, Lineal.
Zeit:
Ansatz 1 Stunde, Auswertung nach 2 Wochen ½ Stunde.
In kleine, mit gut durchfeuchteter Gartenerde beschickte Blumentöpfe setzen wir 20—30 vorgequollene Erbsen- oder Wickensamen etwa 1 cm tief ein.
1 Topf kommt als Kontrolle unter einen leeren Glassturz, der 2. Topf zusammen mit einem reifen Apfel, der 3. Topf mit einer Orange zusammen.
Alle Ansätze stellen wir bei gleicher Temperatur in diffusem Tageslicht auf, so daß die Wachstumsbedingungen möglichst gleichartig sind.
Schon nach 1 Woche zeigen sich Wachstumsunterschiede, die wir nach 2 Wochen an der Durchschnittslänge der Sprosse vergleichend ausmessen. Der österr. Pflanzenphysiologe H. *Molisch* hat solche Versuche schon vor etwa 50 Jahren beschrieben und als Äthylenwirkung gedeutet. Eigenartigerweise ist die Wuchshemmung durch die aromatisch duftende Orange weitaus geringer als beim Apfel.*)
Ergebnis:
Durch Gase (C_2H_4), ätherische Öle, Fruchtester, die von Früchten ausströmen, können benachbarte Keimlinge im Wachstum beeinflußt werden.

c. *Kresseversuche zur Wirkung ätherischer Öle auf Wachstum und Chlorophyllbildung von Keimlingen*

Samen der Gartenkresse (Lepidium sativum) keimen sehr rasch und bleiben auf feuchten Oberflächen leicht haften. Dies ermöglicht folgenden, einfachen Versuch zur „Allelopathie".
Material:
Frische Samen der Gartenkresse, Baumwollwatte, Drahtstücke (ca. 0,5—0,8 mm ϕ, 10 cm lang), Blätter bzw. Teile stark riechender Gewürz- oder Heilpflanzen,

---

*) Neue Untersuchungen weisen darauf hin, daß das Äthylen nur zum geringen Teil wirksam ist; vielmehr sind es die Duftstoffe des Apfels, höhere Aldehyde und vor allem Ester, welche die formverändernde Wirkung zeigen.

(z. B. Eukalyptus, Salbei, Kerbelkraut, Liebstöckel, Orangenschale, geriebene Meerrettichrhizome und dgl.), Quarzsand.
Geräte:
Erlenmeyerkolben (200 ml), dazu passende Korkstopfen, Flachzange, Schälchen, Spritzflasche mit destill. Wasser, Schere.
Chemikalien:
Ätherische Öle, Aktivkohle (granuliert), Pyrogallol und Sodalösung (etwa 10%ig).
Zeit:
Ansatz 1—2 Stunden, Auswertung nach 1 Woche etwa 15 Minuten.
Zunächst stellen wir uns etwa kirschgroße Wattebällchen her, die wir zur Haltung mit einem Drahtring umgeben, während das andere Drahtende in den Korken gestochen wird. Die Bällchen sollen im Luftraum des verkorkten Erlenmeyerkolbens frei schweben (vgl. Versuch 37b, Abb. 30). Der Boden der Erlenmeyerkolben wird etwa 1 cm hoch mit den zu prüfenden, zerschnittenen Pflanzenteilen bedeckt; ein Kolben, der als Reinluftkontrolle dient, wird nur mit etwas feuchtem Quarzsand beschickt. Ein weiterer Erlenmeyerkolben wird am Boden mit Sand beschickt, der mit Sodalösung getränkt ist (Kontrolle 2).
In ein Schälchen kommt reines Leitungswasser, in ein zweites trockener Kressesamen. Zunächst werden die Wattebällchen im ersten Schälchen gut durchfeuchtet und sodann im 2. Schälchen in den Samen gewälzt, so daß diese an der Watteoberfläche haften bleiben. Ohne Samen abzustreifen, wird die Wattekugel nun in den Erlenmeyerkolben eingeführt und der Stopfen in die Mündung dicht eingedrückt.
Ein Ansatz, (z. B. Orangenschale) wird doppelt durchgeführt, zu einem davon kommt etwa 1 Eßlöffel voll Aktivkohle-Granulat zur Bindung von Gasen.
Zur Kontrolle 2 (mit Sodalösung) kommt kurz vor Einsatz des Stopfens noch ein Hornlöffel Pyrogallol-Kristalle, welche mit der alkalischen Sodalösung den Sauerstoff im Kolben binden.
Alle Ansätze kommen unter gleichen Licht- und Temperaturbedingungen an ein Nordfenster. Nach einer Woche kann das Ergebnis abgelesen werden.
Bestes Wachstum in Reinluft, (Kontrolle 1); kein Wachstum bei O_2-Mangel (Kontrolle 2). In den übrigen Kolben ± deutlicher Einfluß auf Wachstum bzw. Blattgrünausbildung. Ausnahme: der zusätzlich mit Aktivkohle beschickte Kolben zeigt infolge Bindung des äther. Öls keine Hemmung.
Ergebnis:
In geschlossenen Gasräumen wirken gasförmige Abscheidungen von Pflanzenteilen, besonders ätherische Öle auf das Wachstum von Keimlingen. Die Wirkung kann durch Adsorption an Aktivkohle aufgehoben werden. Ohne Sauersotff erfolgt keine Keimung.

d. *Keimhemmung durch Fruchtfleisch bzw. Mutterpflanze (Blastokoline)*
Material:
Samen der Gartenkresse *(Lepidium sativum),* frische Äpfel, Tomaten, Apfelkerne (frisch ausgelöst), Lappen von Brunnenlebermoos *(Marchantia polymorpha)* mit Brutbechern, Filterpapierscheiben.
Geräte:
Große und normale Petrischalen, Spritzflasche, rostfreies Stahlmesser, Pinzette.

Chemikalien:
Eugenol bzw. Thymol
Zeit:
Ansatz etwa 1 Stunde, Beobachtung gelegentlich über 1—2 Wochen.
In große Petrischalen legen wir *Scheiben von Äpfeln* bzw. *Tomaten* etwa 1 cm dick auf eine feuchte Filterunterlage und bestreuen nicht zu dicht mit Kressesamen; als Kontrolle dient eine Schale mit Samen auf feuchtem Filterpapier. Die Aufstellung erfolgt bei Zimmertemperatur in diffusem Tageslicht. Kontrolle der Ergebnisse alle 2—3 Tage. Fremdes Fruchtfleisch hemmt die Keimung meist stark (Man versuche auch mit nicht konservierten Fruchtsäften).
Apfelkerne kommen auf feuchtes Filterpapier in Petrischalen, z. T. geschält (Vorsicht: Keimblätter und Keimlinge dabei nicht verletzen); Beobachtung wie oben: Unterschied?
Thalluslappen von Brunnenlebermoos mit Brutbechern werden in eine Petrischale auf feuchtes Filterpapier gebracht; aus einigen Brutbechern werden Brutknospen sehr vorsichtig, ohne Verletzung in eine 2. Schale mit feuchtem Papier ausgelegt. Die „Keimung", (besser: die Entwicklung) der Brutknospen zu Jungpflanzen wird über mehrere Tage verfolgt.
Ergebnis:
Durch Keimhemmstoffe aus dem Fruchtfleisch bzw. der Samenschale, oder durch den Einfluß der Mutterpflanze kann Keimung und Wachstum von Jungpflanzen verhindert bzw. stark verzögert werden.
Hinweis:
Eine Verpilzung der Ansätze kann durch ein Tröpfchen Nelkenöl bzw. ein Körnchen Thymol in der Schale verhindert werden.

IV. Autotrophe Ernährung der grünen Pflanze:
Photosynthese, Bedingungen, photosynthetisch-wirksame Pigmente, Assimilate und ihr Nachweis, besonders Kohlenhydrate

Versuch 41: Phototaxis (Lichtwendigkeit) niederer Pflanzen
Sofern niedere, zur Photosynthese befähigte Pflanzen frei beweglich sind, suchen sie das Licht (Phototaxis); dies wollen wir an 3 Beispielen kennen lernen.

a. *Euglena (einzellige Geißelalge)*
Material:
Durch *Euglena* grün gefärbtes Wasser (Dorfteich), schwarzes Papier, Aluminiumfolie.
Geräte:
Mikroskop, Petrischalen, Pipette
Zeit:
etwa $\frac{1}{4}$ bis $\frac{1}{2}$ Stunde.
Wir füllen eine Petrischale mit etwas Teichwasser mit *Euglena*, hüllen sie zu 2/3 mit schwarzem Papier ein, so daß nur 1 Seite (vom Fenster her) Licht erhält. Nach etwa $\frac{1}{4}$ Stunde haben sich im diffusen Licht die Zellen an der Lichtseite angesammelt.
Stellen wir nun die Schale in direktes Sonnenlicht, so fliehen die Algen die zu starke Beleuchtung. Es empfiehlt sich in diesem Fall, das dunkle Papier mit einer Aluminiumfolie abzudecken, um zu starke Erwärmung zu vermeiden.

Im Mikroskop können wir in den durch Chromatophoren grün gefärbten Zellen an einem Ende, in der Nähe der Ansatzstelle der Geißel, einen orangeroten „Augenfleck" erkennen, der mit der Lichtperzeption zu tun haben soll (daher auch der Name „grünes Schönauge").

b. *Volvox-Kolonie („Kugelalge")*
Material:
Teichwasser mit Kugelalgenkolonien
Geräte:
Bechergläser (200 ml), 2 Kleinbildprojektoren
Zeit:
etwa ½ Stunde.

In einem verdunkelten Raum bestrahlen wir ein mit Volvox-haltigem Wasser gefülltes Becherglas aus verschiedenen Abständen mit dem Kleinbildprojektor und beobachten die Reaktion der Kolonien in Abhängigkeit von der Beleuchtungsstärke. Stellen wir in entsprechend gleichen Abständen 2 Projektoren einander gegenüber auf und bestrahlen das in der Mitte befindliche Becherglas, so finden wir Ansammlungen auf beiden Seiten.

c. *Oscillatoria (fadenförmige Blaualge)*
Material:
Oscillatoria (Schwingfadenalge) von blaugrünen Überzügen von Regenpfützen, Aquarienwänden; Filterpapierscheiben, Tesafilm, schwarzes Papier.
Geräte:
Mikroskop, Spatel, Schaber, Petrischalen, Pinzette, Schere.
Zeit:
Ansatz ¼ Stunde; Beobachtung nach etwa 1 Woche (5 Minuten)
Wir legen auf den Boden einer Petrischale mehrere Lagen Filtrierpapier, befeuchten gut mit Teich- oder Regenwasser, setzen sodann in die Mitte mit der Pinzette einige Blaualgenfäden. Dann verkleben wir die Petrischale samt Deckel mit schwarzem Papier (Befestigung mit Klebstreifen), bis auf ein kleines, etwa 2 cm^2 großes seitliches Fenster seitlich oben am Deckel. Mit dieser Seite stellen wir die Schale an einem Nordfenster auf. Nach 1 Woche sind die Fäden dem Licht zugewachsen, bzw. zugekrochen.
Ergebnis:
Frei bewegliche grüne oder blaugrüne Algen zeigen positive, bei zu starkem Licht negative Phototaxis.

Versuch 42: Nachweis der Sauerstoffabscheidung bei der Photosynthese (Trichterversuch)
Ein einfacher, leicht durchzuführender Versuch zum Nachweis der Sauerstoffproduktion grüner Wasserpflanzen ist der bekannte „Trichterversuch"; er eignet sich bereits für die Orientierungsstufe, da die Schüler die Glimmspanprobe auf Sauerstoff vom Chemieunterricht bereits kennen.
Material:
Beliebige, submerse Wasserpflanzen (z. B. Wasserpest (Elodea), Hornkraut (Ceratphyllum), Tausendblatt *(Myriophyllum)*, Wasserschlauch *(Utricularia)*, Wasserschere *(Stratiotes)*, Quellmoos *(Fontinalis)* u. a.), Leitungswasser, Schere, dünne Holzspäne, Gummiring.

Geräte:
große, hohe Becherläser (ca. 1 l), in welche Glastrichter passen, Trichter sollen kürzer als die Becherhöhe sein, Brenner, starke Lichtquelle (z. B. Kleinbildwerfer,, Reuterlampe, Bogenlampe u. a. als Ersatz für Sonnenlicht), Reagenzgläser, Spatel.

Chemikalien:
Natriumhydrogenkarbonat oder kohlensäurehaltiges Mineralwasser.

Zeit:
Je nach Lichtstärke ½—2 Stunden.

Am besten gelingt der Versuch im Sonnenlicht, bei künstlicher Beleuchtung dauert er meist länger, dabei ist auch darauf zu achten, daß das Versuchswasser nicht zu warm wird (Schädigung der Pflanzen)!
Wir füllen ein großes Becherglas fast randvoll mit Wasser, versenken darin ein Büschel abgeschnittener Wasserpflanzensprosse, so daß die frischen Schnittflächen nach oben weisen (eventuell mit Gummiring oder Bindfaden locker (!) bündeln). Dann wird der Trichter mit der weiten Öffnung nach unten so über die Pflanzen gestülpt, daß auch sein Rohr völlig untertaucht. Ein wassergefülltes Reagenzglas wird unter Daumenverschluß mit der Mündung luftblasenfrei unter die Wasseroberfläche des Becherglases gebracht und dann vorsichtig mit seiner Mündung über das Trichterrohr geschoben. Die während der Belichtung aus den Pflanzen aufsteigenden Bläschen sammeln sich über dem Trichter im Reagenzglas. Wenn in diesem genügend Gas angesammelt ist, zieht man das Reagenzglas hoch und verschließt es noch unter Wasser mit dem Daumen, zieht es vorsichtig heraus, richtet es auf und gibt die Mündung erst frei, wenn ein glimmender Span bereit ist. Beim Eintauch des Spans in das Gas im Reagenzglas flammt er auf. Durch Zusatz von etwas Natriumbikarbonat oder Mineralwasser kann man die Sauerstoffmenge erhöhen, da die Photosynthese vom CO_2-Angebot abhängt (siehe Gleichung im allgemeinen Teil).

Ergebnis:
Mit der Trichtermethode kann man den von belichteten Wasserpflanzen abgegebenen Sauerstoff auffangen und mit einem glimmenden Holzspan nachweisen.

Versuch 43: Annähernde Messung der Photosyntheserate mit der „Blasenzählmethode".

Im Versuch 42 haben wir nachgewiesen, daß die aus den Wunden belichteter, grüner Wasserpflanzen aufsteigenden Bläschen im wesentlichen aus dem bei der Photosynthese entstehenden Sauerstoff bestehen.
Die Zahl der von einem Sproß abgeschiedenen Bläschen kann als grobes Maß der Photosynthese gelten.

Material:
Mehrere, möglichst gleich große, frisch abgeschnittene Sprosse untergetauchter grüner Wasserpflanzen, am besten *Elodea* (Wasserpest); abgestandenes Leitungswasser, destill. Wasser.

Geräte:
Starke Lichtquelle (z. B. Kleinbildprojektor), Planparallelküvette aus Glas (evtl. quaderförmiges Präparatenglas) so dimensioniert, daß nebeneinander 3 Reagenz-

gläser eingestellt werden können, Brenner, Dreifuß, Asbestdrahtnetz, Erlenmeyerkolben (100 ml), Spatel, Schere, Reagenzgläser, Stoppuhr.
Chemikalien:
Natriumbikarbonat.
Zeit:
etwa 1 Stunde.
Wir füllen 3 Reagenzgläser, eines mit frisch abgekochtem, rasch gekühltem destilliertem Wasser (CO_2- und karbonatfrei), das 2. mit normalem abgestandenem Leitungswasser, das 3. wie 2. aber noch mit einer Prise Natriumhydrogenkarbonat.
Die drei Reagenzgläser werden nun mit frischen, gleichgroßen Sproßenden von Elodea beschickt, die so lang sein sollen, daß über den nach oben weisenden Schnittflächen noch 3—4 cm Wasser in den Reagenzgläsern steht. Dann kann man die Blasen gut aufsteigen sehen und mit der Stoppuhr pro Minute zählen.
Die Reagenzgläser kommen nun nebeneinander in die Standküvette, welche mit Wasser bis etwa 1 cm unter der Mündung der Reagenzgläser gefüllt wird. Sie dient als „Thermostat" und zugleich dazu, den Lichtstrahl gleichmäßig (ohne die Zylinderlinsenwirkung der Reagenzgläser in Luft) durch die Sprosse zu leiten. Hat man kein gleichmäßig auf alle Ansätze wirkendes Sonnenlicht, so beleuchtet man die Vorderfront der Küvette möglichst senkrecht mit dem Strahl des Projektors, so daß sich die Pflanzen nicht gegenseitig beschatten oder ungleich beleuchtet sind. Wir zählen die Blasenzahl mit der Stoppuhr und stellen fest, daß der CO_2- bzw. Hydrogenkarbonatgehalt des Wassers die Photosynthese entscheidend beeinflußt, sie steigt mit zunehmendem CO_2-Angebot innerhalb bestimmter Grenzen.
Ergebnis:
Aus der aus vergleichbaren, belichteten Sprossen derselben Wasserpflanzenart entweichenden Zahl von Sauerstoffbläschen kann man auf die Photosyntheserate schließen, was hier am Beispiel der CO_2-Versorgung gezeigt wird.
Hinweis:
In einem Vorversuch ermittelt man aus mehreren Sprossen diejenigen, die im Leitungswasser bei gleicher Belichtung etwa gleich viele, gleich große Bläschen geben.

Versuch 44: Nachweis des bei der Photosynthese submerser Pflanzen sich im Wasser lösenden Sauerstoffs durch Farbreaktionen

Ist das Versuchswasser, in dem sich belichtete Sprosse von Wasserpflanzen befinden, nicht sauerstoff-gesättigt, so wird der entstehende Assimilationssauerstoff vom Wasser gelöst.
Dieser gelöste Sauerstoff kann einerseits mit der *Winkler*methode (vgl. Versuche 46 u. 101) ziemlich genau quantitativ erfaßt werden; andererseits läßt er sich durch Umfärbung von Redoxindikatoren leicht qualitativ nachweisen.
Dazu eignet sich besonders gut Leukoindigo („Indigoweiß", Indigoküpe), einigermaßen gut auch Pyrogallol in alkalischer Lösung.
Material:
Sprosse untergetauchter Wasserpflanzen, abgestandenes Leitungswasser, Bindfaden.

Geräte:
Farblose Flaschen mit Glasstopfen (200—250 ml), Erlenmeyerkolben (250 ml), Spatel, Glasstäbe, Tropfpipette, Reagenzgläser.
Chemikalien:
Wasserlösliches Indigosalz („Indigo-karmin", Indigosulfonat), Natriumdithionit ($Na_2S_2O_4$)
Zeit:
Ansatz etwa 15 Minuten, Belichtungsdauer je nach Intensität 10 Minuten bis etwa 1 Stunde.

a. *Indigomethode* (Färbung von Leukoindigo)
Der Indigofarbstoff (in wasserlöslicher Salzform, Indigosulfonat) erscheint gelöst blau; durch Reduktionsmittel (Wasserstoffdonatoren, wie Zinkpulver und Säure oder Natriumdithionit) wird er fast entfärbt, d. h. leicht gelblich.

Indigoblau   Leukoindigo

Wir stellen uns eine tief kornblumenblaue Indigolösung her in lauem Wasser, in dem wir 1 % Gelatine aufgelöst haben, um die Viskosität etwas zu erhöhen.
Dann tropfen wir so lange vorsichtig unter ständigem Rühren Natriumdithionitlösung zu, bis der blaue Farbton einem leicht gelben Ton gewichen ist. Schütteln wir im Reagenzglas etwas von dieser Lösung mit Luft, kehrt die blaue Färbung wieder (Autoxidation mit Sauerstoff); dies als Vorprobe.
Die entfärbte Indigolösung wird nun in Flaschen mit Glasstopfen abgefüllt und vor luftblasenfreiem Aufsetzen des Stopfens der Sproß einer Wasserpflanze mit Blättern in die Flüssigkeit gebracht. Als Vergleich dienen blasse Teile derselben Pflanze (Stengel entblättert, Wurzeln u. dgl.).
Stellen wir die Ansätze ins Licht, so können wir nach einiger Zeit merken, wie von den grünen Blättern sich blaue Schlieren in der Flüssigkeit ausbreiten. Ruhigstehen sorgt dafür, daß sich die durch den Assimilationssauerstoff bewirkte Bläuung nicht zu rasch in dem ganzen Flascheninhalt ausbreitet und sich so besser lokalisieren läßt.
Ergebnis:
Durch Belichten von grünen Pflanzenteilen in Leukoindigolösung kann man an der Blaufärbung an den grünen Teilen die Sauerstoffbildung durch Photosynthese sichtbar machen.

b. *Pyrogallolmethode*
Pyrogallol (1,2,3 Trihydroxybenzol) bindet in alkalischer Lösung Sauerstoff und färbt sich etwa entsprechend der vorhandenen Sauerstoffmenge violett bis dunkelbraun.
Material:
wie bei a.

Geräte:
Farblose Glasflaschen mit Glasschliffstopfen (ca. 150 ml), Spatel, Glasstäbe, 2 Meßpipetten (10 ml)
Chemikalien:
5 %ige Pyrogallollösung in frisch abgekochtem Wasser (sauerstoffempfindlich; im Kühlschrank aufbewahren), 10 %ige Natronlauge
Zeit:
Vorbereitung 5 Minuten, Auswertung nach ½—1 Stunde.

Wir füllen 3 Glasstopfenflaschen mit dem abgestandenen Versuchswasser; eine bleibt als Kontrolle, in die beiden anderen kommt je ein etwa gleich großer beblätterter Sproß einer Wasserpflanze (Elodea, Myriophyllum, Fontinalis) an einem Faden, der aus der Flaschenmündung heraushängt.
Nach luftblasenfreiem Verschluß exponieren wir den einen Sproß in starkem Licht (Projektor, Sonne), die Flasche mit dem 2. Sproß kommt in's Dunkle (Atmung!)
Nach ½—1 Stunde, je nach Lichtintensität, ziehen wir an den Fäden die Sprosse heraus.
Zu jeder der 3 Flaschen kommen nun je 2 ml Pyrogallol-Lösung aus der Meßpipette und darauffolgend je 2 ml Natronlauge, wobei Wasser ausfließt. Sodann wird rasch luftblasenfrei verschlossen und umgeschüttelt. Es stellt sich eine ± starke Braunfärbung ein, die ein ungefähres Maß des Sauerstoffgehalts darstellt.
Ergebnis:
An der Färbung des Versuchswassers mit Pyrogallol + Natronlauge lassen sich Schlüsse auf den Sauerstoffgehalt ziehen.

Versuch 45: Halbquantitative Bestimmung der Sauerstoffentwicklung bei der Photosynthese submerser Pflanzen
Im Versuch 43 diente die Bestimmung der Blasenzahl als ungefähres Maß der Photosyntheserate. Wir können aber auch gasvolumetrisch verfahren (vgl. Abb. 31):
Material:
frisch abgeschnittene Sprosse submerser Wasserpflanzen (Wasserpest, Tausendblatt, Hornkraut usw.), abgestandenes Leitungswasser, Holzspäne.
Geräte:
Erlenmeyerkolben (250 ml) mit doppelt durchbohrtem Gummistopfen, Glasrohr dazu passend, Meßpipette oder Bürette (25 ml), kurze Schlauchverbindungen, Quetschhahn, Brenner, starke Spritzflasche, Lichtquelle, Stativ mit Klemme und Muffe.
Zeit:
je nach Beleuchtungsstärke bis einige Stunden.

Der Kolben wird mit Versuchswasser und den assimilierenden Sprossen beschickt, der Gummistopfen mit den beiden Glasröhren (vgl. Abb. 31) dicht aufgesetzt, ohne Luftblasen einzuschließen; das überflüssige Wasser läuft am linken Rohr über. Nun erst setzen wir über ein kurzes Stück Verbindungsschlauch die Meßpipette oder Bürette auf und halten diese mit einem Stativ fest. Dann wird in die Pipette der Spritzflasche Wasser bis zur untersten Skalenmarke zugefügt. Der während der Belichtung entstehende Sauerstoff sammelt sich als ± große Blase unter dem

Stopfen an. Seine Menge kann an der Skala links durch das verdrängte Wasservolumen abgelesen werden.

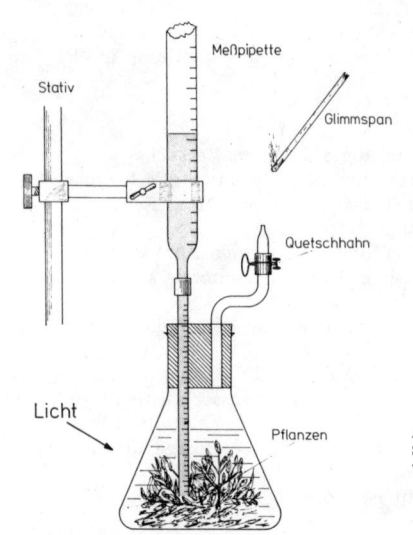

Abb. 31: Volumetrische Bestimmung der Sauerstoffmenge bei der Photosynthese von Wasserpflanzen

Durch Öffnen des Quetschhahns rechts kann — während das Wasser aus der Bürette zurückfließt — der ausströmende Sauerstoff mit der Glimmspanprobe nachgewiesen werden.

Ergebnis:
Durch eine einfache, selbst zusammengestellte Anordnung (die Bürette kann auch durch einen 50—100 ml Kolbenprober ersetzt werden) läßt sich die Menge des bei der Kohlendioxidassimilation gebildeten Sauerstoffs einigermaßen quantitativ messen.

Versuch 46: Quantitative Bestimmung der Photosynthese und Atmung von Wasserpflanzen

Bei der Messung der Atmungsintensität von Wassertieren (Versuch 101) verwenden wir als empfindliches Bestimmungsverfahren des im Wasser gelösten Sauerstoffs die *Winkler-Methode.*

Da bei der Photosynthese im Licht Wasserpflanzen Sauerstoff entwickeln, bei der Atmung (im Dunkeln) Sauerstoff verbrauchen, können wir die *Winkler-Methode* zur Messung der Assimilations-, bzw. Atmungsrate von submersen Pflanzen heranziehen.

Material:
Sprosse von submersen Wasserpflanzen Wasserpest *(Elodea),* Tausendblatt *(Meriophyllum),* Hornkraut *(Ceratophyllum),* Quellmoos *(Fontinalis)* u. a., gut abgestandenes Leitungswasser in großer Vorratsflasche, dünner Bindfaden, Alufolie.

Geräte:
Starke Lichtquelle (bzw. Sonnenlicht) 3 Flaschen aus weißem Glas (ca. 100 ml) mit gut sitzenden Gummistopfen, Meßzylinder (250 ml), quaderförmige Glasküvette zur Aufnahme der 3 Flaschen, Waage, Filterpapier, Erlenmeyerkolben (100 ml), Vollpipette (25 ml), Bürette (50 ml) mit Stativ, Meßpipetten (10 ml), Kurzzeitwecker.

Chemikalien:
Reagentien zur *Winkler*bestimmung:
A ... 40 % wäßrige Mangan(2)chloridlösung
B ... 30 % Natronlauge mit 10 % Kaliumjodid } in destill. Wasser
C ... reinste Salzsäure, konzentriert
D ... N/100 Natriumthiosulfatlösung*)
E ... 1 %ige Lösung von löslicher Stärke (Indikator)

Zeit:
Etwa 1—1½ Stunden.

Zunächst wird das Volumen der 3 Flaschen bis aufgesetztem Stopfen mit dem Meßzylinder bestimmt und wischfest auf den Flaschen vermerkt.

Die 3 Flaschen werden mit dem abgestandenen Leitungswasser gefüllt, eine dient zur Kontrolle des Sauerstoffgehaltes des Versuchswassers (Bezugsgröße). Die beiden anderen werden mit möglichst gleich großen Sprossen von Wasserpest oder anderen Pflanzen beschickt, die an einem Bindfaden hängen, damit sie nach dem Versuch aus dem Wasser gezogen werden können. Alle 3 Flaschen werden sodann in die Glasküvette gestellt, die mit Wasser bestimmter Temperatur gefüllt ist (Thermometerkontrolle während des Versuchs), die eine der beiden mit Pflanzen versehene Flasche wird lichtdicht in Aluminiumfolie gehüllt, denn sie soll zur Messung der Atmung dienen.

Durch die rechteckige Küvette wird bei Beleuchtung von vorn auch die Linsenwirkung in den runden Flaschen ausgeglichen, so daß die Pflanze möglichst gleichmäßig beleuchtet wird.

Nach etwa halbstündiger Belichtung wird der Versuch abgebrochen; die Sprosse am Bindfaden, der zwischen Hals der Flasche und Stopfen geklemmt, herausragte, herausgezogen und in ein Aquarium gebracht.

Nun fügen wir zu jedem Flascheninhalt je 1 ml Lösung A und B zu, verschließen sogleich luftblasenfrei und und schütteln zur Bildung des Niederschlags von Mangan(2)-hydroxid, der den gelösten Sauerstoff aus dem Wasser aufnimmt und dabei teilweise zu manganiger Säure wird. Wir warten nun 5—10 Minuten, bis sich der Niederschlag sauber abgesetzt hat und fügen — ohne ihn aufzuwirbeln — 2 ml reine Salzsäure zu und verschließen sogleich. Beim Schütteln löst sich der Niederschlag unter Braunfärbung der Flüssigkeit auf, da nun eine dem Sauerstoffgehalt entsprechende Jodmenge freigesetzt wird.

25 ml dieser Lösung entnehmen wir nun den Flaschen und titrieren sie gegen N/100 Natriumthiosulfat fast bis zur Entfärbung (weiße Unterlage), dann setzen wir als Indikator für Jod 1—2 Tropfen Stärke zu und titrieren, bis die Blaufärbung eben schwindet. Der Umschlag ist recht scharf.

---

*) Durch genaues Verdünnen 9:1 aus käuflicher N/10 Thiosulfatlösung herstellbar: 50 ml dieser Lösung in 500 ml-Meßkolben mit destill. Wasser bis zur Marke auffüllen.

So erhalten wir den Sauerstoffgehalt der Kontrolle („Blindwert": Bezugsgröße für Photosynthese- und Atmungsergebnis); dann den höheren Sauerstoffgehalt der belichteten Probe (Photosynthese) und den niedrigeren Wert des Atmungsversuches.
Um die Ergebnisse aufeinander beziehen zu können, müssen wir
1. die Flaschenvolumina berücksichtigen und
2. den Umstand, daß wir zur maßanalytischen Bestimmung nur 25 ml der Probe entnommen haben.
Umrechnung 1 ml verbrauchter N/100 Natriumthiosulfatlösung entspricht 0,08 mg (= 0,56 ml) Sauerstoff.
Für Photosyntheseversuche soll man 2 Stunden gut beleuchten (diffuses Tageslicht oder Strahl eines Projektors aus einiger Entfernung, so daß Erhitzung des Objekts möglichst vermieden wird). Zur Verstärkung des Lichts kann man die Rückseite des Versuchsglases mit reflektierender Aluminiumfolie versehen; für Atmungsversuche wird das ganze Reagenzglas lichtdicht in Alufolie gewickelt bzw. dunkel gestellt. Ein Leerversuch mit Reaktionsgemisch ohne Pflanze, dafür mit eingelegtem Thermometer, läuft als Kontrolle mit.

Ergebnis:
Mit Hilfe der maßanalytischen Bestimmungsmethode des im Wasser gelösten Sauerstoffs lassen sich Photosynthese- und Atmungsrate von Wasserpflanzen recht genau quantitativ erfassen. Zur Errechnung der Totalassimilation ist der Atmungswert hinzuzuzählen, da die belichtete Pflanze ja gleichzeitig auch atmet. Die Verwendung von abgestandenem Leitungswasser soll die Sauerstoffbläschenbildung bei Belichtung weitgehend unterbinden.

Literatur: *Brauner-Bukatsch:* Kl. pflanzenphysiol. Praktikum 8. Aufl. (Jena, 1973).

Versuch 47: Messung der Konzentration des im Wasser gelösten Sauerstoffs mit einer Redox-Elektrodenkette
Die elektrometrische Messung der im Wasser gelösten Sauerstoffmenge ist von großer ökologischer Bedeutung, da das „Umkippen" von Nutzgewässern (Flüsse, Seen) durch Verschmutzung weitgehend auf Sauerstoffverarmung beruht. Außerdem lassen sich mit der „Sauerstoffelektrode" bequem Atmungs- und Photosynthese-Messungen an Wasserorganismen durchführen, so daß hier, neben der schon in Versuch 46 beschriebenen *Winkler*-Methode ein rasches und bequemes Verfahren zur Verfügung steht.

Prinzip der WTW Sauerstoff-Meßelektrode
Nach *Clark* fließt bei Eintauchen eines polarisierten Elektrodensystems Gold (Kathode)/Silber (Anode) ein der Sauerstoffkonzentration in der Probeflüssigkeit direkt proportionaler Strom. Dieser wird mit einem Galvanometer mit regelbaren Empfindlichkeitsbereichen bequem abgelesen.

O_2-Reduktion		Reaktionsprodukt	
$4\,Ag + 4\,Cl^- $	$+ \; Au + O_2 + 2\,H_2O + 4e^-$	$\rightarrow \quad 4\,AgCl + 4e^-$	$+ \; Au + 4\,OH^-$
(Anodenreaktion)	(Kathodenreaktion)	(Anode)	(Kathode)

Das mit Gleichspannung vorpolarisierte Elektrodensystem ist durch eine sauerstoffdurchlässige Membran von der Probelösung getrennt. Da das Meßresultat von der Temperatur abhängt, wird in dem Sauerstoffmeßgerät mit einem Thermistor der Temperatur-Einfluß zwischen 0° und +40° C automatisch kompensiert; auf der Skala des Galvanometers kann dann der Sauerstoffgehalt der Probeflüssigkeit direkt in mg/Liter abgelesen werden.

Die Wissenschaftlich-Technischen Werkstätten (WTW) in 8120 Weilheim/Obb., Triftstraße, Postfach 59, stellen mehrere Ausführungen des Gerätes her: Für Laborbetrieb *OXI 39* (B. Nr. 20020) für stationären Laborbetrieb mit der Möglichkeit eines selbstregistrierenden Schreibanschlusses;
ferner das kleinere, batteriebetriebene Felduntersuchungsgerät *OXI 54* (B. Nr. 20030); die Preise liegen etwa zwischen DM 1700,— und DM 1300,—. Für das tragbare Feldgerät ist eine Tragtasche und eine Rührpistole zur Messung in stehenden Gewässern vorgesehen. Sonst kann der Elektrodenteil (Feldgerät) im Wasser geschwenkt werden.

Material: Natürliche Gewässer, bzw. Photosynthese- und Atmungsversuchsansätze in geschlossenen Gefäßen.

Gerät: WTW Sauerstoff-Meßgert (OXI 39) mit Netzanschluß oder die tragbare Freilandausführung (OXI 54); bei letzterem Batterien (Mallory 3 x 1,35 V) und evtl. Rührpistole

Chemikalien: Frisch bereitete, 3 %ige wässerige Natriumsulfit-Lösung

Zeit: Je nach verwendetem Elektrodentyp (Ansprechempfindlichkeit) beträgt die Spanne bis zur Messung 1/2 bis 1 Minute.

Eichung des Galvanometers

Zur Null-Punkteinstellung des Meßinstruments taucht man die Elektrode für 1 bis 2 Minuten in eine frische 3 %ige Natriumsulfitlösung, dann wird gut gespült.
Empfindlichkeitseinstellung des Galvanometers durch Drehknopf für 3 Bereiche: 0-3/0-10/0-30 mg Sauerstoff/Liter. Die Temperaturkompensation erfolgt automatisch.

Das Gerät kann zur Überwachung und Bestimmung von Sauerstoffkonzentrationen in Gewässern, aber ebenso gut bei Einbau der Elektrode mit Rührwerk in eine Meßkammer zur laufenden Untersuchung des Photosynthese- bzw. Atmungsverlaufs von Wasserorganismen dienen.

Ergebnis: Mit einem Redox-Elektroden-System (Silber/Gold) können laufend Gehalte an gelöstem Sauerstoff in Gewässern, aber auch in Meßkammern bestimmt werden. Das rasche Verfahren mit Direktablesung eignet sich auch zu Stoffwechseluntersuchungen an Wasserorganismen.

Literatur: Slevogt: Sauerstoffmeßgeräte (Weilheim, Wiss. techn. Werkstätten), Steubing-Kunze: Pflanzenökol. Experim. (Quelle-Meyer, 1972).

Versuch 48: Bestimmung von Phootsynthese und Atmung aus der Änderung des Kohlendioxid-Partialdrucks im geschlossenen Raum (pH-Messung)

Prinzip der Methode Ålvik-Lange: Das Versuchsobjekt kommt in einen abgeschlossenen Luftraum über ein bestimmtes Gemisch von Natriumhydrogenkarbonat und Kaliumchlorid.

Im Luftraum (abhängig von der Konzentration der Lösung und der Temperatur) stellt sich ein bestimmter Kohlendioxid-Partialdruck ein, dem ein bestimmter

pH-Wert der Reaktionslösung entspricht. Dieser wird anhand der Farbe eines Indikators (Kresolrot) ermittelt.
Wird nun der Luft im Versuchsraum, z. B. bei Photosynthese grüner Pflanzenteile, Kohlendioxid entzogen, so wird die Lösung etwas alkalischer; wird dagegen bei der Atmung Kohlendioxid gebildet, verändert sich der pH-Wert gegen den neutralen, bzw. sauren Bereich. Dies ist an der Umfärbung des Indikators anhand einer Standard-Farbskala zu bestimmen.
Vergleiche Tabelle 1

Tabelle (1)

pH	10°	mg CO_2 im Liter bei 20°	30° C
7,2	3,99	5,08	6,18
7,3	3,17	4,08	4,91
7,4	3,52	3,20	3,90
7,5	1,99	2,54	3,10
7,6	1,63	2,02	2,51
7,7	1,29	1,64	1,99
7,8	1,03	1,30	1,59
7,9	0,82	1,03	1,26
8,0	0,66	0,82	1,00
8,1	0,53	0,67	0,80
8,2	0,42	0,53	0,65
8,3	0,33	0,42	0,51
8,4	0,26	0,33	0,41
8,5	0,21	0,27	0,32

Aus dem Farbvergleich der Reaktionslösung im Versuchsraum am Anfang und Ende der Bestimmung mit einer gestuften Bohrsäure-Borat-Pufferlösungsreihe mit dem gleichen Indikator läßt sich der pH-Wert und damit aus der Tabelle der CO_2-Partialdruck ermitteln.
Material: Sprosse grüner Pflanzen (z. B. Enden von Nadelholzzweigen, Tradescantiasprosse u. ä.), Zwirnfaden, Watte, Aluminiumfolie
Gerät: Große Reagenzgläser mit passenden Gummistopfen, kl. Thermometer (50° C, in Reagenzglas passend), Feinwaage (Empf. 1 mg), Schere, 2 Meßpipetten (10 ml), 3 Meßkolben (1000 ml), 7 normale Reagenzgläser mit Gummistopfen und Gestell (für Boratpufferreihe) Lichtquelle (Kleinbildprojektor oder Tageslicht)
Chemikalien: Kresolrot, Natriumhydrogenkarbonat, Kaliumchlorid, Natriumchlorid, Borsäure, Borax (krist.), alle chemisch rein (p. a.), frisch destilliertes Wasser
Zeit: Ansatz der Lösungen etwa 2 Stunden, Vorbereitung bis Versuchsbeginn einige Stunden, Versuchsdauer selbst (Photosynthese oder Atmung) etwa 2 Stunden
Herstellung der Reaktionslösung
0,084 g Natriumhydrogenkarbonat, 7,38 g Kaliumchlorid und 0,01 g Kresolrot werden in dest. Wasser gelöst und im Meßkolben auf 1 l aufgefüllt.
Herstellung der Pufferreihe
Lösung 1: 19,4 g Borax krist. mit 0,01 g Kresolrot zu 1 l im Meßkolben mit dest. Wasser lösen.

Lösung 2: 12,45 g Borsäure mit 2,925 g Kochsalz und 0,1 g Kresolrot mit dest. Wasser im Meßkolben auf 1 l auffüllen.

Zur Herstellung der Pufferreihe mischt man folgende Mengen der Lösungen 1 und 2, entsprechend der folgenden Tabelle:

Tabelle: (2)

pH	Lösung 1	Lösung 2
7,2	0,75 ml	9,25 ml
7,4	1,10 ml	8,90 ml
7,6	1,50 ml	8,50 ml
7,8	2,05 ml	7,95 ml
8,0	2,70 ml	7,30 ml
8,2	3,50 ml	6,50 ml
8,4	4,45 ml	5,55 ml

Sind alle diese Vorbereitungen getroffen, füllt man in jedes der großen Reagenzgläser je 1,5 ml der Reaktionslösung und läßt zunächst offen einige Stunden (am besten über Nacht) im Laborraum stehen, damit sich die Bikarbonatlösung mit dem Kohlendioxidgehalt der Luft ins Gleichgewicht setzen kann.

Zu Versuchsbeginn werden die Versuchsobjekte (Blätter oder Zweigstücke) an einem Bindfaden aufgehängt, nachdem das Sproßende mit etwas feuchter Watte in Aluminiumfolie umwickelt wurde. Die Befestigung der Pflanzenteile im Luftraum des Reagenzglases erfolgt entsprechend Abb. 32 durch Festdrücken des Gummistopfens.

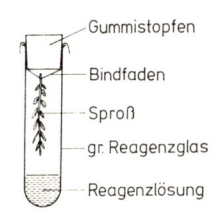

Abb. 32: Anordnung zur CO_2-Bestimmung nach Alvik

Der pH-Wert der Reaktionslösung wird zu Beginn und am Ende des Versuchs genau durch Farbvergleich mit der Pufferskala festgestellt und dann aus der 1. Tabelle der jeweilige Anfangs- und End-Partialdruck des Kohlendioxids entnommen.

Ergebnis: Anhand des Anfangs- und End-pH-Wertes, festgestellt durch Farbvergleich mit der Pufferreihe, kann aus der Tabelle (1) Anfangs- und Endkonzentration des Kohlendioxids im Versuchsraum entnommen werden: Aus CO_2-Verbrauch ergibt sich das Ausmaß der Photosynthese, aus Zunahme des Kohlendioxidgehalts läßt sich die Atmungsintensität erschließen.

Die Methode ist eindrucksvoll und abgesehen von den etwas längeren Vorbereitungen, einfach, erreicht allerdings nicht die Genauigkeit der Barytlaugetitration oder der *Winkler*-Methode.

Literatur:
Lange, O.: „Zur Methode der Kolorimetrischen Kohlendioxidbestimmung nach Alvik (Berichte dt. Bot. Ges. 69, S. 48 (Berlin 1956)
Steubing, L. u. Ch. Kunze: Pflanzenökol. Experimente zur Umweltverschmutzung, S. 45 (Heidelberg 1972).

Versuch 49: Lichtoptische Untersuchung der Grana in den Chloroplasten
Material:
Blätter von Schattenpflanzen (z. B. die Zimmerpflanze *Aspidistra, Agapanthus*), Wasserpest, verschiedene zartblättrige Moose (z. B. Sternmoos, Mnium, u. a.)
Gerät:
Mikroskop (möglichst mit Ölimmersion und Grünfilter), Meßzylinder (100 ml), Meßpipette (10 ml), Waage, Schälchen, Rasierklinge
Chemikalien:
Rhodamin B
Zeit:
nach 1 Stunde Vorbereitung etwa 30 Minuten

a. *Untersuchung der Grana*

Einschichtige Moosblättchen kann man direkt mikroskopieren, von Blättern höherer Pflanzen machen wir mit der Rasierklinge nicht allzu dünne Flächenschnitte, um unverletzte Zellen beobachten zu können.

Bei sehr starker Vergrößerung (etwa 1000 x) erscheinen viele Chloroplasten (besonders schön bei Aspidistra, Dracaena, Agapanthus u. a.) gesprenkelt durch tröpfchenartige, dunkelgrüne Einschlüsse.

Diese „Grana" enthalten auch Lipoidkomponenten, die wir im Lebenszustand mit verdünnter Rhodaminlösung anfärben können.

b. *Vitalfärbung der Chloroplasten mit Rhodamin B*

0,1 g Rhodamin B lösen wir in 100 ml Leitungswasser und bringen in die rote Lösung für 1 Stunde beblätterte Sproßstücke der Wasserpest, am besten Elodea densa.

Schon mit dem freien Auge sieht man eine leichte schmutzig olivbraune Färbung, besonders an den ausgewachsenen Blättern.

Bei Betrachtung unter der Ölimmersion bemerken wir, daß die rötliche Anfärbung gerade die Grana in den Chlorophyllkörnern betrifft. Die Erscheinung wird bei Vorschalten eines Grünfilters noch deutlicher.

Ergebnis:
Das Lichtmikroskop zeigt als Feinstrukturen in den Blattgrünkörnern Grana. Diese lassen sich mit Rhodamin selektiv anfärben, was auf ihren Lipoidgehalt hinweist.

Versuch 50: Polarisationsoptische Untersuchung von Chloroplasten

Im allgemeinen Teil wurde bereits der ausgesprochene Schichtbau, die im Elektronenmikroskop sichtbare „Sandwich-Struktur" der Chloroplastenquerschnitte erwähnt (Seite 11).

Indirekt läßt sich diese submikroskopische Schichtung der Chlorophyllträger schon im Lichtmikroskop mit polarisiertem Licht an der Formdoppelbrechung geeigneter Objekte erschließen.

Material:
Algen mit Plattenchromatophoren, z. B. *Mougeotia* oder Zieralgen, wie *Closterium* mit Rippenchromatophor, *Spirogyra* mit Bandchromatophor usw.
Gerät:
Mikroskop mit Polarisationsfiltern

Zeit:
etwa ¼ Stunde
Frisch eingesammelte Proben obengenannter Algen werden im Polarisationsmikroskop zunächst im Hellfeld, dann mit gekreuzten Polarisationsfiltern untersucht. Überall dort, wo sich die Chromatophoren in Profilstellung zeigen, z. B. bei Mougeotia in Kantenansicht bei Closterium die nach oben weisenden Rippen, bei Spirogyra die Profile der Schraubenwindungen in Zellwandnähe bei Einstellung auf die Zellmitte („opt. Schnitt") leuchten die Chloroplasten beim Drehen des Präparats viermal stark auf, dazwischen erscheinen sie dunkel. Die Flächenansichten der Chromatophoren zeigen diese für Formdoppelbrechung recht kennzeichnende Erscheinung nicht.

Ergebnis:
Mit Hilfe des Polarisationsmikroskops kann man am Aufleuchten geeigneter Algenchloroplasten in Profilstellung auf deren Schichtbau schließen, der sonst nur an Ultradünnschnitten elektronenoptisch nachweisbar ist (vgl. S. 11).

Versuch 51: Spektralverhalten lebender Laubblätter

Material:
Dünne, grüne Blätter, z. B. Spinat, Kapuzinerkresse, Flieder, Holunder usw.; weißgescheckte Blätter z. B. Pelargonie, *Chlorophytum* u. a.

Gerät:
Spektroskop (möglichst mit Wellenlängenskala), Vakuuminfiltrationsgerät (großes Reagenzglas, durchbohrter Gummistopfen mit Gasableitungsrohr und Vakuumschlauch), Wasserstrahlpumpe, Kleinbildprojektor, Dunkelraum

Zeit:
etwa 30 Minuten
Betrachten wir das durch grüne Blätter hindurchgehende Licht im Spektroskop, so erkennen wir, daß die Enden des Spektrums: Rot, bzw. Blau-Violett und Violett sehr stark absorbiert werden. Der durchgelassene Bereich liegt im wesentlichen zwischen $\lambda = 640 - 500$ nm, schließlich noch im äußersten Rot (> 700 nm). Um die Blätter durchscheinender zu machen, können wir sie mit einem einfachen Gerät im Vakuum mit Wasser tränken (vgl. Abb. 15, S. 28).
Besonders durchscheinend von Natur aus sind die Blätter des Laichkrautes *(Potamogeton)*, die wir oft auf Weihern und Seen schwimmend finden.
Vergleichen wir chlorophyllfreie, bzw. blattgrünarme Teile panaschierter Blätter mit den grünen Teilen des Blatts im Spektrum, so finden wir den durchgelassenen Bereich nach beiden Seiten etwas erweitert.
Normale Prismenspektroskope sind im äußersten Rot ($\lambda > 700$ nm) so lichtschwach, daß man die Lichtdurchlässigkeit grüner Blätter in diesem Bereich kaum mehr mit dem Auge feststellen kann. Man kann dies aber durch einen sehr einfachen und verblüffenden Versuch nachweisen.
Im Dunkelraum blenden wir jedes Seitenlicht des Kleinbildprojektors ab und legen nun nach und nach mehrere Lagen grüner Blätter auf das beleuchtete Objektiv:
Das zunächst grün erscheinende durchfallende Licht wird mit jeder Blattauflage trüber, schließlich olivbraun und am Ende sogar rot, was nicht so sehr auf Fluoreszenz, sondern auf die Durchlässigkeit der Blätter im äußersten Rot beruht.

Erwartungsgemäß erfolgt im lebenden Blatt eine Lichtabsorption, die aus der Auslöschung des weißen Lichts in den Spektralbezirken der Hauptpigmente (Chlorophyll a und b, Karotinoide) resultiert. Außerdem ist durch die Bindungsart des Blattgrüns in den Chlorophyllkörnern die Absorption etwas nach der langwelligen Seite verschoben („Chloroplastin-Eiweißkomplex").

Ergebnis:
Der Farbstoff grüner Blätter (Chlorophylle und Karotinoide) absorbiert den lang- und kurzwelligen Spektralbereich; das Grün wird durchgelassen, außerdem das sehr langwellige Rot, das für die Photosynthese nicht ausgenützt wird.

Versuch 52: Pigmente aus grünen Blättern (Rohchlorophyllauszug)
Grundsätzlich ist zur Photosynthese von Kohlenhydraten aus Wasser und Kohlendioxid Chlorophyll a notwendig; es wird aber in pflanzlichen Zellen stets von anderen Farbstoffen, wie Karotinoiden begleitet. Alle höheren Pflanzen besitzen außerdem noch Chlorophyll b. Die genannten Farbstoffe sind kaum wasserlöslich, lassen sich aber durch Alkohol und andere organische Solventien (Azeton, Benzin, Benzol, Diäthyläther u. a.) aus den Blättern herauslösen.

a. *Herstellung und Untersuchung einer „Rohchlorophyllösung"*
Material:
Beliebige grüne Blätter (z. B. Spinat, Brennessel, Holunder usw.), Quarzsand (fein)
Gerät:
Reibschale, Schere, Filtertrichter mit Filter, Bechergläser und Erlenmeyerkolben (100 ml), Reagenzgläser, Spektroskop, Kleinbildprojektor mit Blaufilter (Kobaltglas) oder UV-Analysenlampe, Spritzflasche mit Wasser, Spatel, Dunkelraum
Chemikalien:
Alkohol (oder Brennspiritus), Azeton, Benzol oder Benzin, Methanol, Schlämmkreide
Zeit:
etwa 1 Stunde
Etwa 2 g mit der Schere fein zerkleinerte Blätter zerreiben wir mit etwas Quarzsand möglichst fein unter Zusatz von hochprozentigem Alkohol, der auch vergällt sein kann. Der dunkelgrüne Extrakt wird klar filtriert. Versuchen wir das gleiche durch Zerreiben in Wasser, so finden wir, daß sich die Farbstoffe kaum lösen; es entsteht nur eine trübe Aufschwemmung. Dies beweist, daß Blattgrün nicht wasserlöslich ist.
Das klare Filtrat wird in einem Reagenzglas in einem Dunkelraum mit einem Kleinbildprojektor unter Vorschaltung eines Kobaltglases mit Blaulicht bestrahlt. Auch eine UV-Analysenlampe, die kein sichtbares Licht hindurchläßt, kann dazu verwendet werden. Betrachten wir nun die bestrahlte Blattgrünlösung von der Seite, erkennen wir eine prächtig blutrote Fluoreszenz der an sich grünen Lösung. Verdünnen wir nun mit etwas Wasser aus der Spritzflasche, so wird die Lösung trüb und die Fluoreszenz verschwindet.
Ergebnis:
Blattgrünauszüge in echter Lösung (Alkohol, Azeton, Benzol) erscheinen im durchfallenden Licht rein grün, fluoreszieren aber bei Bestrahlung mit kurzwelligem Licht oder UV tief rot. Dies gilt nur für den echten Lösungszustand;

fügen wir nämlich Wasser zu, so fällt das Chlorophyll in gröberen Teilchen kolloidal aus. Dies bedeutet verminderte Schwingungsfähigkeit angeregter Elektronen, so daß die Fluoreszenz schwindet*).

b. *Spektroskopische Untersuchung des Gesamtpigmentauszugs*

Wir betrachten eine Lösung in Alkohol Azeton oder Benzin im durchfallenden weißen Licht mit dem Spektroskop:
Konzentrierte Lösungen lassen das äußerste Rot (über 700 nm) durch, zeigen aber sehr starke Absorption zwischen 680 und 630 nm im Rot, schmälere Banden im Gelb und Grüngelb. Das Grün wird durchgelassen, unterhalb von 500 nm erscheint der kurzwellige Teil des Lichts völlig gelöscht.
Verdünntere Lösungen zeigen nur mehr die starke Rotabsorption, dazwischen sehr schwache Banden im mittleren Spektralbereich und schließlich eine zunehmende Absorption unter 500 nm.
Ergebnis:
Gesamtpigmentauszüge des grünen Blatts zeigen in echter Lösung ein typisches Absorptionsbandenspektrum. Für Chlorophyll ist die Löschung im Rot (zwischen $\lambda = 670$ und 640 nm) und eine zunehmende Absorption in Blau kennzeichnend. Im kurzwelligen Teil absorbieren aber auch die gelben Begleitpigmente, welche der folgende Versuch 53 zeigt.

Versuch 53: Histochemischer Nachweis des Karotins als Chlorophyllbegleiter
Karotin (bzw. seine Abkömmlinge, Karotinoide) sind als Hilfspigmente der Photosynthese mit dem Blattgrün vergesellschaftet, treten aber farblich gegenüber dem Chlorophyll in vielen Fällen zurück. Nach *Molisch* können wir aber in Zellen und Geweben das Karotin durch Zerstörung des Chlorophylls leicht in Form von gelben bis rötlichen Kristallen nachweisen.
Material:
Zarte Blätter (Moose, wie *Mnium,* oder Wasserpflanzen wie *Elodea,* Laichkraut u. a.); Diatomeen (Frischmaterial)
Gerät:
Mikroskop (möglichst mit Polarisationseinrichtung), Erlenmeyerkolben (100 ml), kleine Glasschälchen mit Deckel, Präparierbesteck
Chemikalien:
Ätzkali in Plätzchen, Methanol, starke Salzsäure
Zeit:
Ansatz etwa $\frac{1}{4}$—$\frac{1}{2}$ Stde., Beobachtung (5 Min.) nach einigen Tagen

Blattgrün wird durch längere Einwirkung methanolischer Lauge verseift und mit dem übrigen Zellinhalt zerstört; nur das unverseifbare Karotin bleibt zurück und kristallisiert in den Zellen aus.
Wir legen zu diesem Zweck frische, zarte Blättchen (von Wasserpflanzen, Moosen) nachdem wir sie vorher mikroskopiert haben (intakte Blattgrünkörner), in Schälchen mit methanolischer, gesättigter Kalilauge. Diese wird durch Auflösung von Ätzkaliplätzchen bis zur Sättigung bereitet.

---

*) Oft genügt zur Fluoreszenz auch schon das gewöhnliche, ungefilterte Licht des Projektors oder einer Reuter-Lampe.

Nach einigen Tagen wässern wir die bleich gewordenen Präparate in Fließwasser und mikroskopieren abermals: die Zellen enthalten meist einige rautenförmige bis nadelige Karotinkristalle.
Diese zeigen Dichroismus, d. h. sie ändern ihre Farbtiefe, wenn wir durch Drehung des Polarisators (unterhalb des Präparats, bei ausgeschaltetem Analysator) die Schwingungsrichtung des Lichtes ändern. Einen weiteren Karotinnachweis führen wir durch Zugabe konz. Salzsäure zum Präparat: es erfolgt eine Umfärbung von Gelb über Grün nach Blaugrün, bzw. Blau (Vorsicht! Deckglas benutzen, um Säuredämpfe vom Objektiv abzuschirmen).
Auch lebende Kieselalgen verfärben sich bei Zusatz von starker Salzsäure unter dem Mikroskop von Braungelb nach Grünblau (Fucoxanthin, ein photosynthetisch wirksames Hilfspigment der Karotinoidgruppe).
Ergebnis:
Nach Zerstörung des Chlorophylls in grünen Chromatophoren (alkohol. Lauge) scheidet sich Karotin in mikroskopischen, kennzeichnenden Kristallen ab.

Versuch 54: Nachweis von Blattgrün in roten Blättern

Bei den sogenannten „Blut-Varietäten" von Ziergehölzen (Blutbuche, -Hasel, -Pflaume, -Ahorn u. a.) kann der Anthocyangehalt so groß sein, daß die Blätter tief rot, aber nicht grün erscheinen. In einem einfachen Versuch läßt sich zeigen, daß der rote, wasserlösliche Farbstoff in den Geweben das Chlorophyll nur verdeckt.
Material:
Rote Blätter von Blutbuche, -Ahorn, -Hasel u. a.
Geräte:
Reibschale, Quarzsand, Schere, große Reagenzgläser, Scheidetrichter, (Spektroskop), Filtertrichter und -papier.
Chemikalien:
i-Propanol (oder Brennspiritus), Benzin oder Benzol.
Zeit:
etwa 15 Minuten.
Wir zerreiben rote Blätter mit etwas Quarzsand unter Zusatz von Isopropanol oder Spiritus. Der trüb rötlich-braune Extrakt wird filtriert und in einen Scheidetrichter gebracht, sofern man das Ergebnis spektroskopisch untersuchen möchte; sonst genügt auch ein großes Reagenzglas, das wir mit dem Extrakt halb füllen.
Nun fügen wir etwa die Hälfte des Extraktvolumens Benzin (Benzol) zu und verdünnen ein wenig mit Wasser, bis sich die Mischung trübt. Nach kurzem Schütteln warten wir die Phasentrennung der Flüssigkeiten ab: das wasserlösliche Anthocyan bildet mit dem verdünnten Alkohol die untere rote Schicht; die darüber stehende Benzinphase erscheint rein grün, womit der Chlorophyllgehalt erwiesen ist (Spektrum!).
Ergebnis:
An Alkoholextrakten aus zerriebenen roten Blättern, die mit Benzin oder Benzol überschichtet und etwas mit Wasser verdünnt geschüttelt werden, bildet sich nach Entmischung eine obere grüne, chlorophyllhaltige Schicht, der darunter befindliche Alkohol ist durch Anthocyan rot gefärbt.

Versuch 55: Trennung der Blattfarbstoffe durch Dünnschichtchromatographie (DC)
Die Trennung der assimilatorisch wirksamen Blattfarbstoffe läßt sich besonders gut chromatographisch durchführen. Neben der Papierchromatographie hat sich neuerdings auch die Dünnschichtchromatographie gut bewährt. Wir wollen auf diese Weise Chlorophylle und Karotinoide trennen.
Material:
Grüne Blätter (Brennessel, Spinat usw.), rotes Paprika-Gewürzpulver.
Geräte:
Reibschale mit Pistill, hohes Weckglas (1½ l) mit Deckel, Filtertrichter mit Papierfilter, Erlenmeyerkolben (100 ml) Reagenzgläser, Meßzylinder (100 ml), Meßpipette (10 ml), Schere, Spatel bzw. Skalpell, Lineal, Aquarellpinsel, Petrischalen, Föhn-Trockner, Kieselgel-beschichtete Aluminiumfolie (DC-Folie Merck F 254, Ausmaße entsprechend Weckglas).
Chemikalien:
Quarzsand (fein), Azeton, Benzin (Sp. 100—150° C), i-Propanol.
Zeit:
Etwa 1 Stunde:
Wir stellen durch Zerreiben von Blattstücken in Azeton unter Zusatz von etwas Quarzsand einen dunkelgrünen Blattgrünauszug her, der möglichst konzentriert sein soll und filtriert wird.
Ferner schütteln wir etwas Paprikapulver mit wenig Azeton und erhalten so einen konzentrierten feuerroten Karotinoidauszug, der ebenfalls filtriert wird.
Diese Extrakte werden als Striche nebeneinander mit dem Aquarellpinsel etwa 1,8 cm von der unteren Schmalkante der Dünnschichtfolie parallel zu dieser aufgetragen. Um die Konzentration der Pigmente am „Start" zu erhöhen, kann man nach Zwischentrocknung nochmals die Extrakte auftragen. Dann läßt man gut trocknen (evtl. mit „Föhn").
Das als Küvette zur Chromatographie dienende Weckglas wird nicht ganz 1 cm hoch mit dem Laufmittel, das aus 4 Teilen Benzin und 1 Teil Isopropanol besteht, beschickt und zugedeckt etwa 10 Minuten stehen gelassen, um einen dampfgesättigten Raum zu erhalten. Nun stellen wir die Dünnschichtfolie mit den Startstrichen (Pigmente) nach unten vorsichtig in das Weckglas ein. Die Ausmaße der Folie sind etwas kleiner als der Innenraum des Weckglases, so daß die Folie darin, ohne die Wände zu berühren, stehen kann. Nach etwa ½ Stunde haben sich scharfe Trennzonen zwischen den Blattpigmenten gebildet.
Ergebnis:
Mittels Dünnschichtchromatographie lassen sich Chlorophylle und Karotinoide schneller und schärfer als papierchromatographisch trennen.

Versuch 56: Lichtintensität, Lichtfarbe und Photosynthese
Anhand der Blasenzähl-Methode als ungefährem Maß der CO_2-Assimilation können wir den Lichteinfluß auf die Photosyntheserate untersuchen. Zunächst wollen wir den Einfluß der Beleuchtungsstärke, dann der Lichtfarbe prüfen.
Material:
Sprosse frischer Wasserpflanzen, z. B. *Eledea, Myriophyllum, Ceratophyllum,* abgestandenes Leitungswasser.

Geräte:
Stoppuhr, Kleinbildwerfer mit herausnehmbarer Bildbühne (kein Automat!), dazu passende Planparallelküvetten aus Glas oder farblosem Kunststoff, Mattgläser im Format 5 x 5 cm, Pipette, Farbglasfilter; orange, grün, blau (5 x 5 cm) möglichst gleicher Durchlässigkeit (Farbdichte), Spektroskop, Projektionswand. Dunkelraum.
Chemikalien:
1 %ige Lösung von Natriumhydrogenkarbonat
Zeit:
Etwa 1 Stunde.

Die Küvetten sollen etwa das Format 5 x 5 cm haben und in der Schichtdicke so beschaffen sein, daß in den Spalt zwischen Kondensor und Fassung der Projektionsoptik sich noch Matt- bzw. Farbgläser einschieben lassen. Vergl. Abb. 33 a.
Wir füllen die Küvette, die sich aus 2 Diadeckgläsern mit schmalen Distanzstreifen aus Glas oder Plexiglas (mit Schmirgelpapier etwas aufgerauht) mittels UhuPlus (Abb. 33 b) herstellen läßt, zu 3/4 mit Leitungswasser, dem wir als CO_2-Reserve einige Tropfen Bikarbonatlösung zusetzen können. Dann versenken wir einen Wasserpestsproß in dem Wasser, so daß die frische Schnittfläche etwa 1 cm unter der Wasseroberfläche nach oben weisend zu liegen kommt und die Blättchen möglichst viel Projektorlicht empfangen. Nun stellen wir die Schnittfläche des Sprosses möglichst scharf auf den Projektionsschirm ein und zählen mit der Stoppuhr die Blasenzahl pro Minute, bzw. die Zeit für je 10 Blasen auf dem Bildschirm.
Wichtig ist dabei, daß die Schnittfläche günstig für eine mittlere Blasengröße ist, eventuell korrigieren!

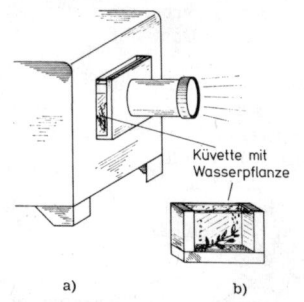

Abb. 33: Projektion der Sauerstoffbildung bei der Photosynthese von Wasserpflanzen:
a) Anordnung zur Blasenzählmethode
b) Projektionsküvette

Schieben wir nun Mattgläser zwischen Kondensor und Küvette ein, soll sich die Blasenzahl entsprechend den verschiedenen Beleuchtungsstärken ändern. Auf diese Weise stellen wir einen (nicht sehr exakten) Zusammenhang zwischen Beleuchtungsintensität und Photosyntheserate fest.
Um den Einfluß der Lichtfarbe auf das Ausmaß der CO_2-Assimilation zu prüfen, sollten wir Farbfilter der einzelnen Spektralbereiche verwenden, die etwa gleiche Lichtintensitäten hindurch lassen. Diese Prüfung ist mit einfachen Mitteln kaum durchführbar, da photoelektrische Zellen keine gleichmäßige Empfindlichkeit über den gesamten Spektralbereich besitzen; wir können aber die Transmission unserer Farbgläser in physikal. Instituten bestimmen lassen oder sie, falls wir

Schott'sche Filter verwenden, aus den zugehörigen Tabellen und Graphiken entnehmen.
Wenn es sich aber nur um qualitative Unterschiede handeln soll, was zur Demonstration meist genügt, kann man mit dem Auge die Helligkeit abschätzen und den durchgelassenen Spektralbereich mit einem kleinen Handspektroskop prüfen; es genügen die Farben Rot + Orange, Grün und Blau (z. B. Kobaltglas, dessen geringe Rotdurchlässigkeit wir hier vernachlässigen können).
Da die grünen Strahlen von Chlorophyll durchgelassen bzw. reflektiert werden (Farbe des Laubes!), nützt die Pflanze sie zur Photosynthese nicht aus.
Wenn unsere Versuche richtig verlaufen, so bekommen wir im Orangelicht die höchste Blasenzahl pro Zeiteinheit, eine geringere im Blau, am wenigsten im Grün.
Dieser Farbfilterversuch muß — falls er gelingen soll — sorgfältig mit abgestimmten Filtern und mit frischen Sprossen durchgeführt werden. Eine längere zeitliche Ausdehnung ist nicht zu empfehlen, da sich die Schnittfläche und damit die Größe und Zahl der Blasen im Lauf der Zeit ändert. Um zu einigermaßen vergleichbaren und gesicherten Ergebnissen zu gelangen, empfiehlt es sich, den Versuch in mehreren Parallelen bzw. mehrfacher Wiederholung durchzuführen und unter Umständen mit einer scharfen Rasierklinge die Schnittstelle zu erneuern.
Ergebnis:
Mit Hilfe der Küvettenprojektion im Kleinbildwerfer kann man die Versuchspflanze zugleich intensiv beleuchten und die Sauerstoffentwicklung mittels der auf dem Schirm vergrößert erscheinenden Bläschen einigermaßen quantitativ verfolgen.

Versuch 57: Hill-Reaktion mit zentrifugiertem Spinat-Preßsaft
(Der Versuch ist etwas aufwendig, verlangt eine gute Zentrifuge, rasches Arbeiten und wirksame Kühleinrichtung)
Da isolierte Chloroplasten bzw. deren Fragmente gegenüber osmotischen Einflüssen, dem pH-Wert und höherer Temperatur sehr empfindlich sind, müssen sie sauerstoffgeschützt bei tiefen Temperaturen gewonnen und durch fraktioniertes Zentrifugieren isoliert werden.
Eine solche Suspension ergibt bei Belichtung und Zugabe geeigneter, künstlicher Elektronenakzeptionen freien Sauerstoff, die sogenannte *Hill*-Reaktion, eine Art „Photosynthese in vitro". *Hill*-Reaktionen waren und sind für die Photosyntheseforschung sehr wichtig.
Material:
Etwa 25 g frische Spinatblätter, Aluminiumfolie.
Gerät:
Reibschale mit Pistill oder Mixgerät, Filtertrichter, Schere, Koliertuch, Becherglas (100 ml), Zentrifuge (regelbar bis 5000 T/min.), Stoppuhr oder Kurzzeitwecker, Kleinbildwerfer, Kühlschrank (zum Vorkühlen der Geräte und Lösungen), Waage, Meßzylinder (100 ml), Flache Küvette (ca. 2 x 10 x 20), Meßpipette (10 ml)
Chemikalien:
M/15 Phosphatpuffer (pH = 7,5), 0,2 M wäßrige Lösungen von Saccharose, Propylenglykol (zur Not Glyzerin), 1 % Dichlorphenolindophenolblau (DIP) wäßrig.

Zeit:
etwa 2—3 Stunden.

15 g blattrippenfreie Stückchen von Spinatblättern kühlen wir in 30 ml 0,2 mol Saccharoselösung im Kühlschrank vor, ebenso ein Mixgerät, damit beim etwa 1 Min. dauernden Zerkleinern die Temperatur möglichst niedrig bleibt. Fehlt ein Mixgerät, müssen Reibschale und Quarzsand ebenfalls vorgekühlt werden.

Der Brei wird rasch durch ein in einem vorgekühlten Trichter befindliches Filtertuch in ein vorgekühltes Becherglas koliert, sodann rasch in 2 vorgekühlte Zentrifugengläschen verteilt und 1—2 Minuten bei etwa 3000 T/min. zentrifugiert. Der Bodensatz wird verworfen, während der grüne, die Chloroplasten enthaltende Überstand in 2 weiteren gekühlten Zentrifugalgläschen nochmals etwa 5—10 Minuten bei 5000 T/min. zentrifugiert wird.

Nunmehr schwemmen wir das 2. Sediment in 20 ml vorgekühltem Propylenglykol mit 9 Teilen eisgekühltem Phosphatpuffer verdünnt, auf, setzen 1 Körnchen Kaliumchlorid und 0,6 ml Dichlorphenolindophenolblau (1:1000) zu und verteilen auf 2 Reagenzgläser, wovon das eine (Kontrolle) lichtdicht in Aluminiumfolie gewickelt wird.

Beide Ansätze kommen nebeneinander in eine flache, mit Leitungswasser gekühlte Küvette und werden aus 1 m Abstand mit dem Kleinbildwerfer belichtet. Man verfolgt das Ausbleichen des Redoxfarbstoffes Dichlorphenolindophenol, der den bei der Photolyse des Wassers entstehenden Wasserstoff aufnimmt (Leukoform des Indiphenol). Die Kontrolle (Dunkelansatz) bleibt blau gefärbt.

Ergebnis:
Zwar kann mit schulüblichen Mitteln der bei der Bestrahlung isolierte Chloroplasten (fragmente) produzierte Sauerstoff aus der Photolyse des Wassers nicht direkt nachgewiesen werden, wohl aber der dabei gleichzeitig entstehende Wasserstoff, der einen geeigneten Redoxindikator (Dichlorphenolindophenol) entfärbt.

Versuch 58: Glukose als „erster Zucker" der Photosynthese (enzymatischer Nachweis).

Bevor als erstes „sichtbares Assimilat" Stärke gebildet wird, entsteht als Vorstufe Frucht-, bzw. Traubenzucker. Mit Hilfe der *Fehling*'schen Probe ist aber keine Unterscheidung von reduzierenden Zuckern möglich. Nun gibt es seit einiger Zeit eine ganz spezifische Enzymreaktion auf Traubenzucker, den Glukoseoxydasetest. Im medizinisch-parmazeutischen Fachhandel dienen zum Nachweis der Zuckerkrankheit Stäbchen oder Testpapiere, die eine Enzymkombination in Verbindung mit einem Leukofarbstoff enthalten. Beim Eintauchen in Traubenzuckerlösung, z. B. Diabetikerharn, entsteht eine dem Zuckergehalt in der Intensität entsprechende Blaufärbung.

Material:
Blätter einkeimblättriger Pflanzen, z. B. Tulpe, Hyazinthe, Zwiebel (das ganze Jahr über Schnittlauch erhältlich), Filterpapier.

Geräte:
Reibschale, Reagenzgläser, Filtertrichter, Erlenmeyerkolben (100 ml), Reagenzglashalter, Brenner, Stoppuhr.

Chemikalien:
Traubenzucker, Fruchtzucker (etwa 1 %ige Lösungen), Testpapiere oder Eintauchstäbchen („Glukotest", „Klinistix", usw.) für Traubenzuckernachweis, *Fehling*'sche Lösung.
Zeit:
Etwa 30 Minuten.
In Wasser zerriebene Blätter, z. B. Schnittlauch, werden durch Erwärmen extrahiert und der Auszug abfiltriert. Alle Auszüge geben, ebenso wie die zur Kontrolle mit verwendeten Glukose- und Fruktoselösungen beim Erwärmen die *Fehling*'sche Probe (Rotfärbung durch Cu_2O).
Tauchen wir für einige Sekunden in die einzelnen Extrakte unsere Teststreifen bzw. Stäbchen, so tritt eine Verfärbung nur bei Anwesenheit von Traubenzucker auf.
Prinzip der Reaktion (Glukoseoxidase-Test)
Die Glukoseoxidase (= Glukosedehydrogenase) ist ein Ferment, das als Wirkgruppe FAD (siehe Einleitung, S. 6) an ein spezifisches Eiweiß gebunden enthält (FAD-Protein)

a. Glukose gibt 2 H an das Ferment ab ($FADH_2$-Prot.) und wird dabei zu Glukoselakton.

b. FAD H_2-Prot. regeneriert mit O_2 (Luft) zu FAD-Prot., wobei H_2O_2 gebildet wird.

c. H_2O_2 wird durch ein weiteres Enzym, das in dem Teststreifen vorhanden ist (Peroxidase, u. dgl.), zerlegt, wobei gleichzeitig aus einer Farbstoffvorstufe (o-Toluidin) Toluidinblau gebildet wird. Diese Bläuung ist sichtbar und der Glukosemenge innerhalb bestimmter Grenzen einigermaßen proportional (Vergleiche mit beigegebener Farbskala). Die Färbung nimmt meist etwas zu und soll frühestens 10 Sekunden nach Herausnehmen aus der Probelösung geprüft werden.

Ergebnis:
Durch sinnvolle Kombination spezifischer Fermente (Glukoseoxidase, Peroxidase) und einem Redoxindikator (Toluidin) ist eine für Traubenzucker streng spezifische Farbreaktion möglich, die sogar eine gewisse Schätzung der Glukosekonzentration ermöglicht (Farbskala).

Versuch 59: Induktion der Stärkebildung durch Traubenzuckerfütterung von Mais
Das normale Assimilat in den Blättern der Gräser (nicht Samen!) ist Zucker, nicht Stärke. Durch Zufuhr von Glukose kann man aber in Maisblättern Stärkebildung veranlassen.
Material:
2—3 Wochen in Erde vorkultivierte, junge Maispflanzen, Holundermark.
Geräte:
Mikroskop, botan. Besteck, Rasierklinge, Waage, Meßzylinder (100 ml), Petrischalen, Erlenmeyerkolben (100 ml), Bechergläser (250 ml), Wasserbad, Brenner, Dunkelsturz.
Chemikalien:
Traubenzucker, *Lugol*'sche Jodlösung, Brennspiritus.

Zeit:
Ansatz 1 Tag, danach Auswertung 1 Stunde.
Wir schneiden 18 etwa gleichgroße und gleichalte Blättchen von unseren Mais-Jungpflanzen ab und legen sie zu je 6 in 3 Petrischalen, wovon 1 Wasser (Kontrolle), die beiden anderen 5%ige Traubenzuckerlösung enthalten. Eine der beiden letztgenannten Schalen kommt in Dunkelheit (Sturz), die anderen stellen wir in diffuses Tageslicht; alle Ansätze bei gleicher Temperatur. Nach 12—24 Stunden töten wir die Blätter der 3 Ansätze im kochenden Wasserbad rasch ab und extrahieren mit warmem Spiritus das Blattgrün.
Die nun bleichen Blätter werden in Jodlösung gebadet: Stärkebildung zeigt sich durch Blaufärbung an.
Wir können auch die Blätter des Zuckeransatzes, die positive Stärkereaktion zeigen, zwischen Holundermark schneiden und nach Jodzusatz die Bildung autochthoner Stärke in den Blattgrünkörnern im Mikroskop sehen.
Ergebnis:
Durch künstliche Zuckerzufuhr läßt sich Stärkebildung auch in Grasblättern induzieren. (In den *Samen* ist Stärke das normale Speicherprodukt).

Literatur: *Schopfer, P.:* Experimente zur Pflanzenphysiologie (Freiburg).

Versuch 60: Untersuchung des 1. „sichtbaren" Assimilates — Stärke
Die Bildung von Stärke in den Chloroplasten belichteter Blätter können wir an geeigneten Objekten (z. B. dem Sternmoos und anderen Pflanzen) leicht beobachten: „autochthone Stärke".
Die Stärke besteht aus 2 Komponenten, der Amylose (± unverzweigte Glukoseketten) und dem Amylopektin (ästig-verzweigte Ketten), beide unterscheiden sich u. a. in der Farbe der Jodreaktion.
Wie bei den abbauenden Zuckerspaltungen, sind auch beim Aufbau der Kohlenhydrate (Zucker, Stärke) Phosphorsäurereste beteiligt. Wir können auch an Stärke den Phosphatgehalt nachweisen. Reservestärke besteht aus Kristalliten, die doppelbrechend sind.

a. *Autochthone Stärke*
Material:
Rasen des Sternmooses *(Mnium undulatum* u. a.), Filterpapier, *Pellionia daveauana* (Gewächshauspflanze).
Geräte:
Mikroskop m. starker Vergrößerung (ca. 800 x), kleine Petrischälchen, Pipette, Botanisches Besteck.
Chemikalien:
Lugol'sche Jodlösung.
Zeit:
Etwa 15 Minuten.
Von einer in diffusem Tageslicht stehenden Mooskultur entnehmen wir einige Blättchen und mikroskopieren sie zunächst in Wasser. Mnium eignet sich wegen seiner nur aus 1 Zellschicht bestehenden Blättchen, deren Zellen dicht mit Blattgrünkörnern erfüllt sind, besonders gut.
Bei starker Vergrößerung erkennt man in den Chloroplasten einen „körnigen" Inhalt.

Ersetzen wir Wasser durch Jodlösung im Präparat und lassen diese einige Minuten einwirken, so erkennen wir nun in den Chloroplasten dunkel gefärbte, meist stäbchenförmige winzige Gebilde: „autochthone" Stärkekörnchen am Bildungsort.

b. *Amyloblasten:* An der Gewächshauspflanze *Pellionia daveauana* (aus Botanischen Gärten beziehbar) sind grüne, stärkebildende Plastiden leicht zu erkennen. Wir brauchen nur einen Stengelquerschnitt durch diese Urtikazee führen. Hier sind die Amyloblasten grün, entsprechen also einerseits Chlorophyllkörnern, andererseits enthalten sie aber so große Stärkekörner, daß es sich hier sicher auch um Reservestärke, die als Zucker zugeführt wurde, handelt.
Ergebnis:
Vielfach können wir in belichteten Chloroplasten mit Jod autochthone Stärke nachweisen; in besonderen Fällen *(Pellionia, Phajus*-Knollen) kann man den Übergang von Chloroplasten zu Amyloblasten beobachten.

c. *Chemische Untersuchung der Stärke* (Phosphatnachweis)
Material:
Kartoffel- (oder Weizen)stärke, möglichst rein.
Geräte:
Kleine Porzellantiegel mit Deckel, Spatel, Schutzbrille, Tiegelzange, Brenner, Reagenzgläser, Pipette.
Chemikalien:
Kristallines reines Kaliumnitrat, Ammonmolybdatlösung, Salpetersäure.
Zeit:
Etwa 20 Minuten.
Wir schmelzen im Tiegel etwa 1 Hornlöffel voll Salpeter und tragen vorsichtig (Schutzbrille verwenden!) spatelweise reines Stärkepulver (Kartoffelstärke des Handels) ein. Es erfolgt eine heftige Oxidationsreaktion, eventuell unter Funkensprühen, wir erhitzen noch etwas länger. Die erkaltete Schmelze extrahieren wir mit verdünnter Salpetersäure. Der Auszug wird mit etwas Ammonmolybdatlösung im Reagenzglas erwärmt. Gelbfärbung (bis gelber Niederschlag) zeigt Phosphatgehalt an.

d. *Trennung: Amylose — Amylopektin:*
Material:
Reine Kartoffel- oder Maisstärke, Quarzsand.
Geräte:
Reagenzgläser, Wasserbad mit Thermometer ($100°$ C), regelbarer Brenner, Reibschale mit Pistill, Becherglas (100 m*l*), Zentrifuge, Spritzflasche mit destill. Wasser.
Chemikalien:
Lugol'sche Jodlösung, Alkohol.
Zeit:
Etwa 15—30 Minuten.
Stärke wird mit etwas feinstem, reinem Quarzsand gründlich im Mörser zerrieben, dann im Becherglas mit Wasser aufgeschwemmt; der Sand setzt sich ab. Die überstehende Suspension wird in Zentrifugenröhrchen gleich hoch eingefüllt und im Wasserbad auf $75°$ C erhitzt (nicht höher!). Der Inhalt der Zentrifugengläschen wird noch heiß zentrifugiert und dann die überstehende leicht kolloidale

Lösung in Reagenzgläser abgegossen, der schleimige Bodensatz mit Alkohol und Wasser gewaschen und in andere Reagenzgläser abgefüllt.
Fügen wir nun verdünnte *Lugol*'sche Jodlösung tropfenweise zu den beiden Fraktionen, so erscheint die erste blau (Amylose-Reaktion), die zweite dagegen violett (Amylopektin!).

e. *Anordnung der Kristallite im Stärkekorn*
Material:
Kartoffelknolle, Weizenkorn, Bohne (vorgequollene)
Geräte:
Mikroskop mit 2 Polarisationsfiltern*), Botanisches Besteck, Rasierklinge.
Chemikalien:
Lugol'sche Jodlösung.
Zeit:
Etwa 20 Minuten.

Durch Einlegen einer Polarisationsfolie in den Kondensorring und einer zweiten Folie auf die Blende zwischen den Okularlinsen stellen wir uns ein einfaches „Polarisationsmikroskop" her. Das Okular wird so lange gedreht, bis die Durchlaßrichtungen der beiden Filter rechtwinkelig kreuzen. Dies gibt sich durch Dunkelwerden des vorher hellen Gesichtsfeldes kund.

Bringen wir nun dünne Schnitte durch eine frische Kartoffel oder durch vorgequollene, stärkehaltige Samen, so leuchten die Stärkekörner hell auf (Abb. 34), zeigen aber dabei ein dunkles Kreuz, dessen Balken sich im Bildungszentrum des Stärkekorns kreuzen. Dies beweist den radialen Aufbau des Stärkekorns aus radiär angeordneten, doppelbrechenden Kristalliten.

Abb. 34: Kartoffelstärke im Polarisationsmikroskop (Photo)

Ergebnis:
Mit der Molybdatreaktion läßt sich in der Asche von Stärke Phosphat nachweisen. Nach der Trennung von Amylose und Amylopektin läßt sich die unterschiedliche Farbreaktion der beiden Stärkekomponenten mit Jod erkennen. Im Polarisationsmikroskop zeigt sich der radiäre Kristallitaufbau der Reservestärke: „Sphärokristalle".

---

*) Z. B. Fa. *Käsemann*, Oberaudorf/Obb., Mikrokosmos (Stuttgart), Phywe (Göttingen) u. a.

Versuch 61: Bausteine des Stärkemoleküls und der Zellulose

a. *Stärke* baut sich durchweg aus Glukosemolekülen, die glykosidisch miteinander über Sauerstoffbrücken verknüpft sind, auf. Diese Kette ist spiralig angeordnet und bildet lange fädige Makromoleküle.
Man nimmt an, daß die typische Jodfärbung der Amylase auf einer Einschlußverbindung von Jodatomen beruht, die in der Zylinderachse der Amylasespirale kettenartig angeordnet sind.
Reservestärke in Samen und Knollen besteht meist aus typisch geformten Stärkekörnern mit sphärokristallinen Aufbau (Polarisationsmikroskop! Abb. 34).
Amylase (Diastase) baut Stärke bis zur Maltose ($C_{12}H_{22}O_{11}$) ab. Dieser Malzzucker wird durch Maltase bis zur Glukose gespalten.

[Strukturformeln von Stärke und Zellulose]

b. *Zellulose* ist — im Gegensatz zur Stärke — selbst in heißem Wasser unlöslich. Die Grundbausteine sind ebenfalls glykosidisch verknüpfte Traubenzuckermoleküle. Bei Einwirkung starker Säuren (z. B. Schwefelsäure) erfolgt Spaltung bis zur Glukose, als Zwischenstadien treten hierbei auch Stoffe auf, die ähnlich wie Stärke mit Jod eine Blaufärbung ergeben.
Die Bindung der Glukosebausteine im fadenförmigen Zellulosemakromolekül ist β-glykosidisch (bei Stärke α-glykosidisch); dies verleiht der Zellulose viel größere Festigkeit und Unverdaulichkeit im menschl. Darm.
Die fadenförmigen Zellulosemolekel finden sich ± parallel ausgerichtet in pflanzlichen Membranen; diese Micellar-Struktur offenbart sich im Polarisationsmikroskop als Doppelbrechung.
Diese wird vor allem an Stengel- und Stammquerschnitten in den verholzten und verdickten Membranen deutlich.
Lösen wir eine Watteflocke (reine Zellulose) in starker Säure, so zerfällt diese hydrolytisch über Zellobiose bis zur Glukose („Holzverzuckerungsverfahren").

Material:
verschiedene Stärkearten; für reine Zellulose: Verbandwatte, Filtrierpapier, Mikropräparat, Schnitte durch Hölzer, Eis für Kältemischung, Lackmuspapier.

Geräte:
Mikroskop (möglichst mit Polarisationseinrichtung), Meßzylinder (100 ml), Bechergläser (100 ml, 250 ml), Pipetten, Spatel, Erlenmeyerkolben (100 ml), Brenner, Reagenzgläser, Wasserbad, Thermometer, Abdampfschale.

Chemikalien:
konzentrierte Schwefelsäure, Natronlauge (20 %ig), *Fehling*'sche Lösung 1 und 2, Anthron (9-Oxo -10, 10-dihydroanthrazen); Jodlösung.
Zeit: einige Stunden

a. *Stärke*

Wir mikroskopieren verschiedene Stärkesorten und vergleichen die typische Gestalt der Stärkekörner: einfach oder zusammengesetzt; ellipsoidisch, brotlaibförmig, kugelig, konzentrisch oder exzentrisch geschichtet usw.
Im polarisierten Licht sehen wir in jedem hell aufleuchtenden Stärkekorn ein dunkles Kreuz, dessen Balken sich im Bildungszentrum des Korns schneiden. Beweis für Sphärokristallnatur der Stärke aus strahlig angeordneten, doppelbrechenden Kristalliten.

Hydrolyse der Stärke:

Abgesehen vom fermentativen, biologischen Abbau der Stärke (mit Amylase ⟶ Maltose, diese mit Maltase ⟶ Glukose) der an anderer Stelle (S. 180 f., Vers. 136—138) behandelt wird, kann Stärke auch durch Erhitzen mit Säure hydrolytisch gespalten werden; wir wollen die dabei gebildeten Zucker an ihrem Reduktionsvermögen nachweisen.
Durch Lösen von 1—2 g Stärke in kochendem Wasser stellen wir einen dünnen Kleister her. Dieser reduziert beim Kochen *Fehling*'scher Lösung nicht. Erhitzen wir aber den Kleister vorher mit etwas Schwefelsäure und neutralisieren diese gegen Lackmus mit Natronlauge, so fällt die *Fehling*'sche Probe positiv aus.

b. *Zellulose*

Dieser Hauptbestandteil pflanzlicher Membranen ist auch in heißem Wasser völlig unlöslich und läßt sich auch nicht so leicht wie Stärke hydrolysieren.
Wir müssen schon konzentrierte Schwefelsäure dazu einsetzen.
Eine Watteflocke oder fein geschnitzeltes Filterpapier rühren wir mit etwa 1 ml konzentrierter Schwefelsäure unter Kühlung (Kältemischung!) so lange, bis sich der Zellstoff gelöst hat. Dann verdünnen wir mit Wasser und hydrolysieren am kochenden Wasserbad noch etwa 10 Minuten; schließlich wird mit Natronlauge gegen Lackmus neutralisiert, um die *Fehling*'sche Probe durchführen zu können. Diese fällt positiv aus: Glukose.
Einfacher ist es, das Schwefelsäurehydrolysat, ohne es zu neutralisieren, im Reagenzglas mit einer Messerspitze Anthron zu erhitzen. Die entstehende Blaufärbung zeigt allgemein Kohlenhydrate an, ohne sonst besonders auf bestimmte Zucker hinzuweisen.
Wenn wir Filterpapierfasern oder Fäden von Verbandwatte im polarisierten Licht mikroskopieren (mittl. Vergrößerung genügt), so sehen wir, daß bei Drehung des Präparats die Faser 4-mal (innerhalb 360°) erlischt, in den Zwischenstellungen aber aufleuchtet, wobei u. U. sehr schöne Interferenzfarben auftreten können. Gut eignen sich für diese Beobachtung auch Haare, die von Stengeln oder Blättern abstehen.

Ergebnis:

Stärke und Zellulose sind hochpolymere, großmolekulare Kohlenhydrate, die im polarisierten Licht gerichtete Micellarstruktur (Eigen- + Formdoppelbrechung) erkennen lassen.

Durch Säurehydrolyse lassen sie sich zu löslichen, kleinmolekularen Zuckern abbauen, deren Grundbaustein in beiden Fällen die Glukose ist.

Versuch 62: Mikrochemischer Nachweis der Zellwandsubstanzen (Zellulose, Lignin) höherer Pflanzen
Material:
Baumwollwatte, Holundermark, nicht verholzte und verholzte Sprosse, z. B. Zweige von Sträuchern, Nadelbäumen, Zeitungspapier.
Geräte:
Mikroskop oder starke Lupe, botanisches Besteck, Rasierklinge, kleine Schälchen, Uhr.
Chemikalien:
Schwefelsäure (etwa 70 %ig), Lugolsche Lösung, 1 %ige Kaliumpermanganatlösung, 1 %ige alkohol. Phloroglucinlösung, konz. Salzsäure, Salmiakgeist, konz. wäßr. Lösung von Anilinsulfat (oder Hydrochlorid), Zinkchlorid.
Zeit:
etwa 1 Stunde.

a. *Zellulose:*
Schnitte durch Holundermark, Sonnenblumenmark, Samenhaare der Pappel, Baumwolle usw. tauchen wir für 2 Minuten in *Lugol*sche Jodlösung und dann in etwa 60—70 % wäßrige Zinkchloridlösung oder 70 % Schwefelsäure. Zellulose färbt sich in Zinkchlorid + Jod violett, in Schwefelsäure + Jod blau (die Farben sind nicht haltbar).

b. *Holzstoff (Lignin):*
Schnitte durch ± verholzte Zweige von Laub- und Nadelbäumen (Fichte, Linde), Maisstengel und dgl. legen wir für 5 Minuten in 1 %ige Kaliumpermanganatlösung, man entfärbt dann kurz in 1 %iger Salzsäure und wäscht sie oberflächlich mit destill. Wasser. Beim Übertragen in Salmiakgeist färbt sich verholztes Gewebe rot. (Unterschied zwischen Laub- und Nadelholz), letztes zeigt diese Reaktion nicht).

*Wiesner*sche Holzreaktionen
Schnitte oder Holzspäne tauchen wir 1 Minute in 1 % alkohol. Phloroglucinlösung und dann in konzentrierte Salzsäure: prächtige Kirschrotfärbung, sie geht auch mit Zeitungspapier (Holzschliff!)
Konzentr. wäßrige Lösungen von Anilinsalzen färben Holz dottergelb. Alle diese Färbungen sind nicht dauerhaft.

Ergebnis:
Mikrochemisch lassen sich an Farbreaktionen die wichtigen Membranstoffe der höheren Pflanzen leicht nachweisen.

Unfallgefahr:
Vorsicht mit konzentrierten Säuren, sie sind ätzend und giftig; Mikroskop vor Dämpfen schützen!

Versuch 63: Histochemischer Nachweis von Askorbinsäure (Vitamin C) in Gewebeschnitten
Askorbinsäure ist ein biochemischer Wirkstoff von ungewöhnlich hoher Reduktionskraft; als Redoxkörper spielt er sowohl in aufbauenden (Photosynthese) wie abbauenden Stoffwechselvorgängen (Atmung) eine wichtige, wenn auch noch nicht

restlos geklärte Rolle. Formelmäßig steht Vitamin C den Hexosen sehr nahe ($C_6H_8O_6$). Wir wollen hier den mikrochemischen Nachweis nach *Molisch-Giroud* versuchen.

Molisch und *Szent Gyögyi* beobachteten schon vor Jahrzehnten, daß frische pflanzliche Gewebe im Dunkeln Silbernitrat zu reduzieren vermögen, es liegt hier bei der Schwärzung kein photochemischer Prozeß vor. *Giroud* und *Leblond* bauten später diese Beobachtung zu einem recht spezifischen Askorbinsäurenachweis aus.

Material:
Frische Schnitte durch grüne Blätter (z. B. Schwertlilie, Gladiole u. a.), Früchte (grüne Paprika, Hagebutten, unreife Zitrusfrüchte u. a.), tier. Gewebe (Nebenniere)

Gerät:
Mikroskop mit Orangefilter im Beleuchtungsapparat, kleine Deckelschälchen, Pipetten (10 ml, 1 ml), Präparierbesteck, Waage, Erlenmeyerkolben (100 ml), Meßzylinder (50 ml), Dunkelraum mit orangefarbener Beleuchtung.

Chemikalien:
Silbernitrat, Eisessig, destill. Wasser

Zeit: etwa ½ Stunde.

Bei gedämpftem Licht stellen wir das Reagenz aus 10 ml destill. Wasser, 1 g Silbernitrat und 0,1 ml Eisessig her (in dunkler Flasche kühl einige Zeit haltbar).

Zunächst mikroskopieren wir unsere Objekte bei normaler Beleuchtung, dann bringen wir sie im Dunkelraum bei orangefarbenem Licht in kleine, mit dem Reagenz gefüllte Schälchen. Nach ¼—½ Stunde im Dunkeln mikroskopieren wir unter Einschaltung eines Orangefilters oder bei sehr gedämpftem Licht unsere Präparate nochmals und achten dabei vor allem auf Schwärzungen des Zellinhalts, besonders der Chloroplasten.

Ergebnis:
Durch Einwirkung essigsaurer Silbernitratlösung im Dunkeln auf frische Gewebschnitte läßt sich Askorbinsäure an der Reduktion zu metallischem Silber mikroskopisch lokalisieren.

Literatur: Bukatsch, F.: Rolle der Ascorbinsäure in den Chloroplasten II, Planta 31, S. 209, 1940.

Versuch 64: Nachweis eines sekundären Photosyntheseprodukts:
„Aesculin"-Glykosid

Die bei der CO_2-Assimilation gebildete Glukose dient nicht nur dem Aufbau höherer Kohlenhydrate (Stärke, Zellulose), sondern geht mit vielen indirekt durch Photosynthese gebildeten, z. T. auch pharmazeutisch wichtigen Stoffen Bindungen ein, die diese zellsaft- bzw. wasserlöslich machen, z. B. der Herzwirkstoff des Fingerhuts (Digitalis) oder der gefäßdichtende, gegen Blutgerinnsel wirksame Stoff aus Roßkastanie (Aesculus), das Aesculin. Solche Stoffe in Bindung an Traubenzucker heißen auch Glukoside (Glykoside).

Material:
Etwa zweijährige Zweigstücke der Roßkastanie *(Aesculus hippocastanum)*, bzw. Esche *(Fraxinus)*.

Geräte:
UV-Analysenlampe, Kleinbildprojektor, Dunkelraum, Sammellinse (f = 150 mm, ⌀ etwa 5—10 cm), Becherglas (250 ml), Messer, Spatel.

Zeit: etwa 5—10 Minuten.
Wir schneiden ein Zweigstück von Roßkastanie oder Esche (im Vorjahr gebildet) ab, schaben die Rinde in feinen Schnitzeln ab und werfen diese in ein wassergefülltes Becherglas.
Betrachten wir die Flüssigkeit im Dunkelraum im Strahl einer Analysenlampe von der Seite her, so sehen wir, wie sich im Fall der Roßkastanie eine prächtig hellblaue, bei Rindenstückchen der Esche eine grünlich-blaue Fluoreszenz in Schlieren ausbreitet. Beim Umrühren mit dem Spatel leuchtet, senkrecht zum Strahl betrachtet, dessen ganze Breite hell auf.
An Stelle der UV-Lampe kann auch der helle Strahl eines Kleinbildwerfers (möglichst mit Halogenlampe) treten; die Fluoreszenz zeigt sich besonders gut, wenn wir den Lichtstrahl im Becherglas durch eine vorgeschaltete Sammellinse konzentrieren.
Ergebnis:
Manche, auch praktisch wirksamen sekundären Assimilate, wie die Glykoside Aesculin (und Fraxin) lassen sich an ihrer starken Fluoreszenz erkennen.
Bemerkung:
Auch feingeschnittene bzw. geschabte Zweigstücke von Sauerdorn *(Berberis)* geben an Wasser einen stark gelb fluoreszierenden Stoff ab; es handelt sich hier um das Alkaloid Berberin.
Literatur: H. Molisch: „Mikrochemie der Pflanze", (Fischer, Jena, 1936).

Versuch 65: Mikrochemischer Nachweis von Flechtensäuren
Die Symbiose zwischen Pilz und Alge ist bei vielen Flechten im Stande, den Stoffwechsel zur Bildung besonderer, neuer Stoffe zu lenken, welche die Partner einzeln nicht bilden können: z. B. *Flechtensäuren,* die z. T. pharmazeutisch genutzt werden und z. T. lebhaft gefärbt sind. Man kennt davon über 100; manche lassen sich einfach kristallisiert darstellen bzw. nachweisen.
a. *Farbreaktion auf Zetrarsäure*
Material:
frische Thallusstücke von *Cetraria islandica* oder *Cladonia*-Arten, Holundermark
Geräte:
Mikroskop (evtl. mit Polarisation), Hohlschliffobjektträger, Tropfpipette, Pinzette, Präpariernadel, Rasierklinge
Chemikalien:
Salmiakgeist (25 %> NH_3), frisch bereitete 5 %ige Eisen(3)chloridlösung
Zeit: etwa 10 Minuten
Von einem in gespaltenes Holundermark eingebetteten Thallusstück der Isländ.-Moosflechte machen wir mit der Rasierklinge Querschnitte, bringen sie auf einem Objektträger für 3 Minuten in Salmiakgeist und betupfen mit 1 Tropfen frischer Eisen(3)chloridlösung. Die Zetrarsäure ist durch Braunrotfärbung der mittleren Rindenschicht nachweisbar.
b. *Kristallisation von Flechtensäuren*
Material:
lufttrockene, möglichst frische Thallusstücke verschiedener Flechten
Geräte:
Reibschale, Meßpipette (10 ml), Uhrschälchen, Porzellanabdampfschälchen, Mikroskop, Sparflamme, kleiner Filtertrichter, Hohlschliffobjektträger

Chemikalien:
Alkohol (95 %), Benzol, Chloroform, Schwefelkohlenstoff
Zeit: Ansatz etwa 15 Min. Beobachtung nach einigen Tagen (5 Min.)
Die Flechtenstücke werden in der Reibschale zerkleinert und in einem Porzellanschälchen mit 1—2 ml Benzol oder Alkohol (Vorsicht feuergefährlich!) über der Mikroflamme kurz aufgekocht, bzw. mit Chloroform oder Schwefelkohlenstoff kalt extrahiert. Der Auszug wird dekantiert bzw. filtriert. (CS_2 ist giftig und explosiv!)
Der Extrakt wird auf Uhrschälchen stehen gelassen, bis sich die Flechtenstoffe beim Verdunsten des Lösungsmittels kristallin abscheiden (Mikroskop!)
Schönere Kristalle (doppelbrechend) erhält man, wenn man den Rückstand vom Uhrschälchen auf einem Objektträger in 1 Tropfen Anilin bringt, mit dem Deckglas bedeckt, 2 x in zeitl. Abstand 10 Sekunden über dem Mikrobrenner erhitzt. Dabei sollen die Flechtensäuren sich auflösen.
Innerhalb einiger Tage kristallisieren aus dem Anilin Kristalle von Flechtensäuren aus, die sich unter dem Polarisationsmikroskop als doppelbrechend erweisen.

c. *Chromatographie von Flechtensäuren*

Material:
lufttrockene, möglichst frische Thallusstücke, Chromatographiepapier
Geräte:
Standzylinder für Papierchromatographie mit Deckel (ca. 50 cm hoch), Waage, Reibschale, Wasserbad, Meßpipette (10 ml), Zerstäuber, Meßzylinder (50 ml), Brenner mit Sparflamme, Erlenmeyerkolben (50 ml)
Chemikalien:
Benzol, Azeton, alkal. Phosphatpuffer (2,0 g Trinatriumphosphat, 0,9 g Dinatriumhydrogenphosphat in 50 ml dest. Wasser), Butanol, Äthanol, Benzidinreagenz (A + B; Salzsäure, Benzidin, Natriumnitrit)
Zeit: einige Stunden
Die gepulverten Thallusstücke (0,1—0,2 g) kochen wir in kleinen Erlenmeyerkolben mit je 5 ml Benzol und danach mit 5 ml Azeton auf und engen die Extrakte auf dem Wasserbad auf etwa ½ ml ein. Davon bringen wir einen Tropfen auf den Startpunkt des Chromatographierstreifens, der vorher mit alkalischem Phosphatpuffer besprüht und getrocknet wurde und lassen im Standzylinder folgende Laufmittelgemische hochsteigen:
  1. Butanol/Azeton/Wasser   5 : 1 : 2
  2. Butanol/Äthanol/Wasser   4 : 1 : 5.

Um die Orte der Flechtenstoffe sichtbar zu machen, sprühen wir mit dem aus den Komponenten A und B frisch gemischten Benzidinreagenz (gleiche Teile A und B)
  A: 2,5 g Benzidin, 7,5 g konz. Salzsäure, 40 ml destill. Wasser
  B: 5 g Natriumnitrit

Es entstehen gelbe bis rötliche Farbflecke durch Kuppelung der phenolischen Flechtenstoffe mit tetrazotiertem Benzidin.
Ergebnis:
Phenolische Flechtensäuren lassen sich papierchromatographisch trennen und an Hand der bei *Follmann* angeführten Rf-Werte nach Besprühen mit Benzidinreagenz nachweisen (s. Literatur).

Gefahrenhinweis:
Die hier verwendeten organischen Lösungsmittel sind teils giftig (bes. Anilin), z. T. brennbar; Benzol, Äthanol, Schwefelkohlenstoff!)

Literatur: Follmann, G.: „Flechten" (Kosmos, Stuttgart, 1960). *Thallmayer, H.:* Mikrokosmos 34, S. 47 (Stuttgart 1940).

V. Andere Ernährungsarten: teilweise und volle Heterotrophie im Pflanzenreich — Beispiele tierischer Ernährung

Versuch 66: Besondere Ernährung grüner Pflanzen: „Insektivorie"
Im Hochmoor und überhaupt auf sehr nährstoffarmen Böden finden sich unter den grünen Blütenpflanzen Ernährungsspezialisten, die sich durch Fangen und Verdauen kleiner Tiere (meist Insekten) eine zusätzliche Stickstoffversorgung verschaffen.

a. *Fütterung von Sonnentau (Drosera)*
Achtung:
Sonnentau ist eine geschützte Pflanze; man steche nur *wenige* Exemplare mitsamt dem Torfpolster aus!
Material:
Einige Sonnentaupflänzchen mit zugehörigem Moorboden, kalkfreies Wasser (Regen- oder destill. Wasser); kleine Stückchen (Stecknadelkopfgröße) von Fleisch, Käse, Hühnereiweiß, tote kleine Insekten, Filterpapier, Sand, Lackmuspapier blau.
Geräte:
Blumentöpfchen, Aquarium mit Glas-Deckplatte (als feuchte Kammer), Skalpell, Pinzette, Thermometer, Präpariermikroskop oder Lupe.
Zeit:
Ansatz etwa ½ Stunde; Beobachtung und Fütterung gelegentlich (alle 2—3 Tage) je 5 Minuten über 2—3 Wochen.
Man bringe kräftige Droserapflänzchen in kleine Blumentöpfchen samt zugehöriger Torferde, einige in Töpfchen mit Quarzsand; sie alle kommen in ein abgedecktes Aquarium als feuchte Kammer und werden alle 2—3 Tage mit Regenwasser besprüht und nur z. T. mit etwa stecknadelkopfgroßen Fleischbzw. anderen Eiweißstückchen gefüttert. Man kann das Einkrümmen der Tentakel hin zur Nahrungsquelle beobachten. Die regelmäßig gefütterten Pflanzen gedeihen besser als die nicht gefütterten Kontrollpflanzen. Beste Versuchszeit: Juni—Juli. Wir untersuchen den Schleim der Tentakelköpfchen: er ist zählklebrig (Insektenfang!) und reagiert unter Umfärbung des Lackmuspapiers (sauer).
Ergebnis:
An Fütterungsversuchen von Sonnentaupflänzchen mit winzigen Eiweißstückchen kann man den Wert der „Zusatzernährung" gegenüber den ungefütterten Kontrollpflanzen am besseren Gedeihen und größerer Blühfreudigkeit erkennen.

b. *Fütterung von Fettkraut (Pinguricula)*
Material:
Fettkrautpflänzchen mit anhaftender Erde
Geräte und Zeit wie bei a.

Der Versuch wird entsprechend dem Sonnentau ausgeführt; der von den Drüsenhaaren der Blattoberseite abgesonderte Saft reagiert ebenfalls sauer.

c. *Fütterung von Wasserschlauch (Utricularia)*

In Teichen und auch Moortümpeln ist der Wasserschlauch, eine submerse Wasserpflanze mit fein zerschlitzten Wasserblättern und etwa glasstecknadelkopfgroßen Bläschen, die ungebildeten „Fangblättern" entsprechen, ziemlich häufig. Man kann auch im Herbst die dichten Winterknospen sammeln und sie im Aquarium frostfrei überwintern lassen.

Material:
Frische Pflänzchen vom Wasserschlauch, kleine Wasserkrebschen (Hüpferlinge oder Wasserflöhe)
Geräte:
2 Aquarien mit Teich- (bzw. Moor-)wasser (evtl. Planktonnetz zum Einfangen von Cyclops oder Daphnien), Binokular-Präpariermikroskop, Petrischalen, Pinzette.
Zeit:
Ansatz etwa 1 Stunde; gelegentliche Fütterung und Beobachtung je 5 Minuten über 1 Monat.

Wir bringen in jedes der beiden Aquarien einige Wasserschlauchpflanzen; nur ein Aquarium wird gelegentlich mit Cyclops oder Daphnien gefüttert; das andere dient als Kontrolle.
Bald nach der Fütterung untersuchen wir die Blasen der Pflänzchen im Wasser einer Petrischale unter dem Binokularmikroskop. Einige Bläschen haben Krebschen „aufgeschluckt" und verdauen diese allmählich. Nach längerer Zeit erkennt man, daß die gefütterten Pflänzchen besser gedeihen als die Kontrolle.

Ergebnis:
Utriculariapflänzchen lassen sich mit Kleinkrebschen füttern und gedeihen dann besser als die Kontrolle.

Versuch 67: Ernährung von grünen Halbschmarotzerpflanzen
Grüne Halbschmarotzer, wie Mistel *(Viscum)*, Wachtelweizen *(Melampyrum)*, Augentrost *(Euphrasia)* oder Klappertopf *(Rhinanthus)* können sich zwar photosynthetisch ernähren, zapfen aber mit ihren z. T. umgebildeten Wurzeln Wirtspflanzen an, um ihnen Wasser und Nährsalze zu entnehmen.

a. *Klappertopf (Rhinanthus sp.)*
Material:
Im vergangenen Herbst eingesammelte Klappertopfsamen; Gräser-, Getreide-Vogelmieren — Jungpflanzen nicht zu dicht in Pflanzenkisten mit Erde
Zeit:
Beschicken mit Klappertopfsamen etwa 10 Min.; Beobachtung über einige Monate im Frühling

Wir nehmen 2 Pflanzkästen mit Erde her, der 1. enthält junge Wirtspflanzen (s. o.); der 2. nur Erde der gleichen Art.
In beiden Kästen säen wir Klappertopfsamen nicht allzu tief aus. Nicht alle Samen keimen, diejenigen aber, die mit ihren Saugwurzeln Anschluß an Wirtspflanzen gefunden haben, entwickeln sich im Laufe einiger Monate viel kräftiger

als die Kontrollpflanzen, die nur Erde zur Verfügung haben. Natürlich müssen Belichtung und Bewässerung in beiden Fällen gleichartig sein. Auch Wachtelweizen kann zu ähnlichen Versuchen verwendet werden.

b. *Mistel (Viscum album)*
Material:
Mistelbeeren (hell aufbewahrt), Freilandbäume der gleichen Art, auf denen die Misteln gewachsen waren, Filterpapier; alte Misteln an Zweigen.
Gerät:
Feine Säge, Leiter, Lupe, Petrischalen
Zeit:
Infektion der Zweige (Februar, März) 10 Min., Beobachtung über einige Jahre; Präparation der Saugorgane etwa 15 Min.
Die Aussaat auf den Zweigen erfolge im zeitigen Frühjahr.
Die Keimung erfolgt sehr langsam und nur im Licht, wovon wir uns durch Parallelversuche auf feuchtem Filterpapier in Petrischalen überzeugen können. Die Samen werden am besten mit etwas Schleim aus dem Fruchtfleisch auf die noch grüne Rinde sehr junger Zweige geklebt. Wegen zahlreicher Ausfälle soll die Infektion reichlich erfolgen. Erst im Verlauf von 2—3 Jahren treibt der keimende Same Senker in das grüne Holz der Äste. In diesem Falle kann man den Ast an der Stelle, wo die Senker eingedrungen sind, einsägen.
Will man nicht so lange warten, kann man Äste an der Aufwuchsstelle des Parasiten querschneiden und so die zapfenartige Verzahnung des Mistel- und Wirtsgewebes veranschaulichen.
Ergebnis:
Bei der Kultur von grünen Halbparasiten, wie Klappertopf oder Wachtelweizen kann man zeigen, daß Anschluß der Wurzeln an den Wirt das Wachstum fördert. Die Keimung von Mistelsamen auf geeigneten Holzgewächsen ist möglich, doch langwierig; hier zeigt man die Haustorien („Senker") besser an einem Schnitt einer schon entwickelten Mistel an der Ansatzstelle an der Wirtspflanze.
Literatur: E. Heinricher: „Aufzucht und Kultur der parasit. Samenpfl.", Jena, 1970.

Versuch 68: Heterotrophe Ernährung höherer Pilze
Material:
Champignonkultur von einer Gärtnerei (HORSTMANN & Co., 22 Elmshorn) mit Deckerde, Quarzsand, Stecklinge von *Tradescantia*
Gerät:
Pflanzenkulturschalen (Keramik oder Styropor), Waage, Meßzylinder (1 l), Cellophanhüllen
Chemikalien:
Kalziumnitrat, kristallisiert, Kaliumdihydrogenphosphat, Kaliumnitrat, Magnesiumsulfat kristallisiert, Eisenzitrat
Zeit:
Ansatz einiger Stunden, Beobachtung über 1—2 Monate
Durch Auflösen von 2,5 g krist. Kalziumnitrat, 0,6 g krist. Magnesiumsulfat und Kaliumdihydrogenphosphat und einer Spur Eisen(3)zitrat in 1 l Wasser stellen wir eine anorganische Nährlösung her, mit der wir in einer Pflanzenkulturschale befindlichen groben Quarzsand gleichmäßig durchfeuchten.

Auf den Sand bringen wir etwas Champignonbrut, seitlich stecken wir noch einige Tradescantiasprosse zur Kontrolle ein. Dann wird mit feuchtem Sand abgedeckt und die Kulturschale in gedämpftem Licht bei etwa 15—20° C aufgestellt.

Eine 2. Kulturschale beschicken wir mit Champignonmyzel, das mit befeuchteter Deckerde überschichtet wird; auch hier können wir einige Tradescantiastecklinge einpflanzen.

Beide Schalen werden stets feucht gehalten und zwischendurch mit Plastikdeckfolie vor dem Vertrocknen geschützt. Ist die Deckerde mit Pilzfäden durchwachsen, streuen wir neue Erde darauf.

Ergebnis:
Nach 2—3 Wochen können wir aus der Kultur mit Deckerde bereits Pilze ernten, während das Pilzgeflecht auf Sand mit mineralischer Nährlösung kümmert. Hier können nur grüne Pflanzen, die zur Photosynthese befähigt sind, gedeihen.

Versuch 69: Gegenseitige Ergänzung niederer Pilze bei der Synthese von Vitamin B_1

Aneurin ist unentbehrlicher Baustein zur Bildung der Karboxylase (siehe allgemeinen Teil S. 8). In Vitamin B_1-freier Nährlösung können z. B. *Mucor Ramannianus* und die Wildhefe *Rhodotorula rubra* einzeln nicht gedeihen. Fügen wir der Nährlösung Spuren von Thiazol zu, so gedeiht *Mucor Ramannianus, Rhodotorula* nicht. Geben wir umgekehrt dem Substrat nur Pyrimidin zu, so gedeiht nur *Rhodotorula*, nicht aber *Mucor;* d. h. jeder der beiden genannten Pilze kann einen Baustein des Aneurin selbst bilden, den anderen nicht.

Impft man aber in eine Vitamin-B_1-freie Nährlösung beide Pilze ein, so kommt es durch gegenseitige Ergänzung der biochemischen Fähigkeiten der Partner zu gemeinsamer Entwicklungsmöglichkeit („biochemische Synthese" von Aneurin).

Material:
Sporenkultur von *Mucor Ramannianus; Rhodotorula rubra* (aus Kultursammlungen mikrobiologischer oder botanischer Hochschulinstitute, auch das Zentralbüro für Schimmelkulturen BAARN, Javalaan 4 Holland, liefert Reinkulturen von Pilzen), reinste Verbandwatte.

Geräte:
Brutschrank (23° C), 5 Erlenmeyerkolben (100 m*l*), Meßpipette (1 m*l*), Waage, Meßzylinder (50 m*l* und 250 m*l*), Sterilisator.

Chemikalien:
Aneurinhydrochlorid, Glukose (reinst), Asparagin (reinst), Magnesiumsulfat (kristallisiert, reinst), Kaliumdihydrogenphosphat (reinst), doppelt destill. Wasser, Spezialindikatorpapier.

Zeit:
Ansatz der Nährlösung und Beimpfung etwa 1 Stunde, Untersuchung der Proben nach 1 Monat: 15 Minuten.

Zunächst bereiten wir 250 m*l* der *Schopfer*schen Nährlösung (aus *reinsten* Chemikalien, um Vitamin-Spuren auszuschließen) durch Auflösen von 7,5 Glukose, 0,25 g Asparagin, 0,4 g prim. Kaliumphosphat und 0,1 g Magnesiumsulfat. Der pH-Wert soll 4—4,5 betragen.

Die 5 Erlenmeyerkolben werden mit je 20 ml der synthetischen Nährlösung beschickt und sterilisiert. Zwei der Kolben erhalten einen Zusatz von je 0,4 g Aneurin, indem wir 0,01 ml einer Lösung von 10 mg Aneurin in 250 ml destilliertem Wasser jedem der beiden Kolben zufügen.
Je 1 nicht aneurinhaltiger und 1 aneurinhaltiger Kolben werden mit *Mucor Ramannianus* bzw. *Rhodotorula rubra* beimpft. Der 5. Kolben, der vitaminfreie Nährlösung enthält, wird mit Mucor *und* Rhodotorula zugleich beimpft.
Nach vierwöchiger Kultur im Brutschrank bei etwa 23° C prüfen wir die Kolben auf das Wachstum.

Ergebnis:
In den vitaminfreien Nährlösungen ist weder Mucor noch Rhodotorula allein gewachsen; dagegen gut im Vitamin-B$_1$-haltigen Medium. Dies beweist die Aneurinbedürftigkeit beider Pilze. Da aber das Gemisch beider Organismen in Vitamin-B$_1$-freiem Medium gut wächst, beweist dies, daß sich beide Pilze zur Bildung vom nötigen Vitamin B$_1$ biochemisch ergänzen.

Versuch 70: Kultur eines Vollschmarotzers ohne Blattgrün: „Seide" (Cuscuta sp.)
Es gibt eine Reihe von sogenannten Seidenarten, z. B. Klee-, Hopfen-Seide usw. Sie sind Vertreter der Gattung *Cuscuta,* die auf verschiedene Wirte eingestellt sind und praktisch nur aus dünnen, windenden Stengeln, die ihre Saugnäpfe in den Stamm der Wirtspflanze senken und so neben Wasser und Salzen auch organische Nahrung vom Wirt beziehen. Die fadenförmige, bleiche Gestalt der Sprosse ohne Blätter gab wohl den Namen „Seide", in den Alpenländern auch „Teufelszwirn" genannt. Häufig auf Klee, Schafgarbe, Brennesseln, findet man sie mitunter auch an Trieben von Holzgewächsen (z. B. Weiden). Die Samen gewinnt man aus den knäueligen Fruchtständen, die aus kleinen, eng beieinanderstehenden Blütengruppen hervorgehen.

Material:
Samen der Hopfenseide *(Cuscuta europaea)* (vom Vorjahr geerntet), bewurzelte Weidenstecklinge, junge Pflanzen von Brennessel, Hopfen, Schafgarbe in mit Erde gefüllte Pflanzkästen oder Blumentöpfen, Holundermark.

Geräte:
Mit Plastikfolie bespannte, über die Pflanzkästchen (Blumentöpfe) passende Drahtgestelle („Kleinstgewächshaus"), Sprühgerät, Borstenpinsel, Sieb, Mikroskop, Rasierklinge.

Chemikalien:
Phloroglucin, Salzsäure.

Zeit:
Aussaat etwa 10 Minuten, Beobachtung über 2—3 Monate gelegentlich je etwa 5—15 Minuten.

In den gut gelockerten Boden in Kästen oder Blumentöpfen, die mit Weidenstecklingen, Brennesseln, Schafgabe locker bepflanzt sind, säen wir Samen der Hopfenseide und bedecken mittels Sieb und Borstenpinsel nur wenig mit feiner, lockerer Erde.
Bei etwa 15° C keimen die Samen in der feuchten Atmosphäre des Kleingewächshauses innerhalb einer Woche aus, die zarten blattlosen aus dem Boden brechenden Triebe führen kreisende Suchbewegungen aus, bis sie den Stengel einer

passenden Nährpflanze gefunden haben. Sie umschlingen diesen spiralig und senken bald ihre Saugorgane, die äußerlich den Stummelfüßen einer kleinen Raupe ähnlich sind, aber tief in das Gewebe des Wirts bis zum Leitbündelanschluß vordringen, in die Nährpflanze. Diese wächst schlechter als nicht befallene Kontrollpflanzen. Ist der Anschluß hergestellt, verkümmert die ursprüngliche Wurzel des Keimlings der Seide.
Um die Haustorien, mit denen die Seide den Wirt anzapft, zu sehen, schneiden wir an einer Stelle, wo die Saugorgane dicht am Stengel der Nährpflanze stehen, diesen samt dem Parasiten mit der Rasierklinge in mehrere dünne Scheiben, die wir bei schwacher mikroskopischer Vergrößerung untersuchen. Zur Kennzeichnung der Holzteile der Leitbündel empfiehlt sich kurze Einwirkung einer alkoholischen Phloroglucinlösung mit Salzsäure. Das Xylem erscheint sodann kirschrot (vgl. Vers. 62).

Ergebnis:
Cuscuta-Samen keimen innerhalb 1 Woche in feuchter Erde; die fädigen Keimlinge führen kreisende Suchbewegungen aus, um einen Wirt zu finden. Ist das erreicht, so umschlingt der wachsende Sproß den Stengel des Wirts spiralig und saugt ihn durch tief eindringende Haustorien aus.

Versuch 71: Nahrungsaufnahme beim Pantoffeltierchen, Reaktion des Vakuolen-Inhalts
Material:
Kultur von Pantoffeltierchen, Bäckerhefe, Gelatine, Vaseline, Kongorot
Gerät:
Mikroskop, Hohlschliff-Objektträger, Deckgläser, Bechergläser (100 ml), Meßzylinder (100 ml), genaue Waage, Wasserbad, Brenner, Spatel, Pipette mit Gummihütchen
Zeit:
einige Stunden
1 g Bäckerhefe wird mit 30 mg Kongorot in 10 ml dest. Wasser gleichmäßig verrührt und 10 Minuten im Wasserbad gekocht.
Die rotgefärbten Hefezellen dienen als Futter für die Pantoffeltierchen, indem man einen großen Tropfen mit etwas Hefesuspension und 2 %iger Gelatinelösung in der Pantoffeltierchenkultur auf einem Hohlschliffobjektträger verrührt. Es kann eine kleine Luftblase miteingeschlossen werden, damit die Tierchen auch atmen können. Das Deckglas erhält an den Kanten etwas Vaseline, um die Verdunstung des Tropfens einzuschränken.
Der Gelatinezusatz verlangsamt die Bewegung der Pantoffeltierchen; besser ist es aber, die Tierchen sich um die Luftblase scharen zu lassen, bzw. zwischen einigen beigegebenen Wattefasern einzuschließen.
Am ruhenden Tierchen läßt sich nämlich das Einstrudeln der Nahrungsteilchen und die allmähliche Umfärbung der Hefezellen in den Vakuolen besser beobachten.
Der Inhalt der Nahrungsbläschen färbt sich dabei von rot nach blauviolett um, was eine Säureabscheidung anzeigt: der Umschlag von Kongorot nach blau erfolgt etwa bei pH = 4. Dies bedeutet eine Ansäuerung, die etwa unserem Magensaft entspricht (0,3 % HCl). Später wird der immer kleiner werdende, sich zusammen-

ballende Inhalt der Verdauungsbläschen wieder rötlich, was auf Ausscheidung alkalischer Verdauungssäfte hinweist.

Ergebnis:
An toten, mit dem Indikator kongorot angefärbten Hefezellen lassen sich die Nahrungsaufnahme der Pantoffeltierchen und die Reaktionsänderungen des Verdauungssafts in den Vakuolen der Tierchen gut untersuchen.

Versuch 72: Nahrungsaufnahme bei Muscheln: Filtration von Seewasser
Miesmuscheln, bei Fischern und Badegästen wegen der Scharfkantigkeit ihrer Schalen unbeliebt, gehören zu den besten biologischen Wasserreinigern. Die Partikelaufnahme läßt sich im Modellversuch mit kolloidalem Graphit am besten verfolgen.

Material:
Miesmuscheln aus Brackwasser, Kolloidgraphit („Aquadag" Firma SCHAAF & MEURER, Duisburg)

Gerät:
Injektionsspritze aus Glas (10 ml), Aquarium, Aquariumbelüfter, LANGE-Universal-Kolorimeter, große Petrischalen ($\emptyset$ 20—30 cm), Hornlöffel, Reagenzgläser, Meßzylinder (100 und 500 ml)

Zeit:
etwa 1 Stunde (Vorbereitung des Graphits tagszuvor)

Ein gehäufter Teelöffel Kolloidgraphit „Aquadag" wird mit 500 ml destill. Wasser verrührt und 100 ml künstliches Meerwasser zugesetzt. Man läßt einen Tag stehen, wobei sich feinste Graphitflöckchen bilden.

Von dieser Aufschwemmung setzt man nach gutem Schütteln dem Wasser in großen Petrischalen, in denen sich pro l etwa 5 Muscheln befinden, so viel zu, daß eine deutliche, dunkle Trübung entsteht. Ein gleich großes Gefäß mit der gleichen Wassermenge ohne Tiere erhält zur Kontrolle den gleichen Graphitzusatz. Beide Gefäße werden leicht belüftet durch einen schwachen, großblasigen Luftstrom, der die Muscheln nicht stört, aber die Graphitteilchen in Schwebe hält.

Schon nach etwa ½ Stunde kann man in dem mit Muscheln besetzten Gefäß eine deutliche Aufhellung, bzw. Klärung feststellen.

Beim Besitz eines Trübungsmessers (z. B. Lange-Universal-Kolorimeter) kann man die Klärung photometrisch quantitativ verfolgen.

Nun nehmen wir eine etwa 10 ml fassende Injektionsspritze und saugen damit 10 ml Wasser aus der Umgebung der Muschel auf und füllen es in ein Reagenzglas. Dann nehmen wir nochmals 10 ml Wasserprobe vorsichtig aus der Ausströmungsöffnung einer weitgeöffneten Miesmuschel und bringen sie in ein zweites gleichgroßes Reagenzglas. Der unterschiedliche Trübungsgrad ist mit dem Auge leicht feststellbar.

Bemerkung:
Ganz entsprechende Versuche lassen sich auch mit den in den großen Binnenseen eingewanderten Dreikant-Muscheln *(Dreissena polymorpha)* anstellen, die aus dem Schwarzmeergebiet vor etwa 100 Jahren nach Mitteleuropa kamen.

Klee schreibt, daß an der Rheinmündung in den Bodensee pro qm einige Tausend Muscheln mit einer stündlichen Filtrationsleistung von 10 m^3 Wasser zu finden sind. Im Magen- und Darminhalt getöteter Dreikantmuscheln findet man unter dem Mikroskop zahlreiche Bakterien und sonstige Einzeller, so daß man tatsäch-

lich nicht nur von einer mechanischen, sondern auch biologischen Abwasserreinigung sprechen kann.
Ergebnis:
Die Miesmuschel und Dreikantmuschel gehören zu den besten „biologischen Kläranstalten", indem sie das für die Atmung und Ernährung aufgenommene Wasser weitgehend „filtrieren".

Literatur: Klee, O.: „Die größte Kläranlage im Bodensee — eine Muschel" (Mikrokosmos *60*, S. 129 (Stuttgart 1971).

Versuch 73: Nährstoffbedarf von „Mehlwürmern"
Material:
Weizen-Auszugsmehl, Haferflockenmehl, gemahlene Trockenhefe, Filterpapier; 60 Larven von Mehlkäfern
Gerät:
Schlagkreuzmühle (elektrisches Mixgerät oder Kaffeemühle), 3 große Weckgläser (etwa 1 *l*), Tropfpipette
Zeit:
Ansatz 1 bis 2 Stunden; Beobachtung über 1 Monat

Wir brauchen je etwa 50—100 g feinstes Weizenmehl, Hafermehl (aus Haferflocken mit der Schlagkreuzmühle hergestellt). Auf gleiche Weise stellen wir aus Trockenhefe, bzw. Nährhefeflocken Hefepulver her.
Die 3 Weckgläser werden mit: A reinem Weizenmehl,
B Hafermehl
C Hafermehl + Hefemehl 1 : 1 gemischt
beschickt und mit einer leicht feuchten Filterpapierscheibe abgedeckt (nicht zu naß, sonst Schimmelbildung).
In jedes Gefäß kommen 20 Mehlwürmer. Der Weckglasdeckel wird locker, unter Zwischenlage eines Pappstreifens aufgelegt; für gelegentliche Nachbefeuchtung muß gesorgt werden. Wir beobachten die Entwicklung der Tiere über 4 Wochen.
Gefäß A enthält fast nur Kohlenhydrate;
Gefäß B daneben auch etwas Fett, Eiweiß und Mineralstoffe;
Gefäß C außer den genannten Grundnährstoffen u. Mineralien noch B-Vitamine.
Ergebnis:
Da die beste Entwicklung im Gefäß C, eine weniger gute im Gefäß B und eine schlechte in A erfolgt, ergibt sich, daß die Mehlwürmer neben den Grundnährstoffen auch Mineralsalze und Vitamine zu ihrem Gedeihen benötigen.

Versuch 74: Nahrungsauswahl der Fliegen
Mit Hilfe ihrer Fußendglieder (Tarsen) können Fliegen Nahrung von unbrauchbaren Stoffen unterscheiden.
Material:
Große Fliegen (Stubenfliege oder Fleischfliege, die eine zeitlang gehungert hat), Tusche, Pinsel, Papierstreifen, Watte, Uhu, Holzspan
Gerät:
Stativ mit Muffe und schmaler Klammer, Reagenzglas, Schere, Pinzette, kleiner Pinsel, Meßband
Chemikalien:
Äther, 10 %/o Zuckerlösung, Essig, 20 %/oige Kochsalzlösung, 1 %/oige Lösungen von Chinin, Fleischextrakt, Saccharin

Zeit:
etwa ½ Stunde
Zunächst wird die Fliege in einem Reagenzglas mit ätherbefeuchteter Watte narkotisiert, dann vorsichtig mit Hilfe einer Pinzette mit UHU so mit dem Rücken

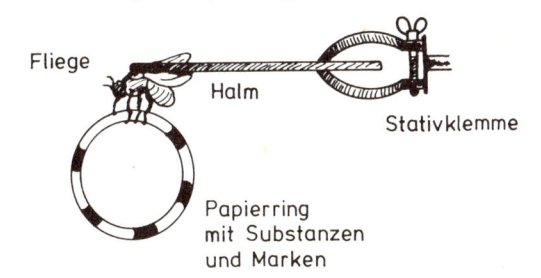

Abb. 35: Versuch zur Nahrungsauswahl von Fliegen

an einen Holzstab geklebt, daß Flügel und Beine freibleiben.
Der Stab wird entsprechend Abb. 35 an einem Stativ etwa 20 cm über dem Tisch so befestigt, daß die Beine der Fliege nach unten weisen.
Bis die Fliege aus der Betäubung erwacht, was sie durch Schwirren der Flügel anzeigt, fertigen wir uns aus etwa 25 cm langen, 8 mm breiten Papierstreifen Ringe, die wir zur besseren Beobachtung an bestimmten Stellen mit Tusche markieren.
Auf diese Ringe werden verschiedene Lösungen, wie oben angegeben, mit dem Pinsel aufgetragen: Zucker, Kochsalz, Essig, Chinin und Saccharin. Der erwachten Fliege geben wir nun den Papierring zwischen die Beine. Instinktiv stellt die Fliege nun die Flugbewegungen ein und beginnt den Ring zwischen den Beinen zu drehen. Kommt sie dabei an eine schmackhafte Stelle (Zucker oder Fleischextrakt), so hält sie inne und versucht, die Nahrung mit dem Rüssel aufzusaugen. Unangenehme Stoffe, wie Salz oder das bittere Chinin, werden nicht angenommen.
Ergebnis:
Festgehaltene Fliegen mit freien Flügeln und Beinen versuchen zu fliegen, gibt man ihnen einen Papierring zwischen die Beine, hört instinktiv die Flugbewegung auf, dafür wird der Ring gedreht (Laufreflex).
Finden sie auf dem Ring Stellen, die angenehme Stoffe enthalten, was mit den Fußenden wahrgenommen wird, hört das Drehen auf, und die Fliege versucht, die Nahrung aufzulecken. Echter Zucker wird von Süßstoff sicher unterschieden.
Bemerkung:
Vorsicht beim Umgang mit Äther; Flammen löschen!

VI. Verteilung der Stoffe im Tierkörper, Säftestrom, Blut und Blutkreislauf, Hormonwirkung

Versuch 75: Zilienbewegung der Miesmuschelkiemen — Physiologische Bedeutung der Ionen im Medium
Material:
Lebende Miesmuscheln im Brackwasser

Gerät:
Mikroskop (50—100 x), 4 Bechergläser (500 ml), Meßzylinder (500 ml), Schere, Waage, kleine Petrischalen
Chemikalien:
Salze für künstliches Seewasser: Kochsalz, Kaliumchlorid, Magnesiumsulfat, Magnesiumchlorid, Kalziumchlorid (sicc.), Natriumhydrogenkarbonat; Chloroform oder Äther
Zeit:
Einige Stunden

Wir stellen uns durch Lösen in 500 ml destill. Wasser folgende Flüssigkeiten her:
1. „künstliches Meerwasser":
    14 g Kochsalz, 3,5 g Magnesiumsulfat, 2,5 g Magnesiumchlorid, 0,6 g Kalziumchlorid, 0,4 g Kaliumchlorid, 0,1 g Natriumhydrogenkarbonat
2. 0,6 M Natriumchlorid = 17,6 g Natriumchlorid/500 ml
3. 0.6 M Kaliumchlorid = 22,3 g Kaliumchlorid/500 ml
4. 0,35 M Kalziumchlorid = 19,5 g Kalziumchlorid/500 ml

Mit der Schere schneiden wir kleine Stückchen der Kiemen betäubter Miesmuscheln mit anhängenden, wimperbesetzten Kiemenfäden ab und bringen sie in kleine Petrischalen mit den obengenannten 4 Lösungen. Diese werden nach 5 Minuten erneuert, um anhaftende Reste von Meerwasser zu entfernen.
Die Beobachtung des Gewebes und des Wimpernschlages erfolgt etwa 3—4 mal in halbstündigen Abständen bei schwacher mikroskopischer Vergrößerung.
Im Meerwasser bleibt die Gewebsspannung und der Wimpernschlag lange Zeit normal erhalten. In reiner Kochsalzlösung hört der Wimperschlag nach 1—2 Stunden völlig auf, das Gewebe quillt und zerfällt. In den übrigen Einsalzlösungen ergeben sich ähnliche Schädigungen.
Mischen wir aber zu 100 ml 0,6 M Natriumchlorid je 2 ml 0,6 M Kaliumchlorid und 0,35 M Kalziumchloridlösung, so bleibt der Gewebszustand und der Wimpernschlag viele Stunden normal.
Ergebnis:
Wie bei den Pflanzen wirken auch bei Tieren nicht „ausbalancierte" Salzlösungen, besonders Einsalzlösungen auf die Dauer selbst bei Isotomie schädlich auf die Funktion und den Quellungszustand der Gewebe.

Versuch 76: Blutströmung im Schlammwurm (Tubifex)
Material:
Lebende *Tubifex*
Gerät:
Mikroskop, Hohlschliffobjektträger, Glasfasern zum Abstützen des Deckglases
Zeit:
etwa 15 bis 30 Minuten

Lebende Süßwasserschlammwürmer (*Tubifex*, stets in zoologischen Handlungen erhältlich) bringt man in einem Wassertropfen auf den Objektträger und stützt das Deckglas mit Glasfasern ab. Diese Fasern erhält man am besten durch Ausziehen von Glasstäben über dem Bunsenbrenner.
Bei mittlerer bis stärkerer mikroskopischer Vergrößerung können wir in den Blutgefäßen, besonders in den Seitenschlingen die Peristaltik, die das Blut be-

wegt, deutlich beobachten. Die Verhältnisse sind ähnlich wie beim Regenwurm, der sich aber wegen seiner Größe und Undurchsichtigkeit für diesen Versuch schlecht eignet.
Ergebnis:
Das Blut von Ringelwürmern strömt in einem geschlossenen Gefäßsystem durch den Körper und wird durch peristaltische Pulsationen der Gefäßwände bewegt. Dies kann man bei Tubifex im Mikroskop beobachten.

Versuch 77: Nachweis des Blutfarbstoffs bei wirbellosen Tieren
Während bei den Wirbeltieren das Hämoglobin in Blutkörperchen enthalten ist, findet es sich bei bestimmten wirbellosen Tieren z. B. im Regenwurm, den Larven der Zuckmücke *(Chironomus)* in der Körperflüssigkeit gelöst.
Material:
etwa 20 Larven der Zuckmücke, Filterpapier
Gerät:
Handspektroskop (möglichst mit Skala), kleine Planparallelpirette, Kleinbildprojektor, Mikroskop, Brenner mit Sparflamme, Tropfpipette, Reibschale
Chemikalien:
physiologische Kochsalzlösung (0,8 %NaCl), Eisessig, Natriumdithionit ($Na_2S_2O_4$)
Zeit:
etwa 1 Stunde
10 bis 20 frische, durch Äther getötete Chironomuslarven werden in einer kleinen Reibschale mit etwas 0,8 %iger Kochsalzlösung verrieben und der rote Extrakt mikrochemisch und spektroskopisch untersucht.

a. *Absorptionsspektrum des Blutfarbstoffs*
Einige ml des Extrakts, der möglichst klar sein sollte, werden in eine kleine Küvette gefüllt und im durchfallenden Licht (Tageslicht) oder gedämpften Licht des Projektors spektroskopisch untersucht. Es treten im orangegelben und grünen Spektralbereich die typischen Absorptionsbanden der Häminverbindungen auf. Nach Zusatz von 1 Tropfen Dithionit erfolgt Farbumschlag (entsprechend Versuch 87, S. 126, nach bläulichrot.

b. T e i c h m a n n sche *Häminprobe*
1 Tropfen des roten Extraks wird nach Aufstrich auf dem Objektträger vorsichtig getrocknet und nachher mit 1 Tropfen physiologischer Kochsalzlösung über der Sparflamme erwärmt, bis das Präparat eben wieder eintrocknet. Nach Auflegen eines Deckglases bringen wir in den Zwischenraum zwischen Deckglas und Objektträger 1 Tropfen Eisessig und erwärmen vorsichtig bis zum Verdampfen der Säure.
Im Mikroskop sehen wir dann die rotbraunen, rautenförmigen Häminkristalle (vgl. auch Versuch 86).
Ergebnis:
Auch im roten Blut wirbelloser Tiere, wie bestimmten Würmern, Zuckmückenlarven, Tellerschnecken, läßt sich Hämoglobin mikrochemisch und spektroskopisch ähnlich wie im Wirbeltierblut nachweisen.
Gefahrenhinweis:
Beim Arbeiten mit Äther Flammen löschen!

Versuch 78: Atmung und Blutkreislauf bei Jungfischen*)
Jungfische („Larven") sind oft so durchsichtig, daß man an ihnen das Spiel der Innenorgane gut beobachten kann.
Material:
Sehr junge Stichlinge, Forellen, bzw. eben aus dem Ei geschlüpfte Zahnkärpflinge *(Haplochilus);* Eisstückchen
Geräte:
Präparier-Binokular-Mikroskop, flache kleine Petrischälchen (oder Uhrgläser), große Petrischale, Becherglas (250 ml), Tauchsieder, Thermometer, Stoppuhr.
Zeit:
Etwa ½—1 Stunde.
Wir legen sehr junge Fischchen in große Uhrgläser oder Petrischalen mit recht wenig Wasser, um ihre Bewegungen zu hemmen. Nun können wir sehr gut Atembewegungen (Mund, Kiemendeckel), Herzkontraktion, den Blutlauf in den Gefäßen und Kapillarnetzen, Schwimmblase, Dottersack u. a. beobachten.
Außerdem können wir das Schälchen mit den Versuchstieren in eine große Petrischale, die wir einmal mit Eis/Wasser, zum anderen Mal mit auf 25° C erwärmtem Wasser füllen, stellen und dabei den Temperatureinfluß auf die Organfunktionen mit der Stoppuhr prüfen.
Ergebnis:
Sehr junge, eben geschlüpfte „Fischlarven" sind so durchscheinend, daß wir an ihnen das Spiel der Innenorgane und evtl. auch den Temperatureinfluß auf die Körperfunktionen bei schwacher Vergrößerung beobachten können.
Hinweis:
Um Tierquälerei zu vermeiden, soll der Versuch nicht zu lange ausgedehnt und sehr starke Beleuchtung vermieden werden. Unter Umständen ist ein gebläsegekühlter Overhead-Schreibprojektor zur Demonstration geeignet.

Versuch 79: Blutströmung im Flossensaum der Kaulquappe, oder in zuführenden Adern der Fischflossen
Material:
Kaulquappe oder kleiner Aquariumfisch (z. B. Guppy), Papierwatte
Gerät:
Mikroskop, großes Uhrglas mit flachem Deckglas, Becherglas (200 ml)
Chemikalien:
Äther oder Urethan
Zeit:
etwa ½ Stunde
Eine Kaulquappe oder ein kleiner Fisch werden in einem Becherglas dadurch narkotisiert, daß man dem Wasser etwas Äther oder Urethan zusetzt.
Ist die Narkose eingetreten, wird das Tier in feuchte Papierwatte eingehüllt, auf ein Uhrglas gelegt und der Flossensaum bzw. die Schwanzflosse freigelegt.
Bei Betrachtung mit mittlerer Vergrößerung kann man nach Auflegen eines Deckglases die pulsierende Bewegung der Blutkörperchen in den Adern verfolgen.

---

*) Vgl. dazu auch Versuch 79 (Guppy).

Das Tier ist sogleich nach dem Versuch in frisches Wasser zu bringen, wo es sich rasch erholt.
Ergebnis:
Die Größe der Blutzellen im Fisch- bzw. Amphibienblut ermöglicht die leichte Beobachtung der Blutströmung in Flossen, bzw. Schwimmhäuten.
Bemerkung:
In meinen Versuchen verwendete ich sehr kleine (etwa 8 mm lange) Guppys; sie wurden in 15 ml Wasser mit 10—15 Tropfen Diäthyläther narkotisiert, dann in etwas feuchte Watte bis zum Schwanz verpackt. Das Schwanzende zeigte in den gegen die Flosse gerichteten Gefäßen bei mittlerer Vergrößerung schön das Strömen der Blutkörperchen. Nach einigen Minuten Beobachtung wurden die Tierchen ins Aquarium zurückgebracht und erholten sich schnell, so daß sie bald von ihren Kameraden nicht mehr zu unterscheiden waren.
Gefahrenhinweis:
Vorsicht bei Arbeiten mit Äther (Feuergefahr!)

Versuch 80: Herztätigkeit und Adersystem beim Hühnerembryo
Material:
Frisch gelegte Hühnereier, feiner Flußsand
Geräte:
Mikroskop (oder Binokulares Präpariermikroskop, starke Lupe), Brutschrank (einstellbar auf 39° C), flache Schale in Brutschrank passend, Pinzette, Lanzettnadel, Petrischale (hohe Form)
Zeit:
3—4 Tage Bebrütung, Beobachtung etwa ½—1 Stunde
Frisch gelegte Hühnereier werden im Brutschrank bei etwa 38—39° C auf einem Drahtrost bebrütet. Man stellt auch eine flache Schale mit Wasser hinein, um genügend Luftfeuchtigkeit zu gewährleisten. Die Eier werden täglich 1—2mal gewendet und mit lauem Wasser besprüht.
Nach dem 3. Tag kann mit der Präparation begonnen werden:
Man legt das Ei in eine Petrischale mit feinem Sand, damit sich der Keim nach oben verlagert. Dann wird am stumpfen Eipol die Schale mit Lanzett und Pinzette vorsichtig geöffnet. So kommt man in die Luftblase, ohne die innere Eihaut zu beschädigen. Beim vorsichtigen sukzessiven Entfernen der Schale darf die innere Haut nicht verletzt werden.
Ab dem 3. Tag kann man dann die Pulsationen des embryonalen Herzens, das Blutadersystem des Dottersacks, die Schafhaut *(Amnion)* und den Harnsack *(Allantois)* beobachten. Am besten erfolgt die Beobachtung bei schwacher Vergrößerung; das Ei wird in seiner Lage durch Sand in einer Schale fixiert.
Ergebnis:
An frisch bebrüteten Hühnereiern kann man nach dem 3. Tag die Anlage des Herzens, seine Tätigkeit und das embryonale Adersystem lebend beobachten.

Versuch 81: Mineralstoffgehalt in Blut und Milch von Säugetieren
Im folgenden Versuch sollen einige wichtige Ionen wie Natrium, Kalzium, Chlorid, Phosphat und Sulfat nachgewiesen werden.
Material:
Je etwa 50 ml Schlachttierblut und Milch

Geräte:
Reagenzgläser, Porzellanschale, Trichter mit Filter, Waage, Meßzylinder (100 und 250 ml), Bechergläser (200 ml), Glasstab, Wasserbad, Spektroskop mit Skala, Mikroskop, Kobaltglas, Magnesiastäbchen, Brenner
Chemikalien:
Natriumazetat, Eisessig, konzentrierte Lösungen von Ammoniak, Ammonoxalat, Ammonchlorid, Diammonhydrogenphosphat, Salzsäure, 10 % Bariumchlorid, Salpetersäure, Silbernitrat, Ammonmolybdat, Indikator (Methylrot, Lackmus)
Zeit:
Einige Stunden
Vorbehandlung:

a. *Blut*

Zunächst warten wir die Trennung von Blutkuchen und Serum ab. Dann fügen wir zu 15 ml Serum 30 ml dest. Wasser und 3 ml Azetatpuffer (5,7 g Eisessig + 12 g Natriumazetat) zu und kochen auf. Dabei fällt das Eiweiß aus; das Filtrat *(Filtrat A)* verwenden wir weiter.

b. *Milch*

15 ml Milch versetzen wir mit 35 ml dest. Wasser und tropfen 0,6 ml 2 N-Essigsäure (etwa 12 %ige Lösung von Eisessig in dest. Wasser) dazu. Zunächst scheiden sich Kasein und Fett ab. Wir filtrieren und heben den Rückstand auf.
Das Filtrat wird noch 5 Minuten gekocht, wobei Milchalbumin ausfällt. Nach nochmaligem Filtrieren heben wir den Rückstand (Albumin) auf und verwenden das zweite Filtrat *(Filtrat B)* weiter.

1. Kalziumnachweis

Wir fügen zu Proben von Filtrat A, bzw. B verdünnte Essigsäure zu, versetzen mit konzentriertem Ammonoxalat und kochen kurz auf.
Dabei fällt Kalziumoxalat aus; wir filtrieren, um das Filtrat zur Magnesiumbestimmung weiterzuverwenden.

2. Magnesiumnachweis

Das Filtrat von 1 versetzen wir bis zur leicht alkalischen Reaktion mit verdünntem Salmiakgeist (Indikator!) und geben Ammonphosphatreagenz (2,5 % Ammonchlorid + 1 % Diammoniumhydrogenphosphat in dest. Wasser) in einem Reagenzglas zu.
Dann reiben wir an der Innenseite des Reagenzglases in der Flüssigkeit mit einem Glasstab: bei höherer Magnesiumkonzentration bildet sich bald eine kri-

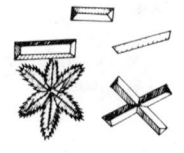

Abb. 36: Kristalle von Magnesium-Ammon-Phosphat im Mikroskop

stalline Trübung, bei geringem Magnesiumgehalt lassen wir nach dem Reiben 24 Stunden stehen. Der Bodensatz zeigt im Mikroskop typische Kristalle von Magnesiumammonphosphat (siehe Abb. 36).

3. Chloridnachweis

Die Filtrate A bzw. B werden mit etwas Salpetersäure angesäuert und mit 5 %iger Silbernitratlösung versetzt. Es bildet sich ein käsiger, weißer, allmählich dunkler werdender Niederschlag von Silberchlorid. Dieses ist in Salmiakgeist löslich.

4. Sulfatnachweis

Wir säuern die Filtrate A bzw. B mit Salzsäure an und geben 10 %ige Bariumchloridlösung zu: Es fällt ein schwerer weißer pulvriger Niederschlag von Bariumsulfat aus, der in verdünnten Säuren und Laugen völlig unlöslich ist.

5. Phosphatnachweis

Die Filtrate von A bzw. B werden mit etwas Salpetersäure angesäuert und sodann mit 5 %iger, wässriger Ammonmolybdatlösung erwärmt. Eine Gelbfärbung, bzw. bei hohem Gehalt an Phosphat ein gelber, kristalliner Niederschlag zeigt den Phosphatgehalt an. Der Niederschlag zeigt unter dem Mikroskop würfel- oder oktaederförmige Kriställchen.

6. Flammenfärbung der Alkali- bzw. Erdalkalimetallionen

Die Filtrate A, bzw. B werden auf einer Porzellanschale eingedampft. Den Rückstand nehmen wir mit etwas Salpetersäure auf und bringen davon mit einem ausgeglühten Magnesiastäbchen in die heiße, leuchtende Flamme.
Natrium und Kalium lassen sich an der Flammenfärbung (Kalium mit Kobaltglas) erkennen. Das Kalzium weisen wir spektroskopisch an der roten Linie bei $\lambda = 622$ und der grünen Linie $\lambda = 553$ nm nach.

Ergebnis:
In biologischen Flüssigkeiten wie Blutserum, Plasma und Milch, sind Mineralsalze vorhanden, die für das osmotische Gleichgewicht und zur Ernährung von Zellen und Geweben wichtig sind.

Versuch 82: Eiweißgehalt im Serum von Schlachttierblut

In dem sich über geronnenem Blut bildenden Serum kann Eiweiß nachgewiesen werden. Bei Vorhandensein eines Photometers für bestimmte Wellenlängen, oder eines Kolorimeters können auch halbquantitative und quantitative Bestimmungen durchgeführt werden.

Material:
Frisches Rinderblut, das über Nacht im Kühlschrank geronnen ist.

Geräte:
Küvette mit 2 cm Schichtdicke, Waage, Reagenzgläser, Meßpipetten (10 ml), Spektralphotometer (z. B. BECKMANN ED 1204) oder LANGE-Universal-Kolorimeter mit Grünfilter S 53; Meßzylinder (500 ml), Meßkolben (100 ml, 1 l), Trockenschrank

Chemikalien:
Trockenalbumin (MERCK), Ätznatron p. a., Seignettesalz, Kupfersulfat, Kaliumjodid

Zeit:
einige Stunden

Man löst 8 g reinstes Ätznatron in 1 l frischabgekochtem dest. Wasser. Dies ergibt eine etwa 0,2 N NaOH.
In 500 ml dieser Natronlauge in einem 1 l-Meßkolben lösen wir noch nacheinander 9 g Seignettesalz, 3 g Kupfersulfat, 5 g Kaliumjodid und füllen genau bis zur Marke mit 0,2 N NaOH auf: dies ist das *Biuretreagenz*.

a. *Qualitativer Nachweis*

Eiweißhaltige Flüssigkeiten verdünnen wir etwa 1 : 50 (je nach Gehalt auch 1 : 10 bis 1 : 100; Vorprobe!) mit 0,2 N NaOH und fügen zu 5 ml der Probe ebensoviel Biuretreagenz.

Je nach Eiweißgehalt entwickelt sich innerhalb 45 Minuten eine mehr oder weniger deutliche Rotviolettfärbung, die in bestimmten Grenzen der Eiweißkonzentration proportional ist.

b. *Halbquantitativ durch Farbvergleich*

Standardlösung: 0,50 g bei 105° C getrocknetes Albumin werden in 100 ml Meßkolben mit 10 ml 0,2 N Natronlauge geschüttelt. Völlige Lösung erfolgt innerhalb von 12 Stunden, dann füllt man bis zur Marke mit dest. Wasser auf.

Damit stellen wir uns eine Standard-Verdünnungsreihe her:

5 ml Standard . . . . . .   10 g Eiweiß in 100 ml
4 ml Standard + 1 ml 0,2 N Lauge entspricht 8 g Eiweiß in 100 ml
3 ml Standard + 2 ml 0,2 N Lauge entspricht 6 g Eiweiß in 100 ml
2 ml Standard + 3 ml 0,2 N Lauge entspricht 4 g Eiweiß in 100 ml
1 ml Standard + 4 ml 0,2 N Lauge entspricht 2 g Eiweiß in 100 ml
0,5 ml Standard + 4,5 ml 0,2 N Lauge entspricht 1 g Eiweiß in 100 ml

Zur Vergleichsbestimmung werden je 5 ml der obengenannten Standards mit 5 ml Biuretreagenz in jeweils gleichgroßen Reagenzgläsern gemischt.

Die Probe, 1 ml einer Serumverdünnung 1 : 10 in 0,2 N Lauge, wird mit 4 ml dieser Lauge und 5 ml Biuretreagenz in einem gleichgroßen Reagenzglas vermengt.

Nach ¾ Stunden vergleicht man die Färbung der Probe mit der Standardreihe in einem Reagenzglasgestell.

c. *Quantitativ (Spektralphotometrisch oder kolorimetrisch)*

Mit der eben geschilderten Standardreihe kann man mit dem Spektralphotometer bei $\lambda = 530$ nm, bzw. mit dem Kolorimeter unter Einsatz des Farbfilters S 53 eine Eichkurve aufnehmen. Dabei wird das Gerät mit einer Blindprobe, bestehend aus 5 ml Lauge und 5 ml Biuretreagenz auf Transmission = 100 %, bzw. Extinktion = 0 eingestellt.

Aus der Kurve kann man dann in der vorliegenden Probe den Eiweißgehalt, bezogen auf g % Albumin ermitteln.

Ein einfacheres, allerdings nicht so genaues Verfahren gibt *Schlieper* an:

Bei Verwendung einer Küvette mit 2 cm Schichtdicke wird die Extinktion bei $\lambda = 530-540$ nm ermittelt. Der annähernde Eiweißgehalt ergibt sich:

$$E_{530} \cdot 17 \cong g\ \%\ \text{Eiweiß}$$

Ergebnis:

Mit der für alle Eiweißstoffe kennzeichnenden, da auf die Peptidbrücke ansprechenden Biuretreaktion läßt sich der Eiweißgehalt im Blutserum qualitativ und (annähernd) quantitativ (mit einem Kolorimeter, bzw. Spektralphotometer) ermitteln.

Versuch 83: Gerinnung von Schlachttierblut

Läßt man Frischblut einige Zeit ruhig stehen, so tritt eine Scheidung in ziemlich dünnflüssiges, gelbliches Serum und dunkel-rotbraunen Blutkuchen ein, der gallertige Konsistenz aufweist.

Material:
Frisches Rinderblut vom Schlachthof (ca. 1 *l*), Holzstab, Glaskügelchen, Glasstab
Gerät:
4 Meßzylinder (250 m*l* mit Stopfen), Meßpipette (10 m*l*), Bechergläser (200 m*l*), große Petrischale, Meßzylinder (100 m*l*), Waage, Pinzette, Reagenzgläser, Mikroskop, Kühlschrank
Chemikalien:
Ammonium- oder Kaliumoxalat, Kalziumchlorid, 0,8 %ige Kochsalzlösung
Zeit:
Vorbereitung tagszuvor etwa ½ Stunde; Versuch selbst etwa 1 Stunde
Von ganz frischem, nicht defibriniertem Blut geben wir je 200 m*l* in 4 Meßzylinder mit passenden Gummistopfen.
Probe 1 bleibt unverändert; Probe 2 wird mit einem rauhen Holzstab einige Zeit gerührt, bis sich an ihm fädige Klümpchen vom Blutfaserstoff (Fibrin) gebildet haben.
Probe 3 schütteln wir 5 Minuten mit Glaskügelchen, Probe 4 versetzen wir mit 5 m*l* einer 10 %igen Oxalatlösung und mischen durch Rühren mit einem Glasstab.
Die Ansätze kommen über Nacht bei etwa 4° C in einen Kühlschrank. Tagsdarauf finden wir die Probe 1 geronnen; über dem Blutkuchen steht das gelbliche Serum, das wir für weitere Versuche verwenden. Einen Teil des Blutkuchens bringen wir in eine große Petrischale, setzen etwas physiologische Kochsalzlösung (0,8 % NaCl) zu. Nach kurzem Waschen in der Kochsalzlösung mikroskopieren wir davon eine kleine Probe: Es finden sich Blutkörperchen im Fasergewirr von Fibrin.
Die Proben 2 und 3 sind vorher mechanisch defibriniert worden und daher nicht geronnen. Eine mit physiol. Kochsalzlösung verdünnte Probe zeigt intakte Blutzellen. An einem derartigen Ausstrich können wir nach Färbung im Mikroskop weiße und rote Blutzellen unterscheiden.
Die 4. Probe wurde durch den Oxalatzusatz von Kalziumionen befreit und konnte daher auch nicht gerinnen. Daß wirklich das Fehlen der Kalziumionen dafür verantwortlich ist, läßt sich zeigen, indem wir in einem Reagenzglas zu 5 m*l* „Oxalatblut" 3—5 Tropfen konzentrierte Kalziumchloridlösung zusetzen und mischen. Nach kurzer Zeit stellt sich auch hier Gerinnung ein.
Ergebnis:
Es werden einige Voraussetzungen, welche die Blutgerinnung verhindern bzw. ermöglichen, untersucht.

Versuch 84: Mikroskopischer Nachweis der Blutzellarten
Durch Färbung von Blutausstrichen nach *Giemsa* bzw. *May-Grünwald* können wir die Arten von Blutzellen differenziert mikroskopieren.
Material:
Frischblut, bzw. geschlagenes Blut vom Schlachthof, Universal-Indikatorpapier
Gerät:
Mikroskop (mindestens 500 x Vergrößerung), Färbeschale für Ausstrichpräparate, Meßzylinder (100 m*l*), Pipetten mit Gummihütchen, Spritzflasche mit dest. Wasser
Chemikalien:
Giemsa-Stammlösung, Methanol, Glyzerin, gepuffertes dest. Wasser ($NaHCO_3$), Pril, Spiritus, Entellan

Zeit:
etwa 2 Stunden

a. *Herstellung des Blutausstrichs*
Auf einem mit PRIL und Spiritus gereinigten fettfreien Objektträger streichen wir einen kleinen Blutstropfen mit der schrägaufgesetzten Kante eines 2. Objektträgers möglichst gleichmäßig dünn aus.

b. *Fixierung*
Auf dem Färbeschälchen werden die getrockneten Ausstriche 10 Minuten mit aufgegossenem, reinem Methanol fixiert.

c. *Färbung*
Die nach Vorschrift des Herstellers mit Methanol-Glyzerin verdünnte Stammlösung läßt man die angegebene Zeit auf die Ausstriche einwirken und spült dann gründlich mit pH $\cong$ 7 gepufferten dest. Wasser ab.
Bei gelungener Färbung können die getrockneten Präparate mit Entellan oder Caedax eingebettet werden.
Bei der Färbung nach *May-Grünwald* läßt man eine methanolische Lösung von eosinsaurem Methylenblau einwirken, die zugleich fixiert und färbt; nach 3 Minuten wird mit dest. Wasser verdünnt und nach 10 Minuten abgespült.

Ergebnis:
Farblich gut differenzierte Darstellung der roten und weißen Blutzellen, bei den letzten auch Kernfärbung.

Versuch 85: Osmotische Resistenz der Roten Blutzellen
Material:
Frisches, geschlagenes Blut vom Schlachthof oder Oxalat- bzw. Zitratblut vom Krankenhaus
Gerät:
Mikroskop mit Okularmikrometer, Meßpipette (10 ml), Waage, Zentrifuge, Bechergläser (100 ml), Tropfpipette, Reagenzgläser
Chemikalien:
Reines Natriumchlorid
Zeit:
etwa ½ Stunde

Wir stellen in einem Becherglas eine 2 %ige Kochsalzlösung in destilliertem Wasser her und bereiten durch Verdünnen 1 : 1 in einem zweiten Becherglas daraus eine 1 %ige Lösung. Davon stellen wir durch Pipettieren stufenweise Verdünnungen her.

$$\begin{array}{rcl}
8 \text{ m}l \ 1\% \text{ NaCl} + 2 \text{ m}l \text{ H}_2\text{O} & \ldots & 0{,}8\% \\
7 \text{ m}l \ 1\% \text{ NaCl} + 3 \text{ m}l \text{ H}_2\text{O} & \ldots & 0{,}7\% \\
6 \text{ m}l \ 1\% \text{ NaCl} + 4 \text{ m}l \text{ H}_2\text{O} & \ldots & 0{,}6\% \\
5 \text{ m}l \ 1\% \text{ NaCl} + 5 \text{ m}l \text{ H}_2\text{O} & \ldots & 0{,}5\% \\
4 \text{ m}l \ 1\% \text{ NaCl} + 6 \text{ m}l \text{ H}_2\text{O} & \ldots & 0{,}4\% \\
3 \text{ m}l \ 1\% \text{ NaCl} + 7 \text{ m}l \text{ H}_2\text{O} & \ldots & 0{,}3\% \\
2 \text{ m}l \ 1\% \text{ NaCl} + 8 \text{ m}l \text{ H}_2\text{O} & \ldots & 0{,}2\%
\end{array}$$

Durch Zentrifugieren von Schlachthofblut (Oxalatblut) stellen wir als Sediment einen Blutkörperchenbrei her.
In die Reagenzgläser mit 2, 1, 0,8, 0,7, 0,6, ... 0,2 % Kochsalzlösung bringen wir mit der Tropfpipette je 1 Tropfen des Sediments und mischen gut durch.

Nach 5 Minuten bestimmen wir die Grenzkonzentration (% NaCl), bei der der Ansatz nicht mehr trüb, sondern durchsichtig erscheint. Sie liegt beim Menschen zwischen 0,4 und 0,5 %.
Nun mikroskopieren wir die Proben aus den übrigen Lösungen und untersuchen dabei die Form der Blutkörperchen: In hypertonischen Lösungen sind die Blutkörperchen geschrumpft und zeigen „Stechapfelformen", in 0,8 % ist die Gestalt normal. Wir messen den Durchmesser in Einheiten des Okularmikrometers, vergleichen die Größen in den einzelnen Konzentrationen:
In den verdünnten Lösungen wird der Durchmesser der Blutkörperchen durch osmotische Wasseraufnahme immer größer; schließlich platzt die Zellhaut: „Hämolyse". In 0,2 % NaCl sind alle Blutkörperchen bereits völlig zerstört.
Ergebnis:
Die zarte Zellhaut der Roten Blutzellen ist nur für Wasser, nicht für Salz durchlässig. Die Form und Größe der Zellen ändert sich mit dem osmotischen Wert der Außenlösung, bis in sehr verdünnten Lösungen Platzen der Blutkörperchen auftritt: Hämolyse.

Versuch 86: Nachweis von Hämin und Fermentwirkungen im Wirbeltierblut
Material:
Frischblut (vom Schlachthof), eingetrocknete Blutstropfen, Holzspäne
Gerät:
Bechergläser (200 ml), Mikroskop, Meßzylinder (100 ml), Waage, Brenner mit Sparflamme, Tropfpipette
Chemikalien:
Alkohol, Wasserstoffperoxid (3 %ig), Eisessig, Kaliumchlorid (krist.), Benzidin und Guajakharz
Zeit:
etwa 1 Stunde
Das im Blut enthaltene Hämoglobin läßt sich spektroskopisch (Versuch 87) und mittels der *Teichmann*schen Häminprobe nachweisen. Die im Blut befindlichen Fermente enthalten ähnlich wie der rote Blutfarbstoff in ihrer Wirkgruppe Hämin und spalten Wasserstoffperoxid durch Fermentwirkung (Katalase, Peroxidase).

a. *Häminprobe nach* T e i c h m a n n
Diese sehr empfindliche Nachweisreaktion läßt sich am frischen, wie auch schon angetrockneten Blut folgendermaßen durchführen.
Ein kleiner Blutstropfen wird auf dem Objektträger ausgestrichen und angetrocknet. Darauf kommt ein großer Tropfen einer Lösung von 0,1 g Kaliumchlorid in 100 ml Eisessig. Nach Auflegen des Deckglases wird über der Sparflamme vorsichtig bis zum kurzen Aufkochen der Säure erhitzt und dann so lange weiter erwärmt, bis das Präparat eben austrocknet.
Nach dem Abkühlen setzt man seitlich vom Deckglas etwas Wasser zu und mikroskopiert bei starker Vergrößerung. Es zeigen sich rautenförmige bräunlich rote Kristalle, die nach ihrem Entdecker *Teichmann*s Chlorhäminkristalle heißen.
Über den Hämoglobinnachweis bei wirbellosen Tieren vgl. Versuch 77*).

---
*) Meist gelingt die Häminprobe noch einfacher: Der mit wenigen Kriställchen Kochsalz versehene, am Objektträger angetrocknete Bluttropfen wird mit 1 Tropfen Eisessig unter dem Deckglas bis zur Blasenbildung über der Sparflamme erhitzt.

b. *Spaltung von Wasserstoffperoxid*
Zu etwas Blut in einem großen Becherglas fügen wir 3 %iges Wasserstoffperoxid zu: starkes Aufschäumen und Aufflammen eines darübergehaltenen, glimmenden Holzspans zeigen die Zerlegung von Wasserstoffperoxid in Sauerstoff und Wasser durch die Katalase im Blut an.

c. *Benzidinprobe (D e e n sche Probe)*
Wir lösen eine Messerspitze Guajakharz in 3 ml Alkohol oder einer Messerspitze Benzidin in 2 ml Eisessig.
Bringt man in ein Reagenzglas etwas von den obengenannten, frischbereiteten Lösungen mit verdünntem Blut und Wasserstoffperoxid zusammen, ergibt sich eine Blaufärbung (Benzidinblau-Reaktion).
Ergebnis:
Das Hämoglobin im Wirbeltierblut läßt sich spektroskopisch und durch die *Teichmann*sche Häminprobe feststellen.
Den Fermentgehalt (Peroxidase) kann man durch die Benzidinblau-Reaktion, den Katalasegehalt durch Aufschäumen unter Sauerstoffentwicklung bei Zugabe von Wasserstoffperoxid nachweisen.

Literatur: Romeis, B.: „Mikroskop. Technik", 15. Aufl. (Oldenbourg, München, 1948).

Versuch 87: Rolle des Hämoglobins bei der Atmung der Tiere (Spektroskopie des Blutfarbstoffes)
Zu den wichtigsten Aufgaben des Blutes gehört die Übertragung des aus den Lungenbläschen aufgenommenen Luftsauerstoffs (äußere Atmung) an die Körperzellen. Dort wird der Sauerstoff zur Oxidation der Nahrungsstoffe verbraucht und durch Kohlendioxid ersetzt („innere Atmung"). Dieser „innere Gaswechsel" ist mit einer reversiblen Umfärbung des Hämoglobins verbunden, der ohne weiteres sichtbar ist:
in den Lungenbläschen: $Hb + O_2 \rightarrow HbO_2$ (hellrotes Oxihämoglobin);
in den übrig. Körpergeweben: $HbO_2 \rightarrow O_2 + Hb$ (reduz., bläul. rotes Hämoglobin).
Die Farbunterschiede werden noch deutlicher, wenn man hämolysiertes Blut im oxidierten, bzw. reduzierten Zustand im durchfallenden Licht spektroskopisch betrachtet; das auftretende, kennzeichnende Bandenspektrum läßt sich noch bei sehr hohen Blutverdünnungen wahrnehmen (Unterschied zu anderen, roten Färbungen, die ein ganz anderes Absorptionsspektrum aufweisen, evtl. auch forensisch wichtig!). Auch Kohlenmonoxid-Vergiftungen lassen sich spektroskopisch erkennen.
Material:
Defibriniertes Schlachttierblut bzw. Zitrat- oder Oxalatblut aus der Klinik, destill. Wasser
Gerät:
Spektroskop (mögl. mit λ-Skala), Reagenzgläser im Ständer, Küvette (etwa 1 cm Schichtdicke), Bechergläser und Erlenmeyerkolben (100 ml), Tropfpipette, Spatel, starke Lichtquelle (Projektor oder Reuterlampe), Stative zur Halterung des Spektroskops und der Küvette, Druckflasche mit Sauerstoff (oder Gasentwickler), Verbindungsschlauch und Glasrohr (zum Einleiten von O_2 in die Küvette). Anordnung vgl. Abb. 37a.
Chemikalien:
Natriumdithionit ($Na_2S_2O_4$), Wasserstoffperoxid (3 %), Braunsteinpulver.

Zeit:
¼—½ Stunde
Durch Verdünnen mit destill. Wasser stellen wir eine durchsichtige Lösung von

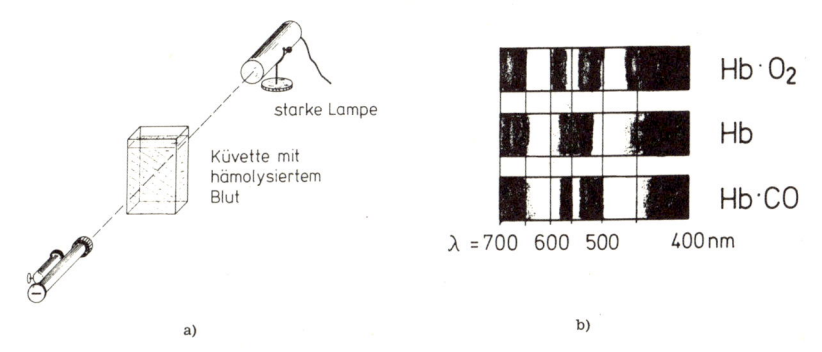

Abb. 37a: Anordnung zur Spektroskopie des Blutes:
a) Geräteaufbau, b) Spektren von Oxi-, reduz. und Kohlenmonoxid-Hämoglobin

hämolysiertem Blut her (vgl. Versuch 21). Die Lösung erscheint hellrot, wir füllen sie in mehrere Reagenzgläser ein (etwa halb-voll).
Zu einem dieser Ansätze tropfen wir ein wenig einer verdünnten wäßrigen Dithionitlösung, die stark reduzierend wirkt. (Viele rote Farbstoffe, welche mit Blut nichts gemein haben, wie Safranin u. a. werden durch sie gebleicht.) Das Blut aber färbt sich sogleich nach bläulich-karminrot um. Der Versuch läßt sich auch mit dem Kleinbildprojektor in Küvettenprojektion einem größeren Hörerkreis vorführen.
Untersuchen wir die Lösungen des hellroten Oxihämoglobins, bzw. des reduzierten, bläulich-roten Hämoglobins im durchfallenden Licht spektroskopisch, so zeigen sich deutliche Unterschiede im Absorptionsverhalten (Abb. 37b):
Das Spektrum des Oxihämoglobins zeigt 2 deutlich getrennte Banden (im Orange und Grün), typisch für Blut und Häminverbindungen. Der reduzierte Blutfarbstoff zeigt dagegen nur eine einzige, relativ breite Bande in Mittellage zwischen den oben erwähnten.
Der Vorgang ist reversibel: leiten wir in gelindem Blasenstrom Sauerstoff aus der Flasche (bzw. aus dem Gasentwickler, in dem Wasserstoffperoxid und Braunstein miteinander reagieren) in die Lösung ein, so färbt sich diese wieder hellrot, und das Spektrum des Oxihämoglobins mit den beiden Banden kehrt wieder.

Ergebnis:
Die Sauerstoffbeladung des roten Blutfarbstoffs läßt sich am Farbunterschied („arteriell", bzw. „venös") schon mit dem Auge erkennen; deutlicher werden die Unterschiede im Absorptionsspektrum.

Bemerkung:
Kohlenoxid-Hämoglobin (karminrot) läßt sich mit Stadtgas heute nicht immer herstellen, da es sich vielfach um Erdgas ohne CO-Gehalt handelt; will man das Spektrum trotzdem zeigen, muß man Kohlenmonoxid entweder durch Erwärmen

von Natriumformiat mit Schwefelsäure, bzw. durch Erhitzen eines trockenen Gemisches aus Kalziumkarbonat- und Zinkpulver erzeugen. Das Spektrum zeigt 2 Banden, ähnlich dem HbO_2, doch sind diese nahe nebeneinander.

Unfallgefahr:
Das überschüssige Kohlenmonoxid, das nach dem Einleiten ins Blut nicht gebunden wird, ist giftig! Es ist entweder mit dem Bunsenbrenner zu verbrennen (einleiten in die Luftzufuhr) oder, noch besser, man arbeitet unter dem Abzug, bzw. im Freien.

Literatur: Bukatsch-Dirschedl: „Spektroskopie", S. 44—46 (Salle, Frankfurt/M.).

Versuch 88: Ausscheidung von stickstoffhaltigen Abbauprodukten durch Tiere
Der Großteil der im Wasser lebenden wirbellosen Tiere gibt seine Stickstoffabfälle als *Ammoniak* bzw. in Form von Ammonsalzen ab.
Bei Insekten, Landschnecken, vielen Reptilien und Vögeln ist das hauptsächlichste N-haltige Ausscheidungsprodukt die *Harnsäure*; bei Amphibien, Fischen und Säugern vorwiegend der *Harnstoff*.
An der Harnstoff-Synthese, die aus Kohlendioxid, Wasser und Ammoniak in einem recht komplizierten biochemischen Prozeß verläuft*), ist wohl auch das Ferment *Urease* beteiligt. Bei der Spaltung des Harnstoffs aus Stallabfällen (Jauche, Mist) spielt Urease der Mikroorganismen die Hauptrolle (vgl. Versuch 147).
Phylogenetisch interessant ist die Erscheinung, daß die Kaulquappe im wesentlichen Ammoniak, der fertige Frosch aber Harnstoff abscheidet.
Bei Tieren, die infolge ihrer Lebensweise oft mit Wasser sparen müssen, kommt als Exkret die Harnsäure (2,6,8,-Trioxypurin) vor.
Auch beim Abbau von Nukleinsäuren entsteht Harnsäure.

Mesomerie der Harnsäure

a. *Harnsäure im Vogelkot*
Material:
Weiße Teile aus trockenem Vogelkot
Geräte:
Porzellanschälchen, Glasstab, Tropfpipette, Sparflamme
Chemikalien:
Salpetersäure, Natronlauge, Salmiakgeist; etwas reine Harnsäure (zum Vergleich)
Zeit:
etwa 30 Minuten

---

*) Ornithin-Citrullin-Zyklus in der Leber (vgl. größere Handbücher der Biochemie).

In Porzellanschälchen werden je eine Messerspitze reine Harnsäure bzw. etwas weißer Vogelkot mit 2—3 Tropfen Salpetersäure vorsichtig unter Rühren und nicht zu starkem Erhitzen eingedampft.
Gibt man zur trockenen gelben Masse einen Tropfen Natronlauge, so entsteht eine Blaufärbung (pupursaures Natrium). Gibt man statt Natronlauge einige Tropfen Salmiakgeist zu, so entsteht Murexid, das rot gefärbt ist (purpursaures Ammonium).
Die reine Harnsäure dient zum Vergleich.
Ergebnis:
Mit der „Murexidprobe" läßt sich Harnsäure in den Ausscheidungen der Vögel und Reptilien leicht nachweisen.

b. *Unterscheidung von Pflanzenfresser- und Fleischfresserharnen*
Material:
Frischer Harn von Fleisch- und Pflanzenfressern
Geräte:
Kleine Petrischälchen, Glasstäbe
Chemikalien:
Universalindikatorpapier bzw. „nichtblutende" Indikatorstäbchen (MERCK, „Acilit", „Neutralit", „Alkalit" ...)
Zeit:
etwa ¼ Stunde
Wir besorgen uns kleine Proben von möglichst frischem Harn vom Pferd oder Rind, andererseits von der Katze. Als Beispiel für „Allesfresserharn" kann der Urin von Mensch oder vom Hund dienen.
In kleine Schälchen werden die Harnproben mit Universalindikatorstäbchen oder -papier geprüft.
Ergebnis:
Der Harn von Fleisch- und Allesfresser reagiert normalerweise zunächst sauer (infolge des Gehaltes an Phosphor- und Harnsäure aus dem Abbau der Zellkernsubstanzen); dagegen reagiert der Pflanzenfresserharn alkalisch wegen des Basenüberschusses in der vegetabilischen Nahrung.
Läßt man sauren Harn längere Zeit stehen, so reagiert er allmählich wegen Harnstoffspaltung alkalisch (Ammoniakgeruch von Stalljauche; s. Versuch 147).

c. *Harnstoff- und Harnsäure-Nachweis im Harnkonzentrat 10 : 1*
Material:
Frischharn 100 ml, Filterpapier
Geräte:
Becherglas (200 ml, niedere Form), Drathnetz, Dreifuß, Sparbrenner, Meßzylinder 100 ml, Spitzglas, Uhrglas, Tropfpipette, Mikroskop
Chemikalien:
Konzentrierte Salpetersäure und Salzsäure, Natronlauge
Zeit:
ca. 1 Stunde, weitere Untersuchung nach einem Tag
Wir dampfen 100 ml Harn vorsichtig auf $^1/_{10}$ des Volumens vorsichtig ein.
1 ml davon werden in einem Uhrschälchen mit einigen Tropfen konzentrierter Salpetersäure versetzt. Die ausfallenden Kriställchen von Harnstoffnitrat können wir mikroskopieren: Harnstoffnachweis.

Die restlichen 9 ml geben wir in ein Spitzglas (kleines Kelchglas) und setzen 3 ml konzentrierte Salzsäure zu. Im Verlauf eines Tages setzen sich bei Zimmertemperatur Harnsäurekristalle ab. Diese zeigen unter dem Mikroskop Wetzsteinformen, bzw. Drusen. Oft sind sie durch anhaftende Farbstoffe (Urochrom und Uroerythrin) braun bis rötlich gefärbt.
Setzt man auf dem Objektträger seitlich vorsichtig Natronlauge zu und saugt an der anderen Seite mit Filterpapier die Flüssigkeit ab, so lösen sich die Kristalle sofort auf, erscheinen aber nach Säurezusatz von neuem.
Ergebnis:
An Harnkonzentraten (10 : 1) lassen sich sowohl Harnstoff wie auch Harnsäure durch Zusatz von konzentrierter Salpeter-, bzw. Salzsäure an ihrer im Mikroskop deutlich unterscheidbaren Kristallform mikrochemisch unterscheiden.

Versuch 89: Hormonwirkung auf Kaulquappen
Die Beschleunigung des Stoffwechsels und der Entwicklung von Froschlarven durch Schilddrüsenpräparate läßt sich im Schulaquarium zeigen. Es entstehen dabei Zwergfrösche.
Material:
Junge Kaulquappen, Fisch-Trockenfutter
Geräte:
Kleine Aquarien
Chemikalien:
Schilddrüsenhormonpräparate (Thyroxin, Thyreoglobulin u. a. aus der Apotheke)*).
Zeit:
Etwa 3 Wochen, Beobachtung alle 2 Tage.
In 2 kleine Aquarien, bei denen man jeden 2. Tag das Wasser wechselt, bringt man je 10 nicht allzu junge Kaulquappen und füttert (zunächst) nur mit Fisch-Trockenfutter. Nach einigen Tagen fügt man beim Wasserwechsel dem 1. Aquarium etwa 0,1 g Schilddrüsenpräparat/lit. Wasser zu; das andere Aquarium mit den Kontrolltieren bekommt normales Wasser ohne Zusatz.
Schon im Verlauf der 1. Woche zeigen sich Anzeichen einer rascheren Metamorphose gegenüber den Kontrolltieren. Thyreoglobulin erhöht die Geschwindigkeit des Stoffumsatzes.
So entstehen bei den hormonbeeinflußten Tieren in kurzer Zeit „Zwergfrösche".
Ergebnis:
Schilddrüsenhormon regt den Stoffwechsel an und erzeugt bei Amphibienlarven raschere Verwandlung, der das Körperwachstum nicht folgen kann.

Literatur: *Schäffer-Edelbüttel:* „Biol. Arbeitsbuch", S. 165 (Teubner, Leipzig, 1933).

VII. Energiegewinn durch Stoffabbau:
Atmung und Gärungen, Energieäußerungen

Versuch 90: Mikrochemischer Kohlenhydratnachweis „Molisch-Reaktion"
Kohlenhydrate stellen das hauptsächliche Substrat für Atmung und Gärung dar. Zucker lassen sich bekanntlich zumeist an ihren reduzierenden Eigenschaften

---
*) Die gebräuchlichsten Präparate sind: Thyraden, Thyreoidin-Merck, Thyreo-Mack, Thyroxin-Roche, Thyroxin-Schering, Dijodthyrosin-Roche.

chemisch erkennen, z. B. durch die *Fehling*sche Probe. Nun reduzieren aber nicht alle Zucker von vornherein, z. B. nicht die wichtige und sehr verbreitete Saccharose (Rübenzucker). Auch höhermolekulare Kohlenhydrate (z. B. Stärke, Glykogen) zeigen erst nach hydrolytischer Spaltung die reduzierenden Eigenschaften ihrer Bausteine.

So war es ein großes Verdienst von *H. Molisch,* schon vor vielen Jahrzehnten eine allgemein anwendbare Kohlenhydrat-Reaktion gefunden zu haben, die noch den Vorteil so großer Empfindlichkeit aufweist, daß sie sogar in dünnen Gewebsabschnitten unter dem Mikroskop anspricht.

Material:
Schnitte durch verschiedene pflanzliche Gewebe, Extrakte aus pflanzlichen oder tierischen Organen, Preßsäfte, z. B. keimendes Getreide, keimende Kartoffel, Blattstiele, Schnitte durch Löwenzahn-, Wegwarte-Wurzeln, Dahlienknollen (Inulin), u. v. a.

Geräte:
Mikroskop, Reibschale, Quarzsand, Filtertrichter mit Filter, Reagenzgläser, Erlenmeyerkolben und Bechergläser (100 m*l*), Waage, Meßzylinder (100 m*l*), Rasierklinge, Pinzette, Tropfpipette.

Chemikalien:
Alkohol, konz. Schwefelsäure, α-Naphthol, Thymol; Vergleichssubstanzen versch. Zucker: Glukose, Fruktose, Saccharose, Maltose, Laktose, Inulin sowie Zuckeralkohole, wie Mannit, Inosit, Sorbit.

Zeit:
etwa ½—1 Stunde.

Wir stellen uns 20 %ige alkoholische Lösungen von a) α-Naphthol, b) Thymol her.

In Reagenzgläsern lösen wir Spuren von Zuckern bzw. Zuckeralkoholen in etwas Wasser auf und fügen etwa die gleiche Menge von a) oder b) zu.

Auf Zusatz von etwas konzentr. Schwefelsäure tritt alsbald bei den Zuckern im Falle a) eine Violett-, im Falle b) eine karminrote Färbung auf; bei Zuckeralkoholen verläuft die *Molisch*-Reaktion negativ.

Nun können wir Kohlenhydrate auch in nicht allzu dünnen Gewebsschnitten nachweisen, indem wir diese auf einem Objektträger mit 2—3 Tropfen von a) oder b) versetzen und dann 2 Tropfen konzentrierte Schwefelsäure zufügen. Bei Anwesenheit von Zucker tritt innerhalb von 1—2 Minuten die entsprechende Farbreaktion auf; bei Polysacchariden dauert es länger, bis Hydrolyse durch die Säure erfolgt ist.

Ergebnis:
In der *Molisch*-Reaktion (Einwirkung alkoholischer α-Naphthol- oder Thymollösung + konz. Schwefelsäure) haben wir eine allgemeine, sehr empfindliche Reaktion auf Kohlenhydrate und Glykoside. Diese universelle Reaktion ist jedoch nicht streng spezifisch.

Versuch 91: Zuckergehalt tierischer Leber

Das in der Leber gespeicherte Glykogen wird bei Bedarf fermentativ in Blutzucker umgesetzt. In Lebern geschlachteter Tiere ist der Zuckergehalt durch Autolyse erhöht und daher leicht nachweisbar.

Material:
Kleine Leberstücke von Säugetieren oder Geflügel, Quarzsand
Gerät:
Reibschale, Messer, bzw. Schere, Schneidbrettchen, Filtertrichter mit Papierfilter (weich), Glasstab, Reagenzgläser, Reagenzglashalter, Brenner, Spritzflasche mit dest. Wasser, evtl. Zentrifuge
Chemikalien:
*Fehling*sche Lösung I + II, Klinistix (MERCK)
Zeit:
etwa 20 Minuten

Die Leberstückchen werden vorzerkleinert und sodann in der Reibschale mit etwas Quarzsand unter Wasserzusatz zerrieben. Der dünne Brei wird durch ein weiches Filter geklärt (bzw. zentrifugiert).
Eine Probe des Filtrats wird mit *Fehling*scher Lösung aufgekocht; die Anwesenheit reduzierender Zucker zeigt sich am roten Niederschlag. Durch Eintauchen von Klinistixstäbchen kann man den Zucker als Glukose identifizieren.
Ergebnis:
Das in der Leber gespeicherte Reservekohlenhydrat Glykogen geht leicht in Zucker über.

Versuch 92: Einfache Demonstration pflanzlicher und tierischer Atmung
In einem „durchsichtigen" Versuchsaufbau läßt sich die Atmung bei Pflanze und Tier leicht zeigen (Abb. 38). Eine einfache Apparatur (nach *Falkenhan*), die

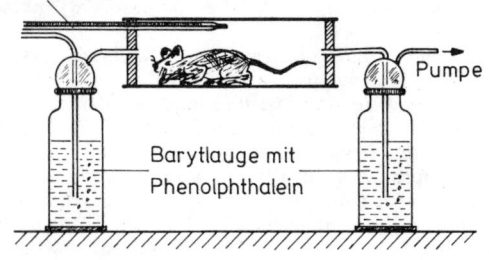

Abb. 38: Kohlendioxidnachweis bei pflanzlicher und tierischer Atmung

es erlaubt, auch bei größeren Tieren (Kücken, Meerschweinchen, Kaninchen und Pflanzen in Blumentöpfen die Atmung nachzuweisen, kann bei der PHYWE, Göttingen, bezogen werden (Abb. 43, Versuch 100).
Material:
Komposterde, Keimlinge, Blüten, Pilze (Champignon), auch grüne Sproßteile von Pflanzen (bei Verdunkelung); verschiedene Kleintiere, Watte bzw. feinmaschiges Drahtnetz
Gerät:
2 Waschflaschen für Gase, Verbindungsschlauch, 1 weites Glasrohr (ca. 6 cm $\varnothing$, Länge ca. 30 cm) mit passenden, durchbohrten Gummistopfen (mit 1 bzw. 2 Bohrungen), 2 Thermometer (50° C), 1 schwarze Papphülse zur Verdunkelung des Glasrohrs, Wasserstrahlpumpe, Stativ, Uhr

Chemikalien:
Kalk- oder Barytwasser, Phenolphthalein, 5 %ige Glukoselösung

Zeit:
je Versuch 10 Min. Ansatz, Versuchsdauer dann 1—2 Stunden
Der weite Glaszylinder wird mit der Probe beschickt (Komposterde zur Verstärkung der Bakterienatmung mit etwas Glukoselösung angefeuchtet locker eingefüllt); dann die Enden mit feinmaschigem in das Rohr passenden Drahtnetz oder einer Lage trockener Watte gasdurchlässig abgeschlossen, bevor die Stopfen aufgesetzt werden. An die 1. Bohrung (links) wird eine zu $^2/_3$ mit Kalk- oder Barytwasser gefüllte Waschflasche angeschlossen; eine zweite, gleich beschichtete Waschflasche kommt in die untere Bohrung des 2. Stopfens, während die obere ein Thermometer, das in die Mitte des Versuchsraumes reicht, trägt (Versuchstemperaturmessung).
Die Laugefüllungen können mit etwas Phenolphthalein angefärbt werden. Dann erzeugen wir einen langsamen Luftstrom etwa 1—2 Blasen pro Sekunde (je nach Objekt) mit der Wasserstrahlpumpe und beobachten gelegentlich die Trübung (bzw. Färbung) in den beiden Waschflaschen.
Sobald die Trübung (bzw. Entfärbung des Indikators) in der 2. Flasche deutlicher als in der 1. ist, kann der Versuch beendet werden.

Ergebnis:
In einer für die Schüler leicht verständlichen Mehrzwecke-Anordnung kann die Kohlendioxidentwicklung verschiedener Organismen (Kleinstlebewesen im Boden bis zu Kleintieren) gezeigt werden. Man vergleicht auch die Temperatur der Versuchskammer und der Außentemperatur.

Versuch 93: Atmungsquotient; bei verschiedener Art der veratmeten Stoffe

Bei Veratmung von Kohlenhydraten, z. B. bei keimendem Getreide, Erbsen u. a. werden für den verbrauchten Sauerstoff volumgleiche Mengen Kohlendioxid freigesetzt:

$$C_6H_{12}O_6 + 6\,O_2 \longrightarrow 6\,H_2O + 6\,CO_2 + \text{Energie}$$

Bei Veratmung von Reservefett (z. B. bei keimendem Raps, Lein- oder Sonnenblumensamen) ist infolge des hohen C- und H-Anteils im Vergleich zu O in Fetten der Sauerstoffverbrauch viel höher als die CO$_2$-Produktion; nehmen wir vereinfachend für Fett nur die Palmitinsäure als Modell her:

$$C_{15}H_{31}COOH + 24\,O_2 \longrightarrow 16\,H_2O + 16\,CO_2 + \text{Energie}$$

Theoretisch wird um 50 % mehr Sauerstoff verbraucht als CO$_2$ produziert wird. Sukkulente Pflanzen (*Crassulaceen, Sempervivum, Sedum* u. a.) speichern auch Hydroxysäuren (wie Apfel-, Weinsäure), die sie veratmen; hier ist wieder das CO$_2$ Volum größer als das Volum des zur Atmung notwendigen Sauerstoffs; z. B. bei Weinsäure als Modell:

$$\begin{array}{l} \text{COOH} \\ | \\ (\text{CHOH})_2 + 2\tfrac{1}{2}\,O_2 \longrightarrow 3\,H_2O + 4\,CO_2 + \text{Energie} \\ | \\ \text{COOH} \end{array}$$

In einem geschlossenen Raum ergibt sich somit bei Kohlenhydratatmung das Verhältnis $\frac{CO_2}{O_2}$, der Atmungsquotient $R_Q = 1$), d. h. das Gasvolum ändert sich nicht. Bei Fettveratmung ist der Grundsatz $R_Q < 1$); es entsteht ein Unterdruck, bei Veratmung von Hydroxikarbonsäuren ist $R_Q > 1$, d. h. es entsteht ein Überdruck.

Material:
Keimende Getreide oder Erbsen; keimende Ölsaat (Raps, Sonnenblume, Lein) und Teile dickfleischiger Pflanzen (Hauswurz, Fetthenne u. a.); gefärbtes Wasser.
Geräte:
3 Weithalserlenmeyerkolben mit doppelt durchbohrtem Stopfen mit Glashahn und Manometer-U-Rohr, Brutschrank, Pinzette, Uhr, Injektionsspritze, cm-Maß.
Zeit:
Ansatz 15 Minuten, Beobachtung nach etwa 1—2 Stunden 5 Minuten.

Wir setzen die Apparatur für den „Grundumsatz" entsprechend der Abb. 39 zusammen. Die 3 Erlenmeyerkolben werden zu ⅔ locker mit den Proben (Ge-

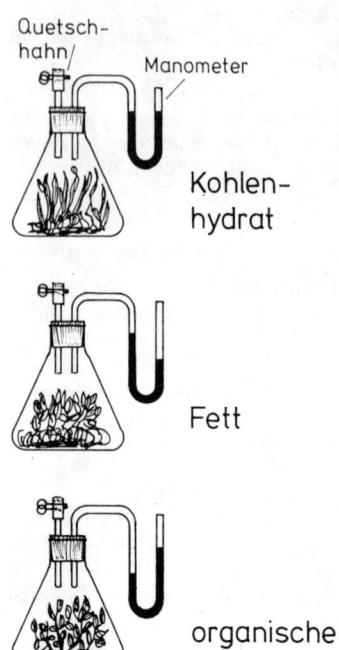

Kohlen-
hydrat

Fett

organische
Säuren

Abb. 39: Respiratorischer Quotient bei Veratmung verschiedener Substrate:
„Grundumsatz" bei Pflanzen

treidekeimlingen, Ölsaatkeimlingen, Blättern von Sempervivum, Sedum, Echeveria u. a.) nicht zu dicht gefüllt und zunächst mit aufgesetztem Stopfen und nachdem bei offenem Hahn mit der Injektionsspritze des U-Rohr-Manometer halb mit gefärbtem Wasser gefüllt wurde, für 10 Minuten zum Temperaturausgleich in den Brutschrank bei 30° C gestellt. Dann schließen wir die Hähne und achten darauf, daß die gefärbte Sperrflüssigkeit in beiden Manometerschenkeln gleich hoch steht. Nach 1 Stunde im Brutschrank lesen wir die Manometerstände ab und vergleichen das Ergebnis mit dem eingangs Gesagten.

Ergebnis:
Am Ausfall des Respiratorischen Quotienten (R_Q) kann man auf die Art des veratmeten Materials Rückschlüsse ziehen.

Versuch 94: Nachweis der Kohlendioxidbildung durch atmende Pflanzenteile

Material:
Chlorophyllfreie Pflanzenteile, z. B. Blüten, im Dunkeln aufgezogene Keimlinge, zerschnittene Stengel und Wurzeln; auch Pilze (Champignons), Papierwatte.

Geräte:
Großer Rund- oder Erlenmeyerkolben (½—1 Liter) mit passenden, durchbohrten Gummistopfen, an dem ein etwa 50 cm langes Steigrohr aus Glas befestigt ist (s. Abb. 40a), Plastiktüte, Gummiringe, Tropfpipette, große Pinzette, Bechergläser (ca. 250 ml, hoe Form), Stativ, (oder PHYWE-Apparatur nach *Falkenhan*).

Chemikalien:
Kalkwasser oder klare Barytlauge, mit Farbstoff (Eosin, Methylenblau u. dgl.) angefärbtes Wasser, starke Natronlauge.

Zeit:
Ansatz ¼ Stunde, Beobachtung und Auswertung nach 1 Stunde (5 Min).
Wir können das bei der Atmung von Pflanzen gebildete CO_2 entweder:
a) durch Trübung von Kalk- oder Barytwasser, oder
b) durch Absorption in Lauge nachweisen.

a. *Nachweis des Atmungs-Kohlendioxids durch Fällung von Kalk- oder Bariumkarbonat.*

Eine große (etwa 1 Liter fassende) Plastiktüte wird locker mit den zu prüfenden Pflanzenteilen gefüllt und dann die Öffnung der Tüte mittels Gummiringes um den Stopfen, an dem das Steigrohr befestigt ist, möglichst dicht gebunden. Die Tüte wird umgekehrt mit einem Stativ am Stopfen festgehalten, das Steigrohr taucht mit seinem unteren Ende in ein Becherglas mit Kalk- (oder Baryt)-wasser. Nach etwa 1 Stunde drücken wir die Tüte zwischen den Händen zusammen, daß ihr Gasinhalt in das Kalkwasser durch das tief eingetauchte Rohr entweicht. Eine deutliche Trübung zeigt das bei der Atmung gebildete Kohlendioxid an (Abb. 40b).

$$CO_2 + Ca(OH)_2 \longrightarrow CaCO_3 \downarrow + H_2O$$
Trübung

b. *Absorption des gebildeten Kohlendioxids durch starke Lauge*

Der große Glaskolben wird zu ⅔ mit den atmenden Pflanzenteilen (Blüten, Keimlingen) gefüllt und mit etwas Zellstoffwatte so abgedeckt, daß beim Umkehren des Kolbens keine Pflanzenteile in den Hals fallen können. In den Hals kommt dann kragenförmig ausgelegt eine Zellstoffschicht, getränkt mit starker Natronlauge. Zu beachten ist, daß die Lauge mit den Pflanzenteilen nicht in Berührung kommen soll.

Der umgekehrte Kolben wird nun auf den mit Steigrohr versehenen Stopfen dicht aufgesetzt; der untere Teil des Steigrohrs taucht tief in ein Becherglas

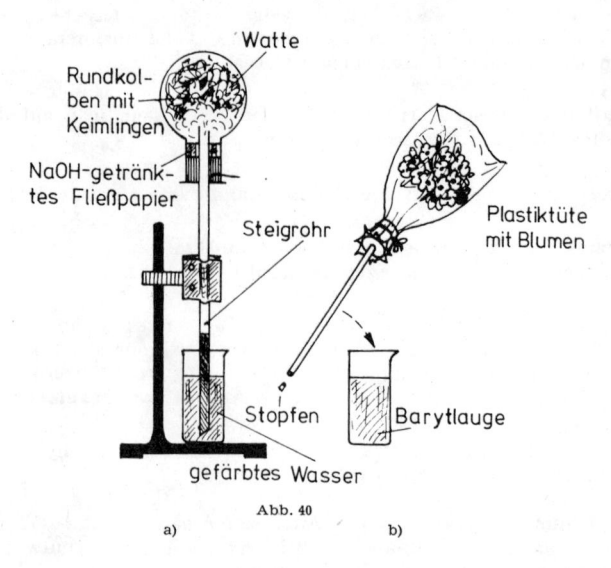

Abb. 40
a)   b)

mit gefärbtem Wasser (vgl. Abb. 40a). Mit der Zeit steigt dieses im Rohr in dem Maße hoch, wie Atmungssauerstoff verbraucht wird, denn das für den verbrauchten Sauerstoff in äquivalenter Menge abgeschiedene Kohlendioxid wird von der Lauge chemisch als Karbonat gebunden.

Ergebnis:
Qualitativ läßt sich die Bildung von CO_2 bei der Atmung durch Trübung von Kalkwasser nachweisen. Der Sauerstoffverbrauch gibt sich durch Volumensverminderung kund, sobald in einem geschlossenen Gasraum das bei der Atmung entstehende Kohlendioxid chemisch gebunden wird.

Versuch 95: Kohlendioxidnachweis in Projektion

Die Trübung von Kalkwasser, verbunden mit einem Alkalitätsverlust durch die Reaktion mit CO_2 läßt sich mit dem Schreib(Overhead-)Projektor für einen größeren Hörerkreis sichtbar demonstrieren.

Material:
Atmende Pflanzenteile (Keimlinge, Blüten u. ä.), gärende Hefe in Zuckerlösung

Gerät:
große Petrischalen mit gut schließendem Deckel, kleine Uhrgläser oder Blockschälchen aus Glas, Pipette, Meßpipette (10 ml), Schreibprojektor, Dunkelraum, Bildschirm, Spatel

Chemikalien:
Kalkwasser, Phenolphthalein

Zeit:
¼—½ Stunde (je nach Objekt)
Wir stellen die Anordnung nach Abb. 41 zusammen.

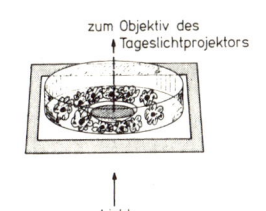

Abb. 41: CO_2-Nachweis in Overhead-Projektion

In die Mitte großer Petrischalen (etwa 15 cm$\varnothing$) stellen wir ein Uhrglas (etwa 5 cm $\varnothing$) und beschicken dieses mit 1 ml auf ¼ verdünnten Kalkwassers, das wir mit 1 Tropfen Phenolphthaleinlösung kräftig rot färben; durch kurzes Rühren verteilen wir die Indikatorfärbung gleichmäßig.
Nun wird der freibleibende Teil des Petrischalenbodens mit Blüten belegt: etwa 20 Gänseblümchen-Körbchen ohne Stiel, oder 15 Köpfe von Rot- oder Weißklee u. v. a.
Die gut verschlossene Schale stellen wir in die Mitte der horizontalen Fläche des Schreibobjektors und stellen das Uhrschälchen scharf auf den Bildschirm so ein, daß die mit Indikator rot gefärbte Lauge deutlich sichtbar ist.
In Abständen von etwa 5 Minuten schalten wir das Licht des Projektors ein, um das Fortschreiten des Neutralisationsvorganges durch die Atmungskohlensäure zu verfolgen.
Zunächst beginnen die Ränder der im Schälchen befindlichen Flüssigkeit sich zu entfärben, weil dort die Schichtdicke der Lauge am geringsten ist.
Mit zunehmender Kohlendioxidwirkung ist schließlich nur mehr die Mitte des Schälcheninhalts rötlich, um dann auch völlig auszublassen; sobald die Lauge neutralisiert ist: $CO_2 + Ca(OH)_2 \longrightarrow CaCO_3 + H_2O$. Meist kann man auch eine leichte Trübung, hervorgerufen durch das unlösliche Kalziumkarbonat auf dem Projektionsbild erkennen. Der ganze Vorgang läuft bei den angegebenen Mengen in etwa ¼ Stunde ab.
Ganz ähnlich verläuft der Versuch, wenn wir statt Blüten den freien Teil des Petrischalenbodens mit etiolierten Keimlingen belegen bzw. gärende Zuckerlösung einfüllen.
Ergebnis:
Durch die beschriebene Anordnung mit einem Schreibprojektor läßt sich im Kleinversuch die CO_2-Produktion bei Atmung und Gärung an der Entfärbung von Lauge, die mit Phenolphthalein versetzt ist, weithin sichtbar machen.
<small>*Literatur: Bukatsch, F.:* „Nachweis pflanzl. Atmung mit dem Schreibprojektor" (NiU, Aulis, Köln) im Druck.</small>

Versuch 96: Quantitative Atmungsbestimmung; Temperatureinfluß auf die Atmungsrate
Die bei der Atmung gebildete Kohlendioxidmenge läßt sich maßanalytisch bestimmen, indem man das CO_2 in Lauge bekannter Stärke und Menge bindet und den Rest der Lauge rücktitriert.

Material:
gekeimte Erbsen (1 Woche alt), Getreidekeimlinge, Kühlschrank, Thermostat (36° C), Thermometer (100° C).

Geräte:
4 Erlenmeyerkolben (250 ml, weithalsig) mit passendem Gummistopfen, der ein Drahtstückchen trägt, Waage, 3 Drahtkörbchen zum Einhängen in die Kolben, Meßpipetten, Bürette mit Stativ.

Chemikalien:
N/50 Barytlauge, N/50 Salzsäure (genau eingestellt), Phenolphthalein

Zeit:
etwa 2—3 Stunden.

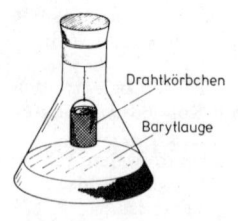

Abb. 42: Quantitative CO_2-Bestimmung

Entsprechend Abb. 42 bereiten wir die Erlenmeyerkolben vor: 3 Drahtgitterkörbchen nehmen je 10 Erbsenkeimlinge, die vorher gewogen wurden, auf; ebenso verfahren wir mit Getreidekeimlingen möglichst vergleichbarer Größe.

Den Boden der vier Kolben versehen wir mit je 25 ml n/50 Barytlauge; Kolben 1 wird als Kontrolle ohne Keimlinge belassen; die Kolben 2, 3 und 4 werden mit den Keimlingen in Drahtkörbchen beschickt und im Kühlschrank (4—5° C), bei Zimmertemperatur dunkel und im Brutschrank bei etwa 36° C für 1½ Stunden zur Atmung aufgestellt.

Dann fügen wir zu jedem Ansatz etwas Phenolphthalein als Indikator zu und titrieren mit N/50 Salzsäure bis zur Entfärbung.

Die Differenzen des Säureverbrauches gegenüber der Kontrolle („Blindwert") sind ein Maß der CO_2-Produktion:

Wäre kein CO_2 produziert worden, so würden die vorgelegten 25 ml N/50 Barytlauge 25 ml N/50 Säure zur Neutralisation brauchen; dies ist ungefähr bei der Kontrolle der Fall.

Die Atmungskohlensäure der Keimlinge hat aber einen Teil der Lauge neutralisiert, so daß wir weniger Säure zur restlichen Neutralisation brauchen.

1 ml weniger verbrauchte N/50-Säure entspricht einer CO_2-Produktion von 0,88 mg.

Wenn wir die Differenzen gegenüber dem Blindwert der Kontrolle vergleichen, sehen wir aus unseren Ergebnissen, daß die Atmung mit steigender Temperatur zugenommen hat. Wir können schließlich noch die Ergebnisse auf 1 Stunde und 100 g Keimlinge umrechnen, bzw. die Zunahme mit der Temperatur graphisch darstellen.

Ergebnis:
Die Temperaturabhängigkeit der Atmung läßt sich maßanalytisch an der Bindung von CO_2 durch vorgelegte eingestellte Lauge und Rücktitration mit Säure ermitteln.

Versuch 97: Temperatur und Wachstum
In Versuch 96 untersuchten wir den Temperatureinfluß auf die Atmung von Keimlingen.
Atmung und Wachstum junger Pflanzen(organe) hängen deutlich zusammen; dies zeigt der folgende Versuch:
Material:
1 Woche dunkel vorgekeimte Getreidepflänzchen möglichst gleicher Größe (Hafer, Weizen) in kleinen Blumentöpfchen dicht gesät, Millimeterpapier .
Geräte:
Kühlschrank (4—5° C), Dunkelkasten, Wärmeschrank (30° C) und Heißluftschrank (60° C), Millimetermaß, Thermometer, Untertassen für die Blumentöpfe.
Zeit:
Vorbereitung etwa ½—1 Stunde, Inkubation 12—16 Stunden, Ausmessung und Berechnung etwa 1—2 Stunden.
In den 4 Blumentöpfchen suchen wir je 20 möglichst gerade gewachsene Keimpflanzen gleicher Größe und messen die Summe der Koleoptillängen jeden Ansatzes.
Ein Ansatz bleibt dunkel bei Zimmertemperatur, die anderen jeweils bei Kälte im Kühlschrank bzw. bei Bruttemperatur (30° C) bzw. im geschlossenen Heißluftschrank (55—60° C) für 12—16 Stunden, nachdem wir die Töpfchen auf wassergefüllte Untertassen gestellt haben, um genügende Wasserversorgung in allen Fällen zu gewährleisten.
Am Ende des Versuches werden die Summen der Längen der Keimlinge aus den einzelnen Temperaturstufen nochmals gemessen und die Längendifferenz verglichen.
Das Wachstum ist durch Kälte gebremst, bei höherer Temperatur gefördert. Zu hohe Temperaturen aber schädigen das Wachstum. Wir können das Ergebnis in Form einer Optimumskurve mit Längenzunahme als Ordinate und Temperatur als Abszisse darstellen, zumal dann, wenn wir noch Zwischentemperaturen einbeziehen.
Ergebnis:
Die Wachstumsrate ist mit der Intensität des Stoffwechsels gekoppelt. Dies können wir am Temperatureinfluß auf Atmung und Längenwachstum von Keimlingen erkennen.

Versuch 98: Hautatmung und Lungenatmung bei Amphibien
An Amphibien kann man den Übergang vom Wasser- zum Landtier gut beobachten: die junge Froschlarve besitzt Kiemen wie der Fisch und stellt sich bis zum fertigen Frosch auf Lungenatmung um. Allerdings sind diese Lungen noch sehr einfach gebaut, sackartig, denn ein Großteil der Atmung, besonders in kühlem, sauerstoffreichem Wasser wird durch die Haut bestritten. Dies läßt sich am Frosch schön zeigen.

Material:
Wasserfrosch, Eiswürfel

Geräte:
Aquarium (etwa 20 x 30 x 40 cm), hineinpassendes Drahtsieb, das an Haken so aufgehängt ist, daß es 3 cm unter der Wasseroberfläeche, parallel zu dieser verläuft; Becherglas (500 m*l*), Tauchsieder, Thermometer (100° C).

Zeit:
Aufbau etwa 10 Minuten, Beobachtung über etwa 1 Stunde

Wir setzen den Wasserfrosch in das mit frischem Leitungswasser gefüllte Aquarium (im Sommer empfiehlt es sich, zur Kühlung einige Eiswürfel einzuwerfen). Nach Einhängen des Drahtnetzes bleibt — nach einigen Orientierungsschwimmbewegungen der Frosch in der Regel ruhig am Boden des Aquariums sitzen.

Wir nehmen nun das Tier heraus und bringen unter Umrühren durch Zufügen warmen Wassers die Aquarientemperatur auf etwa 22—25° C. Thermometerkontrolle! Wir wiederholen nun den Versuch, indem wir Frosch und Drahtnetz wieder einsetzen.

Schon nach kurzer Zeit schwimmt das Tier hoch und versucht angestrengt, die Wasseroberfläche zum Luftholen zu erreichen. Dies beruht wohl auf 2 Ursachen: a) im warmen Wasser ist weniger Sauerstoff gelöst und b) durch die Wärme steigt der Stoffumsatz und damit die Atmungsintensität des Frosches an.

Um Quälerei zu vermeiden, nehmen wir das Netz heraus: der Frosch holt sofort von der Oberfläche Luft in seine Lungen.

Zwar sind die Amphibienlungen meist nur einfache paarige Ausstülpungen des Darmrohrs und stellen Säcke mit nur leicht durch Einfaltung der inneren Auskleidung vergrößerter Oberfläche dar, doch ist diese durch Haargefäße reich durchblutet und stellt somit eine Ergänzung des Gaswechsels zur Hautoberfläche dar. Immerhin können viele Lurche während der Winterruhe ihren Atmungsbedarf allein durch die Hautoberfläche decken.

Ergebnis:
Bei kühlen Wassertemperaturen genügt zur Sauerstoffversorgung des Frosches *(Rana aquatica)* die Hautatmung; er braucht keine Atemluft von der Oberfläche zu holen. Bei höherer Wassertemperatur muß die Lungenatmung die Hautatmung ergänzen.

Versuch 99: Hautatmung beim Regenwurm

Der Regenwurm hat außer der stets mehr oder weniger feuchten Haut sonst keine erkennbaren Atmungsorgane. Für die Sauerstoffversorgung kleiner Feuchtlufttiere genügt dies auch; wir weisen den Gaswechsel wie folgt nach:

a. *Nachweis des Sauerstoffverbrauches*

Material:
ein großer, lebenskräftiger Regenwurm, Leitungswasser

Gerät:
2 Pulvergläser mit Stopfen (ca. 200 m*l*), Meßpipetten (10 m*l*) Bürette mit Stativ (25 m*l*), Erlenmeyerkolben (100 m*l*)

Chemikalien:
zur *Winkler*bestimmung: vgl. Versuch 46

Zeit:
etwa 1—1½ Stunden
Beide Pulvergläser gleicher Größe werden randvoll mit etwas abgestandenem Leitungswasser gefüllt und verschlossen; in eines wird vorher der Regenwurm gebracht, das zweite Glas dient zur Kontrolle. Die Sauerstoffbestimmung erfolgt entsprechend Versuch 46.

b. *Nachweis der Kohlendioxidabgabe*
Material:
großer kräftiger Regenwurm (vom vorhergehenden Versuch); abgestandenes dest. Wasser
Gerät:
2 Pulvergläser (siehe a.), Meßpipette (10 ml), Glasstab
Chemikalien:
frisches Barytwasser
Zeit:
etwa 1 Stunde

Wir setzen den Wurm für etwa 1 Stunde in das eine Pulverglas und füllen mit etwas abgestandenem destill. Wasser auf; das 2. Glas wird zur Kontrolle mit dem gleichen Wasser gefüllt und beide luftblasenfrei verschlossen.
Am Ende des Versuches wird der Wurm freigelassen. Nun fügen wir zu dem Versuchswasser wie auch zur Kontrolle die gleiche Menge Barytwasser und rühren vorsichtig um. Die Trübung ist im Glas, das den Wurm beherbergte, deutlich stärker:
Ergebnis:
Mit Hilfe der *Winkler*methode läßt sich der vom Regenwurm zur Atmung benötigte Sauerstoff aus der Differenz gegenüber dem reinen Versuchswasser (Kontrolle) bestimmen. Das bei der Atmung gebildete Kohlendioxid läßt sich an der Trübung zugesetzten Barytwassers im Vergleich zur Kontrolle nachweisen.

Versuch 100: Nachweis der Kohlendioxidabgabe bei der Atmung von Tieren.
Wir können in einfachen Versuchen die Kohlendioxidabscheidung von Wasser- und Landtieren nachweisen.
Material:
Aquariumfische, Molche und dgl., Meerschweinchen u. a.
Geräte:
Weckgläser mit dichtem Verschluß (1 oder 1½ l), Atmungsglocke nach OStD.-Dr. *Falkenhan* (Phywe 64156) mit doppelt gebohrtem Gummistopfen und eingesetztem Glasrohr, Becherglas (200 ml), Verbindungsschlauch, Wasserstrahl- oder Gummiballgebläsepumpe, große Glasplatte als Unterlage, 2 Gaswaschflaschen, Meßpipetten (10 ml).
Chemikalien:
Barytwasser (N/10 Ba[OH]$_2$), Phenolphthalein, Vaseline, N/10 Natronlauge.
Zeit:
etwa 1—2 Stunden.

a. *Versuch an Landtieren.*
In die Glasglocke oder Polystyrol-Atmungsglocke nach *Falkenhan* setzen wir ein kleines Haustier (Goldhamster, Meerschweinchen, Kaninchen) oder einige Mäuse.

Der Rand der Glocke muß luftdicht auf der Unterlagsplatte aufsitzen (Schmierung mit Vaseline oder Glyzerin). In den Luftstrom, der mittels Gummiballgebläse von Hand oder mittels Wasserstrahlpumpe erzeugt wird, schalten wir entsprechend Abb. 43 vor und nach der Glocke eine Waschflasche mit jeweils gleich viel Barytwasser oder schwach alkalisiertem Wasser, das durch Phenolphthalein rot gefärbt ist. Der Luftstrom wird für etwa 10—15' eingeschaltet, dann beobachtet, wie sich im Lauf der Zeit die Flüssigkeit in der der Glocke nachgeschalteten Waschflasche verändert (Trübung von Barytwasser, Entfärbung des Indikators).

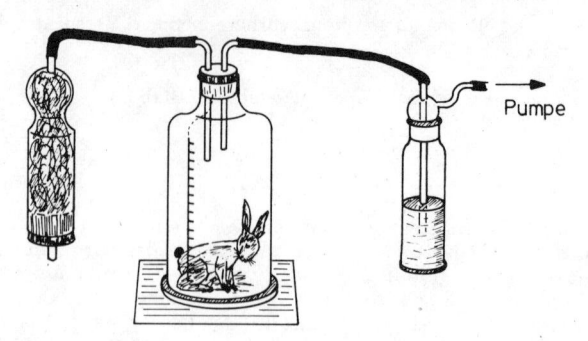

Abb. 43: Atmungsnachweis m. d. Atmungsglocke (hier ist, abweichend vom Text, ein Natronkalkrohr zur CO_2-Absorption vorgeschaltet)

b. *Wassertiere*

Wir füllen die beiden Weckgläser bis fast zum Rand mit destilliertem (zumindest abgekochtem und rasch gekühltem) Wasser und setzen in das eine Glas einige Fische oder Molche. Nach etwa ½ Stunde nehmen wir die Tiere vorsichtig heraus und geben in beide Gläser je 25 ml *Barytwasser*: Unterschied in der Trübung nach vorsichtigem Rühren mit einem Glasstab.

Ergebnis:

Die Kohlendioxidausscheidung bei der Atmung von Land- und Wassertieren, läßt sich einfach durch die Trübung von Kalk- oder Barytwasser nachweisen.

$$Ba(OH)_2 + CO_2 \longrightarrow BaCO_3\downarrow + H_2O$$

Literatur: Falkenhan, H. H.: „Biologische und physiologische Versuche" (Phywe-Druck, Göttingen.) 1953) Nr. 100.

Versuch 101: Quantitative Messung der Atmung von Wassertieren

Mit Hilfe der *Winkler*schen Sauerstoffbestimmungsmethode läßt sich die Atmung von Wassertieren mengenmäßig recht genau bestimmen.

Prinzip der Methode

In einem abgeschlossenen bekannten Wasservolumen wird durch Zugabe bestimmter Mengen von Mangan(2)chlorid und Natriumhydroxid + Kaliumjodid zunächst eine Fällung von Mangan(2)hydroxid erzeugt, das sich teilweise, entsprechend der im Wasser gelösten O_2-Menge in manganige Säure umsetzt. Diese wieder wird nach Salzsäurezugabe in Mangan(2)chlorid und freies Chlor zerlegt, das seinerseits aus dem Kaliumjodid eine äquivalente Jodmenge freisetzt. Das Jod kann mit Thiosulfat maßanalytisch bestimmt werden.

$$J_2 + 2\, Na_2S_2O_3 \longrightarrow 2\, NaJ_2 + Na_2S_4O_6$$
(Na-Tetrathionat)

Material:
Große Pulvergläser mit Stopfen, deren Volumen man nach luftblasenfreier Füllung entweder durch Auswägen oder mit Meßzylinder bestimmt hat, Aquarientiere (z. B. kleine Fische, Kaulquappen, Molche u. dgl.)

Geräte:
Heber aus Glasrohr oder Gummischlauch mit Quetschhahn, Glasstopfenflaschen (ca. 100 ml, deren Volumen man möglichst genau bestimmt hat) oder käufliche „*Winkler*flaschen" mit schrägem Abschlußstopfen und bereits angegebenem Volumen, Meßpipetten (10 ml), Vollpipetten (1 ml, 20 ml), Bürette mit Stativ, kleine Erlenmeyerkolben (50 oder 100 ml), Stoppuhr.

Zeit:
Ansatz der Lösungen etwa 1—2 Stunden, je Versuch ½ Stunde, maßanalytische Auswertung jeweils 15 Minuten.

Wir stellen als Vorrat etwa 10 Liter abgestandenes Leitungswasser bereit, das wir mittels Heber in die Versuchsgefäße (etwa 1—2 Liter Pulvergläser randvoll) füllen. In die Gläser kommen unsere Versuchstiere, um nach luftdichtem Abschluß darin zu atmen. Die Atmungsdauer richtet sich nach der Tiergröße bzw. Zahl im Vergleich zum Wasservolumen; nicht überbesetzen oder Versuch zu lange ausdehnen, sonst Tierquälerei! Nach Beendigung des Versuchs wird geöffnet, das Wasser ohne viel Turbulenz mit dem Heber in die „*Winkler*flaschen" vom Grund auf gefüllt und etwas über den Flaschenhals überlaufen gelassen, damit tatsächlich Wasser der Sauerstoffkonzentration des Versuchsgefäßes in die Probe gelangt. 1 *Winkler*flasche wird mit dem Ausgangswasser (abgestandenes Leitungswasser) in gleicher Weise beschickt, um die Sauerstoffkonzentration des Vorratswassers als Bezugsgröße zu haben (Kontrolle).

Alle Flaschen werden luftblasenfrei verschlossen, dann fügen wir mit den 1 ml Vollpipetten vorsichtig je 1 ml A und B (getrennte Pipetten!) zu, ohne Turbulenz zu erzeugen. Beim vorsichtigen Schließen fließen nun 2 ml Versuchswasser ab, die wir vom Flaschenvolumen abziehen müssen, da sie ja für die O_2-Bestimmung verloren gehen.

Nun schütteln wir, bemerken dabei, daß sich der sich bildende Mangan(2)-hydroxid-Niederschlag durch chem. Sauerstoffbindung bräunlich verfärbt (je mehr Sauerstoff im Wasser gelöst war, desto dunkler). Die Fläschchen bleiben nun etwa 5—10 Minuten stehen, bis sich der Niederschlag völlig (!) abgesetzt hat. Dann öffnen wir und lassen langsam, ohne aufzuwirbeln, 2,5 ml reinste Salzsäure zu, setzen den Stopfen wieder luftblasenfrei auf und schütteln, bis sich der Niederschlag völlig gelöst hat. Entsprechend der Jodabscheidung (die wieder dem ursprünglichen O_2-Gehalt des Wassers entspricht) färbt sich die Flüssigkeit ± braungelb.

Nun bringen wir 25 ml des Fläschcheninhalts in einen 100 ml Erlenmeyerkolben und titrieren sogleich (um Jodverluste durch Verdampfen zu vermeiden) mit N/100 Natriumthiosulfatlösung über einer weißen Unterlage so lange, bis die Flüssigkeit nur mehr leicht gelblich erscheint. Dann setzen wir 2—3 Tropfen Stärke-

lösung zu und titrieren bis zum Verschwinden der Blaufärbung zu Ende.
Berechnung der Resultate:
1 ml verbrauchter N/100 $Na_2S_2O_3$ entspricht 0,08 mg O_2, bzw. 0,56 ml O_2.
Vom Sauerstoffgehalt des ursprünglichen Versuchswassers (Kontrolle) werden die jeweiligen, restlichen Sauerstoffgehalte des Atmungsversuchswassers abgezogen: die Differenz gibt den Sauerstoffverbrauch der Tiere durch ihre Atmung an. Man muß schließlich noch von dem (um 2 ml verminderten, s. o.) Fläschchenvolum auf die Gesamtmenge des Wassers im Atmungsversuchsgefäß umrechnen. Für genaue Versuche spielt auch die Wassertemperatur eine Rolle, sowie Art und Masse (Größe, Menge, Gewicht) der Versuchstiere, die mit einzubeziehen wären.
Ergebnis:
Mit Hilfe der maßanalytischen Bestimmung des im Wasser gelösten Sauerstoffs nach *Winkler* lassen sich relativ einfach recht genaue Atmungsgrößenbestimmungen von Wassertieren ermitteln.

Literaturhinweis (zur Winkler-Methode): *Brauner L. — F. Bukatsch:* „Kleines pflanzenphysiologisches Praktikum", (Fischer), 8. Auflage, Jena, 1973.

Versuch 102: Atemfrequenz und Sauerstoffgehalt des Wassers bei Libellenlarven
An Libellenlarven läßt sich an den Bewegungen des Hinterleibs die Atmungsfrequenz gut beobachten; beste Zeit: Frühling bis Frühsommer.
Material:
Larve einer Großlibelle, z. B. Aeschna, Glasrohr ($\emptyset$ etwa 6 mm, Länge etwa 6 cm)
Gerät:
Petrischalen mit Glasdeckplatte, Erlenmeyerkolben (100 ml), mit passendem Stopfen, Drahtnetz, Dreifuß, Brenner, Thermometer, Stoppuhr, große Glasschale; Kohlendioxidentwickler oder -Druckflasche
Chemikalien:
Marmorstücke und verdünnte Salzsäure (zur Kohlendioxidentwicklung)
Zeit:
etwa 1 Stunde

In eine Petrischale legen wir ein Stück Glasrohr, damit sich die Libellenlarve festhalten kann. Zuerst füllen wir die Schale mit frischem Leitungswasser randvoll, setzen das Versuchstier ein und decken möglichst luftblasenfrei mit der Glasplatte ab.
Die Pumpbewegungen des Hinterleibs (rhythmisches Einziehen der Bauchdecke) zählen wir mit der Stoppuhr.
Dann ersetzen wir das Wasser durch Leitungswasser, in das wir vorher Kohlendioxid eingeleitet haben: auch hier wird die Atemfrequenz mit der Uhr bestimmt.
Schließlich füllen wir die Versuchsschale mit frischabgekochtem Wasser, das in einer großen Schale mit fließendem Leitungswasser rasch abgekühlt wurde. Dieses Wasser ist sauerstoffarm; wir verschließen mit der Deckscheibe wieder möglichst luftblasenfrei. Hier ist die Atemfrequenz deutlich höher als in den beiden vorhergehenden Versuchen.
Ergebnis:
Das Atemregulationszentrum der Libellenlarve spricht auf den Sauerstoffgehalt, nicht aber auf die Kohlendioxidkonzentration des umgebenden Wassers an.
Wichtig ist, daß in allen 3 Fällen das Wasser gleiche Tempertaur besitzt, da auch diese auf die Atmung Einfluß hat.

Versuch 103: Intramolekulare Atmung bei Sauerstoffmangel
Viele niedere Tiere, aber auch Pflanzenkeimlinge, können eine Zeitlang ohne freien Sauerstoff ihr Leben fristen, indem sie zum Energiegewinn von „Atmung" auf „Gärung" umschalten.
Material:
Keimende Erbsen oder Bohnen
Geräte:
2 Stative mit Klemmen, Reagenzgläser, große Photoentwicklerschale, Pinzette, hohe Glasschale (10 cm $\varnothing$), Tropfpipette mit hakenartig gebogener Mündung (s. Abb. 44).
Chemikalien:
Quecksilber (ca. 100 ml), 20 %ige Natronlauge, Barytwasser (Ba[OH]$_2$)
Zeit:
Ansatz 10 Minuten; Auswertung nach einigen Tagen 5 Min.
Wir füllen eine Glasschale etwa 5 cm hoch mit Quecksilber, nachdem wir sie sicherheitshalber auf eine Photoschale (gegen Auslaufen des Quecksilbers) gestellt haben.

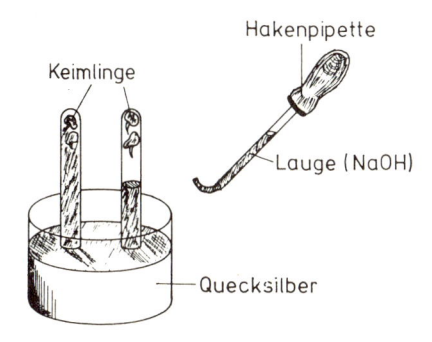

Abb. 44: „Intramolekulare" Atmung von Keimlingen
Links zu Beginn,
rechts am Ende des Versuchs

Dann stecken wir je 2 gekeimte Erbsen bzw. Bohnen in 2 Reagenzgläser, füllen diese vorsichtig bis zum Rand mit Quecksilber (Photoschale als Unterlage!), verschließen mit dem Daumen, kehren sie um und bringen sie unter den Quecksilberspiegel der Glasschale. Die Reagenzgläser werden mit Stativklemmen gegen Umfallen gesichert (Abb. 44a).
Nach einigen Tagen hat sich Gas gebildet (Abb. 44b) infolge energieliefernder Vorgänge ohne freien Sauerstoff: „intramolekulare Atmung."
Der Nachweis für CO_2 wird folgendermaßen durchgeführt:
Mit der Hakenpipette bringen wir von unten her in den Gasraum etwa 1—2 ml 20 %ige Natronlauge: der Gasraum verschwindet.
In das 2. Rohr führen wir in gleicher Weise klares Barytwasser ein: starke Trübung zeigt Kohlendioxid an.
Ergebnis:
Bei Sauerstoffmangel können auch Gewebe höherer Pflanzen einige Zeit durch anaerobe Kohlenhydratspaltung (Gärungsvorgang!) Energie gewinnen, wobei CO_2 frei wird.

Bemerkung:
Vorsicht beim Umgang mit Quecksilber; verspritzte Tropfen lassen sich durch Bestreuen mit Zinkpulver (Amalgambildung) unschädlich machen bzw. entfernen.
Pflüger sperrte vor Jahrzehnten Frösche in einen kleinen geschlossenen Raum und konnte, nachdem die Tiere am Ersticken waren, Alkoholspuren in deren Blut nachweisen (Umschaltung Atmung—Gärung). Da dieser Versuch aber Tierquälerei bedeutet, ist er für die Schule ungeeignet!

Versuch 104: Umschaltung von Atmung auf Gärung bei Sauerstoffmangel
Der Satz von *Louis Pasteur* „Gärung ist Leben ohne Luft" läßt sich an Fröschen (*Pflügers* Versuch: Alkohol im Blut erstickender Tiere), aber auch ohne jede Tierquälerei an geeigneten Pflanzen erweisen.
Material:
24 Stunden vorgequollene Samen der Pferdebohne *(Vicia faba)*
Geräte:
Reagenzgläser, Brenner, Pulverglas (100—200 ml) mit gut passendem Stopfen, Skalpell, Pinzette
Zeit:
Präparation 10 Minuten; nach 2—3 Tagen Untersuchung (5 Min.)
Die 1 Tag vorgequollenen Samen der Pferdebohne *(Vicia faba)* werden nach Einschneiden der Samenschale mit einer stumpfen Pinzette geschält und kurz abgespült. Dann kommen sie in ein Pulverglas mit Wasser, das luftblasenfrei verschlossen bei Zimmerwärme 2—3 Tage stehen bleibt.
Öffnen wir dann das Glas, so merken wir einen leichten Alkoholgeruch der Flüssigkeit. Der Geruch wird noch deutlicher, wenn wir die Flüssigkeit in einem Reagenzglas erwärmen.
Ergebnis:
Wasser, in dem geschälte, keimende Samen von *Vicia faba* einige Tage unter Luftabschluß gelagert waren, nimmt einen deutlichen Alkoholgeruch an. Bei Sauerstoffmangel können auch höhere Pflanzen eine Zeit lang von Atmung auf Gärung umschalten, eine Fähigkeit, die bei niederen Pflanzen, wie etwa Hefepilzen weit verbreitet ist.

Versuch 105: Hydrierungen als Nebenreaktionen der Glykolyse (Alkoholgärung)
Der bei dem anaeroben Zuckerabbau (Glykolyse) als $NADH + H^+$ anfallende Wasserstoff kann auch auf künstlich zugesetzte H-Akzeptoren übergehen. Dies zeigt der folgende, sehr einfache Versuch.
Material:
Dickbreiige Hefe
Geräte:
Reagenzglas mit Wattestopfen, Brutschrank (40° C)
Chemikalien:
10 %ige Rohrzuckerlösung, Bleiazetatpapier, Schwefelpulver.
Zeit:
Etwa 1 Stunde.
In ein Reagenzglas, zu ⅓ mit 10 %iger Rohrzuckerlösung gefüllt, geben wir etwas dickbreiige Hefe und Schwefelpulver („Schwefelblüte"). Vor dem Verschluß

mit lockerem Wattestopfen klemmen wir oberhalb des Flüssigkeitsspiegels einen Streifen Bleiazetatpapier zwischen Glas und Stopfen ein.
Der Ansatz kommt für 30—40 Minuten in den Brutschrank (37—40° C). Wenn wir dann das Bleiazetatpapier betrachten, hat es sich dunkel gefärbt (Nachweis von H_2S durch Bildung von PbS).
Ergebnis:
Hefedehydrogenasen setzen bei der Gärung Wasserstoff frei, dieser kann auf fremde Akzeptoren, z. B. fein verteilten Schwefel, übertragen werden. Der so entstandene Schwefelwasserstoff schwärzt Bleiazetatpapier.

Versuch 106: Bakterielle Reduktion von Nitrat
Manche Bakterien, besonders aus tieferen Bodenschichten, Gewässerschlamm, wo Sauerstoffarmut herrscht, sind zur Reduktion von salpetersauren Salzen befähigt; dabei entstehen Nitrit (NO_2^-), Lachgas (N_2O), freier Stickstoff (N_2), bzw. Ammoniak (NH_3), also „Hydrierungsprodukte" der Salpetersäure, wobei der anfallende Sauerstoff zum anaeroben Energiegewinn dient. Zur Anreicherung dient normale Nährbrühe, die mit 1 $^0/_{00}$ Kaliumnitrat versetzt ist. „Nitrat-Bouillon".
Material:
Verschiedene Erdproben, Stalldünger, Teichschlamm u. ä.
Geräte:
Brutschrank (37° C), Brenner, Erlenmeyerkolben (100 ml), Waage, Meßzylinder (100 ml), Reagenzgläser mit Wattestopfen bzw. Korkstopfen, Gärröhrchen, Tropfpipetten, Meßpipette (10 ml), braune Fläschchen (100 ml) mit Stopfen.
Chemikalien:
Kaliumnitrat (KNO_3), Nährbouillion (z. B. Standard II. Merck), starke Natronlauge, Pyrogallol, Neßler-Reagenz, Sulfanilsäure, α-Naphthalamin, Essigsäure (5 N), rotes Lackmuspapier
Zeit:
Ansatz etwa 1 Stunde (mit Bereitung der Nachweisreagentien); Auswertung nach 24 Stunden (etwa 30 Minuten).
Wir füllen die mit 0,5 g Kaliumnitrat pro ½ l versetzte Nährbouillon zu je 10 ml in Reagenzgläser bzw. solche, die mit Gärröhrchen beschickt sind, ab und beimpfen mit je 1 Messerspitze der verschiedenen Erd- bzw. Schlammproben. Alle Ansätze werden 12—24 Stunden bei 37° C bebrütet. Gasbildung (N_2 oder N_2O) zeigt sich im Gärröhrchen als Blase an, die weder nach Zusatz von NaOH noch NaOH + Pyrogallol verschwindet (dies wäre bei CO_2 bzw. O_2 der Fall).

a. *Probe auf Nitrit:*
Zum bebrüteten Ansatz kommen je einige Tropfen der Lösung A und B; bei Rotfärbung ist Nitrit gebildet worden:
Lösung A: 0,8 g Sulfanilsäure in 100 ml 5 N-Essigsäure gelöst.
Lösung B: 0,5 g α-Naphtylanin in 20 ml Wasser lösen, die Lösung dekantieren und mit 5 N Essigsäure auf 100 ml auffüllen (A und B in braunen Fläschchen getrennt aufbewahren).

b. *Probe auf Ammoniak bzw. Ammonsalze*
Der Kultur werden 0,5 ml frisches Neßler-Reagenz zugesetzt. Braungelbfärbung zeigt NH_3 an. Man kann auch in einem Reagenzglas die Probe alkalisieren (NaOH) und beim Erwärmen ein mit Neßler-Reagenz getränktes Filterpapier über die

Röhrchenmündung halten. Bräunung zeigt gasförmiges Ammoniak an; ebenso Bläuung von rotem Lackmuspapier.
Ergebnis:
Nitratreduktion bzw. Denitrifikation durch Bakterien kann in einer Nitratbouillon mit Hilfe von Gasbildung (N_2, nicht absorbierbar, nicht brennbar) bzw. Farbreaktionen auf Nitrit und Ammoniak nachgewiesen werden.

Versuch 107: Alkoholische Gärung und Temperatur
Wie fast alle chemischen Vorgänge mit Ausnahme der photochemischen Umsätze, sind biochemische Reaktionen temperaturabhängig; bei einer Steigerung um $10°$ C läuft innerhalb der günstigen Temperaturspanne ein chemischer Umsatz etwa 2—3mal rascher ab (Q_{10} = 2—3).
Material:
Bäcker- oder Bierhefe
Gerät:
Erlenmeyerkolben (250 ml), Waage, Meßzylinder (250 ml), Spatel, Reibschale, Trichter, Einhorn-Gärkölbchen oder U-Rohre aus Glas (1 Schenkel mit Stopfen verschlossen, Kühlschrank ($4°$ C), Brutschrank ($36°$ C), Wasserbad ($60°$ C), Thermometer, Maßstab.
Chemikalien:
Trauben- oder Rohrzucker
Zeit:
Ansatz etwa 20 Min., Beobachtung nach 1 Stunde 5 Min.
Zunächst stellen wir 250 ml einer 10 %igen wäßrigen Zuckerlösung her und schwemmen darin etwa ¼ eines Backhefewürfels möglichst gleichmäßig auf. Dann füllen wir mit dieser Suspension 4 Gärkölbchen so, daß der verschlossene Schenkel ganz, der offene etwa zu ¼ gefüllt ist, was durch wiederholtes Neigen beim Füllen leicht zu erreichen ist.
Die Ansätze werden dann für etwa 1 Stunde bei verschiedenen Temperaturen, etwa $4°$ C, 15—20° C (Zimmertemperatur), im Brutschrank bei $36°$ C und im Wasserbad bei $60°$ C gehalten. Zum Versuchsende lesen wir die im geschlossenen Schenkel angesammelten Mengen Kohlendioxid vergleichend ab.
Ergebnis:
Die meisten biochemischen Vorgänge, so auch die alkoholische Gärung, sind temperaturabhängig: sie laufen in der Kälte langsamer als bei günstigen Temperaturen ab. Steigert man die Temperatur aber über das Optimum, so werden die Umsätze wieder kleiner, bis sie bei Schädigung der Zellen bzw. ihres Enzymsystems zum Erliegen kommen.
Wir kommen aus der fördernden und hemmenden Komponente durch Überlagerung zu einer typischen Optimum-Kurve.

Versuch 108:
Quantitative Bestimmung der Gärintensität und des Gärverlaufes bei Hefe (Saccharomyces cerevisiae)
Durch Wägung läßt sich am Kohlendioxidverlust die Rate der alkoholischen Gärung unter verschiedenen physikalischen und chemischen Bedingungen messend verfolgen. Das Verfahren ist nicht neu (vgl. dazu *Staudenmayer, T.* u. *I. Franke,* 1966 und *Grebel, D.* 1972, s. Literaturangabe am Schluß). *Grebel* hat das Verfah-

ren in schönen, nicht zu lange dauernden Meßreihen, in für eine normal ausgestattete Schule ohne Schwierigkeiten durchführbaren Versuchen dargestellt, die sich besonders für Arbeitsgruppen ab Sekundarstufe I empfehlen. Hier ein verkürzter und etwas modifizierter Auszug der wesentlichsten Experimente.

Material: Preßhefe in Würfeln (möglichst immer frische, gleiche Herkunft!), Watte, Universal- und Spezial-Indikatorpapier (in 1/2 pH-Einheiten gestuft), Koordinaten-Papier

Geräte: etwa 20—30 Erlenmeyerkolben (100 od. 150 ml), dazu passende Gummistopfen mit etwa 6—8 mm Bohrung), Kurzzeitwecker, Waage, Feinwaage (etwa 250 g Tragkraft, 0,05—0,1 g Genauigkeit), Meßzylinder (100 ml), Meßpipetten (10 ml), Bechergläser (250 ml), Brutschrank (35° C), Magnetrührer, Thermometer (50° C)

Chemikalien: Traubenzucker, Fruchtzucker, Rübenzucker (alle rein), Fleisch- oder Hefeextrakt (z. B. Cenovis), Natriumdihydrogenphosphat und Natriumtriphosphat (reinst, für Phosphatpuffergemische n. *Sörensen*), Na- od. K-Sorb(in)at (Sorbinsäure), frisch bereitete schweflige Säure

Dauer: Je Einzelversuch 3—6 Stunden (je nach Ausführlichkeit); Versuch e. über 2 Tage.

Prinzip der Methode: Die Versuchsanordnung und -Durchführung ist relativ einfach: Hefesuspensionen in auf etwa 35° C vorgewärmter 5 %iger Zuckerlösung unter Zusatz von etwas Hefe- oder Fleischextrakt, evtl. auch Pepton, um der Hefe Aminosäuren und Spurenstoffe zu optimalem Wachstum zu bieten. Füllen (etwa 50 ml) in Enghals-Erlenmeyerkolben mit Gummistopfen, dessen Bohrung mit etwas Watte nicht zu dicht verschlossen ist; die Hefe muß sehr gleichmäßig, ohne Klümpchenbildung verteilt sein; Zusätze der zu prüfenden Agentien. Bruttemperatur i. d. Regel 35° C. Will man sehr genau Verdunstungsverluste eliminieren, was aber kaum ins Gewicht fällt, so muß man jeweils einen Kontrollansatz ohne Hefe mitlaufen lassen und bei den regelmäßigen Wägungen in 15-Minuten-Abstand den evtl. Gewichtsverlust d. Kontrolle abziehen. Die in den Ansätzen entwickelte Kohlensäure führt zu meßbaren Gewichtsverlusten, die sorgfältig registriert und dann auf Koordinatenpapier (Abszisse: Zeit, Ordinate: Gewichtsabnahme in 0,1 g Genauigkeit) kurvenmäßig dargestellt werden; so ergibt sich ein anschauliches Bild des Gärverlaufes unter den verschiedenen Versuchsbedingungen. Beim Langzeitversuch wird in größeren Intervallen (6—8 Stunden) gemessen, hier empfiehlt es sich gelegentlich zwischendurch etwas zu schütteln. Man vergleicht den Steilheitsgrad des Gewichtsabfalls, der nach kurzer Anlaufzeit meist fast linear verläuft und sich schließlich abflacht. Die meisten der angeführten Versuche zeigen schon nach 3—6 Stunden deutliche Unterschiede, dann kann nach Belieben der Versuch abgebrochen werden. Voraussetzung für die Vergleichbarkeit der Ergebnisse ist stets gleiche Hefeeinwaage (auf 0,1 g genau) und sonst möglichste Konstanthaltung der Bedingungen bis auf den zu variierenden Faktor. Hier kann der Lehrer besonders auf die Notwendigkeit sauberer Voraussetzung bei quantitativen Versuchen hinweisen!

a. *Wirkung der Hefemenge im Ansatz (Enzymmenge)*
Da die Enzymmenge der Größe des Hefeeinsatzes etwa proportional ist, können wir mit verschiedenen Hefemengen den Einfluß der Fermentkonzentration auf die Gärrate untersuchen:

Wir stellen 4 Erlenmeyerkolben mit je 50 ml der Nährlösung aus 5 % Glukose (oder Saccharose) mit je 5 Tropfen Fleisch- oder Hefeextrakt-Zusatz bereit und beschicken sie der Reihe nach mit 1,5, 3,0, 4,5 und 6,0 g Hefe, die sehr gleichmäßig verrührt wird (Kontrolle gegen eine starke Lichtquelle darf keine Klümpchen mehr zeigen!). Bruttemp. 35° C; viertelstündige Gewichtskontrolle der Ansätze.

Ergebnis: Erwartungsgemäß hängt die Gärintensität von der Größe des Hefeeinsatzes ab: so wird meist schon nach 2—3 Stunden bei großer Hefegabe ein Gewichtsverlust von über 1 g erreicht, bei der niedrigsten Konzentration etwa nur 1/3 davon (hängt von den übrigen Bedingungen und vor allem von der Hefequalität ab!)

Die Kurven sinken nach kurzer Anlaufzeit ± steil, fast linear ab, werden dann flacher (man lasse die Schüler die Ursache letztgenannter Erscheinung diskutieren). Auch der Schluß, daß die Enzyme als „Biokatalysatoren" nicht unbedingt den anorganischen Katalysatoren (Pt, MnO_2 u. a.) unmittelbar vergleichbar sind, da sie zwischendurch eine Komplexbildung mit dem Substrat eingehen und dabei mengenmäßig „beansprucht" werden, läßt sich aus den Ergebnissen erarbeiten: „Enzymsubstrat-Komplex, der wieder gespalten wird".

b. *Wirkung der Substratmenge*

Der Versuch verläuft analog a., doch wird bei gleicher Hefemenge (je 3 g) die Zuckerkonzentration gestuft (5, 10 und 15 %)

Ergebnis: Die Zuckerspaltung (Gärung) ist direkt von der Substratmenge abhängig, hier nimmt mit niedriger Zuckerkonzentration der Steilabfall der Kurve rascher ab!

c. *Einfluß der Zuckerart*

Ansatz wie bei b., doch wird jeweils eine 10%ige Lösung verschiedener Zucker, Glukose, Fruktose, Saccharose, Maltose, Laktose geboten. Die Disaccharidlösungen sind zwar in der Molarität nicht äquivalent den Hexosen; da aber die Hefe die erstgenannten in Monosen spaltet, kann dies außer acht gelassen werden.

Ergebnis: Die CO_2-Verluste sind anfangs ziemlich gleich stark, erst nach 2—3 Stunden zeigen sich deutlichere Unterschiede der Gärrate. Man stelle daraus eine Verwertbarkeits-Reihenfolge der Zucker für die Hefe auf!

d. *Wirkung der Substratdurchmischung*

Bei wenig bewegter Flüssigkeit bilden sich mit der Zeit um die Hefezellen Diffusionshöfe mit Konzentrationsgefällen aus: verarmt an Zucker, angereichert mit Gärprodukten, was den Gärprozeß hemmt. Werden diese „Höfe" laufend zerstört, muß sich dies auf die Gärrate auswirken (man stelle vor Versuchsbeginn die Meinung der Schüler fest).

Ansatz wie unter a. aber mit stets gleicher Zucker- und Hefemenge (5 % Substratlösung, 3 g Hefe); ein Versuch bleibt ruhig stehen, der andere wird dauernd gerührt. Zu diesem Zweck stellte man einen Magnetrührer in den Thermostaten (35° C).

Ergebnis: Durch Rühren wird die Gärrate cet. par. beschleunigt: schon nach 2—3 Stunden zeigen sich deutl. Unterschiede. (Sollte ein Magnetrührer fehlen, muß man in kürzeren Abständen schütteln — allerdings geht dies auf Kosten der Temperaturkonstanz!)

e. *Einfluß der Wasserstoffionen-Konzentration (pH)*: Langzeitversuch etwa 2—3 Tage, bei 6—8 stündigen Ablese-Intervallen!
Wir stellen durch Mischen von m/15 NaH_2PO_4 und Na_3PO_4 je etwa 25 m*l* Lösung einer mit Universal- besser Spezialindikatorpapier kontrollierten Phosphatpufferreihe her: 5,0 (sauer) — 7,0 (neutral) und 9,5 (alkalisch), geben je Ansatz 25 m*l* 15 %ige Zuckerlösung und je 5 g Hefe zu; Bruttemperatur 35° C. Es empfiehlt sich, Petrischalendeckel als Unterlage für die Kolben im Brutschrank zu verwenden, da die Ansätze 2 Tage stehen. Gleichzeitig mit den Wägungen messen wir pH-Veränderungen während der Gärung in den einzelnen Ansätzen (evtl. auch hier Kurvendarstellung).
Ergebnis: Aus dem Gärverlauf erkennt man, daß Hefen (Sproßpilze) saure Reaktion vorziehen, im Alkalischen aber gehemmt werden. Allerdings verläuft im letzten Falle auch die Gärung anders (vgl. *Bernhauer*, s. Literatur.)

f. *Wirkung der schwefligen Säure*
Da Fässer, in denen z. B. Wein gärt, zur Abtötung schädlicher Keime „ausgeschwefelt" werden, ist der Einfluß von SO_2, bzw. daraus entstehender H_2SO_3 auf die Hefegärung von Interesse.
In jeweils 40 m*l* 5 %iger Rohrzuckerlösung in 3 Erlenmeyerkolben geben wir 0, 5, bzw. 10 ml frisch hergesteller schwefliger Säure und füllen ad 50 m*l* auf. Die schweflige Säure wird in einer Waschflasche mit dest. Wasser, die einem mit $NaHSO_3$ + H_2SO_4 beschickten Gasentwickler (vgl. Abb. 45) nachgeschaltet ist, hergestellt (länger gestandene H_2SO_3 taugt meist nicht mehr viel). Bruttemperatur 35° C; dabei ist schon mit SO_2-Verlusten zu rechnen; doch kann man das verschmerzen. Räume bei Herstellung und beim Abbruch des Versuchs gut lüften, evtl. unter dem Abzug arbeiten!

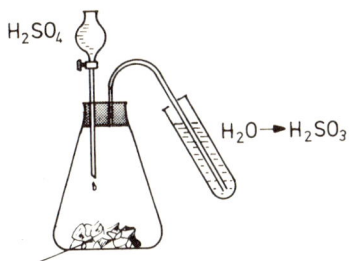

Abb. 45: SO_2-Entwickler

SO_2-Entwickler

Ergebnis: Wie zu erwarten, hemmt H_2SO_3 je nach Konzentration die Gärung deutlich, Totalhemmung erfolgt aber nur bei hohen Konzentrationen; bestimmte Weinhefen *(Saccharomyces ellipsoideus)* dürften weniger als Bierhefe empfindlich sein.

e. *Einfluß der Sorbinsäure, bzw. ihrer Salze*
Um Schimmelpilzbefall bei Dauerbrotzubereitungen zu hemmen, setzt man vielfach die für den Menschen ungefährliche Sorbinsäure (2,3—4,5 Hexadiensäure)

oder, da leichter löslich, ihre Na- od. K-Salze ein. In neuerer Zeit hat Sorbinsäure auch das übermäßige Schwefeln bei der Weinherstellung verdrängt. Darum wollen wir ihren Einfluß auf die alkoholische Gärung ebenfalls prüfen: Ansatz wie bei a., doch stets gleiche Hefemenge. Gestufte Zusätze von Kalium-Sorb(in)at: 0, 0,1, 0,2, 0,4 g (gut verrührt). Bruttemp. 35° C.
Ergebnis: Schon nach 2 Stunden zeigen sich deutliche, von der Konzentration des Konservierungsmittels abhängige Unterschiede der Gärintensität. Hefe wird — gleich den Schimmelpilzen — durch Sorbinsäure gehemmt. (Auf ähnliche Weise ließen sich auch andere Konservierungsstoffe, wie PHB-Ester, Formiate, Benzoate usw. auf ihre Wirkung prüfen.)
Somit ergeben sich noch viele Erweiterungsmöglichkeiten dieser Versuchsanstellung.

Literaturhinweise:
Bernhauer, K.: „Gärungschemisches Praktikum" S. 9 ff (Springer, Bln. 1936)
Grebel, D.: „Messungen z. Alkohol. Gärung I und II" (Mikrokosmos 61, S. 219, 312 (Franckh, Stuttg., 1972).
Staudenmayer, Th. und I. Franke: „Stoffwechselphysiol. Versuche m. Hefe" PRAXIS (Biol.), 15, S. 61 (Aulis, Köln, 1966).

Versuch 109: Eignung verschiedener Zucker zur alkoholischen Gärung: Kleingärmethode nach L i n d n e r.
Nicht alle wasserlöslichen Kohlenhydrate (Zucker) können von Hefen vergoren werden; eine Prüfung auf diesbezügliche Brauchbarkeit kann mit sehr kleinen Zuckermengen mikroskopisch erfolgen.
Material:
Reinkulturen verschiedener Hefen (vorher einen Tag in Wasser ausgehungert), Filterpapier
Gerät:
Mikroskop, Hohlschliffobjektträger, Impföse, Erlenmeyerkolben (100 ml), Porzellanschälchen, feiner Haarpinsel, Brenner mit Sparflamme, sterile Pipette.
Chemikalien:
Lugolsche Jodlösung, kleinste Mengen verschiedener Zuckerarten, Vaseline.
Zeit:
Vorbereitung 10 Minuten, dann nach 24 Stunden Ansatz des Hauptversuchs etwa 20 Minuten; Auswertung nach weiteren 12 Stunden 5 Minuten.
Zunächst werden Aufschwemmungen der zu untersuchenden Hefearten in Sterilwasser 24 Stunden bei 25° C „ausgehungert".
Die nachfolgende mikroskopische Prüfung unter Zusatz von Jodlösung soll keine Glykogenspuren mehr zeigen. Ist dies erfüllt, bringt man mit einer sterilen Pipette auf sterilisierte Hohlschliffobjektträger soviel Hefeaufschwemmung, daß die Höhlung gut gefüllt erscheint. Dann verreibt man eine Impföse voll des zu prüfenden Zuckers darin und bedeckt (luftblasenfrei!) mit einem Deckglas, das wir mit einem Pinsel mit flüssiger Vaseline umranden. Nach 12 Stunden Inkubation bei etwa 25° C untersucht man auf das Auftreten von Glasbläschen unter dem Deckglas, was auf Vergärfähigkeit des betreffenden Zuckers hinweist.
Ergebnis:
Aus der bei der Gärung gebildeten Gasmenge kann man auf die Gärfähigkeit bestimmter Heferassen, bzw. Zuckerarten schließen.

Versuch 110: Azetaldehyd-Glyzeringärung (2. Vergärungsform nach N e u b e r g)
Das Prinzip dieser Umlenkung der Alkoholgärung in Richtung einer Glyzerinbildung beruht auf dem Abfangen eines Zwischenprodukts (Äthanal) mittels Sulfit, so daß statt Äthanol Glyzerin entsteht. Das Verfahren wurde während des ersten Weltkriegs vom deutschen Biochemiker *Neuberg* entwickelt, um die „Glyzerinlücke" zu schließen.

Material:
Backhefe, oder besser Bierhefe
Geräte:
Wasserbad, Thermometer (100° C), Meßpipette (10 ml), Waage, Meßzylinder (100 ml), große Reagenzgläser mit durchbohrtem Gummistopfen und darin etwa 25 cm Glasrohraufsatz (Luftkühler), Brenner, Filtertrichter mit Filtern, Spatel, Bechergläser
Chemikalien:
Rohrzucker, Kalziumchlorid, Natriumsulfit, 4 %ige wässerige Lösungen von Nitroprussidnatrium und Piperidin, Kupferdrahtspirale, reiner Alkohol (Weingeist)
Zeit:
etwa 2 Stunden

a. *Bereitung von Kalziumsulfit:*
Um die Gärung bei der Stufe des Äthanals (Azetaldehyds) zu unterbrechen, müssen wir dieses mit Kalziumsulfit „abfangen". Das Sulfit muß in folgender Weise frisch hergestellt werden:
Wässerige Lösungen von Kalziumchlorid und Natriumsulfit gießen wir zusammen, wobei ein Niederschlag von Kalziumsulfit ausfällt. Dieser wird auf einem Filter gesammelt und nach kurzem Auswaschen mit kaltem Wasser auf einem ausgebreiteten Filterpapier getrocknet.

b. *Göransatz:*
5 g Brauerei- oder Bäckerhefe werden in einem Erlenmeyerkolben mit 50 ml 10 %iger Zuckerlösung verrührt und in 2 große Reagenzgläser abgefüllt. Zu dem einen Ansatz geben wir einen Löffel voll frischen dickbreiigen oder trockenen Kalziumsulfits und verrühren gut. Das zweite Reagenzglas verbleibt als Kontrolle ohne Zusatz. Die beiden Ansätze werden mit den Gummistopfen und Glasrohraufsätzen verschlossen und für etwa ½ Stunde in einem Wasserbad von 35—40° C warm gehalten (Temperaturkontrolle mit dem Thermometer). Die Glasrohraufsätze sollen ein Verdampfen leichtflüchtiger Reaktionsprodukte aus den Reagenzgläsern verhindern.

c. *Farbreaktion auf Äthanal (nach R i m i n i)* als Vorprobe:
Je etwa 1 ml reinen Weingeist bringen wir in 2 Reagenzgläser; in eines tauchen wir eine Kupferdrahtspirale, die unmittelbar vorher durch Glühen im Brenner oberflächlich zu Kupfer(2)-oxid verwandelt worden ist. Beim Einwerfen der noch heißen Spirale bemerken wir kurzes Aufschäumen und Rückkehr der blanken Kupferfarbe; der apfelartige Geruch weist auf die Bildung von Äthanal nach folgender Gleichung hin:

$$CuO + CH_3-CH_2-OH \longrightarrow Cu + H_2O + CH_3-C{\overset{H}{\underset{O}{\diagdown}}}$$

Bringen wir nun zu den beiden Röhrchen einige Tropfen frisch bereitetes Gemisch von Nitroprussidnatrium mit der halben Menge Piperidin, so tritt nur im Röhrchen, in dem sich der Azetaldehyd gebildet hat, intensive Blaufärbung auf. Die Kontrolle mit reinem Alkohol im anderen Röhrchen reagiert auf den Zusatz nicht. Wir haben damit eine für Azetaldehyd streng spezifische Nachweisreaktion kennengelernt.

d. *Nachweis der Gärungsumlenkung:*
Nach etwa 30—40 Minuten nehmen wir aus jedem der beiden Göransätze (siehe b.) 5 ml Probe mit einer Pipette und bringen sie in kleine Reagenzgläser, denen wir jeweils 2,5 ml des Reagenz nach *Rimini* (siehe c.) zufügen.

Blaufärbung zeigt sich nur in dem Gäransatz mit Sulfit, denn hier wurde die Gärung nach folgender Bruttogleichung umgelenkt:

$$C_6H_{12}O_6 \xrightarrow[\text{(Sulfit)}]{\text{(Zymase)}} CO_2\uparrow + CH_3CHO + \underset{\underset{CH_2-OH}{|}}{\overset{\overset{CH_2-OH}{|}}{CH-OH}}$$

Ergebnis:
Durch Abfangen eines Zwischenprodukts (Äthanal) durch Sulfit läßt sich die Gärung umlenken. Die Anhäufung des Aldehyds läßt sich spezifisch mit der Farbreaktion nach *Rimini* nachweisen. Statt Alkohol bildet sich Glyzerin.

Versuch 111: Gärung ohne lebende Zellen

Schon um die Wende vom 19. zum 20. Jahrhundert fand *Buchner,* daß entgegen früherer Ansichten zur alkoholischen Gärung keine lebenden Hefezellen, sondern nur deren Fermente notwendig sind.

Ein Gemisch aus den bei der alkoholischen Gärung wirksamen Enzymen („Zymase") läßt sich verhältnismäßig einfach herstellen. Es ist trocken unter Verschluß einige Monate haltbar und ergibt, obwohl frei von lebenden Zellen, Vergärung von Zuckerlösungen zu Äthanol.

Material:
Bierhefe (ca. 100 g dickbreiig), zur Not auch Preßhefe.

Gerät:
Passiersieb, steife Bürste (Borstenpinsel), 2 große Petrischalen (ca. 20 cm ϕ), Meßzylinder (500 ml), Nutsche oder Büchnertrichter (mit passendem, gehärtetem Filter), Absaugkolben, Wasserstrahlpumpe, Erlenmeyerkolben (100 ml), Abzug, Waage, Pulverglas, Spatel, Wasserstrahlpumpe, Föhn, evtl. Kühlschrank.

Chemikalien:
15 %ige, sterile Zuckerlösung, Azeton, Äther.

Zeit:
Etwa 3 Stunden.

„Azetondauerhefe" (ein Trockenenzympräparat nach *Buchner*) stellen wir folgendermaßen her:

100 g Brauerei- oder Backhefe werden mit Wasser gewaschen und auf einer Nutsche abgesaugt, so lange, bis sie sich krümeln läßt.

Diese vorgetrocknete Hefe wird mit einem breiten Borstenpinsel oder steifer Bürste durch ein feinmaschiges Sieb in eine große Petrischale mit 500 ml wasserfreiem Azeton gedrückt und 10 Minuten gut gerührt. Nach einigen Minuten wird

das überstehende Azeton abgegossen, die Hefe auf der Nutsche weitgehend trokkengesaugt, der Rückstand in einer Schale mit 50 ml Diäthyläther durchgeknetet und nach 3 Minuten der Äther abgesaugt.
Der Rückstand wird auf Filterpapier ausgebreitet und in warmer trockener Luft (Föhn, bis zu 40° C) zu einem feinen weißen Pulver getrocknet. Dieses ist in gut verschlossenem Gefäß Wochen haltbar.
Ergebnis:
Durch Extraktion mit Azeton und Äther läßt sich aus Hefe ein Trockenpulver gewinnen, das alle notwendigen Wirkstoffe enthält (Zymase) und trotz des Fehlens lebender Zellen Zuckerlösungen zu Alkohol vergären kann.
Unfallgefahren:
Leicht flüchtige, brennbare Substanzen wie Äther, Azeton sind vorsichtig zu behandeln: Nicht rauchen, Flammen entfernen, Dämpfe nicht einatmen! Abzug empfehlenswert.

Versuch 112: „Verfettung" von Hefe (nach H a l d e n)
Durch Einwirkung von Alkoholdämpfen kann man gut gefütterte (glykogenhaltige) Hefezellen zur Umstellung des Stoffwechsels veranlassen, wobei Kohlenhydrate in Fett umgesetzt werden.
Material:
Bierhefekultur, Verbandwatte.
Geräte:
Mikroskop, Topftrichter, sterile Petrischalen, Erlenmeyerkolben (100 ml), Exikkator für Vakuum mit Kalziumchlorid, Meßzylinder (100 ml), Trockenturm, Wasserstrahlpumpe, Zentrifuge, Sterilisator, Meßpipetten (10 ml), Impföse, Brenner.
Chemikalien:
Alkohol, Sudan III, Rübenzucker, Agar, Bierwürze (aus Brauerei).
Zeit:
Vorbereitung ca. 3 Tage, Auswertung während 1—2 Wochen jeden 4. Tag, jeweils 10 Minuten.

a. *Vorbereitung der Hefe:*
Die Bierhefe wird dreimal je 24 Stunden in Bierwürze (etwa 8° Bllg) mit Zwischenwässerungen „gemästet" und schließlich die Zellen durch Abzentrifugieren gewonnen.

b. *Vorbereitung des Nährbodens:*
Ein Nährboden aus 5 % Rübenzucker und 3 % Agar wird noch heiß in Portionen von 5 ml in sterile Petrischalen gegossen und diese in einen durch Ausspülen mit Alkohol sterilisierten, am Boden mit Kalziumchlorid beschickten Vakuumexikkator eingestellt. Vgl. Abb. 46.
In den Weg zwischen Exikkator und Wasserstrahlpumpe ist über einen Dreiwegehahn ein Tropftrichter mit Watte eingeschaltet, welche mit reinem Äthanol befeuchtet ist. Der Exikkator mit den Petrischalen wird evakuiert und danach über den Tropftrichter Alkoholdampf etwa 15 Minuten auf die Kulturschalen einwirken gelassen.
Die Petrischalen werden mit der (wie unter a. angegebenen) vorpräparierten Hefe reichlich beimpft und wieder in den Exikkator eingestellt. Die Einsätze

bleiben darin 2—3 Wochen, wobei täglich 2—3 mal Alkoholdampf in den Exikkator eingelassen wird.

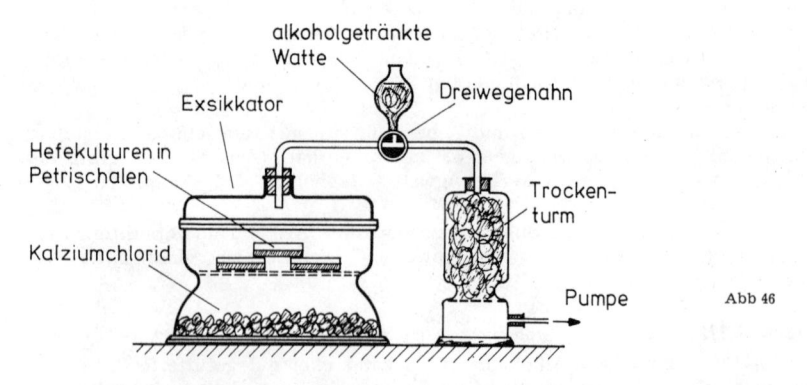

Abb 46

In viertägigen Abständen werden von den Kulturen Sterilabstriche gemacht und diese in einem Tropfen 1 %iger alkoholischer Sudan III-Lösung mikroskopiert. Sind Öltröpfchen vorhanden, so haben sich diese im Verlauf einiger Minuten rot angefärbt.

Durch längere aerobe Kultur von Hefezellen auf kohlenhydratreichen, aber stickstoffarmen Nährböden wird, besonders in einer Alkoholdampfatmosphäre, Fett gebildet. Die normalerweise stattfindende Eiweißsynthese wird durch Mangel an verwertbaren Stickstoffverbindungen gestört.

Ergebnis:
Unter geeigneten Bedingungen erfolgt eine Umlenkung des Stoffwechsels von Hefezellen. Aufgenommene Kohlenhydrate werden in Form von Fetten gespeichert.

Bemerkung:
Die erste diesbezügliche Beobachtung stammt von *Lindner* 1917, also noch vom 1. Weltkrieg. Zu normalen Zeiten ist die Fettsynthese der Hefe für die menschliche Ernährung praktisch bedeutungslos.

Versuch 113: Enzymatische Fettsynthese

Das gleiche Enzym kann auf- und abbauend wirken, je nach den Mengenverhältnissen der Reaktionspartner (Massenwirkungsgesetz nach *Guldberg* und *Waage*). So wird im Nährgewebe des Rizinussamens Fett in Kohlenhydrate gewandelt (vgl. Versuch 39); aber auch bei Angebot an Fettsäure und Glyzerin, den Spaltprodukten der Fette, wird Fett wieder aufgebaut.

Material:
Einige Tage angekeimte Rizinussamen, reiner Quarzsand, Filterpapier.

Geräte:
Waage, Petrischalen, Bürette mit Stativ, Erlenmeyerkölbchen (50 oder 100 ml), Reibschale, Brutschrank (37° C), Meßzylinder (100 ml), Spritzflasche mit destill. Wasser, Meßpipette (10 ml), Spatel.

Chemikalien:
Äther, Alkohol, N/10 Natronlauge, Phenolphthalein, Ölsäure, Glyzerin.
Zeit:
Ankeimzeit 4—6 Tage, Versuch selbst 1—1½ Stunden.
20 vorgequollene frische Rizinussamen läßt man in Petrischalen auf feuchtem Filterpapier keimen, entfernt dann die Keimlinge und zerreibt das Nährgewebe in der Reibschale mit feinem Quarzsand. Der Gewebebrei wird gewogen und je die Hälfte in ein Kölbchen gegeben. In jedes der beiden Kölbchen kommen 2—3 ml destill. Wasser, 0,4 ml Ölsäure und 2 ml Glyzerin; mit Spatel gut verrühren.
Das 1. Kölbchen wird mit 15 ml Äthanol (95 %) und 5 ml Diäthyläther geschüttelt, mit 2 Tropfen Phenolphthalein versetzt und die vorhandene Ölsäure mit N/10 Natronlauge titriert, bis sich der Neutralpunkt durch schwache Rotfärbung anzeigt. Verbrauchte Laugenmenge protokollieren!
Das 2. Kölbchen wird inzwischen für etwa 45 Minuten in einen Brutschrank (37° C) gestellt.
Dann läßt man abkühlen, gibt wieder das Äther-Alkoholgemisch (1 : 3) dazu und bestimmt die restliche Ölsäure wieder mit N/10 Natronlauge maßanalytisch. Nunmehr soll bis zum Neutralpunkt weniger Lauge erforderlich sein (Ergebnis notieren und Differenz ausrechnen).
Erklärung:
Im 2. Ansatz hatte die Rizinuslipase Zeit, aus dem überschüssigen Glyzerin und Fettsäure teilweise einen neutralen Ester zu bilden (= Fett), daher trat bei der 2. Titration weniger Säure in Erscheinung.
Ergebnis:
In einem einfachen maßanalytischen Versuch läßt sich bei Angebot von Glyzerin und Fettsäure Fettsynthese in Nährgewebe gekeimter Rizinus-Samen nachweisen.

Literatur: Freytag, K.: „Fermente" (Schriftenreihe Chemie, Heft 5) (Salle, Frankfurt/M.).

Versuch 114: Bestimmung der Atmungs- und Gärungsaktivität von Bodenorganismen
H. Lundegardh konnte zeigen, daß die Kohlendioxidproduktion der Kleinlebewesen des Bodens einen ganz wesentlichen Faktor für die CO_2-Assimilation der grünen Pflanzen darstellt.
Diese „Bodenatmung", welche u. a. auch den Aktivitätsgrad der Enzyme von bodenbewohnenden Mikroorganismen widerspiegelt, läßt sich qualitativ und quantitativ bestimmen.

a. *Qualitativ* (Demonstrationsversuch)
Material:
Verschiedene Bodenproben (Sand, Torf, Garten-, Komposterde).
Geräte:
Große Schalen, Wasserstrahlpumpe, Schläuche, Gaswaschflaschen, weite Glasröhren (etwa 2 cm ϕ, 40 cm lang) mit passendem durchbohrten Gummistopfen (Aufbau der Apparatur siehe Abb. 38), Spatel.
Chemikalien:
Barytlauge (Ba[OH]$_2$), 10 %ige Traubenzuckerlösung.

Zeit:
etwa 2 Stunden (Ansatz 15 Minuten).
Wir stellen nach Abb. 38; S. 132, folgende Anordnung zusammen:
1. Gaswaschflasche etwa 15 cm hoch mit Barytwasser beschickt, Glasrohr locker mit Komposterde gefüllt, die wir zur Anregung der Bodenatmung leicht mit Zuckerlösung durchfeuchtet haben. 2. Gaswaschflasche (ebenso hoch wie Nr. 1 mit Barytlauge gefüllt, Wasserstrahlpumpe.
Wir leiten einen mäßigen Luftstrom, so daß man die Blasen in den Gaswaschflaschen etwa in Sekundenabstand zählen kann, durch die Anordnung und beobachten im Verlauf von 1—2 Stunden (die Zeit richtet sich nach der Güte des Bodens) eine unterschiedliche Trübung in Flasche 1 und 2.
Ergebnis:
Aus der starken Trübung des Inhalts der 2. Waschflasche kann man qualitativ auf die Kohlendioxidproduktion der Bodenarten schließen.
Man wiederhole den Versuch mit verschiedenen Böden.

b. *Quantitativ* (nach *Jsermeyer*)
Material:
Verschiedene, naturfeuchte, gesiebte Böden (s. a.)
Geräte:
Waage, Weckgläser mit dichtem Verschluß (ca. 1 l), kleine Schälchen, an Drähten etwa 3—4 cm über dem Gefäßboden aufgehängt, die mit Picein oder Siegellack am Weckglasdeckel befestigt sind (vgl. Abb. 47), Meßpipetten (10 ml), Bürette mit Stativ.
Chemikalien:
N/10 Barytlauge (gesätt. Bariumhydroxidlösung mit 2 Teilen dest., frisch abgekochtem Wasser verdünnt, Faktor bestimmen)!, N/10 Salzsäure, Phenolphthaleinlösung; als Zusätze zum Boden: Stärke, gepulvertes Stroh, Filterpapier oder Zellstoffwatte fein zerfasert usw.
Zeit:
Ansatz etwa 1 Stunde; Auswertung nach 1 Woche (etwa 30 Minuten)

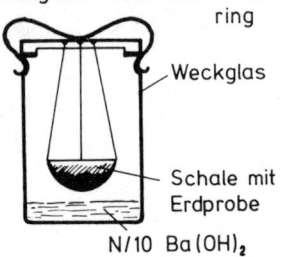

Abb. 47: Anordnung nach Isermeyer zur quantitativen Bestimmung der Atmungs- und Gärungsaktivität von Bodenorganismen

50 g des naturfeuchten Bodens (ohne grobe Bestandteile) werden, evtl. nach Vermengen mit Zusätzen (5 g Zucker, Zellulose- oder Stärkepulver) vorsichtig gleichmäßig in der Porzellanschale ausgebreitet und in das Weckglas eingesetzt,

nachdem in dieses auf den Boden 20 ml N/10 Barytlauge gegeben wurden. Einige Tropfen Phenolphthalein färben die Lauge rot.
Nun wird gasdicht verschlossen. Ein Gefäß bleibt zur Kontrolle (Blindwert) ohne Bodenprobe. Dicht abschließen! Man beobachtet in täglichen Abständen, ob die Lauge noch rot erscheint und titriert dann nach 1 Woche das überschüssige Barytwasser mit N/10 Salzsäure bis zur Entfärbung zurück. Ebenso titriert man die Blindprobe und zieht diesen Wert (Blindwert) von den übrigen Ergebnissen ab.
Berechnung:
$$Ba(OH)_2 + CO_2 \longrightarrow BaCO_3\downarrow + H_2O$$
dementsprechend neutralisiert 1 ml N/10 Barytlauge 4,4 mg CO_2.
Zum Beispiel wurden 20 ml Lauge vorgelegt und 8 ml N/10 HCl zur Rücktitration verbraucht, so ergibt sich aus der Differenz, daß die gebildete Atmungskohlensäure $12 \times 4,4$ mg CO_2 = 52,8 mg CO_2 beträgt.

Ergebnis:
Mit Hilfe der *Jsermeyer*schen Methode läßt sich die Atmungsaktivität verschiedener Böden einfach vergleichen. Sie ist zugleich ein Maß der Vitalität und Zahl der Mikroorganismen.

Versuch 115: Säurebildung durch Mikroorganismen
Da die von Mikroben gebildeten Säuren vielfach lösliche Kalksalze bilden, kann für die Feststellung säurebildender Bakterien dem festen (Agar-)Nährboden etwas Schlämmkreide ($CaCO_3$) zugesetzt werden.
Material:
Kaltwasserauszüge aus verschiedenen Böden
Geräte:
Petrischalen, Dampfsterilisator, Trocken- und Brutschrank, Waage, Meßzylinder (100 ml), Meßpipette (10 ml), Erlenmeyerkolben (200 ml), Filtertrichter mit Filter, Drigalski-Spatel (abgewinkelter Glasstab).
Chemikalien:
Glukose, Pepton, Kochsalz, Agar, Schlämmkreidepulver, Lackmuslösung (nach *Kubel-Tiemann*), Sodalösung (10 %)
Zeit:
Ansatz ca. 1 Stunde, Auswertung (nach 2—3 Tagen) etwa 15 Minuten.

Zunächst stellen wir uns einen *Traubenzuckernähragar* her: 200 ml Leitungswasser, 1 g Glukose, 1 g Pepton, 0,5 g Kochsalz, 4 g Agar werden im Dampftopf (bzw. Autoklaven) sterilisiert und vor dem Ausgießen in Petrischalen mit soviel trocken-sterilisiertem feinen Schlämmkreidepulver vermischt, daß eine starke milchige Trübung entsteht. Der heiße Nährboden wird dann in sterile Petrischalen 1—2 mm hoch ausgegossen.
Nach dem Erstarren beimpfen wir die Platten durch Ausstreichen 1 Tropfens Kaltwasserauszugs verschiedener Böden (bei sehr keimreichen Böden muß u. U. der Kaltwasserauszug vorher mit Wasser verdünnt werden, um nicht zu viele Bakterien auf die Platte zu bekommen, ausprobieren!).
Nun wird der Tropfen möglichst gleichmäßig mit dem gewinkelten Glasstab (Drigalskispatel) über die Oberfläche verteilt.
Nach etwa 2tägiger Bebrütung bei etwa 30° C untersuchen wir die Platten:
Dort, wo Kolonien Säure in den Nährboden abgegeben haben, zeigt sich ein

klarer bzw. stärker durchscheinender Hof (besonders deutlich gegen das Licht oder auf schwarzer Unterlage), weil die produzierten Säuren das Kalziumkarbonat (Schlämmkreide) aufgelöst haben.

Bemerkung:
Anstelle von Schlämmkreide kann man auch einen Indikator, z. B. 25 ml Lackmuslösung (nach *Kubel-Tiemann* für bakteriologische Zwecke) und 1—2 Tropfen Sodalösung dem noch heißen Agar zusetzen; er erstarrt dann mit blauer Farbe und wird in der Umgebung säurebildender Mikroben rot.

Ergebnis:
Mit Hilfe von feinverteiltem Kalziumkarbonat (Schlämmkreide), das aufgelöst wird, und mittels Indikatoren kann man auf festen, zuckerhaltigen Nährböden die Säurebildung von Mikroorganismen leicht erkennen bzw. nachweisen.

Versuch 116: Milchsäuregärung

Die Umwandlung von Zucker in Milchsäure ist ein praktisch wichtiger Vorgang; er wird durch bestimmte Bakterien bewirkt und spielt sowohl in der Molkerei, wie auch bei der Nahrungsmittelkonservierung eine große Rolle (Sauerkraut, Silage).

a. *Nachweis der Milchsäurebakterien*
Material:
Milchmolke (von Topfen, Buttermilch, Sauermilch) Sauerkrautsaft
Geräte:
Mikroskop (mittl. bis starke Vergrößerung), Brenner, Färberwanne für Bakterien, Tropfpipetten, Spatel, Zentrifuge
Chemikalien:
Azeton, Bakterienfarbstoffe (Karbolfuchsin, *Löfflers* Methylenblau)
Zeit:
etwa ½ Stunde.

Molke von Sauermilch bzw. Sauerkrautsaft klären wir durch Zentrifugieren vor und machen dann Ausstriche auf gereinigten Objektträgern. Nach Hitzefixierung werden die Präparate 1 Minute mit Fuchsin bzw. 5 Minuten mit Methylenblau gefärbt. Man betrachtet die Bakterien bei starker Vergrößerung: Kokkenreihen bis Stäbchen.

Sollten Fett-Tröpfchen die Färbung stören, kann man diese durch Abspülen der fixierten Präparate mit Azeton vor der Färbung entfernen.

b. *Nachweis der Milchsäure*
Die Milchsäure, α-Hydroxypropionsäure läßt sich mit Äther aus kochsalzgesättigter Lösung extrahieren und als Zinksalz kristallisieren; einfacher sind aber die beiden folgenden qualitativen Proben:
Material:
Sauerkrautsaft, geklärte Molke
Geräte:
Reagenzgläser, Erlenmeyerkolben (100 ml), Brenner, Meßpipette (10 ml), Wasserbad, Stoppuhr.
Chemikalien:
verdünnte Schwefelsäure, konz. Schwefelsäure, Kaliumpermanganatlösung, 5 %
Guajakol- oder Codeinsalzlösung.

Zeit:
etwa 20—30 Minuten.
Wir versetzen eine milchsäurehaltige Probe mit Permanganatlösung und etwas Schwefelsäure; beim Erwärmen tritt Azetaldehydgeruch auf (obstartig).
Oder wir erhitzen 0,5 ml Probe mit 5 ml konzentr. Schwefelsäure 2 Minuten im kochenden Wasserbad und fügen nach Erkalten 5 Tropfen einer 5 %igen Guajakol- oder Codeinlösung zu; im 1. Fall tritt rosa bis fuchsinrote, im 2. Fall orangegelbe bis rötliche Färbung auf.

Ergebnis:
In vorgeklärter Sauermilchmolke lassen sich durch Färbung Milchsäurebakterien mikroskopisch nachweisen. Geringe Gehalte von Milchsäure in Probeflüssigkeiten lassen sich mit Farbreaktionen qualitativ nachweisen.

Versuch 117: Reduktasen (Dehydrogenasen) der Milchsäurebakterien („Schardinger Enzym")

Material:
H-Milch, normale Trinkmilch, Milch im Sauerwerden
Geräte:
Reagenzgläser in Ständer, Brutschrank, Stoppuhr bzw. Kurzzeitwecker, Tropfpipette
Chemikalien:
Methylenblaulösung 1 : 1000, Paraffinöl
Zeit:
Ansatz etwa 30 Minuten. Beobachtung gelegentlich über 2—3 Stunden.
Wir füllen einige Reagenzgläser mit hochpasteurisierter Milch (sogen. „H"-Milch) als Kontrolle und eine Reihe weiterer Reagenzgläser mit normaler Trinkmilch, sowie Milch im Sauerwerden.
Zu den Ansätzen geben wir soviel Tropfen wäßriger Methylenblaulösung, daß alle Proben gleichmäßig leuchtend blau erscheinen. Einige Proben überschichten wir mit Paraffinöl zum Luftabschluß. Alle Ansätze kommen gleichzeitig in den Brutschrank (etwa 37° C) und werden in etwa 10 Minuten Abständen auf Entfärbung untersucht.
Bei der säuerlichen Milch tritt die Reduktion des Methylenblau ziemlich rasch ein, bei der normalen Trinkmilch langsamer, bei H-Milch kaum.
Der Schritt von der Brenztraubensäure zur Milchsäure ist eine Wasserstoffübertragung über NADH + H⁺:

$$CH_3-\underset{O}{\overset{\|}{C}}-COOH + 2H \longrightarrow CH_3-\underset{OH}{\overset{H}{\underset{|}{\overset{|}{C}}}}-COOH$$

Brenztraubensäure   Milchsäure

Tritt Methylenblau als H-Akzeptor in Konkurrenz zur Brenztraubensäure, so wird es entfärbt. Schütteln wir die nicht ölbedeckten entfärbten Ansätze mit Luft, kehrt die Blaufärbung zurück.

Ergebnis:
Mit der Methylenblauprobe läßt sich die Dehydrogenaseaktivität von Milchsäurebakterien bzw. deren ungefähre Zahl vergleichend bestimmen. Sie ist somit ein Test auf Frische bzw. Haltbarkeit von Milch.

Versuch 118: Bildung von Essigsäure aus Alkohol durch Bakterien
Die Essigbildung aus Alkohol ist keine „Gärung im engeren Sinne", da sie unter Beteiligung von freiem Sauerstoff aerob verläuft, wobei als Zwischenstufe Äthanal (Azetatdehyd) auftritt:

a. *Nachweis der Essigbakterien*
Material:
Reste von Wein, Bier oder Most
Gerät:
Mikroskop, große Petrischalen, Färbeschale für Bakterien, Impföse und Brenner
Chemikalien:
Universalindikatorpapier, Bakterienfarbstoff (Karbolfuchsin), MERCK Acilit-Spezialindikator-Stäbchen
Zeit:
Ansatz etwa 10 Minuten, Untersuchung nach einigen Tagen (15 Minuten)
In großen Petrischalen stellen wir in etwa 1 cm hoher Schicht Bier, Most oder Wein auf. An einem warmen Ort bildet sich allmählich eine Kahmhaut. Wenn wir vorher und am Schluß des Versuchs die Reaktion mit dem Indikatorpapier geprüft haben, können wir eine deutliche Ansäuerung feststellen.
Nun entnehmen wir mit der Impföse etwas von der Bakteriendecke der Flüssigkeitsoberfläche und streichen auf einem fettfreien Objektträger aus. Nach Hitzefixierung wird 1 Minute mit Karbolfuchsin gefärbt; die Gestalt der Essigbakterien läßt sich dann bei starker Vergrößerung gut erkennen. Meist handelt es sich um ein Gemisch verschiedener Formen, evtl. auch mit Kahmhefen.

b. *Feststellung der Säurezunahme*
Material:
wie bei a.
Gerät:
große Petrischalen, Tropfpipette
Chemikalien:
10 %ige Natronlauge, Spezialindikatorstäbchen mit genauem Ablesebereich (z. B. Acilit, MERCK für pH 0—6)
Zeit:
Ansatz 10 Minuten, danach täglich 1 Minute Säureprüfung über eine Woche
Der Ansatz erfolgt wie bei a.; sollte die Flüssigkeit zu sauer sein, können wir mit einigen Tropfen Natronlauge auf pH = 6 einstellen. In täglichen Abständen tauchen wir für eine Minute ein Acilit-Stäbchen in die Flüssigkeit und vergleichen noch feucht die entstandenen Farbtöne mit der Skala.
Ergebnis:
Die Essigbildung zeigt sich durch zunehmende Säuerung des Ansatzes an.

c. *Chemischer Nachweis der Essigsäure*
Material:
Ansätze von a. oder b.

Gerät:
Reagenzgläser, Erlenmeyerkolben (100 ml), Filtertrichter mit Filter, Porzellanschale, Tiegelzange, Brenner
Chemikalien:
Frischbereitete Eisen(3-)chloridlösung, Natronlauge, Lackmuspapier, Arsentrioxid (Arsenik, Gift!)
Zeit:
etwa 1 Stunde
Wir filtrieren den Ansatz von a. bzw. b., neutralisieren mit Natronlauge gegen Lackmus und konzentrieren die Lösung in der Porzellanschale durch Erhitzen bis eben zur Trocknung.
Der Salzrückstand wird nun entweder im Reagenzglas mit Wasser gelöst und Eisen(3-)chloridlösung zugesetzt: Es entsteht die rote bis rotbraune Farbe eines Eisen-Azetat-Komplexes.
Oder wir pulvern das Salz mit etwas Arsentrioxid und erhitzen trocken in einem Reagenzglas. Vorsichtige Geruchsprobe (!). Es entsteht der sehr unangenehme Geruch nach Kakodyloxid.
Ergebnis:
Essigsaure Salze lassen sich entweder als roter Eisenkomplex oder durch die Entstehung des sehr giftigen, stinkenden Kakodyloxids nachweisen.
Unfallgefahr:
Arsenik und Kakodyloxid sind sehr giftige Substanzen!

Versuch 119: Wärmeentwicklung bei der Atmung
Material:
Vorgekeimte Erbsen, Getreidekeimlinge, Blüten, feuchtes Heu
Geräte:
Thermosflasche mit passendem Gummistopfen und Thermometer, Vergleichsthermometer (beide 50° C).
Zeit: Etwa 1 Stunde.
In eine Thermosflasche füllen wir Blütenstände (z. B. Holunder, Korbblütler) oder Keimlinge (Erbsen, Getreide u. a.) bzw. mit Wasser von Zimmertemperatur befeuchtetes, schon etwas abgelagertes Heu nicht allzu dicht und setzen dann den Stopfen mit dem Thermometer so ein, daß das Quecksilbergefäß desselben mitten in den Versuchsraum in Kontakt mit den Proben kommt.
Nach etwa 1 Stunde lesen wir das Thermometer ab und vergleichen mit der Außentemperatur.
Ergebnis:
Die Wärmeentwicklung bei der Atmung läßt sich bei Füllung einer Thermosflasche mit Keimlingen, Blüten, jungen Pflanzensprossen, bzw. mit feuchtem, schon etwas abgelagertem Heu gut demonstrieren. Im letztgenannten Fall sind vor allem thermophile Bakterien vom Typ des Heubazillus *(Bacillus subtilis)* an der Wärmeproduktion beteiligt.

Versuch 120: Unmittelbarer Nachweis der Energieäußerung (Plasmaströmung bei höheren Pflanzen)
Material:
Sprosse der Wasserpest *(Elodea)*, Blätter von *Vallisneria,* Staubfadenhaare von *Tradescantia,* Küchenzwiebel

Gerät:
Mikroskop, Stoppuhr, Rasierklinge, Pinzette, kleine Petrischalen
Zeit:
½ bis 1 Stunde
Besonders schön können wir die Protoplasmaströmung an den Staubfadenhaaren der Zimmerpflanze *Tradescantia* bei stärkerer Vergrößerung beobachten, wenn wir vorsichtig mit der Pinzette abgenommene Staubfäden in Wasser unter dem Deckglas beobachten, ohne die Haare zu quetschen (Zwischenlage von Deckglassplittern). Auch ganz junge Blättchen der Wasserpest oder nicht zu dünne Schnitte durch die Blätter der Aquarienpflanze *Vallisneria* zeigen die Plasmaströmung: wir können die Wanderung der mitgeführten Chlorophyllkörner leicht verfolgen.
Das Häutchen der Zwiebelschuppen zeigt bei starker Vergrößerung in den Zellen eine langsame Plasmaströmung, kenntlich an der Wanderung der eingebetteten Mikrosomen.
Ergebnis:
In der Zytoplasmaströmung geeigneter pflanzlicher Zellen erkennen wir unter dem Mikroskop eine unmittelbare Energieäußerung des Pflanzenlebens.

VIII. Fermente: Bau und Eigenschaften, mikrobielle Stoffumsätze im Boden an ausgewählten Beispielen:

Versuch 121: *Dehydrogenasenachweis in den Mitochondrien der Hefezelle*

Das Prinzip des intrazellulären Dehydrogenase-Nachweises beruht darauf, daß man auf lebende Zellen, bzw. Gewebsschnitte einen geeigneten, möglichst spezifischen Redoxindikator in wäßriger Lösung einwirken läßt, der im reduzierten (hydrierten) Zustand einen gut lokalisierten, unlöslichen Farbstoff bildet.
So erhält man im mikroskopischen Bild eine allgemeine Übersicht der Dehydrogenaseaktivität und ihrer Verteilung auf die Zellgewebe (Vgl. dazu auch Versuch 36).
Will man eine spezifische Dehydrogenase nachweisen, muß man das geeignete Enzymsubstrat und meist auch einen Puffer zusetzen, der auf das pH-Optimum des betreffenden, wasserstoffübertragenden Fermentes eingestellt ist. Eine optimale Versuchstemperatur (etwa 35—37° C) sorgt für Beschleunigung der Farbreaktion.
Als histochemische Indikatoren werden meist wasserlösliche, quarternäre Ammoniumsalze verwendet, deren typischer Bau einen heterozyklischen Ring aus 4 N- und 1 C-Atom aufweist: die Tetrazoliumsalze (kurz "Tetrazole" genannt).
Bei ihrer Hydrierung entsteht eine intensiv gefärbte Verbindung, ein „Formazan", das die Atomgruppierung $-N=N-C=N-NH-$ aufweist; man vergleiche
dazu das Reaktionsschema auf S. 70.
Das dort angeführte Tetrazol bildet ein rotes Formazan, das zwar wasserunlöslich ist, sich aber auch in lipoiden Zellbestandteilen anreichert, so daß u. U. die genaue Lokalisation in der Zelle „verwischt" werden kann.
Moderne Entwicklungen mit nitrierten Benzolringen, z. B. das Nitro-BT, bzw. Tetranitro-BT und MTT zeigen diese unerwünschte Eigenschaft nicht und wer-

den daher heute für histochemische Zwecke bevorzugt verwendet; diese Tetrazole sind sogar für elektronenoptische Untersuchungen geeignet.

Die Bedeutung des Puffers für neutrale Reaktion (pH = 6,8—7,0) beruht darauf, daß im alkalischen Milieu auch Sulfhydrylkörper, die mit Dehydrogenase nichts gemein haben, eine Formazanbildung, selbst in substratfreiem Medium hervorrufen können (sog. „Nothing-Dehydrogenase"-Reaktion).

Als besonders für unsere Versuche geeignetes Objekt empfiehlt J. Reiss (vgl. Literaturangabe) Bierhefe, *Saccharomyces cerevisiae.*

Geräte:
Mikroskop (etwa 1000 ×), Deckgläser und fettfreie Objektträger, Petrischalen, kleine Glasschälchen, feuchte Kammer, Brutschrank (25 und 37° C), Pipetten mit Gummihütchen, Brenner, Impföse, Kurzzeitwecker, Waage, Meßpipetten (10 ml), Erlenmeyerkolben (100 ml), Sterilisator, Meßzylinder (100 ml), Spritzflasche mit destilliertem Wasser

Material:
Malzextraktagar (2 %̈ Agar, 4 %̈ Malzextrakt, 0,5 %̈ Pepton, pH = 7) zur Vorkultur; Natriumsukzinat, Nitro-BT (zu beziehen durch Fa. Serva, Heidelberg), M/5 Phosphatpuffer (pH = 7,2), NAD^+, $NADH + H^+$

Zeit:
Vorkultur 12—16 Stunden, Versuch etwa 1—2 Stunden

Der Bierhefestamm (über Brauereien beziehbar) wird auf das Zentrum einer Malzextraktagarplatte geimpft und 12—16 Stunden bei 25° C im Brutschrank vorkultiviert. Nun kann man sich sehr bequem durch radiales Ausstreichen mit der Impföse bis zum Schalenrand frische Sekundärkulturen für die Enzymversuche herstellen.

Enzymversuche:
1 Öse frischer Sekundärkultur wird in wenig Sterilwasser aufgeschwemmt, Tropfen davon auf fettfreie Deckgläser verteilt und kurz angetrocknet. Dabei ist jedes Erwärmen zu vermeiden, da sonst die Enzyme inaktiviert würden.

Die so vorbereiteten Ausstriche werden mittels Pipette mit dem gewünschten, gepufferten Substrat vorsichtig bedeckt und in einer feuchten Kammer im Brutschrank etwa 45 Minuten inkubiert. Zu kurze Einwirkungsdauer gibt blasse, zu lange oft unscharfe Bilder; man probiere daher die beste Zeit aus.

Inkubationsmedien für:
Sukzinatdehydrogenase (nach *Nachlaß* 1957)
1 ml wäßrige 0,2 M von Natriumsukzinat
2 ml wäßrige Lösung von Nitro-BT 1 : 1000
1 ml 0,2 M Phosphatpuffer (pH = 7,2)
b. *$NADH + H^+$ Cytochrom c-Reduktasen (Nachlaß, 1958)*
0,5 ml destill. Wasser
0,5 mg $NADH + H^+$
0,25 ml wäßrige Lösung von Nitro-BT 1 : 1000
0,25 ml 0,2 M Phosphatpuffer (pH = 7,2).

Als Kontrolle dienen Ansätze, die nur Nitro-BT und Phosphatpuffer enthalten.

Nach beendeter Inkubation werden die Medien abgegossen, mit destill. Wasser aus der Spritzflasche kurz abgespült und anschließend bei starker Vergrößerung mikroskopiert.

Ergebnis:
Die gut lokalisierte, tiefe Formazanfärbung findet sich in den Hefezellen in Form einer Scheckung des sonst farblos gebliebenen Zellplasmas. die Farbstoffablagerungen weisen meist eine längliche Form auf, was mit der Gestalt der Mitochondrien übereinstimmt.
Soll die Reaktion signifikant sein, so müssen die Kontrollansätze farblos sein, höchstens eine ganz blasse, unspezifische Färbung aufweisen, die durch stets vorhandene, undefinierte Substrate verursacht sein kann.
Literatur: Nachlaß M. M.: J. Histochem. Cytochem. 5/, S. 420 (1957).
Reiss, J.: Mikrokosmos 57/, S. 52 (Stuttgart 1968).

Versuch 122: Mitochondrienfärbung mit Janusgrün
Die Mitochondrien, in denen sich der energieliefernde Stoffwechsel der Zelle hauptsächlich abspielt, sind sehr klein und liegen fast an der Sichtbarkeitsgrenze des Lichtmikroskops. Sie lassen sich aber spezifisch färben und auf diese Weise erkennen.
Material:
Frische Kalbsleber (ca. 5 bis 10 g)
Geräte:
Mikroskop mit Ölimmersion und möglichst Phasenkontrast, Erlenmeyerkolben (100 ml), Teesieb, Leinenläppchen, Schere, Waage, Meßzylinder (50 ml), Meßpipette (10 ml), feuchte Kammer
Chemikalien:
Rohrzucker, Janusgrün
Zeit: etwa 1 Stunde
Ein Stückchen Kalbsleber wird mit der Schere fein zerkleinert und in 10 ml 8 %iger Zuckerlösung im Erlenmeyerkolben gerührt, bis eine rötlichbraune Brühe entsteht. Diese Aufschwemmung filtriert man durch ein mit einem Leinenläppchen ausgelegtes Teesieb.
Einige Tropfen des Filtrats bringt man auf einen Objektträger und streicht mit einem zweiten Objektträger aus. Dann fügt man wenige Tropfen einer 0,1 %igen Janusgrünlösung zu. Das Präparat kommt für ¼ Stunde in eine feuchte Kammer; zu diesem Zweck genügt eine mit feuchtem Filterpapier ausgelegte Petrischale. Dann wird mit dem Deckglas abgedeckt, ein eventueller Flüssigkeitsüberschuß mit Filterpapier vom Objektträger abgesaugt und bei sehr starker Vergrößerung (ca. 1000 ×) mikroskopiert.
Ergebnis:
Durch Vitalfärbung mit Janusgrün sind die Mitochondrien in den Zellen blau angefärbt. Bei weitoffener Irisblende im Kondensor des Mikroskops wird der Farbkontrast besonders deutlich.
Hinweis:
Bezugsquelle für Janusgrün B: Waldeck-Reagenzien, 4401 *Roxel* (Westfalen), Postfach 1180

Versuch 123: Nachweis von Oxidasen in Mitochondrien (NADI-Reaktion nach Perner)
Material:
Bierhefe oder besser Backhefe, Schnitte durch tierische oder pflanzliche Gewebe
Einzeller

Gerät:
Mikroskop mit Ölimmersion, Waage, Erlenmeyerkolben (100 ml), Meßzylinder (100 ml)
Chemikalien:
α-Naphthol ca. 1 g, Dimethyl-p-Phenylendiamin (etwa 1 g), Phosphatpuffer nach *Sörensen* (pH etwa 6—7; 1 Teil m/15 Na_2HPO_4 + 3 Teile m/15 KH_2PO_4)
Zeit:
etwa 1 Stunde
Zunächst stellen wir uns das NADI-Reagenz (*Gierke,* Modifikation nach *Perner* 1952) her.
1 Teil 0,1 %iges α-Naphthol, 1 Teil 0,1 % Dimethyl-p-Phenylendiamin und 8 Teile Phosphatpuffer.
Dieses Gemisch dringt langsam in die Zellen ein und soll daher ¾ Stunden einwirken. Die Mitochondrien in den Zellen erscheinen dann durch die Bildung von Indophenolblau unter dem Einfluß der Cytochromoxidase gut lokalisiert als winzige blaue Körnchen.
Ergebnis:
Das für die Sauerstoffaktivierung im Atmungsvorgang sehr wichtige Ferment Cytochromoxidase (Cytochrom a_3) läßt sich mit dem NADI-Reagenz durch Bildung eines blauen Indophenolfarbstoffes innerhalb der Mitochondrien gut lokalisiert nachweisen.

Versuch 124: Nachweis der Sukzinat-Dehydrogenase in Bakterien: Mitochondrienäquivalente
Den Mitochondrien höher organisierter Zellen entsprechen bei Bakterien die „Mesosomen". Sie sind winzige, meist membrannah gelegene Organelle, die wie die Mitochondrien, die „Kraftwerke" darstellen, in denen der Atmungszyklus abläuft. Eines der im Krebs-Zyklus wirksamen Fermente, die zwischen Bernstein- und Fumarsäure eingeschaltete „Sukzinatdehydrogenase" läßt sich wie folgt nachweisen:
Material:
Sporen von Bac. subtilis (alte Reinkultur vom Heubazillus)
Geräte:
Mikroskop mit Ölimmersion, Petrischalen, Brutschrank (30° C), Impföse und Spatel, Brenner, Erlenmeyerkolben (100 ml), Sterilisator, Zentrifuge.
Chemikalien:
Standardagar I (MERCK), Phosphatpuffer (pH = 7,2), Natriumsukzinat, Kobalt(2)-chlorid, MTT (ein spezielles Tetrazoliumsalz der Firma GURR, London: 3—(4,5 Dimethylthiozolyl-2) 2,5 Diphenyltetrazoliumbromid)
Zeit:
3—4 Stunden.
Nährlösung mit Indikator:
0,05 M Natriumsukzinat, 0,005 M krist. Kobaltchlorid in Phosphatpuffer (pH=7,2, 0,001 M) und pro 1 ml je etwa 1 mg MTT.
Letztes wird aus der farblosen Vorstufe durch die Bakterien nach umseitig folgender Gleichung zu blauem MTT-Co-Formazan reduziert.
Sterile, mit Standard I-Agar beschickte Petrischalen werden direkt mit Heubazillussporen beimpft (Spatel) und 2 Stunden bei 30° C bebrütet. Dann schwemmt

man die Bakterien in sterilem Phosphatpuffer auf (pH = 7,2), wäscht einmal mit Pufferlösung in der Zentrifuge. Der Bodensatz wird dann steril in obiger Nähr-

3-(4,5-Dimethylthiazolyl-2')
2,5 Diphenyltetrazoliumbromid (MTT)

(blauer Komplex)

lösung mit Subzinat und MTT überführt und nochmals etwa ½—1 Stunde bebrütet. Dabei färbt sich die Suspension unter Reduktion des Tetrazols in Formazan und Bildung einer stabilen u. gut lokalisierten Kobalteinschlußverbindung blau: Der Vorgang vollzieht sich innerhalb einer Stunde durch selektive Anfärbung der Mesosomen.

Dies kann man bei sehr starker Vergrößerung im Mikroskop sehen. 1 Tropfen der Suspension wird auf dem Objektträger mit Deckglas bedeckt und mit dem Ölimmensionsobjektiv bei weiter Irisblende untersucht. In regelmäßigen Abständen finden wir in der Zellhaut (Zytoplasmat. Membran) blaue Pünktchen, die Mitochondrienäquivalente.

Ergebnis:
Zytochemisch können wir die Funktion der Sukzinat-Dehydrogenase in den Mitochondrienäquivalenten von Bakterien durch Anfärbung mit MTT und Bildung eines stabilen tiefblau gefärbten Kobalt-Komplexes nachweisen. Im Prinzip gleicht die Reaktion der üblichen Reduktion von Tetrazoliumsalzen zu gefärbtem Formazan.

Literatur: Drews, G.: Mikrobiol. Praktikum für Naturwissenschaften (Springer, Berlin, 1968) S. 89.

Versuch 125: Cytochromnachweis in Hefezellen
Die Hefe kann bekanntlich von Gärung auf Atmung und umgekehrt ihren Stoffwechsel umschalten, das bedeutet, daß neben den Gärungsenzymen auch die Wirkstoffe der Atmungskette, der oxydativen Phosphorylierung vorhanden sind. Dazu gehören *vor allem auch die Cytochrome.* Als Häminkörper zeigen sie im sichtbaren Spektralbereich kennzeichnende Absorptionsbanden im reduzierten (Fe^{++}) Zustand.

Material:
Dickbreiige Bäcker- und Bierhefe.

Geräte:
Starke Lichtquelle (Kleinbildprojektor oder *Reuter*-Lampe). Planparallel-Küvette ca. 2 cm Schichtdicke), Spektroskop mit Skala, Sauerstoffquelle (Druckflasche mit Reduzierventil oder Entwickler aus Braunstein und Perhydrol) mit Schlauch und Einleitungsrohr in die Küvette.

Chemikalien:
Braunstein, Perhydrol

Zeit:
Aufbau etwa 15 Minuten, Beobachtung etwa 20 Minuten.
Wir stellen die Anordnung entsprechen dder Abb. 48 zusammen.

Die Küvette wird mit einer so dichten Hefesuspension gefüllt, daß das Licht des Projektors rötlich durchscheint. Die Farbe wird bei ruhigem Stehen der Suspension deutlicher, da die Hefezellen den Sauerstoff in der Aufschwemmung veratmen. Es treten dann im Spektrum des durchfallenden Lichtes die Absorptionsbanden der reduzierten Cytochrome auf.

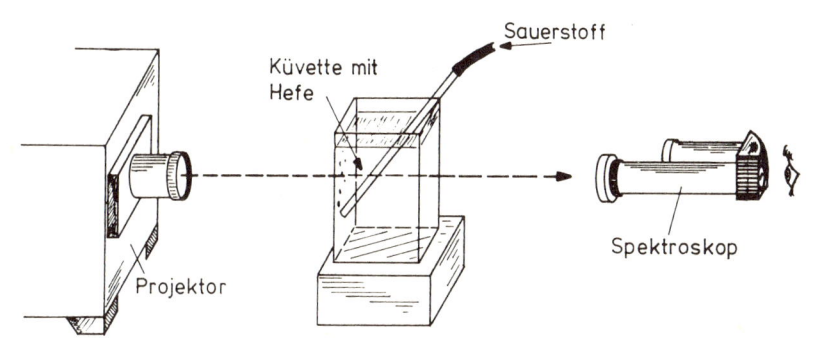

Abb. 48: Cytochrom-Nachweis an Hefe

Bei Bäckerhefe liegen die Bandenschwerpunkte, ein hochauflösendes Spektroskop vorausgesetzt, bei etwa

λ = 605 (rotorange), 565 (gelbgrün) 550 (grün) 525 nm (blaugrün)

Die vorwiegend anaerob lebende, untergärige Bierhefe zeigt nur 2 Banden bei etwa λ = 560 und 525 nm im mittleren Spektralbereich.

Leiten wir nun Sauerstoff in die Hefesuspension, so schwinden die Absorptionsbanden, um bei ruhigem Stehen wiederzukehren.

Ergebnis:

Durch Absorptionsbanden im mittleren Spektralbereich kann man in lebenden Hefesuspensionen Cytochrome nachweisen, wobei man zur Charakteristik das Schwinden der Banden bei Einleitung von Sauerstoff und das Wiederkehren, wenn dieser veratmet ist, heranziehen kann.

Versuch 126: Schnellnachweis der Cytochromoxidase in Mikrobenkulturen

Die geschilderte *Nadi-Reaktion* ist etwas umständlich (vgl. Versuch 123, S. 166); daher wurde zur Erleichterung der klinischen Diagnostik ein vereinfachtes Schnellverfahren entwickelt:

„Pathotec —CO" — Cytochromoxidaseteststreifen der Fa. GÖDECKE.

Material:

Hefe-, Pseudomonas-, Alcaligenes-Stämme u. a. Cytochromoxidase-positive Mikroorganismen.

Geräte:

Erlenmeyerkolben (100 ml), Brutschrank (36° C), Petrischalen, Sterilisator, Impföse, Brenner, Meßpipette (10 ml).

Chemikalien:

1 %ige alkoholische α-Naphthollösung reinst, 1 %ige wäßrige Lösung von Di-

methyl-p-phenyldiamin-hydrochlorid-Lösung bzw. an ihrer Stelle Pathotec-Cytochromoxidasestreifen (GÖDECKE); Standard I-Agar (MERCK)
Zeit:
Vorkultur im Brutschrank (auf Standard I-Nährboden MERCK) ca. 24—36 Stunden; Untersuchung selbst etwa 10 Min.

a. *Pathotec-CO-Streifen*
beruhen auf einer vereinfachten Ausführung der „Nadi-Reaktion"; sie sind über Fa. GÖDECKE A. G., 78 Freiburg, Postfach 569, Abtlg. Labordiagnostik, zum Preis von DM 44,— für 50 Tests beziehbar.
Auf den *Pathotec-CO*-Streifen tragen wir 1 Öse der zu prüfenden Mikrobenkultur (aus Nährbrühe oder besser von Agarplatte abgeimpft) auf eine der beiden Reagentienzonen auf. Das Vorhandensein von Cytochromoxidase zeigt sich durch Blaufärbung innerhalb 1 Minute an.

b. *Auftropfmethode auf Agarplattenkulturen:*
Die mit Bakterien bewachsene Kulturplatte wird an der Stelle der zu prüfenden Kolonien mit der Pipette mit 1—2 Tropfen eines frisch bereiteten Gemisches aus 2 Teilen α-Naphthol-Lösung u. 3 Teilen Dimethylparaphenylendiaminhydrochlorid-Lösung bedeckt. Ist Cytochromoxidase vorhanden, so färben sich die betreffenden Kolonien innerhalb weniger Minuten ultramarinblau (durch Bildung von Indophenolblau).
Ergebnis:
Mit einer vereinfachten Modifikation der „Nadi-Reaktion" läßt sich der Cytochromoxidasegehalt in Mikrobenkolonien (Bakterien, Sproßpilze) relativ rasch auch makroskopisch prüfen.

Literaturhinweis: Schassan-Metz-Fedder: „Biochemisch-anzymatische Untersuchungen mit Teststreifen", das ärztl. Labor 2/ S. 37 (Hamburg 1971).

Versuch 127: Histochemischer Nachweis von Oxidations-Fermenten (Peroxidase, Tyrosinase) in Zellen und Geweben
Das Enzym *Peroxidase,* das sich ziemlich reichlich im Meerrettich und in der Kartoffel, sowie im Milchsaft höherer Pilze (Reizker, überhaupt Lactarien) findet, spaltet Verbindungen vom Sauerstoffbrückentyp—O-O—, z. B. Wasserstoffperoxid, Peroxodisulfate u. ä. Es ist ein Häminferment mit Eisenzentralatom, ähnlich den Cytochromen und der Katalase.
Tyrosinase (oder Monophenoloxidase) ist ein Proteid, das in seiner Wirkgruppe Kupfer besitzt (wahrscheinlich an Amino- bzw. Karboxylgruppen gebunden). Sie findet sich im Pflanzen- und Tierreich recht verbreitet und ist für die Bildung von Vorstufen dunkler Pigmente (Melanine) verantwortlich.
In beiden Fällen ist der Wertigkeitswechsel des Metalls ($Fe^{2+} \rightleftarrows Fe^{3+}$, bzw. $Cu^{1+} \rightleftarrows Cu^{2+}$) bei der Wirkung beteiligt, wir versuchen den histochemischen Nachweis beider Enzyme;
Material:
Meerrettichstange, Kartoffelknolle, Reizker, Blutzellen, Speicheldrüsen von Dipteren, Wasserschnecken
Geräte:
Mikroskop, Wasserbad mit Heizung, Waage, Meßzylinder (100 ml), Erlenmeyerkolben (100 ml), Meßpipette (10 ml), Filtertrichter mit Filter, kleine Deckelschälchen, evtl. Kühlschrank

Chemikalien:
Säurefuchsin, bzw. Patentblau; Zinkstaub (rein), Eisessig, Perhydrol (30 % H_2O_2)
Zeit:
Ansätze je etwa ½ Std., Beobachtung nach 30—45 Min. (bei Peroxydase), bzw. 12—24 Stunden (bei Tyrosinase): jeweils 5 Min.

a. Peroxidase

Reagenz nach L i s o n 0,8 g Säurefuchsin werden mit 1 ml Eisessig, 5 g Zinkpulver und 50 ml destill. Wasser auf dem Wasserbad bis zur Umfärbung (Bildung der Leukoform) nach gelbl.-braun erhitzt, dann fügt man nochmals 1 ml Eisessig zu und bewahrt bis zum Gebrauch dunkel und kühl (Kühlschrank) auf.
Ähnlich das *Reagenz nach F a u t r e z ,* doch wird statt Säurefuchsin Patentblau verwendet; die Leukoform ist graublau.
Zum Gebrauch filtrieren wir 10 ml des Reagenz, fügen 0,5 ml Perhydrol zu und bringen unsere Frischpräparate (Gewebeschnitte) in kleinen Schälchen in dieses Gemisch, worin sich die Präparate an den peroxidasehaltigen Stellen rotviolett (nach *Lison*), bzw. grünlichblau (nach *Fautrez*) anfärben. Die Färbungen sind gut lokalisiert und haltbar; nach Entwässerung (i-Propanol) ist die Anfertigung von Dauerpräparaten (Caedax, Entellan u. a.) möglich.

b. Tyrosinase

Hier beansprucht die Farbreaktion längere Zeit, spurenweise Zusatz von Brenzkatechin beschleunigt.
Durch einfaches Einlegen frischer Präparate (Schnitte) in eine kaltgesättigte, wäßrige Tyrosinlösung (12—24 Stunden in kleinen Deckelschälchen) tritt Dunkelfärbung (violett bis schwarz) in den tyrosinasehaltigen Stellen der Objekte auf.
Ergebnis:
Peroxidasen oxidieren in Gegenwart von Wasserstoffperoxid bestimmte Leukofarbstoffe (von Säurefuchsin oder Patentblau) innerhalb der Zellen zur ursprünglichen Farbe.
Tyrosinase bewirkt bei längerer Einwirkung gesättigter, wäßriger Tyrosinlösung eine Dunkelfärbung, die auf Vorstufen (DOPA) von Melaninen hinweist.

Literatur: Romeis, B.: „Mikroskopische Technik", S. 276 (15. Aufl., Oldenbourg, München, 1948).

Versuch 128: Bestimmung der Fermentaktivität der Bodenorganismen I
(Invertase)
Die Fermentaktivität der Bodenmikroorganismen ist sehr vielseitig und vielschichtig; als Maß der „Lebendigkeit" eines Bodens werden exemplarisch bestimmte wichtige Enzymfunktionen herausgegriffen, die einigermaßen leicht quantitative Bestimmung ermöglichen. Im folgenden Versuch wird die Rohrzuckerspaltung herangezogen (nach *Hofmann*).
Material:
Proben (je etwa 15 g) von lufttrockenem, gesiebtem Boden (Kompost, Gartenerde, Sand)
Geräte:
Brutschrank (37° C), Waage, Sieb (1—2 mm), 3 Weithalsmeßkolben (100 ml), Bechergläser (100 ml), Meßzylinder (100 ml), Wasserbad, Brenner 25 ml — Bürette auf Stativ, Meßpipette (10 ml)

Chemikalien:
Puffer pH = 5,5 (gleiche Teile 1 M Essigsäure und 1 M Dikaliumphosphat), 20 %ige Sacharoselösung, 20 %ige Kaliumjodidlösung, Toluol, 20 % Schwefelsäure, N/10 Thiosulfatlösung, *Fehling*sche Lösung I + II (frisch gemischt 1 : 1), destill. Wasser, lösl. Stärke (1 %).

Zeit:
Ansatz etwa 1—1½ Stunden, Inkubation 24 Stunden, Auswertung danach etwa 1 Stunde.

Es empfiehlt sich, pro Boden 2 Parallelen und 1 Kontrolle (Blindprobe zur Eigenreduktion des Bodens) ohne Zucker anzusetzen.

In die 100 m*l* Weithalsmeßkolben werden je 10 g Bodenprobe eingewogen und mit 1,5 m*l* Toluol gut vermengt; nach 15 Minuten kommen 10 m*l* Pufferlösung (pH = 5,5) und 10 m*l* frisch bereitete, 10 %ige Saccharoselösung hinzu; die Mischung wird geschüttelt. Sollte keine Flüssigkeit überstehen, so geben wir soviel destill. Wasser zu, bis dies der Fall ist. Die Kontrolle erhält statt Zuckerlösung nur destill. Wasser. Die Ansätze werden nun 23 Stunden bei 37° C inkubiert. Danach ketzt man jeweils bis zur Marke Wasser von 38° C zu und bebrütet noch 1 Stunde.

Zur *Bestimmung der Inversion* entnimmt man von jedem Ansatz, auch von der Blindprobe, 20 m*l* Lösung, versetzt mit 10 m*l* *Fehling* I und II und gibt noch 5 m*l* destill. Wasser zu. Nach 5 Minuten Kochen auf dem Wasserbad wird rasch auf 25° C abgekühlt.

Meist sieht man nachher die Bildung des roten Cu_2O recht gut.

Dieses stammt aus der Reduktion des blauen Kupferkomplexes durch die Spaltprodukte (Trauben- und Fruchtzucker) des Rohrzuckers, da dieser selbst nicht reduzierend wirkt.

In der folgenden Maßanalyse wird das restliche, nicht reduzierte Cu^{++}-Ion jodometrisch bestimmt: Die abgekühlte Flüssigkeit versetzt man mit 5 m*l* 20 %iger Schwefelsäure und 5 m*l* 20 %iger Kaliumjodidlösung:

In einer Reihe von Umsetzungen entsteht schließlich neben Cu(II)-jodid freies Jod, das mit Thiosulfat titriert werden kann:

$$J_2 + 2\,Na_2S_2O_3 \longrightarrow Na_2S_4O_6 + 2\,NaJ$$

Man setzt aus der Bürette so lange N/10 Thiosulfat zu, bis nur mehr schwache Gelbfärbung vorhanden ist, dann wird mit einigen Tropfen löslicher Stärke bis zum Schwinden der Blaufärbung zu Ende titriert. Daneben ermittelt man in gleicher Weise den Blindwert (Eigenreduktion der Bodenprobe).

Berechnung des Ergebnisses:
Die Differenz zwischen dem Thiosulfatverbrauch (in m*l*), des Blind- und Hauptversuchs entspricht der Invertaseaktivität des Bodens.

Beispiel:
Blindversuch   14 m*l* N/10 Thiosulfat
Hauptversuch   6 m*l* N/10 Thiosulfat
─────────────────────
                8 m*l* N/10 Thiosulfat

Dies ist Invertase-Saccharose-Aktivitätszahl 8.

Hinweis:
Bei sehr gutem Kulturzustand bzw. hohem Humusgehalt des Bodens, wie in Komposterde, verwendet man nur 10 ml der Probe zum Kochen mit *Fehling* und anschließender Titration.

Ergebnis:
Mikroorganismen im Boden vermögen mittels Invertase (= Saccharase) Rohrzucker in reduzierende Zucker zu spalten. Diese lassen sich jodometrisch bestimmen und ergeben die „Aktivitätszahl" des Bodens.

Literaturhinweis: Reissig, W.: Kleines agrikultur-chemisches Praktikum Dtsch. Bauern-Verlag, Berlin 1956.
Hofmann, R.: Z. Pflanzenernährung, Düngung und Bodenkunde 56, S. 68 (1952).

Versuch 129: Fermentaktivität der Bodenorganismen II (Katalase)
Katalase, ein Enzym, das anaeroben Bakterien fehlt, spaltet Wasserstoffperoxid in Wasser und Sauerstoff, der mittels Eudiometer gemessen werden kann.
Material:
gesiebte Bodenproben (nicht zu sauer, pH $\sim > 4$)
Geräte:
Weithalserlenmeyerkolben (200 ml) mit gebohrtem Gummistopfen, 3-Wegehahn, Einsatzgefäß, 2 m Verbindungsschlauch, 2 Büretten (50 ml) mit Schlauchtüllen, Gummistopfen (gebohrt, auf Büretten passend), Waage, Meßzylinder (100 ml), Apparatur siehe Abb. 49, Stoppuhr, Meßpipette (10 ml)

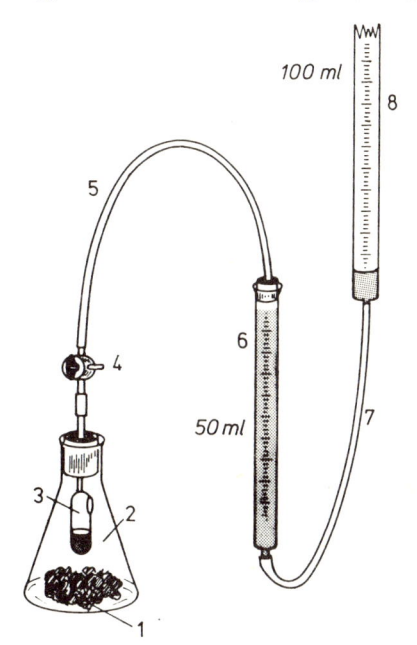

Abb. 49: Bestimmung der Boden-Katalase-Aktivität m. *Beck*

1 ... Erdprobe
2 ... Erlenmeyer-Kolben
3 ... Kippgefäß mit H_2O_2
4 ... Dreiwegehahn
5 ... Plastikschlauch
6 und 8 ... Büretten
7 ... Verbindungsschlauch

Chemikalien:
m/15 Phosphatpuffer (pH = 6,8), 10 %ige Sodalösung, 3 % Wasserstoffperoxid, 1 % wäßrige Natriumazidlösung.

Zeit:
Etwa 1 Stunde.
Je 5 g der einzelnen, lufttrockenen, homogenen gesiebten Bodenproben werden in 2 Weithalserlenmeyerkolben, die ein Einsatzkippgefäß enthalten (vgl. Abb. 49) eingewogen und mit je 20 ml Pufferlösung (pH = 6,8) versetzt. Zum 2. Kolben (Blindprobe) kommt, um die Bakterienkatalase zu hemmen, 1 ml Natriumazidlösung (nicht mit dem Mund pipettieren, da Gift!).
Das Einsatzgefäß wird mit 10 ml 3 % Wasserstoffperoxidlösung gefüllt; etwaige außen haftende Tropfen sorgfältig abgewischt. Dann wird der Stopfen auf den Kolben aufgesetzt und der daran befestigte Dreiweghahn nach außen seitlich geöffnet (Hahnstellung 1). Der gerade Weg dieses Hahns führt über einen Verbindungsschlauch (ca. 1 m) zu den über einen Schlauch beweglich miteinander verbundenen Büretten.
Man läßt die Ansätze zum Temperaturausgleich etwa ½ Stunde stehen, dann wird durch Drehen des Dreiweghahns die Verbindung nur mit den Büretten hergestellt und zugleich die Verbindung nach außen unterbrochen (Hahnstellung 2).

Die Füllung der 1. Bürette wird durch Heben bzw. Senken der 2. Bürette auf 0 eingestellt (es empfiehlt sich, die Büretten in dieser Stellung an einem Stativ zu fixieren).
Nun kippen wir den Erlenmeyerkolben so weit, daß das Wasserstoffperoxid sich in den Ansatz ergießt, richten sogleich wieder auf und schütteln genau 3 Minuten lang gleichmäßig (Stoppuhr!) ohne den Kolbeninhalt mit den Händen zu erwärmen. Nun wird sogleich der Manometerstand abgelesen, wobei man die 2. Bürette soweit senkt, daß Niveaugleichheit der Flüssigkeitsstände in beiden Büretten herrscht (Ausgleich des Drucks).,
Ebenso verfährt man mit dem Azid-vergifteten Ansatz, die hier entwickelte Sauerstoffmenge stammt nicht von den Bodenmikroben, sondern ist durch anorganische Katalysatoren (Eisen-, Manganoxide und dgl.) im Boden bedingt.
Die Differenz der Sauerstoffvolumine beider Bestimmungen (Normalansatz — Azidansatz) ist ein Maß der mikrobiologischen Bodenaktivität der Aeroben, da Anaeroben keine Katalase besitzen.

Gefahrenhinweis:
Azide sind starke Gifte, Vorsicht beim Pipettieren!

Ergebnis:
Aus der Wasserstoffperoxidspaltung läßt sich die Aktivität der aeroben Bodenmikroorganismen eudiometrisch messen, wobei durch Azidzugabe sich die anorganische Peroxidspaltung abtrennen läßt.

Literaturhinweis: Beck, T.: Bodenmikrobiologie (BLV, München).

Versuch 130: Kleingerät zur Katalaseprüfung
Um die Katalysewirkung in verschiedenen organischen Materialien zu prüfen, kann man sich der folgenden Geräte bedienen (Abb. 50).

Material:
Blut, Spinat- oder anderer Blattbrei, Kartoffelpreßsaft, Aufschwemmung von Hefe oder Bakterien, Speichel und dgl.

Geräte:
Großes Reagenzglas mit seitl. Rohransatz mit passendem Gummistopfen, der in seiner Bohrung die Spitze einer Hahnbürette (10 oder 25 ml) trägt, Stativ, Ver-

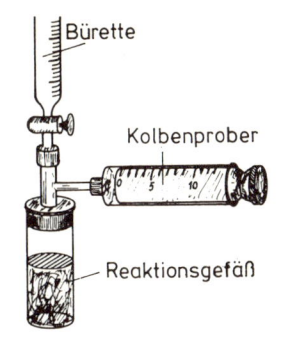

Abb. 50: Kleingerät zur Katalasebestimmung
(leicht verändert gegenüber dem Text)

bindungsschlauch zu seitlich angesetztem Kolbenprober (100 ml), Trichter, Reibschale mit Pistill, Koliertuch, Meßpipette (10 ml).
Chemikalien:
3—10 %iges Wasserstoffperoxid.
In der Reibschale zerkleinern wir geschnittene grüne Blätter (Spinat und dgl.), oder Kartoffelstückchen mit etwas Quarzsand und Wasser recht fein, pressen den Saft durch ein Koliertuch über einen Trichter in das große Reagenzglas. Wenige ml genügen; wir können auch Blut von Schlachttieren, Hefeaufschwemmung usw. verwenden. Dann setzen wir seitlich den Kolbenprober über einen Schlauch an und setzen den Gummistopfen mit zunächst noch leerer Bürette auf. Bürette und Kolbenprober werden mit Klemmen und Muffen am Stativ stabil befestigt. Der Kolbenprober wird auf 0 eingestellt. Dann füllen wir die Bürette mit 3 %iger Wasserstoffperoxidlösung und lassen allmählich zutropfen. Von der im Kolbenprober angezeigten Sauerstoffmenge ziehen wir das zugesetzte Volum der H_2O_2-Lösung ab, das wir an der Bürette ablesen. So kann man die Katalasewirksamkeit der Proben vergleichen.
Ergebnis:
Mit Hilfe eines Kolbenprobers kann man in kleinen Ansätzen die Katalasewirkung gasvolumetrisch vergleichen. Der Sauerstoff im Kohlenprober läßt sich mit dem Glimmspan nachweisen.

Versuch 131: Oxidasenachweis bei Bakterien
Die meisten Aeroben, sporenbildende Bakterien, wie der Heubazillus, Bazillus mykoides u. a. enthalten Diaminoxidase, welche bei Anwesenheit von Sauerstoff eine Aminogruppe aus Diaminen abspaltet, wobei Wasserstoffperoxid frei wird.
Material:
Heuaufguß mit Bakterien, Petrischale mit Nähragar, Watte, Erlenmeyerkolben (200 ml).
Gerät:
Mikroskop, Brutschrank, Impföse, Waage, Meßzylinder (100 ml), Pipette mit Gummihütchen und Brenner.

Chemikalien:
Dimethylparaphenylendiamin.
Zeit:
Vorbereitung (einige Tage vorher) und Versuch je etwa 10 Minuten.
Wir stellen uns durch 1—2 Minuten dauerndes Abkochen von Heu in Teichwasser in einem Erlenmeyerkolben mit Watteverschluß einen Aufguß her, der bei warmem Stehen innerhalb einiger Tage sich durch Bakterien trübt. Es können nur solche Bakterien sich entwickeln, deren Sporen das Aufkochen überlebt haben, z. B. *Bazillus subtilis;* davon können wir uns im Mikroskop überzeugen (zarte bewegliche Stäbchen).
Ist dies der Fall, so streichen wir mit der Impföse einige Tropfen auf einer Petrischale mit Nähragar (Standard II MERCK) aus. Über Nacht entwickeln sich in einem Brutschrank (36° C) Kolonien, zumeist vom Heubazillus.
Pipettieren wir nun auf diese Stelle eine einprozentige wäßrige Lösung von Dimethylparaphenylendiamin, so erfolgt in wenigen Minuten durch Oxidasewirkung eine Dunkelfärbung der Bakterienkolonien.
Ergebnis:
In sporenbildenden, aeroben Bakterien, z. B. Heubazillus, *Bazillus mykoides* u. a. lassen sich Oxidasen durch Farbreaktion nachweisen.
Anmerkung:
Bei Vorhandensein von Reinkulturen von *Bac. subtilis* oder *Bac. mykoides* läßt sich die Vorbereitungszeit wesentlich abkürzen.

Versuch 132: Phenoloxidasen in der Kartoffelknolle
Material:
Frische Kartoffelknollen, geschält und gewürfelt (unter Wasser)
Geräte:
Mixgerät, Koliertuch, Filtertrichter, Zentrifuge, Reagenzgläser, Brenner, Becher-gläser (200 ml).
Chemikalien:
p-Kresol, alkoholische Guajakollösung, Brenzkatechin und Tyrosin (in sehr kleinen Mengen).
Zeit:
etwa 1—2 Stunden.
Phenoloxidasen sind kupferhaltige Proteide, durch Cyanid und Kohlenmonoxid hemmbar, lichtstabil. Als Quelle für ein solches Ferment (Tyrosinase) kann Kartoffelpreßsaft dienen, den wir folgendermaßen herstellen:
Geschälte, gewürfelte Kartoffelstückchen zerkleinern wir mit Wasser im Mixgerät, pressen den Saft durch ein Koliertuch in ein Becherglas und reinigen ihn durch Zentrifugieren.
Dann füllen wir davon in Reagenzgläser ab und machen damit folgende Versuche:

a. *Kresoloxidation:*
Gleiche Mengen gesättigte p-Kresollösung und Kartoffelsaft gemischt färben sich allmählich rot.

b. *Guajakol-Oxidation:*
Man verdünne alkoholische Guajakollösung mit Wasser und mische mit Kartoffelsaft. Keine Änderung; aber nach Zugabe von einer Spur (!) Brenzkatechin (es genügt ein Tropfen einer Lösung 1 : 100 000) färbt sich das Gemisch blau.

c. Frische Kartoffelscheiben bräunen oder schwärzen sich an der Luft, das darin enthaltene Tyrosin wird durch die ebenfalls vorhandene Oxidase zu dunklem Melanin.

Tyrosinoxidation zu Melanin
Einige Kriställchen der Aminosäure Tyrosin lösen wir in warmem Wasser und fügen Kartoffelsaft zu: über Rötung („Dopa") erfolgt in etwa 40—50 Minuten Schwärzung (Melanin).
Durch Polymerisation entsteht aus dem roten „Dopachrom" das braunschwarze Melanin, ein häufiger natürlicher Farbstoff des Tier- und Pflanzenreiches.
Ergebnis:
Die Bildung dunkler Farbstoffe („Melanine") durch biologische Autoxidation ist ein häufiger, natürlicher Vorgang; hier lernen wir einige Modellreaktionen kennen.

Versuch 133: Enzyme in Kartoffelkeimen
Material:
Etiolierte Keime von Lagerkartoffeln (Frühjahr)
Geräte:
Reagenzgläser mit Korken im Gestell, Filtertrichter mit Papier, Erlenmeyerkolben (100 ml), Schere (Zentrifuge)
Chemikalien:
3 % Wasserstoffperoxid, 5 % Kupfersulfat, Quarzsand, Ascorbinsäure, Formalin (40 %)
Zeit:
etwa 30 Minuten.

a. *Phenoloxidasen*
Kartoffelkeime enthalten Phenoloxidasen, Kupferproteide, die für die Dunkelfärbung frisch geschälter Kartoffeln an der Luft verantwortlich sind (Versuch 132c).
Z. B. oxidiert Tyrosinase die Aminosäure Tyrosin zu Dioxyphenylalanin, einer Vorstufe der dunklen Melanine DOPA:

$$H_2C-CH-COOH\text{-}C_6H_4(OH)\text{-}NH_2 + \tfrac{1}{2}O_2 \xrightarrow{\text{(Tyrosinase)}} H_2C-CH-COOH\text{-}C_6H_3(OH)_2\text{-}NH_2 \xrightarrow{\text{(DOPA)}} \text{Melanine}$$

In einer gekühlten Reibschale zerreiben wir Stücke von Kartoffelkeimen mit Quarzsand und kaltem Wasser. Der wäßrige Extrakt wird sogleich filtriert (besser zentrifugiert). Auch bei raschem Arbeiten färbt sich der klare Auszug an der Luft bräunlich.
Wir brauchen etwa 20 ml Extrakt; ⅓ davon kochen wir etwa 2 Minuten über dem Brenner auf, wobei die Phenoloxydasen inaktiviert werden. 2 Reagenzgläser füllen wir mit je 3—4 ml des gekochten Saftes, 4 mit ebensoviel frischem Saft.

Nun schütteln wir 1 Reagenzglas mit gekochtem und 1 mit frischem Saft etwa 3—5 Minuten an der Luft. Nur der frische Saft färbt sich braun, der gekochte nicht.

Um zu beweisen, daß die Dunkelfärbung auf Oxidation beruht, fügen wir ein Reduktionsmittel zu, etwa Natriumdithionit ($Na_2S_2O_4$), so erfolgt sofort Aufhellung, Ascorbinsäure wirkt ähnlich.

b. *Katalase:*

Das Häminproteid Katalase enthält Eisen als Zentralatom, findet sich in allen atmenden Zellen und Geweben. Aus seiner Fähigkeit, Wasserstoffperoxid zu spalten, läßt es sich erkennen.

$$2\,H_2O_2 \longrightarrow 2\,H_2O + O_2\uparrow$$

Wir haben noch von Versuch a. 1 Reagenzglas mit hitzeinaktiviertem Extrakt und 3 Gläser mit frischem Saft. Zu einem dieser 3 Gläser geben wir einige Tropfen Kupfersulfat, zum 2. etwas Formalin, das 3. bleibt als Kontrolle ohne Zusatz.

Nun mischen wir jedem Ansatz 1 ml 3 %ig Wasserstoffperoxid aus der Meßpipette zu.

Die 4 Ansätze kommen nebeneinander in das Reagenzglasgestell und werden etwa 5 Minuten auf Gasbildung (H_2O_2-Zersetzung) beobachtet. Dies geht recht leicht, da durch oberflächenaktive Stoffe im Extrakt der entweichende Sauerstoff eine Schaumkrone bildet.

Die weitaus beste Katalasewirkung (höchste Schaumkrone) finden wir bei der Kontrolle, während die anderen Ansätze weitgehend inaktiviert sind (kaum nennenswerte Gasbildung).

Ergebnis:

Im Extrakt (Preßsaft) von Kartoffelkeimen lassen sich die Enzyme (Phenoloxidase (Tyrosinase) und Katalase einfach nachweisen.

Aus der Katalasewirkung kann man die Inaktivierung durch Hitze, Schwermetallzusatz und Formalin (Methanol) gut zeigen; sie beruht auf Denaturierung des Fermentproteins.

Versuch 134: Nachweis von Riboflavin (Wirkgruppe der Flavinenzyme)

Das Riboflavin, auch Laktoflavin oder Vitamin B_2 genannt, ist ein Redoxkörper, der im oxidierten Zustand gelb, in reduzierter Form aber farblos ist.

Die leicht gelbliche Farbe der Milchmolke oder des Eiklars weist schon auf den Gehalt an Riboflavin hin. Durch die Untersuchung der Fluoreszenz und der (mit Luftsauerstoff reversiblen) Reduktionsmöglichkeit können wir es leicht nachweisen.

Material:
Milchmolke, Eiklar

Geräte:
Reagenzgläser mit Korkstopfen, Spritzflasche mit destill. Wasser, Tropfpipette, Reibschale mit Pistill, UV-Analysenlampe, Dunkelraum, Spatel.

Chemikalien:
Natriumdithionit ($Na_2S_2O_4$), Vitamin B_2-Tablette, Wasserstoffperoxid (3 %)

Zeit:
Etwa 30 Minuten.

Das Riboflavin, ein an Ribose gebundenes Isoalloxazin-Derivat ist die prosthetische Gruppe der in der H-Übertragung wichtigen Flavinenzyme (s. S. 6).

Im oxidierten Zustand ist es an seiner gelben Farbe und strahlend gelben Fluoreszenz im UV, die bei Reduktion mit Natriumdithionit sofort schwinden, zu erkennen.

Setzen wir der reduzierten Lösung zur Oxidation einige Tropfen Wasserstoffperoxid zu, kehrt die Farbe und Fluoreszenz sogleich wieder. Aber auch schon Luftsauerstoff genügt zur Autoxidation (d. h. H-Abspaltung) des reduzierten Flavins, wenn wir längere Zeit an der Luft schütteln. Dies zeigt schön die Funktion der Flavinenzyme als Redoxkörper auf dem biologischen Weg des Wasserstoffs zum Sauerstoff (vgl. allgem. Teil S. 6).

Milchmolke und (etwas verdünntes) Eiklar betrachten wir im Tageslicht (leicht gelblich mit grünlichem Schimmer) und im Dunkelraum im UV der Analysenlampe (goldgelbe Fluoreszenz). Sehr viel deutlicher wird die Erscheinung, wenn wir ganz wenig einer gepulverten Vitamin B_2-Tablette in Wasser lösen.

Nun setzen wir vorsichtig, tropfenweise stark verdünnte, frisch bereitete Lösung des Reduktionsmittels Natriumdithionit zu, das als H-Donator wirkt. Es genügen *wenige* Tropfen, um bei Molke oder verdünntem Eiklar die Farbe und Fluoreszenz zu löschen; bei der Riboflavinlösung aus der Tablette brauchen wir mehr. Schütteln wir die entfärbte, nicht fluoreszierende Lösung längere Zeit mit Luft im verkorkten Reagenzglas, wobei wir gelegentlich Frischluft durch Öffnen des Stopfens zulassen, kehren Farbe und Fluoreszenz bald wieder. Viel rascher gelingt dies bei Zutropfen 3 %iger Wasserstoffperoxidlösung*)

Ergebnis:
Riboflavin, die Wirkkomponente wasserstoffübertragender Enzyme im Atmungsprozeß, läßt sich am Farb- und Fluoreszenzwechsel in einem Redoxvorgang leicht nachweisen.

Versuch 135: Nachweis von Aneurin (Wirkgruppe der Kokarboxylase)
Das Vitamin B_1 (Aneurin, weil es die Nervenkrämpfe der Beriberi-Krankheit heilt) ist die prosthetische Gruppe der Kokarboxylase. Diese spielt bei CO_2-Abspaltungen aus Karboxylgruppen im Stoffwechsel eine allgemein wichtige Rolle. Wir können sie qualitativ in Bierhefe, Haferflocken und Vollkornerzeugnissen (Knäckebrot) relativ leicht nach dem *Thiochromverfahren* nachweisen.

Material:
Bierhefe, breiig oder trocken, Haferflocken, dunkles Brot (Knäcke), Quarzsand.

Geräte:
Reibschale mit Pistill, Reagenzgläser mit Korken, Waage, Meßzylinder (100 ml), UV-Analysenlampe (mit Sperrfilter für sichtbares Licht), Dunkelraum, Filter mit Trichter, Erlenmeyerkolben (100 ml), Meßpipette (10 ml), Becherglas (200 ml).

Chemikalien:
Verdünnte Salzsäure (konz. Säure 1 : 15 mit destill. Wasser verdünnt), 10 % Natronlauge, 1 %ige wäßrige Lösung von Kaliumhexacyanoferrat (III), Butanol oder Amylalkohol (Pentanol), Aktivkohle (granuliert), Vitamin B_1-Tablette, Lackmuspapier, Natriumthiosulfat

Zeit:
etwa ½—1 Stunde.

2 g Trockenhefe (oder etwa 4 g Breihefe) bzw. 2 g Haferflocken (Knäckebrot usw.) zerreiben wir in der Reibschale mit etwas Quarzsand unter portionsweiser Zugabe von etwa 40 ml warmer verdünnter (2 %) Salzsäure, dekantieren jeweils die Flüssigkeit durch ein Filter.

---
*) Zum Demonstrieren des Redox-Vorganges vor einem größeren Hörerkreis empfiehlt sich wegen der tiefen gelben Farbe die wäßrige Lösung einer Vitamin-B_2-Tablette.

Der Salzsäureextrakt wird auf 3—4 Reagenzgläser verteilt, zum ersten 5 ml Wasser, zum zweiten 5 ml Natronlauge, zum dritten 5 ml Natronlauge + 0,5 ml 1 %ige Kaliumhexacyanoferrat(III)-Lösung versetzt und 5 Minuten geschüttelt.

Im UV der Analysenlampe zeigt sich die Anwesenheit von Aneurin durch ein milchig-bläuliches Leuchten im 3. Ansatz, da bei Oxidation mittels der Blutlaugensalzlösung im alkalischen Milieu aus dem Aneurin ein blau-fluoreszierender Stoff, das „Thiochrom" entstanden ist.
Butanol oder Amylalkohol sind in Wasser kaum löslich und, wenn rein, fluoreszenzfrei. Sollte im Strahl der UV-Lampe eine leichte Blaufluoreszenz auftreten, können wir sie durch Schütteln mit Aktivkohle entfernen.
Überschichten wir die 3 Ansätze mit je 2 ml Butanol (Amylalkohol) und schütteln durch, so erscheint nach dem „Aufrahmen" bei Ansatz 3 die Alkoholschicht strahlend blau im UV. In den anderen beiden Ansätzen fluoresziert die Alkoholschicht weitaus schwächer oder überhaupt nicht.
Ein Parallelversuch mit einer Messerspitze von einer gepulverten Vitamin B_1-Tablette, wie oben behandelt, zeigt die Thiochromfluoreszenz in der Alkoholschicht besonders schön. Schütteln wir den durch Thiochrom blau fluoreszierenden Alkohol in einem weiteren Reagenzglas mit Natriumthiosulfatlösung, so schwindet die Fluoreszenz.
Ergebnis:
Mit Hilfe der „Thiochromreaktion" (Oxidation von Aneurin in alkalischer Lösung) läßt sich Vitamin B_1 an der auftretenden Blaufluoreszenz erkennen und nachweisen.

Versuch 136: Nachweis der Stärkespaltung durch Diastase auf Agarplatten bzw. Filterpapier.
Keimende Gerste, aber auch der Mundspeichel enthalten stärkespaltende Fermente (Amylasen; Diastase, Ptyalin), die man mittels Stärkekleister und Jod leicht nachweisen kann.
Nach neuen Ergebnissen (vgl. *M. Bopp,* Naturwiss. Rundschau 22, S. 100, 1969) wird die Amylasebildung in der Aleuronschicht durch einen vom Getreidekeimling sezernierten Botenstoff veranlaßt. Da er durch Giberellin ersetzt werden kann, ist er vermutlich mit diesem identisch. Wird Giberellin oder der Keimling entfernt, hört die Enzymsynthese aus dem Reserveeiweiß auf; ebenso, wenn man einen Hemmstoff der RNS-Synthese (wie 6-Methylpurin oder 8-Azaguanin) zusetzt. Somit dürfte die Giberellinwirkung mit der Transskription zwischen DNS und Eiweißstrukturaufbau zu tun haben.
Material:
Keimende Gerste, Filterpapier
Geräte:
Petrischalen, Filterpapierscheiben, Wasserbad, Becherglas (100 ml), Waage, Meßzylinder 100 ml.
Chemikalien:
Kartoffelstärke, Jodlösung, Agarpulver.
Zeit:
Ankeimen der Gerste 1 Woche vor Versuchsbeginn; Ansatz des Versuchs ca. ½ Stunde; Auswertung (nach 1—2 Tagen) etwa 5 Minuten.

Auf dem Wasserbad stellen wir durch Kochen einen 1 %igen Stärkekleister her und tränken damit einige Rundfilter, die in Petrischalen passen. Wir können auch den Stärkekleister mit 2 % Agarpulver nochmals aufkochen und dann etwa 1—2 mm hoch in Petrischalen gießen und darin erstarren lassen.
Auf diese feuchte stärkehaltige Unterlage in Petrischalen legen wir einige längs halbierte gekeimte Gerstenkörner und in einigem Abstand einige Tropfen Mundspeichel; dann kommt der Deckel darauf. Nach 1—2 Tagen übergießen wir die Platten mit Jodlösung: In der Umgebung der Gerstenkörner und der Speicheltropfen bleibt die Blaufärbung aus, während sonst die Unterlage die Jodstärkereaktion noch zeigt.

Ergebnis:
In keimenden stärkehaltigen Samen wird Amylase gebildet, welche Stärke in Malzzucker zulegt; dies zeigt sich durch Ausbleiben der Jodstärkereaktion im Substrat.

Versuch 137: Temperaturabhängigkeit der Amylasewirkung
Material:
Speichel, Auszug aus Gerstekeimlingen (in lauem Wasser), 1 %iger, dünner Stärkekleister, Eiswürfel
Geräte:
Waage, Meßzylinder (100 ml), Reagenzgläser, Meßpipette (10 ml), großes Becherglas (1 l), Tauchsieder, 4 Bechergläser (100 ml), Thermometer, Kurzzeitwecker.
Chemikalien:
*Lugol*sche Jodjodkalilösung.
Zeit:
Etwa 30 Minuten.
Wir stellen uns aus 1 g Stärke durch Kochen in 100 ml Wasser einen dünnen Kleister her und füllen je 5 ml nach Abkühlen in 10 Reagenzgläser ab.
Zu Ansatz 1 (2 Reagenzgläser) kommt jeweils nur 1 ml Wasser (Kontrolle)
Zu Ansatz 2 (2 Reagenzgläser, die im Becherglas mit Eisstückchen gekühlt werden) je 1 ml Speichel bzw. Malzkeimauszug.
Ebenso zu Ansatz 3 (Reagenzgläser, die in Becherglas mit lauem Wasser auf 20° C gehalten werden),
Ansatz 4 (2 Reagenzgläser in Wasserbad von 40° C)
und Ansatz 5 (2 Reagenzgläser in kochendem Wasserbad).
Der Speichel- bzw. Malzkeimextraktzusatz soll möglichst gleichzeitig erfolgen und gut durchmischt werden.
Nach 5 Minuten setzen wir je 1 ml *Lugol*sche Jodlösung zu (der Ansatz 5 muß vorher gekühlt werden!) und vergleichen die Farbtöne.
Ansatz 1 (Kontrolle) ist mangels stärkespaltendem Ferment blau, ebenso Ansatz 2, wo die Kälte die Spaltung hinderte. Ansatz 3 (20° C) zeigt höchstens schwache Jodstärkereaktion (violett, rötlich), Ansatz 4 (40° C) keine Stärke mehr an (gelbl. Jodfarbe). Ansatz 5 starke Bläuung, da das Ferment durch Kochen zerstört wurde. Das Wirkoptimum der Amylase liegt bei etwa 40° C.
Ergebnis:
Durch Ansätze gestufter Temperatur läßt sich das Temperaturoptimum der Amylasewirkung ermitteln.

Versuch 138: pH-Optimum der Amylasewirkung
Material:
1 %iger Stärkekleister, Speichel, Wasserauszug aus Gerstenkeimen, Lackmuspapier
Geräte:
Brutschrank (36° C), Reagenzgläser, Meßpipetten (10 ml), Kurzzeitwecker.
Chemikalien:
Phosphatpufferlösungen von pH = 4,5 (I);
pH = 6,5 (II);
pH = 8,5 (III) und
pH > 10 (IV).
*Lugol*sche Jodlösung, Essigsäure.
Zeit: 1 Stunde
Wir füllen in Reagenzglas I 5 ml Puffer von pH 4,5, in Reagenzglas II Puffer von pH 6,5, in Glas III 5 ml Puffer von pH 8,5 und schließlich in IV stark alkalischen Puffer (Trinatriumphosphat). Nach Zugabe von je 5 ml 1 %iger Stärkelösung und 1 ml Speichel mischen wir die Ansätze gut durch und stellen sie für etwa ½ Stunde in den Brutschrank.
Dann prüfen wir, nachdem wir zu Ansatz III und IV soviel Tropfen Essigsäure zugegeben haben, daß neutrale Reaktion eingetreten ist (Lackmusprobe), mit Jodlösung.
Die Neutralisation der alkalischen Ansätze ist nötig, um inzwischen gebildetes, störendes Hypojodit zu zerlegen.
Die beste Spaltung der Stärke durch Speichelamylase zwischen den Ansätzen II und III; genaue Messungen ergaben das pH-Optimum der Ptyalinwirkung bei pH etwa 6,9.
Ergebnis:
In Ansätzen mit gestuften pH-Werten läßt sich das Reaktionsoptimum der enzymatischen Stärkespaltung ermitteln.

Versuch 139: Labferment — eine eiweißspaltende und -fällende Protease
Lab ist ein die Peptidbindung spaltendes Ferment, das im Kälber- und Säuglingsmagen vorkommt und das wichtigste Eiweiß der Milch, das Kasein, spaltet und zugleich (bei Anwesenheit von Ca^{++}-Ionen) ausflockt. Im Magen vom *Erwachsenen*, sowie *erwachsener* Säugetiere läßt es sich nicht nachweisen. Es ist im Handel erhältlich.
Material:
Frischmilch, Labferment in Lösung
Gerät:
Reagenzgläser, Tropfpipette, Becherglas (100 ml), Wasserbad, Brenner.
Chemikalien:
N/10 Salzsäure, 1 % Kaliumoxalatlösung, 5 % Kalziumchloridlösung.
Zeit: etwa 1 Stunde.
4 Reagenzgläser füllen wir mit Frischmilch halbvoll und kochen 1 Probe auf, geben dann etwas Lab zu, den anderen Ansätzen fügen wir zu:
Glas 2 die gleiche Menge N/10 Salzsäure,
Glas 3 einige Tropfen Lablösung,
Glas 4 einige Tropfen Lab und außerdem Kaliumoxalatlösung.

Alle 4 Ansätze stellen wir in ein Becherglas mit lauwarmem Wasser ein.
Während Probe 1 (gekochte Milch) und 4 unverändert bleiben, gerinnt der Inhalt in Glas 2 (Säureflockung des Kaseins) und 3 (Labwirkung). In Glas 1 war durch das Kochen der Kalkgehalt der Milch als Karbonat ausgefällt worden (Umwandlung von Hydrogen-Karbonat in Karbonat), bei Ansatz 4 hatte das Oxalat die Ca^{++}-Ionen entfernt.
Fügen wir zu Ansatz 1 und 4 nachträglich noch einige Tropfen Kalziumchloridlösung zu, so tritt auch hier Gerinnung unter der Labwirkung auf.
Ergebnis:
Labferment vermag den Käsestoff der Milch (Kasein) auszufällen und zu spalten. Die Fällung tritt jedoch nur bei Gegenwart freier Kalziumionen auf.

Versuch 140: Gewinnung pflanzlicher Urease
Das erste 1926 von *Summer* kristallisierte Enzym, die harnstoffspaltende Urease, läßt sich nach der Originalmethode ziemlich leicht rein darstellen.
Material:
Mehl von *Canavalia ensiformis (Jack-bean)* als „Jack-bean-meal" über Fa. WALDECK, Roxel/Westf. unter Nr. 49826030 beziehbar (100 g)
Geräte:
Kühlschrank, Becherglas (200 ml), Spatel, Filtertrichter, Erlenmeyerkolben (200 ml).
Chemikalien:
Aceton, destill. Wasser.
Zeit:
Einige Stunden (bis zur Kristallisation)
Wir verrühren Jackbohnenmehl mit auf 31,6 % verdünntem, gekühltem Azeton und filtrieren bei etwa 5° C in einem Erlenmeyerkolben. Nach einigen Stunden im Kühlschrank fällt aus dem Extrakt kristallisierte Urease aus. die sich durch Zentrifugieren abtrennen und trocken aufbewahren läßt.
Ergebnis:
Durch Extraktion mit auf ⅓ verdünntem Azeton läßt sich aus Jackbohnenmehl reine Urease gewinnen.

Versuch 141: Proteolytischer Abbau von Urease durch Pepsin
Urease ist ein SH-Gruppen enthaltendes, globulinartiges Ferment von hohem Molekulargewicht (nahezu 500 000). Durch eiweißspaltende Fermente, wie das Pepsin im Magensaft, wird es zerlegt und verliert damit seine Wirkung.
Material:
Urease, Harnstoff, Universalindikatorpapier.
Geräte:
Erlenmeyerkolben (100 ml), Wasserbad (37° C) oder Brutschrank, Waage, Meßzylinder (100 ml), Meßpipette, Becherglas (200 ml), Glasstäbe, Thermometer.
Chemikalien:
Pepsin, N/10 Salzsäure (konz. HCl 1 : 100 verdünnt), N/10 Natronlauge, Phenolphthaleinlösung.
Zeit:
etwa 1—2 Stunden.

Wir stellen durch Auflösen von 20 g Harnstoff in 200 ml Wasser eine 10 %ige Lösung her und verteilen sie auf 2 Erlenmeyerkolben und setzen je einige Tropfen Phenolphthalein zu.
Je 1 Spatel voll Urease bringen wir in 2 Reagenzgläser, zu dem einen (Kontrolle) geben wir 15 ml Wasser, zu dem anderen 10 ml Wasser, 2,5 ml N/10 HCl und 1,5 ml gesättigte Pepsinlösung und schütteln um. Wir haben somit im 2. Ansatz eine Art „künstlichen Magensaft", der Eiweiß zu Polypeptidbruchstücken (Peptonen) spaltet.
Beide Reagenzgläser stellen wir für 30 Minuten in ein Wasserbad von 37° C oder in den Brutschrank. Nachher wird der 2. Ansatz sorgfältig durch Zutropfen von N/10 NaCH (etwa 2,5 ml) soweit neutralisiert, daß der pH-Wert dem der Kontrolle entspricht. (Prüfung mit Universalindikatorpapier!)
Dann kommt der Inhalt des einen Reagenzglases (Kontrolle) in den einen mit Harnstofflösung beschickten Kolben, der des anderen Reagenzglases in den 2. Kolben und wird mit dem Glasstab gut durchgerührt.
Wir verfolgen die Harnstoffspaltung an der Rotfärbung der Kolbeninhalte. Sie soll im 2. Kolben mit der „verdauten" Urease viel schwächer sein bzw. ganz ausbleiben, wenn die Urease völlig zerstört worden ist.

Ergebnis:
Durch proteolytische Wirkung von Pepsin läßt sich das große Eiweißmolekül der Urease zerlegen, wobei es seine enzymatische Wirkung verliert.

Versuch 142: Zusammensetzung von Urease und Pepsin

Die Fermente sind Eiweißkörper, die für sich allein spezifisch wirksam sind (z. B. Pepsin, Urease u. a.) oder neben dem Trägerprotein noch eine kleinmolekulare Wirkgruppe („prosthetische Gruppe") besitzen. Als Beispiel der erstgenannten Art wollen wir Urease in einfachen Versuchen auf die (Elementar-)Zusammensetzung prüfen.

Material:
Urease, Pepsin (Reinpräparate), Glaswolle (Asbestwolle).

Geräte:
Exikkator, Porzellanschälchen, Reagenzgläser, Gaswaschflaschen, Verbrennungsrohr (ca. 2 cm ϕ, 25—30 cm lang), mit passenden Kork- (besser Asbest-)Stopfen gebohrt mit Glasrohransätzen, Trockenröhrchen, Gaswaschflaschen, Verbindungsschlauch, Brenner (mit breiter Flamme), Wasserstrahlpumpe, schwerschmelzbares Reagenz mit Halter, Filterpapierstreifen, Arbeitshandschuh, Schutzbrille, Erlenmeyerkolben (100 ml).

Chemikalien:
Trockenes Kalziumchlorid, Kupfer-(2)-oxid, Natronkalk, Bleiazetat, Kobaltchlorid, Barytlauge, Kaliumchlorat, Bariumchlorid, Ammonmolybdat, Salpetersäure, Kupfersulfat, Natronlauge.

Zeit:
„Elementaranalyse" ca. 1—2 Stunden, Eiweißnachweis ½ Stunde.

a. *Elementare Zusammensetzung*

Wir bauen gemäß Abb. 51 die Verbrennungsapparatur auf:
2 Absorptionsröhrchen, das erste mit Natronkalk, das zweite mit trockenem Kalziumchlorid gefüllt, werden vor das Verbrennungsrohr (mit der zwischen Glas-

wolle eingebetteten Probe) geschaltet, um CO_2 und Wasserdampf der Luft zu binden.

Probe im Verbr.-Rohr   **Pumpe**

Absorptionsrohre

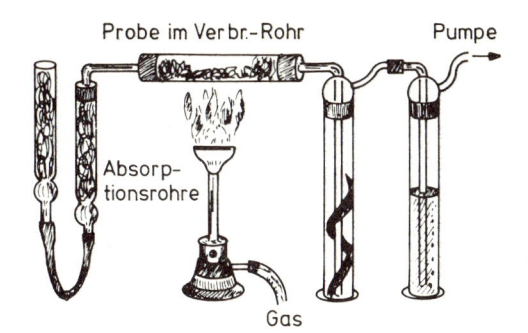

Gas

Abb. 51: Vereinfachte „Elementaranalyse" von Protein (n. *Brauner - Bukatsch*)

Die Probe selbst soll gepulvert und 1 Tag vorher im Exikkator über $CaCl_2$ getrocknet sein. Die Verbrennungsgase werden durch 2 Gaswaschflaschen gezogen. Die erste enthält trockene Streifen von rotem Lackmuspapier, Kobaltchloridpapier (blau) und Bleiazetatpapier, die 2. Flasche ist mit Barytwasser gefüllt. Die während der Verbrennung der Substanz (bis zur mäßigen Rotglut der Röhre) entstehenden Schwelgase werden durch die Glaswollschicht von Teerbestandteilen gereinigt, gelangen durch den mäßigen Sog der Wasserstrahlpumpe in Wasserflasche 1. Dort zeigt die Bläuung von rotem Lackmuspapier NH_3, Ammoniak und damit *Stickstoffgehalt* der Probe an. Die Dunkelfärbung des Bleiazetatpapiers weist auf H_2S (Schwefelwasserstoff, somit *Schwefelgehalt*) hin. Kobaltpapier, trocken blau, färbt sich durch Wasserdampf nach rosa um, damit ist auch *Wasserstoff* in der Substanz nachgewiesen. Die Trübung der Barytlauge zeigt CO_2 (Kohlendioxid) und damit den *Kohlenstoff* in der Probe an.
Phosphor und Schwefel können wir noch auf andere Art nachweisen. Eine Messerspitze Urease oder Pepsin werden mit etwas (1 Spatel genügt) Kaliumchlorat im schwerschmelzbaren Reagenzglas vorsichtig erhitzt. Dabei wendet man die Röhrchenmündung vom Körper weg und trägt vorsichtshalber eine Schutzbrille; Reagenzglashalter und Arbeitshandschuh empfehlenswert.
Die Oxidation der Substanz erfolgt unter Funkensprühen und leichter Explosion.

Nach dem Abkühlen laugt man die Schmelze unter Erwärmen und Rühren mit einem Glasstab in destilliertem Wasser aus.
Phosphor und *Schwefel* der Probe liegen nun als freies Phosphat bzw. Sulfat in Lösung vor. Die Flüssigkeit wird mit Salpetersäure angesäuert und auf 2 Reagenzgläser verteilt. Zu einem geben wir Ammonmolybdatlösung (etwa 10 %ig):
⟶ Gelbfärbung beim Erwärmen zeigt *Phosphorgehalt* an, bei Zusatz von Bariumchloridlösung zum 2. Glas fällt ein schwerer, weißer Niederschlag von Bariumsulfat aus: *Schwefelnachweis*.
Ergebnis:
In einer sehr vereinfachten „Elementaranalyse" kann man in den Fermenten Pepsin und Urease die Elemente C, H, O, N, S und P nachweisen, die auch in Eiweiß enthalten sind. Die Eiweißnatur der Fermente prüfen wir nun unter b.

b. *Nachweis des Eiweißcharakters*

Je 1 Spatel voll Urease bzw. Pepsin lösen wir in einem Reagenzglas in warmem Wasser auf und lassen abkühlen, verteilen dann die Lösungen auf je 3 Reagenzgläser.

1. Fügen wir zu einem Glas nun etwas konzentrierte Salpetersäure zu, trübt sich die Lösung und wird beim Erwärmen gelb. „*Xanthoproteinreaktion*" (auf aromatische Aminosäuren. Die Färbung vertieft sich auf Laugezusatz zu dottergelb.

2. Zum 2. Glas geben wir jeweils 1 ml Natronlauge und 1 Tropfen (!) Kupfersulfatlösung. Eine schöne Violettfärbung *(Biuret-Reaktion)* weist auf die im Eiweiß vorhandenen „Peptid-Brücken" hin.

3. Zu wäßriger Bleiazetatlösung geben wir so lange Natronlauge zu, bis sich der weiße Niederschlag eben wieder löst. Davon geben wir etwa 1 ml jeweils zum 3. Röhrchen und erhitzen zum Kochen. Dabei färbt sich der Inhalt dunkelbraun bis schwarz durch Bildung von *Bleisulfid*, das aus den S-haltigen Aminosäuren stammt.

Hinweise: Oxidationen mit $KClO_3$ sind gefährlich!
Es empfiehlt sich, die Versuche 1—3 auch parallel mit verdünntem Eiklar durchzuführen, um damit die Eiweißnachweise zu erhärten.

Ergebnis:
Durch Farbreaktionen läßt sich die Eiweißnatur von Fermenten bestätigen; davon ist die Biuretreaktion die allgemeinste, da sie unmittelbar auf die Peptidbrücke zwischen den Aminosäuren anspricht.

Versuch 143: Substratspezifität der Urease

Gerät:
3 kleine Bechergläser und kleine Petrischalen, Meßzylinder (50 ml), Waage, Tageslicht-Schreibprojektor

Chemikalien:
Harnstoff, Thioharnstoff, Urease, Phenolphthaleinlösung

Zeit:
etwa ½ Stunde

Wir stellen uns durch Auflösen von je 1 g Harnstoff, bzw. Thioharnstoff in 20 ml Wasser Lösungen her, versetzen sie mit je 1 Tropfen Phenolphthaleinlösung und bringen davon je 10 ml in kleine Petrischalen, die auf der Schreibfläche eines Tageslichtprojektors stehen.
Ein zweiter gleicher Ansatz mit Harnstoff und Thioharnstoff bleibt als Kontrolle stehen. Zu den beiden Petrischalen auf dem Projektor geben wir je 1,5 ml konzentrierte Ureaselösung in Wasser.
Nach etwa 15 Minuten können wir sehen, daß nur der Ansatz Harnstoff + Urease sich gerötet hat (Freisetzung von Ammoniak).
Die Probe mit Thioharnstoff + Urease bleibt ungefärbt.

Ergebnis:
Das Ferment Urease ist streng spezifisch auf Harnstoff eingestellt; der chemisch ganz ähnliche Thioharnstoff wird nicht gespalten. Die Harnstoffspaltung äußert

sich durch Rotfärbung von Phenolphthalein auf Grund des freigesetzten Ammoniaks.

$$\begin{array}{c}H\\H\end{array}\!\!>\!\!N\!\!>\!\!C=O\qquad \begin{array}{c}H\\H\end{array}\!\!>\!\!N\!\!>\!\!C=S$$

Harnstoff　　　　　　　　　Thioharnstoff

Versuch 144: Fermenthemmung (Urease) durch Schwermetallsalze und Formaldehyd
Eiweißkörper werden durch Schwermetallsalze irreversibel denaturiert, so geht z. B. durch Sublimat die Ureasewirkung verloren; ähnlich wirken auch Eisen(II)-, Silber-, Blei- und Kupfersalze.
Material:
Harnstoff, destill. Wasser
Geräte:
Waage, Meßzylinder (100 ml), Bechergläser (hohe Form 100 ml), Spatel.
Chemikalien:
Urease, Quecksilber-(2)-chlorid (Sublimat), Phenolphthalein, Formalin (40 %/o Methanal).
Zeit:
etwa ½ Stunde.
Wir stellen 100 ml 10 %ige, wäßrige Harnstofflösung her und verteilen sie auf 2 Bechergläser. Zu einem Ansatz kommt 1 ml konz. wäßrige Sublimatlösung (giftig!), zu beiden je 1 Spatelspitze Urease und 1 Tropfen Phenolphthalein.
Die nicht „vergiftete" Probe färbt sich durch ureasebedingte Spaltung des Harnstoffs, wobei alkalisches Ammonkarbonat entsteht, mit Phenolphthalein rot. Der Ansatz mit $HgCl_2$ bleibt farblos, weil hier das Ferment denaturiert und damit wirkungslos wurde. Ganz entsprechende Versuche lassen sich auch durchführen, wenn man statt Sublimat 1 ml Formalin dem einen Ansatz zufügt. Methanal wirkt stark eiweißfällend.
Gefahren-Hinweis:
Formalindämpfe sind schleimhautreizend und giftig!
Quecksilbersalze sind, soweit sie sich lösen, ein sehr starkes Magengift! Vorsicht!
Ergebnis:
Schwermetallsalze und Formalin zerstören vielfach die Fermentwirkung; darauf ist — neben ihrer direkten Eiweißschädigung des Plasmas — wohl auch die stark keimtötende, desinfizierende Wirkung zurückzuführen.
(„Oligodynamie" der Schwermetalle).

Versuch 145: Stickstoffbindung durch Azotobacter sp.
Ähnlich den symbiotisch lebenden Knöllchenbakterien an den Wurzeln der Schmetterlingsblütler verläuft auch die Stickstoffbindung freilebender Bakterien, etwa bei dem nicht aus Erde anzureichernden Azotobacter.
In letzter Zeit gelang es, das bei der biologischen N_2-Reduktion beteiligte Hauptenzym „Nitrogenase" weitgehend rein zu gewinnen, ein sehr hochmolekulares

Protein (MG = 300 000), das neben Sulfhydrylgruppen auch noch Molybdän und Eisen in 2- und 3-wertiger nicht häminartig gebundener Form enthält, als braune nadelige Kristalle zu isolieren. Seine Hauptaufgabe besteht in der globalen Reaktion

$$N_2 + 6 \langle H \rangle \longrightarrow 2\,NH_3$$

Wasserstoff wird von NADH + H$^+$ über Ferredoxin und weiteren unbekannten Zwischenstufen mit Hilfe von ATP übertragen; die dabei theoretisch zu erwartenden Zwischenstufen (Diimid, Hydrazin, Hydroxylamin usw.) ließen sich bisher nicht fassen.

a. *Anreicherung von Azotobacter sp. aus Gartenerde*
Material:
verschiedene Proben von Kulturerden, Watte
Geräte:
Erlenmeyerkolben (200 ml), Meßzylinder (250 ml) Waage, Spatel, Brutschrank (25° C), Mikroskop, Brenner.
Chemikalien:
Mannit, Dikaliumhydrogenphosphat, Magnesiumsulfat, Eisensulfat, Schlämmkreide, Karbolfuchsin zur Bakterienfärbung. Universalindikatorpapier.
Zeit:
Ansatz etwa ½—1 Stunde; Auswertung (20 Min.) nach 1 Woche.

Wir stellen uns durch Auflösen von 10 g Mannit (zur Not auch Traubenzucker reinst) unter Zugabe von 0,1 g Dikaliumhydrogenphosphat und 1 Messerspitze Magnesium- und Eisensulfat in Leitungswasser eine N-freie Anreicherungslösung für Azotobacter her, verteilen sie in flacher Schicht 1 cm hoch auf mehrere Erlenmeyerkolben, schwemmen darin jeweils 1 Hornlöffel voll verschiedener Erdproben auf und prüfen mit Universalindikator den pH-Wert (er soll neutral bis schwach alkalisch sein — notfalls korrigieren).
Mit lockerem Watteverschluß kommen die Ansätze für 1 Woche in den Brutschrank (etwa 25° C) oder an einen warmen, nicht sonnigen Ort.
Nach einer Woche prüfen wir, ob sich auf der Oberfläche der Ansätze eine schleimige, gelbliche bis braune Kahmhaut gebildet hat. In diesem Fall entnehmen wir mit dem Spatel eine kleine Menge davon und streichen sie auf einem fettfreien Objektträger dünn aus, fixieren durch dreimaliges kurzes Durchziehen durch die Flamme und färben 2 Minuten mit Karbolfuchsin, spülen und beobachten unter dem Deckglas mit starker, mikroskopischer Vergrößerung (500—1000): Ziemlich große, eiförmige Zellen, viel größer als normale Kokken, meist mit gut sichtbarer Schleimhülle umgeben, weisen auf Azotobacter hin.
Schon das Wachstum in N-freier Nährlösung weist auf die Fähigkeit hin, den freien, elementaren Stickstoff zum Aufbau des eigenen Zelleiweißes (Protoplasma) zu verwerten. Einen direkten Nachweis wollen wir nun versuchen.

b. *Nachweis der Stickstoffbindung durch Azotobacter.*
Material:
Kahmhaut vom vorhergehenden Versuch a.
Geräte:
Reagenzgläser mit Halter, Filterpapier, Brenner, Spatel, Schere.
Chemikalien:
Festes Ätznatron, rotes Lackmuspapier, *Neßlers* Reagenz.

Zeit: etwa ¼—½ Stunde.
Wir sammeln mit dem Spatel oder Hornlöffel vorsichtig möglichst viel von der im vorhergehenden Versuch gebildeten Kahmhaut, bringen sie mit etwa Ätznatron gemischt in ein Reagenzglas. Meist erwärmt sich das Gemisch von selbst, sonst helfen wir durch Erwärmen über dem Brenner nach. In die entstehenden Dämpfe halten wir rotes Lackmuspapier (Bläuung), oder ein mit *Neßlers* Reagenz befeuchtetes Papier (Gelbbraunfärbung): Ammoniak-Nachweis!
Ergebnis:
In N-freier Nährlösung läßt sich Azotobacter aus Erde leicht anreichern und seine Stickstoffbindung durch Erhitzen mit Natronlauge als Ammoniak nachweisen.

Versuch 146: Stickstoffbindung durch symbiontische Bakterien (Rhizobium sp.)
Die Fähigkeit zur Bindung des reichlich (4/5 des Volums) in der Atmosphäre vorhandenen Stickstoffs fehlt allen höheren Organismen. Bei den Mikroorganismen sind es auch nur wenige Spezialisten, die besondere Enzymsysteme zur Verwertung elementaren Stickstoffs und seiner Umwandlung in Aminosäuren (Eiweiß) besitzen; bestimmte freilebende und symbiontische Bakterien, einige Blaualgen und wahrscheinlich in geringem Ausmaß auch Schwefelpurpurbakterien, Aerogenes und vielleicht auch einige Aktinomyzeten *(Nocardia)* und wilde Hefen.
Zunächst die Arten der Knöllchenbakterien der Schmetterlingsblütler: *Rhizobium* sp. (früher *Bact. radicicola).*

a. *Mikroskopische Untersuchung:*
Material:
Frische, funktionstüchtige Wurzelknöllchen von Erbse, Bohne, Saubohne, Lupine und dgl.
Geräte:
Botanisches Besteck, Rasierklinge, Mikroskop (mögl. mit Ölimmersion), Färbeschälchen, Tropfpipetten, Brenner, Spatel.
Chemikalien:
Bakterienfarbstoffe: Karbolfuchsin, Karbolgentianaviolett (Gram), oder Löffler-Methylenblau.
Zeit:
etwa ¼—½ Stunde.
Wir waschen Wurzeln obengenannter Pflanzen frei von Erde und suchen uns kräftige, frische Knöllchen (Frühling, Sommer) zur Präparation aus.
Der Saft mit dem Rasiermesser aufgeschnittener Knöllchen wird auf fettfreien Objektträgern ausgestrichen, hitzefixiert und dann mit Karbolfuchsin oder -Gentianaviolett 1—2 Minuten, bzw. mit Methylenblau 10 Minuten gefärbt.
Nach Abspülen der Farbe wird unter dem Deckglas mit starker (500, besser 1000 x) Vergrößerung mikroskopiert: kurze, z. T. Y-förmig verzweigte, auch gekrümmte Stäbchen. (Involutionsformen).
Führen wir mit der Rasierklinge einen Querschnitt durch ein Knöllchen, so sehen wir schon bei mittlerer Vergrößerung, daß die Parenchymzellen des Knöllcheninneren dicht mit Bakterien erfüllt sind.

b. *Nachweis des Leg-Hämoglobins*
Wenn wir junge, aktive Knöllchen aufschneiden, fällt uns die rötliche Farbe auf; alte nicht mehr funktionierende Knöllchen sind dagegen blaß grünlich.

Die rote Farbe beruht auf der Bildung eines eigentümlichen, dem Blutfarbstoff nahe verwandten Wirkstoffs, Leg(uminosen)-Hämoglobin. Er wird nur in der Symbiose von Bakterien und Knöllchengewebe gebildet, nicht von den einzelnen Partnern für sich. Hier haben wir wieder — neben den Flechten — ein Beispiel, daß die Symbiose auch neue Stoffwechselwege ermöglicht.

Material:
Frische, im Inneren rötlich gefärbte Wurzelknöllchen in größeren Mengen, Quarzsand.

Geräte:
Reibschale mit Pistill, Koliertuch, Filterpapier und Trichter (evtl. Zentrifuge) Glasküvette (klein, bzw. kl. Reagenzglas), Spektroskop, starke Lichtquelle, Spritzflasche mit destill. Wasser.

Zeit:
Etwa 15—30 Minuten.

Sauber gewaschene Knöllchen werden unter Zugabe von etwas Quarzsand und destill. Wasser in der Reibschale fein zerrieben; der Brei rasch koliert und filtriert, oder besser, zentrifugiert und das Filtrat bzw. die überstehende, nicht mehr allzu trübe Flüssigkeit in die Küvette bzw. Reagenzglas gefüllt.

Das durch die Küvette fallende Licht erscheint dem bloßen Auge rötlich. Bei Betrachtung durch das Spektroskop erkennen wir (mindestens) 2 deutliche Banden im mittleren Spektralbereich, die den Absorptionen des roten Blutfarbstoffes sehr ähnlich sind (Leg-Hämoglobin).

Ergebnis:
An Ausstrichen des Knöllchen-Preßsaftes, ebenso an Querschnitten durch Knöllchengewebe lassen sich mikroskopisch die Bakterien der Gattung *Rhizobium* deutlich erkennen. An Preßsäften läßt sich die Anwesenheit von „Leg-Hämoglobin" an der rötlichen Farbe und im Spektroskop an den typischen Absorptionsbanden nachweisen. Nach neuesten Ergebnissen dürfte Leg-Hämoglobin die sauerstoffempfindliche Nitrogenase vor Oxidation schützen.

Versuch 147: Nachweis der Stickstoffbindung in den Bakterien-Knöllchen

Die Rolle der Rhizobien für die N-Ernährung der Wirtspflanze (z. B. Erbse) läßt sich im Steril-Kulturversuch deutlich zeigen:

Material:
Samen von Erbse u .a. Hülsenfrüchten, Erde von Erbsenkultur, grober Quarzsand.

Geräte:
Trockenschrank (200° C), neue Blumentöpfe, 2 Gießkannen, Zentimetermaß, evtl. Kolorimeter (optisch oder elektrisch), Reibschale, Waage, Meßzylinder (100 ml).

Chemikalien:
Azeton, 70 %igen Alkohol, Wasserstoffperoxid, Kalzium- und Magnesiumsulfat, Kaliumdihydrogenphosphat, Eisenzitrat (alle p. a.).

Zeit:
Ansatz 1—2 Stunden, Beobachtung der Kulturen gelegentlich über 1—2 Monate.

Wir füllen groben Quarzsand zu 2/3 Höhe in Blumentöpfe und sterilisieren etwa 2 Stunden im Trockenschrank bei etwa 200° C.

Die Samen, je etwa 10, werden oberflächlich mit 3 % H_2O_2 und folgend mit 70 % Alkohol sterilisiert, dann in die Sandkulturgefäße eingesetzt. Zur Durchfeuchtung dient eine N-freie Nährlösung folgender Zusammensetzung pro 1 Liter:

>Kalziumsulfat ($CaSO_4 \cdot 2\,H_2O$) . . . . . 0,2 g
>Magnesiumsulfat ($MgSO_4 \cdot 7\,H_2O$) . . . 0,2 g
>Kaliumdihydrogenphosphat (KH_2PO_4) 0,3 g
>Einige Tropfen Eisenzitratlösung

Wir lassen die Samen etwa 1—2 Wochen keimen, begießen zunächst mit reinem Wasser; haben die Keimlinge eine gewisse Größe erreicht und die Samenreserven aufgezehrt, gießen wir die eine Gruppe (Kontrolle) weiter mit reinem Wasser; die 2. Gruppe aber mit Wasser, in dem Kulturerde von Erbsenbeeten aufgeschwemmt war. Man läßt die Erde absitzen, die überstehende Lösung wird zum Gießen verwendet. Um nicht Knöllchenbakterien in die Kontrolle einzuschleppen, empfiehlt sich die Verwendung getrennter Gießkannen.

Ergebnis:
Nach 1—2 Monaten erkennen wir sehr deutliche Wachstums- und Farbunterschiede zwischen beiden Kulturen. Während die Kontrolle uns bleich erscheint, zeigen die bakterienbeimpften Pflanzen besseren Wuchs und sattes Grün. Am Ende des Versuchs prüft man beide Ansätze auf Knöllchenbildung der Wurzeln.

Sind zwischen Kontrolle und der beimpften Kultur deutliche Unterschiede im Blattgrüngehalt vorhanden, so kann man die grünen Teile mit gleichen Mengen Alkohol (evtl. Brennspiritus) extrahieren und den Chlorophyllgehalt kolorimetrisch vergleichen.

Versuch 148: Harnstoffspaltung durch Bodenbakterien
Gelangt Stallmist oder Jauche in den Ackerboden, erfolgt rasche Zersetzung des darin enthaltenen Harnstoffs durch Bodenbakterien zu Ammoniak und Kohlendioxid; Ammoniak ist in Form seiner Salze eine gute Stickstoffquelle für höhere Pflanzen.

Material:
Fein gesiebte Garten-, Kompost- oder Ackererde

Gerät:
Erlenmeyerkolben (200 ml) mit passendem Kork- oder Gummistopfen, Spatel, Brutschrank (30° C)

Chemikalien:
Harnstoff, rotes Lackmuspapier

Zeit:
etwa $\frac{1}{2}$ Stunde
Wir beschicken die Erlenmeyerkolben mit einer etwa 1 cm hohen Schicht der betreffenden Erdprobe, geben eine gute Spatelspitze voll Harnstoff zu, verrühren unter Anfeuchtung mit Wasser und setzen einen Kork- oder Gummistopfen unter Zwischenklemmung eines Streifens Indikatorpapier (rotes Lackmuspapier) dicht auf den Kolbenhals. (Vgl. Abb. 52).

Das Indikatorpapier soll zu 2/3 in den Luftraum des Kolbens ragen. Stellen wir den Kolben für etwa ¼ Stunde in den Brutschrank (etwa 30° C), so erfolgt hydro-

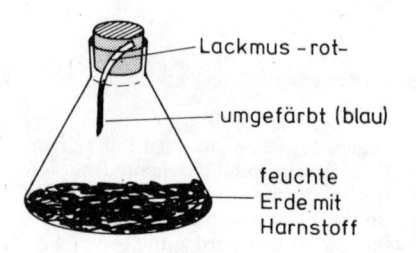

Lackmus -rot-
umgefärbt (blau)
feuchte Erde mit Harnstoff

Abb. 52: Nachweis der Harnstoffspaltung durch Bodenbakterien

lytische Spaltung des Harnstoffs in Ammoniak, wodurch das Lackmuspapier gebläut wird.

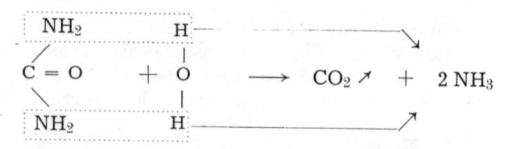

$$\begin{matrix} NH_2 \\ / \\ C=O \\ \backslash \\ NH_2 \end{matrix} + \begin{matrix} H- \\ | \\ O \\ | \\ H \end{matrix} \longrightarrow CO_2 \nearrow + 2\,NH_3$$

Harnstoff   Wasser   Kohlendioxid   Ammoniak*)

Ergebnis:
Die bakterielle Harnstoffspaltung im Boden läßt sich einfach und rasch in einem geschlossenen Luftraum (Erlenmeyerkolben) mit Indikatorpapier nachweisen.

Versuch 148 ist wegen seiner Einfachheit fast ideal als Schülerversuch geeignet. An Stelle des Brutschranks genügt die Aufstellung an einem warmen Ort; dies hat außerdem den Vorteil, daß man die allmähliche Umfärbung des angefeuchteten, roten Lackmuspapiers von unten her unmittelbar sehen kann.

StD. Dr. *Kurt Freytag* hat auf den folgenden Seiten Hinweise für Schülerversuche mit Fermenten zusammengestellt; auf sein Arbeitsbuch „Fermente" im Salle-Verlag 1960 erschienen, sei nochmals hingewiesen.

Literatur

a) *Versuchsanleitungen*
F. *Bukatsch:* Rund um die Bäckerhefe. Praxis Biol. 8 (1959), 71.
H. *Damm:* Verdauung im Reagenzglas. Praxis Biol. 7 (1958), 116.
H. H. *Falkenhan:* „Biologische und physiologische Versuche" (PHYWE-Druck, Göttingen 1955).
K. *Freytag:* Fermente. Schriftenreihe zur Chemie, Heft 5. Salle-Verlag Frankfurt 1960.
V. J. *Nehls* u. W. *Ruppolt:* Labferment und Milchgerinnung. Praxis Biol. 10 (1961), 76.
H. H. *Vogt:* Hydroperoxidasen und ihr Nachweis. Praxis Biol. 11 (1962), 3.
W. *Ruppolt:* Sojamilch und Fermente. Praxis Biol. 13 (1964), 176.

b) *Zusammenfassende Werke*
R. *Abderhalden:* Vitamine, Hormone, Fermente. 2. Aufl. Basel 1953.
Bersin, Th.: Kurzes Lehrbuch der Enzymologie. 4. Aufl. Leipzig 1941.
R. E. *Dickerson* u. J. *Geis:* Struktur und Funktion der Proteine. Chemie-Verlag, Weinheim 1971.
E. *Leuthardt:* Lehrbuch d. physiologischen Chemie. Berlin 1959.
K. *Myrbäck:* Enzymatische Katalyse. Berlin 1953.

---

*) CO_2 bildet mit Ammoniak Ammonkarbonat.

Weitere Literaturauswahl

Baer H. W. — *O. Grönke:* Biol. Arbeitsmeth. f. d. Lehrer (Volk u. Wissen, Bln., 1959).
Baldwin E.: Das Wesen der Biochemie, DTV, WR 4053 (Thieme, Stuttg. 1970).
Bersin Th.: Kurzel Lehrb. d. Enzymologie (Akad. Verl. Ges., Leipzig, 1954).
Brauner L. — *F. Bukatsch:* Kl. Pflanzenphysiol. Praktikum (Fischer, Jena, 8. Aufl. 1973).
Bukatsch F. — *H. Dirschedl:* Spektroskopie im Chemie- u. Biol.-Unterricht (Salle, Frkft./M., 1966).
Bukatsch F. — *B. Taupitz:* Bodenkunde — Bodenmikrobiologie (Salle, 1961).
Fels G. u. Mitarb.: Der Organismus — Einführung i. d. biol. Grundprobleme (Klett, Stuttg., 1969).
Füller H.: Bausteine des Lebens (Aulis, Köln, 1971).
Grümmer G.: Gegenseit. Beeinflussung höh. Pflanzen — Allelopathie (Fischer, Jena, 1955).
Janke A. — *R. Dickscheit:* Handb. der mikrobiol. Labortechnik (Steinkopff, Dresden, 1967).
Karlson P.: Kurzes Lehrb. der Biochemie (Thieme, Stuttg., 1970).
Kühn, A.: Allgem. Zoologie, DTV WR 4061 (Thieme, St. 1972).
Leuthardt F.: Lehrbuch der Physiol. Chemie (W de Gruyter, Bln., 1957).
Molisch H.: Mikrochemie der Pflanze (Fischer, Jena, 1936).
Molisch H. — *R. Biebl:* Botan. Versuche ohne Apparate (Fischer, Stuttg. 1965).
Müller J. — *E. Thieme:* Biolog. Arbeitsblätter (Industrie-Druck, Göttingen, 1964).
Raths P. — *A. Bienwald:* Tiere im Experiment (Aulis, Köln, 1971).
Reinbothe H.: Das pflanzl. Geheimnis (Urania, Leipzig, 1970).
Richter G.: Stoffwechselphysiologie der Pfl. (Thieme, Stuttg., 1971).
Romeis B.: Mikroskopische Technik (Oldenbourg, München, 1948).
Schlieper C.: Praktikum der Zoophysiologie (Fischer, Stuttg., 1965).
Sauer Fa.: Einführendes Lehrbuch der Biochemie (Lehmann, München, 1970).
(Zahlreiche, einschlägige Beiträge und Hinweise finden sich in den naturwissensch.-pädag. Fachzeitschriften, wie PRAXIS, Naturwiss. im Unterricht (NiU) (beide Aulis, Köln), Der mathem. naturwiss. Unterricht (MNU) und Biologie in der Schule (Volk u. Wissen, Bln.)

ANHANG:

Einfache Ferment-Versuche für Schülerübungen
Von StDir. Dr. *Kurt Freytag*
Schwalmstadt - Treysa

Vorbemerkungen

Versuche mit Fermenten sind nicht schwierig, wenn man darauf achtet, daß die Versuchsgefäße und Geräte peinlich sauber sind. Schon geringe Spuren von Schwermetallsalzen können Fermentreaktionen unterbinden. Auch die Bürsten zum Säubern der Glasgeräte dürfen nicht für andere Zwecke benutzt worden sein.

Reinfermente sind von den großen chemischen Firmen Merck/Darmstadt, Dr. Schuchardt/München, Bayer/Leverkusen u. a. erhältlich. Für die angegebenen Versuche genügen kleine Mengen, jeweils 1—2 Gramm reichen für eine Schülerversuchsreihe.

Die Selbstherstellung von Fermenten lohnt den Aufwand nicht, eine Gewinnungsvorschrift für Urease aus Sojabohnenmehl gibt *Ruppolt* (1964) an.

Weitere Versuche mit Mikroorganismen s. Abschnitt Mikrobiologie (Band II)

Versuche

Versuch 1: Nachweis der Wirksamkeit von Fermenten außerhalb der Zelle (B u c h n e r s Versuch)

a. Man schwemmt etwas Hefe in Wasser auf und filtriert die Suspension mit Hilfe eines Membranfiltergeräts (Abb. 1) und einer Wasserstrahlpumpe. Filterart: Coli 5. Das Filtrat wird mit einigen Millilitern 3 %iger Wasserstoffperoxidlösung versetzt.

Ergebnis:
Keine Gasentwicklung.

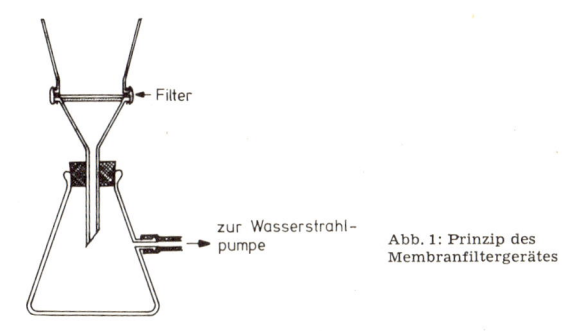

Abb. 1: Prinzip des Membranfiltergerätes

b. In einem Porzellanmörser zerreibt man Hefe mit feinem, gereinigten Sand gründlich (!), schwemmt mit etwas Wasser auf und filtert erneut im Membranfiltergerät (es kann das gleiche Filter verwendet werden). Zum Filtrat setzt man wieder Wasserstoffperoxid.

Ergebnis:
Deutliche Sauerstoffentwicklung.

Erklärung:
Durch das Zerreiben der Zellen wird das Ferment Katalase freigesetzt, das Wasserstoffperoxid in Wasser und Sauerstoff zerlegt:

$$2 H_2O_2 \longrightarrow 2 H_2O + O_2$$

Der Kontrollversuch a soll zeigen, daß Hefezellen nicht das Filter durchdringen.
c. Den gleichen Versuch kann man mit Bakterien ausführen. Man verfährt sinngemäß wie oben, verwendet aber anstelle der Hefe Bakterienkolonien, die auf Agar-Agar gewachsen sind und mit einer Öse abgenommen werden. Der Ausfall der Reaktion ist nicht so deutlich wie bei Hefe. Nach dem Versuch müssen alle Geräte sterilisiert werden!

Versuch 2: Katalase in verschiedenen Geweben
a. Proben von zerriebenen tierischen (Fleisch) und pflanzlichen Geweben (Gras, Spinatblätter), von Milch, Blut, Speichel werden mit einigen Tropfen 3 %igem Wasserstoffperoxid versetzt.

Ergebnis:
Sauerstoffentwicklung zeigt das Vorhandensein des peroxidspaltenden Ferments Katalase an.
b. Die nach V. 2a erhaltenen katalasehaltigen Säfte werden kurz aufgekocht und dann erst mit Wasserstoffperoxidlösung versetzt.

Ergebnis:
Keine Gasentwicklung.

Erklärung:
Hohe Temperaturen zerstören die Fermente.

Versuch 3: Zersetzung von Eiweiß durch Pepsin, Abhängigkeit von pH und Temperatur
8 Reagenzgläser (RG) werden wie folgt gefüllt:

RG 1: 5 ml H$_2$O   + 1 MSp[1]) Pepsin + Eiweiß[2])   warm stellen (37°)
RG 2: 5 ml n/10 HCl   +   „   +   „   „
RG 3: 5 ml n/10 KOH +   „   +   „   „
RG 4: 5 ml n/10 HCl   ———   +   „   „
RG 5: 5 ml „   + 1 MSp Pepsin +   „   kalt stellen
RG 6: 5 ml „   +   „   +   „   aufkochen
RG 7: 5 ml „   +   „   +   „   + 1 Tr. CuSO$_4$, warm stellen
RG 8: 5 ml „   +   „   +   „   + 1 Tr. HgCl$_2$,   „

[1]) MSp = Messerspitze
[2]) Von einem hart gekochten Ei eine Scheibe Eiweiß abschneiden, in streichholzdicke Streifen schneiden, diese in Würfel. In jedes RG 4 Würfel geben.

Ergebnis:
Das Ferment zersetzt nur Eiweiß in RG 2, nach längerer Zeit auch in RG 5.

Erklärung:
Das Ferment Pepsin wirkt nicht bei jedem pH gleich gut. Sein Optimum liegt bei pH 1,5. In neutraler Lösung (RG 1) und in alkalischer Lösung (RG 3) ist die Reaktionsgeschwindigkeit stark herabgesetzt. Aufkochen zerstört viele Fermente (RG 6), niedrige Temperaturen verlangsamen die Reaktionsgeschwindigkeit (RG 5), Spuren von Schwermetallsalzen (Cu, Hg) vergiften die Fermente (RG 7 und 8).

Versuch 4: Pepsin und Trypsin
6 Reagenzgläser (RG) werden mit der gleichen Zahl kleiner Eiweißstückchen beschickt (s. V. 3), in RG 1 und 4 füllt man 5 ml n/10 HCl, in Nr. 2 und 5 je 5 ml Wasser, in Nr. 3 und 6 je 5 ml Wasser u. 1 Tropfen n/100 NaOH. Zu den ersten 3 RG gibt man je eine Messerspitze Pepsin, in die RG 4—6 je eine Messerspitze Trypsin. Alle RG stellt man warm (ca. 37°).

Ergebnis:
Das Eiweiß in RG 1 und 6 ist innerhalb weniger Stunden zersetzt, in 2 und 5 erst nach längerer Zeit.

Erklärung:
Die beiden proteolytischen Fermente Pepsin und Trypsin besitzen ein verschiedenes pH-Optimum: Pepsin pH 1,5, Trypsin pH 8—9.

Versuch 5: Zersetzung von Harnstoff
a. *ohne Ferment:* In ein RG gibt man eine Messerspitze Harnstoff und erhitzt trocken in der Flamme. In die aufsteigenden Dämpfe hält man einen Streifen feuchtes rotes Lackmuspapier. Geruchsprobe!

Ergebnis:
In größerer Hitze zerfällt der Harnstoff in Ammoniak (Lackmuspapier wird blau) und Kohlendioxid.

Erklärung:
$$CO(NH_2)_2 + H_2O \longrightarrow CO_2 + 2\ NH_3$$
b. *mit Ferment Urease:* In ein RG füllt man 5 ml 5 %iger Harnstofflösung, gibt einen Tropfen Bromthymolblaulösung als Indikator hinzu und eine kleine Messerspitze Urease. Nach kurzer Zeit färbt sich die Lösung blau.

Erklärung:
Während der Harnstoff zu seiner Zerlegung in Kohlendioxid und Wasser erhebliche Mengen Energie benötigt, zerfällt er unter der Wirkung von Urease schon bei Zimmertemperatur. Das Ferment setzt die zur Reaktion notwendige Aktivierungsenergie herab. CO_2 und NH_3 verbinden sich in wäßrigen Lösungen zu Ammoniumcarbonat, das alkalisch reagiert und den Indikator blau färbt.

Versuch 6: Abhängigkeit des Stoffumsatzes von der Fermentkonzentration
In ein kleines Becherglas gibt man soviel 5 %ige Harnstofflösung, daß zwei hineingesteckte Elektroden aus Platin davon bedeckt werden. Die Elektroden schließt man über ein Milliamperemeter an eine Gleich- oder Wechselspannungsquelle

(ca. 20 V) an (Abb. 2). Man fügt eine kleine Messerspitze Urease hinzu und mißt alle 2 Minuten die Stromstärke. Nachdem man einen deutlichen Anstieg festge-

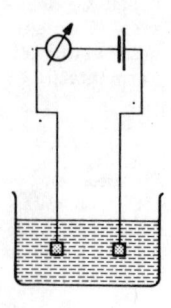

Abb. 2: Schaltschema zu Versuch 6

stellt hat, gibt man erneut eine kleine Messerspitze Urease hinzu und verfährt wie oben.

Ergebnis:
Der Anstieg der Stromstärke ist auf die durch die Harnstoffspaltung entstehenden Ammonium- und Carbonationen zurückzuführen. Je größer die wirksame Fermentkonzentration ist, desto schneller erfolgt der Anstieg der Stromstärke.

Erklärung:
Substratmoleküle und Ferment gehen eine kurzzeitige Verbindung miteinander ein, die nach der Reaktion wieder gelöst wird. Je mehr Fermentmoleküle für diese Verbindung zur Verfügung stehen, desto schneller kann die Reaktion ablaufen.

Versuch 7: Fermentblockade und ihre Aufhebung
2 kleine Becherläser werden mit je 30 ml 10 %iger Harnstofflösung und einigen Tropfen Bromthymolblaulösung versetzt. Das zweite Becherglas erhält einen Zusatz von 10 ml einer 0,1 molaren Cysteinlösung (1,756 g Cysteinhydrochloridmonohydrat auf 100 ml Wasser). Mit n-KOH-Lösung wird das Cystein neutralisiert (etwa 1 ml erforderlich), bis der Inhalt beider Gläser die gleiche grüne Farbe zeigt.
Nun gibt man in ein sauberes Reagenzglas etwa 10 ml Wasser und eine kleine Messerspitze Urease, dazu kommen noch 0,5 ml 0,1 m-$CuSO_4$-Lösung (2,496 g $CuSO_4 \cdot 5\ H_2O$ auf 100 ml Wasser). Auch diese Lösung muß neutralisiert werden (Bromthymolblau als Indikator). Nach gründlichem Schütteln verteilt man den Inhalt des RG auf 2 saubere Reagenzgläser und gießt deren Inhalt gleichzeitig in die beiden Becherläser. Farbänderung abwarten.

Ergebnis:
Nach wenigen Minuten bis einer halben Stunde färbt sich der Inhalt des cysteinhaltigen Becherglases blaugrün bis blau, erst viel später färbt sich auch der Inhalt des anderen Becherglases blau.

Erklärung:
Kupfersulfat blockiert das Ferment Urease. Cystein, $HS-CH_2-CH(NH_2)-COOH$,

ist in der Lage, das Ferment wieder zu aktivieren. Offenbar bindet sich das Cu-Ion an die SH-Gruppe des Cysteins und gibt so die Urease wieder frei. Auch die Urease besitzt SH-Gruppen, die von Schwermetallionen blockiert werden (reaktive Gruppe). Näheres vgl. *Freytag:* MNU *16* (1963/64), 268; auch MNU *22* (1969), 302.

Versuch 8: Spaltung des Rohrzuckers durch Hefe
In ein kleines Becherglas füllen wir eine 3 %ige Rohrzuckerlösung und geben ein bohnengroßes Stück Hefe dazu. Umrühren. Sofort wird eine Probe des Gemisches entnommen und mit *Fehling*scher Lösung gekocht. Alle 2 Minuten entnimmt man weitere Proben und kocht sie mit *Fehling*scher Lösung.

Ergebnis:
Die *Fehling*sche Lösung wird nach einiger Zeit nach dem Kochen grün bis gelbrot.

Erklärung:
Rohrzucker reduziert *Fehling*sche Lösung nicht. Durch die Fermente der Hefe wird der Rohrzucker aber gespalten in Traubenzucker und Fruchtzucker nach der Gleichung

$$C_{12}H_{22}O_{11} + H_2O \longrightarrow 2\ C_6H_{12}O_6$$

Beide Einfachzucker reduzieren *Fehling*sche Lösung zu gelbrotem Kupfer(I)-Oxid Cu_2O.

Versuch 9: Alkoholische Gärung
a. In einen größeren Kolben gibt man eine Lösung von 500 ml Leitungswasser, 50 g Zucker, 1 g Kaliumdihydrogenphosphat (KH_2PO_4), 1 g Ammoniumsulfat und eine Spur Magnesiumsulfat und etwa 20 g frische Hefe. Auf den Kolben setzt man entweder einen sog. Gäraufsatz (Abb. 3), oder einen durchbohrten Gummistopfen mit Winkelrohr, das in ein Gefäß mit Wasser (bzw. zum Nachweis des gebildeten Kohlendioxids mit Kalkwasser) taucht, um den Inhalt des Kolbens vom Luftsauerstoff abzuschirmen. Längere Zeit (einige Tage) stehen lassen.

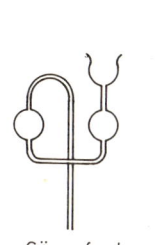

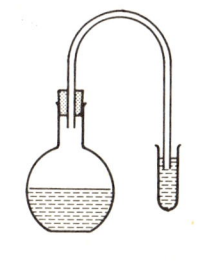

Abb. 3: Vorrichtung zum Ausschluß der Luft bei der alkoholischen Gärung

Gäraufsatz

Ergebnis:
Schon nach kurzer Zeit steigen kleine Bläschen auf, die das vorgelegte Kalkwasser trüben.

Erklärung:
Eine Reihe von Fermenten zerlegt Traubenzucker in Alkohol und Kohlendioxid nach der summarischen Gleichung

$$C_6H_{12}O_6 \longrightarrow 2\ C_2H_5OH + 2\ CO_2$$

Die Reaktion läuft in Wirklichkeit über eine Reihe von Zwischenstufen, s. Lehrbücher der Botanik oder Biochemie.

b. Nachweis des gebildeten Alkohols
Nach längerem Stehen gießt man die Flüssigkeit des Kolbens aus V. 8a vorsichtig vom Bodensatz ab, fügt einen Tropfen Rizinusöl (gegen Schäumen) dazu und er-

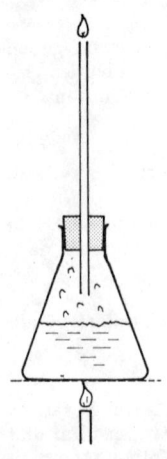

Abb. 4: Nachweis des gebildeten Alkohols

hitzt sie in einem Kolben, der mit Gummistopfen und 50 cm langem Steigrohr versehen ist. Sobald die ersten Tropfen im Steigrohr hochsteigen, zündet man die ausströmenden Dämpfe an (Abb. 4).

Ergebnis:
Mit dem ersten Wasserdampf steigt der gebildete Alkohol als Dampf auf und läßt sich an der Mündung des Steigrohres entzünden. Die Flamme brennt nur kurze Zeit.

Versuch 10: Zersetzung von Stärke durch Speichel
Man rührt 1 g Stärke mit wenig kaltem Wasser an und gießt die Mischung in 100 ml kochendes Wasser: Stärkekleister. Abkühlen lassen. Durch Kauen von Gummi sammelt man Speichel, filtriert ihn und fügt ihn zu der Stärkelösung. Sofort wird eine Probe entnommen und mit 1 Tropfen Jodkaliumjodidlösung versetzt. Nach jeweils 2 Minuten entnimmt man weitere Proben und versetzt sie mit Jodkaliumjodidlösung.

Ergebnis:
Während die ersten Proben sich mit Jod noch blau färben, entsteht bei den weiteren Proben nur noch eine rote Farbe.

Erklärung:
Jod bildet mit Stärke eine blaue Verbindung; sobald der Rotton auftritt, ist die Stärke bereits abgebaut zu kleineren Molekülen. Der Versuch zeigt die Wirksamkeit der Speichel-Amylasen (Ptyalin).

Versuch 11: Zersetzung der Stärke durch pflanzliche Amylasen
Der V. 9 kann sinngemäß ersetzt oder ergänzt werden durch pflanzliche Amy-

lasen: käufliche Diastase; geschrotetes und eingeweichtes Gerstenmalz; zerriebene, gekeimte Getreidekörner.

Versuch 12: Synthese von Stärke
Eine große Kartoffel wird mit dem Reibeisen gerieben und unter Zusatz von gereinigtem Sand in der Reibschale gründlich zerrieben. Der Brei wird mit Wasserstrahlpumpe und Büchnertrichter abfiltriert. Das Filtrat enthält die zur Stärkesynthese notwendigen Fermente. Eine kleine Probe davon prüft man sofort mit Jodkaliumjodidlösung auf Stärke, es darf keine Blaufärbung eintreten! (Sonst noch einmal filtrieren!) 5 ml des Filtrats mischt man nun mit 5 ml einer 1 %igen Glucose-1-phosphatlösung (Dikalikumsalz, Bezugsquelle Dr. Schuchardt, München) und stellt mit verdünnter Essigsäure auf pH 6 ein (Universalindikatorpapier). Nach etwa 15 bis 20 Minuten entnimmt man Proben und fügt einen Tropfen Jodkaliumjodidlösung hinzu.
Ergebnis:
Jodlösung färbt Stärke blau. Im Mikroskop kann man keine typisch geschichteten Stärkekörner nachweisen.
Erklärung:
Die Fermente der zerriebenen Zellen synthetisieren aus dem energiereichen Glucosephosphat Stärke ohne Zuführung weiterer Energie.

Versuch 13: Energiegewinn durch Fermentreaktionen
In ein kleines Becherglas (250 ml) füllt man 3 %ige Wasserstoffperoxidlösung und wirft ein bohnengroßes Stück Hefe hinein, rührt gut um und beobachtet das Ansteigen der Temperatur während der Gasentwicklung.
Ergebnis:
Die Temperatur steigt rasch einige Grade an.
Erklärung:
Bei der Spaltung von H_2O_2 durch die Hefekatalase wird Energie frei.

Versuch 14: Vergleich der Energiegewinnung mittels Ferment und Katalysator
In zwei gleiche kleine Thermosflaschen gibt man je 100 ml 3 %iger Wasserstoff-

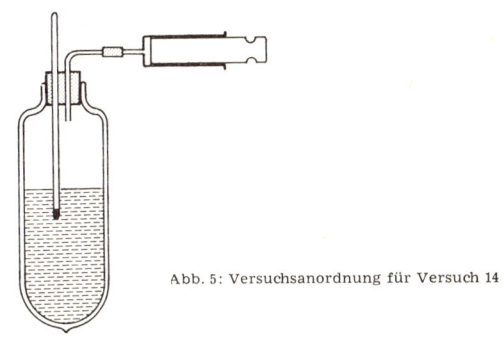

Abb. 5: Versuchsanordnung für Versuch 14

peroxidlösung, verschließt die Gefäße mit doppelt durchbohrten Stopfen, deren Bohrungen ein Thermometer und ein Winkelrohr enthalten. An die Winkelrohre werden Kolbenprober angeschlossen (Abb. 5). Gleichzeitig wirft man in die eine Thermosflasche ein Stückchen Hefe, in die andere eine Messerspitze Braunstein (MnO_2) und verschließt beide Gefäße sofort. Man notiert in beiden Fällen Gasmenge und Temperaturanstieg. Man errechnet die Wärmemenge in Kalorien, die ein Hundertstel Mol H_2O_2 geliefert hat, nach der angenäherten Formel

$$W = m \cdot (t_2 - t_1)$$

W = Wärmemenge in cal, m = Masse in g (ml), t_2-t_1 = Temperaturdifferenz.
1/100 Mol Wasserstoffperoxid ist zersetzt, wenn sich 112 ml Sauerstoffgas gebildet haben (bei 0° und 760 Torr, evtl. umrechnen!).

Ergebnis:
In beiden Gefäßen steigt die Temperatur, die gebildete Sauerstoffmenge kann an der Skala des Kolbenprobers abgelesen werden. In beiden Fällen ergibt die Rechnung die gleiche Energiemenge für 1/100 oder 1 Mol H_2O_2. (Von der Wärmeaufnahme der Thermosflaschen und Thermometer kann abgesehen werden, wenn beide Gefäße gleich sind). Theoretischer Wert: 23,1 Kcal/Mol H_2O_2.

Erklärung:
Die freiwerdende Energie entstammt dem Substrat, also dem Wasserstoffperoxid. Es ist daher einerlei, auf welche Weise die Energie freigesetzt wird, stets erhält man die gleichen Werte *(He*ßscher Satz)*.* (Näheres vgl. *Freytag* u. *Müller*, Praxis *11* (1962) 17).

Versuch 15: Nachweis der Atmungsfermente
Eine Küvette füllt man mit einer Hefeaufschwemmung bis zum Rand und bedeckt sie mit einer Glasplatte so, daß keine Luftblasen mit eingeschlossen werden. Die Küvette wird einseitig mit einer starken Lichtquelle (Mikroskopierlampe, Projektor beleuchtet und von der anderen Seite durch ein Handspektroskop betrachtet. Nach längerer Zeit (etwa 1 Stunde) erkennt man deutlich im Spektroskop 2 Absorptionsbanden, von denen die eine im gelbgrünen, die andere im gelbroten Teil des Spektrums liegt. Zugabe von einem Tropfen Wasserstoffperoxid oder Durchleiten von Sauerstoff bringt die Banden sofort zum Verschwinden.

Ergebnis:
Unter Sauerstoffmangel befindliche Hefezellen besitzen reduzierte Atmungsfermente (Fe^{++} in der Wirkgruppe), die bestimmte Anteile des weißen Lichts absorbieren. Nach Oxydation (Fe^{+++}) verschwindet die Absorption.

Versuch 16: Fettspaltung in der Milch durch Lipase
Zwei RG werden je zur Hälfte mit frischer Milch gefüllt. Dazu kommt je ein bis zwei Tropfen Phenolphthaleinlösung und soviel Sodalösung, bis eine deutliche Rotfärbung sichtbar wird. In das eine Glas kommt etwas Lipase (Reinferment oder zerstampfte Fermenttablette „Festal" o. ä.). Beide Gefäße warm stellen (40°). Farbvergleiche mit dem RG ohne Lipase.

Ergebnis:
Das fettspaltende Ferment Lipase zersetzt Fette zu Glyzerin und Fettsäure, die die alkalische Reaktion der Sodalösung aufhebt, Phenolphthalein wird farblos.

Versuch 17: Wirkung des Labferments
a. *Dickwerden der Milch:* In ein kleines Becherglas gibt man frische Milch und etwas Labferment (Apotheke): Die Milch wird dick. Eine Geschmacksprobe zeigt, daß die dicke Milch süß schmeckt, es ist also kein Säuerungsvorgang!

Ergebnis:
Das Labferment spaltet das in der Milch vorhandene Casein hydrolytisch unter Mitwirkung von Calciumionen. Es entsteht Paracaseinkalk, der wasserunlöslich ist.

b. *Bedeutung der Calciumionen:* Zu etwas frischer Milch gießt man eine Lösung aus Ammoniumoxalat, schüttelt um und fügt Lab dazu: Keine Gerinnung der Milch. Erst durch Zugabe von Ca-Ionen aus zugefügter $CaCl_2$-Lösung (oder $Ca(NO_3)_2$) kann die Milch zum Gerinnen gebracht werden.

Ergebnis:
Ammoniumoxalat fällt Ca-Ionen aus, es bildet sich unlösliches Ca-Oxalat nach der Gleichung

$$(NH_4)_2(COO)_2 + Ca^{++} \longrightarrow Ca(COO)_2 + 2\,NH_4^+.$$

Ohne Calciumionen kann kein unlösliches Paracaseincalcium entstehen, die Milch gerinnt nicht. Erst ein Überschuß von Ca^{++} läßt den Gerinnungsvorgang ablaufen.

VERSUCHE ZUR SINNESPHYSIOLOGIE, ZUM WACHSTUM, ZUR ENTWICKLUNG UND BIOLOGISCHEN REGELUNG

Von StDir. Dr. *Kurt Freytag*

Schwalmstadt-Treysa

A. Sinnesphysiologie der Pflanzen
Vorbemerkungen

Die Sinnesphysiologie der Pflanzen kann als Einführung in die Sinnesphysiologie dienen. Ihre Behandlung im Unterricht bringt eine Reihe wichtiger Begriffe, die Objekte sind leicht greifbar und ohne große Schwierigkeiten zu beschaffen und zu halten. Außerdem lassen sich auf bequeme Weise die Ursachen der beobachteten Erscheinungen auf experimentellem Wege leichter erarbeiten als bei der Sinnesphysiologie der Tiere.

Als *Versuchspflanzen* empfehlen sich die Samen der *Bohne* oder *Erbse,* aber auch aus mehreren Gründen die des weißen *Senfs,* die jederzeit als Gewürz in den Lebensmittelgeschäften erhältlich sind und relativ schnell keimen: Bis zum ersten Erscheinen der Würzelchen vergehen nur etwa 12 Stunden (Zimmertemperatur). Weiterhin umgeben sich die Samen in der Feuchtigkeit mit einem Schleimmantel,

Rot-
filter

Abb. 1: Dunkelkasten

der die Samen an ihrer Unterlage festklebt. Diese Eigenschaft erweist sich als günstig bei Versuchen, bei denen die Samen auf einer nicht waagerecht stehenden Unterlage keimen sollen. Die Keimung der Senfsamen erfolgt im Hellen besser als im Dunkeln. *Haferkörner* sind für Versuche empfehlenswert, bei denen die Reaktion der Koleoptile gezeigt werden soll.

Die *Aussaat* erfolgt in Schalen, die mit Zeitungs-, Fließ- oder am besten mit weißem Filterpapier ausgelegt sind. Das Papier hält man mit Leitungswasser feucht. Sollen die Pflanzen längere Zeit wachsen, ist die Aufzucht in Blumenerde günstiger. Nährlösungen sind im allgemeinen nicht notwendig.

Um *phototropische Reaktionen auszuschalten,* kann man im roten Dunkelkammerlicht arbeiten (vgl. Versuch 5) oder in einem *Dunkelkasten* (Abb. 1). An weiterführender *Buchliteratur* steht zur Verfügung:

Literatur:
a. *Experimentelle Werke*
E. Heitz: Elemente der Botanik. Eine Anleitung zum Studium der Pflanze durch Beobachtungen und Versuche an Crepis capillaris (L.) Wallr. Springer, Wien, 1950.
H. W. Müller: Pflanzenbiologisches Experimentierbuch. 3. Aufl. Franckh, Stuttgart 1961
U. Ruge: Übungen zur Wachstums- und Entwicklungsphysiologie d. Pflanze. Pflanzenphysiologische Praktika Bd. IV, Springer, Berl., Gött., Heidelberg 1951

L. *Brauner* u. W. *Rau:* Versuche zur Bewegungsphysiologie der Pflanzen. Pflanzenphysiologische Praktika, Bd. III. Springer, Berl., Gött., Heidelb., 1966
H. *Reich:* Pflanzenphysiol. Schulversuche mit einfachen Mitteln. Aulis Verlag, Köln 1966
Weber, Rudolf: „Das Bohnenpraktikum, PRAXIS-Schriftenreihe Nr. 21, 1973, Aulis Vlg. Köln
K. *Wynecken:* Schulversuche zur Pflanzenphysiologie, Heymann Berlin, 1939

b. *Allgemeine Literatur*
E. *Bünning:* Handbuch d. Pflanzenphysiologie Bd. XVII: Physiologie der Bewegungen. Springer Berl., Gött., Heidelb. 1959, 1962
H. *Burström:* Handbuch d. Pflanzenphysiologie Bd. XIV: Wachstum und Wuchsstoffe. Springer Berl., Gött., Heidelb. 1961
H. *Römpp:* Wuchsstoffe. Kosmos-Bibliothek Bd. 219, Franckh, Stuttgart 1958
H. *Söding:* Die Wuchsstofflehre. Thieme, Stuttgart 1952
Lit.: H. *Rudolph* in Praxis d. NW., Biol. 7 (1958), S. 169
Lit.: *Strasburger-Koernicke:* Bot. Praktikum, 6. Aufl. Fischer, Jena 1921
Lit.: P. M. *Kretschmer* in Praxis Biol. 6 (1957), S. 27

I. Phototropismus

Versuch 1: Einfacher Nachweis des positiven Phototropismus der Sprosse
Senfsamen, Samen der Erbse oder Bohne, Getreidekörner werden ausgesät und in eine dunkle Fensterecke gestellt.
Ergebnis: Sobald die Sprosse erscheinen, wenden sie sich dem Lichte zu. Die Blätter stellen sich senkrecht zur Einfallsrichtung des Lichtes ein (Transversalphototropismus).

Versuch 2: Abhängigkeit des Wachstums vom Lichteinfall
In eine lange Papphöhre stellt man hintereinander mehrere Schalen, in die Senfkörner gesät werden. Die Rückseite der Röhre wird verschlossen, in den Deckel der dem Lichte zugewandten Vorderseite schneidet man ein briefmarkengroßes Loch.
Ergebnis: Die Versuchspflanzen wenden sich der vorderen Deckelöffnung, d. h. dem Lichte zu. Daneben stellt man noch fest, daß die Ausbildung des Chlorophylls von der Belichtung abhängt: Die im Dunkeln wachsenden Pflanzen bilden deutlich weniger Chlorophyll aus als die heller stehenden. Auch die Länge der Sprosse ist abhängig vom Licht.

Versuch 3: Gleichmäßig von allen Seiten belichtete Pflanzen wachsen senkrecht
Die Zuchtschale wird mit Hilfe eines langsam laufenden Motors (Klinostat) bei einseitiger Beleuchtung gedreht. Eine weitere Schale wird zur Kontrolle daneben gestellt. Beobachtung der Wachstumsrichtung, Vergleich der Sprößlinge der Versuchs- und der Kontrollpflanzen.
Ergebnis: Im Gegensatz zu den Kontrollen wachsen die rotierenden Sprosse senkrecht nach oben (Geotropismus) und sind deutlich länger als die Kontrollen (Wuchsstoffwirkung).

Versuch 4: Negativer Phototropismus der Wurzeln
Aus Pappe fertigt man nach Abb. 2 einen Ständer, dessen Öffnungen etwa die Größe eines Senfkorns besitzen. Diesen Ständer stellt man in ein weites Becherglas, das bis dicht unter die Platte des Ständers mit Wasser gefüllt wird. Die Platte wird mit einer sehr dünnen Schicht Watte überdeckt, die verhindern soll, daß die kleinen Samen hindurchfallen. Der Pappständer versorgt die Samen auf

der Platte mit Feuchtigkeit. Die Wurzeln wachsen durch die Öffnungen hindurch. Einseitige Beleuchtung.

Abb. 2: Anordnung zum Phototropismus der Wurzel

Ergebnis: Die Wurzeln wenden sich vom Lichte ab (die Sprosse wachsen dem Lichte zu): Negativer Phototropismus.

Versuch 5: Abhängigkeit der phototropischen Reaktion von der Farbe des Lichts
a. Samen, deren Keimlinge eben erscheinen, bringt man in einen Kasten, dessen einzige seitliche Öffnung mit einer roten Glasscheibe abgedeckt wird. Die Öffnung wird beleuchtet.
b. Abwandlung des Versuchs: Die Keimlinge wachsen unter einer Doppelwandglocke, deren Wand mit einer rot gefärbten Flüssigkeit erfüllt ist. Anstelle der Doppelwandglocke kann man ein kleines Becherglas benutzen, das auf kleinen

Abb. 3: a) Doppelwandglocke und b) behelfsmäßige Vorrichtung zur Untersuchung von Reaktionen im farbigen Licht

a.   b.

Füßchen in einem weiten Becherglas steht. Zwischen die Glaswände gießt man rote Flüssigkeit und deckt beide Gefäße mit schwarzem Papier oder Alu-Folie lichtdicht ab. Einseitige Beleuchtung (Fenster) — (Abb. 3).

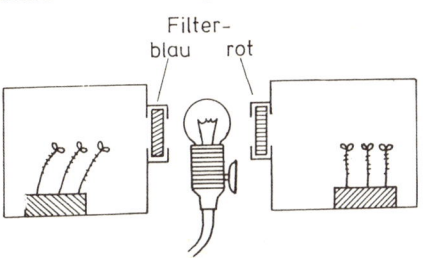

Filter-
blau   rot

Abb. 4: Rotlicht wirkt nicht phototropisch

Nicht alle roten Farbstoffe sind für diesen Versuch geeignet, einige lassen auch blaue oder gelbe Strahlen hindurch. Man prüfe mit einem Spektroskop. Geeignet ist eine Lösung von 500 mg Fuchsin auf 250 ml Wasser.

c. Zwei Dunkelkästen mit seitlicher Öffnung werden mit eben gekeimten Samen vom Senf beschickt, die Öffnungen mit blauen bzw. roten Scheiben abgedeckt und von einer gemeinsamen Lichtquelle (Lampe, Fenster) beleuchtet (Abb. 4).
Ergebnisse: Die phototropischen Krümmungen der Sprosse sind von der Farbe (Wellenlänge, Frequenz) des benutzten Lichts abhängig. Rotes Licht ruft keinen Phototropismus hervor.

Versuch 6: Phototropische Reaktion durch einen Blitz
Im Dunkelkasten läßt man Haferkörner keimen, bis die Koleoptilen etwa 2—3 cm hoch sind. Dann wird im Dunkeln das seitliche Fenster geöffnet und durch einen Blitz (Elektronenblitzgerät, Blitzlichtlampe) kurzzeitig belichtet. Nach Verschließen des Fensters wartet man einen Tag und beobachtet dann die Koleoptilen.
Ergebnis: Die Koleoptilen haben sich phototropisch gekrümmt.

Versuch 7: Licht-Rezeptionsort
a. Im Dunkelkasten werden Haferkeimlinge bis zu einer Höhe von 2 cm aufgezogen und dann bei rotem Licht mit einem Stanniolhäubchen versehen. Kontroll-

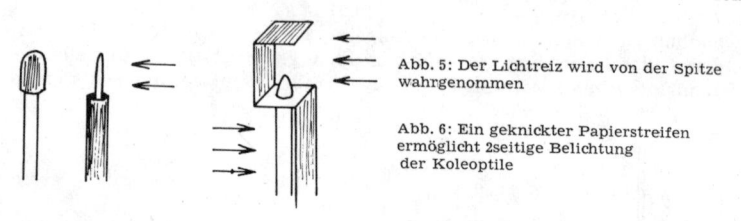

Abb. 5: Der Lichtreiz wird von der Spitze wahrgenommen

Abb. 6: Ein geknickter Papierstreifen ermöglicht 2seitige Belichtung der Koleoptile

pflanzen umgibt man mit einer Stanniolhülle, die 2 mm unterhalb der Koleoptilenspitze endet (Abb. 5). Daraufhin wird seitlich beleuchtet.
Ergebnis: Nur dort, wo das Licht die Koleoptilenspitze erreichen kann, findet eine phototropische Krümmung statt, die mit Häubchen versehen Keime wachsen senkrecht nach oben.
b. 3 cm hohe Koleoptilen vom Hafer werden bei rotem Licht mit einem nach Abb. 6 geknickten schwarzen Papier umgeben. Mit zwei Lampen von verschiedenen Seiten her belichten (15 Minuten). Zurückstellen in den Dunkelkasten und nach 2—3 Stunden Krümmungen feststellen.
Ergebnis: Die Koleoptilen krümmen sich nach der Seite, von der her die Spitze belichtet worden ist. Die Krümmung selbst findet jedoch im tiefer gelegenen Teil der Koleoptile statt ohne Rücksicht auf deren Beleuchtung.
c. 3—4 cm lange, im Dunkelkasten gekeimte Koleoptilen werden bei rotem Licht dekapitiert. Einige Versuchspflanzen bleiben jedoch unversehrt als Kontrolle. Einseitig belichten.
Ergebnis: Haferkeimlinge ohne Spitze werden vom Lichteinfall nicht beeinflußt, Kontrollpflanzen zeigen Krümmung.

Versuch 8: Phototropische Umstimmung
Das Zymbelkraut (Linaria cymbalaria) besitzt positiv phototrope Blütenstiele. Nach der Reife werden die Fruchtstiele negativ phototrop. Die in Mauerritzen wachsende Pflanze bringt damit ihre Samen in die günstigste Lage zur Weiterentwicklung, nämlich in die (dunkleren) Mauerritzen.

Versuch 9: Sporangien von Pilobolus
Frischen Pferdemist oder frische, noch glänzende Reh- bzw. Hirschlosung drückt man in mäßig feuchtem Zustand in mehrere Glasschalen. Schalen warm stellen (25—28°). Der sich nach 1—2 Tagen bildende Schimmelüberzug wird mit der Flamme abgesengt. Nach einigen Tagen erscheinen die Sporangienträger von Pilobolus, gelblich aussehende Hyphen, die nach einiger Zeit zu wasserhellen, glänzenden Bläschen anschwellen. Glasschalen, die solche Sporangienträger aufweisen, stellt man unter einen Blumentopf, den man vorher zweckmäßig innen schwarz streicht. Um gute Luftfeuchtigkeit zu garantieren, stellt man noch ein Gefäß mit Wasser dazu. Die Öffnung des Topfes wird mit einem Objektträger abgedeckt. Untersuchung der Glasplatte auf Sporangien!
Ergebnis: Die Sporangienträger krümmen sich und schleudern ihre Sporangien dem Lichte zu. Man findet sie massenhaft auf dem Objektträger. Dieser Versuch ist insofern interessant, als es sich hier um phototrope Krümmungen einer einzigen Zelle handelt.

II. Phototaxis

Versuch 10: Phototaxis von Euglena
Saftig grüne stehende Wässer enthalten oft massenhaft Euglenen. Fülle eine Probe davon in eine Petrischale, deren Boden und Ränder außen mit schwarzem Papier überklebt sind, der Deckel jedoch nur zur Hälfte. Die Schale stellt man in die Sonne. Nach einiger Zeit nimmt man den Deckel ab und beobachtet.
Ergebnis: Die positiv phototaktischen Einzeller schwimmen zum Lichte hin, die belichtete Hälfte der Schale erscheint dunkelgrün.

III. Geotropismus

Versuch 11: Geotropismus von Sprossen und Wurzeln
a. Auf ein quadratisch geschnittenes Stück Pappe, das gerade in ein weites Becherglas paßt, werden 3—5 Haferkörner mit Hilfe eines Fadens befestigt. Die Pappe wird dann in das Becherglas gestellt, das 1 cm hoch mit Wasser gefüllt und dann abgedeckt wird. Die Pappe saugt sich mit Wasser voll, so daß die Körner keimen können. Sobald die Wurzeln und Koleoptilen etwa 2 cm lang sind, dreht man die Pappe um 90°, so daß jetzt die vorher senkrecht stehenden Kanten der Pappe waagrecht verlaufen.

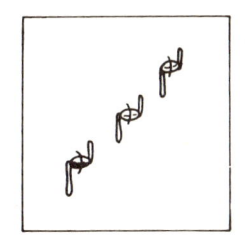

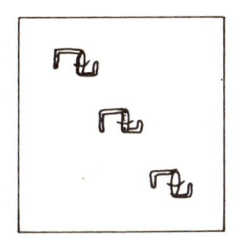

Abb. 7: a) Geotropische Reaktion von Haferkeimlingen

b) nach Drehung der Pappe um 90°

Ergebnis: Am nächsten Tag erkennt man, daß die Wurzeln und Sprosse ihre Wuchsrichtung um 90° geändert haben (Abb. 7).

b. Ein weites Becherglas wird mit 3 %iger Gelatinelösung gefüllt und diese erstarren lassen. Auf die Oberfläche sät man einige Getreidekörner oder Senfsamen. Sobald die Wurzel- und Sproßkeime die Länge von 1—2 cm erreicht haben, legt man das Becherglas waagrecht. Beobachtung nach einigen Stunden.
Ergebnis: Wurzeln und Sprosse (Koleoptilen) wachsen in jedem Falle senkrecht.

Versuch 12: Aufrichten eines Getreidehalms
a. Einige Halmstücke mit Knoten näht man so auf ein Stück Pappe, das in ein weites Becherglas paßt, daß nur eine Seite des Halms bis zum Knoten befestigt ist, die andere aber frei bleibt. Die Pappe mit den waagrecht verlaufenden Halmstücken in das Becherglas stellen, das 1 cm hoch mit Wasser gefüllt und abgedeckt ist.
Ergebnis: Einseitiges Wachstum des Knotens richtet das freie Halmstück auf.
b. Eine Getreidepflanze wird ausgegraben und in einen Topf gepflanzt. Mit einem Drahtbügel steckt man die Halme unterhalb der Knoten so fest, daß die Pflanze waagrecht liegt. Nach 1—2 Tagen beobachten!
Ergebnis: Siehe Versuch 12a.

Versuch 13: Auf dem Klinostat wachsen Pflanzen waagrecht
Senfsamen, Getreidekörner o. dgl. läßt man in einem Töpfchen keimen, das auf dem Klinostaten um eine waagrechte Achse langsam rotiert. Einige Kontrollpflanzen in einem weiteren Töpfchen wachsen ohne Rotation. (Ein einfacher Klinostat besteht aus einem großen Wecker, auf dessen verlängerte Zeigerachse ein Korkstopfen gesteckt ist, auf den man kleine Kulturgefäße befestigen kann — vgl. *Berkholz:* NiU *18* (1970), 125).
Ergebnis: Die Schwerkraft wirkt auf die rotierenden Pflanzen allseitig ein, es ist daher keine geotropische Krümmung zu beobachten.

Versuch 14: Die „verkehrt" wachsende Pflanze
In ein weites beiderseits offenes Glasrohr schiebt man einen Wattebausch, der 4 cm hoch mit lockerer Erde überdeckt wird (Abb. 8). Einige Senfkörner werden

Abb. 8: „Verkehrt" wachsende Keimlinge

auf die angefeuchtete Watte gedrückt. Das Glasrohr stellt man in ein Becherglas, das 1 cm hoch mit Wasser gefüllt wurde. Die sich entwickelnden Pflanzen werden von Zeit zu Zeit kontrolliert.

Ergebnis: Die Sprosse wachsen durch die Watte in die Erde, die Würzelchen in den Luftraum.

Versuch 15: Reizdauer und Latenzzeit
In mehreren Gefäßen werden nach V. 11a Getreidekörner keimen lassen. Zum Versuch entnimmt man je ein Kartonblatt dem Becherglas, ohne seine Lage zur Erdoberfläche zu verändern, und verdreht es für 1, 2, 4, 8 Minuten so, daß die Keimwürzelchen bzw. Koleoptile waagrecht verlaufen. Danach stellt man die Kartonblätter in der alten Lage in das Becherglas zurück. Beobachten, nach welcher Reizdauer eine geotrope Krümmung eintritt und nach welcher Zeit seit der Einwirkung des Reizes (Latenzzeit).
Ergebnis: Nicht alle Keimlinge verhalten sich gleich. Eine Reaktion gilt als positiv, wenn 50 % der Versuchspflanzen eine Reaktion mit freiem Auge erkennen lassen. Je stärker der Reiz (bzw. die Reizdauer), desto geringer ist die Latenzzeit.

Versuch 16: Ersatz der Schwerkraft durch die Fliehkraft
a. Auf die senkrecht stehende Achse eines *schnell* laufenden Motors setzt man eine runde Schale (evtl. durchbohrten Gummistopfen auf die Achse des Motors stecken und leichte Schale darauf kleben; alter Plattenspieler!). In die mit feuchtem Papier ausgelegte Schale sät man einige Senfkörner und bedeckt sie mit feuchter Watte. Es empfiehlt sich, die Schale zusätzlich mit einem passenden Stück Pappe abzudecken, damit die Feuchtigkeit und die Körner nicht herausgeschleudert werden. Das Ganze deckt man mit einem splittersicheren Kasten ab, in den noch ein Schälchen mit Wasser gestellt wird. Dann versetzt man den Motor in Drehung und wartet die Keimung ab.
Ergebnis: Die Erdanziehung wird durch die weitaus stärkeren Fliehkräfte überdeckt, daher wachsen die Wurzeln radial nach außen, die Sprosse nach innen.
b. Vorgekeimte Samen der Bohne mit 1 cm langen Wurzeln nadelt man auf eine runde Holzscheibe, die auf die senkrechte Achse des Motors gesetzt wird. Die Wurzeln richtet man tangential aus. Auch für diesen Versuch ist für genügend Feuchtigkeit zu sorgen durch untergestellte Wasserbehälter und übergestülpten Kasten.
Ergebnis: Die Keimwürzelchen krümmen sich nach außen (vgl. V. 16a).

Versuch 17: Erdschwere und Knospenkeimung
Beobachte Kletterrosentriebe, die z. B. bogenförmig über ein Gartentor gezogen sind: Die Oberseite der Zweige lassen eine Reihe von Seitentrieben erkennen (Wuchsstoffwirkung).

Versuch 18: Reaktion der Blätter auf geotropische Reizung
Eine Coleus-Pflanze wird auf dem Klinostaten befestigt und rotiert langsam. Die Veränderung der Lage der Blätter zum Stengel wird beobachtet.
Ergebnis: Infolge der veränderten Reizrichtung legen sich die Blätter dem Stengel der Pflanze an.

Versuch 19: Reizrezeption in der Wurzelspitze
Dekapitierte Bohnenwurzeln nadelt man so auf den Rand eines Korkens, daß die Wurzel waagrecht übersteht. Nach einiger Zeit beobachtet man, ob eine Krümmungsreaktion eingetreten ist.

Ergebnis: Dekapitierte Wurzeln reagieren nicht auf geotropische Reize. Der Reiz wird also in der Wurzelspitze aufgenommen.

Versuch 20: Reaktionsort
Man läßt Erbsen oder Bohnen im Dunklen keimen, bis die Wurzel etwa 3 cm lang ist. Auf die Wurzel zeichnet man dann mit einer weichen Feder und wasserfester Tusche eine Reihe von Punkten oder Strichen im Abstand von etwa 1 mm. Hierauf nadelt man die Bohne auf einen Korken so, daß die Wurzel über den Rand hinausragt. Das Ganze wird im Dunkelkasten feucht gehalten. Nach 2 Tagen untersucht man, welcher Teil der Wurzel sich geotropisch gekrümmt hat.
Ergebnis: Die Krümmung der Wurzel ist dort erfolgt, wo die aufgezeichneten Striche nunmehr weit auseinanderstehen. Diese Zone ist die Zone des Streckungswachstums.

Versuch 21: Geotropische Krümmung als Arbeitsleistung
Eine Bohne mit gerader Wurzel wird in ein Stativ gespannt, die Wurzel liegt waagrecht auf der Schale einer empfindlichen Federwaage (Abb. 9). Die Bohne

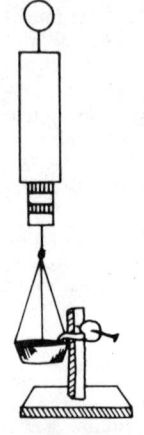

Abb. 9: Die geotropische Krümmung ist eine Arbeitsleistung der Pflanze

und die Wurzel müssen durch übergelegte Filterpapierstreifen feucht gehalten werden. Die sich abwärts krümmende Wurzel drückt auf die Waagschale, die Kraft kann abgelesen werden.
Ergebnis: Geotropische Krümmungen sind nicht passiv, sie stellen eine aktive Arbeitsleistung des Organismus dar (Energieverbrauch).

Versuch 22: Nachweis der Statolithenstärke
a. Handschnitte von krümmungsfähigen Stengeln von Ranunculus acer, Bohnen, Schöllkraut, Knoten der Getreidepflanzen, Wurzelhauben von Bohnen, Kürbis u. a. werden mikroskopisch untersucht, evtl. nach Durchsaugen von Jodkaliumjodidlösung.
Ergebnis: Im Grundgewebe an die Leitbündel anschließend findet man Einzelzellen oder Zellreihen mit stärkeführenden Zellen (durch Jod blau gefärbt),

Abb. 10. Nach einer Theorie von *Haberlandt* u. *Némec* sind diese beweglichen Stärkekörner, die ja nach Lage der Pflanze auf verschiedene Stellen des Cytoplasmas drücken, Ursache der geotropischen Bewegungen: Statolithenstärke.
b. Man heftet krümmungsfähige Stengelstücke der in Versuch 22a genannten Pflanzen waagrecht auf eine feuchte Unterlage und beläßt sie so einige Stunden. Sobald eine geotropische Krümmung eben sichtbar wird, schneidet man den Stengelabschnitt ab und fixiert ihn — ohne seine Lage im Raum zu verändern — in Pikrinsäure - Eisessig - Schwefelsäure (Konz wäßr. Pikrinsäurelösung + 0,5 % Eisessig + 0,5 % konz. Schwefelsäure). Nach Fixation schneiden, die Schnitte in Wasser gut spülen, in 2 %ige wässr. Tanninlösung überführen (10—60 Min.), 1 Min. in Wasser auswaschen, 5—15 Min. in 1,5 %ige wäßr. Brechweinsteinlösung

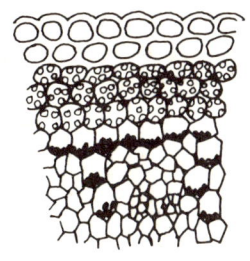

Abb. 10: Statolithenstärke im Querschnitt eines waagrechten Stengelteils von Linum perenne unter dem Rindenparenchym (nach Haberlandt)

legen. In mehrmals gewechseltem Wasser auswaschen, dann färben. Besonders empfohlen: wäßr. Gentianaviolett (30 Min. färben, 5 Min. in Wasser waschen, aufsteigende Alkoholreihe, Terpentin, Xylol, Balsam).
Ergebnis: Die Querschnitte zeigen die infolge der Erdschwere verlagerten Stärkekörner (Dauerpräparat!).

Versuch 23: Geoelektrisches Phänomen
Zwischen 2 Kondensatoren (im Notfall mit Stanniol überzogene Pappscheiben) läßt man in einer niedrigen Schale Samen von Bohne, Erbse, Senf, Hafer o. dgl. im Dunkeln keimen. Es muß genügend Feuchtigkeit vorhanden sein, denn Licht darf während des Versuchs nicht zutreten können (rotes Dunkelkammerlicht stört nicht). An die Platten des Kondensators legt man eine Gleichspannung von 100 V (Anodenbatterie, Trafo + Gleichrichter). Nach einigen Tagen nachsehen.
Ergebnis: Die Sproßspitzen wachsen zum negativen Pol hin.
Erklärung: Auxin bildet ein wirksames Anion, das von der Anode angezogen wird. Infolge der unterschiedlichen Empfindlichkeit der Pflanzenorgane wachsen daher Sprosse vom +Pol weg, Wurzeln zum positiven Pol hin (Elektrotropismus). Da die Erde ebenfalls ein elektrisches Feld induziert (Organunterseiten elektropositiv), kann dieses Phänomen zur Erklärung des Geotropismus herangezogen werden.

IV. Seismotropismus

Zu den Versuchen benutze man Pflanzen der Zaunrübe Bryonia dioica, die man leicht selbst ziehen kann: Man sät Samen in flache Schalen, die ein Gemisch aus Komposterde und Sand enthält. Kräftige Sämlinge werden in Blumentöpfe ausgesetzt.

Versuch 24: Schwingende Ranken
Noch gestreckte Ranken projiziert man auf eine Zeichenfläche (Schattenprojektion) und skizziert ihre Lage. Nach je 1 Stunde wiederholt man den Versuch bei unveränderter Apparatur.
Ergebnis: Die Schattenrisse zeigen, daß die Ranke schwingt.

Versuch 25: Umfassungsbewegung der Ranke
Neben eine junge Ranke wird ein Holzstab gesteckt, so daß sie beim Schwingen auf ihn trifft. Man beobachte die Umfassungsbewegung und die Einrollung der Ranke mit den Umkehrstellen.

Versuch 26: Reaktion der Ranke auf verschiedene Reize
a. Berühre junge, gestreckte Ranken mit Stäben verschiedener Oberfläche (Glasstab, Holzstab).
Ergebnis: Die mit dem Holzstab berührte Ranke krümmt sich nach einiger Zeit, die andere bleibt gestreckt. Nur Erschütterungen (kleinräumige Druck- und Zugdifferenzen) sind auslösende Reize.
b. Man richte einen feinen Wasserstrahl auf die Unterseite einer Ranke. Auf eine

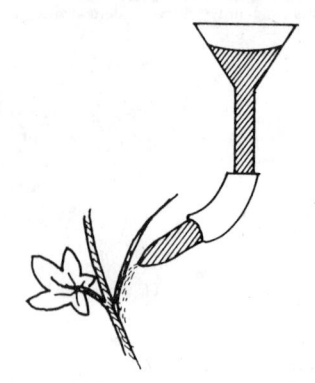

Abb. 11: Ein feiner Sandstrahl erzeugt eine seismotropische Krümmung der Ranke

weitere Ranke wird ein feiner Sandstrahl gerichtet (Abb. 11), Einwirkungszeit etwa 1 Minute.
Ergebnis: Wie Versuch 26a, der Wasserstrahl wirkt nicht ein.

V. Hydrotropismus

Versuch 27: Das Wachstum der Wurzeln wird vom Wassergehalt des Substrats beeinflußt
a. 2 Kunststoffsiebe (Kinderspielzeug) oder 2 mit weitmaschigem Stramin bespannte Metall- oder Kunststoffrahmen werden mit Sägespänen gefüllt, in die man einige vorgequollene Feuerbohnen legt. Die Sägespäne werden gut mit Wasser getränkt. Beide Siebe hängt man schräg auf, das erste frei, das andere

unter einer Glasglocke, die in einer mit Wasser gefüllten Schale steht. — Beobachtung des Wurzelwachstums.
Ergebnis: Die Wurzeln dringen durch die Maschen des Gitters hindurch (geotropischer Effekt) und wachsen am Stramin entlang (Hydrotropismus). In der feuchten Kammer dagegen richten sich die Wurzeln senkrecht nach unten, Hydrotropismus ist im allseits feuchten Raum nicht vorhanden (Abb. 12).

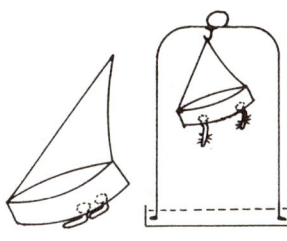

Abb. 12: Nachweis des Hydrotropismus

b. Einen Trichter umgibt man mit einem Rundfilter, dessen Rand 2 cm über den Trichterrand hinausragen soll. Der überstehende Rand wird nach innen geknickt und in den Trichter hineingeknüllt. Auch den Stiel des Trichters überzieht man mit Filterpapier. Nun wird der Ausfluß des Trichters mit einem Korken verschlossen und der Trichter mit Wasser gefüllt. Das Ganze stellt man in eine Weithalsflasche, die soweit mit Wasser gefüllt wird, daß der Trichterstiel darin eintaucht, d. h. das Filterpapier sich gut mit Feuchtigkeit vollsaugen kann. In etwas Wasser vorgequollene Kressesamen klebt man nun in 2 cm Abstand vom Trichterrand außen auf das Filterpapier (Abb. 13). — Beobachtung des Wurzelwachstums.

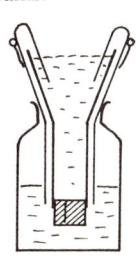

Abb. 13: Kressesamenwurzeln wachsen an der feuchten Trichterwand entlang

Ergebnis: Die Wurzeln folgen nicht dem Geotropismus, indem sie senkrecht nach unten wachsen, sondern sie legen sich dem feuchten Papier an, besitzen also positiven Hydrotropismus.

VI. Chemotropismus

Versuch 28: Reaktion der Wurzeln auf Salze
Unter leichtem Erwärmen löst man 20 g Gelatine in 400 ml dest. Wasser und verteilt die Lösung auf 3 Bechergläser. In die Lösung stellt man je ein mit kaltem Wasser gefülltes Reagenzglas, das man mit Hilfe eines passenden, in der Mitte durchbohrten Pappstückes in seiner Lage solange festhalten kann, bis die Gela-

tine erstarrt ist. Nach vorsichtigem Ausgießen des Wassers füllt man das Reagenzglas mit heißem Wasser und zieht es gleich aus der Gelatine.
In die verbleibenden Vertiefungen der Gelatine gießt man nun je eine 2 %ige Lösung von Kaliumdihydrogenphosphat (KH_2PO_4), Kochsalz (NaCl) und Eisen-(III)-Chlorid ($FeCl_3$). Auf die Gelatineoberfläche bringt man vorgequollene Erbsensamen, deren Würzelchen gerade erscheinen (Abb. 14). — Der Versuch gibt in kürzerer Zeit Ergebnisse, wenn man die Erbsen soweit keimen läßt, daß die Wür-

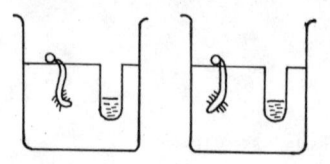

Abb. 14: a) positiver, b) negativer Chemotropismus der Erbsenwurzel gegenüber Salzlösungen

zelchen bereits 1 cm lang sind. Sie werden genau senkrecht in die Gelatineschicht gesteckt. Die Bechergläser werden abgedeckt und im Dunkelkasten aufgestellt. — Beobachtung des Wurzelwachstums.

Ergebnis: Die Wurzeln wachsen zur Phosphatlösung hin (positiver Chemotropismus), aber von der Kochsalz- bzw. Eisenchloridlösung weg (negativer Chemotropismus).

Versuch 29: Chemotropismus von Pollenschläuchen

a. Pollenkörner läßt man in einer 2 %igen Gelatinelösung keimen, die folgende Mengen Traubenzucker enthält:

Tulpe, Lauch, Tabak	1— 3 %
Narzisse, Pfingstrose, Tradescantia	3— 5 %
Blatterbse (sehr geeignet)	15 %
Maiglöckchen	6—20 %
Kleines Springkraut	30 %
Herbstzeitlose	40—50 %

Der Pollen kommt mit einem Tropfen der obigen Lösung auf einen Hohlschliffobjektträger, dem noch ein Stückchen Narbe beigefügt wird. Dann deckt man mit einem Deckglas ab und stellt das Ganze in eine dunkle, feuchte Kammer. Nach etwa 24 Stunden mit mittlerem Objektiv mikroskopieren.

Ergebnis: Die Pollenkörner sind gekeimt, die Pollenschläuche wachsen der Narbe zu, sie sind positiv chemotrop in bezug auf bestimmte Anlockungsstoffe der Narben.

b. Der Versuch kann variiert werden, indem man Pollen und Narbenstückchen verschiedener Pflanzenarten zusammenbringt. Die Arten können der gleichen oder einer verschiedenen Pflanzenfamilie zugehören.

B. Sinnesphysiologie der Tiere und des Menschen

Vorbemerkungen

Im Gegensatz zur Sinnesphysiologie der Pflanzen ist die Sinnesphysiologie der Tiere etwas schwieriger, stößt aber dafür auf das größere Interesse der Schüler. Bei der Auswahl der Versuche ist auf die Belange der Schule Rücksicht genommen worden. Es wurden nur *Versuchsobjekte* verwendet, deren Beschaffung keine Schwierigkeiten macht. Ergänzende oder methodisch schwierigere Versuche entnehme man der angegebenen Literatur. Aus erzieherischen Gründen ist darauf Bedacht genommen worden, daß die Tiere durch die Versuche nicht geschädigt werden. Nach beendetem Versuch lasse man die Tiere wieder frei oder gebe sie ihrem Biotop zurück.

Auf die Verwendung besonderer *Apparate* ist weitgehend verzichtet worden, soweit es sich nicht um in vielen Schulen vorhandene oder mit wenigen Mitteln behelfsmäßig selbst anzufertigende Geräte handelt. Auch die normalerweise dem Biologie-Unterricht der Schulen zur Verfügung stehende Zeit ist bei der Auswahl der Versuchsvorschriften berücksichtigt worden. Eine *Dunkelkammer* oder einen verdunkelbaren Raum muß man jedoch für manche wichtige Versuche zur Verfügung stellen können.

An weiterführender neuerer *Literatur* kann empfohlen werden:

Literatur

a. *Allgemeine Werke:*
Altmann, G.: Die Orientierung der Tiere im Raum. Neue Brehm-Bücherei Bd. 369. Ziemsen, Wittenberg 1966
Buddenbrock, W. v.: Vergleichende Physiologie, Bde. I—IV. *Birkhäuser*-Verlag, Basel 1950—1956
Buddenbrock, W. v.: Aus der Welt der Sinne. Verständl. Wissenschaft Bd. 19. *Springer*-Verlag Berlin, Göttingen, Heidelberg. 1953
Buddenbrock, W. v.: Wie orientieren sich die Tiere? *Franckh*-Verlag, Stuttgart, 1956
Milne, L. und *M.:* Die Sinneswelt der Tiere und Menschen. *Parey*, Hamb. 1963
Ranke, F.: Physiologie des Gehörs, *Springer*-Verl. Berlin, Göttingen, Heidelb. 1953
Rein, H.: Physiologie des Menschen. 15. Aufl. *Springer*-Verl. Berlin, Göttingen, Heidelb. 1966
Trendelenburg, W.: Der Gesichtssinn. *Springer*-Verl. Berl., Göttingen, Heidelb. 1961
Heidermanns, C.: Grundzüge d. Tierphysiologie. 2. Aufl. *Fischer*, Stuttgart, 1957

b. *Experimentelle Werke*
Braun, R.: Tierbiologisches Experimentierbuch. *Franckh*-Verl. Stuttgart 1955
Carl, H.: Anschauliche Menschenkunde. Aulis-Verlag, Köln 1960
Krumm, E.: Vom Sehen und Hören des Menschen. *Aulis*-Verlag, Köln, 1965
Schlieper, C.: Praktikum der Zoophysiologie. *Fischer*, Stuttgart 1965, 3. Aufl.

I. Lichtsinn

1. Sinnesorgane

Über den Bau der Sinnesorgane der Tiere orientiere man sich aus der Lehrbuch-Literatur. Gute mikroskopische Präparate der Augen von Säugetieren und Insekten sollten in jeder biologischen Schulsammlung vorhanden sein. Falls die Möglichkeiten gegeben sind, können solche Präparate selbst angefertigt werden. Anleitungen zum histologischen Arbeiten z. B.: *Riech, F.*: Mikrotomie, Aulis Verlag, Köln 1959.

Versuch 1: Lichtempfindliche Sinneszellen beim Regenwurm
(siehe auch Bd. II, S. 84)
Man läßt einen Regenwurm in eine nicht zu weite Glasröhre kriechen. Die Röhre ist mit einer Manschette aus lichtundurchlässigem, schwarzen Papier umgeben, das ein knapp 1 cm breites Fenster besitzt. Der Wurm sucht die Dunkelheit auf. Durch Verschieben des Fensters und helle Beleuchtung kann man an den Reaktionen des Wurms leicht diejenigen Stellen an seinem Körper ausfindig machen, an denen er für Lichtreize besonders empfindlich ist.
Ergebnis: Das Vorderende des Regenwurms ist besonders befähigt, Lichtreize aufzunehmen.

Versuch 2: Untersuchung der Facettenaugen
a. Die Augen der Insekten (Wespe, Fliege, Libelle (!) u. a.) werden unter einer starken Lupe betrachtet. Die Beleuchtung erfolgt von oben - seitlich mit einer starken Lampe. Beim Maikäfer kann versucht werden, die Zahl der Ommatidien abzuschätzen (schwache Vergrößerung).
b. Von einer toten Libelle, Wespe, Biene o. dgl. wird mit der Rasierklinge ein Stück der Facettenaugen abgeschnitten. Mit einer Nadel reinigt man die Cornea innen von anhängendem Gewebe, Pigment usw. In Wasser unter dem Mikroskop betrachtet (enggestellte Blende!) erkennt man die sechseckigen Cornealinsen.
c. Ein fertiges Schnittpräparat eines Insektenauges wird im Mikroskop betrachtet.
Ergebnis: Das Facettenauge der Insekten besteht aus sehr vielen (bis 30 000) Einzelaugen, die jedes für sich mit einem vollständigen dioptrischen Apparat ausgerüstet sind.
Schlieper (2. Aufl. S. 213) empfiehlt die Untersuchung der adaptiven Pigmentwanderung im Auge der Nachtfalter nach Herstellung von Schnitten. Weiterhin kann man das recht einfach gebaute Auge von Daphnia im Lebendpräparat untersuchen lassen. Man erkennt die einzelnen Kristallkegel, das Pigment und die Augenmuskeln. Genaueres vgl. *W. Kükenthal*, Leitfaden f. d. zoologische Praktikum, 12. Aufl. *Fischer*-Verlag, Stuttgart 1950, S. 145. Über die Funktion des Insektenauges vergl. *M.-L. Beumling:* Neue Erkenntnisse über das Sehen der Insekten. MNU 11 (1958/59) 304—309; auch *Freytag:* Blick durch ein Facettenauge. Praxis Nat.-Wiss. (Biol.) 16 (1967) S. 174.

Versuch 3: Präparation eines Rinderauges (siehe auch Bd. III, S. 132)
Vom Metzger oder Schlachthof besorgt man sich ein Rinder-, Kalbs- oder Schweineauge, das im Kühlschrank einige Tage haltbar bleibt. Vor der Präparation durch Schüler schneide man mit einer starken Schere alle Teile der Haut soweit

ab, daß nur noch der Augapfel mit den anliegenden Augenmuskeln übrig bleibt. Zur Präparation eignen sich zwei Schnittrichtungen:

a. Um den Bau ähnlich den in den Büchern abgebildeten Schemata zu zeigen, friere man im Tiefkühlfach des Kühlschrankes das Auge ein. Mit einer Laubsäge, evtl. auch mit einem scharfen Messer — bei kleineren Augen (Kaninchen) mit der Rasierklinge — schneidet man dann das Auge im gefrorenen Zustand längs der optischen Achse durch. Die Teile des Auges sind dann sehr schön sichtbar und können nach dem Auftauen herausgenommen werden. Linse und Glaskörper sind natürlich halbiert.

b. Für die Einzelpräparation durch Schüler eignet sich besser ein Frontalschnitt: Das von dem anhaftenden Fett befreite Auge wird mit einer feinen Schere senkrecht zur optischen Achse aufgeschnitten. Die Spitze der Schere darf nicht zu tief eindringen, um den Glaskörper nicht zu beschädigen.

Der abgeklappte hintere Teil des Auges zeigt die zarte, helle Retina, die schwarze Pigmentschicht mit den feinen Äderchen und dahinter die derbe, weiße Sklera, die weiße Augenhaut. Der Sehnerv ist sichtbar und seine Eintrittsstelle, der blinde Fleck.

Den Glaskörper schneidet man nach Anheben mit der Pinzette stückweise ab, um die Linse freizulegen. Sie wird vom Ziliarkörper befreit und kann dann herausgenommen werden.

Abb. 15: Eine herauspräparierte Linse vom Rinderauge ist glasklar durchsichtig und vergrößert, wenn man sie als Lupe benutzt. (Foto Ulmay)

Auf ein Stück durchlochte Pappe gelegt kann man die Linse als Lupe benutzen und kleine Druckschrift vergrößert betrachten. Legt man einen schmalen Papierstreifen um sie, so läßt sich ihre Brennweite durch Verengen des Papierstreifens verkleinern.

2. Die Funktion der Lichtsinnesorgane (siehe auch Bd. III, S. 111 ff.)

Versuch 4: Bildentstehung im Wirbeltierauge
In ein vom umliegenden Gewebe befreites Rinderauge schneidet man vorsichtig, ohne den Glaskörper zu verletzen, eine pfenniggroße Öffnung in den hinteren Teil der Augenhaut, direkt gegenüber der Pupille. Die Öffnung wird mit einem Stückchen Pergamentpapier oder einer kleinen Mattscheibe verschlossen. Eine vor das Auge gestellte Kerze wird im abgedunkelten Raum verkleinert und auf dem Kopf stehend abgebildet.

Schlieper empfiehlt, ein von den Muskeln sorgfältig befreites Auge eines Albinokaninchens zu benutzen. In der Dunkelkammer richtet man es auf einige große, schwarze Buchstaben auf hell beleuchtetem, weißen Hintergrund. Das Netzhautbild ist dann durch die Sklera hindurch zu beobachten.

Versuch 5: Sehschärfe auf der Netzhaut des Menschen
Der Lehrer zeichnet ein Kreuz an die Wandtafel, das von den Schülern ein- oder beidäugig fixiert wird. Das Kreuz befindet sich etwa in der Höhe des Lehrerkopfes. Die Schüler beobachten die Deutlichkeit, mit der sie den Lehrer erkennen können, während dieser langsam vor der Tafel dem Kreuz sich nähert oder von diesem sich entfernt.

Ergebnis: Nur in allernächster Nähe vom fixierten Punkt (Kreuz) wird der Kopf des Lehrers scharf gesehen. Die Fovea centralis (gelber Fleck) ist die Stelle des deutlichen Sehens auf der Netzhaut. Der übrige Teil der Netzhaut dient überwiegend dem Bewegungssehen.

Versuch 6: Auflösungsvermögen des menschlichen Auges
Mit Tusche, Tinte oder Kugelschreiber zeichnet man im Abstand von 2 mm je 2 Linien auf weißes Papier, befestigt es an der Wand in Augenhöhe, verdeckt das eine Auge mit der Hand und tritt unter genauer Beobachtung der Linien langsam zurück. Sobald die beiden Linien nicht mehr getrennt voneinander wahrgenommen werden können, mißt man den Abstand Auge - Objekt.
Man kann auch gekreuzte Linienpaare betrachten.
Nach dem Strahlensatz $G : g = B : b$

Abb. 15a: Skizze zur Ermittlung des kleinsten Bildabstandes (Auflösungsvermögen) auf der Netzhaut

(in Abb. 15a) errechnet man den Abstand der beiden optischen Bilder der Linien auf der Netzhaut. Als Bildweite kann man die Brennweite des menschlichen Auges (20 mm) einsetzen.

Ergebnis: Der Abstand der optischen Bilder der beiden Linien, die noch eben getrennt voneinander wahrgenommen werden können (Auflösungsvermögen) beträgt nur wenige Mikra (nach *Schlieper* 4,5 μ). Sollten starke Abweichungen von diesem Wert vorkommen, ist das Auge fehlsichtig. Astigmatismus liegt vor, wenn das Auflösungsvermögen in verschiedenen Richtungen des Objektes nicht gleich groß ist (gekreuzte Linienpaare!).

Versuch 7: Prüfung der Sehleistung unserer Augen
a. Kurzsichtigkeit: Die erste Buchstabenreihe der Abb. 16 muß aus einer Entfernung von 4 m noch deutlich gelesen werden können (einäugige Betrachtung).

E A 8 B F 4

Das menschliche Auge verliert mit zunehmendem Alter die Fähigkeit, sich auf kurze Entfernungen einzustellen. Nach dem 40sten Lebensjahre fällt es recht schwer, diese Schrift ohne Sehhilfe zu erkennen. Der Alterssichtige benötigt eine Lesebrille

Abb. 16: Die obere Buchstabenreihe kann ein Normalsichtiger aus 4 m Entfernung noch deutlich erkennen; die untere Schrift aus 30 cm Abstand noch mühelos lesen.

b. Weitsichtigkeit: Der kleingedruckte Text ist aus normaler Leseentfernung (30 cm) zu lesen.
c. Astigmatismus (vgl. auch Versuch 6): Die 4 gestreiften Figuren der Abb. 17 müssen gleichmäßig tiefschwarz erscheinen, auch wenn die Abbildung gedreht wird (Rot-Grünblindheit vgl. Versuch 19).

Versuch 8: Abklingzeit der Netzhauterregung
In einem voll verdunkelten Raum wird ein Holzspan entzündet und dann ausgeblasen, so daß er nur noch glimmt. Nun beschreibt man vor den Beobachtern mit diesem Span weite Kreise, Kurven usw. Sie erleben anstelle des bewegten leuchtenden Punktes feurige Bänder, die je nach der Geschwindigkeit der Bewegung länger oder kürzer sind.
Ergebnis: Die Erregung der lichtempfindlichen Elemente der Netzhaut endet nicht mit dem Reiz, sondern dauert noch eine Zeitlang an: Abklingzeit (darauf beruht die Wirkung des Films!).
Die Abhängigkeit der Abklingzeit von der Lichtstärke ist durch einen Versuch *(Krumm* S. 23) ebenfalls nachzuweisen.

Versuch 9: Bestimmung der Abklingzeit
Eine runde, dunkle Pappscheibe wird auf die Achse eines regulierbaren Motors oder Kurbelgeräts (Filmrückspulgerät, Lochsirene der Physik) gesetzt. Nahe des Scheibenrandes bohrt man ein ca. 1 cm² großes Loch, dahinter wird eine Lichtquelle montiert (Taschenlampe, Mikroskopierlampe). Man versetzt nun die

Abb. 17: Figur zur Prüfung des Auges auf Astigmatismus

Scheibe in langsame Drehung und beobachtet die Lichtblitze, die beim Vorbeistreichen der Öffnung vor der Lichtquelle entstehen. Die Drehzahl wird solange erhöht, bis anstelle der Lichtblitze eine ständig leuchtende Lichtquelle entsteht. Ist dies nicht möglich, so läßt sich die Zahl der Lichtblitze in der Zeiteinheit vergrößern, wenn man 2 oder 3 Öffnungen in gleichem Abstand in den Scheibenrand schneidet.

Mit Hilfe eines Drehzahlmessers oder durch Zählung der Kurbeldrehungen innerhalb einer bestimmten Zeit unter Einberechnung der evtl. vorhandenen Zahnradübersetzung bestimmt man die Drehzahl der Scheibe pro Minute. Aus der Drehzahl pro Minute ergibt sich die Zeit in Minuten, die zwischen zwei Lichtblitzen liegt. Da diese Zeit der Dunkelheit nicht mehr vom Auge wahrgenommen worden ist, stellt sie die Latenzzeit der Netzhautelemente dar.
Ergebnis: Die Netzhauterregung klingt noch Bruchteile von Sekunden nach, in dieser Zeit ist die Netzhaut unerregbar (vgl. auch Versuch 8).

Versuch 10: Pupillenreflex
a. Die Versuchsperson steht in der Nähe des Fensters und richtet das Gesicht gegen den (hellen) Himmel. Beide Augen werden mit den Händen abgedeckt. Dann gibt sie die Augen frei, während ein Beobachter die Pupillenbewegung studiert.
b. Denselben Effekt erhält man im verdunkelten Raum mit einer Taschenlampe, wenn man die Versuchsperson nach einem Aufenthalt von einigen Minuten im Dunkeln plötzlich anleuchtet.
c. Die Versuche können wiederholt werden, wobei aber die Versuchsperson nur jeweils ein Auge abdeckt. Es sind die gleichen Reaktionen zu beobachten wie bei beidäugiger Reizung.
Ergebnis: Die Pupillenweite wird auf Grund des Lichteinfalls geregelt: Je stärker das Licht, desto enger die Pupille. Hat man sich sehr lange im Dunkeln aufgehalten, so schließt sich die Pupille im Hellen sehr weit, geht aber nach einiger Zeit auf einen mittleren Wert wieder auf. Es tritt eine weitere Regelung in Tätigkeit, die Adaption. Dieser Minuten in Anspruch nehmende Vorgang verändert die Erregbarkeit der Sinneszellen (bis zum 10 000 fachen!). Daher die Blendung, wenn man vom Dunkeln ins Helle tritt!

Versuch 11: Nachweis der Adaption
Die verschieden große Erregbarkeit kann man zeigen, indem man am Tage die Deckenbeleuchtung einschaltet: Die Zunahme der Lichtstärke wird kaum wahrgenommen!
Ergebnis: Am hellen Tage sind die Sinneszellen für Licht weniger erregbar als im Dunkeln (vgl. *Krumm*, S. 19).

Versuch 12: Tiefenschärfegewinn durch Abblenden
Auf einen 1 m langen Stock setzt man in Augennähe eine Kimme aus Papier, auf das andere Ende des Stockes eine bunte Stecknadel als Korn. Mit diesem „Gewehr" zielt man auf ein Bild an der Wand und beobachtet dabei, daß die Blickpunkte Kimme, Korn und Ziel nicht gleichzeitig scharf gesehen werden können. Hält man nun aber dicht vor das Auge eine sehr enge Lochblende (Pappscheibe mit feinem Nadelstich), so ist die Tiefenschärfe weit besser.

Versuch 12a: Durch eine derartige Lochblende können Kurzsichtige weitentfernte Gegenstände scharf sehen, Weitsichtige eine kleine Schrift lesen („Brillenersatz"). So eine Lochblende kann man auch durch Aneinanderlegen von Daumen, Zeigefinger und Mittelfinger herstellen. Brillenträger haben so immer einen „Ersatz" dabei (Abb. 18) (nach *Falkenhan*).

Ergebnis: Der Versuch ist ein Beweis für die Akkomodation des Auges an die Entfernung. Die Blende läßt nur ein sehr enges Lichtbündel in das Auge treten, so

Lochblende

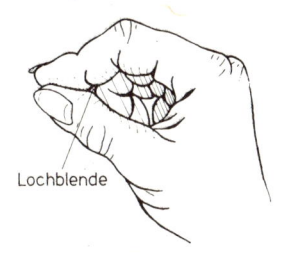

Abb. 18: „Brillenersatz" durch eine Lochblende, die von Daumen, Zeigefinger und Mittelfinger gebildet wird

daß die Unschärfekreise auf der Netzhaut sehr eng werden: Gegenstände in verschiedener Entfernung erscheinen dann gleichzeitig scharf (Abb. 18a).

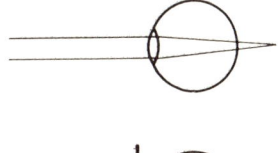

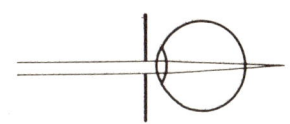

Abb. 18a: Durch Abblenden werden die Unschärfekreise auf der Netzhaut kleiner

Versuch 13: Blinder Fleck
Zur Demonstration des blinden Flecks benutze man die in jedem Lehrbuch abgedruckte Figur. Man kann aber auch 2 Pfennigstücke im Abstand von 6 cm auf den Tisch legen, das linke Auge schließen und mit dem rechten die linke Münze fixieren. Man variiert die Entfernung Münze - Auge und wird erkennen, daß in einem bestimmten Abstand die rechte Münze unsichtbar wird.
Ergebnis: Das optische Bild der rechten Münze fällt in geeigneter Entfernung auf die Eintrittsstelle des Sehnerven in die Netzhaut, die daher für Lichterregung unempfindlich ist: Blinder Fleck. Nach der in V. 6 angegebenen Formel kann man die Größe des blinden Flecks in Millimetern näherungsweise angeben, wenn der Durchmesser der Münze und die Entfernung Auge - Münze gemessen wird.
Krumm gibt auf S. 51 einen Versuch an, durch den man die Gestalt des blinden Flecks etwa angeben kann.

Versuch 14: Fehlsichtigkeit
Die Fehlsichtigkeit kann durch die im Handel angebotenen Augenmodelle gezeigt werden, die anstelle der Netzhaut eine kleine Mattscheibe enthalten. Das Auge ist frontal halbiert, so daß es verlängert oder verkürzt werden kann. Durch Vorschalten mitgelieferter Ausgleichbrillen kann diese Längenveränderung des Auges ausgeglichen werden.

Mit einigen Brillengläsern verschiedener Brennweiten kann man jedoch ein Augenmodell und die Fehlsichtigkeit demonstrieren:

a. Mit einer Sammellinse von 15—30 cm Brennweite bildet man im abgedunkelten Raum eine am Ende des Tisches stehende Kerze auf einen weißen Schirm oder eine Mattscheibe ab. Verlängert man den Abstand Linse - Schirm, so erscheint das Bild der Kerzenflamme unscharf. Durch Vorsetzen einer Zerstreuungslinse kann der „Augenfehler" (Kurzsichtigkeit) korrigiert werden. Verkleinert man den Abstand Linse - Schirm, so muß zur Korrektur eine Sammellinse geeigneter Brennweite benutzt werden. Je nach den vorhandenen Linsen muß der Versuch ausprobiert werden. Zur Prüfung der Sehtüchtigkeit vgl. V. 7.

b. Vom Optiker besorgt man sich ein nicht zu starkes astigmatisches Brillenglas. Bildet man damit ein von hinten beleuchtetes Drahtgitter ab, so erkennt man, daß

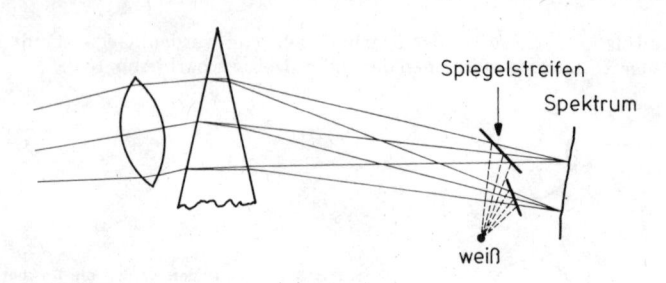

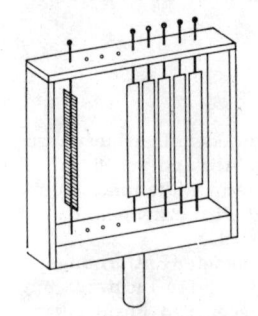

Abb. 19: Erzeugung eines Spektrums und Vereinigung der Farben zu weiß (a), durch einen Rahmen mit beweglichen Spiegelstreifen (b)

Gegenstände, die in einer Richtung in der Objektebene liegen, scharf abgebildet werden, in anderer Richtung liegende jedoch unscharf erscheinen. Eine vollständige Korrektur ist i. a. nicht möglich, ein gewisser Ausgleich kann durch ein vorgesetzes Zylinderglas erreicht werden.

Ergebnis: Fehlsichtigkeit kann durch Verlängerung oder Verkürzung des Augapfels entstehen, aber auch durch zu starke bzw. zu schwache Krümmungsfähigkeit der Linse (Alterssichtigkeit). Korrektionsbrillen gleichen diese Fehler aus.

Versuch 15: Farbzerlegung und Farbenmischung
Über die verschiedenen Möglichkeiten, die Zerlegung von weißem Licht in seine Spektralfarben und die Addition von Farben zu zeigen, befrage man die physika-

lischen Experimentierbücher. Eine Zusammenfassung findet sich in *Friedrich:* Handbuch d. exp. Schulphysik, Bd. 5; Aulis Verlag Köln. Der Vollständigkeit halber sei ein einfacher Versuch angeführt, der ohne großes physikalisches Instrumentarium die wichtigsten physikalisch-physiologischen Erscheinungen vorzuführen gestattet *(Zeier,* Praxis d. NW. (Physik) *14,* (1965), 141):

a. Ein hellbeleuchteter Spalt von 2—3 mm Breite wird von einer Sammellinse geeigneter Brennweite auf einen Schirm abgebildet. Hinter die Linse bringt man ein großes Prisma. Der Schirm fängt nun ein Spektrum auf, dessen Breite von der Dispersion des Prismas, seiner Stellung und seiner Entfernung vom Schirm abhängt (Abb. 19a).

b. In einen kleinen Rahmen (10 x 15 cm) nach Abb. 19b steckt man in vorgebohrte Löcher eine Reihe starker Nägel, vor die man schmale Spiegelstreifchen klebt. Die Spiegelstreifchen müssen gegeneinander verdrehbar sein. Stellt man diesen Rahmen vor den Schirm, so lenken die Spiegelstreifen die Spektralfarben nach der Seite ab. Durch Drehen der Spiegel lassen sich die einzelnen Spektralfarben wieder auf dem Schirm vereinigen, es erscheint die Farbe Weiß.
Ergebnis: Vom Auge als weiß empfundenes Licht ist aus seinen Spektralfarben zusammengesetzt.

c. Dreht man in der Versuchsanordnung b den Spiegelstreifen zur Seite, der das Rot reflektiert, so ergibt die Summe der übrig gebliebenen Farben die (Misch-) Farbe Grün: Komplementärfarbe. Entfernt man das Grün aus dem Spektrum, so erscheint die Mischung rot usw.
Ergebnis: Die Summe aller Spektralfarben außer einer ergibt deren Komplementärfarbe. Farbig erscheinendes Licht kann rein oder aus verschiedenen Farben gemischt sein.

d. Man spiegelt nur die reinen Farben Rot und Grün aus dem Spektren auf dieselbe Stelle des Schirms: Es erscheint Weiß.
Ergebnis: Die Mischung zweier reiner Komplementärfarben ergibt Weiß. *Krumm* benutzt für diese Versuche anstelle der Spiegelstreifen einen Drehspiegel.

Versuch 16: Größe des Gesichtsfeldes für verschiedene Farben
Mit einem käuflichen Perimeter wird festgestellt, wie groß das Gesichtsfeld im menschlichen Auge ist und zwar getrennt für verschiedene Farben. Dazu stützt

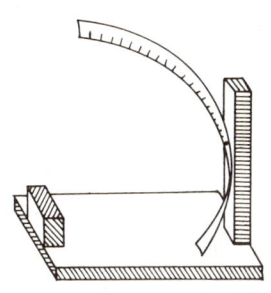

Abb. 20: Selbstgebautes Perimeter

die Versuchsperson das Kinn auf die Auflage des Geräts, deckt das eine Auge ab und fixiert den markierten Mittelpunkt des Kreisbogens. Von der Seite her bewegt man nun eine weiße oder farbige Marke (Pappscheibchen, Kreidestückchen) auf dem Kreisbogen entlang, bis die Versuchsperson Marke und Farbe erkennt. Man liest den Winkel Marke - Mittelpunkt ab und trägt die Ergebnisse in ein Schaubild ein (Abb. 21). Es genügen für orientierende Versuche die Werte für die Waagrechte, Senkrechte und die beiden Diagonalen. Auch der blinde Fleck kann bei diesem Versuch entdeckt werden.

Ein behelfsmäßiges Perimeter kann man selbst anfertigen (Abb. 20): Ein Brett als Untergestell trägt zwei senkrechte Leisten, eine schwächere als Träger des Bogens, eine stärkere als Kinnstütze. Abstand der Leisten etwa 30 cm. Der Kreis-

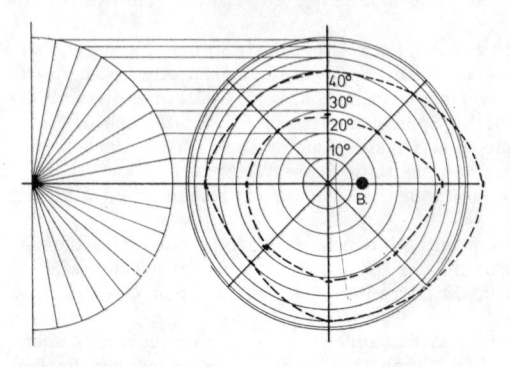

Abb. 21: Aufstellung einer Skizze, in die die Ergebnisse der Versuche mit dem Perimeter einzutragen sind, B = Blinder Fleck
äußere Kurve: Gesichtsfeldgröße für weißes Licht
innere Kurve: Gesichtsfeldgröße für rotes Licht (rechtes Auge)

bogen wird aus einem Streifen Blech gebogen und in der Mitte mit einer Schraube drehbar befestigt. Die Winkeleinteilung kann man aufkleben, es genügt aber auch eine Zentimetereinteilung.

Ergebnis: Die Gesichtsfelder der beiden Augen sind unsymmetrisch; sie sind für die verschiedenen Farben ungleich groß (Abb. 21).

Versuch 17: Dressur von Bienen auf Farben

Einen kleinen Tisch belegt man mit einer Anzahl gleichgroßer, quadratischer Pappscheiben (15 x 15 cm), die vorher verschieden grau getönt worden sind. Eine Scheibe jedoch ist blau gefärbt. Die Graustufen müssen unregelmäßig verteilt werden und dicht aneinanderstoßen. Dann deckt man den Tisch mit einer Glasplatte ab. Darauf wird in die Mitte jeden Feldes ein Uhrglasschälchen gestellt. In das Schälchen auf der Blauscheibe kommt 30 %ige Zuckerlösung.

Nun werden die Bienen angelockt: Man bestreicht ein Pappstück mit Honig und hält es vor den Bienenstock. Sobald Bienen sich darauf niedergelassen haben, trägt man es mit den Bienen langsam zum Versuchstisch. Wenn die Bienen den Versuchstisch befliegen, tauscht man gelegentlich die Felder aus, damit sich die Bienen nicht an den Ort der blauen Scheibe gewöhnen. Die Zuckerlösung darf sich aber nur auf der blauen Scheibe befinden. Von Zeit zu Zeit wird das Schälchen durch ein neues mit Zuckerlösung ersetzt. Das Anfliegen wird genau beobachtet. Nach 1—2 Stunden hebt man die Glasplatte ab, säubert sie und dreht sie um. Währenddessen vertauscht man die Scheiben noch einmal, deckt sie wieder mit der (umgedrehten) Glasscheibe ab und stellt frische, saubere und leere Uhrschälchen auf alle Felder. Die anfliegenden Bienen lassen sich sofort auf der Blau-

scheibe mit dem jetzt leeren Uhrglas nieder! Die Dressur gelingt auch auf gelbe Farbe, nicht dagegen auf Rot.
Ergebnis: Bei dem Dressurversuch wird die Orientierung nach dem Ort des Futterschälchens (Vertauschen der Scheiben), der Helligkeit (Graustufen), und dem Geruch (saubere Platte und Schälchen) ausgeschlossen. Vermuten die Bienen ihre Nahrung sofort auf der blauen Scheibe, ist bewiesen, daß sie die Farbe von Grau unterscheiden können, die Farbe sich merken und mit dem Futter in Verbindung bringen können. Die Dressurmöglichkeit auf alle Farben außer Rot läßt Schlüsse zu auf die Erkennungsfähigkeit der Bienen für Farben (nach *Schlieper*).
Über die Dressur von Fischen auf Farben vgl. *Schlieper*, 2. Aufl. S. 242. — Bienen können auch auf Formen dressiert werden. Vgl. dazu *Schlieper* S. 219.

Versuch 18: Purkinje-Phänomen
Ein kleiner Karton wird mit rotem und blauem Papier beklebt. Die Farben sollen intensiv, aber in ihrer Helligkeit nicht ganz gleichwertig sein: Rot erscheint heller. Nach dieser Feststellung verdunkelt man den Raum soweit, daß die Gegenstände eben noch erkennbar sind. Nach einigen Minuten beobachtet man die Farben von neuem und registriert Farbempfindung und Helligkeitswert der Farben.
Ergebnis: Farben sind nicht mehr erkennbar, das intensive Blau erscheint heller als das Rot.
Krumm (S. 43) empfiehlt die Betrachtung eines bunten Blumenstraußes mit einem schwachen Lämpchen, das man dann weit vom Objekt entfernt. Sehr schön ist auch die Ordnung einer Reihe von Farbtäfelchen nach ihrer Helligkeit im Licht und einer zweiten, identischen Reihe bei schwachem Licht mit anschließendem Vergleich.

Versuch 19: Rot-Grün-Blindheit
Aus verschieden hellen roten und grünen Scheibchen, die unregelmäßig auf eine Pappe geklebt worden sind, muß die Versuchsperson die grünen herausfinden. (Mit dem Handlocher oder Korkbohrer kann man aus bunten Abbildungen, Prospekten u. dgl. solche Scheibchen ausstanzen und aufkleben. Auch Fahrschulen, Optiker o. a. geben gelegentlich solche Tafeln ab).
Ergebnis: Während der Farbtüchtige keine Schwierigkeiten bei diesem Versuch hat, ist es dem Rot-Grün-Blinden nicht möglich, gleich helle rote und grüne Farben zu unterscheiden.

Versuch 20: Farbige Nachbilder
a. Vor eine weiße Wand mit Fixierpunkt hält man ein Stück grellfarbigen Kartons, ebenfalls mit Fixierpunkt. Der Punkt auf der farbigen Pappe wird einige Minuten fixiert, dann zieht man die Pappe rasch fort: Auf der weißen Fläche erscheint die Komplementärfarbe (grün-rot z. B.).
b. Der Versuch läßt sich mit 2 Projektoren abwandeln: Der eine Projektor wirft weißes Licht auf die Wand, der andere ein (kleineres) Dia aus roter Folie. Nach dem Fixieren schaltet man den einen Projektor ab, es erscheint eine grüne Fläche auf dem weißen Feld!
Ergebnis: Die Sehelemente für die fixierte Farbe ermüden, die Farbe wird schwächer empfunden, so daß der Rest des Spektrums von der Fläche Weiß zusammen die Komplementärfarbe ergibt (vgl. dazu Versuch 15).

3. Das binokulare Sehen

Versuch 21: Korrespondierende und nicht korrespondierende Punkte der Netzhaut

a. In 30 und 60 cm Abstand von den Augen stellt man je einen Bleistift auf. Die Versuchsperson fixiert zunächst den näherstehenden Stift und beobachtet, daß der ferner stehende doppelt erscheint. Dann fixiert man den anderen Stift und stellt scheinbare Verdoppelung des ersten fest.

b. Dicht nebeneinanderstehende Stifte werden nicht doppelt gesehen, wenn der eine von ihnen fixiert wird.

Beide Versuche werden schematisch zeichnerisch dargestellt (vgl. Abb. 22).

Ergebnis: Nur, wenn die beiden Netzhautbilder auf korrespondierende Punkte der Netzhaut fallen, entsteht ein einziges Bild (Versuch 21b). Auf nicht korrespondierende Netzhautstellen (disparate Stellen) fallende Bilder werden doppelt gesehen.

c. In einen schwarzen Karton werden im Augenabstand 2 Löcher vom Durchmesser 5 cm geschnitten. Die Versuchsperson hält nun ihre Hand zwischen die Augen so, daß der abgespreizte Daumen die Nasenspitze berührt, legt den Karton quer an den kleinen Finger und sieht geradeaus auf einen hellen, weit entfernten Punkt (Fenster, entfernte Wand). Jedes Auge blickt dabei durch eine Öffnung des Kartons.

Ergebnis: Die beiden Öffnungen im Karton werden als eine gesehen, weil ihre Bilder auf korrespondierende Punkte der Netzhaut fallen.

Versuch 22: Stereoskop

Stereoskopische Bilder werden zunächst ohne Apparat betrachtet und Verschiedenheiten registriert. Dann bringt man sie in ein käufliches Stereoskop und beachtet den räumlichen Eindruck.

Ergebnis: Stereoskopische Bilder unterscheiden sich, erst die Beobachtung mit beiden Augen ergibt den räumlichen Eindruck (Abb. 74 aus *Krumm*).

Stereoskope kann man sich leicht selbst herstellen: Eine sphärische, bikonvexe Linse (Brillenglas) läßt man sich vom Glaser halbieren. Hält man die beiden Hälf-

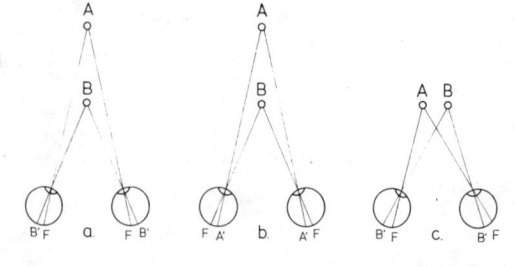

Abb. 22: Binokulares Sehen
F = gelber Fleck; nicht korrespondierende Punkte B' in Abb. a; A' in Abb. b. B' in Abb. c korrespondieren, die beiden Objekte A und B werden einfach gesehen

ten so vor die Augen, daß der Linsenrand nach der Nase zu zu liegen kommt, die Schnittflächen jedoch nach den Schläfen hin weisen, so werden Stereoaufnahmen räumlich gesehen, wenn man sie in einem der Brennweite entsprechenden Abstand betrachtet *(Freytag,* Wir experimentieren *2* (1962), 60).

4. Optomotorik

Versuch 23: Optomotorik wirbelloser Tiere
In eine käufliche Streifentrommel setzt man Wirbellose (Käfer, Fliegen, Bienen) in flache Glasschalen und dreht langsam die Trommel. Beobachtung der Augen- oder Körperbewegung (bei Tieren mit starren Augen).
Ergebnis: Die Tiere folgen den Streifen mit den Augen eine Strecke lang und lassen dann die Augen zurückschnellen: *Nystagmus*. Tiere mit unbeweglichen Augen folgen den Streifen mit dem ganzen Körper. Die Deutung dieser Erscheinung ist noch umstritten, es dürfte sich um eine Ausgleichsbewegung handeln, um das Gesichtsfeld möglichst konstant zu halten (*Braun*).
Die Streifentrommel kann ersetzt werden durch eine behelfsmäßige Apparatur (nach *Braun*): Auf eine weiße Kreisscheibe vom Durchmesser ca. 30 cm setzt man einen Zylindermantel aus weißem Karton (10—15 cm hoch), der mit breiten, schwarzen Streifen bemalt oder beklebt ist. Die Zylinderwand kann von außen mit den Händen gedreht werden. — Auch eine mit abwechselnd weißen und schwarzen Streifen beklebte große Kristallisierschale kann über das Versuchstier gestülpt werden.

Versuch 24: Optomotorik der Wirbeltiere und Menschen
a. Eine Versuchsperson blickt auf die Streifen der bewegten Streifentrommel. Ihre Augenbewegungen werden registriert.
b. Die Versuchsperson sitzt auf einem Drehschemel, der langsam und dann rascher gedreht wird. Auf die Augenbewegung achten!
c. Ein Frosch wird auf den Teller der Streifentrommel gebracht und seine Augenbewegung registriert.
d. Die Versuchsperson schließt die Augen und legt die Hände so auf die Wangen, daß Ring-, Mittel- und Zeigefinger jeder Hand ohne Druck auf den Augenlidern liegen. Beim Drehen des Kopfes, des ganzen Körpers oder auf dem Drehstuhl bemerkt sie ruckweise Bewegung der Augäpfel (n. *Hassenstein*).
Ergebnis: Das Auge fixiert beim Bewegen des Körpers die Umwelt, indem das Auge die Drehbewegung des Körpers kompensiert. Dann „überholt das Auge", faßt erneut einen Punkt der Umwelt, den es eine Zeitlang fixiert usw. Diese als Nystagmus bezeichnete Bewegung scheint für die Orientierung während der Körperbewegung unerläßlich zu sein (vgl. auch die Kopfbewegung bei der Pirouette der Eiskunstläufer, beim Tanzen). Die Beobachtung der Augenbewegungen bei geschlossenen Augen zeigt aber, daß der Körper von sich aus den Nystagmus hervorruft als Kompensation der Körperdrehung (s. a. mechan. Sinne, Versuch 15).

5. Lichtorientierung

Versuch 25: Reaktion von Einzellern auf Licht
a. *Paramaecium:* Paramaecien reagieren auf normales weißes Licht kaum, sie müssen erst sensibilisiert werden. Dazu gibt man nach *Schlieper* zu einer Reinkultur das gleiche Volumen einer 0,1 %igen Eosinlösung.
Wird in das Gefäß in der Dunkelkammer ein enges Lichtbündel geschickt, so fliehen die Tierchen das Licht.

Die Gewinnung der Paramaecien erfolgt in einem Heuaufguß. Der Erfolg ist jedoch unsicher, daher setze man am besten gleichzeitig mehrere Aufgüsse mit Heu verschiedener Herkunft 4—6 Wochen vor dem Versuch an. Um die Konzentration an Paramaecien zu erhöhen, füllt man die Aufgußflüssigkeit in ein enges Glasrohr (Reagenzglas). Die Tiere sammeln sich unter der Oberfläche an und können abpipettiert werden.

b. *Euglena:* Aus Gräben mit fauligem Wasser (Pfützen in Bauernhöfen oder Gräben am Dorfrand), die häufig fettgrün gefärbt sind, entnimmt man Euglenen und füllt sie 24 Stunden vor dem Versuch in ein höheres Glas, das allseits mit schwarzem Papier bedeckt ist. Etwa in mittlerer Höhe schneidet man in die Papierhülle eine kleine Öffnung, hinter der sich die Euglenen im Verlaufe von Stunden ansammeln (siehe auch Bd. II, S. 11).

Ergebnis: Einzeller sind durch Licht reizbar, wobei positive und negative Phototaxis auftreten kann.

Versuch 26: Phototaxis bei Kaulquappen (siehe auch Bd. II, S. 273)

In einer Glaswanne befinden sich einige Kaulquappen. Die Lichtquelle der Dunkelkammer sendet ihr Licht von der Schmalseite her in das Aquarium. Reizt man die sich in Ruhe befindlichen Kaulquappen durch Klopfen z. B., so schwimmen sie zur Lichtquelle hin.

Ergebnis: Bei Reizung reagieren Kaulquappen positiv phototaktisch.

Versuch 27: Phototaxis der Gliedertiere

a. Eine Fliege oder Wespe wird gefangen, indem man ein weites Glasrohr mit ebenem Boden über sie stülpt und mit einem Kartonblatt verschließt. Hält man nun das geschlossene Ende des Glasgefäßes gegen das Fenster und entfernt den Verschlußkarton, so bleibt das Insekt in der Röhre. Dreht man das Gefäß wieder mit der Öffnung gegen das Fenster, so fliegt es augenblicklich heraus.

b. Eine weite, lange Glasröhre enthält eine Wespe oder Fliege. Die Enden der Glasröhre werden mit aufgeklebten Glasscheiben verschlossen. Dunkelt man das Zimmer halb ab und hält ein Ende der Röhre gegen die Lichtquelle, so kriechen die Insekten stets dem Lichte zu.

c. In der Dunkelkammer setzt man die Röhre nach Versuch 27 zwischen 2 Lichtquellen, die mit Hilfe eines Schalters wechselweise eingeschaltet werden können. Die Insekten wandern wie auf Kommando je nach dem Lichteinfall dem einen oder anderen Ende der Röhre zu (n. *Krumm,* Wir experimentieren 2 (1962) 112.)

Ergebnis: Viele Insekten sind *positiv phototaktisch,* sie bewegen sich dem Lichte zu (Umschwirren der Lampe am Abend).

d. Einige Kellerasseln bringt man in eine Schale, die halbseitig mit schwarzem Papier unterklebt ist. Nach einiger Zeit findet man die Tiere auf dem schwarzen Teil der Schale angesammelt (siehe auch Bd. II, S. 211).

e. Aus weißem Karton fertigt man einen Zylinder mit rundem Boden ($\varnothing$ 30 cm) und etwa 40 cm Höhe. Den Raum dunkelt man ab und beleuchtet ihn mit einer Lampe, unter der eine Mattscheibe angebracht ist. In den Zylinder bringt man einige Kellerasseln oder Ohrwürmer (Forficula).

Nachdem man einige Zeit ihr Verhalten studiert hat, heftet man an gegenüberliegenden Stellen der Zylinderwand 4 3—5 cm breite Streifen aus schwarzer Pappe an. Die Insekten laufen zu den Streifen hin (nach *Braun,* S. 19).

f. Sehr schön zeigen die Nauplien von Artemia (aus Eiern leicht zu erhalten, die man in Aquariengeschäften beziehen kann) positive Phototaxis, wenn man die flachen, mit 3 %iger NaCl-Lösung gefüllten Schalen einseitig beleuchtet. Auch die Wirkung verschiedenfarbigen Lichts kann man durch vorgestellte Farbfilter studieren (nach *Freytag* u. *Vogel*, Praxis d. Natwiss./Biol. 15 (1966), 147). Geringe Empfindlichkeit gegenüber Rotlicht!
Ergebnis: Insekten, die sich gewöhnlich im Dunkeln aufhalten, erweisen sich als *negativ phototaktisch* oder *skototaktisch*.

Versuch 28: Lichtorientierung bei Fischen
Beleuchtet man Aquarienfische in der Dunkelkammer seitlich mit einer starken Lichtquelle (Taschenlampe, Tischlampe, so neigen sie ihre Rückenseite etwas dem Lichte zu (Winkel gegenüber dem Lot 10—20°). Besonders gut ist die Schrägstellung bei ruhigen, etwas abgeplatteten Arten zu beobachten (siehe auch Bd. II, S. 245).
Ergebnis: Obwohl Fische über statische Organe verfügen, richten sie sich doch auch nach der Richtung des Lichteinfalls. Ihre Stellung entspricht der Resultierenden aus den beiden Reizrichtungskomponenten Schwerkraft u. Licht (Abb. 23, aus *Braun*).

Versuch 29: Lichtrückenreflex
Ein Rückenschwimmer (Notonecta glauca) oder einige Daphnien setzt man in ein kleines Becken mit möglichst ebenen Wänden (Küvette). Über und unter der

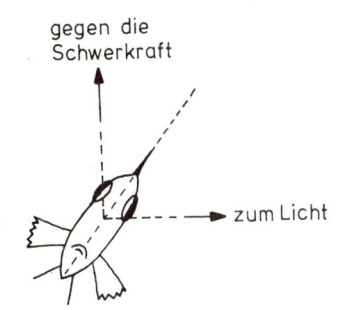

Abb. 23: Fische stellen sich in einen Winkel zwischen den Richtungen des Lichts und der Schwerkraft ein (nach BRAUN)

Küvette wird eine Taschenlampe angebracht, nur die obere leuchtet. Nachdem man die Schwimmhaltung der Tiere beobachtet hat, knipst man gleichzeitig die obere Lampe aus und die untere an. Wiederum die Körperstellung beobachten!
Ergebnis: Die Tiere bewegen sich nun mit der Rückenseite nach unten (Daphnia) bzw. nach oben (Rückenschwimmer), d. h. die Tiere richten ihre Körperlage nach dem Licht.
Braun weist darauf hin, daß der Versuch nicht mit allen Daphnia-Arten gelingt.

Versuch 30: Geradeauslauf
a. Eine Raupe läuft in der Dunkelkammer geradeaus an einer Lichtquelle (niedrige Kerze) vorbei. Plötzlich wird die Kerze rasch auf die andere Seite von der Raupe gestellt. Das Verhalten der Raupe wird beobachtet: Sie kehrt sofort um und kriecht zurück.

b. Ein kleiner Käfer (Marienkäfer z. B.) läuft in der Dunkelkammer auf der Tischplatte geradeaus. In einiger Entfernung von ihm steht eine Kerze. Sobald er eine Strecke gelaufen ist, stellt man die Kerze parallel zu seiner Laufrichtung näher zu ihm hin (Abb. 24). Man beobachte die Richtungsänderung des Käfers. Den Versuch sollte man mehrmals durchführen, um Zufälligkeiten auszuschließen.

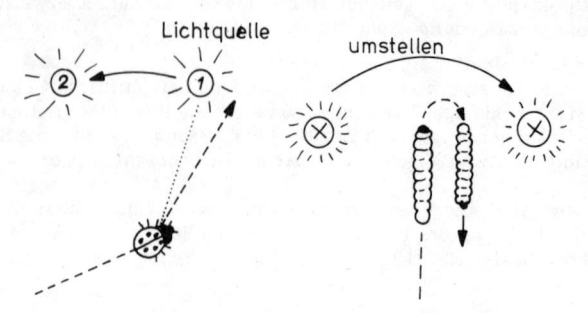

Abb. 24: Lichtorientierung beim Geradeauslauf

Ergebnis: Sowohl Raupe (V. a) als auch Käfer (V. b) richten sich nach dem Licht, wenn sie geradeaus laufen. Sie richten dabei ihre Körperachse so, daß das Licht stets dieselbe Stelle des Facettenauges reizt. Durch Verstellen der Kerze werden andere Ommatidien beleuchtet, die Versuchstiere ändern nun ihre Körperstellung so, daß der ursprüngliche Winkel zur Lichtquelle wiederhergestellt wird. Auch das „In-das-Licht-fliegen" erklärt sich so, daß bei der Beibehaltung des Winkels die Bewegungsrichtung in einer Spirale zur Lichtquelle hin führt.

II. Die mechanischen Sinne

1. Der Tastsinn

Versuch 31: Thigmotaxis des Pantoffeltierchens
Aus einer Kultur von Paramaecien (Lichtsinn, Versuch 25) entnimmt man mit einer Pipette einen Tropfen, bringt ihn auf einen Objektträger und deckt mit einem Deckglas ab, das auf kleinen Wachsfüßchen steht. Nachdem die regellose Bewegung der Tiere festgestellt worden ist, bringt man einige Algenfäden oder Papierfäserchen in die Flüssigkeit. Sobald die Paramaecien an die Faser stoßen, stellen sie ihre Bewegung ein und bleiben an der Faser hängen (siehe auch Bd. II, S. 19).
Ergebnis: Paramaecien besitzen *positive Thigmotaxis*.
(Vgl. dazu auch den Unterrichtsfilm F 183: Reizphysiologische Versuche am Pantoffeltierchen).

Versuch 32: Reaktion des Süßwasserpolypen auf Erschütterungen
Aus Tümpeln o. dgl. sammelt man Wasserpflanzen und läßt sie über Nacht ruhig in einem Becken stehen. Dann sucht man sie genau nach Süßwasserpolypen

(Hydra) ab. In der Ruhelage haben diese Tiere ihre Fangarme ausgestreckt. Berührt man sie jedoch mit einem Stäbchen oder erschüttert das Gefäß, so ziehen sie sich zusammen (siehe auch Bd. II., S. 31).
Ergebnis: Hydren nehmen Berührungen ihres Körpers wahr und beantworten sie.

Versuch 33: Antennenarbeit des Ohrwurms
Läßt man einen Ohrwurm (Forficula) durch eine enge Röhre kriechen, so schlagen die Antennen Halbkreise, d. h. jede Antenne tastet eine Hälfte der Röhre ab. Läuft das Insekt rückwärts in der Röhre, so schlägt eine Antenne nach hinten, die andere bleibt gestreckt. Die Antennen wechseln nach einiger Zeit in ihrer Tätigkeit ab (nach *Schlieper*) (siehe auch Bd. II, S. 191).
Ergebnis: Die Antennen der Insekten sind bevorzugte Organe der Tastempfindung.

Versuch 34: Rheotaxis
a. Erzeugt man in einem flachen Becken mit Hilfe eines Wasserschlauches eine Strömung, so stellen sich kleine Fische, Planarien, Blutegel, Bachflohkrebse (Gammarus) mit dem Kopf gegen die Strömung ein (siehe auch Bd. II, S. 242).
b. Deutlicher wird das Verhalten, wenn man zwei runde Schalen ineinander stellt, die innere ganz mit Wasser füllt, den Zwischenraum zwischen den Schalen aber nur zum Teil. Man kann nun in dem Zwischenraum eine rotierende Strömung erzeugen, gegen die sich kleinere Tiere einstellen.
Ergebnis: Die positive R h e o t a x i s vermeidet das Abtreiben der Wassertiere und gibt zusätzlich eine gewisse Orientierungsmöglichkeit innerhalb strömender Gewässer (Aufsuchen von Nebenflüssen).

Versuch 35: Untersuchung der Seitenlinienorgane der Fische
Es werden die Seitenschuppen der mittleren Schuppenreihen eines Karpfens untersucht.
Ergebnis: Die Schuppen sind perforiert, die Öffnungen stellen die Ein- bzw. Ausströmöffnungen der Seitenlinienorgane dar.
Anleitung zur Beobachtung einiger Reaktionen des Krallenfrosches auf Berührungs- und Erschütterungsreize gibt *Schlieper*.

Versuch 36: Druckpunkte der menschlichen Haut (siehe auch Bd. III, S. 100)
a. Man klebe an ein Holz- oder Glasstäbchen eine feine Borste (Bürstenhaar, Pinselhaar) fest. Dieses Haar wird nun innerhalb eines der Versuchsperson auf die Haut gezeichneten Quadrats gesetzt (Seitenlänge 1—2 cm). Die Versuchsperson meldet bei geschlossenen Augen, sobald sie eine Druckempfindung wahrnimmt. Das Haar darf die Haut nicht eindellen! Druckempfindliche Stellen werden mit Kugelschreiber angezeichnet und evtl. ausgezählt (Abwaschen mit Spiritus).
b. Der Versuch wird an anderen Hautstellen (Unterarm, Handfläche, Fingerspitze) wiederholt, die Auszählerergebnisse verglichen.
Ergebnis: Nicht alle Stellen der Haut sind druckempfindlich. Die Tastpunkte liegen je nach der Lage des Meßquadrates auf der Haut verschieden dicht. An der Fingerkuppe ist fast jeder Punkt tastempfindlich.

Versuch 37: Wirkung der Behaarung
Man richtet einen feinen Luftstrom aus einer Kanüle gegen unbehaarte und behaarte Stellen der Haut (Handfläche, Handrücken o. dgl.).

Ergebnis: Die Haare wirken als reizverstärkende Hebel auf Tastsinnesorgane, die an ihrer Wurzel sich befinden (Haarnervenkränze).

Versuch 38: Auflösungsvermögen für Berührungsreize
a. Man setzt einer Versuchsperson, die die Augen geschlossen hält oder wegsieht, die beiden Spitzen eines geöffneten Stechzirkels gleichzeitig kurz und nicht zu stark auf die Haut. Es werden im allgemeinen zwei Druckempfindungen angegeben. Nun schließt man den Zirkel ein wenig, setzt wieder auf usw., bis die Versuchsperson nur noch eine Tastempfindung wahrnimmt. Die gemessene Entfernung zwischen den beiden Zirkelspitzen, bei der gerade noch 2 Empfindungen wahrgenommen werden, gibt das Auflösungsvermögen der Haut für Berührungsreize an. Um Fehlinformationen zu vermeiden, sollte man stets zwischendurch nur eine Spitze des Zirkels ansetzen!
b. Verschiedene Stellen des Körpers (Rücken, Oberarm, Unterarm, Handfläche, Fingerspitze, Zungenspitze) werden auf ihr taktiles Auflösungsvermögen geprüft und verglichen.
Ergebnis: Das taktile Auflösungsvermögen der menschlichen Haut ist nicht überall gleich gut: Während man am Rücken 40—60 mm Abstand der Zirkelspitzen mißt, ist das Auflösungsvermögen an den Fingerspitzen (2 mm) und vor allem an der Zungenspitze (1 mm) sehr gut ausgeprägt.

Versuch 39: Das WEBERsche Gesetz (siehe auch Bd. III, S. 155)
Man legt den Unterarm und die Hand so auf den Tisch, daß die Handfläche nach oben gekehrt ist, legt in die Handfläche ein Stück dünnen Kartons und darauf ein Stück weichen Stoffs (Samt) sowie ein 100-Gramm-Gewicht. Nun legt man Gewichte von 1, 2, 5, 10, 20 Gramm, die an Zwirnsfäden gebunden sind, so vorsichtig auf den Stoff, daß kein Stoß zu spüren ist. Die Versuchsperson gibt an, wenn ein Übergewicht zu spüren ist. — Der Versuch wird wiederholt mit einem Grundreiz von 50 und 25 Gramm.
Ergebnis: Es zeigt sich, daß der eben merkliche Reizstärkenzuwachs abhängig ist von der Größe des Grundreizes. Der Reizstärkenzuwachs entspricht immer einem bestimmten Bruchteil des Grundreizes (bei diesem Versuch etwa 1/5): Webersches Gesetz.
Theoretische Erläuterungen mit zahlreichen Beispielen behandelt G. *Thilo* „Sinnesreiz und Sinnesempfindung", MNU 3 (1950/51), 84—88.

2. Der Lagesinn

Versuch 40: „Sehen" ohne Augen
Die Versuchsperson hält die Hände hinter den Rücken und spielt mit den Fingern.
Ergebnis: Obwohl die Kontrolle mit den Augen fehlt, weiß man genau, was die Hände tun und wo sich die Finger gerade befinden.

Versuch 41: Propriozeptive Steuerung der Augen beim Fisch und Menschen
a. Beobachtet man einen größeren Fisch im Aquarium, so erkennt man, daß jeder Schwanzbewegung eine ruckartige Bewegung der Augen vorangeht.
b. Hält man einen Fisch unter Wasser mit einem Leinenlappen fest und bewegt seinen Schwanz nach der Seite, so bewegen sich seine Augen nach der anderen.
c. Man legt die drei mittleren Finger jeder Hand auf die Lider der geschlossenen

Augen und drehe den Kopf rasch zur Seite. Die Fingerspitzen fühlen die kompensatorischen Augenbewegungen.
Nun versuche man die Halsmuskulatur ruckartig zu spannen, ohne den Kopf selbst zu bewegen. Auch hierbei spürt man die Vorausbewegung der Augäpfel.
Ergebnis: Die Augenbewegung wird durch Spannungsmesser (Propriozeptoren) in den Muskeln gesteuert.

3. Der Gleichgewichtssinn

Versuch 42: Kompensatorische Bewegungen von Krebs, Schnecke und Wirbeltier
a. Mit einer großen Pinzette faßt man einen Flußkrebs (Strandkrabbe) am Kopfbruststück und kippt ihn um seine Längsachse. Man beobachtet die Stellung der Augen im Verhältnis zur Lage des Körpers. Auch die Beine vollführen Gegenbewegungen (siehe auch Bd. II, S. 218).
b. Eine Weinbergschnecke läßt man auf ein Brettchen kriechen, das durch einen untergelegten Klotz zur Wippe werden kann. Kippt man das Brettchen sehr rasch, so bewegen sich die Augen kompensatorisch.
c. Verändert man die Lage eines Wirbeltieres (Taube, Frosch, Schildkröte, junges Säugetier) im Raum, so bleibt der Kopf stets in der gleichen Lage.
Ergebnisse: Von den Lagesinnesorganen der Tiere gehen bei Lageveränderungen Erregungen zu den Muskeln, die daraufhin kompensatorische Gegenbewegungen vollführen. Bei Tieren mit beweglichem Kopf wird von den statischen Organen die Haltung des Körpers über die Halsmuskulatur kontrolliert (natürlich spielen dabei auch optische Regulationen eine Rolle). Über die theoretische „Schaltung" derartiger Reaktionen vgl. *H. Mittelstaedt* in Verh. Ges. Dt. Naturf. u. Ärzte, 11. Versamml. 1960, Springer-Verl. 1961, S. 72—80 und Heft 8 (1961) der Naturwissenschaften.

Versuch 43: Statolithenpräparation
a. *Krebse:* Die Lagesinnesorgane liegen bei den Flußkrebsen oder den Garneelen am Grundglied der kurzen Fühler. Man trennt vorsichtig die kurzen Fühler einschließlich des Grundgliedes ab, hellt das Chitin mit Chloralhydrat auf und bettet in Glyzerin oder Kanadabalsam ein.
Ergebnis: In einem mit der Außenwelt in Verbindung stehenden Hohlraum liegen in Gallerte eingebettet auf Chitinborsten mehrere Körnchen, die Statolithen. (Hinweis auf den Versuch von *Kreidl*, der die Steinchen durch Eisenspäne und die Erdanziehung durch einen Magneten ersetzte).
b. Aus dem Kopf eines gekochten *Speisefischs* (Schellfisch z. B.) präpariert man die „Hörsteine" heraus. Sie liegen im Labyrinthbläschen, jederseits drei.

4. Der Bewegungssinn

Versuch 44: Modelle des Drehsinnesorgans
a. Drei Reagenzgläser werden mit einigen Senfkörnern oder mit Bleischrotkörnern gefüllt und mittels Korkstopfen verschlossen. Die Verschlußkorken befestigt man nun mit Hilfe kleiner Nägel, deren Kopf abgezwickt wurde, so an einen (würfelförmig geschnittenen) Korken, daß die drei Reagenzgläser in alle Richtungen des Raumes ragen (Bd. III, Abb. 49, S. 146). Bewegt man das fertige Gerät

in Richtung je eines Reagenzglases, so rollen nur in denjenigen Röhrchen die Kugeln, in deren Richtung die Bewegung erfolgt. Bewegt man in eine Richtung zwischen 2 Röhrchen, so rollen in beiden Röhrchen die Kugeln (nach *Carl*).
b. In ein weites, beiderseits offenes Glasrohr klebt man nach Abb. 25 (siehe auch Bd. III, S. 146) einen Weichgummistreifen. Dann wird das Gefäß beiderseits mit durchbohrten Gummistopfen verschlossen, durch die kurze Glasröhrchen gesteckt worden sind. Nun zieht man einen Gummischlauch über das eine Röhrchen, füllt

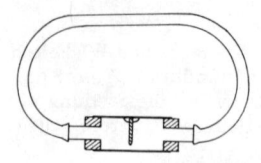

Abb. 25: Modell zur Funktion der Bogengänge

die gesamte Apparatur vollständig mit Wasser und befestigt schließlich auch das andere Ende des Schlauches am zweiten Röhrchen. Die Apparatur legt man auf ein Brett, das man hebt oder dreht. Der Ausschlag des Gummiblattes wird beobachtet (nach *Schäffer-Eddelbüttel*).
Ergebnis: Beide Modelle sind in der Lage, die Funktion der Bewegungssinnesorgane anschaulich zu machen. Für jede Richtung des Raumes ist ein besonderer Bogengang vorhanden. Die Relativbewegung der Endolymphe zur Wand des Bogenganges bewegt die Cupula mit den Sinneshaaren.

Versuch 45: Kompensatorischer Drehreflex beim Menschen
Man legt die 3 mittleren Finger jeder Hand leicht auf die Lider der geschlossenen Augen und dreht sich aus dem Stand um sich selbst. Beobachtung des Nystagmus (langsame Drehbewegung der Augäpfel gegen die Drehrichtung des Körpers, dann schnelles Zurückzucken in die Drehrichtung). Bleibt man stehen, so ist der umgekehrte Nystagmus zu fühlen, beim Öffnen der Augen hat man das Gefühl, die Umwelt drehe sich (nach Schlieper). Ähnliche Drehreflexe können auch bei niederen Wirbeltieren gezeigt werden, (Eidechse, Molch), Angaben dazu macht *Schlieper*.

Versuch 46: Umdreh- und Fallreflex
Einen Gras- oder Wasserfrosch wirft man aus der Hand aus seiner Rückenlage etwas in die Höhe und läßt ihn in ein ausgespanntes Falltuch fallen. Die günstigste Höhe ist nach *Braun* 40 cm. Man kann auch eine Katze mit dem Rücken nach unten etwa einen halben Meter über das Fangtuch halten und fallen lassen. Beobachtung des Umdreh- und Fallreflexes (siehe auch Bd. II, S. 268).
Ergebnis: Der Fallreflex, eine Art Umdrehreflex, ist das Ergebnis von Informationen, die das Versuchstier von seinen Lage-, Bewegungs- und Propriorezeptoren erhält und verarbeitet. Das Tier kommt stets mit den Beinen an!

5. Der Hörsinn

Versuch 47: Reaktion des Gelbrandkäfers auf Schallreize
(siehe auch Bd. II, S. 121)
a. 1—2 Meter vom Aquarium entfernt, das einen Gelbrandkäfer enthält, pfeift man kräftig mit einer Pfeife (Flöte). Beobachtung der Reaktion des Käfers.

b. Es wird festgestellt, ob die Fluchtrichtung abhängig ist von der Richtung, aus der der Pfeifton kommt.
Ergebnis: Gelbrandkäfer reagieren auf Pfeiftöne, ihre Fluchtreaktion ist unabhängig von der Schallrichtung.

Versuch 48: Reaktion von Nachtschmetterlingen auf Schallreize
Frei im Raume fliegende Nachtschmetterlinge werden gereizt, indem man mit einer GALTON-Pfeife, einem Tongenerator oder einfach durch Drehen eines Glasstopfens im Flaschenhals hochfrequente Töne erzeugt. Die Reaktion der Tiere wird beobachtet.
Ergebnis: Fliegende Tiere zeigen typische Fluchtreaktionen (seitliche Änderung der Flugrichtung, Ausweichen, Sichfallenlassen und Verkriechen). Ruhige Tiere zeigen keine Reaktion. Günstigste Frequenzen sind 40—80 kHz, in diesem Bereich liegen auch die Ultraschallaute der Fledermäuse.

Versuch 49: Dressur einer Elritze auf Töne
Eine Elritze füttert man einige Tage regelmäßig bei einem bestimmten Pfeifton. Dabei darf der Fisch den Pfeifenden nicht sehen können. Sobald das Versuchstier auf den Pfeifton reagiert, ohne daß ihm Futter gereicht wird, ist die Dressur gelungen.
Ergebnis: Fische lassen sich auf bestimmte Töne dressieren. (Natürlich können auch andere Fische zur Dressur benutzt werden, bei Elritzen soll nach *Braun* der Erfolg garantiert sein!)

Versuch 50: Bestimmung der Richtung der Schallquelle (siehe auch Bd. III, S. 136)
a. Vor einer Versuchsperson mit geschlossenen Augen wird eine Pfeife kurz angeblasen oder zwei Metallstücke werden angeschlagen. Die Versuchsperson zeigt mit ausgestrecktem Arm auf die Schallquelle.
b. Die Versuchsperson sitzt mit dem Rücken zum Schallerzeuger. Sie hat die Enden eines etwa 2 m langen Gummischlauchs in den Ohren. Der Schallerzeuger klopft mit einem Bleistift auf verschiedene Stellen des Gummischlauches, die Versuchsperson hört den Schall und zeigt mit ausgestrecktem Arm in die Richtung vor sich, aus der der Schall zu kommen scheint (Abb. 26a).
c. Durch Klopfen auf dicht nebeneinander liegende Stellen des Schlauches um seine Mitte oder seitlich davon kann festgestellt werden, wie groß der Bereich ist, der mit Hilfe des Ohres nicht mehr unterschieden werden kann. Die Grenzen eines solchen Bereiches werden markiert und die Entfernungen der Grenzen zu einem Ohr gemessen (e_1 und e_2 der Abb. 26a). Dann errechnet man die Zeitdifferenzen des Schalles (Schallgeschwindigkeit in Luft etwa 330 m/sec), die als Richtungsänderung wahrgenommen worden ist.
Ergebnis: Der Mensch ist in der Lage, schon geringe Richtungsdifferenzen einer Schallquelle wahrzunehmen. Die Schallrichtung wird als Zeitdifferenz des Eintreffens in beiden Ohren erkannt. Bei den Versuchen stellt sich heraus, daß die Genauigkeit der Richtungsbestimmung in der Medianrichtung etwas geringer ist als seitlich davon. Die Berechnung der zeitlichen Unterschiede beim Eintreffen des Schalles nach Versuch 26 c ergibt Bruchteile von Millisekunden! (Selbstverständlich erhält man nur Näherungswerte, genaue Messungen können nur in einem schalltoten Raum erhalten werden.)

Versuch 51: Schallrichtungsbestimmung als Zeitdifferenz des Eintreffens der Reize in beiden Ohren

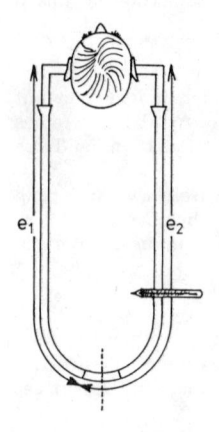

Abb. 26a und b: Versuch zur Demonstration und Messung der Zeitdifferenz, die dem Richtungshören zugrunde liegt

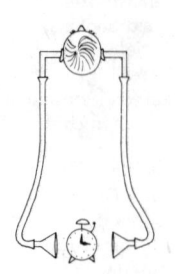

Versuchsanordnung nach Versuch 50 b, der Gummischlauch wird in der Mitte zerschnitten und beiderseits ein größerer Trichter eingesetzt. Hinter der Versuchsperson steht ein Schallerzeuger (Wecker, Klopfzeug), ein Helfer hält beide Trichter in gleichem Abstand von der Schallquelle (Abb. 26b). Die Versuchsperson zeigt die vermeintliche Richtung des Schalles an. Nun wird der eine Trichter etwas weiter von der Schallquelle entfernt. Die Versuchsperson zeigt eine andere Richtung der Schallquelle an.

Ergebnis: Die Schallrichtung wird von uns ermittelt, indem das Ohr (Gehirn) den Zeitunterschied feststellt zwischen dem Eintreffen des Schalles in dem einen und dem anderen Ohr. Je länger der Weg, desto später trifft der Schall ein. Auch dieser Versuch kann zur Messung der kleinsten Zeitdifferenz sinngemäß nach Versuch 50c abgewandelt werden.

Braun beschreibt eine Versuchsanordnung, nach der ein Hund darauf dressiert werden kann, von 2 dicht nebeneinander liegenden elektrischen Klingeln in einer Entfernung von einigen Metern diejenige aufzusuchen, die gerade in Tätigkeit war. Durch Variation der Entfernung zwischen den beiden Klingeln kann der kleinste Winkel ermittelt werden, den ein Hund noch durch Richtungshören zu unterscheiden vermag.

Versuche zur Bestimmung der *Hörgrenzen* mit Hilfe von Klangstäben nach *König* oder einer Grenzpfeife beschreibt *Schlieper,* unter Verwendung der Lochsirene oder schwingenden Blattfedern vgl. *Krumm*. Bei *Krumm* findet man auch Angaben über *Intervalle* und *Harmonie*.

Versuch 52: Schalleitung durch das Skelett

a. Eine Versuchsperson verschließt sich die Ohren. Eine größere Stimmgabel setzt man nun auf deren Kopf, Schulter, Wirbelsäule, Knie. Die Versuchsperson gibt an, ob sie Schall wahrnimmt.

b. Nimmt man eine Armbanduhr zwischen die Zähne und verschließt die Ohren, so „hört" man deren Ticken laut und deutlich, direkt vor dem Mund bei geöffneten Ohren aber kaum.
Ergebnis: Das Skelett leitete den Schall zu den Ohren, daher hört man die eigene Sprache anders als die Mitmenschen.
Ein *Funktionsmodell* zur Demonstration der Vorgänge bei der Schallübertragung im Ohr der Säuger beschreibt P. *Kasbohm* in Praxis d. Biol. 1970, 132.

6. Der Temperatursinn

Versuch 53: Temperaturempfindungen bei Paramaecien (siehe auch Bd. II, S. 19)
a. Auf einen Objektträger bringt man Wasser, das zahlreiche Paramaecien enthält, und deckt mit einem mit Füßchen versehenen Deckglas ab. Das Ganze legt man auf eine Wärmebank, so daß sich der Objektträger auf etwa $40°$ erwärmen kann. Setzt man nun auf das Deckglas einen kleinen Tropfen kalten Wassers, so sammeln sich die Pantoffeltierchen unter dem Tropfen an.
b. In ein Präparat, das reichlich Pantoffeltierchen enthält, legt man einen dünnen Draht, der durch eine Spannungsquelle geheizt werden kann. Unter dem Mikroskop beobachtet man das Verhalten der Tiere bei kaltem und warmem Heizdraht.
Ergebnis: Auch Einzeller können Temperaturunterschiede wahrnehmen (Thermotaxis). — Vgl. dazu auch den Unterrichtsfilm F 183: Reizphysiologische Versuch am Pantoffeltierchen. — Entsprechende Versuche gelingen auch bei den Nauplien von Artemia; vgl. S. 235.

Versuch 54: Kälte- und Wärmepunkte der menschlichen Haut
(siehe auch Bd. III, S. 102)
Einige starke eiserne Nägel werden an der Spitze abgestumpft und für die folgenden Versuche im Wärme- bzw. Kühlschrank oder Wasserbädern vorbehandelt ($10-15°$ für Kältepunkte, $45°$ für Wärmepunkte).
Dann markiert man ein Quadrat auf der Haut und berührt verschiedene Stellen darin mit dem kalten bzw. warmen Nagel. Sobald eine Kälte- bzw. Wärmeempfindung wahrzunehmen ist, bezeichnet man diesen Punkt mit Tinte oder Kugelschreiber. Nach einigen Messungen benutze man einen neuen Nagel. Die Versuchsperson soll wegsehen.
Ergebnis: Nur bestimmte Punkte der Haut sind empfindlich gegen Temperaturunterschiede, wobei Abkühlung und Erwärmen nicht an der gleichen Stelle wahrgenommen wird: Kälte- und Wärmepunkte.

Versuch 55: Empfindlichkeit des Temperatursinns (siehe auch Bd. III, S. 104)
Man füllt 2 größere Bechergläser mit Wasser von $25°$ und fügt zu dem einen noch soviel kaltes Wasser, daß die Temperatur gerade um $\frac{1}{2}°$ sinkt. Eine unvoreingenommene Versuchsperson soll die Temperatur mit dem Finger prüfen.
Ergebnis: Fingerspitzen sind gegen Temperaturunterschiede sehr empfindlich. Es soll nach *Schäffer-Eddelbüttel* möglich sein, zwischen 16 und $35°$ auf diese Weise noch Unterschiede von weniger als $0,5°$ zu spüren.

Versuch 56: Täuschungen des Temperatursinns (siehe auch Bd. III, S. 103)
Man taucht eine Hand in Wasser von 10 Grad und die andere in solches von 35

Grad, dann beide rasch in Wasser von 20°.
Ergebnis: Das gleiche Wasser erscheint der kalten Hand warm, der warmen Hand kühl. Die Temperatursinnesorgane sprechen nicht auf absolute Temperaturen an, sondern auf Temperaturdifferenzen.

III. Die chemischen Sinne Geruch und Geschmack

Versuch 57: Geruchsempfindung des Regenwurms (siehe auch Bd. II, S. 82)
Man nähert dem Vorderende eines Regenwurms einen mit Essigsäure getränkten Wattebausch oder einen damit benetzten Glasstab und beobachtet sein Verhalten.
Ergebnis: Durch Zurückziehen seines Vorderendes zeigt der Regenwurm an, daß er die Essigsäuredämpfe wahrgenommen hat.

Versuch 58: Chemische Sinne bei Planarien (siehe auch Bd. II, S. 41)
a. Schwarze oder weiße Plattwürmer (Planarien) läßt man in einem flachen Aquarium einige Zeit hungern. Dann hängt man in einigem Abstand zwei Säckchen hinein, das eine füllt man mit Steinen, das andere mit Fleischstückchen. Man untersuche, wo sich die Planarien ansammeln.
b. In eine größere Petrischale bringt man einige hungrige Planarien und wartet ab, bis sich die Tiere beruhigt haben. Dann legt man in die Mitte der Schale ein aufgeschnittenes Stückchen Regenwurm, vermeide aber dabei größere Wasserbewegungen. Beobachtung der Suchbewegung und Registrierung der Kriechrichtungen.
Ergebnis: In beiden Fällen bemerken die Tiere die Nahrungsstoffe und bewegen sich darauf zu.

Versuch 59: Chemotaxis der Pantoffeltierchen (siehe auch Bd. II, S. 17)
Auf einen mit warmer Sodalösung oder Spiritus gut entfetteten Objektträger setzt man einen Tropfen paramaecienhaltiger Flüssigkeit, dicht daneben wird

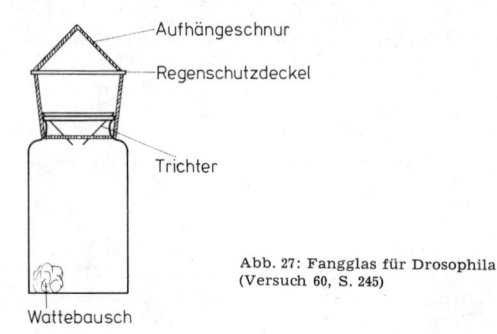

Abb. 27: Fangglas für Drosophila
(Versuch 60, S. 245)

ein anderer Tropfen aufgebracht (verdünnte Kochsalzlösung, 0,1 %ige und 0,001 %ige Essigsäure). Mit einer Nadel wird eine Wasserbrücke zwischen den beiden Tropfen hergestellt. Mit der Lupe oder einem schwachen Mikroskop-Objektiv beobachtet man das Verhalten der Tiere.
Ergebnis: Paramaecien fliehen die Kochsalzlösung und starke Säuren *(negative*

Chemotaxis), streben aber zu den stark verdünnten Säuren hin *(positive Chemotaxis).*

Versuch 60: Anlocken von Drosophila (siehe auch Bd. II, S. 155)
In dem Gerät der Abb. 27 kann man Fruchtfliegen (Drosophila) durch chemische Anlockung fangen: Einen Wattebausch tränkt man mit einer Mischung aus Bier und Honig 3:1 und gibt ihn in die Fangflasche. Die Flasche wird im Freien oder im Zimmer (Fenster öffnen!) aufgehängt. Männliche Fliegen können mit synthetischem Methyleugenol aus großer Entfernung herbeigeholt werden.

Versuch 61: Geruchsspur der Ameisen (siehe auch Bd. II, S. 148)
Ameisenstraßen von Lasius fuliginosus werden „gesperrt", wenn man ein Buchenblatt quer darüberlegt und mit Steinchen beschwert, so daß die Tiere nicht darunterherkriechen können. Erst nach einigem Zögern wird das Blatt überschritten. Verschiebt man nach fleißiger Benutzung das Blatt ein wenig zur Seite, so weichen die Tiere vom geraden Weg ab und folgen der ursprünglichen Spur.
Ergebnis: Ameisen finden ihren Weg entlang einer Geruchspur.
dazu J. H. Sudd: Duftsprache der Ameisen. Bild d. Wiss. 1970, 43

Versuch 62: Tarsaler Geschmackssinn der Schmetterlinge
Einen Schmetterling (Tagpfauenauge, Admiral) hält man mit einer Pinzette, die durch Papierstreifen geschützt ist, an den Flügeln fest. Bestreicht man nun mit einem Pinsel einen Vorderfuß mit konzentrierter Zuckerlösung, so streckt er den Rüssel, falls er hungrig ist.
Ergebnis: Schmetterlinge (auch Fleischfliegen) besitzen Geschmacksorgane an den Tarsen.

Versuch 63: Mikroskopische Untersuchungen an Insektenfühlern
(siehe auch Bd. II, S. 114)
a. Einer getöteten und in Alkohol oder Formalin gehärteten Wasserassel schneidet man die kleinen Fühler ab und betrachtet sie in Glyzerin (Abb. 28a).

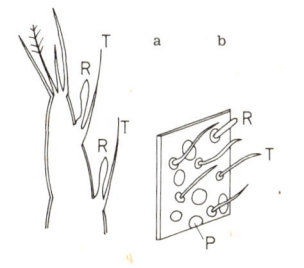

Abb. 28: a) Teil des Fühlers einer Wasserassel (n. Schäffer-Eddelbüttel)
b) Ausschnitt aus der Oberfläche des Fühlers einer Arbeitsbiene (n. Schlieper)
R Riechkegel   T Tastborsten   P Porenplatten

b. Ein Blättchen vom Fühler eines Maikäfers wird in Glyzerin eingebettet und im Mikroskop studiert.
c. Man vergleiche die Fühler männlicher und weiblicher Spinner oder Zuckmücken (Chironomus).
d. Die Fühler einer Arbeitsbiene werden untersucht (Abb. 28b).
Ergebnis: An den Fühlern kann man Porenplatten, Riechkegel und Grubenkegel unterscheiden, die als Geruchsrezeptoren gedeutet werden. Daneben findet man

Tastborsten in großer Zahl. — Die Fühler mancher Insekten weisen einen ausgesprochenen Geschlechtsdimorphismus auf, Männchen wittern die Weibchen auf Entfernungen von einigen Kilometern!

Versuch 64: Geschmacksqualitäten der menschlichen Zunge
(siehe auch Bd. III, S. 141)
Um die Lage der Geschmackssinnesorgane auf der Zunge festzustellen, benutzt man folgende Lösungen:
2 % Rohrzucker
0,5 % Essigsäure
1 % Natriumchlorid (Kochsalz)
5 % Magnesiumsulfat (oder 0,002 % Chinin)
Kleine Wattebäusche werden mit der Lösung getränkt und dann mit der Pinzette auf verschiedene Regionen der Zunge getupft. Die Wattebäusche dürfen nicht tropfen, die Versuchsperson hält die Augen geschlossen und weiß nicht, welche Lösung gerade gereicht wird. Nach jedem Versuch Mund ausspülen! Die Empfindungen werden auf einer Skizze eingetragen.
Ergebnis: Die Geschmacksqualitäten *süß, sauer, salzig* und *bitter* werden an verschiedenen Stellen der Zunge vornehmlich wahrgenommen (Abb. 29).

Versuch 65: Reizschwellenbestimmung (siehe auch Bd. III, S. 141)
Lösungen von 0,1, 0,2, 0,3, 0,4 und 0,5 % NaCl werden in unregelmäßigem Wechsel

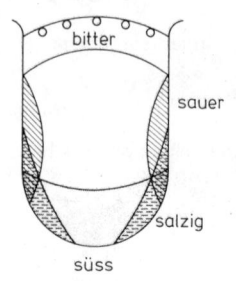

Abb. 29: Geschmacksempfindungen auf der menschlichen Zunge

mit destilliertem Wasser auf die Zunge getupft. Die Versuchsperson soll angeben, was sie schmeckt.
Der Versuch kann mit Zuckerlösungen (bis 2 %) und mit Saccharin (0,001-0,003 %) wiederholt werden.
Ergebnis: Die Reizschwelle für Kochsalz beträgt etwa 0,4 %, für Rohrzucker 1 %, für Saccharin 0,002 %.

Versuch 66: Geruchssinn und Geschmackssinn beim Essen
(siehe auch Bd. III, S. 144)
Bei zugehaltener Nase werden einer Versuchsperson kleine Stücke roher Kartoffeln, Apfel und Zwiebel auf die Zunge gelegt. Wenige Kaubewegungen!
Ergebnis: Die Versuchsperson kann ohne Mitwirkung des Geruchssinns die verschiedenen Stücke nicht unterscheiden.

(Dazu *D. Glaser:* Geschmacksleistungen der Säugetiere. Umschau 1970, 336
D. Schneider: Wie arbeitet der Geruchssinn bei Mensch und Tier? Naturwiss. Rundschau *20* (1967), 319 und *H. Hofmann:* Der Geschmackssinn des Menschen. Naturwiss. Rundschau *22* (1969), 52.)

Versuch 67: Unterscheidung von Zucker und Saccharin durch Schnecken
Einer Teichschnecke (Limnea), die an der Wasseroberfläche kriecht, bringt man auf die Mundöffnung einen Tropfen Zuckerlösung: Sie nimmt durch Lecken die Zuckerlösung auf. Eine Lösung von Saccharin, die so stark verdünnt ist, daß sie für den Menschen gleich süß schmeckt, löst Abwehrverhalten aus.
Ergebnis: Gleichsüß schmeckende Lösungen von Zucker und Saccharin unterscheidet die Schnecke.

IV. Anhang
Physiologische Versuche am med. Blutegel
von K. Freytag

1. Allgemeine Vorbemerkungen (siehe auch Bd. II, S. 87)
Von den verschiedenen Egelarten unserer Gewässer sind die medizinischen Blutegel für die Schule aus mehreren Gründen interessant:
a. Als Parasiten des Menschen und der Warmblüter finden sie bei den Schülern größtes Interesse. — Ihre Haltung ist denkbar einfach. —
b. Die Tiere lassen eine reiche Ausbeute an Erkenntnissen gewinnen. —
c. Der Umgang mit den Egeln hat insofern eine praktische Seite, als es gelegentlich vorkommt, daß beim Baden Blutegel an Schülern gefunden werden können.
d. Blutegel sind von medizinischem Interesse.
Arten: Im Gegensatz zu dem häufigen Pferdeegel (Haemopis sanguissuga L.), der kein Blutsauger, sondern ein Schlinger ist und dessen Körper fast einfarbig braun bis schwarz ist, sind die echten Blutegel der Gattung Hirudo relativ selten (Naturschutz!) und recht bunt: Oberseite dunkelgrün mit rotbraunen, längsverlaufenden Fleckenreihen oder Bändern. Die Unterseite ist entweder dunkelschwarzgrün mit helleren Flecken (einheimischer Blutegel, Hirudo medizinalis L.) oder einfarbig hellgrün (ungarischer Egel, Hirudo officinalis L.). Letzterer wird von Apotheken aus Südosteuropa importiert und zuweilen ausgesetzt.
Haltung und Pflege:
Am einfachsten erhält man Blutegel aus der Apotheke, die auch Bezugsquellen nachweisen kann. Beide Hirudo-Arten sind für unsere Zwecke brauchbar.
Blutegel kann man in jedem sauberen Gefäß aus Glas oder Steingut halten. Aquarienähnliche Einrichtungen mit Sand und Pflanzen sind unnötig. Das Wasser soll sauber und nicht gechlort, kalkarm und kühl sein. Die Gefäße verschließt man sorgfältig mit Gaze und Gummiband, die Tiere zwängen sich mit großer Kraft durch engste Spalten! Über dem Wasser muß ein Luftraum sein. Bei Sauerstoffmangel, vor allem bei höheren Temperaturen, beginnen die Tiere mit Atembewegungen, wobei sie bei festgesaugtem Hinterende mit dem Körper auf- und abschwingen oder das Wasser ganz verlassen. Abhilfe schafft Wasserwechsel. Fütterung ist i. a. nicht notwendig, wenn man die Tiere nur wenige Wochen aufbewahren will. Sonst vgl. Versuch 2.
Man fängt die Tiere mit der Hand, indem man mit dem Fingernagel den Saugnapf löst und die Hand mit dem Egel schüttelt. Die Egel ziehen sich dann stark zusammen und saugen sich nicht mehr fest. Aus größeren Becken lassen sich Egel auch mit Hilfe eines weiten Glasrohres herausfangen, dessen obere Öffnung man mit dem Finger verschließt, die andere in die Nähe des Tieres bringt und dann oben

öffnet. Der in das Rohr dringende Wasserstrom reißt den Egel mit, er kann dann in ein Gefäß geschüttelt werden.

2. Versuche

Versuch 68: Die Wirkung der Saugnäpfe
a. Daß die Egel sich wirklich festsaugen und nicht mit Hilfe ihres Schleimes festkleben, zeigt man, indem man einen Egel in einer weiten Glasfritte (Schott u. Gen) umherkriechen läßt. An der glatten Glaswand hält sich der Egel gut fest, die poröse Frittenscheibe gibt ihm keinen Halt. —
b. Unter einer starkwandigen (!) Glasglocke umherkriechende Egel fallen ab, wenn man mit Hilfe einer Wasserstrahlpumpe den Luftdruck im Innern des Gefäßes herabsetzt.
Ergebnis: Die Blutegel saugen sich mit Hilfe ihrer Saugnäpfe an der Unterlage fest.

Versuch 69: Nahrungsaufnahme
Vorbemerkung: Die in den Apotheken bezogenen Egel sind hungrig, d. h. sofort saugfähig. Nach der Nahrungsaufnahme verweigern Egel auf Monate hinaus weitere Nahrung! — Am Menschen kann man ohne Gefahr saugen lassen, aber die bis 20 Stunden andauernde Nachblutung der Wunde ist sehr unangenehm.
Besser sind folgende Versuche:
Ein sauberes Reagenzglas (RG) füllt man zu 3/4 mit frischem, defibriniertem Blut (Metzger), bedeckt die Öffnung mit einem gut gewaschenen Stückchen Schweinsblase oder Darm, deren überstehende Seiten mit Gummifaden oder Schnur dicht an den Seiten des Reagenzglases festgebunden werden. RG umstülpen und den Stand der Flüssigkeit mit Fettstift oder Kreide auf dem RG markieren.
Den Blutegel setzt man in ein kleines Kölbchen, das ein wenig Wasser enthält und dessen Öffnung gerade mit dem mit Schweinsblase überzogenen Ende des RG verschlossen werden kann. Das RG spannt man am besten in ein Stativ. Der Egel kann so nicht entweichen und wird nach einigem Suchen die Schweinsblase durchsägen und saugen. (Der Egel darf aber nicht zu klein sein!)
Beobachtungen: Stellung beim Saugen, Ausscheiden von Schleim (Eindicken des Nahrungsblutes!), Abfallen des gesättigten Egels, Gestalt der „Wunde". Nach Beendigung der Nahrungsaufnahme bezeichnet man den neuen Flüssigkeitsstand, entleert das RG und füllt es mittels eines Meßzylinders mit Wasser von Marke zu Marke auf: Es ergibt sich die vom Egel aufgenommene Blutmenge.
Ergebnis: Die Nahrungsaufnahme erfolgt durch Zersägen der Haut (3strahlige Wunde) und Einsaugen der Nahrung. Dabei wird das Blut sofort eingedickt, indem Wasser vermehrt ausgeschieden wird. Die Menge des aufgenommenen Blutes ist erheblich.

Versuch 70: Bestimmung der aufgenommenen Blutmenge im Verhältnis zum Gewicht des Egels
In einem verschlossenen Wägegläschen wägt man den Egel, überführt ihn in ein trockenes, gewogenes Kölbchen und läßt ihn wie in Versuch 69 saugen. Nach dem Abfallen wägt man ihn im Kölbchen und stellt die Gewichtszunahme fest.
Ergebnis: Blutegel nehmen Blut oft bis zum mehrfachen ihres Eigengewichts auf.

Versuch 71: Die Saugkraft des Egels
Zur Messung der Saugkraft wird der Apparat nach Abb. 30 zusammengesetzt: Ein Trockenrohr wird unten mit einer Schweinsblase verschlossen. Mittels Gummischlauch wird daran ein gebogenes T-Stück gesetzt, dessen oberer Schenkel

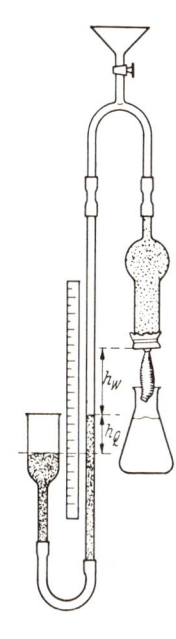

Abb. 30: Gerät zur Bestimmung der Saugkraft und des Saugvolumens bei steigendem Druck

einen Hahn mit Trichter trägt, der andere ein gerades Glasrohr, an das man eine Millimeterskala klebt. Der untere Teil des „Skalenrohrs" ist mit einem Niveaugefäß verbunden. Nachdem man das Trockenrohr mit defibriniertem Blut vollständig gefüllt hat, setzt man es wieder an das T-Stück und füllt bei offenem Hahn das Niveaugefäß soweit mit Quecksilber, bis die Quecksilbersäule im Skalenrohr sichtbar wird. Durch den Trichter muß nun die gesamte Apparatur luftblasenfrei mit Wasser aufgefüllt werden.

Berechnung des Saugdrucks: Man mißt den Abstand des Hg-Spiegels im Skalenrohr von dem Hg-Spiegel im Niveaugefäß in cm, multipliziert diesen Wert mit dem spez. Gewicht des Quecksilbers (13,6 p/cm³) und addiert dazu noch die Höhe der Wassersäule bis zur Membran (h_w bzw. h_Q in der Abbildung). Die Summe ergibt den Druck in p/cm²:

$$p = h_Q \cdot 13,6 + h_w$$

(Der geringe Fehler, der durch das etwas höhere spez. Gewicht des Blutes — 1,04 bis 1,06 p/cm³ — entsteht, kann vernachlässigt werden). Wenn der Egel nicht mehr zu saugen vermag, was dadurch kenntlich wird, daß die Hg-Säule nicht mehr steigt, hebt man das Niveaugefäß und stellt dadurch Druckausgleich her.

Sofort beginnt der Egel wieder mit der Blutaufnahme, bis ein ähnlich hoher Druck weitere Nahrungsaufnahme unmöglich macht. Im Versuch erhaltene Ergebnisse zeigt Abb. 31.

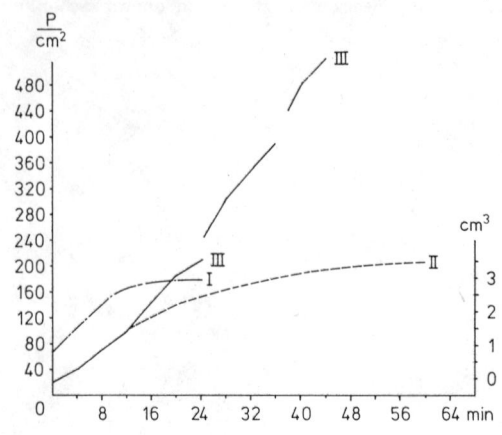

Abb. 31: Anstieg des Druckes bei 3 Egeln. Linke Ordinate: Druck, rechte Ordinate: Volumen des aufgenommenen Blutes. Näheres im Text.

Ergebnis: Ein mittelgroßer Egel überwindet einen Druck von ca. 0,2 atm beim Saugen.

Versuch 72: Die Wirkung des Hirudins
Etwas frisches, fibrinhaltiges Blut teilt man in 2 Portionen. Die eine bewahrt man auf, die andere füllt man in ein RG und läßt nach Versuch 69 einen Egel saugen. Beide Portionen werden nach dem Saugen noch einige Zeit aufbewahrt und auf ihre Gerinnungsfähigkeit untersucht.
Ergebnis: Blut, von dem Egel gesaugt haben, bleibt ungerinnbar. (Ausscheiden von Hirudin).

Versuch 73: Nachweis der Lage der Nephridien
Die Lage und Zahl der *Ausscheidungsorgane* (Nephridien) zeigt man, indem man einen Egel auf den Rücken legt und mit einem Stück Filterpapier leicht auf die Bauchseite drückt. Durch den Reiz des Papiers wird pro Nephridium je ein kleines Tröpfchen Harn abgegeben, das sich auf dem Papier als feuchter, heller Fleck zu erkennen gibt.
Ergebnis: Die Nephridien sind paarweise auf der Unterseite der Egel angeordnet.

Versuch 74: Rheotaxis
Blutegel schwimmen gegen den Wasserstrom, wenn man in eine große, flache Schale mit einem Schlauch tangential Wasser einströmen läßt. Die Egel strecken ihren Vorderkörper dem Wasserstrom entgegen.
Ergebnis: Blutegel zeigen positive Rheotaxis.

Versuch 75: Funktion des Bauchmarks
Durch einen kleinen Scherenschnitt in der Mitte des Egels quer zur Längsachse des Tieres auf der Unterseite trennt man das Bauchmark durch. Ein solcher Egel

schwimmt zunächst, wenn er in das Wasser geworfen wird. Sobald sein hinterer Saugnapf einen Halt gefunden hat, saugt er sich fest. Erregt man das Tier durch Bewegen des Wassers, so beginnt sein Vorderteil mit den Schwimmbewegungen, das Hinterteil läßt aber nicht los. Sobald der vordere Saugnapf sich festgesaugt hat, streckt sich der Egel, ohne sich hinten von der Unterlage befreien zu können. Der „Befehl zum Loslassen" kommt nicht durch das Bauchmark.
Ergebnis: Das Festsaugen erfolgt lokal durch Berühren des Saugnapfes. Das Gehirn steuert die Zusammenarbeit der Körperenden.

Versuch 76: Präparation, innere Anatomie
Die Präparation der Tiere kann nicht in allen Einzelheiten beschrieben werden, man nehme *Kükenthal* zu Hilfe. Eine sorgfältige Präparation ist nicht leicht, getötet werden die Tiere durch Einlegen in Alkohol oder Chloroform bzw. Äther (nicht vor Schüleraugen!).
Um die Kiefern zu demonstrieren, schneidet man einem toten Egel das Vorderteil ab, schneide es längs auf und zeige die drei Kiefer in situ und dann nach ihrer Abtrennung im Mikroskop bei schwacher Vergrößerung.

Versuch 77: Bakteriologische Besonderheiten
Der Vorratsdarm der Egel beherbergt eine symbiontische Bakterienart: Pseudomonas hirudinis. Sie kann durch Ausstreichen des Darminhalts auf gebräuchliche Nährböden gezüchtet werden (s. Bd. II). Die Bakterien zersetzen das Blut, dem Egel selbst fehlen Verdauungsfermente. Absonderungen der Bakterien machen das Blut widerstandsfähig gegen Fäulnis. Weibliche Egel geben die Bakterien über den abgestreiften Kokon an die Jungegel weiter.

Literatur

K.-H. Büsing, K. Freytag, W. Döll: Die Bakterienflora der medizinischen Blutegel. Archiv f. Mikrobiol. *19* (1953), 52.
K. Freytag: Die Bestimmung der Saugkraft und des Saugvolumens med. Blutegel. MNU *10* (1957/58), 305.
K. Herter: Hirudineae. In *Bronns* Klassen und Ordnungen d. Tierreichs Bd. 4, III. Abt. 4. Buch, Teil 2, Leipzig 1939.
W. Kükenthal, E. Matthes: Leitfaden für das Zool. Praktikum. 12. Aufl. Stuttg. 1950

C. Wachstum und Entwicklung
Einführung

Die Entwicklung der Tiere und Pflanzen wird an den Schulen meist recht stiefmütterlich behandelt, obwohl, wie die Versuche zeigen, eine Reihe wichtiger und experimentell leicht zu erfahrender Tatsachen aus dem Leben der Organismen sich ergeben. Wie in vielen Disziplinen der Biologie ist die Entwicklungs- und Wachstumsphysiologie der Pflanzen methodisch einfacher als die der Tiere, die dazu noch mit erheblichen Vorbehalten psychischer Art belastet ist. Wenn hier Versuche zur tierischen Entwicklung angegeben werden, so bedeutet das nicht, daß der verantwortungsbewußte Lehrer der Entscheidung enthoben ist, ob überhaupt und welche Versuche für seine speziellen Schüler geeignet sind. Versuche, die von vorn herein aus methodischen oder psychologischen Gründen ausscheiden müssen, sind hier nicht aufgeführt.

I. Wachstum und Entwicklung der Pflanze
1. Die Keimung

a. Vorgänge bei der Keimung

Versuch 78: Aufbau des Samens Zeit: 10 Min.

a. Man läßt einige Erbsen oder Bohnen über Nacht in Wasser quellen, entfernt dann die erweichte Samenschale und biegt vorsichtig die beiden Keimblätter auseinander.

b. Den Versuch wiederholt man mit Getreidekörnern (Weizen) und führt nach der Quellung mit einem scharfen Messer oder mit der Rasierklinge einen Längsschnitt entlang der Furche. Evtl. kann ein mikroskopischer Längsschnitt betrachtet werden (fertiges Dauerpräparat, falls vorhanden).

Ergebnis: Die Erbsen oder Bohnen als zweikeimblättrige Pflanzen besitzen einen Keimling, der aus den Keimblättern, zwei Laubblättern und der Keimlingswurzel besteht. — Das Getreidekorn enthält einen Keimling mit Wurzel und ein

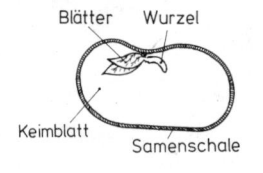

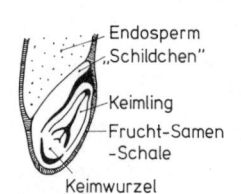

Abb. 32: Aufbau des Samens der Bohne (links) und eines Getreidekorns (rechts)

„Schildchen", das als Keimblatt (einkeimblättrige Pflanze!) gedeutet wird (Abb. 32). Die Nährstoffe sind nicht im Keimblatt aufgespeichert, sondern im Nährgewebe (Endosperm).

Versuch 79: Ausmaß der Quellung Zeit: einige Stunden
20 gleichgroße Bohnen werden gewogen und ihr Volumen wird bestimmt durch Untertauchen in einen Meßzylinder. Dann läßt man sie einige Stunden quellen, trocknet sie oberflächlich ab und wiederholt die Messungen.
Ergebnis: Infolge der Quellung nehmen die Samen an Gewicht und Volumen zu.

Versuch 80: Quellungsdruck Zeit: mehrere Stunden
a. In ein größeres Becherglas füllt man bis zur Hälfte trockene Erbsen, deckt eine passende Blechscheibe darüber und beschwert diese mit einem Gewichtsstein. An der Außenwand des Glases markiert man den oberen Rand der Erbsen mit Fettstift. Nun wird Wasser darübergegossen und über mehrere Stunden beobachtet.
b. Den Schädel eines größeren Säugetiers (Hund, Kaninchen, Reh) füllt man mit trockenen Erbsen, verschließt das Hinterhauptsloch mit einem Korken und legt den Schädel in ein weites, wassergefülltes Becherglas.
Ergebnis: Die beim Quellen der Samen erfolgende Volumvergrößerung ergibt einen starken Druck, der dünnwandige Flaschen (Vorsicht, Blechschutz!) und Schädel zersprengen kann. Der Quellungsdruck bewirkt die Sprengung der Samenschale und eine Lockerung des Bodens.

Versuch 81: Wasseraufnahme durch den Keimmund Zeit: mehrere Std.
In einer größeren, flachen Schale werden an einem schwimmenden Korken zwei Bohnen mit Nadeln so befestigt, daß die eine mit dem Nabel in das Wasser taucht, die andere aber nur mit ihrer Rückseite. Der Nabel muß bei dieser Bohne trocken bleiben! Die Quellung der Bohnen wird einige Stunden lang beobachtet (Abb. 33).
Ergebnis: Nur die Bohne quillt, deren Nabel in das Wasser taucht. Das Wasser

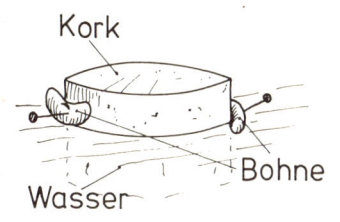

Abb. 33: Versuchsanordnung zum Beweis der Wasseraufnahme durch den Nabel

wird durch die Mikropyle (Keimmund) aufgenommen, die dicht neben dem Nabel liegt. Die Mikropyle ist die Eintrittsstelle des Pollenschlauches und die Austrittsstelle der Keimlingswurzel *(Müller)*.

Die Bestimmung der Keimfähigkeit der Samen ist amtlich vorgeschrieben im Hinblick auf das verwendete Substrat, die Temperatur und die Beobachtungszeit, die je nach Samenart verschieden ist. Da derartige Bestimmungen zwar interessant sind, aber im Schulbetrieb nicht allzu häufig Gebrauch davon gemacht werden dürfte, sei nur auf *Ruge* verwiesen, der genaue Angaben für eine Reihe von Samen macht.

Versuch 82: Abbau der Stärke bei der Keimung Zeit: 10—14 Tage
a. Stärkekörner aus dem Endosperm von Getreidekörnern (Weizen) werden mikroskopisch untersucht und gezeichnet (photographiert). Nachdem die Körner 10—14 Tage lang (auf feuchter Watte, auf Erde) gekeimt sind, zerschneidet man

sie, drückt den milchigen Saft auf einen Objektträger und untersucht wiederum die Stärkekörner im Mikroskop (zeichnen, photographieren).
Ergebnis: Die Stärkekörner korrodieren d. h. sie werden an bestimmten Stellen abgebaut zu löslichen Zuckern. Ähnliche Vorgänge spielen sich ab, wenn Gerstenkörner durch Keimung und nachfolgende Trocknung zu „Malz" werden.

b. Eine Kartoffelknolle, die bereits Keimlinge getrieben hat, schneidet man so durch, daß mehrere Augen vom Schnitt getroffen werden. Man spült die Schnittfläche mit Wasser ab und übergießt sie mit verdünnter Jodkaliumjodidlösung.
Ergebnis: Der Schnitt färbt sich nicht gleichmäßig blau, sondern in der Umgebung der Augen und der Leitbündel heller. Daraus geht hervor, daß an diesen Stellen die Stärke bereits abgebaut worden ist. *Ruge* weist daraufhin, daß der Versuch nicht bei jeder Kartoffelsorte gleich gute Ergebnisse zeigt.

Angaben zum *Nachweis der Mobilisierung der Reserve-Hemizellulose* in den Keimblättern von Lupinus albus, Impatiens Balsamina oder Tropaeolum maius durch Färbung mit Jodkaliumjodid macht *Ruge*.

Versuch 83: Beobachtung der Keimungsvorgänge
In ein kleines Becherglas bringt man mehrere Lagen Filterpapier, feuchtet sie gut an und legt ein bis zwei gequollene Bohnen darauf. Läßt man das Papier nicht austrocknen, so keimen die Bohnen bald und können in allen Stadien betrachtet und auch gezeichnet werden. Auf diesem Substrat kann man Bohnen bis zur Vollentwicklung der ersten Laubblätter bringen und z. T. auch noch weiter.

b. *Die Bedingungen der Keimung*

Versuch 84: Die Bedeutung des Sauerstoffs für die Keimung
Gequollene Bohnen oder Getreidekörner werden in zwei kleinen Bechergläsern ausgesät. Das eine Becherglas wird nur soweit mit Wasser gefüllt, daß die Samenkörner zur Hälfte über die Oberfläche ragen, das andere füllt man so hoch mit Wasser, daß es mehrere Zentimeter über den Samen steht. Einen besseren Sauerstoffabschluß erreicht man durch Überschichten des Wassers mit flüssigem Paraffin. Man beobachte 4—6 Tage lang die Keimung in beiden Gläsern.
Ergebnis: Die mit dem Luftsauerstoff in Berührung stehenden Samen keimen besser als die anderen.

Die *Bestimmung der minimalen und maximalen Keimungstemperaturen* setzt einen Dunkelthermostaten voraus und viel Zeit. *Ruge* gibt eine Anleitung dazu für Gerste, Hafer und Kresse sowie für Melone, Kürbis und Gurke. Es zeigt sich, daß die Kardinalpunkte der beiden Gruppen von Samen verschoben sind.

Versuch 85: Frostkeimer
Im Herbst werden Samen von Enzian-Arten, Primula villosa und Kiefern geerntet und auf 2 Gläser verteilt. Das eine bleibt im geheizten Raum, das andere wird im Winter nach Einleitung der Quellung für mindestens 2 Monate dem Frost ausgesetzt (evtl. Tiefkühltruhe). Danach sät man die Samen beider Proben in Blumentöpfe oder legt sie im warmen Zimmer auf feuchtes Fließpapier und beobachte die Keimung.
Ergebnis: Manche Samen benötigen eine längere Frostperiode zum Keimen. (Stachys silvatica, Teucrium, Chamaedrys u. a. benötigen nur eine längere Abkühlung auf $+ 2$ bis $5°$, *Ruge*).

Versuch 86: Bedeutung des Lichts für die Keimung
Jeweils die gleiche Anzahl folgender Samen werden auf zwei Petrischalen verteilt, die mit feuchtem Papier ausgekleidet sind:
Epilobium hirsutum, Lythrum salicaria, Oenothera biennis, Ranunculus sceleratus, —
Cucurbita pepo, Veronica persica (= Tournefortii), Phacelia tanacetifolia. Die eine Petrischale bleibt bei Raumtemperatur im Hellen stehen, die andere kommt in einen Dunkelkasten (vgl. S. 209), der ebenfalls Raumtemperatur besitzt. (Falls ein Thermostat mit Glastür vorhanden ist, können die Schalen hineingestellt werden, die eine lichtdicht verpackt. Die metallene Abschlußtür bleibt offen).
Ergebnis: Die Keimung der Samen von Epilobium, Lythrum, Oenothera und Ranunculus wird durch Licht gefördert, die der anderen Pflanzen gehemmt. Von der Verwendung der Samen von Nicotiana und Digitalis sollte man im Schulunterricht absehen! — Die Entwicklung der Keimlinge von Cucurbita erfolgt auch im Licht, die Keimlinge sind jedoch nicht lebensfähig.
Über den *Ort der Lichtperception* bei lichtempfindlichen Samen lassen sich ebenfalls durch Versuche Vermutungen äußern. Näheres dazu für die Samen von Phacelia, Amaranthus und Cucurbita vgl. *Ruge*.

Versuch 87: Keimungshemmende Substanzen
Kresse- oder Senfsamen werden in einer bedeckten Schale auf eine Scheibe von Tomate, Apfel oder Birne gelegt. Zum Vergleich dazu läßt man Samen auf feuchtem Filterpapier keimen.
Ergebnis: Das Fruchtfleisch der genannten Früchte enthält keimungshemmende Stoffe, die das Auskeimen der Samen innerhalb der (feuchten) Frucht verhindern.

2. Das Wachstum

Versuch 88: Längenwachstumszonen bei einer Wurzel
Einige gequollene Bohnen werden auf einen Karton genäht, der in einem breiten Becherglas ins Wasser taucht (Abdecken!). Sobald die Wurzeln eine Länge von 3—4 cm erlangt haben, trägt man mit einem weichen Pinsel oder Feder Tusche-

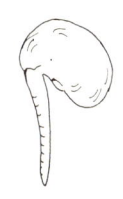

Abb. 34: Längenwachstum der Wurzel

marken (wasserunlösliche Tusche!) im Abstand von 1 mm über die ganze Wurzel hin auf. Die Bohnen dürfen dabei ihre Lage nicht verändern, um geotropische Reizung zu vermeiden. Dann stellt man den Karton in das Glas zurück, dunkelt ab und untersucht nach 24 Stunden erneut.
Ergebnis: Die Zone des stärksten Wachstums der Wurzel befindet sich dicht unterhalb der Wurzelspitze, die anfangs gleichmäßig voneinander entfernten Striche sind daher ungleich weit entfernt (Abb. 34).

Versuch 89: Streckungswachstum der Zellen Zeit: 20 Min.
Ein feiner Längsschnitt durch die Wurzel der Bohne oder Erbse wird unter dem Mikroskop betrachtet (evtl. Dauerpräparat).
Ergebnis: Während die Zellen der Wurzelspitze annähernd kubisch sind, gewinnen sie nach der Streckung eine zylindrische Form.

Versuch 90: Einstellung des Streckungswachstums nach der Dekapitation
In einen kleinen Blumentopf sät man 10-20 Haferkörner und läßt sie im Dunkelkasten wachsen, bis ihre Koleoptilen etwa 3 cm lang sind. Das nimmt etwa 4 Tage in Anspruch. Nun schneidet man der Hälfte der Koleoptilen mit einer Rasierklinge die Spitze in einer Länge von 1 cm ab und nach einer halben Stunde noch einmal eine dünne Scheibe. Nachdem die Längen der normalen und der dekapitierten Koleoptilen gemessen worden sind, setzt man den Topf wieder in den Dunkelkasten. Am nächsten Tag wiederholt man die Messungen und vergleicht sie.
Ergebnis: Die dekapitierten Koleoptilen haben ihr Längenwachstum eingestellt, die normalen Koleoptilen wachsen jedoch weiter. Die zum Streckungswachstum notwendigen Wuchsstoffe werden in den Koleoptilenspitzen gebildet. Werden die Koleoptilen nur einmal abgeschnitten, so wachsen sie nach 2—3 Stunden wieder, da ein neues Auxin-Aktivierungszentrum an der Schnittfläche entsteht *(Ruge).*

Versuch 91: Wuchsstoffe fördern das Streckungswachstum
Eine Anzahl im Dunkeln gewachsener Haferkoleoptilen werden dekapitiert, die Spitzen auf die Hälfte der Pflanzen wieder aufgesetzt und mit 5 %iger Gelatinelösung festgeklebt. Die übrigen Spitzen werden mit der Rasierklinge der Länge nach gespalten und halbseitig auf die Stümpfe gesetzt. Alle Manipulationen führe man bei rotem (Dunkelkammer-)Licht durch! Nachdem die Länge der Stümpfe gemessen wurde, setzt man den Topf mit den Pflanzen wieder in den Dunkelkasten und beobachtet am nächsten Tag das Wachstum.
Ergebnis: Die Koleoptilen mit Spitze wachsen weiter, halbseitig aufgesetzte Spitzen erzeugen infolge des stärkeren, einseitigen Wachstums unter der aufgeklebten Spitze eine Krümmung.

Versuch 92: Beweis der stofflichen Natur der Wuchsstoffe
Man kocht etwa 4 g Agar-Agar in 30 ml Wasser auf und gießt die Lösung in dünner Schicht in eine Petrischale. Nach dem Erstarren kann die Masse in kleine Plättchen geschnitten werden, die für die Versuche geeignet sind. Im Dunklen bis zu einer Höhe von 3 cm gewachsene Haferkoleoptilen werden dekapitiert, die Spitzen auf Agarplättchen gesetzt und dort 1 Stunde belassen. In der Zeit mißt man bei rotem Licht die Längen der Koleoptilen. Dann werden die Koleoptilen von den Agarplättchen genommen und die Plättchen auf die Stümpfe aufgesetzt. Zur Kontrolle erhält ein Teil der Stümpfe Agarplättchen aufgesetzt, die nicht mit den Spitzen in Berührung gekommen sind. In der Dunkelkammer weiterkultivieren und nach 24 Stunden die Längen der Stümpfe messen.
Ergebnis: Agarplättchen, auf denen sich die Spitzen befanden, enthalten Wuchsstoffe, die in den Stumpf diffundieren und dort Streckungswachstum fördern. Die Kontrollen wachsen nur noch geringfügig (vgl. Ergebnis von Versuch 90).

Versuch 93: Wuchsstoffe sind nicht artspezifisch
2 Blumentöpfe werden mit Gartenerde gefüllt. Den ersten besät man mit Hafer, den anderen mit Mais. Sobald die Keimlinge etwa 3 cm hoch geworden sind, werden sie dekapitiert und das erste Keimblatt mit der Pinzette herausgezogen. Die abgeschnittenen Spitzen werden nun vertauscht und mit 5 %iger Gelatinelösung wieder aufgeklebt. Länge der Stümpfe messen! In der Dunkelkammer weiterkultivieren, nach 24 Stunden erneut messen.
Ergebnis: Obwohl die Koleoptilen von Hafer und Mais artfremde Spitzen erhielten, wachsen sie ungestört weiter: Der Wuchsstoff ist nicht spezifisch *(Müller).*

Versuch 94: Herstellung einer Wuchsstoffpaste Zeit: 20 Min.
Man schmilzt in einer Porzellanschale auf dem Wasserbad 5 g Wollfett, gibt 5 ml einer Wuchsstofflösung hinzu (Konzentration ist abhängig von den Versuchen, die man ausführen will, s. d.) und verreibt sehr gründlich solange, bis das Wollfett erstarrt und eine gleichmäßige, weiße Farbe angenommen hat. Der Zusatz von 1 Tropfen Ölsäure erleichtert die Verteilung und das Eindringen des Wuchsstoffs in die Gewebe.
Man bewahrt die Paste in kleinen Deckelschalen an einem dunklen, kühlen Ort auf. Fertige Paste kann als „Belvitan-Paste" von der Pflanzenschutzabteilung der Farbenfabriken Bayer, Leverkusen, bezogen werden (nach *Ruge).*

Versuch 95: Ersatz der Keimlingsspitze durch Wuchsstoffpaste
In einem größeren Blumentopf sät man Sonnenblumenkörner in drei Portionen aus, läßt die Keimlinge etwa 3 cm hoch werden und dekapitiert zwei Portionen davon 4 mm unterhalb des Ansatzes der Keimblätter. Auf die Schnittfläche trägt man bei einer Portion Pflanzen eine Wuchsstoffpaste auf (vgl. Versuch 17), die aus einer 0,001 n-β-Indolylessigsäure (Molmasse 175,08^n) hergestellt wurde. Die andere dekapitierte Portion erhält zur Kontrolle die gleiche Menge Wasserpaste (Wollfett + 5 ml Wasser) aufgetragen. Falls die Pflanzen nicht gleich groß sind, muß die Länge der Stümpfe gemessen werden! Nach 2 Tagen wiederholt man die Messungen bzw. vergleicht die Pflanzenportionen miteinander.
Ergebnis: Die mit Wuchsstoff behandelten Stümpfe sind größer als die mit Wasserpaste behandelten Pflanzen. Nach weiteren 3—5 Tagen bleiben diese jedoch gegenüber den nicht dekapitierten Pflanzen zurück, da die Nähr- und Wuchsstoffe aus den Keimblättern fehlen *(Ruge).*

Versuch 96: Wurzelbildung durch Wuchsstoffe
a. Zweige von Ilex aquifolium werden 24 Stunden in 0,01 %ige α-Naphthylessigsäure getaucht und dann in Wasser gestellt. Kontrollzweige stellt man in ein zweites Gefäß mit Wasser. Die Wurzelanlagen dürfen nicht von direktem Licht getroffen werden! Man vergleicht nach Erscheinen die Zahl der sich bildenden Wurzeln.
b. Sprosse von Tradescantia stellt man 24 Stunden in 0,02 %ige α-Naphthylessigsäure oder β-Indolylessigsäure. Mit Kontrollzweigen wie in a. verfahren.
c. Die Internodien einer Coleuspflanze werden mit einer Wuchsstoffpaste (0,5—1,0 % β-Indolylessigsäure) bestrichen. Beobachtung der Bewurzelung nach 10—20 Tagen *(Ruge).*
Ergebnis: Mit Wuchsstoffen geeigneter Konzentration behandelte Pflanzen bewurzeln schneller als unbehandelte. Es können unter der Wirkung der Wuchsstoffe Adventivwurzeln entstehen (Versuch 96c).

Versuch 97: Wuchsstoffe hindern Seitenknospen am Austreiben
a. Von einer jungen Tomatenpflanze wird der Gipfeltrieb abgeschnitten. Nach 10—14 Tagen treiben die Achselknospen aus.
b. Auf die Schnittfläche einer dekapitierten jungen Tomatenpflanze streicht man Wuchsstoffpaste (Versuch 95) aus einer 0,5 %igen β-Indolylessigsäure. Nach 4—6 Tagen wird die Paste erneuert: Das Austreiben der Seitenknospen unterbleibt.
Ergebnis: Der von der Sproßspitze herabwandernde Wuchsstoff hindert die Seitenknospen am Austreiben.
Ruge bringt eine Reihe weiterer Versuche zum Wuchsstoffproblem, auf die hier nur hingewiesen werden soll. Mit ihrer Hilfe ist ein tieferes Eindringen in dieses wirklich interessante und methodisch relativ einfache Gebiet möglich. Über den Zusammenhang der Wuchsstoffwirkung mit dem Photo- und Geotropismus der Pflanzen vgl. das entsprechende Kapitel im Abschnitt Sinnesphysiologie der Pflanze (S. 209 f.).

Versuch 98: Nachweis der Wundhormone
Von einer möglichst jungen Kohlrabiknolle wird eine 1 cm dicke Scheibe abgeschnitten und in 5 Sektoren zerschnitten. 3 von den 5 Sektoren werden unter dem Wasserstrahl gründlich von Plasmaresten der zerschnittenen Zellen gereinigt. Die Sektoren werden einzeln in Petrischalen gelegt, die mit feuchtem Filterpapier ausgelegt wurden.
Auf je einen abgespülten und nicht abgespülten Sektor bringt man Gewebebrei von Kohlrabi, auf einen weiteren abgespülten Sektor kommt Gewebebrei von jungen Bohnen, der Rest bleibt zur Kontrolle.
Nach 1—2 Wochen fertigt man dünne Querschnitte durch die Sektoren an und mikroskopiert. Man achte auf Zellteilungen und die Richtung der neuangelegten Zellwände!
Ergebnis: Abgespülte Sektoren ohne Gewebebrei zeigen nur wenige oder keine Zellteilungen, mit Gewebebrei versetzte Sektoren dagegen weisen zahlreiche Zellteilungen auf, die bis in die 5. Zellschicht gehen. Alle neuangelegten Zellplatten liegen parallel zur Schnittfläche der Scheibe (nach *Ruge*).

3. Regeneration

Versuch 99: Regeneration aus der Blattspreite
Ein ausgereiftes Blatt von Begonia Rex wird abgeschnitten und mit verkürztem Stiel in feuchte Torferde gesteckt. Die Blattfläche wird mit kleinen Steinchen beschwert, so daß sie der Erde gut aufliegt. Nun durchtrennt man die Blattnerven unterhalb der Verzweigung und bringt die Pflanze an einen warmen, nicht zu dunklen Ort bei hoher rel. Luftfeuchtigkeit.
Ergebnis: 4—5 Wochen nach dem Ansetzen des Versuchs haben sich neue Sprosse an den Schnittflächen gebildet. — Man kann schon früher nach 10—14 Tagen mikroskopisch Zellteilungen im Parenchym und in der Epidermis oberhalb des Schnittes finden.

Versuch 100: Polarität
Man hängt zwei Stücke von Weidenzweigen (nicht Salix caprea!) in hohe Standzylinder so, daß einmal das obere Ende oben, das andere Mal das obere Ende des Zweiges nach unten weist. Die Zylinder werden mit Filterpapier ausgekleidet

und mit einer niedrigen Schicht Wasser versehen. Die Zweigstücke dürfen nicht eintauchen. 2—3 Wochen bleiben sie abgedeckt und feucht stehen.
Ergebnis: Die Wurzelneubildungen vollziehen sich stets am unteren Ende des Zweigstückes, ganz gleich, ob es nach oben oder unten weist: Polarität des Zweiges.
R. Breiding (MNU 17 (1964/65), 248—255) benutzt für die Regenerationsversuche Löwenzahnwurzeln, die zudem eine Reihe von anderen Erscheinungen aus der allgemeinen Botanik zu demonstrieren gestatten (Regeneration, Polarität, Korrelationen, Photomorphogenese, Geotropismus und Chlorophyllbildung).

4. Entwicklung

Versuch 101: Ruheperiode der Kartoffelknolle
Gleich nach der Ernte wird eine Kartoffelknolle in ein warmes Zimmer gebracht in ein Gefäß, das vor Licht geschützt hohe Luftfeuchtigkeit durch eingelegtes feuchtes Filterpapier garantiert.
Eine zweite Kartoffel bringt man 5 Wochen an einen Ort (Kühlschrank, Kühlhaus) mit Temperaturen nahe dem Nullpunkt (auf Stroh lagern), dann in ein ähnliches Gefäß wie oben. Beobachtung des Auskeimens.
Ergebnis: Die Kartoffel benötigt eine mehrmonatige Ruheperiode, sie keimt erst im nächsten Jahr. Kühle Lagerung verkürzt diese Ruheperiode.

Versuch 102: Kälteeinwirkung auf Keimlinge von Wintergetreide
In 2 Blumentöpfe sät man zur Zeit der Herbstbestellung Eckerndorfer Wintergerste aus, stellt den einen Topf im Zimmer auf (Temperatur nie unter $+8°$), den anderen setzt man im Freien in die Erde. Ende Mai sät man eine weitere Probe ins Freiland aus. Man beobachtet die Entwicklung der drei Proben während der Sommermonate.
Ergebnis: Die im Herbst ins Freie gesäte Probe setzt früher an als die anderen Pflanzen, die mehr Blätter ausbilden.

Versuch 103: Vernalisation
Mitte April bis Ende Juni wird Eckerndorfer Wintergerste in Petrischalen zur Keimung gebracht. Die Hälfte der Keimlinge stellt man für 4 Wochen in den Kühlschrank ($+2°$), die andere Hälfte bleibt bei Raumtemperatur. Dann werden die Pflänzchen einzeln ins Freie gepflanzt und ihre weitere Entwicklung beobachtet.
Ergebnis: Die Kältebehandlung bringt die Pflanzen eher zum Schoßen und zum Blühen als die Kontrollen. Bedeutung der Vernalisation (= Jarowisation) für Gebiete mit kurzer Vegetationsperiode!
Kurztags- und Langtagspflanzen
Die Versuche dazu benötigen eine umfangreiche Ausstattung mit Geräten, die in einer Schule nicht vorausgesetzt werden kann. Versuche dazu bringt *Ruge*.

II. Entwicklung der Tiere
1. Zellteilungen
Sofern man nicht käufliche Präparate zur Demonstration der Mitosestadien benutzen will (sehr empfohlen wird Ascaris mit nur 4 Chromosomen), lassen sich einfache Präparate ohne große Mühe auch selbst herstellen:

Versuch 104: Mitosen in Epithelien von Molchlarven
a. Man füttert und belichtet junge Larven von Molchen oder Salamandern einige Tage reichlich und fixiert sie dann entweder nach *Zenker* oder einfach in absolutem Alkohol. Alkohol mehrmals wechseln, Tiere auf Glaswatte lagern, auswaschen mit dest. Wasser.
Nach dem Waschen zieht man die Haut von der Unterseite der Larven ab, streift sie leicht mit dem Messer ab und färbt mit Hämatoxylin 5 Minuten lang. (2 g Hämatoxylin in 100 ml Alkohol lösen, 10 ml Eisessig zufügen und 100 ml Glyzerin, dann 100 ml Wasser, in dem 3 g Kalialaun gelöst worden sind. Die haltbare Lösung muß einige Tage mit Wattebausch verschlossen dem Licht ausgesetzt und dann filtriert werden). Nach dem Färben Alkoholreihe, Xylol, Balsam.
b. Mit einer feinen Schere umschneidet man die Cornea fixierter Larven, zieht sie ab, färbt wie unter a angegeben und deckt sie mit der Wölbung nach oben ein.
Ergebnis: Die Präparate zeigen die verschiedenen Stadien mitotischer Teilungen (nach *Voigt:* Das Mikroskop im Dienst des biol. Unterrichts, 3. Aufl. Leipzig 1929). Weitere Angaben über Mitosen in Geweben und über die Anfertigung von Dauerpräparaten auch amitotischer Zellteilungen finden sich in *W. Schlüter:* Mikroskopie für Lehrer und Naturfreunde, Volk u. Wissen-Verlag, Berlin 1955).

2. Ontogenese

Versuch 105: Befruchtung beim Seeigelei (siehe auch Bd. II, S. 227)
Von den meeresbiologischen Stationen erhält man zur Laichzeit (Sommeranfang) Seeigel beiderlei Geschlechts (Zweck angeben!), die sich in kleinen Seewasseraquarien bei guter Durchlüftung halten lassen. Für den angegebenen Versuch teilt man die Tiere mit der Laubsäge etwas unterhalb der Mitte, präpariert Hoden und Eierstöcke heraus und legt sie in Schalen mit Seewasser. Nachdem die Geschlechtsprodukte in das Wasser ausgetreten sind, kann man mit einer Pipette die Eier befruchten. Die befruchteten Eier können in größeren, gut durchlüfteten Schalen weitergehalten werden Die Befruchtung kann auch auf mit Seewasser beschickten Objektträgern direkt beobachtet werden.
D a u e r p r ä p a r a t e erhält man durch achttägiges Fixieren der Stadien mit Pikrinessigsäure (300 ml Wasser, 3 g Pikrinsäure, 3 ml Eisessig), auswaschen mit 70 % Alkohol, Färbung mit Boraxkarmin (Objekte aus 30 %igem Alkohol für 10—24 Stunden in Farblösung bringen, mit 70 %igem Alkohol auswaschen. Bei Überfärbung mit 30 %iger wäßriger Pikrinsäurelösung differenzieren und gegenfärben). Vorsichtig entwässern. Xylol, Balsam.
Ergebnis: Die Bildung der Befruchtungsmembran läßt sich unter dem Mikroskop verfolgen, die einzelnen Teilungsstadien sind im Laufe der Zeit an diesem klassischen Objekt gut zu erkennen.

Versuch 106: Befruchtung und Teilung des Froscheis (siehe auch Bd. II, S. 271)
In Copula gefangene Froschpärchen (Grasfrösche im März, grüne Wasserfrösche im Mai) setzt man in Gefäß mit so niedrigem Wasserstand, daß die Tiere mit dem Kopfe aus dem Wasser ragen. Die Gefäße werden mit Tüll oder Drahtnetz verschlossen. Nach dem Ablaichen nimmt man die Frösche heraus und gießt frisches Wasser von Zimmertemperatur über den Laich. Alle Stunden entnimmt man eine Probe und fixiert sie in 10 %iger Formalinlösung. Nach 6 Stunden werden nur

alle 12—24 Stunden Proben entnommen. Die Zeitabstände sind von der Wassertemperatur abhängig.
In auffallendem Licht betrachtet lassen sich alle wichtigen Stadien schon mit einer guten Lupe erkennen. In 4 % Formalin kann man die Embryonen jahrelang aufheben. (Nach *Schäffer-Eddelbüttel:* Biologisches Arbeitsbuch) vgl. auch *R. Lehmann:* Embryolog. Untersuchungen am Bergmolch. Mikrokosmos 1967, S. 16, 106, 136.

Versuch 107: Entwicklung von Schnecken- und Nematodeneiern
a. Im Aquarium kann man frisch abgelegten Laich von Wasserschnecken (Planorbis oder Limnaeus) untersuchen. Evtl. anfärben mit Boraxkarmin nach Versuch 105).

b. Als besonders günstig werden von *Schäffer-Eddelbüttel* Nematodeneier zur Untersuchung empfohlen: Auf stark befeuchtete Garten-, Kompost- oder Walderde legt man Stückchen von Regenwürmern. Diese werden vorher mit Chloroform getötet, gut gewaschen und zerstückelt. Die bedeckten Gefäße läßt man 5—7 Tage stehen. Um die faulenden Wurmstückchen herum findet man die kleinen, bis 2 mm langen Fadenwürmer, die hauptsächlich der Gattung Rhabditis angehören. Man bringt sie auf den Objektträger und saugt solange Wasser unter dem

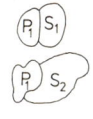

Abb. 35: Die ersten Furchungsstadien des Fadenwurms Rhabiditis (nach REINIG). P_1 ist die Stammzelle für Urgeschlechtszellen, S_1 ist die Ursomazelle. P_1 teilt sich in P_2 und S_2, S_1 in die Zellen A und B.
S_2 wird zur Stammeszelle des Entoderms und des Mesoderms.
P_2 liefert die neue Urgeschlechtszelle P_3 und S_3, die spätere Stammzelle des Ektoderms.

Deckglas ab, bis die Würmer festliegen. In den Eileitern der Tiere findet man Eier und Embryonen der verschiedensten Stadien (Abb. 35). Leichter Druck auf das Deckglas läßt die Eier heraustreten.
Ergebnis: Furchung und Embryonenbildung sind bei diesen Objekten gut zu erkennen. (Näheres über die Entwicklung vgl. *H. J. Reinig:* Die ersten Furchungen bei Fadenwürmern. Mikrokosmos 46 (1956), 1).

Versuch 108: Entwicklungsstadien von Daphnia
Im Sommer untersucht man Daphnien, die in ihrem Brutraum unter der Rückenseite verschiedene Entwicklungsstadien der Krebschen tragen.

Versuch 109: Entwicklung der Insekten (siehe auch Bd. II, S. 164)
a. Eier oder Raupen von *Schmetterlingen* werden mit ihren Futterpflanzen gesammelt und in einen mit Gaze bespannten Futterkasten gebracht. Als Ersatz genügt auch ein großes Einmachglas, das mit Gaze und Gummiring abgedeckt ist. Der Boden des Gefäßes wird mit saugfähigem Papier (Zeitungspapier) ausgekleidet, das täglich ausgewechselt werden muß. Die Raupen müssen täglich frisches Futter von der Wirtspflanze bekommen, das weder welk noch naß sein darf. Zur Verpuppung bei Nachtfaltern bringt man eine etwa 6 cm hohe Schicht aus mit etwas Sand vermischtem Torf in die Gefäße, für Tagfalter werden einige trockene Ästchen aufgestellt.

Ergebnis: Die Entwicklung vom Ei bis zum Vollinsekt kann bei den Schmetterlingen gut verfolgt werden. Kohlweißlinge bringen 2 Generationen im Jahr hervor, viele andere Falter brauchen ein Jahr zu ihrer Entwicklung. — (Nach *E. Weinreich:* Schmetterlinge selber züchten, „wir experimentieren" 4. Jahrg. (1964), 108; vgl. auch *Dylla:* Schmetterlinge im Unterricht. Aulis, Köln 1967).
b. *Wasserinsekten* entwickeln sich in einem Insektenaquarium. Das ist ein Vollglasbecken mit aufgesetztem Kasten, der vorn und hinten mit Glas, an den Seiten und oben mit Gaze abgedeckt ist. Seitlich befindet sich eine kleine, dicht schließende Tür. Der Boden steigt nach einer Seite hin über den Wasserspiegel hinaus an, so daß eine trockene Uferzone zur Verfügung steht. Bepflanzung und Bodengrund wie im Aquarium, Wasser gelegentlich wechseln. In diesem Behälter kann die Entwicklung von Gelbrandkäfern, Libellen, Köcherfliegen, Rückenschwimmern u. a. beobachtet werden (nach *E. Grosse:* Biologie selbst erlebt. Aulis Verlag, Köln 1973, siehe auch Bd. II, S. 121).
Über die künstliche Befruchtung von *Forelleneiern* und die weitere Aufzucht vgl. *Schlüter:* Mikroskopie für Lehrer und Naturfreunde, Volk u. Wissen-Verlag, Berlin 1955.

Versuch 110: Künstliche Parthogenese
a. Unbefruchtete *Seeigeleier* trägt man in eine Lösung ein, die folgendermaßen zusammengesetzt ist:
192 ml 3,5 %iger NaCl-Lösung
4 ml 3,5 %iger KCl-Lösung
4 ml 3,5 %iger $CaCl_2$-Lösung
Bei guter Durchlüftung beobachtet man mehrere Tage lang und untersucht auf Teilungsstadien.
b. Froscheier legt man 1 Stunde in 10 %ige Rohrzuckerlösung, dann 1 Stunde in 1 %ige Kochsalzlösung, dann in frisches Blutserum vom Rind. Nach einer Stunde beginnt die Furchung (nach *Voit*).
Ergebnis: Auch ohne Befruchtung lassen sich manche Eier durch chemische Einwirkungen zur Entwicklung bringen.

Versuch 111: Die Entwicklung des Hühnchens (siehe auch Bd. II, S. 318)
Befruchtete (!) Eier werden in einem Brutschrank bei einer Temperatur von 38—39 Grad bebrütet. Der Brutschrank soll belüftet sein und eine Schale mit Wasser zur Luftbefeuchtung enthalten. Täglich sind die Eier um 90° um ihre Längsachse zu drehen. Folgende Stadien seien zur Untersuchung empfohlen: 9 Std. alt, 24 Std., 28 Std., 2,5 Tage, 3,5 Tage, 5 Tage, 8 Tage, 17 Tage alt. Um Mißerfolge zu vermeiden, lege man stets die doppelte Zahl der benötigten Eier in den Brutschrank. Da sich die Brutzeiten für die einzelnen Stadien überdecken, ist es zweckmäßig, mit Bleistift den Brutbeginn auf die Eier zu schreiben.
Zur Beobachtung werden die Eier in eine Schale mit trockenem Sand gelegt, der stumpfe Eipol wird angestochen. Mit einer Ampullenfeile sägt man die Oberseite der Eischale kreuzweise ein bis zur Schalenhaut, bricht mit der Pinzette die Schale stückchenweise ab und kann nun den Embryo direkt (im Auflicht) betrachten. Die ersten Stadien bis zu einem Alter von etwa 2 Tagen beobachtet man mit einer Lupe (Binokular).
Will man eine Entwicklungsreihe zusammenstellen und evtl. für die Sammlung präparieren, so fixiert man die Stadien in Sublimat-Eisessig (95 ml konz. Subli-

matlösung — Giftig! — 5 ml Eisessig). Nach vorsichtigem Umschneiden wird der Embryo von der Dotterhaut getrennt, mit einem Spatel abgehoben, gespült und fixiert. Sicherer ist es, wenn man mit einer Pipette unter die Keimscheibe Subli-

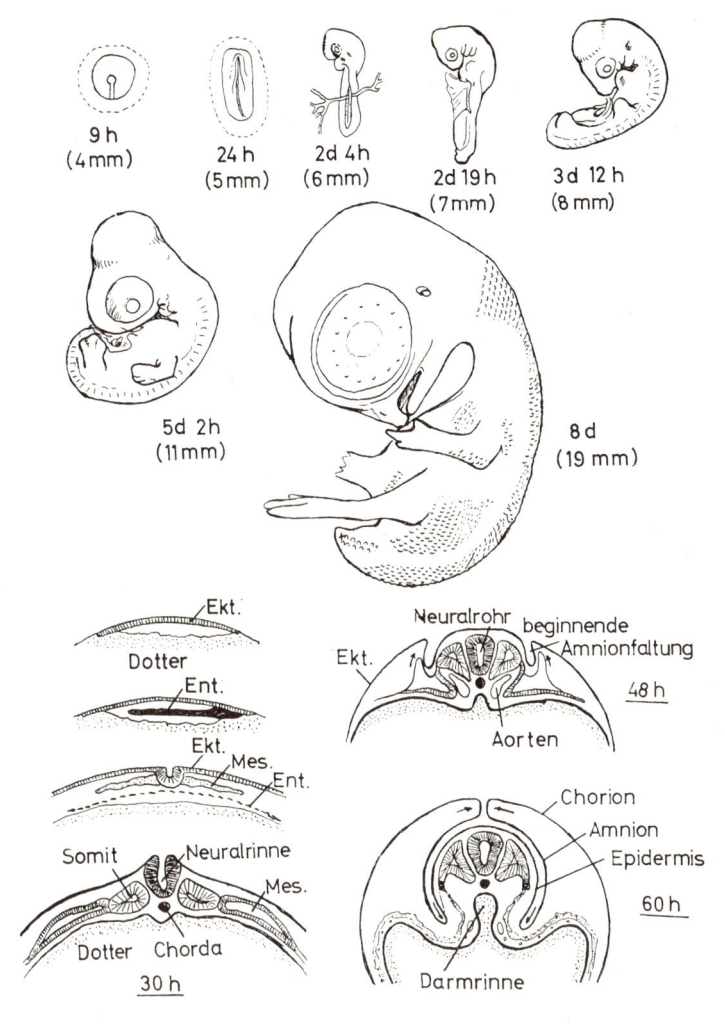

Abb. 36: 7 Stadien der Entwicklung des Huhns. Es ist das Alter (d = Tag, h = Stunde) und die Größe des Keims angegeben. Unten: Schematische Darstellung der ersten Entwicklungsschritte im Schnitt (Bildung der Keimblätter, der Achsenorgane und der Keimhülle).

mat-Eisessig bringt und nach dem Gerinnen des Eiweißes erst den Embryo abpräpariert. Kleinere Embryonen verlieren nach dem Fixieren viele Einzelheiten, größere Embryonen sollten stets fixiert werden, da ihre Gestalt dann viel besser erkennbar ist.
Ergebnis: Die Anlage des Primitivstreifens und -knotens, das erste Auftreten der Gefäße und des Herzens, die Ausbildung der Extremitäten usw. sind sehr gut zu verfolgen (Abb. 36).

Versuch 112: Beobachtungen am Kreislauf des Hühnerembryos
a. 2—3 Tage alte Hühnerembryonen zeigen unter dem Mikroskop bei schwacher Vergrößerung sehr deutlich die Blutbewegung in den Gefäßen. Vor allem wird deutlich, daß durch den Herzschlag das Blut in den Aorten nur schubweise transportiert wird, in den Kapillaren jedoch eine kontinuierliche Strömung sich ausbildet.
b. Man mißt die Schlagfrequenz des Herzens eines 2—3 Tage alten Hühnerembryos mit der Stoppuhr, solange das Ei noch die Temperatur des Brutschrankes aufweist (beim Präparieren Sand vorwärmen!). Das Ergebnis wird verglichen mit den Messungen an langsam erkaltenden Eiern.
Ergebnis: Die Blutbewegung in größeren Gefäßen ist eine andere als in den Kapillaren. — Die Schlagfrequenz des Herzens ist temperaturabhängig, denn Vögel sind in den ersten Lebenstagen wechselwarm!
Vergl. auch *W. Zöllner:* Beobachtungen zur Entwicklung des Haushuhns am uneröffneten Ei. Biol. i. Unterr. 1970, 41.

3. Regeneration

Versuch 113: Regeneration von Süßwasserpolypen und Planarien
a. Einen Süßwasserpolypen zerschneidet man in mehrere Teile und verfolgt im Aquarium im Verlauf der nächsten Wochen das Entstehen neuer Polypen aus den Stücken (siehe auch Bd. II, S. 32).
b. Strudelwürmer (Planarien) werden gesammelt, in ein kleines Aquarium gebracht und mit Regenwurmstückchen gefüttert. Zu Regenerationsversuchen zerteilt man sie und hält sie warm (25°) und dunkel, bis die Wiederherstellung abgeschlossen ist (nur mit Schülern der Kollegstufe! Schnitte mit Rasierklinge!)

Literatur:

Bünning, E.: Entwicklungs- und Bewegungsphysiologie der Pflanze. *Springer,* Berlin, Göttingen, Heidelberg 1953
Ebert, J. D.: Entwicklungsphysiologie. Moderne Biologie. BLV München
Hadorn, E.: Experimentelle Entwicklungsforschung (an Amphibien). Verständliche Wissenschaft Bd. 77, *Springer,* Berlin, Göttingen, Heidelberg. 2. Aufl. 1970
Keibel, F.: Normentafeln zur Entwicklungsgeschichte des Huhns, 2. Heft der Normentafeln zur Entwicklungsgeschichte der Wirbeltiere. *Fischer,* Jena 1900
Kühn, A.: Vorlesungen über Entwicklungsphysiologie. *Springer,* Berlin, Göttingen, Heidelberg 1955
Mohr, H. u. *P. Sitte:* Molekulare Grundlagen der Entwicklung. Moderne Biologie. BLV München 1971
Müller, H. W.: Pflanzenbiologisches Experimentierbuch. Kosmos Stuttgart, 3. Aufl. 1962
Ruge, U.: Übungen zur Wachstums- und Entwicklungsphysiologie der Pflanze. Pflanzenphysiologische Praktika Bd. IV. *Springer* Berlin, Göttingen, Heidelberg, 3. Aufl. 1951
Seidel, F.: Entwicklungsphysiologie der Tiere, 2 Bde. Sammlung *Göschen* Bd. 1162/1163. *De Gruyter,* Berlin, 2. Auflage
Siewig, R.: Lehrbuch d. Entwicklungsgeschichte d. Tiere. *Parey* Hamburg/Berlin 1969
Starck, D.: Ontogenie und Entwicklungsphysiologie der Säugetiere. *De Gruyter,* Berlin 1959.
Sussmann, M.: Physiologie der Entwicklung. Kosmos, Stuttgart 1966

D. Biologische Regelung
Vorbemerkungen

Die Regelungslehre, Kybernetik, ist das jüngste Kind der biologischen Forschung. Die ersten Anregungen dazu gab die Technik. Die Materie ist nicht einfach, es ist aber möglich, auch Schülern die Grundgedanken und -tatsachen biologischer Regelung experimentell klarzumachen.

Es kann in diesem Rahmen nur darauf ankommen, einfache Versuche anzubieten, die ohne Eingriffe in das tierische Leben und ohne Apparaturen, die in der „Normalschule" nicht vorhanden sind, auszukommen. Theoretische Erläuterungen, auf die im Unterricht nicht verzichtet werden kann, sowie weitere Beispiele biologischer Regelung, entnehme man der angeführten Literatur.

Aus der engen Verknüpfung mit der Technik hat sich eine eigene Terminologie entwickelt, deren Verständnis nicht ohne weiteres erwartet werden kann. Daher seien die wichtigsten Begriffe hier kurz erläutert:

Regelung: „Die Erzwingung eines gewollten Zustandes, indem dieser fortwährend überwacht wird und eingegriffen wird, sobald sich der Zustand von seinem Sollwert entfernt" *(W. Oppelt)*

Rückkoppelung: Prinzip, nach dem ein bestimmter Zustand der Regelgröße diese selbst (über Fühler, Regler, Stellglied) beeinflußt (engl. feedback).

Regelkreis: Wirkungsgefüge, das nach dem Prinzip der Rückkopplung arbeitet.

Regelgröße: Größe, die geregelt werden soll (geregelte Größe).

Sollwert: Wert der Regelgröße, der konstant gehalten werden soll (= Ziel der Regelung)

Istwert: Tatsächlicher Zustand der Regelgröße

Regler, Regelwerk: Stellt den Sollwert ein.

Störgröße: Einwirkung auf den Istwert, so daß dieser vom Sollwert abweicht.

Führungsgröße: Äußerer Einfluß, der den Sollwert verstellt.

Fühler, Fühlglied: Meßwerk, das den Istwert mißt.

Stellglied: Mechanismus, der den Istwert dem Sollwert näherzubringen vermag.

Efferenzkopie: Doppel einer Meldung, die zur „Verrechnung" mit anderen Meldungen von einem efferenten Nerven abgezweigt wird.

Blockschaltbild: Graphische Darstellung des Wirkgefüges eines Regelkreises. Zur Vereinfachung der Darstellung werden bestimmte *Zeichen* benutzt, von denen die wichtigsten in der Abb. 37 dargestellt sind.

I. Technische Regelung als Modell

Versuch 114: Wasserstands- und Abflußregelung bei der Wasserspülung
Ventil und Schwimmer aus einer Wasserspülung werden so in eine Wanne montiert, daß bei hohem Wasserstand der Schwimmer den Zulauf des Wassers stoppt.

Abb. 37: Häufig verwendete Schaltzeichen (nach Hassenstein, Biologische Kybernetik, verändert)

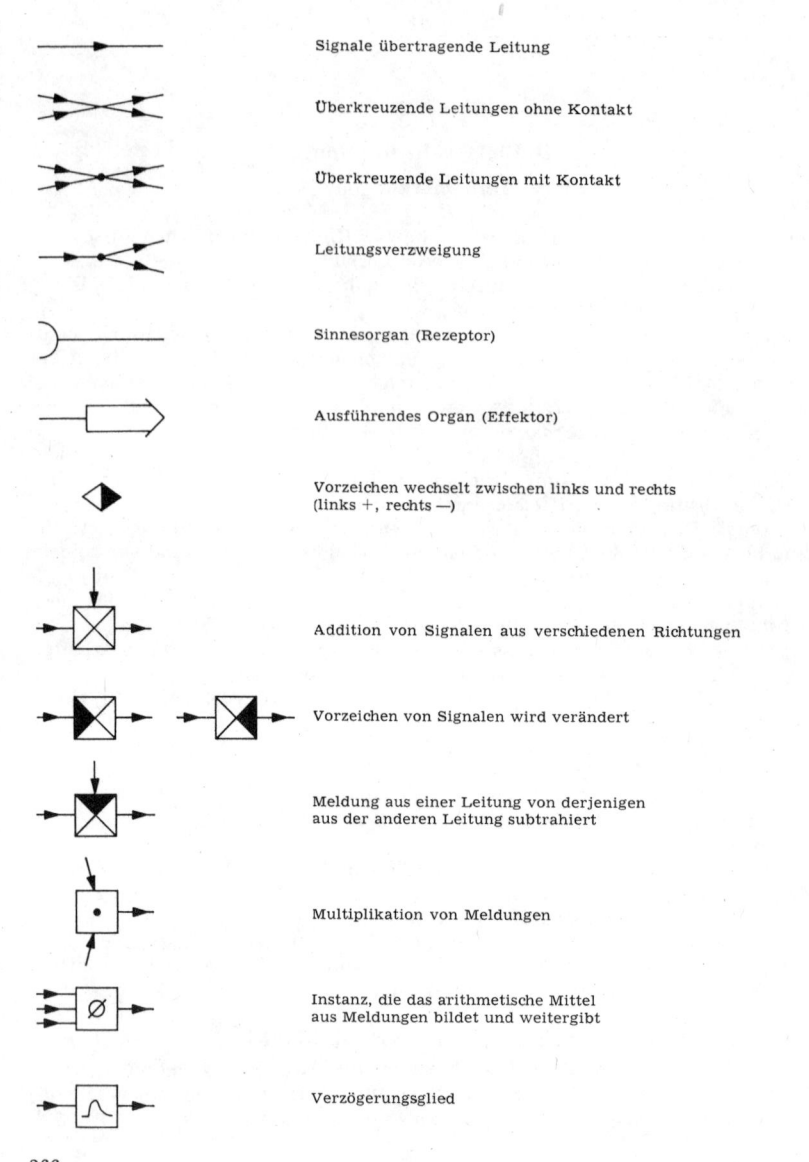

Signale übertragende Leitung

Überkreuzende Leitungen ohne Kontakt

Überkreuzende Leitungen mit Kontakt

Leitungsverzweigung

Sinnesorgan (Rezeptor)

Ausführendes Organ (Effektor)

Vorzeichen wechselt zwischen links und rechts
(links +, rechts —)

Addition von Signalen aus verschiedenen Richtungen

Vorzeichen von Signalen wird verändert

Meldung aus einer Leitung von derjenigen
aus der anderen Leitung subtrahiert

Multiplikation von Meldungen

Instanz, die das arithmetische Mittel
aus Meldungen bildet und weitergibt

Verzögerungsglied

Das Ventil wird zuvor mittels Gummischlauch mit der Wasserleitung verbunden. In die Wanne taucht ein Gummischlauch als Heber mit Quetschhahn (Abb. 38).
a. Der Abflußhahn wird geöffnet, ein Teil des Wassers abfließen lassen und dann wieder geschlossen. Der höchste Wasserstand wird jeweils markiert.
b. Der Abflußhahn wird nur wenig geöffnet, die Höhe des Wasserstandes wird beobachtet.
c. Durch Verstellung des Schwimmerhebels kann der zu regelnde Wasserstand bestimmt werden.
Ergebnis: Der Wasserstand schließt über den Schwimmer automatisch den Zulauf, so daß ein bestimmter Wasserstand garantiert ist. Geringer Ablauf bedingt nur geringen Zufluß. Durch Verstellen des „Sollwertes" kann ein selbstgewählter Wasserstand gehalten werden.
Der Versuch zeigt die wichtigsten Teile eines technischen Regelkreises und seine Funktion: Fühler (Schwimmer), Regelglied (Hebelverstellung), Stellglied (Ventil f. Zulauf), Regelgröße (Wasserstand). Die Wirkkette kann in einem Blockschaltbild dargestellt werden (Abb. 39). Das Blockschaltbild gibt lediglich das Wirkungsgefüge wieder, nicht den Versuchsaufbau.

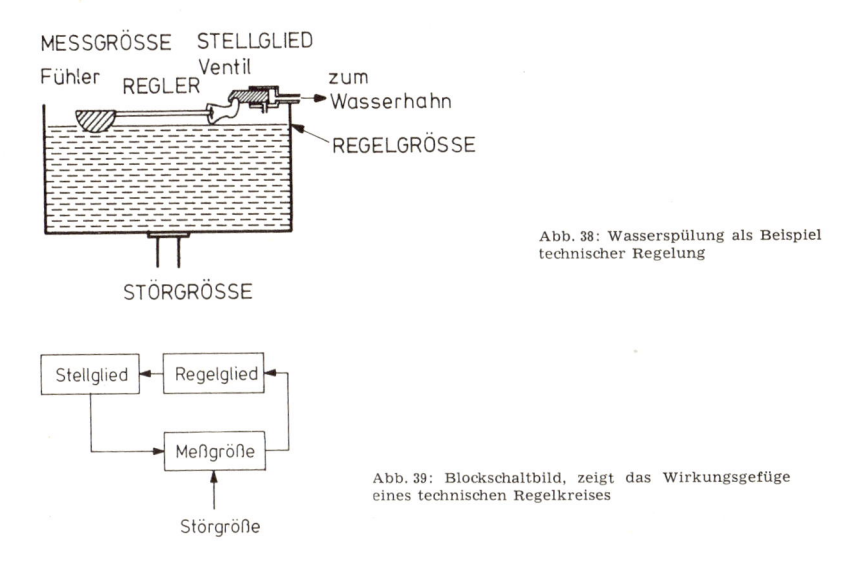

Abb. 38: Wasserspülung als Beispiel technischer Regelung

Abb. 39: Blockschaltbild, zeigt das Wirkungsgefüge eines technischen Regelkreises

Versuch 145: Temperaturreglung mittels Thermostat
Ein kleines Becken wird mit Wasser gefüllt, dessen Temperatur durch ein (käufliches) Kontaktthermometer geregelt werden soll. Das Kontaktthermometer steht in Verbindung mit der Wärmequelle (Tauchsieder) und wird auf eine bestimmte, nicht zu niedrige Temperatur eingestellt. Man beobachte über längere Zeit hinweg die Temperatur möglichst mit einem Feinthermometer (1/10 Grad-Anzeige) und den Zündfunken des Kontaktthermometers (An- und Ausschalten!).

Abwandlung des Versuchs: Man verfolgt über eine längere Zeitspanne möglichst mit Feinthermometer die Temperatur eines mit Thermostaten ausgerüsteten Wärmeschranks oder eines kleinen Aquariums mit regelbarer Heizung. Falls Temperaturschwankungen festgestellt werden können, empfiehlt sich die Anfertigung einer Kurve (mit starker Überhöhung).

Ergebnis: Auch bei diesem Versuch sind alle typischen Teile eines Regelkreises vorhanden, er kann als Blockschaltbild dargestellt werden (Abb. 39). Die Beobachtung bzw. Kurve zeigt bei genauer Messung typische Schwankungen, die auf die stets vorhandene Trägheit des Regelsystems zurückzuführen sind.

II. Versuche zur Biologischen Regelung

Versuch 146: Regelung des Gleichgewichts
Eine Versuchsperson steht mit geschlossenen Augen und Füßen eine Zeit lang vor den Zuschauern. Diese beobachten die kleinen Schwankungen des Körpers und die einsetzenden Ausgleichsbewegungen. Beim Stehen auf einem Bein (das andere in die Hand nehmen!) werden die Schwankungen und Ausgleichsbewegungen sehr viel deutlicher.

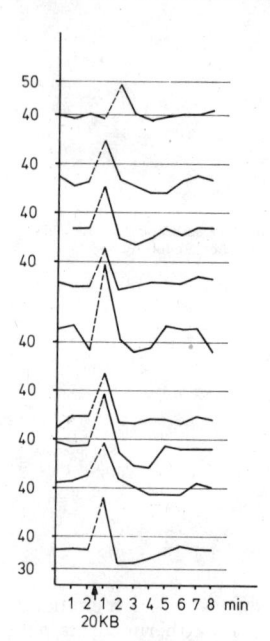

Abb. 40: Pulsfrequenzen vor und nach 20 Kniebeugen (KB) bei 9 Schülern (Unterprima) — Ausgewählte Kurven aus Schülerversuchen

Ergebnis: Die typischen Schwankungen deuten auf die Regelung der Gleichgewichtslage hin (Hinweis auf Störungen im Regelmechanismus durch Krankheiten, Drogen, Alkohol).

Versuch 147: Regelung der Pulsfrequenz
Je nach den Erfordernissen des Körpers (Sauerstoffbedarf u. a.) erhöht sich die Pulsfrequenz, geht aber beim Nachlassen der Störung bald wieder auf den „Normalwert" zurück. Dies zeigt man, indem man im Abstand von je 1 Minute jeweils 30 sec lang den Puls mißt, dann 10—20 Kniebeugen vollführt und sofort (!) wieder mehrere Minuten lang jeweils 30 sec lang den Puls auszählt. Die „arbeitsfreien" 30 sec jeder Minute benutzt man zum Notieren der Ergebnisse und zum kurzen Ausspannen. Die Ergebnisse werden in einer Kurve (Abb. 40) festgehalten.
Ergebnis: Die Pulsfrequenz steigt nach der Arbeitsleistung sprunghaft an und fällt dann wieder rasch ab. Oftmals erreicht sie jedoch nicht sofort den Ausgangswert, sondern gerät *unter* diesen (Trägheit des Regelungssystems), von wo aus sie wieder langsam den Normalwert erreicht.
Solche Versuche können einzelne Schüler dazu anregen, die Bedeutung des Trainings bzw. der sportlichen Kondition experimentell zu erfassen.

Versuch 148: Sollwertverstellung der Temperatur
Die Schüler erhalten die Aufgabe, ihre Körpertemperatur einige Tage lang mehrmals zu messen und die Ergebnisse aufzuzeichnen. Die Temperaturmeßzeiten werden allgemein festgelegt: Morgens vor dem Verlassen des Bettes, mittags vor und nach dem Mittagessen, nachmittags um 18 Uhr und abends um 21.30. Die erhaltenen Werte werden in Kurven festgehalten, die einen Tagesgang der Körpertemperatur erkennen lassen.
Ergebnis: Die tägliche Temperaturschwankung kann bis zu einem Grad C. betragen (Minimum 6 Uhr, Maximum 18 Uhr). Die allgemein zu erhaltende Kurve zeigt, daß der Sollwert der Temperatur im Laufe eines Tages mehrmals verstellt wird. Hinweis auf Auswirkungen der Sollwertverstellung bei hohem Fieber, in dem der Kranke friert (!) und sogar Kältezittern zeigt, obwohl er eine wesentlich höhere Temperatur aufweist als „normal" (Einsatz aller Mittel zum Erreichen des zu hohen Sollwerts). — Absinken der Temperatur bei Winterschläfern erfolgt ebenfalls durch hormonelle Senkung des Sollwerts im Regler.

Versuch 149: Der Muskelreflex als Regelkreis
a. Mit der Kante der flachen Hand oder einem Perkussionshammer schlägt man auf die Sehne unterhalb der Kniescheibe der Versuchsperson, deren Bein locker und entspannt über das andere geschlagen ist. Beobachtung des Kniesehnenreflexes und der Schwingungen des Beins.
b. Eine Versuchsperson stützt den Ellenbogen so auf die Tischplatte, daß die flach gehaltene Hand frei in den Raum ragt.
Die Versuchsperson schließt die Augen und erhält die Aufgabe, die Hand genau in derselben Lage zu halten, auch bei Belastung. Dann legt man rasch ein 1-kg-Stück in die Handfläche der Versuchsperson und beobachtet die Armbewegung (Schwingung) und die neue Lage. Dasselbe wird nach Entfernen des Gewichts konstatiert.
c. Nun heißt man die Versuchsperson die Augen öffnen und stelle sich so, als ob man das Gewicht auf die Hand lege, hält es aber kurz vor Erreichen der Handfläche fest. Reaktion der Versuchsperson!
Ergebnisse: Die Haltung eines Gliedes wird durch die Tätigkeit (mindestens) zweier antagonistisch wirkender Muskeln ermöglicht. Innerhalb der Muskeln

befinden sich die „Muskelspindeln", Spannungsmesser, die Fühler des Regelkreises. Durch dauernde Messung der Spannung (Tonus) und Nachkontraktion kann das Glied in konstanter Lage gehalten werden (Sollwert). Durch plötzlichen

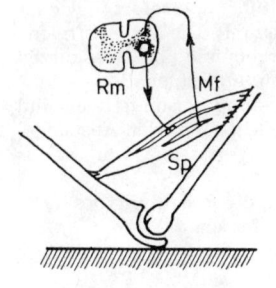

Abb. 41: Reflex als Regelkreis, Fühler: Muskelspindel Sp, Regler: Rückenmark Rm, Stellglieder: Muskelfasern Mf.

Zug auf den Muskel wird über den Spannungsmesser eine Gegenreaktion erzeugt, die im Falle a zeitlich zu spät kommt und dadurch sinnlos erscheint. In Versuch 149b reicht zunächst die Spannung nach Belastung nicht mehr aus, der Arm bewegt sich nach unten, die vergrößerte Spannung der Muskeln wird gemeldet, eine

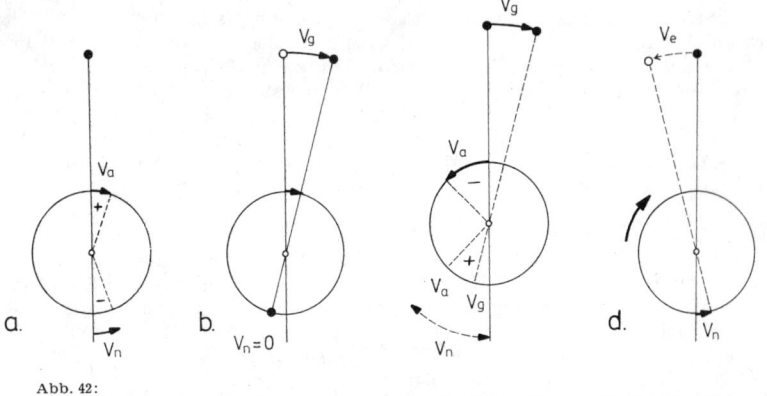

Abb. 42:

(a) $- V_n + V_a = V_e = 0$
Gegenstand in Ruhe

(b) $O + V_a = V_e$
Gegenstand bewegt sich mit der gleichen Winkelgeschwindigkeit wie V_a

(c) $- V_a + V_n = V_e$
$V_n = V_g = V_a$
$- V_a + V_g + V_a = V_e$
$V_g = V_e$
Der Winkelgeschwindigkeit von V_g entspricht der Bewegungseindruck V_e.

(d) $O + V_n = V_e$
Bei passiver Drehung des Augapfels entsteht ein Bewegungseindruck, weil sich das Netzhautbild verschiebt, ohne daß eine Augenbewegung von den Muskeln gemeldet wird.

verspätete Gegenreaktion setzt ein, der Arm hebt sich etwas, die neue Spannung wird gemeldet usw.. Es regelt sich ein neues Gleichgewicht ein, was deutlich an den Schwankungen erkennbar wird (Abb. 41). Unter Kontrolle durch die Augen kann die neue Spannung nach Belastung schon vorher abgeschätzt werden. Bei der simulierten Belastung (c) ist eine Gegenreaktion deutlich sichtbar! Hierher gehört auch die Regelung des sog. „Pupillenreflexes", s. dazu auch P. Häfner in MNU 24 (1971), S. 420, der den Bau eines Funktionsmodells dazu beschreibt.

Versuch 150: Richtungstäuschung bei Augenbewegungen
a. Die Versuchsperson bedeckt ein Auge mit der Hand und fixiert mit dem anderen einen Punkt (z. B. auf der Tafel). Dann bewegt sie das Auge, d. h. sie blickt in die Umgebung des Punktes bei unbewegtem Kopf. Sie beobachtet dabei, ob der fixierte Punkt in seiner Lage beharrt.
Ergebnis: Obwohl das beobachtende Auge sich in verschiedenen Richtungen bewegt, bleibt der Punkt an seiner Stelle, die „Umwelt bleibt stehen".
b. Die Versuchsperson schließt wiederum ein Auge und bewegt das einen Punkt fixierende Auge passiv durch leichten seitlichen Druck auf den Augapfel.
Ergebnis: Der fixierte Punkt scheint sich zu bewegen, seine Bewegungsrichtung ist der Richtung des Drucks entgegengesetzt.
Auswertung: Wenn man voraussetzt, daß jede Lageänderung eines Bildes auf der Netzhaut als Bewegung empfunden wird, so muß die durch aktive Augenbewegung bewirkte Lageveränderung des Netzhautbildes kompensiert werden. Dies könnte durch einfache Addition erfolgen:

Lageveränderung d. Netzhautbildes + Augenbeweg. = Bewegungseindruck
$$V_n + V_a = V_e$$

Die durch die Augendrehung hervorgerufene Netzhautbildverschiebung ist der Drehrichtung des Auges entgegengesetzt, was durch negatives Vorzeichen ausgedrückt wird (Abb. 42a). Der Bewegungseindruck entsteht also durch einfache Addition (Subtraktion) zweier Informationen: der Kommandos für die Augendrehung und der Information über die Lageveränderung des Netzhautbildes. Passive Augendrehung hat zur Folge, daß $V_a = 0$ (Kein Kommando zur Augenbewegung). Folglich ist $V_n = V_e$.
Als Blockschaltbild dargestellt ergibt sich die Zeichnung Abb. 43. Ein Versuch mit einer Taube, aus deren Reaktion auf die Bestimmung der Lage des Körpers

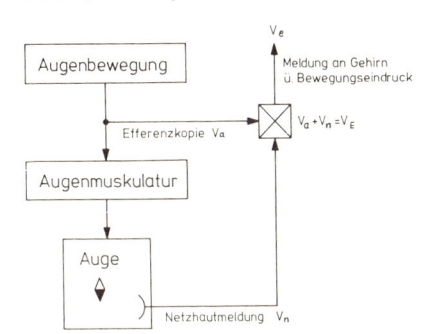

Abb. 43: Blockschaltbild zu Versuch 150

im Raum durch Messung der Kopfstellung und Verrechnung mit der Information über die Stellung des Halses und des Körpers Schlüsse gezogen werden können,

271

bringt *Hassenstein* S. 29. — Genaue Winkelmessungen erforderlich macht ein anderer Versuch (Zeigen unter dem Tisch) von *Mittelstaedt*, der sich ebenfalls bei *Hassenstein* findet.

Auch über das Individuum hinausgehende biologische Faktoren werden kybernetisch gesteuert. Man vergleiche hierzu z. B. *Wilbert, Lindauer, Dylla* und *Krätzner*.

Literatur

Baer, O.: Unterrichtsmeth. Erfahrungen bei der Veranschaulichung von Regelkreisen. Biol. i. d. Sch., 1970, S. 328

Danzer, A.: Biologische Regelung. MNU 16 (1963), S. 20, 17 (1964), S. 156

Dylla u. *Krätzner:* Das biologische Gleichgewicht, S. 134 ff., Quelle u. Meyer, Heidelberg 1972

Feldkeller, R.: Aufnahme und Verarbeitung von Nachrichten durch Organismen. *Hirzel*-Verlag, Stuttgart, 1961

Frank, H. Lindauer: Kybernetik — Brücke zwischen den Wissenschaften. Umschau-Verlag, Frankfurt, 7. Aufl. 1970

Gradmann, H.: Die Rückkoppelung als Ursprung der Lebensvorgänge. München 1963

Hasselberg, D.: Biologische Sachverhalte in kybernetischer Sicht. PRAXIS-Schriftenreihe, Band 20, Aulis Verl. Köln 1972

Hassenstein, B.: Biologische Kybernetik, Quelle u. Meyer, Heidelberg 1965

Kottke-Fiala: Regelung und Steuerung als Unterrichtsprinzip der Biologie. MNU 23 (1970), S. 422

Mittelstaedt, H.: Regelungsvorgänge in der Biologie. Oldenbourg, München 1956

Mittelstaedt, H.: Regelungsvorgänge in lebenden Wesen, Oldbg. Mü. 1961

Soltberger, A.: Probleme der Steuerung biologischer Rhythmen. Naturw. Rundschau, 1968, S. 277

Steinbuch, K.: Automat und Mensch. *Springer*, Berlin, Göttingen, Heidelberg, 2. Aufl. 1963

Wagner, R.: Das Regelproblem in der Biologie. *Thieme* Verlag, Stuttgart 1954

Wiener, N.: Kybernetik. *Econ* Verlag, Düsseldorf, 1963

Wilbert, H.: Regulation tierischer Populationen nach dem kybernetischen Prinzip. Umschau, 1968, S. 746

Wieser, W.: Organismen, Strukturen, Maschinen. *Fischer*-Bücherei Nr. 230, Frankfurt 1959

Zemanek, H.: Elementare Informationstheorie. *Oldenbourg*, München 1959

ÖKOLOGIE

Von Oberstudienrat Dr. *Erich Stengel*

Rodheim v. d. H.

EINFÜHRUNG

Die außerordentliche Ausweitung der naturwissenschaftlichen Kenntnisse zwingt den Schulbiologen, die einzelnen Teilgebiete seiner Wissenschaft auf ihre Stellung innerhalb der Lebenskunde und auch ihre Bedeutung im Rahmen einer biologischen Schulung gründlich zu überdenken. Seine Aufgabe ist eine möglichst intensive Verbindung von theoretischen Erörterungen und praktischen Möglichkeiten. Morphologie, Anatomie, Physiologie wie auch Systematik, Genetik und Descendenzlehre haben ihre bestimmten Aufgabenbereiche und auch innerhalb des Lehrfaches Biologie ihre festen Positionen. In dieser Arbeit soll untersucht werden, ob und wieweit die Ökologie zu den unentbehrlichen Bestandteilen der biologischen Bildung gehört und auf welche Weise ihre Aussagen im biologischen Unterricht verwirklicht werden können.

Vor nahezu 50 Jahren schrieb ich meine Dissertation über Reaktionsformen von Muscheln im Flußgebiet der Weißen Elster. Sie zeigte mir ökologische Zusammenhänge im Ostthüringischen Schiefergebirge und zugleich kluge und unkluge Eingriffe der dortigen Bewohner in die ausgeglichenen Wechselbeziehungen zwischen Lebensraum und Lebewesen. Diese Arbeit wurde richtungsweisend für eine mehr als 40jährige Lehrtätigkeit, deren Imperativ hieß: Erkenne die Landschaft und prüfe, wie sich der Mensch in ihr verhält. Dozieren kann man das nicht. Drum suchte und fand ich manche Möglichkeit, meine Schüler in viele Fragen der Ökologie so einzuführen, daß sie gereifte und gesicherte Einsichten für ihr ganzes Leben erhielten. Das war mir möglich an zwei kleineren Landschulen, an drei Gymnasien von Mittelstädten, an einer Großstadtschule des Ruhrgebietes und außerdem in der Lehrerbildung. Ich verwirklichte meine Idee von den „biologischen Schulgebieten", ließ meine Primaner in nahezu 50 „Dorfuntersuchungen" die ökologischen Grundlagen und die soziologischen Situationen der Landbewohner erarbeiten und fand verschiedene Möglichkeiten, um die Schüler der Großstadt mit den mannigfaltigen Besonderheiten dieses modernen Lebensraumes zu konfrontieren. In all diesen unterrichtlichen Maßnahmen war der Naturschutz ein selbstverständlicher Bestandteil. So ließ ich in einem Biologieraum groß an die Wand malen: Die Natur schützen heißt, den Menschen schützen!, um bewußt oder auch unterschwellig der heranwachsenden Jugend einen Leitgedanken mit auf ihren späteren Lebensweg zu geben. 50 Jahre wägend und lehrend im Dienst von Natur und Mensch erlauben die unvoreingenommene Aussage: Es ist immer schlechter geworden! Die Landschaft verliert zusehends ihre gesunde Natürlichkeit; der Mensch distanziert sich immer mehr von ihr und sieht kaum, wie negativ sich vieles für ihn auswirkt; Kurzsichtigkeit und Schwerfälligkeit der Behörden, Unwissenheit und Gleichgültigkeit weiter Volkskreise, offene und versteckte

Widerstände egoistischer Interessentengruppen verhinderten bisher jeden ernsten Versuch, aus dem teuflischen Niedergang herauszukommen. Darum ist auch das Naturgefühl der meisten Menschen in den Industrieländern „zugleich übersteigert und gebrochen, vertieft und doch verzerrt". Es ist auch genießerisch geworden, wenn es im hektischen Tourismus immer andere Teile der Erde kennen lernen möchte. Die Ausgeglichenheit zwischen Natur und Mensch ist weitgehend zerstört. Jahrzehntelang galt Naturschutz als Reservat romantischer Schwärmer. Jetzt aber schrillt es weltweit: Unsere Umwelt ist bedroht! Wir alle müssen sie schützen! Dazu sagte in der Rundfunkuniversität vom 20. 1. 1971 der amerikanischen Biologie *F. Fraser-Darling:* Viele Ökologen stehen der Entwicklung pessimistisch gegenüber, andere gedämpft optimistisch. Zu den letzteren rechne ich mich. Ein wenig Hoffnung sehe ich darin, daß die kommenden Generationen langsam zu einem ausgeglichenen Verhältnis Mensch — Natur zurückgeführt werden können. 100 und mehr Jahre Industrialisierung haben lebensbedrohende Zustände geschaffen, viele Jahrzehnte brauchen wir, um wieder aus der Notlage der Gegenwart herauszukommen. Dazu muß die Schule ganz wesentliche Beiträge leisten. Aus dieser verpflichtenden Einsicht heraus ist die vorliegende Arbeit geschrieben, nicht theoretisierend, vielmehr aus der Praxis für die Praxis.

Rodheim v. d. H. 1972　　　　　　　　　　　　　　　　　　　*Erich Stengel*

A. Forschung und Aufgabenbereiche der Ökologie

Das Wort Ökologie prägte *Ernst Haeckel* (Jena) 1866 in seinem Werk „Generelle Morphologie der Organismen". Es heißt dort im 2. Band: „Unter Ökologie verstehen wir die gesamte Wissenschaft von den Beziehungen des Organismus zur umgebenden Außenwelt, wohin wir im weiteren Sinne alle ‚Existenz-Bedingungen' rechnen können". Diese Beziehungen eines Lebewesens sind abiotisch und biotisch. Zu den ersteren gehören klimatische und edaphische Faktoren; biotisch sind die Beziehungen zu den Mitbewohnern, zu Feinden, Nahrungspflanzen, Beutetieren. Die Ökologie beschäftigt sich also mit dem Lebensraum eines Organismus, seinem *Biotop*. Er ist begrenzt im Raum und wandelbar in der Zeit. Die in einem Biotop lebenden Organismen bilden zusammen eine Lebensgemeinschaft, eine *Biocoenose*. Auch sie zeigen recht verschiedene Ausprägungen, von denen die physiologische Gliederung in Produzenten, Konsumenten und Reduzenten mit zu den wichtigsten gehört. Ein Grundkennzeichen aller abiotischen und biotischen Systeme ist das Vorherrschen eines *Fließgleichgewichtes*, zu dem auch die rhythmischen Erscheinungen im Lebensablauf zu rechnen sind. Wir können die Beziehungen eines Organismus zu Raum und Mitlebewelt durch folgende Darstellung verdeutlichen:

```
Licht  ╲                                          ╱ Produzenten
Wärme   ╲   abiotische              biotische    ╱
         ╲─ Umwelt    ═ Organismus ═ Umwelt    ─╱── Konsumenten
Feuchtigkeit ╱                                  ╲
Boden  ╱                                          ╲ Reduzenten
```

Aus diesen nur sehr knapp aufgezeigten Arbeitsbereichen der Ökologie ergeben sich ganz entscheidende Einsichten für das Verständnis der Lebewesen, die ja nur in ihren Wechselbeziehungen zu ihrer Umwelt zu begreifen sind. So hat z. B. das große Forschungsgebiet der Verhaltensweisen, die *Ethologie* starke Wechselbeziehungen zu den ökologischen Wissenschaften. Sie zeigt eine Abhängigkeit der einzelnen Lebewesen von den verschiedensten Faktoren ihrer Umwelt. In einer Biocoenose sind alle Organismen voneinander abhängig, so daß die Aussage *August Thienemanns „Alles Leben ist Gemeinschaft"* einen großen Erkenntniswert besitzt.

Erkenntnisse aus den verschiedensten Forschungs-Teilgebieten der Biologie, der Chemie, der Physik und anderer Naturwissenschaften sind Voraussetzungen ökologischer Untersuchungen. Die klimatischen Verhältnisse geben die Grundlagen der Pflanzen- und Tiergeographie. Dabei kommt den örtlichen meteorologischen Abläufen oft eine erhebliche Bedeutung zu. Die Morphologie der Erdoberfläche ist ein geographischer Faktor, der ebenfalls auf die Entstehung der Biotope und Biocoenosen von Einfluß ist. Vielfach sind geologische Struktur und chemische Zusammensetzung der obersten Erdschichten für ein Biotop und die dort lebenden Organismen von entscheidender Bedeutung. Die Chemie vermittelt die erforderlichen Einsichten in den großen Kreislauf der Stoffe, in Assimilation und Dissimilation. Vielfach sind auch physikalische Gesetzmäßigkeiten bei der Beurteilung ökologischer Vorgänge zu beachten. Den jeweiligen abiotischen Zuständen und Abläufen sind morphologische, anatomische und auch physiologische Gegebenheiten der einzelnen Arten angepaßt. Analoge Bildungen und Konvergenzerscheinungen lassen Ähnlichkeiten außerhalb der systematischen Einheiten des Tier- und Pflanzenreiches erkennen. Schließlich werden auch die meisten Verhaltensweisen der Tiere bezüglich ihres Stoffwechsels, der Zurechtfindung im Lebensraum (Reizbarkeit) und der Fortpflanzung von Biotop und Biocoenose stark beeinflußt. Mithin ist die Ökologie eine vorwiegend *synthetische Wissenschaft,* die die Ergebnisse vieler Einzeldisziplinen verknüpft und mit ihrer Hilfe wertvolle Erkenntnisse in die Zusammenhänge des Lebens vermittelt.

Das Forschungsverfahren ist vorwiegend *induktiv.* Es ist häufig mit Arbeiten im Freien verbunden, vor allem mit Beobachten und Vergleichen. Dabei vermitteln Kartierungsarbeiten, graphische Darstellungen, tabellarische Überblicke oft gute Einsichten. Ihnen gegenüber treten die Experimente etwas zurück. Mikroskopische Arbeiten und chemische Analysen werden vorwiegend in den Laboratorien durchgeführt. Bei alledem bleibt die Betrachtungsweise der Ökologie *causal.* Finales Denken wird nur von wenigen Forschern und auch dann nur vereinzelt angewandt; es hat keine allgemeine Anerkennung gefunden.

Neben der Grundlagenforschung kommt der *angewandten Ökologie* eine beachtliche Bedeutung zu. Sie vermittelt der Land-, Forst- und Fischereiwirtschaft ganz wesentliche Grundlagen und trägt erheblich zur Steigerung ihrer Erträgnisse bei. Sie hob den Natur- und Landschaftsschutz über das liebevolle Streben nach Erhaltung einzelner Seltenheiten hinaus zu einer der Erhaltung von Ganzheiten höherer Ordnung gewidmeten Notwendigkeit. Damit wird auch die Stellung des Menschen als Glied der Natur deutlicher, seine Verantwortung für die Mitgeschöpfe einbezogen in seine umfassenden kulturellen Aufgaben. Ohne Ökologie ist die Biologie undenkbar, also auch die Anthropologie. Die wissenschaftliche Arbeit der Ökologie wie auch ihre pragmatischen Auswirkungen fordern daher, daß sie in Lehre und Unterricht einen ihr zukommenden breiten Raum einnimmt.

B. Ökologie und biologischer Unterricht
I. Begriffe

In Veröffentlichungen und Richtlinien werden die ökologischen Begriffe zuweilen unterschiedlich verwendet. Das gilt z. B. hinsichtlich des Wortes „Lebensgemeinschaft", das häufig für Pflanzengesellschaften oder Assoziationen gebraucht wird, also sich durchaus nicht immer mit der Vorstellung einer Biocoenose deckt. Es ist daher unbedingt erforderlich, daß der Schulbiologe den ökologischen Begriffen folgende Inhalte gibt:

Umwelt: Alle auf ein Lebewesen wirkenden Faktoren

Merkwelt: Alle von außen auf ein Lebewesen wirkenden Reize, auf die es reagiert

Biotop: Von Nachbargebieten abgrenzbare Lebensstätte (Lebensraum) mit verhältnismäßig einheitlichen Lebensbedingungen.

Biocoenose: Lebensgemeinschaft eines bestimmten Biotopes bestehend aus Produzenten, Konsumenten, Reduzenten; diese stehen in einem sich selbst regulierenden, biologischen Gleichgewicht.

Assoziation: Vergesellschaftung artverschiedener oder artgleicher Lebewesen, also Pflanzen- oder Tiergesellschaften

Abiotische Faktoren: Die chemischen und physikalischen Gegebenheiten, von denen ein Lebewesen abhängig ist (Klima, Boden).

Biotische Faktoren: Biologische Einflüsse (Nahrung, Feinde, Parasiten u. a.) auf ein Lebewesen.

Für die wichtige Unterscheidung von Umwelt und Merkwelt können wir uns einer Faustskizze bedienen (Abb. 1). Sie läßt erkennen, daß inmitten einer umfassenden Umwelt jede Tierart ihre eigene Merkwelt hat. Bei manchen Arten ist diese sehr klein. Das zeigt das bekannte Beispiel der Zecke:

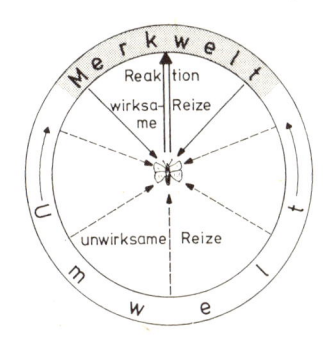

Abb. 1: Umwelt und Merkwelt (Faustskizze)

Die Merkwelt einer Zecke:

Reize	Reaktion
Geruch von Buttersäure	Loslassen vom Zweig
Berührung eines Säugerfelles	Laufen auf dem Fell
Wärmereiz der Haut	Einbohren in die Haut und saugen

Zur Vertiefung dieser Begriffe können ähnliche Schemata aufgestellt werden, möglichst mit enger Merkwelt (Amöbe, Regenwurm, Tiefseefisch). Dann kann der Frage nachgegangen werden, ob der Mensch alle Reize seiner Umwelt aufzunehmen vermag, und wie weit er in der Lage ist, nicht wahrnehmbare Reize wahrnehmbar zu machen.

II. Der Bildungsweg

Es kann in der Schule einen in sich geschlossenen Unterricht über Ökologie nicht geben. In den unteren Klassen gehören viele ökologische Hinweise, Beobachtungen und Ergänzungen zu den wesentlichen Bestandteilen von Monographien, jahreszeitlichen Betrachtungen, Ernährungs- und Verhaltensweisen. Dabei ist es durchaus möglich, daß zuweilen eine Unterrichtsstunde nur ökologisch ausgerichtet ist. Wenn die Landschaftselemente Wald, Gewässer, Feld, Wiese o. a. einer zusammenhängenden Betrachtung unterzogen werden, so bleibt diese zunächst aufzählend und beschreibend, da ja die betreffenden Gebiete als Pflanzen- und Tiergesellschaften behandelt werden. Ein vertieftes Eindringen in biocoenotische Zusammenhänge kann erfolgen, wenn durch eine eingehende Besprechung der Bakterien der Bereich der Reduzenten in die Vorstellungswelt des Schülers eingedrungen ist. Dann erst werden die Lebensgemeinschaften mit ihrem Kreislauf der Stoffe und ihrem biologischen Gleichgewicht verständlich. Wenn der chemische Unterricht die wichtigsten Grundlagen stofflicher Umsetzungen vermittelt hat, werden die biocoenotischen Vorgänge noch besser verstanden. Das können im allgemeinen nur reifere Schüler. Die ökologischen Betrachtungen zeigen dann dem jungen Menschen nicht nur die mannigfaltigen Wechselwirkungen in der Natur, sondern auch seine eigene Stellung und die des homo sapiens in dieser Natur. Sie führen ihn letztlich zu Einsichten über eine naturbezogene, d. h. eine der menschlichen Konstitution gemäße Lebensweise sowohl seiner eigenen Person als auch der menschlichen Gemeinschaften.

III. Arbeiten im Freien

Die Behandlung von Biotopen, Assoziationen und Biocoenosen erfordert eine Lebensnähe, die Buchwissen oder Zimmerunterricht nur in beschränktem Ausmaß vermitteln können. Der Schulbiologe muß daher bestrebt sein, die Lebewesen in ihrem natürlichen Vorkommen zu zeigen; das ist ohne Freilandarbeit kaum möglich. Ein Praktiker hat einmal den Satz geprägt: Biologischer Unterricht ohne Freilandarbeit ist wie Schwimmunterricht ohne Wasser! Vielerlei steht dem Arbeiten im Freien hinderlich im Wege. Zunächst ist es eine Frage der Zeit. Eine Stunde ist meist zu kurz, um biologisch inhaltreiche Gebiete aufzusuchen und dort mit Schülern auch praktisch zu arbeiten. Dem kann zum Teil dadurch abgeholfen werden, daß zwei Stunden möglichst an den Anfang oder das Ende des Vormittags zusammengelegt werden.

1. Studientage

Für die meisten Schulen ist die Einführung von biologischen Studientagen besser und wirksamer. Jede Klasse erhält im Schuljahr einen oder zwei Studientage zugebilligt. Das ist früher schon vielerorts geschehen und wird auch heute praktiziert. Der Hinweis, daß Klassen für Sportveranstaltungen, Besuch von Museen, Teilnahme an Theatervorstellungen und dergleichen frei bekommen, trägt bei manchem Direktor oder Kollegen zum Verständnis derartiger Biologenwünsche bei. Wichtig ist, daß der Lehrer die Erfolge seiner Studientage aufzeigt, sei es durch kleine Ausstellungen in Schaukästen, durch Berichte und Zeichnungen für die Korktafeln, Schulzeitungen oder Pressenotizen.

Da kein Biologielehrer über alle im Freien gesammelten und beobachteten Pflanzen und Tiere Auskunft geben kann, sollte an einem solchen Studientag nur ein bestimmt abgegrenztes Thema erarbeitet werden. Alle Schüler sind streng an die gestellte Aufgabe gebunden. Eine Überfragung des Lehrers wird dadurch vermieden und der Erfolg von Freilandarbeiten durch sachliche Schwierigkeiten nicht herabgesetzt. Hierzu ein Beispiel: Die Schüler bekommen eine Liste mit 8—10 Wiesenpflanzen, deren wesentliche Merkmale angegeben sind. Sie haben auf der Untersuchungswiese nur diese Pflanzen zu sammeln und keine anderen; dafür bekommen sie Leistungspunkte. Wer andere Pflanzen mitbringt, erhält einen oder mehrere Punkte abgezogen. Diese Praxis hat sich vielfach bewährt.

Bleibt die Klasse bei einem Studientag mehrere Stunden zusammen, dann häufen sich die *Disziplinschwierigkeiten*. Lösen wir aber die Klasse in Gruppen zu 2—4 Schülern auf, lassen sie getrennt arbeiten, bewerten die Untersuchungsergebnisse und beobachten die Gruppen soweit wie möglich bei ihrer Tätigkeit, dann kommen kaum Disziplinschwierigkeiten vor. Auch hierfür ein Beispiel. Eine Quarta (7. Schuljahr) trägt auf einer Karte die Nutzpflanzen einer Feldflur ein *(Abb. 2)*. Jeder Schüler bekommt zwei Blätter mit Vordrucken, auf denen die Umrisse dieses Gebietes eingetragen sind, eines als Kladde für die Arbeit im

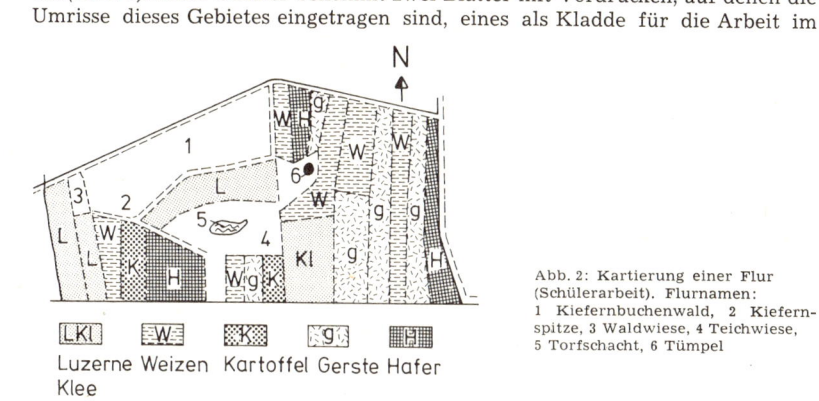

Abb. 2: Kartierung einer Flur (Schülerarbeit). Flurnamen:
1 Kiefernbuchenwald, 2 Kiefernspitze, 3 Waldwiese, 4 Teichwiese, 5 Torfschacht, 6 Tümpel

Freien, das andere für die „Reinschrift" zu Hause. In Abständen von etwa 50 m umwandern die Gruppen das Flurgebiet. Der Lehrer folgt der letzten Gruppe und beobachtet die vorhergehenden mit einem Feldstecher. Wenn er dreimal scharf auf seiner Trillerpfeife Signal gibt, dann weiß jeder, daß eine Gruppe nicht richtig bei der Sache ist. Anschließend wurden mehrfach die Unkräuter untersucht. Jede Gruppe steckte sich auf einem geeigneten Feld einen Quadratmeter ab und trägt den Standort der einzelnen Unkräuter ein. Der Lehrer geht von Gruppe zu Gruppe und gibt Auskunft über Unklarheiten.

2. Kartierungsarbeiten

Mit diesem schulpraktischen Hinweis wurde bereits eine Kartierungsarbeit gezeigt. Derartige selbständige Untersuchungen vermitteln gute Einsichten. Sie können verschiedenartige kultivierte Flächen erfassen, sich nur auf Einzelobjekte beziehen oder der Untersuchung ganzer Pflanzenassoziationen dienen. Dadurch werden z. B. die Standorte von Ruderalpflanzen, die Aufeinanderfolge der Ufervegetation, das Vorkommen von Steppenheiden, die Bewachsung von Dünen u. ä. verdeutlicht.

Kartierungen mit zoologischen Inhalten sind vor allem bei Feststellungen der Areale einzelner Tiere möglich. So kann z. B. das Wohngebiet eines Maulwurfes ermittelt werden. Das Areal eines einzelnen Tieres ist besonders gut zu bestimmen, wenn auf den Wiesen Schnee liegt, von dem sich die alten und noch besser die ganz neuen Maulwurfshügel gut abzeichnen.

Die Kartierung von Tierarealen kann nur in seltenen Fällen von einer ganzen Klasse durchgeführt werden. Meist übernimmt sie freiwillig außerhalb der Schulzeit eine kleine Gruppe oder ein Schüler. Ein Beispiel: Der Schüler suchte in der Nähe seines Wohnortes einen Rehwechsel auf (das kann u. U. auch in den Ferien geschehen). Er stellte in den späten Nachmittagsstunden fest, wo und wie weit der Sprung aus dem Wald heraustrat, und wo die Tiere vorwiegend ästen. Während der Mittagszeit durchstreifte er mehrmals das Waldgebiet und die Dickichte. Er scheuchte dabei die Rehe auf, fand so Lagerplätze und sogar Fegestellen. Seine Beobachtungen legte er in einer Karte nieder, die er dann dem zuständigen Förster zeigt. So ist das in der Abb. 3 wiedergegebene Rehareal er-

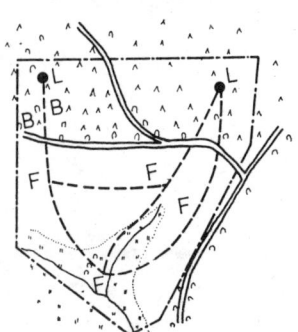

Abb. 3: Areal eines Rehes (Schülerarbeit), gestrichelt Hauptwechsel, L Lagerplätze, B Fegestellen, F Futterstellen

mittelt worden. Eine derartige Untersuchung kann von 12- bis 15jährigen erfolgreich durchgeführt werden.

Beobachtungen und Kartierungen von Gruppen oder einzelnen Schülern werden vor der gesamten Klasse besprochen. Bei Freilandarbeiten bewährt sich ein *Be-*

obachtungsbuch, in dem sämtliche Feststellungen eines oder mehrerer Jahre eingetragen werden. Oft ist der Lehrer erstaunt, mit welcher Hingabe und auch wie erfolgreich einzelne ihre Beobachtungen durchführen. Selbst in Großstädten können eindrucksvolle Beobachtungen z. B. über die Vögel, angestellt werden. Davon gibt die *Abb. 4* ein Beispiel.

Mit Schülern der Oberstufe können als Gemeinschaftsleistungen wesentlich größere Gebiete untersucht werden. So wurde für die Schüler einer 11. Klasse (Se-

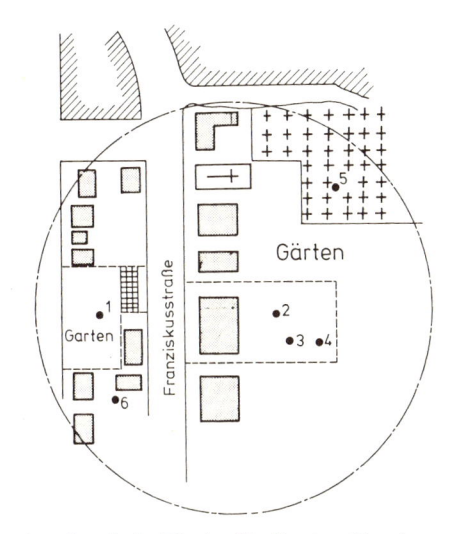

Abb. 4: Vogelwelt in einem Großstadtbezirk (Schülerarbeit). Nester: 1 Haussperling, 2 Schwarzdrossel, 3 Klappergrasmücke, 4 Haussperling, 5 Rotkehlchen, 6 Grünfink. Beobachtete Vögel außer den genannten: Buchfink, Singdrossel, Blaumeise, Mehlschwalbe, Mauersegler

kundarschule II) ein Studientag für eine groß angelegte landschaftsbiologische Untersuchung angesetzt. Für die 24 Schüler wurde ein Meßtischblatt 1 : 25 000 nach den landschaftlichen Gegegebenheiten in 24 Stücke zerschnitten. Nach Festlegung der farbigen Zeichen für die einzelnen Biotope (Laubwald, Nadelwald, Talwiesen, Weiden, Steppenheiden, Gärten u. a.) gingen, bzw. fuhren die Schüler einen ganzen Tag durch das Gelände, trugen in die Kartenstücke die Landschaftselemente ein und erstatteten einen schriftlichen Bericht. Ein Auszug aus einem solchen sei angeführt: „ . . . Sternförmig um die Ortschaft stehen Weichhölzer. Nach Norden hin führt ein Feldweg an einem Hang entlang. Dieser ist mit Obstbäumen bepflanzt; nur ein kurzes Stück ist durch ein Weizenfeld unterbrochen. Außer Spatzen hörte ich Finken, Schwalben, Lerchen, einige Krähen und Grasmücken und sah einen Mauersegler, eine Bachstelze und einen Eichelhäher. Ich hörte noch mehr, wußte aber nicht, was es war. Die Felder sind ziemlich trocken und meist mit Körnerfrucht bebaut. Vor mir war eine Schar Rebhühner, und erst als ich ganz nahe war, flog sie auf. Ich sah auch Mäusebussarde . . . In den Feldern wuchsen viel Rittersporn, Roter Mohn, Kornblumen und kleine lilarote Wicken. Vereinzelt wuchs dort auch das Teufelsauge. An Feldrändern findet man Gänseblümchen oder Maßliebchen, Günsel, Männertreu und Hirtentäschelkraut . . . ."
Oft sind die Schüler nicht in der Lage, so eingehende botanische und zoologische

Angaben zu machen, denn die Obersekundaner und Primaner wissen meist nur wenig über die heimische Flora und Fauna. Der Schulbiologe wird aber *Ludwig Ploch,* einem alten Schulpraktiker, recht geben müssen: „Ohne ausgiebige Betrachtungen im Freien seitens unserer Schulen kein wirkliches Naturverständnis!", und gerade für die großstädtische Jugend gilt ein Satz desselben Biologielehrers auch heute noch: „Nach derartigen Beobachtungen hungert nach meinen vieljährigen Untersuchungen unsere Jugend geradezu."

In bergigen oder welligen Landschaften ist die Erarbeitung eines *Profils* immer wertvoll. In die einzelnen Abschnitte der Hänge werden die Pflanzengesellschaften eingezeichnet. Bekannt sind derartige Darstellungen aus Flußtälern, z. B. Rheintal. Aber auch Berghänge mit bestimmenden Steinbänken (z. B. Wellenkalk, Zechsteinriffe), diluviale Flußterrassen, Dünen u. a. geben brauchbare Unter-

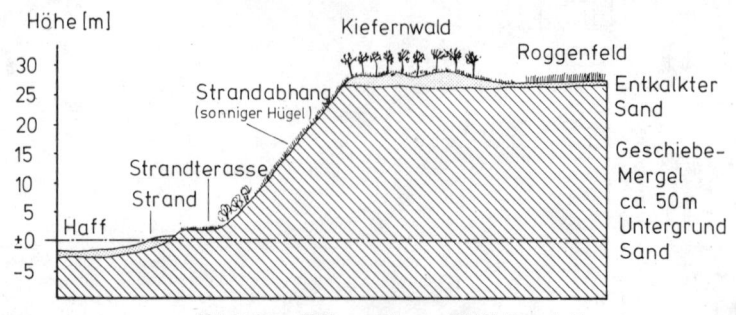

Abb. 5: Vom Haff zum Dünenwald (Schülerarbeit)

suchungsobjekte. Die *Abb. 5* zeigt eine derartige Arbeit, die der bekannte Biologiemethodiker *Friedrich Steinecke* mit Unterprimanerinnen in Ostpreußen durchgeführt hat.

3. Beobachtungsgebiete

Jede Freilandarbeit ist orts- und zeitgebunden. Hierin offenbart sich bereits ihr ökologischer Charakter. Immer liegen in Schulnähe einige Stellen, die Beobachtungsmöglichkeiten bieten: Gärten, Grünanlagen, Parkanlagen, Alleen. In ihnen können bei 1- bis 2stündigen Besuchen gute Beobachtungsergebnisse erzielt werden. Die besten Beobachtungsgebiete liegen jedoch außerhalb des Schulortes. Sie sind während der Studientage zu erforschen. Es empfiehlt sich, sie mehrmals aufzusuchen und immer nach neuen Gesichtspunkten zu durchstreifen. Vor dem Kriege wurden an mehreren Orten erfolgreiche Versuche gemacht, bestimmte Gebiete, in denen mehrere Biocoenosen einander benachbart waren, zu ständigen *„biologischen Schulgebieten"* zu erklären. Im Einverständnis mit dem Bürgermeister des Ortes, in dem das Schulgebiet lag, und den zuständigen Forstbehörden wurde das Schulgebiet häufig aufgesucht. Einige waren ortsnah gelegen und konnten zu Fuß oder mit dem Rad bequem erreicht werden. Bei günstigem Wetter wurde über ein halbes Jahr lang wöchentlich eine Doppelstunde im Freien geforscht. Andere Gebiete waren schulfern. Sie wurden alljährlich von jeder Klasse je nach dem Untersuchungsstoff ein- bis dreimal aufgesucht und ein voller Studientag dort zugebracht. In einigen Schulgebieten wurden Blockhäuser mit

Unterrichtsraum, Sammlungsraum und Geräteraum errichtet. Dieses Unterrichtsverfahren wurde von den führenden Schulbiologen, unter ihnen auch Prof. Dr. O. *Schmeil,* als die wirksamste Art des biologischen Unterrichtes bezeichnet *(Abb. 6 u. 7).*

Dieser äußerte sich u. a.: „Ich stehe nicht an zu erklären, daß dieser Weg des biologischen Unterrichtes für günstig gelegene Schulorte wie für Landschulheime

Bodenverhältnisse.

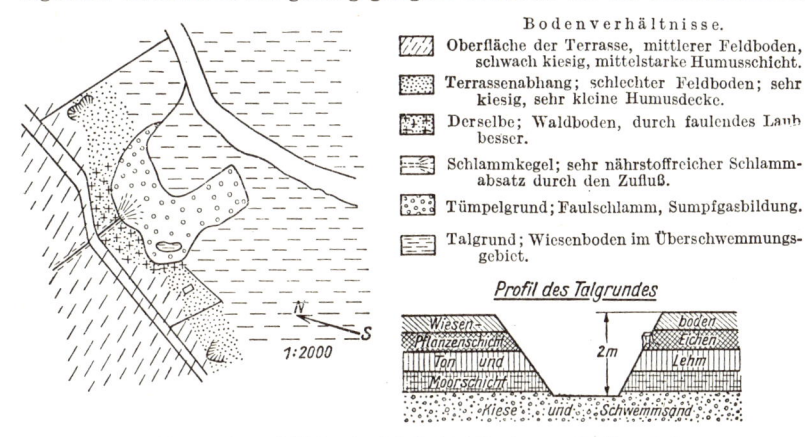

▨ Oberfläche der Terrasse, mittlerer Feldboden, schwach kiesig, mittelstarke Humusschicht.

▦ Terrassenabhang; schlechter Feldboden; sehr kiesig, sehr kleine Humusdecke.

▨ Derselbe; Waldboden, durch faulendes Laub besser.

▦ Schlammkegel; sehr nährstoffreicher Schlammabsatz durch den Zufluß.

▦ Tümpelgrund; Faulschlamm, Sumpfgasbildung.

▦ Talgrund; Wiesenboden im Überschwemmungsgebiet.

Profil des Talgrundes

Abb. 6: Bodenverhältnisse im Schulgebiet Gerstungen (Schülerarbeit)

geradezu als Idealfall erscheint, und daß die Schüler, die nach diesem Verfahren in das Naturleben eingeführt werden, für Lebzeit einen hohen Gewinn haben."

Trockenheitspflanzen.

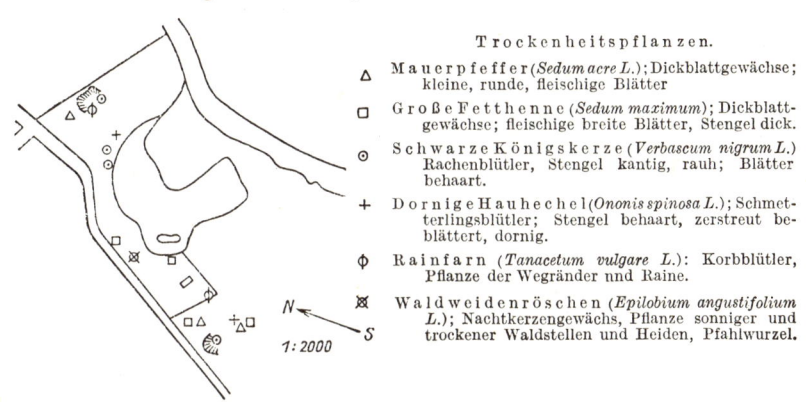

△ Mauerpfeffer *(Sedum acre L.);* Dickblattgewächse; kleine, runde, fleischige Blätter

▫ Große Fetthenne *(Sedum maximum);* Dickblattgewächse; fleischige breite Blätter, Stengel dick.

⊙ Schwarze Königskerze *(Verbascum nigrum L.)* Rachenblütler, Stengel kantig, rauh; Blätter behaart.

+ Dornige Hauhechel *(Ononis spinosa L.);* Schmetterlingsblütler; Stengel behaart, zerstreut beblättert, dornig.

φ Rainfarn *(Tanacetum vulgare L.):* Korbblütler, Pflanze der Wegränder und Raine.

⊠ Waldweidenröschen *(Epilobium angustifolium L.);* Nachtkerzengewächs, Pflanze sonniger und trockener Waldstellen und Heiden, Pfahlwurzel.

Abb. 7: Trockenheitspflanzen im Schulgebiet Gerstungen (Schülerarbeit)

Der Aufenthalt in Landheimen oder Jugendherbergen kann auch nach Art der Schulgebiete ausgewertet werden. Wünschenswert ist dabei, wenn das Landheim (Jugendherberge) mehrmals in verschiedenen Jahren aufgesucht wird.

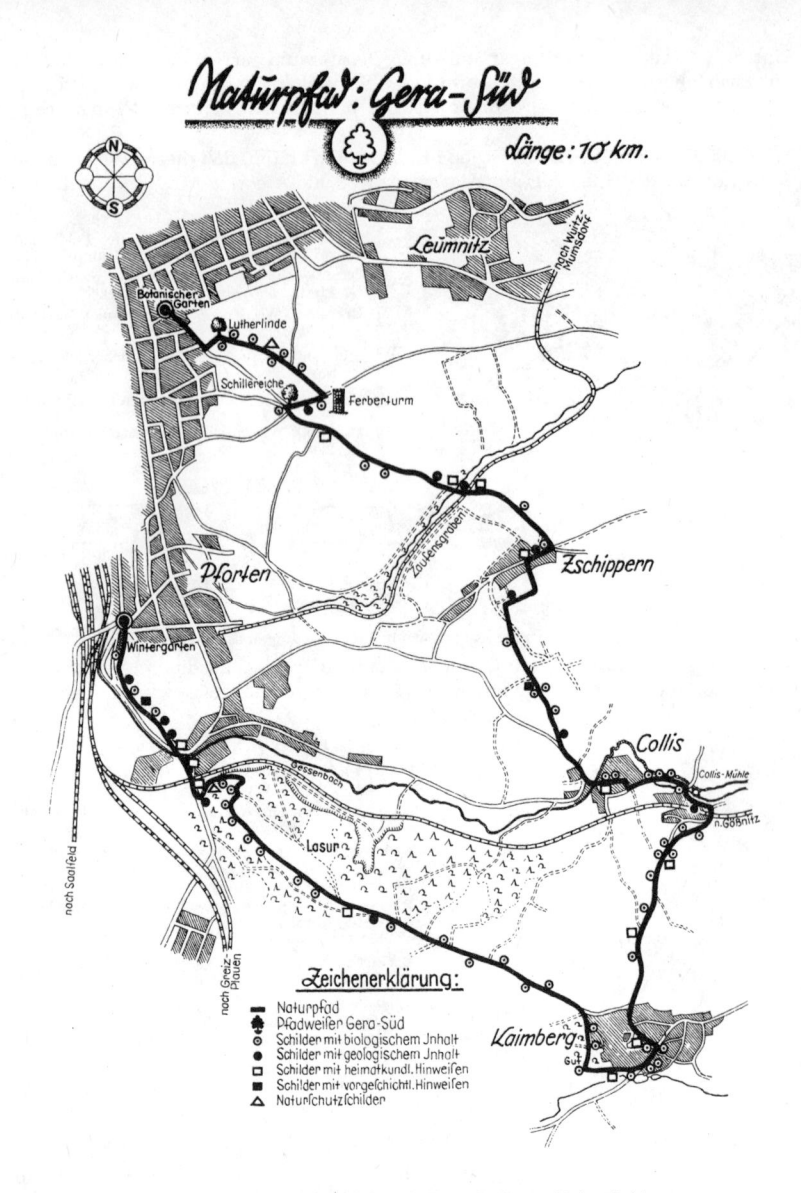

Abb. 8: Naturpfad: Gera-Süd (nach Stengel: Geraer Naturpfade)

In zunehmendem Ausmaß wurden und werden überall in Deutschland Lehrpfade eingerichtet.
Naturpfade
Mit ausreichenden Markierungen und Hinweisen versehen führen sie durch verschiedene Landschaftsgebiete und sind in etwa 2 Stunden zu begehen (Abb. 8). Bei der Entstehung derartiger Lehrpfade haben oft Schüler mitgewirkt; mitunter übernehmen Klassen mit ihrem Biologielehrer die Betreuung.
Schulgärten
Das Ringen um die ökologische Betonung im Bildungswesen fand seinen Niederschlag auch in der Gestaltung der Schulgärten. Sie waren zunächst rein systematisch aufgebaut, enthielten aber oft einige Beete über Heilpflanzen, Gewürzpflanzen, Anlagen über Holzgewächse. Später wurden Abteilungen eingerichtet, die manchen physiologisch-ökologischen Gegebenheiten Rechnung trugen: Pflanze und Licht, Schutzeinrichtungen gegen Tierfraß oder bei Trockenheitspflanzen gegen Wasserverlust u. a. Noch weiter gingen die Formationsgärten, die auf engem Raum Pflanzenassoziationen zusammenzustellen versuchten. Es kam dabei zuweilen zu recht eigenartigen Schöpfungen. So wurde z. B. vor dem 1. Weltkrieg in einem Garten 3 zusammenstehende Bäume als „Laubwald" bezeichnet.
Bei der großen Wichtigkeit der Freilandarbeiten im Unterricht sollen ihre Ziele und Voraussetzungen wie folgt kurz skizziert werden:
Ziele der Freilandarbeiten:
Eigene, direkte Beobachtungen
Erweiterung der Kenntnisse heimischer Pflanzen und Tiere
Feststellung der Abhängigkeit des Lebens vom Lebensraum
Einsichten in die Wechselbeziehungen der Lebewesen untereinander
Positive Einstellung zur lebendigen Natur
Naturschutz als Kulturaufgabe, Umweltschutz als dringendes Gebot unserer Zeit.
Voraussetzungen einer erfolgreichen Freilandarbeit:
Zusammenhang mit dem Unterricht
Begrenzung der jeweiligen Untersuchung; kein wahlloses Sammeln und Zusammentragen
Meist Gruppenarbeit; Vorlegen der Beobachtungsergebnisse, bzw. schriftliche Berichte
Wettbewerb innerhalb der Gruppen zur Steigerung der Arbeitsintensität und zur Verminderung disziplinarischer Schwierigkeiten

IV. Ökologie im biologischen Unterricht

1. 19. Jahrhundert

Der biologische Unterricht des 19. Jahrhunderts wurde durch die Systematik bestimmt. Er pflegte eine genaue Beschreibung der einzelnen Arten und ordnete sie den Gattungen, Familien, Ordnungen, Klassen zu. Die Forschung war bereits weiter geschritten. Neue Erkenntnisse, umwälzende Theorien, vertiefte Fragestellungen im Bereich der Anatomie, Physiologie, Ontogenie, Phylogenie beschäftigten die Gelehrten. Zusammenhänge zwischen Lebensraum, Lebewesen und Lebensweise, also ökologische Probleme rückten ebenfalls in den Vordergrund biologischer Betrachtungen. Es hat nicht an Versuchen gefehlt, auch diese neuen

Forschungen in den Schulunterricht einzubeziehen. In der Mitte des Jahrhunderts machte *Emil Adolf Roßmäßler* die ersten Reformvorschläge, so in seinen Büchern „Die vier Jahreszeiten" (1855) und vor allem 1860 in „Der naturkundliche Unterricht. Gedanken und Vorschläge zu einer Umgestaltung desselben." Sie fanden kaum eine Resonanz. Das geschah auch mit den Forderungen *Hermann Müllers*, der 1873 in seinem Buch „Die Befruchtung der Blumen durch Insekten" blütenbiologische Untersuchungen durch Schüler forderte. Ein entscheidender Einbruch in die Vorherrschaft der Systematik gelang erst 1885 *Friedrich Junge* mit seinem Werk „Der Dorfteich als Lebensgemeinschaft". Er forderte „biologische Betrachtungsweisen", die besonders die Gesetze des organischen Lebens zu beachten haben. Seine Gedanken wurden von vielen Autoren aufgenommen. Es war vor allem *Otto Schmeil,* der unter Betonung der funktionellen Morphologie die kausalen Zusammenhänge herausarbeitete und in seinen bekannten Büchern ab 1898 eine eingehende biologische Behandlung der Einzelwesen gab. Damit war die einseitige systematische Unterrichtung überwunden, der Unterricht wurde lebensnäher, behielt jedoch immer starke systematische Bestandteile, zumal wenn nach der Monographie einer Pflanzen- oder Tierart deduktiv eine oder mehrere systematische Einheiten abgeleitet wurden.

2. *Lehrbücher im 20. Jahrhundert*

Schon vor dem ersten Weltkrieg wurde versucht, die Lebensgemeinschaften ganz in den Vordergrund der biologischen Unterrichtsarbeit zu stellen. *Hering* und *Rein* gaben die ersten *Lehrbücher* für höhere Schulen heraus, die nach Lebensgemeinschaften ausgerichtet waren. Nach dem ersten Weltkrieg schrieben *Otto* und *Stachowitz* ihre Bücher „Die Natur als Lebensgemeinschaft". Beiden Versuchen war kein großer Erfolg beschieden und zwar z. T. dadurch, daß seit *Junge* der Begriff „Lebensgemeinschaft" verschieden ausgelegt und keine saubere Trennung zwischen Assoziation und Biocoenose gemacht wurden. Es kam auch zu verkrampften Stoffverbindungen. So schlugen die zuletzt genannten Verfasser vor, Säugetiere und ihre Parasiten schon in den Anfangsklassen gemeinsam zu behandeln, obwohl den Schülern die erforderlichen anatomischen und physiologischen Einsichten fehlen mußten. 1952 legte *Stengel* ein neues ökologisch bestimmtes Unterrichtswerk vor, „Die Lebendige Natur". Sie ging in den Bänden für die 10- bis 12jährigen (Unterstufe) nicht von Lebensgemeinschaften aus, sondern vom Rhythmus der Jahreszeiten. Als Beispiel für die Grundtendenz des Werkes sei angeführt, daß im Frühling die Rückkehr der Zugvögel und die anschließende Brutpflege Gegenstand der Beobachtung und Unterrichtung der 5. Klasse sein müsse. Die Lehrpläne der deutschen Länder sahen aber die Behandlung der Vögel erst für das 6. Schuljahr vor, so daß bei der vielfach auch heute noch üblichen Teilung in Sommer-Botanik und Winter-Zoologie die Brutpflege der Vögel erst behandelt wurde, wenn Schnee lag. Nach anfänglich lebhafter Zustimmung erreichte auch dieser Versuch keine stärkere Auflockerung des Unterrichtes. Im Gegensatz zu den Gymnasien war und ist der biologische Unterricht in den Volks- und Mittelschulen sehr stark orts- und zeitbedingt, also ökologisch bestimmt. Im allgemeinen kann gesagt werden, daß in den unteren Klassen der Gymnasien die Ökologie eine ausreichende Betrachtung findet, daß die Durchführung von Arbeiten im Freien allerdings viel zu wünschen übrig läßt. Die Veränderungen im

Schulaufbau und in der Verteilung der Unterrichtsfächer hat bekanntlich die Biologie in der Oberstufe zurückgedrängt, hoffentlich nur vorübergehend. Diese Kürzungen erfordern eine Reduzierung der biologischen Unterrichtsstoffe. Da der Schulbiologe kaum auf Physiologie, Vererbung, Descendenz, Ontogenie verzichten kann, bleibt für die Umweltslehre kaum noch Zeit. Das ist sehr zu bedauern, da die Erkenntnis biologischer Zusammenhänge meist keine vertiefte Behandlung erfährt und daher die zwar geringen, aber unaufhaltsamen Auswirkungen störender Eingriffe oft nicht rechtzeitig genug erkannt werden. Bei allen Erwägungen über die Bildung und Ausbildung unserer Jugend darf nicht vergessen werden, daß ohne ökologische Einsichten der Mensch sich selbst und seine Stellung in der belebten und unbelebten Umwelt nicht richtig einzuschätzen vermag.

Literatur

Als synthetische Wissenschaft ist die Ökologie in der Literatur verschiedener Fachbereiche reichhaltig vertreten. Ihre Einsichten und Folgerungen haben in den letzten Jahrzehnten durch das Wissen um die Gefährdung der menschlichen Umwelt in allen Publikationsorganen eine ungeahnte Beachtung gefunden. Daher ist die Literatur über Ökologie lawinenartig angewachsen. Die hier gegebenen Hinweise müssen sich aus diesem Grunde auf einige für die Schule wertvollen Schriften und auf Aufsätze in Fachzeitschriften nach dem 2. Weltkrieg beschränken. Auf Presseberichte wird nicht hingewiesen, auch wenn sie teilweise recht gut sind. Wohl aber werden einige wenige Publikationen aus früheren Jahrzehnten genannt, die für die Entwicklung der Ökologie in Forschung und Lehre eine bleibende Bedeutung haben. Die Titel werden nur einmal genannt, auch wenn sie auf verschiedene Teilgebiete der Ökologie und des Umweltschutzes übergreifen.

Balogh, J. Lebensgemeinschaften der Landtiere. Akademie-Verl. Berlin 1958
Bechtle, W. Bären in der Eifel. Kosmos 1970/11, S. 475
Bechtle, W. Neusiedler See. Kosmos 1969/11, S. 460
Berlepsch v., H. Der gesamte Vogelschutz. Gesenius, Halle 1904
Braun-Blanquet. Pflanzensoziologie. Springer, Wien, New York 1964
Burkhardt, H. Naturschutz und Schule. Praxis 1958/1, S. 10, 61
Carson, R. Der stumme Frühling. (dtsch. Übersetz) Biederstein, München 1965
Dobers, J. Praktischer Vogelschutz. Praxis 1956/10, S. 164
Engelhardt, H. Landschaftsschutz als Gegenstand des Biologie-, Chemie-, Geographie- und Sozialkundeunterrichtes. MNU 1961/62/14, S. 292
Ellenburg, H. Ökologische Forschung und Erziehung als gemeinsame Aufgabe. Umschau i. Wissenschaft u. Technik 1972/2
Ellenburg, H. Unkrautgemeinschaften als Zeiger für Klima und Boden. Landwirtschaftliche Pflanzensoziologie. Ulmer, Stuttgart 1960
Farb, B. Die Ökologie. Amsterdam 1965
Firbas, L. Lehrbuch der Botanik für Hochschulen. Fischer, Stuttgart 1967
Frickinger. Praktischer Vogelschutz. Frick, Wien 1942
Geiler, H. Allgemeine Zoologie. Thieme, Leipzig 1959 (3. Aufl. i. Druck)
Gesetze für den Handgebrauch im Naturschutz. (DDR), Halle 1957
Grupe, H. Gesunde und kranke Landschaft. 1964
Haeckel, E. Generelle Morphologie. Jena 1868
Hesse, R., Doflein, F. Tierleben und Tierbau. Das Tier als Glied des Naturganzen. Jena 1943
Hirsch, H. Naturentfremdung — ein Grundproblem des biol. Unterrichtes. MNU 1952/53/5, S. 199
Hundt, R. Die Behandlung der Ökologie an unseren Schulen und die Ausbildung der Biologiefachlehrer. Biologie i. d. Schule 1970/11, S. 460
Knapp, R. Arbeitsmethoden der Pflanzensoziologie und Eigenschaften der Pflanzengesellschaften. Ulmer, Stuttgart 1958
Krieg, H. Naturschutz — eine Schicksalsfrage. Praxis 9/10, S. 97, 109
Kühnelt, W. Grundriß der Ökologie. 1965
Lorch, W., Burhenne, W. Die Natur im Atomzeitalter. Schutzgemeinschaft Deutscher Wald. Bonn 1957
Natur und Landschaft. Zeitschrift der Bundesanstalt für Vegetationskunde, Naturschutz und Landschaftspflege. Bonn-Bad Godesberg
Naturschutz und Naturparke. Mitteilungen d. Vereines Naturschutzparke. Vierteljahrsschr. Franckh'sche Verlagshandlung, Stuttgart
Netzer, H. J. Sünden an der Natur. München 1963
Niethammer, G. Die Einbürgerung von Säugetieren und Vögeln in Europa. Hamburg, Berlin 1966
Odum, E. Ökologie. BLV-Verlagsgesellschaft, München 1967
Probleme der Nutzung und Erhaltung der Biosphäre. Deutsche Unesco-Gesellschaft, München 1967

Runge, F. Die Pflanzengesellschaften Deutschlands, Aschendorf, Münster 1969
Ruppolt, W. Forstgarten und Waldlehrpfad in Herrenalb. Praxis/5, S. 94
Schönichen, W. Naturschutz — Heimatschutz. (Sammlung ‚Große Naturforscher') Wiss. Verlagsgesellschaft. Stuttgart 1954
Schonmann, H. Landheimaufenthalt der sechsten Klasse. Praxis 1965/4, S. 77
Schwenkel, H. Einführung in die Aufgaben der Landschaftspflege. Ulmer, Stuttgart 1951
Spanner, L. Landschaftsschutz im Unterricht. Praxis 1963/4, S. 67
Stammer, H. J. Grundriß der Tierökologie. Dt. Verlag d. Wissensch. Berlin 1956
Steiner, G. Naturschutz — Luxus oder Notwendigkeit. MNU 1958/59/11, S. 215
Steiner, G. Sinn und Unsinn des Tierschutzes. MNU 1958/59/11, S. 74
Stemmler-Morath: Naturschutz (Schweiz). Sauerländer, Aarau, 1949
Stengel, E. Biologische Schulgebiete. Praxis 1972/6, S. 101
Stengel, E. Umweltschutz und Biologieunterricht. Praxis 1971/221
Steubing, L. Ökologie als Grundlage des Umweltschutzes. Umschau in Wissenschaft u. Technik 1972/2
Studtnitz, v. G. Die Zukunft freilebender Tiere. Naturw. Rundschau 1961/10, S. 387
Taylor, G. Das Selbstmordprogramm (dtsch. Übers.) Fischer, Frankfurt 1971
Tischer, W. Synökologie der Landtiere. Fischer, Stuttgart 1955
Weber-Schönicher. Das Reichsnaturschutzgesetz vom 26. Juni 1935. Bermühler, Berlin 1936
Weinzierl, H. Die Anfänge unseres Nationalparkes. Kosmos 1971/1, S. 34
Weinzierl, H. Warum ein europäisches Naturschutzjahr? Kosmos 1970
Widener, D. Kein Platz für Menschen. Der programmierte Selbstmord. 1971
Wurmbach, H. Lehrbuch der Zoologie. Fischer, Stuttgart 1957
Wüst, W. Wasservogelreservat Ismaninger Teichgebiet. Kosmos 1971/3, S. 137
Ziswiler, V. Bedrohte und ausgerottete Tiere. Berlin, Heidelberg 1966

C. Lebensräume oder Biotope

Alle ökologischen Untersuchungen und Betrachtungen bedürfen einer eingehenden Würdigung des Lebensraumes. Durch eigene Beobachtungen, Messungen und Vergleiche muß der Schüler mit den Lebensbedingungen an bestimmten Orten bekannt werden, damit er zu einem richtigen Verständnis der Lebewesen und ihrer Gemeinschaften kommt.

I. Die Bestimmung abiotischer Faktoren

Die abiotischen Lebensbedingungen im Walde und am Teich (See) werden später einer erforderlichen Betrachtung unterzogen. Daher soll hier nur einiges Allgemeine ausgesagt werden. Es ist notwendig, Messungen mehrmals durchführen und zwar täglich möglichst 2—4 Wochen hindurch oder mehrmals im Jahre. Sie müssen immer am gleichen Platz und zur gleichen Tageszeit gemacht werden.

1. Wärme

Die Messung der Wärme erfolgt am besten mit einem Thermometer, dessen oberste Grenze bei 50—60° liegt. Bei diesem sind die Gradabstände meist so groß, daß Dezimalen unter 1° geschätzt werden können. Das Thermometer muß immer frei von Sonnen-, Wind- und Häusereinfluß aufgehängt werden; die Ablesung erfolgt nach jeweils 3—5 Minuten. Wir tun gut daran, ein Maximum- und Minimumthermometer im Bereich der Schule anzubringen, Höchst- und Tiefstwerte zu bestimmen und zugleich Vergleiche zu den Freilandmessungen zu erhalten.

2. Lichtstärke

Zur Messung der Lichtstärke werden die üblichen Belichtungsmesser der Photographie verwendet. Am Beobachtungsplatz wird ohne abzublenden in den 4 Himmelsrichtungen die für eine Aufnahme erforderliche Belichtungszeit abgelesen. Dazu kommt eine 5. Ablesung, bei der der Belichtungsmesser senkrecht nach oben gerichtet wird. Diese 5 Messungen geben die Belichtungszeiten, die an dem betreffenden Ort zu der bestimmten Zeit nötig sind. Von ihnen rechnen wir den Durchschnitt aus. Da die Belichtungszeit umgekehrt proportional der Lichtstärke ist, nehmen wir den umgekehrten Wert und erhalten eine brauchbare Angabe für die Lichtstärke.

3. Niederschläge — Luftfeuchtigkeit

Da in den meisten Fällen auf die Stadtteile und auch auf die Umgebung der Stadt gleich starke Niederschläge fallen, genügt die Aufstellung eines Regenmessers im Bereich der Schule; er wird regelmäßig von bestimmten Schülern nachgesehen. Schnee wird eingeschmolzen. Für die Messung der Luftfeuchtigkeit werden einige Hygrometer angeschafft. Die Schüler hängen sie an den gleichen Stellen wie die Thermometer für mehrere Minuten im Schatten auf und lesen ihre Zeigerstellung ab. Besonders bei einfachen Instrumenten ist eine vorsichtige Behandlung vonnöten.

4. Windstärke

Messungen über *Windstärke* sind in den Schulen kaum durchführbar. Sie spielt in den meisten Biotopen eine untergeordnete Rolle. Nur vereinzelt haben an den Küsten oder an Berghängen starke Winde bleibenden Einfluß z. B. als Aufwinde auf die Gestalt der Gewächse (Windbäume) oder auf die Lebensweise der Tiere. Trotzdem können Beobachtungen über die Windstärke angestellt werden; dazu einige vereinfachte Anhaltspunkte:

Bezeichnung	Windstärke	Geschwindigkeit	Kennzeichen	Signum
Windstille	0	0	Rauch steigt senkrecht hoch	⊙
Schwacher Wind	1—2	etwa bis 4 m/sec	Rauch u. Blätter schwach bewegt	←⎯I
Mäßiger Wind	3—5	etwa 4—10 m/sec	Rauch stark bewegt, Zweige bewegen sich.	←⎯ I
Starker Wind	6—8	etwa 10—17 m/sec	Rauch gepeitscht, große Äste bewegen sich, heult, hindert am Gehen.	←⎯III ←⎯IIII
Sturm	9—11	etwa 17—25 m/sec	beschädigt Bäume (Windbruch) und Häuser	←⎯IIIII
Orkan	12 u. höher	mehr als 25 m/sec	weitgehende Zerstörung	←⎯IIIIII

Außer den Messungen können noch Angaben über Wolkenbildung, Wettervorhersage, Sonnenaufgang und -untergang, und Beobachtungen an Tieren und Pflanzen aufgenommen werden. Derartige Beobachtungen verbinden Biologie und Erdkunde.

Wenn die Messungen einige Zeit durchgeführt werden, sind sie in Tabellen zusammenzustellen, in die Beobachtungsbücher einzutragen oder an geeigneten Stellen im Klassenzimmer bzw. im Schulgebäude aufzuhängen. Eine solche Schülerarbeit aus dem Werratal sei als Beispiel angeführt:

Monat: März

1.	2.		3.	4.	5.		6.	7.		8.	9.	10.	11.
Tag	Wärme		Luftdruck	Luftfeuchtigkeit	Niederschläge		Wolkenbedeckung	Wind		Sonstige Wetterbeobachtungen	Wettervorhersage Wetterzeichen	Sonne und Mond	Naturbeobachtungen
	höchste	niedrigste			Art	Menge		Richtung	Stärke				
1.	1°	-6°	722	85			⊕	NO	←⎯III		heiter Morgenrot	Ortszeit	
2.	3°	-5°	765	90			●	NO	←⎯	Aufziehen weiße Wolken			Goldammer singt
3.	4°	-4°	762	75			⊕	0	←⎯				Vögel lebhafter
4.	7°	-4°	760	70			⊕	SO	←⎯	Drehen nach Süd	heiter Morgenrot		Marienkäferchen
5.	10°	-2°	762	90	≡		●	S	←⎯				Erle blüht
6.					≡ ✳		●	S	←⎯		nach Hundertj. Kalender:	6.56 18.08	Kirschen blüht
7.	7°	-3°	759	90	✳		●	W	←⎯			☉	
8.	7°	1°	752	95	✳ ●	7	●	W	←⎯II	Tauwind	rauh, kalt.		
9.	4°	2°	758	80	✳	2	●	N	←⎯II	leichter ✳	unfreundlich		
10.	6°	-3°	762	60			●	N	←⎯		bis 26.3.		Feldmaus gesehn
11.	2°	-7°	765	90	≡		●	NO	←⎯				
12.	-1°	-5°	768	95	∞			N	←⎯				Drossel singt
13.					∞		●	0	←⎯	später W		6.40 18.20	Lerche singt

Tabelle 2 (aus Stengel: Heft für Wetter- und Naturbeobachtungen)

II. Die Kardinalpunkte

Die wetterkundlichen Messungen führen zu den Höchst- und Tiefstmaßen sowie zu den günstigsten Bedingungen für verschiedene Pflanzen- und Tier-

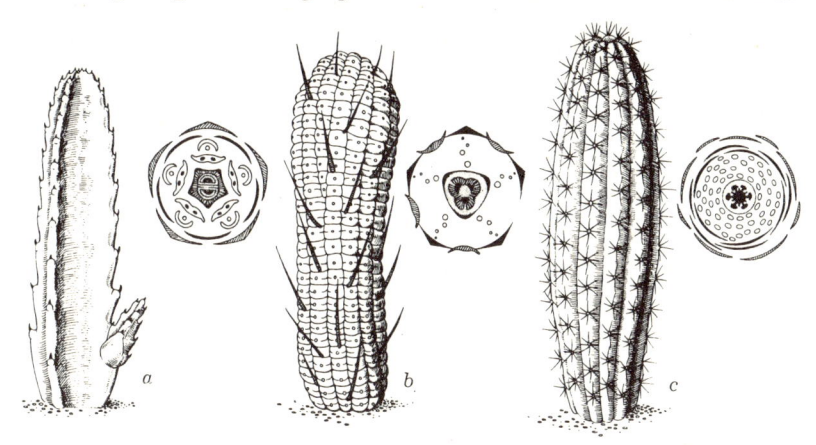

Abb. 9: Konvergenz im Habitus, Divergenz im Blütendiagramm (aus Stengel: Lebendige Natur) a Aasblume (Stapelia Grandiflora), Asclepiadaceae; b Säulenwolfsmilch (Euphorbia cereiformis), Euphorbiaceae; c Säulenkaktus (Cereus, Cactaceae)

arten. Wir sprechen daher von einem Maximum, Minimum und Optimum und bezeichnen diese Größen als Kardinalpunkte. Sie sind in der Schule kaum zu er-

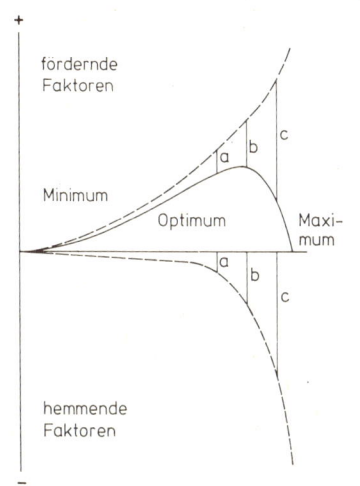

Abb. 10: Kardinalpunkte in der Pflanzenentwicklung (aus Stengel: Lebendige Natur). Die Lebenskurve ergibt sich aus der Differenz der fördernden und hemmenden Faktoren

mitteln, doch können sie durch Hinweise und Beobachtungen deutlich gemacht werden. So welken unsere aus den Tropen und Subtropen stammenden Kulturpflanzen (Kürbis, Gurke, Tomate) bereits in kühlen Spätsommernächten, die Kohlarten, vor allem Grünkohl, vertragen leichte Kältegrade. Die Abhängigkeit vom Wasser wird bei Betrachtungen und Untersuchungen von Feuchtigkeits- und Trockenheitspflanzen deutlich. Letztere finden wir in Dünen, trockenen Hängen, sonnigen Bahndämmen. In diesen Biotopen können Klassen oder einzelne Schüler nach gemeinsamen Merkmalen der Trockenheitspflanzen suchen. Dabei finden sie Einrichtungen zur Herabsetzung der Verdunstung: lederartige Oberhäute, kleine Blätter, Wachsüberzüge, Haarbildungen, Polsterwuchs.

Am stärksten passen sich die Sukkulenten an den Wassermangel an. Dabei offenbart sich eine ausgeprägte *Konvergenz* von Pflanzen, deren verschiedene systematische Zuordnung erst beim Studium des Blütenbaues erkannt wird (Abb. 9). Zwei weitere Darstellungen (Abb. 10 u. 11) zeigen die Kardinalpunkte der Entwicklung der Pflanzen und der Lebensfähigkeit und Aktivität von Nonnenraupen.

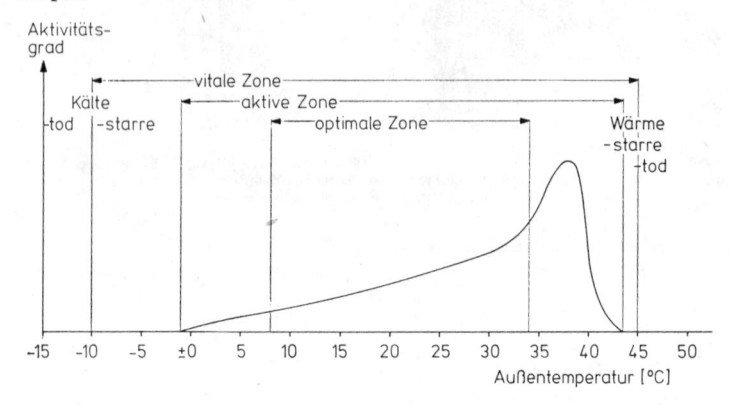

Abb. 11: Abhängigkeit der Nonnenraupe von der Temperatur (aus Wurmbach: Zoologie)

III. Phänologische Beobachtungen mit jüngeren Schülern

Die Verbindung der jahreszeitlichen Wetterabläufe mit dem Werden und Vergehen der Lebewesen führt zu phänologischen Studien, denen sich vor allem jüngere Schüler mit Eifer widmen. Ihr Wert steigt beträchtlich, wenn der Lehrer Verbindung mit dem Zentralamt des Deutschen Wetterdienstes, 615 Offenbach, Frankfurter Str. 135, aufnimmt. Dieses stellt für die gewünschten phänologischen Beobachtungen folgende Forderungen: „Zu beobachten sind freistehende Pflanzen eines durchschnittlichen Standortes. Es ist bei den Beobachtungen jeweils eine größere Zahl von Exemplaren einer Art zu berücksichtigen. Zu meiden sind Pflanzen an besonders günstigen (Schutz von Häusern usw.) oder ungünstigen (dauernde Beschattung, zu große Feuchtigkeit) Plätzen. Im Innern der Ortschaften, zumal geschlossener Städte sind keine brauchbaren Werte zu erlangen. Das Beobachtungsgebiet ist so zu wählen, daß es bequem und oft begangen werden kann." In den meisten Klassen finden sich fast regelmäßig einige zuverlässige Schüler, die am Stadtrand oder außerhalb der Stadt an geeigneten Stellen ihre Beobachtungen durchführen und sie dem Lehrer melden. Liegen brauchbare Angaben vor, dann werden in Offenbach Vordrucke angefordert und ausgefüllt zurückgesandt. Die Beobachtungen erstrecken sich auf Blühzeit, Laubentfaltung, Fruchtreife, Erntebeginn, allgemeine Laubfärbung, Laubfall. Als Anfang der Laubentfaltung ist das erste Sichtbarwerden der Blattoberflächen zu nehmen; allgemeine Belaubung ist der Zeitpunkt, an dem über 50 % aller Blätter entfaltet sind. Aus der Arbeit eines 7. Schuljahres mag ein Auszug als Beispiel für derartige phänologische Beobachtungen dienen:

Der Lebensrhythmus heimischer Bäume

	Anfang der Laubentfaltung	allgemeine Belaubung	Beginn der Laubfärbung	Beginn des Laubfalles	Ende
Birke	5. 5.	19. 5.	28. 9.	5. 10.	16. 11.
Roßkastanie	29. 4.	15. 5.	20. 9.	28. 9.	23. 10.
Sommerlinde	4. 5.	17. 5.	5. 9.	10. 9.	30. 10.
Buche	3. 5.	14. 5.	11. 9.	7. 10.	3. 11.
Eiche	13. 5.	19. 5.	25. 9.	15. 10.	31. 12.
Apfelbaum	4. 5.	15. 5.	21. 9.	29. 9.	30. 10.
Lärche	30. 4.	10. 5.	23. 8.	3. 9.	15. 11.

IV. Das Mikroklima

Der Schüler erkennt durch seine meteorologischen Messungen und phänologischen Beobachtungen, daß es innerhalb der Stadt und seiner Umgebung viele Abweichungen gibt. Diese können sogar in enger Nachbarschaft recht erheblich sein. Daher ist ihm der Begriff Mikroklima bereits bei der ersten Erwähnung verständlich. In den mittleren und oberen Klassen finden sich immer einige Schüler, die gern mikroklimatische Untersuchungen durchführen. Dabei finden sie meist selbst derartige kleine Biotope. Sie messen in gleichem Abstand vom Boden einige

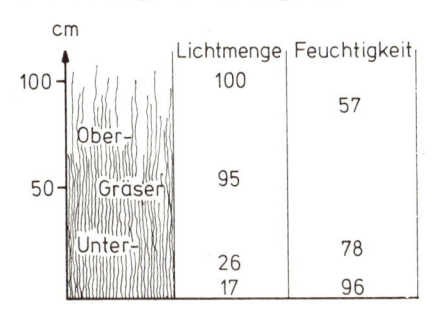

Abb. 12: Einfluß der Gräserhöhe auf Lichtmenge und Feuchtigkeit
(aus Geiler: Zoologie, komb.)

klimatische Faktoren (Licht, Wärme, Feuchtigkeit) auf der West- und Ostseite, bzw. Nord- und Südseite von dicken Baumstämmen; sie untersuchen die Lebensbedingungen unter größeren Steinen, in Gärten unter Brettern; ihr Forschungseifer wird stark angeregt, wenn sie die Lebensverhältnisse vor einer Höhle, an ihrem Eingang und in einiger Meter Tiefe feststellen und dabei auf die Pflanzen- und Tierwelt achten. Es ist aber auch wertvoll, wenn der Schüler erkennt, daß die Organismen selbst auf die Lebensverhältnisse verändernd einwirken. Das sei an den in der Abb. 12 wiedergegebenen Veränderungen von Lichtmenge und Feuchtigkeit in einer Wiese aufgezeigt, die auch hinsichtlich der Wärme unschwer von gewissenhaften Schülern festgestellt werden können. Eindrucksvoll sind auch immer Wärmemessungen in Moospolstern.

Ein treffendes Beispiel für die Bedeutung des Mikroklimas ist die Beziehung zwischen den Zonen eines liegenden Baumstammes und dem Leben des Borkenkäfers, wie sie die Abb. 13 erkennen läßt.

Im Gegensatz zum Mikroklima sprechen wir von einem *Makroklima*, das die Klimazonen der Erde prägt. Ihr zugeordnet sind die pflanzen- und tiergeographi-

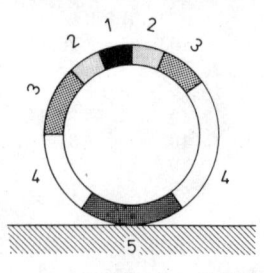

Abb. 13: Mikroklima am liegenden Baumstamm und Leben der Borkenkäfer (aus Stengel: Lebendige Natur)
Schadfaktor Trockenheit:
Zone 1: keine Eiablage
Zone 2: hohe Eisterblichkeit
Zone 3: hohe Larvensterblichkeit
Schadfaktor Feuchtigkeit:
Zone 5: hohe Brutsterblichkeit
Normale Entwicklung nur in Zone 4

schen Regionen. Sie finden ihre hinreichende Würdigung im Geographieunterricht, so daß der Biologe sie als einen randständigen Stoff betrachten kann.

Literatur

Beloserov, W. Die Anpassung der Tiere und Pflanzen an die jahreszeitlichen Rhythmen der Umweltbedingungen. Biologie i. d. Schule 1967/10, S. 532
Geiger, R. Das Klima der bodennahen Luftschicht. Vieweg, Braunschweig 1950
Gierke, H., *Heinemann*, L. Die Natur im Jahreslauf. Maier, Ravensburg 1961
Kletter, L. Alte Bauernregeln im Lichte der modernen Wissenschaft. Wetter und Klima, 1958
Kratzer, A. Das Stadtklima, Braunschweig 1937
Schröder, P. Ein Vorschlag für biologische Beobachtungen durch die Schüler in einem längeren Zeitraum. Biol. i. d. Schule 1968/12, S. 532
Siedentop, W. Arbeitskalender für den biologischen Unterricht, Quelle und Meyer, Heidelberg 1959
Stengel, E. Biotop Großstadt. MNU 1955/56/8, S. 156
Stengel, E. Zur Belebung des Biologieunterrichtes in der Großstadt. Praxis 1963/8, S. 141
Voigts, H. Wetterkunde im biologischen Unterricht. MNU 1953/54
Voigts, H. Wetter, Klima, Leben. Sammlung Lax. Hildesheim 1949/9

D. Bodenuntersuchungen

Der Boden ist ein Teil des Biotopes; in seiner oberen Schicht bildet er eine Biocoenose, die in enger Wechselbeziehung zu den Organismen steht, die auf ihm gedeihen. Er verdient daher bei ökologischen Betrachtungen eine besondere Beachtung. Allerdings eignet er sich kaum zu einer geschlossenen unterrichtlichen Bearbeitung, da er nur durch geologisch-geographische, mineralogische, physikalische, chemische und biologische Untersuchungen erfaßt werden kann. Bodenuntersuchungen werden daher zeitweise in der Geographie, zeitweise in der Chemie oder in der Biologie durchgeführt. Unterrichtet der Biologe auch Geographie in derselben Klasse, so kann der Komplex Boden leichter behandelt werden. Das gleiche gilt für die Kombination von Chemie und Biologie. Sind diese Querverbindungen personell nicht gegeben, dann ist eine Zusammenarbeit mit anderen Fachlehrern erwünscht. Der Biologe darf sich aber nicht die Möglichkeit entgehen lassen, mit seinen Schülern durch synthetische Verknüpfung ein erkenntnisreiches Bildungsziel zu erreichen.

I. Geologische-geographische Grundlagen

1. Bodenprofile

Bereits in den heimatkundlichen Betrachtungen der Grundschule werden die edaphischen Elemente der Landschaft deutlich. Der Schüler lernt sie auf Spaziergängen und Ausflügen meist unbewußt kennen. Er hört auch Wörter, die auf die Verschiedenheit der Bodenbeschaffenheit hinweisen. Lehm, Kalk, Sand, Schiefer werden ihm geläufig, doch verbindet er mit ihnen keine klaren, definierbaren Vorstellungen. Es ist daher gut, wenn der Lehrer seine Schüler schon in der Unterstufe an ein Bodenprofil führt. Das ist überall möglich, denn Baugruben, Steinbrüche, Lehmgruben und andere Stellen geben einen Einblick in den Aufbau des Bodens. Vielfach können die 3 *Horizonte* erkannt werden (Abb. 14). Unter der Oberfläche liegt der A-Horizont mit den zersetzten und unzersetzten Abfällen und Resten der Lebewesen. Aus diesen bildet sich der Humus. Der Horizont A ist der belebte Teil des Bodens. Ihm folgt der B-Horizont, eine Schicht stark zersetzten Gesteines, dessen Körnergröße nach unten zunimmt. In ihn hinein reichen die tiefer gehenden Wurzeln, die beim Absterben Wurzelröhren hinterlassen. Diesen und auch anderen Spalten folgen Bodentiere in die Tiefe, in ihnen dringen auch größere Regenwurmarten vor. Im allgemeinen ist der B-Horizont organismenarm oder teilweise sogar organismenleer. Meist geht er allmählich in das unzersetzte Gestein bzw. in unveränderte Böden über, in den C-Horizont. Die Bodenkunde rechnet zu diesem Horizont auch Sandbänke, Lehmschichten oder Tonlager. Während der jüngere Schüler nur allgemeines über die Bodenschichtung erfährt, können die späteren Jahrgänge eigene Messungen anstellen und selbst Bodenprofile aufnehmen. Das tun sie gern, besonders wenn die Möglichkeit besteht, mehrere verschiedene Bodenarten zu untersuchen und dabei vor allem die verschiedene Stärke des A-Horizontes festzustellen, da dieser ja die wesentliche Grundlage für die Fruchtbarkeit der heimatlichen Landschaft ist. Bei diesen selbständi-

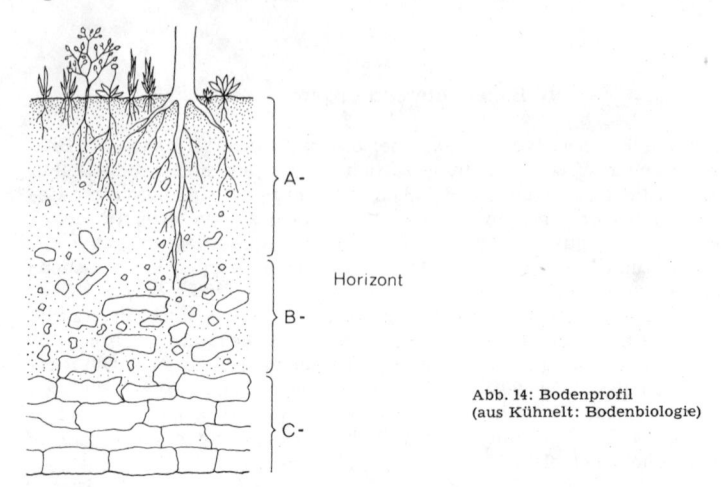

Abb. 14: Bodenprofil
(aus Kühnelt: Bodenbiologie)

gen Arbeiten sind die Schüler anzuhalten, auf die Pflanzendecke zu achten, häufige Arten zu bestimmen und sich auch Notizen über die im Boden angetroffenen Tiere zu machen. Letztere sind in einem Sammelglas zur genaueren Bestimmung mit in die Schule zu bringen.

2. Beschaffenheit des Bodens

Gern verbinden die Schüler mit ihren Profilarbeiten eine Untersuchung über die *Körnigkeit* des Bodens. Für derartige Arbeiten läßt die Schule zwei Schüttelsiebe herstellen mit einer Seitenlänge von etwa 25 cm. Sie erhalten eine Drahtnetzgrundlage mit einer Drahtöffnung von 2 mm, bzw. von 0,2 mm. Zuerst sind die über 2 cm großen Bestandteile herauszulesen. Dann werden 500 g lufttrockenen Bodens mit den Fingern zerkrümelt und durch Schütteln zu 3 Fraktionen zerlegt. Diese werden ausgewogen und ihr Hundertsatz bestimmt. Nach folgender Tabelle ist dann die Beschaffenheit des Bodens zu bewerten:

a. *Boden und Körnergröße*

1. Geröll, Felsen, Blöcke   über 20 mm Korngröße   Walnuß- bis Faustgröße
2. Kies, Grus   2—20 mm Korngröße   Reis-, Erbsen-, Haselnußgr.
3. Grobsand   0,2—2 mm Korngröße   Schrotgröße
4. Feinsand, Feinerde   unter 0,2 mm Korngröße   Mohnkorngröße u. darunter

b. *Sieb- und Schlämmanalyse*

Eine ebenfalls recht beliebte Untersuchung ist die *Schlämmanalyse,* die die eben beschriebene *Siebanalyse* gut ergänzt. Bei nicht zu hohem Tongehalt (unter 50 %) führt sie zu brauchbaren Ergebnissen. Lufttrockener Boden wird in einem Meßzylinder etwa 2 cm hoch aufgeschichtet, mit dem Vierfachen an Wasser überschüttet und dann gründlich geschüttelt. Der Zylinder wird dann ruhig abgestellt. Nach 3 sec hat sich der Grobsand abgesetzt, nach 8 sec der Feinsand. Darüber bleibt die Feinerde oft noch stundenlang schweben (Abb. 15).

c. *Durchlässigkeit*

Für die Fruchtbarkeit der Böden ist die *Wasserdurchlässigkeit* von großer Bedeutung. Wir können sie auf verschiedene Weise sichtbar machen. 1. Gleichgroße Ge-

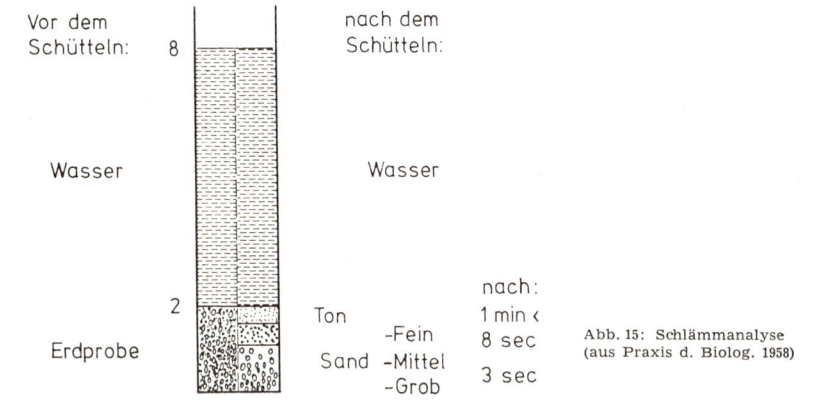

Abb. 15: Schlämmanalyse (aus Praxis d. Biolog. 1958)

wichtsmengen verschiedener Böden werden in trockenem Zustand in Glastrichter gebracht, die mit Filtrierpapier ausgelegt sind. Gleiche Mengen Wasser werden auf die Proben gegossen. Nach einer gleichen Durchlaufszeit wird die Menge des durchgelaufenen Wassers bestimmt. — 2. Einige breite, beiderseits offene Glasröhren werden am unteren Ende mit einem Leintuch verschlossen und mit gleichen Mengen trockener Bodenproben gefüllt, die gut zusammenzudrücken sind. Die Röhren werden gleich tief in Wasser eingelassen. Nach einer bestimmten Zeit

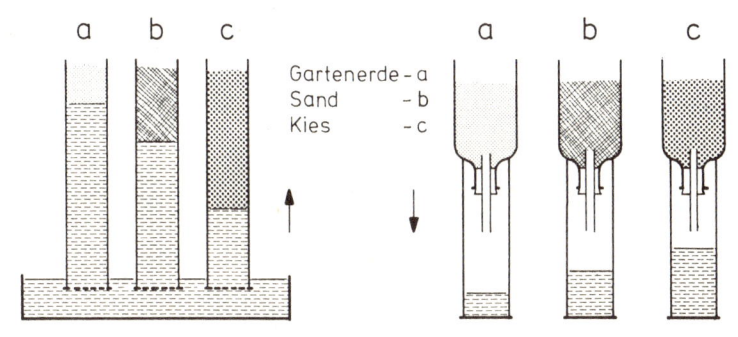

Abb. 16: Bestimmung des Bodenwassers durch Prüfung der Saugkraft und der Wasserdurchlässigkeit (aus Stengel: Lebendige Natur)

prüft der Untersucher, wie hoch das Wasser in den einzelnen Röhren gestiegen ist (Abb. 16). Wägungen führen zu noch genaueren Ergebnissen. — 3. Die Wasserdurchlässigkeit kann auch im Freien bestimmt werden. Ein Stahlrohr von etwa 25 cm Länge und 6—8 cm Durchmesser wird 10 cm tief in den Boden geschlagen. Ein kleines Drahtnetz, auf das im Rohr eingeschlossene Erdstück gelegt, verhindert eine Aufschlämmung. Dann gießt man vorsichtig eine bestimmte Wassermenge in das Rohr und bestimmt mit dem Sekundenzeiger die Zeit, die bis zum Verschwinden des Wassers verstrichen ist. Die Einsickerungszeit ist der Wasserdurchlässigkeit des Bodens proportional.

d. *Krümelstruktur*

Diese Versuche sagen aus, daß im Boden kleine Hohlräume sind, durch die das Wasser von oben nach unten dringt oder umgekehrt in den feinen Bodenkapillaren von unten nach oben gesaugt wird. In guten Böden sind etwa 20—50 Bodenteilchen zu kleinen Krümeln von 2—4 mm Dicke verbunden. Diese *Krümelstruktur* fördert das Pflanzenleben. Etwa die Hälfte des Bodenvolumens sind Krümel, die andere besteht aus Hohlräumen, die zu 2/3 kapillar und wasserführend, zu 1/3 nicht kapillar und lufthaltig sind. Bei starker Wasserzufuhr zerfallen die Krümel, und ihre Teile lagern sich dicht aneinander. Dann ist eine Auflockerung des Kulturbodens durch Hacken erforderlich.

Für die Bestimmung des Wassergehaltes von verschiedenen Böden ein Beispiel. Ein älterer Schüler entnahm in einem Waldgebiet an 5 verschiedenen Stellen Bodenproben, mit denen er sofort nach der Entnahme seine Prüfungen durchführte. In seinem Bericht schreibt er: „Die gewogene Menge wurde in einen ausgeglühten Porzellantiegel gefüllt und vorsichtig 45 Minuten lang erwärmt. Es ist dabei zu beachten, daß die Temperatur im Tiegel 150° C nicht überschreitet, weil sonst vielleicht eine Verbrennung der organischen Substanz einsetzt. Es ergab sich folgendes:

Proben:	Eiche mit Himbeere, Hülse, Holunder	Birke mit Himbeere, Hülse, Esche	Buche ohne Unterholz	Buche mit Birke, Esche, Hülse	Halde ohne Holzgewächse
Anfangsgewicht	11,5	17,82	14,42	13,05	18,31 gr.
getrocknet	5,7	15,27	10,87	9,30	17,02 gr.
Differenz: Wasser	5,8	2,55	3,55	4,2	1,29 gr.
Prozent	51,0	14,5	24,6	29,6	7,0 %

Die gefundenen Werte zeigen den hohen Wassergehalt des Waldbodens und damit seine Bedeutung als Wasserspeicher.

e. *Grundwasserspiegel*

Bei starken Regengüssen und nach der Schneeschmelze füllt das Wasser immer mehr Hohlräume des Bodens, bis die gesamte Erde völlig „durchnäßt" ist. Durch die dauernde Verdunstung an der Oberfläche werden Röhren und Spalten wieder frei, der Boden trocknet. Bei langer Trockenheit vergrößert sich die wasserfreie Bodenschicht, doch kommt es in unseren Breiten nicht zu einer völligen Wasserleere. In verschiedener Tiefe bleibt ein zusammenhängender Wasserhorizont. Seine obere Grenze bezeichnen wir als *Grundwasserspiegel*. Bei seinen sehr langsamen Bewegungen wird das Bodenwasser stark filtriert, so daß es frei von Keimen bleibt. Das Grundwasser hat für die Vegetation eine ganz entscheidende Bedeutung. Bis zu 1 m Tiefe versorgt es die meisten Pflanzen der Wiesen, bei 2—3 m noch die Feldfrüchte, von 3 bis zu 6 m die Bäume des Waldes. Die Studien über ein Biotop sollen Hinweise auf das Grundwasser enthalten, wenn auch heute die Wasserleitungen und das Fehlen von Brunnen oft die Möglichkeit nehmen, eigene Beobachtungen über die Grundwasserverhältnisse in Ortschaften usw. auszuführen.

f. *Wasserverdunstung*

Experimentell können wir die *Wasserverdunstung* nachweisen und vergleichen. Dazu bauen wir einen Atmometer: Eine Porzellanschale von 8—10 cm Durchmesser wird mit etwas Glycerin ausgerieben und mit Gips ausgegossen. Vor dessen Festwerden wird ein kleiner Glastrichter bis zur Hälfte hineingesteckt (Abb. 17).

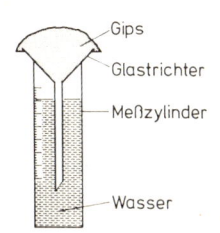

Abb. 17: Atmometer (aus Stengel: Behandlung der Lebensgemeinschaften)

Durch Eintauchen in heißes Wasser löst sich der festgewordene Gips. An das Trichterrohr wird mit einem Schlauchstück ein Glasrohr angeschlossen, und der so entstandene Pilz auf eine mit destilliertem Wasser gefüllte Bürette aufgesetzt. Wir stellen diesen Atmometer auf den Erdboden. Auf der Gipsoberfläche verdunstet Wasser, neues wird aus der Bürette nachgesaugt. Die in einer bestimmten Zeit abgegebene Wassermenge ist der Maßstab für die Wasserverdunstung auf der Bodenoberfläche, die durch Wind, Wärme u. a. Kräfte ausgelöst wird.

g. *Bodentemperatur*

Für die Pflanzen- und Tierwelt spielt die *Bodentemperatur* eine erhebliche Rolle. Messungen geben über diesen abiotischen Lebensfaktor Auskunft. Mit einem Pflanzholz drücken wir etwa 10 cm tiefe, konisch sich verjüngende Löcher in den Boden. In diese führen wir Thermometer so ein, daß sich der Quecksilberbehälter mit dem Boden berührt. Nach etwa 5 Minuten wird die Bodentemperatur abgelesen. Wenn sich die Schule ein Tiefenthermometer beschafft, können außerdem noch Wärmebestimmungen bei 50 cm und 100 cm Tiefe gemacht werden. Die Schüler der Mittelstufe schätzen derartige Untersuchungen und führen sie gewissenhaft durch.

II. Die Bodenarten

1. Wichtigste Böden

Nach diesen Untersuchungen sind wir in der Lage, Genaueres über die häufigsten Bodenarten auszusagen. Wir lassen dabei die folgende Tabelle in die Arbeitshefte der Schüler eintragen und vergleichen sie mit den experimentell gefundenen Ergebnissen. Dabei können auch Griffproben durchgeführt werden: Der Schüler reibt kleine Proben der Bodenarten zwischen den Fingern und stellt die Unterschiede fest. Da nicht immer die wichtigsten Bodenarten zur Verfügung stehen, kann die Schule Proben in geeigneten Behältern aufheben.

2. Eigenschaften der Böden

Bodenart	Beschaffenheit	Wasserundurchlässigk.	Erwärmung	Durchlüftung	Fruchtbarkeit
Sand	leicht	gering	schnell, rasch abkühlend	sehr gut	schlecht
Lehm	schwer	gut	gering, kalt	schlecht	bei Sandgehalt gut
Ton	schwer	sehr gut	schlecht, kalt	schlecht	schlecht
Kalk	leicht	mäßig bis gut	gut	sehr gut	gut

Humus

Bei Besprechungen und Untersuchungen über den Boden verdient der Humus eine besondere Beachtung. Er bildet die organischen Bestandteile, die sich vor allem durch die Tätigkeit der Mikroben in einer dauernden Umsetzung befinden. Im Humus entsteht u. a. auch Kohlenstoff, der seine dunkle Farbe bedingt. Wenn wir Bodenproben unter Luftzutritt erhitzen, so verbrennt der Humus und die mineralischen Bestandteile des Bodens bleiben zurück. Wir können daher den Humusgehalt eines Bodens leicht bestimmen, indem wir in Porzellan- oder Stahltiegeln gleiche Mengen verschiedener Proben auswiegen und dann die offenen Tiegel mit heißer Flamme durchglühen. Nach dem Abkühlen wiegen wir zurück und erhalten als Gewichtsdifferenz den Humusgehalt.

Das Beispiel für die Bestimmung des Wassergehaltes (S. 300) hat eine Erweiterung. Derselbe Schüler bestimmte anschließend den Humusgehalt und fand:

Proben	Eiche wie S. 300	Birke	Buche	Buche	Halde
getrocknet	5,7	15,27	10,87	9,3	17,02 gr
geglüht	4,08	14,99	10,45	8,34	16,07 gr
Differenz organ. Substanz	1,62	0,28	0,42	0,96	0,95 gr
in Prozent	14	1,5	3	7,5	5 %

Die Entstehung des Humus ist ein wichtiger biologischer Vorgang; er läßt die Aufeinanderfolge der Tätigkeit verschiedener Organismengruppen erkennen.

Für die Schule ist es allerdings nicht möglich, den schwierigen, äußerst verwickelten Prozeß zu behandeln. Es genügt ein Einblick in den Abbau der Kohlehydrate, z. B. der abgestorbenen Blätter (Laubfall). Die Abb. 18 zeigt, daß zwei Gruppen

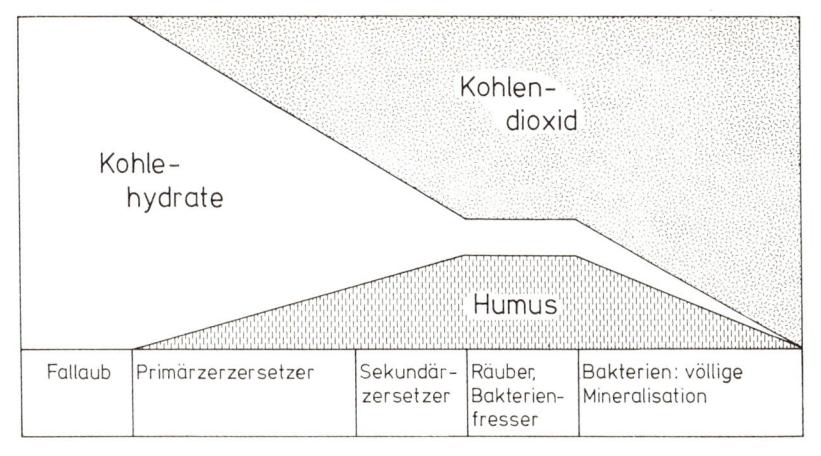

Abb. 18: Völlige Zersetzung des Fallaubes, Humusbildung (aus Wurmbach: Zoologie)

von „Zersetzern" tätig sind, Primär- und Sekundärzersetzer. In ihrer Begleitung treten als Konsumenten räuberische Arten auf. Nach der zersetzenden Tätigkeit höherer Organismen folgt die Mineralisation durch die Bakterien, der Abbau in

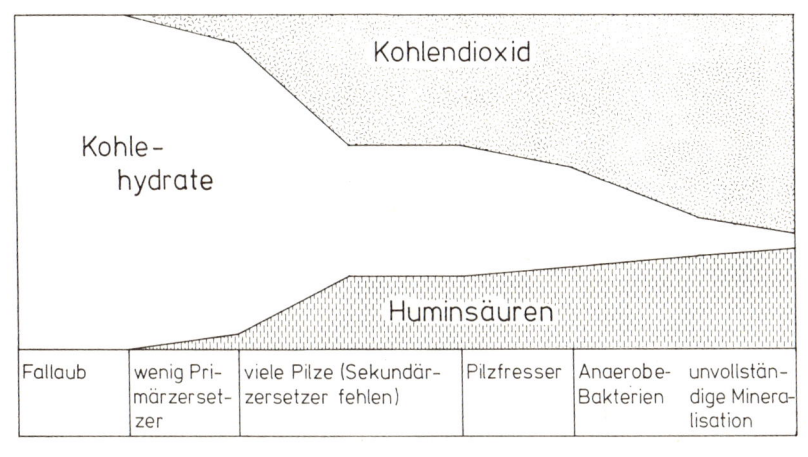

Abb. 19: Unvollständige Zersetzung des Fallaubes, Rohhumusbildung
(aus Wurmbach: Zoologie, vereinfacht)

unorganische Stoffe. Dadurch wird der Kohlenstoff in den noch nicht abgebauten Kohlehydraten und auch der der Humusstoffe völlig in CO_2 umgesetzt. Die Zersetzung eines Baumstumpfes (S. 328), vermittelt ebenfalls eine gute Einsicht in die Abbauvorgänge in einer Biocoenose.

Die Humusbildung wird also durch die Tätigkeit von Zersetzern eingeleitet. Viele von diesen Tieren gehören zu den hochentwickelten Insekten, zu den Milben, Mollusken, Anneliden, Nematoden. Verschiedene Ursachen können die Entwicklung dieser Tiere herabsetzen oder ganz ausschalten: Mangel an Kalk, an Sauerstoff, ungleichmäßige Feuchtigkeit, kalter Boden.

Statt der zersetzenden Tiere entwickelten sich Myzelien verschiedener Pilzarten, die altes und frisches Fallaub zu festen Massen verbinden. Dabei werden die an der Oberfläche entstandenen Huminsäuren ausgewaschen und weißliche, papierähnliche Schichten gebildet. Durch Reaktion mit basischen Stoffen fallen neue Stoffe aus, die den Boden immer mehr verdichten und verschlechtern. So entsteht allmählich der *Rohhumus;* (Abb. 19) auf ihm können nur wenige Pflanzenarten gut gedeihen.

Es ist für die meisten Schulen möglich, Proben von mildem und von Rohhumus zu beschaffen. Stehen keine geeigneten Bodenproben aus Buchenwäldern zur Verfügung, kann als humusreicher Boden auch Blumenerde verwendet werden, der allerdings kein oder nur wenig Torfmull beigemischt sein darf. Aus dichten Ablagerungen in Fichtenwäldern holen wir den Rohhumus. Von beiden getrockneten Proben nehmen wir etwa gleiche Mengen und schütteln mit 0,5 % Natronlauge. Die Probe des milden Humus bleibt farblos, die des Rohhumus dunkelt und wird „moorwasserartig".

3. Chemische Analysen

Chemische Untersuchungen des Bodens sind im allgemeinen Oberstufenstoffe. Einige einfache Versuche können auch mit jüngeren Schülern durchgeführt werden. Das gilt z. B. für den Nachweis von *Kalk*. Wir bringen etwas lufttrockenen Boden in eine Schale und träufeln Salzsäure darauf. Das Aufbrausen, d. i. die Bildung von CO_2, gestattet Aussagen über den Kalkgehalt. Ältere Schüler bestimmen den Kalkgehalt auch annähernd quantitativ: Die getrocknete Erdprobe wird durch ein Netz von 2 mm Maschenbreite gesiebt, und dann eine bestimmte Menge abgewogen. Bei kalkreichen Böden nehmen wir nur wenige, bei kalkarmen 20—50 gr. Die Erde bringen wir in eine Pulverflasche und lassen durch ein abschließbares Rohr Salzsäure einlaufen. Das entstehende CO_2 wird durch ein zweites Rohr in einem mit Wasser gefüllten Meßzylinder aufgefangen. In ihm können wir die Menge des entstandenen Kohlendioxids ablesen. An die Messung kann sich die Berechnung anschließen. Wir rechnen die Gasmenge nach der Formel $p_0 \cdot v_0 = p_1 \cdot v_1 (1 + a \cdot t)$ auf 0° rund 760 mm Druck um. Die erhaltene Gewichtszahl CO_2 entspricht einem bestimmten Kalkgewicht des Bodens. $Ca CO_3$ hat das Molekulargewicht 100, CO_2 44. Nach der Gleichung 100 : 44 = x : gefundenes CO_2-Gewicht erhalten wir das Gewicht der im Boden vorhandenen Kalkmenge.

a. *Magnesium*

Für das Gedeihen vieler Pflanzen ist das Verhältnis CaO : MgO wichtig. *Magnesium* können wir nachweisen, indem wir die Bodenprobe mit aq. dest. aufschütteln, filtrieren und das Filtrat im Überschuß mit Ammoniak versetzen. Dann wird der Lösung Na$_2$HPO$_4$ zugetan. Reibt man anschließend mit einem Glasstab an den Wänden des Reagenz- oder Becherglases, so fällt ein weißes, säurelösliches Magnesiumammoniumphosphat aus. Eine quantitative Bestimmung des Mg liegt außerhalb der Schulmöglichkeiten. Wohl aber kann die folgende Tabelle (nach *Lenz* vereinfacht) verwendet werden, die Zusammenhänge zwischen geologischer Formation, Gesteinsart und Kalzium-Magnesium-Verhältnis aufzeigt.

Kalzium-Magnesium-Verhältnis und Fruchtbarkeit der Böden

Formation	Gesteinsart	CaO : MgO	Fruchtbarkeit
Alluvium	Sedimente	3 : 1	fruchtbar
Diluvium	glazial	2 : 1	sehr fruchtbar
	äolisch	3 : 1	fruchtbar
Tertiär	Sedimente	4 : 1	mittelmäßig bis gut
	Basalte	2 : 1	sehr fruchtbar
Jura	Lias	10 : 1	mittel bis schlecht
	Dogger	8 : 1	mittel bis schlecht
	Malm	37 : 1	schlecht
Keuper	oberer Keuper	1 : 1	fruchtbar, aber etwas zäh
	mittlerer Keuper	7 : 1	mittel
	Keupersande	1 : 1	fruchtbar
Muschelkalk	oberer Muschelkalk	18 : 1	mittel
	mittlerer Muschelkalk	14 : 1	mittel
	unterer M. Wellenkalk	30 : 1	schlecht
Buntsandstein	Röt	3 : 1	fruchtbar
	Hauptbuntsandstein	6 : 1	mittel
	Plattensandstein	4 : 1	mittel bis unfruchtbar
Grundgebirge	Granit	2 : 1	fruchtbar, je nach Lage
	Gneis	1 : 1	fruchtbar, je nach Lage

Wir können auch andere chemische Stoffe nachweisen, die für das Pflanzenleben wichtig sind. Dazu werden die Bodenproben aufgeschlämmt und filtriert; das Filtrat wird untersucht.

b. *Chlor* (Cl'):
Der Nachweis von Chlor läßt auf das Vorhandensein von Alkalien, vor allem von Natrium und Kalium schließen. Die Wasserprobe wird mit etwas Salpetersäure angesäuert und dann einige Tropfen Silbernitrat (AgNO$_3$) zugefügt. Der am Licht allmählich dunkelnde Niederschlag von Silberchlorid (AgCl) zeigt die Anwesenheit von Chlorionen an.

c. *Sulfate* (SO$_4$''):
Die Wasserprobe wird mit Salzsäure leicht angesäuert und mit Bariumchlorid (BaCl$_2$) versetzt. Es fällt ein weißer Niederschlag von Bariumsulfat aus (BaSO$_4$), der nicht nachdunkelt.

d. *Nitrate* (NO$_3$'):
Der Nachweis wird mit Di-Phenylamin (NH(C$_6$H$_5$)$_2$) durchgeführt. Eine Spur dieses Reagenzes wird in conc. Schwefelsäure aufgelöst und diese Lösung vorsichtig über die Wasserprobe geschichtet. Bei Anwesenheit von Nitraten entsteht an der Berührungsstelle beider Flüssigkeiten ein blauer Ring.

e. *Phosphate* (PO_4'''):
Das Filtrat wird mit Salpetersäure angesäuert und mit Ammoniummolybdatlösung $(NH_4)_2MoO_4$ in großem Überschuß versetzt. In der Kälte bildet sich nach kurzem Stehen, beim Erwärmen rasch ein gelber, kristalliner Niederschlag von Ammoniumphosphormolybdat $(NH_4)_3(Mo_3O_9)_4PO_4$, falls im Filtrat Phosphationen vorhanden sind.

f. *Eisen* (Fe'''):
Wir fügen der Probe etwas Wasserstoffsuperoxid bei, um etwa vorhandenes zweiwertiges Eisen in dreiwertiges überzuführen. Dann werden wenige Tropfen Kaliumrhodanid (KCNS) oder Ammoniumrhodanid (NH_4CNS) beigesetzt, nachdem wir leicht mit Salzsäure angesäuert haben. Bei der sehr empfindlichen Reaktion tritt eine rosa bis blutrote Färbung durch Bindung von $Fe(CNS)_3$ auf.

g. *Wasserstoffionenkonzentration*
Auf einige dieser analytischen Arbeiten kann der Biologe verzichten, nicht aber auf eine Untersuchung der Wasserstoffionen- oder P_H-Konzentration. Sie gibt die Konzentration der Gewässer oder der Bodenfeuchtigkeit an Wasserstoffionen an. Abgeleitet wird diese Größe von der geringen Dissoziation des Wassers in $H^.$ und OH'. In reinem Wasser sind beide Ionen gleich stark vertreten; das Produkt aus $H^.$ mal OH' ist 10^{-14}. Mithin ist die Menge der Wasserstoffionen 10^{-7}. Derartiges Wasser ist neutral. Durch Dissoziation von sauren und basischen Bodensalzen, auch von Salzen der Huminsäuren kann sich der Wasserstoffionengehalt ändern. Ist

$H^.$ größer als 10^{-7}, sind also mehr $H^.$-Ionen als OH'-Ionen vorhanden, dann sind Wasser oder Boden sauer. Ist

$H^.$ kleiner als 10^{-7}, sind also weniger $H^.$-Ionen als OH'-Ionen da, dann sind Wasser oder Boden basisch (alkalisch).

Aus praktischen Erwägungen heraus wird nicht die Ionenzahl als Maßstab angegeben, sondern deren negativer dekatischer Logarithmus, für den man die Bezeichnung P_H eingeführt hat. Also ist

$$P_H \text{ gleich } - \log H^.$$

Der Neutralpunkt ist $p_H = 7$, d. h. es sind gleichviel $H^.$- und OH^--Ionen vorhanden, wie etwa beim reinen Wasser. Ist der P_H-Wert kleiner als 7, so zeigt er eine saure, ist er größer, so zeigt er eine alkalische Reaktion an:

Wasserstoffionenkonzentration:

	1	2	3	4	5	6	7	8	9	10	11	12	13	14
Reaktion:		sehr sauer			sauer		neutral			alkalisch			stark alkalisch	

Der P_H-Wert läßt sich in der Schule mit dem *Merck*schen Universalindikator oder mit Indikatorpapieren leicht bestimmen. Der Boden wird aufgeschlämmt, filtriert und das Filtrat untersucht. Die den Indikatoren beigegebenen Farbtafeln ermöglichen meist eine rasche P_H-Bestimmung; allerdings sind die Farbunterschiede schwach. Für viele Schulen wird es möglich sein, verschiedene Bodenarten zu untersuchen, z.B. Lehm-, Sand-, Kalkböden, Böden der Fluß- oder Bachniederungen, Verwitterungsböden von Graniten oder Basalten u. a. Sollte der Schulort in einer recht einheitlichen Landschaft liegen, können Blumenerde oder Gartenböden zum Vergleich verwendet werden, oder es finden sich einige Schüler, die im Auto oder mit dem Rad in ein entfernteres Gebiet fahren und von dort Bodenproben holen.

III. Bodenkolloide

Die Betrachtungen über die Krümelstruktur des Bodens und die eben dargestellten Untersuchungen über Wasserstoffionenkonzentration finden eine wertvolle Ergänzung durch Hinweise auf den kolloidalen Zustand mancher Bestandteile des Bodens. Falls die Schüler diesen Begriff vom chemischen Unterricht her nicht kennen, muß der Biologe ihn erklären. Er verwendet dabei am besten folgende Definition: Kolloide Stoffe umfassen Größen zwischen 1 Zehntausendstel und 1 Millionstel Millimeter! Diese Definition wird deutlicher, wenn wir die Kolloide gegen die kleineren (echte Lösungen, feinste Verteilungen) und die größeren (Aufschlämmungen, grobe Verteilungen) Größenordnungen abgrenzen. Dazu folgende Tabelle:

Größenordnungen der Stoffe:

	Echte Lösungen feinste Verteilungen	Kolloide feine Verteilungen	Aufschlämmungen grobe Zerteilung
Größe	kleiner als 1 $\mu\mu$	1 $\mu\mu$ bis 1 μ	größer als 0,1 μ
Sichtbarkeit	unsichtbar	im Elektronenmikroskop	im Lichtmikroskop
Filtrieren	nicht möglich	Trennen durch Ultrafilter	Trennung durch Papier- u. Tonfilter
Diffundieren	stark	sehr schwach	nicht

Viele Tone und Humusstoffe befinden sich in einem kolloidalen Zustand. Sie sind für das Leben sehr wichtig, denn sie befähigen z. B. den Boden zum Festhalten der ihm zugeführten Nährsalze. Für den biologischen Unterricht erübrigt es sich, näher auf Kolloide einzugehen.

IV. Bodenanzeigende Pflanzen

Die mannigfachen abiotischen Faktoren des Bodens und die verschiedenen Möglichkeiten ihrer Kombination beeinflussen sehr viele Lebewesen des Bodens, besonders stark die Pflanzen, die mit ihren Wurzeln vor allem den A-Horizont durchziehen. Das gilt besonders hinsichtlich der Chemie des Bodens, der Wasserstoffionenkonzentration, des Wassergehaltes und der Wärme. Da die Düngung die Bodenbeschaffenheit stark verändert, zeigen sich nur auf den ursprünglichen Böden die Wechselbeziehungen Boden — Pflanze besonders deutlich. In der Kulturlandschaft gilt dies besonders für Raine und Hecken. Dort können wir von der Pflanze Rückschlüsse auf den Boden ziehen, denn manche von ihnen sind *Bodenanzeiger*. Für den biologischen Unterricht genügt es, im Bereich des Schulortes oder in einem Beobachtungsgebiet (S. 284) derartige Zusammenhänge aufzuzeigen. Dazu sollen folgende Gegenüberstellungen und Hinweise anregen.

1. Primelgewächse

Gattung Primula: Die Hohe Schlüsselblume (P. elatior) findet sich auf leicht sauren, nährstoffreichen Böden, vielfach in Tallagen; der Kalkgehalt ihrer Standorte ist gering. Die Arzneischlüsselblume (P. verna - officinalis) bevorzugt neutrale bis alkalische, warme Böden. Beide Arten überschneiden sich an ihren Standorten nur selten.

2. Mohngewächse

Gattung Papaver: Unser bekannter, das Aussehen einer Landschaft mitbestimmender Klatschmohn (P. Rhoeas) ist eine kalk- und lehmanzeigende Pflanze; er tritt auf warmen Böden auf, die reich an Lehm, Nährstoffen und Humus sind und neutral bis alkalisch reagieren (P_H = 6,5 und höher). Der unauffällige und kleinwüchsige Sandmohn (P. argemone) ist für nährstoffarme Sand- und Sandlehmböden kennzeichnend.

3. Salbei und Besenginster

Salbei und *Besenginster* charakterisieren bestimmte Böden. Salvia pratensis liebt Humus, Lehm, alkalische Reaktion und auch reichlichen Kalkgehalt. Sarothamnus scoparius ist vorwiegend auf sandigen, sauren, kalkarmen Böden zu finden, die durch geringen Humusgehalt als mittelmäßig bis schlecht bezeichnet werden. Beide Pflanzen können als Leitpflanzen bestimmter Assoziationen gelten. So gehören zur Gruppe Salbei u. a. Rittersporn (Delphinium consolida), Sommeradonisröschen (Adonis aestivalis), kleiner Wiesenknopf (Sanguisorba minor), Waldrebe (Clematis recta), Warzige Wolfsmilch (Euphorbia verrucosa) und von den Kulturpflanzen Esparsette, Luzerne, Gerste, Weizen. Auf sauren Böden stellt sich die Besenginstergruppe ein; zu ihr gehören Heidekraut (Calluna vulgaris), Hundsveilchen (Viola canina), Hederich (Rhaphanus raphanistrum), Ferkelkraut (Hypochoeris glabra), Rotes Straußgras (Agrostis tenuis).

Eine besondere Gruppe von Pflanzen zeigt feuchte, wasserhaltige Böden an, so die Ackerminze (Mentha arvensis), der Huflattich (Tussilago farfara), das Schilf (Phragmites communis). Dieses breitet seine unterirdischen Ausläufer im Grundwasserbereich noch in 1½ bis 2 m Tiefe aus, so daß die oberirdischen Triebe zuweilen in größeren Abständen von Gewässern emporragen. Die Ackergänsedistel (Sonchus arvensis) liebt schwere, wasserhaltige Oberböden; bei hoch liegendem Grundwasserstand siedelt sie sich mit ihren wenig entwickelten Pfahlwurzeln auf allen Bodenarten an.

4. Kalkliebende und kalkmeidende Pflanzen

In älteren Veröffentlichungen begnügen sich die Verfasser noch mit Hinweisen wie Kalk-, Sandpflanze usw., ohne dabei zu berücksichtigen, daß die chemische Zusammensetzung des Bodens nur ein Teil der Lebensbedingungen für die Pflanze ausmacht. Vielfach gelten derartige Angaben nur für Mitteleuropa; hierfür einige Beispiele:

Auf Kalkböden, da *kalkliebend:* Bergaster (Aster amellus), Silberdistel (Carlina acaulis), Ackerhahnenfuß (Ranunculus arvensis), Waldwindröschen (Anemone silvestris), Ästige Graslilie (Anthericum ramosum) und viele Orchideen, weil Kalkböden warm sind.

Auf Sandböden, da *kalkmeidend:* Roter Fingerhut (Digitalis purpurea), Venuskamm (Scandix pecten-veneris), Saathohlzahn (Galeopsis segetum), Lämmersalat (Arnoseris minima).

Auf Schutt- und Abfallböden, da *stickstoffliebend:* Große Brennessel (Urtica dioica).

Schon jüngeren Schülern kann der Lehrer Beispiele über die Zusammenhänge zwischen Standort und Vegetation geben. In späteren Klassen können einige Schüler oder Schülergruppen sich dem Selbststudium derartiger Untersuchungen widmen. In der Fachliteratur wird oft recht ausführlich auf diese vegetationskundlichen Tatsachen hingewiesen; vielfach gehen auch örtliche botanische Arbeiten darauf ein. Auf diese Weise entstehen ausführliche Jahresarbeiten, die die charakteristischen Standorte kartographisch aufnehmen, die Pflanzen selbst beschreiben, eventuell Bodenuntersuchungen damit verbinden und durch Lichtbildaufnahmen ihre Untersuchungen verdeutlichen und beleben.

V. Bodentiere

1. Säugetiere

Das Geheime, das die höhlenbauenden Tiere umgibt, fesselt die Schüler immer. Wir können daher schon in der Grundschule beginnen, für einzelne Schüler oder Schülergruppen Beobachtungsaufgaben zu stellen, die meist mit großer Freude und Hingabe durchgeführt werden. So kann z. B. das Vorkommen des *Wildkaninchens* untersucht werden. Es ist ein aus Südwesteuropa kommendes Tier, das an vielen Stellen Deutschlands ausgesetzt wurde. Aber nicht überall hat es sich gehalten. Wo befindet es sich in der weiteren Umgebung des Schulortes? Können wir von Jägern und Förstern einiges über das Vorkommen des Kaninchens erfahren? An welchen Stellen der Landschaft hat es sich gehalten, und wie ist dort der Boden (locker, steinig, lehmig, stark durchwurzelt)?. Es kann auch festgestellt werden, ob die Wildkaninchen durch die Myxomathose (so nach 1960) stark dezimiert wurden. Die Jagdberechtigten geben fragenden Schülern in den weitaus meisten Fällen gern Auskünfte auch über *Dachs* und *Fuchs*. Erfahren die Jungen, wo ein Fuchsbau ist, dann suchen sie ihn auf. Gern möchten sie wissen, ob er noch befahren ist. Sind in den Röhren Spinnweben oder liegt faules Laub wirr herum, dann werden diese Röhren nicht benutzt. In die Eingänge der anderen streuen die jungen Forscher eine feine Schicht dünnen Sandes. Nach einigen Tagen kommen sie wieder und suchen gespannt nach Fährten. Ein Lehrer, der 2 bis 3mal derartige Aufgaben gestellt und beantwortet bekommen hat, wird sie immer wieder stellen, da er spürt, wie stark die Schüler vom Erleben aus biologische Kenntnisse aufnehmen, zumal wenn die Jungen oder Mädchen angehalten werden, in der Nähe des Fuchsbaues auch auf andere Tiere und auf Pflanzen zu achten. Haben die Schüler über ihre Beobachtungen berichtet, dann kann der Lehrer in einer Faustskizze zuweilen das Revier eines Fuchses verdeutlichen, aus der hervorgeht, daß der Fuchs bestimmte Wechsel bevorzugt, und daß er seine Beute selten in der Nähe seines Baues schlägt. Das Ausgraben des Baues eines *Hamsters* ist für die Jugend gleichbedeutend mit einer spannenden Jagd. Dagegen halten wir die Schüler von der Verfolgung der *Maulwürfe* fern. Leicht ist die Beobachtung von *Feldmäusen*. Ihre Gänge werden freigelegt, bis ein Kessel gefunden ist.

2. Wirbellose Tiere

Von den auf dem Boden lebenden *wirbellosen Tieren* können die Schüler gute Beobachtungen machen. Besonders beliebt ist das Arbeiten mit Fangtöpfen. Nach mehrjährigen Erfahrungen beteiligt sich über die Hälfte einer Jungenklasse freiwillig an den „Insektenfängen" im Garten, auf den Wiesen, auf Feldern, im Wald oder im Gebüsch, meist in der Nähe ihrer Wohnung. Ein Fangtopf (Abb. 20) besteht aus einer 1 l-Konservendose, die bis unmittelbar an den Rand in den Boden eingegraben wird. Auf ihren Grund wird eine etwa 2 cm hohe Schicht verdünnten Formalins (Formaldehyd 3—5%ig) gegossen und in die Mitte ein Tintenfaß oder etwas ähnliches gestellt, dessen Watteinhalt mit einer Lösung von Geraniol in

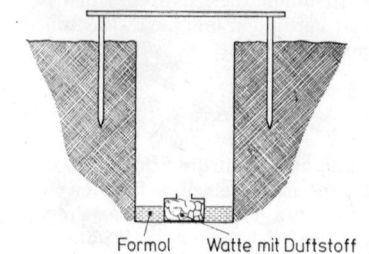

Abb. 20: Fangtopf (Faustskizze)

Formol   Watte mit Duftstoff

Methylalkohol getränkt ist. Dieser Duftstoff, den wir nicht empfinden, wirkt stark auf Insekten ein. Es kann auch Eupatol in Methylalkohol gelöst verwendet werden oder auch Birnäther, der allerdings auch vom Menschen wahrgenommen wird. Auf 3—4 Holzstäben wird eine Glasplatte, ein flacher Stein oder ein kleines Brett gelegt, damit der Fangtopfinhalt vom Regen verschont bleibt. Der Topf wird etwa 3—4 Tage in der Erde gelassen und dann gehoben. In der Formollösung halten sich auch zartere Kleintiere. Der Fang wird auf Torfplatten genadelt. Von einem solchen berichten die folgenden Angaben (Schüleruntersuchung):
„Fangtopf 1, guter Boden: 28 Laufkäfer, 12 Spinnen, 1 Fliege, 1 Mücke, 4 Asseln; insgesamt 46 Tiere
Fangtopf 2, lichter Laubwald: 8 Laufkäfer, 1 kleiner anderer Käfer, 1 Spinne, 1 Raupe; insgesamt 11 Tiere
Fangtopf 3, besserer Boden mit dichtem Unterholz: 7 Laufkäfer, 3 Spinnen; insgesamt 10 Tiere
Fangtopf 4, Halde: 1 Tausendfüßer, 3 Laufspinnen, 1 kleiner Käfer, 5 Fliegen; insgesamt 10 Tiere
Fangtopf 5, steiniger, bewachsener Boden: 4 Laufkäfer, 1 Raupe; insgesamt 5 Tiere."
Die Laufkäfer wurden bestimmt; sie gehörten 8 verschiedenen Arten an.
Von den im Erdboden lebenden Tieren sind die *Regenwürmer* am bekanntesten. Unsere größte Art, Lumbricus terrestris bis 30 cm lang, findet in der Mittelstufe meist eine ausführliche morphologisch-anatomische Darstellung. Bei ökologischen Betrachtungen ist zunächst einmal auf die Häufigkeit dieser Tiere hinzuweisen. Aus einer englischen Arbeit stammen folgende Zahlen:
Auf 1 acre (4047 m^2) kommen in gut gedüngtem Rasen 1 Million Regenwürmer
 in 5 Jahre alter Grasfläche 500 000 Regenwürmer
 in ungebrochenen Feldern 100 000 Regenwürmer.
Das sind auf ein Ar umgerechnet 25 000, 12 500 und 2 500 Tiere. Bei derartigem massenhaften Auftreten der Regenwürmer wird die Förderung der Humusbildung durch die intensive Bodenumarbeitung verständlich. Auf vom Menschen unbeeinflußten Weiden lagern die Regenwürmer in 11 Jahren eine Erdschicht von

etwa 10 cm Dicke ab, auf bearbeiteten Ackerböden eine gleiche Schicht erst in 80 Jahren. Bei dem Wühlen durch den Boden scheiden die Regenwürmer an den Röhrenwänden ihren Kot ab, zu dem die feinsten Wurzeln der Pflanzen vordrin-

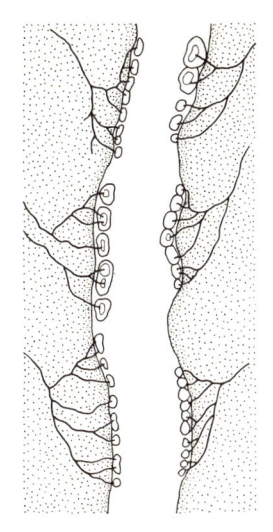

Abb. 21: Regenwurmröhre (aus Wurmbach: Zoologie). Länge 3 mm, in die angeklebten Losungsteilchen dringen Faserwurzeln ein

gen. Eine Faustskizze an der Tafel nach der Abbildung 21 kann einen Einblick in diesen interessanten und für das Pflanzenleben wichtigen Vorgang vermitteln.
Das *Edaphon*, die Kleinstformen unter den im Boden lebenden Tieren, ist im Schulunterricht nur schwer zu erhalten. Vereinzelt wurde und wird von den Schulbiologen der Berlesetrichter oder ein nach seinem Vorbild erstellter Apparat (Abb. 22) verwendet: In einen Glastrichter von etwa 30 cm Durchmesser wird

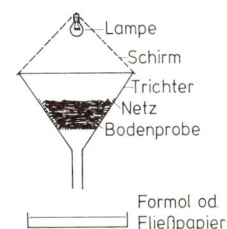

Abb. 22: Berlese-Trichter (aus Praxis d. Biolog. 1959)

ein Drahtnetz von 2-3 mm Maschenweite dicht an die Trichterwände angelegt. Auf das Netz wird in 2—3 cm Höhe die vorsichtig zerbröckelte Erdprobe geschichtet. Über den Trichter bringen wir eine 25-Wattlampe so an, daß die Bodenoberfläche nicht über 30° erhitzt wird. Unter das Trichterrohr stellt man ein Schälchen, dessen Grund mit Wasser oder 96 % Alkohol bedeckt ist. Sollen die Edaphontiere am Leben bleiben, dann kann man feuchtes Filtrierpapier in die Schale legen. Die

Bodenprobe kann bis zur völligen Austrocknung bestrahlt bleiben. Die Tiere weichen dem Licht und der Wärme aus und gelangen durch das Trichterrohr in die Schale. Sie werden im Mikroskop bei schwacher Vergrößerung betrachtet. Ein Biologieunterricht, der bis zur Sichtbarmachung des Edaphons vorgedrungen ist, hat seinen Schülern ganz wesentliche Einblicke in den Boden vermittelt. Er braucht nicht auf die Bestimmung der Urinsekten, Milben, Nematoden usw. einzugehen. Allerdings bedürfen die Bakterien eine besondere Betonung; auf sie wird auf S. 318 näher eingegangen. Es ist immer angebracht, am Schluß derartiger Untersuchungen in einer oder zwei Tabellen auf die Mannigfaltigkeit und den Reichtum der Bodenorganismen hinzuweisen. In der Fachliteratur finden sich vielerlei Hinweise; davon mag ein Beispiel gegeben werden:

Reichtum des Bodens an Organismen

Unter 1 m² Wiesenoberfläche sind

bis 15 cm Tiefe		15—30 cm Tiefe	unter 30 cm Tiefe
Urinsekten	47 000	22 000	nur noch größere
Schnabelkerfe	15 000	2 500	Formen (Insektenlarven,
Käfer	2 800	1 600	Regenwürmer),
Blasenfüßer	1 000	50	so weit es das Grundwasser
Zweiflügler	500	150	zuläßt.
Hautflügler	200	20	

Literatur

Abderhalden, E. Handbuch der biologischen Arbeitsmethoden. Berlin, Wien, ab 1924
Brauns, A. Praktische Bodenbiologie. 1968
Brauns, A. Die Bodenbiologie — ein ökologisch fundiertes Forschungsgebiet. Praxis 1970/6, S. 101
Bukatsch, F., Tauplitz, B. Bodenkunde und Bodenmikrobiologie. Salle, Frankfurt, Hamburg 1961
Darwin, Ch. Die Bildung der Ackererde durch die Tätigkeit der bodenbewohnenden Mikroorganismen. Dtsch. Übersetzung Stuttgart 1882
Der Biologieunterricht 1970, Heft 2 bringt Arbeiten zur Vegetationskunde: *Dierschke, H.* Forschungsgegenstand und Forschungseinrichtungen der Vegetationskunde — *Sebald, O.* Methoden der Untersuchung und Kartierung von Pflanzengesellschaften — *Dietrich, H.* Die Bedeutung der Vegetationskunde für die forstliche Standortskunde. — *Müller, Th.* Vegetationskunde und Naturschutz — *Schweizer, A.* Steppenartige Lebensgemeinschaften im Unterricht der Hauptschulen — *Zauner, F.* Vorschläge zur Auswertung von Vegetationsaufnahmen in der Schule — *Zauner, F.* Die Trittgesellschaften
Francé, R. H. Das Edaphon. Untersuchungen zur Ökologie der bodenbewohnenden Mikroorganismen. Stuttgart 1921
Frenzel, G. Untersuchungen über die Tierwelt des Wiesenbodens. Fischer, Jena 1936
Freytag, K. Schulversuche zur Bakteriologie. Aulis, Köln 1960
Gradmann, R. Das Pflanzenleben der Schwäbischen Alb. Stuttgart 1950
Habs, H. Bakteriologisches Taschenbuch. Barth, 1954
Kühnelt, W. Bodenbiologie. Herold, Wien 1950
Kühnelt, W. Bodenbiologie mit besonderer Berücksichtigung der Tierwelt. Wien 1950
Mattauch, F. Über einige Demonstrationsversuche aus dem Gebiet der Bodenbiologie. Praxis 1965/1, S. 3
Mattauch, F. Einige Unterrichtsversuche mit Bakterien. Praxis 1956/2, S. 41, 71
Müller, J., Thieme, E. Biologische Arbeitsblätter. Phywe, Göttingen 1964
Müller, J., Melchinger, H. Methoden der Mikrobiologie. Franckh'sche Verlagsbuchhandlung. Stuttgart 1964
Müller, S. Böden unserer Heimat. Ein Leitfaden im Gelände für Praktiker. Kosmos Naturführer. Stuttgart 1969
Schlichting und *Blume.* Bodenkundliches Praktikum. Hamburg, Berlin 1966
Steckhan, H. Bodenkundliche Übungen im Biologieunterricht der Oberstufe. MNU/6, S. 358

E. Gemeinschaften von Pflanzen und Tieren

Gemeinschaften sind bereits in der Sekundarstufe 1 Gegenstand von Beobachtungen und Darbietungen. Daher kann später schon aus Zeitmangel vieles aus dem Gemeinschaftsleben der Organismen kurz wiederholend und ergänzend behandelt werden. Dazu eignen sich Schülervorträge, die ihren Wert steigern, wenn sie mit eigenen Beobachtungen und Versuchen verbunden sind. Wir können uns bei vielen kommenden Themen mit knappen Hinweisen begnügen.

I. Gemeinschaften von Pflanzen

1. Assoziationen

Auf *Standortsgemeinschaften* oder Pflanzenassoziationen ist schon hingewiesen worden (S. 308). Sie sind von den abiotischen Lebensbedingungen des Biotopes abhängig und umfassen teilweise große Areale, aber auch infolge eines besonderen Mikroklimas auch kleine (z. B. Trittgemeinschaften, Ruderalflora, Bahndämme). Es ist dem Biologielehrer überlassen, ob er an dieser Stelle auch Hinweise über die Entwicklung der örtlichen Flora gibt und dabei auf das Aufschluß gebende Vorkommen von Reliktformen zu sprechen kommt. Interessierte Schüler oder Gruppen der Oberstufe können in Jahresarbeiten zu pflanzensoziologischen Einsichten vordringen. Es ist ihnen dabei meist möglich, Charakterarten festzustellen und damit die Namen der Assoziation zu verstehen, z. B. *Fagetum, Arrhenateretum,* Sphagnetum usw. Sie entdecken auch, daß zum Fagetum die bekannten Buchenbegleiter, zum Arrhenateretum Löwenzahn, Gänseblümchen, Scharfer Hahnenfuß, Sauerampfer, Wiesenstorchschnabel, Pastinake u. a., zum Sphagnetum Wollgras, Rasenbinse, Gagelstrauch, Moosbeere gehören. Bei derartigen Arbeiten sind Kartierungen immer vorteilhaft. Sie zwingen zu genauer Beobachtung und verstärken den Eindruck in die festgestellte Assoziation.

2. Symbiosen

Symbiosen sind ganz anders geartete Vergesellschaftungen. Unter den rein pflanzlichen Symbiosen sind die *Mykorrhizen* und die *Knöllchenbakterien* stärker zu betonen. Es gelingt dem interessierten Schüler meist, die Pilzwurzeln zu finden. Er gräbt vorsichtig flach liegende Wurzelenden von Hasel, Birke oder Buche aus, löst unter Wasser, eventuell bei mehrmaligem Wasserwechsel, die Bodenteilchen langsam ab und untersucht die Wurzelenden bei schwacher Vergrößerung. Kleine abgerissene Fäden an den Wurzeln, die ganz anders aussehen als Wurzelhaare, zeigen das Vorhandensein der Mykorrhizen. Leichter ist der Nachweis der *Wurzelknöllchen* an Schmetterlingsblütlern. Es genügt, Erbsen, Bohnen oder Lupinen aus dem nicht zu hart gewordenen Boden herauszulösen, um die Knöllchen zu finden. Besser ist ein vorsichtiges Ausgraben und Abspülen. Die Anfertigung von Schnitten durch die Knöllchen und deren Färben mit Säurefuchsin kommt für die Schule kaum in Frage.

Ähnliche Schwierigkeiten machen Schnitte durch *Flechten,* doch gelingt es nicht selten, das Vorhandensein von Algen inmitten des Pilzmyzels nachzuweisen. Durch derartige Untersuchungen wird der Schüler veranlaßt, neben der praktischen Arbeit auch Einsichten in die Literatur zu nehmen und so über den Stoff der üblichen Lehrbücher hinnachzugelangen.

Die Verdauung eingedrungener Mykorrhizen in die Zellen z. B. des Heidekrautes wie auch die Verdauung der Knöllchenbakterien zur Zeit der Samenreife durch die Leguminosen zeigen den Übergang der Symbiose zum Schmarotzertum.

3. Parasitismus

Zuweilen werden die ersten *Schmarotzerpflanzen* bereits im Unterricht der 10- bis 12jährigen gezeigt oder erwähnt. Ohne auf die Ernährungsphysiologie einzugehen, kann der Schüler die Unterscheidung von Halb- (Mistel, Klappertopf, Augentrost, Wachtelweizen) und Vollschmarotzer (Schuppenwurz, Kleeseide) begreifen. Immer finden sich einige, die eine kleine private Sammlung aufbauen oder an einer für die Schule bestimmten Sammlung schmarotzender Pflanzen mitarbeiten. Manchmal gelingt es ihnen auch, durch vorsichtiges Ausgraben und langsames Abspülen die Verbindung der Schmarotzerwurzel mit denen einer Wirtspflanze zu entdecken. Derartige Arbeiten werden bei der Besprechung der Pilze fortgesetzt. Rostpilz- und auch brandpilzkranke Gräser und Getreidepflanzen werden immer gefunden. Auch das Mutterkorn tritt hier und da noch auf.

In einer Unterrichtsstunde Schnitte durch Getreide- oder Berberitzenblätter anzufertigen, um die Entwicklungsstadien von Puccinia graminis zu zeigen, ist kaum möglich und auch unnötig. Die Schüler erfassen jedoch die Korrelationsstörungen durch Taphrinaarten, die an verschiedenen Baumarten die „Hexenbesen" verursachen oder die Deformationen, die die Zypressenwolfsmilch durch die Aecidienbildung von Uromyces pisi erfährt. Hieran lassen sich für ältere Schüler eigene Untersuchungen anschließen, die Hinweise auf die so wichtige *Pflanzenpathologie* geben. Dabei können die mehltauerzeugenden Pilze (Falscher und Echter Mehltau) durch Sammeln von befallenen Blättern (Eiche, Erle, Birke, Stachelbeere, Apfelbaum, Weinstock), das Auftreten von Fusicladium kenntlich durch die vom Schmarotzer ausgelösten Schorfbildungen an Äpfeln, sowie moniliakranke Birnen in den Kreis der Betrachtung gezogen werden. Wenn ein älterer Schüler sich diesen Untersuchungen widmet, einen Sommer hindurch beobachtet und sammelt und im Winter an entlaubten Bäumen Freilandaufnahmen von Misteln, Hexenbesen und Krebsgeschwülsten anfertigt, dann vermag er seinen Klassenkameraden einen beachtlichen Einblick in das Auftreten von Pflanzenkrankheiten und damit in die so wichtigen Fragen des Pflanzenschutzes zu vermitteln. Auf die wirtschaftliche Seite kann hingewiesen werden; hierfür liefern mannigfache Publikationen Unterlagen; so erreichen z. B. die durch Schädlinge entstandenen jährlichen Verluste in Deutschland eine Milliarde M., — in der ganzen Welt 200 Milliarden.

II. Gemeinschaften von Tieren
1. Freßgemeinschaften

Aus verschiedenen Gründen schließen sich Tiere der gleichen oder verschiedener Arten zu Gemeinschaften zusammen. Am bekanntesten sind die *Freßgemeinschaften.* Sie sind vor allem bei Pflanzenfressern häufig zu finden. Die meisten

Grundschüler haben im Fernsehen, in Illustrierten oder in Büchern die großen *Herden* afrikanischer Tiere gesehen oder von ihnen gelesen, sie kennen die *Rudel* der Hirsche, die *Rehe*, die *Rotte* der Wildschweine. In dem biologischen Unterricht der Sekundarschulen brauchen diese Gemeinschaftsbildungen nicht besonders herausgearbeitet zu werden, vor allem wenn in sparsamer Weise der Unterrichtsfilm verwendet wird. Es ist aber Aufgabe des Unterrichtes, das *Verhalten* der einzelnen Tiere und ihre Rangordnung in der Gemeinschaft herauszuarbeiten. Dabei können Beobachtungsaufgaben gestellt werden, die allerdings nur von einzelnen zu lösen sind. Erhalten diese Zugang zu einem *Hühnerhof*, dann stellt der Lehrer ihnen etwa folgende Aufgaben: Kommen die Hennen jeden Morgen in der gleichen Reihenfolge aus dem Hühnerstall? Picken die Hennen nach dem Streuen des Futters erst alle Körner in ihrer Umgebung auf oder gehen sie unruhig pickend weiter? Vertragen sich die Hennen beim Fressen oder werden einige Tiere von anderen vertrieben? Wenn zwei Hähnchen aneinander geraten, folgen dann die „Kampfhandlungen" immer in einer bestimmten Weise? Ähnliche Beobachtungen sind bei *Sperlingen* zu machen, wenn etwa 10—12 in Höfen und Gärten sich herumtreiben. Auch ein Schwarm von *Krähen,* die sich auf einem Feld niedergelassen haben, kann auf das Verhalten der Tiere hin beobachtet werden. Ein Schüler nähert sich dem Schwarm: Welche Vögel fliegen zuerst auf? Was für Rufe stoßen sie aus? Fliegen sie hoch oder nur flach über die anderen hinweg? Lassen sie sich wieder nieder? Wann und auf welche Weise fliegt der ganze Schwarm auf?

2. *Fortpflanzungsgemeinschaften*

Auch die *Fortpflanzungsgemeinschaften* regen zu manchen Beobachtungen an. Jüngere Schüler sind leicht anzuhalten, unter bester Wahrung des Tierschutzes Nester zu suchen und das Brüten, bzw. Füttern zu kontrollieren. Das ist auch in der Großstadt möglich (S. 283). Reifere Schüler erkennen, daß das Verhalten bei der Fortpflanzung weitgehend von Instinkten beherrscht wird: das Werben der Männchen durch Balz und Gesang, das Kämpfen der Männchen (Kommentkämpfe), der Nestbau, die Fürsorge für die Eier und die Neugeborenen, die Ernährungssicherung durch Eiablage an bestimmten Stellen oder durch direktes Füttern. Da die vergleichende ethologische Forschung starke Zusammenhänge mit Anatomie und Physiologie der Nervensysteme zeigt, wird sie meist an den Unterricht über Reizbarkeit angeschlossen. Es ist aber trotzdem zu empfehlen, daß auch bei ökologischen Studien das soziale Verhalten der Tiere, das ererbte und erlernte Verhalten gebührend Berücksichtigung findet.

Tierfamilien, Tierstaaten und Tierstöcke

müssen als besondere Gemeinschaften herausgestellt werden. In der Grundschule werden sie als Fakten bekannt, in den Sekundarschulen kann die Verschiedenheit gegenüber dem sozialen Verhalten des Menschen in Familie und Staat in guten Diskussionen erarbeitet werden. Auch hier muß es dem Lehrer überlassen bleiben, ob er diese Fragen an die Nervenphysiologie oder an die Ökologie anschließt. Im letzteren Falle sind sie in eine allgemeine Betrachtung von Gemeinschaften des Lebens einzuordnen oder können auch Teil einer gründlichen Untersuchung einer einzigen echten Lebensgemeinschaft sein. Daher ist auf Arbeiten am Ameisenhaufen in der „Biocoenose Wald" näher eingegangen (S. 322).

Symbiose und *Parasitismus*

unter Tieren sind biologische Erscheinungen, die im Unterricht Darbietungen und Lehrgespräch gestatten, jedoch kaum Ansätze für Schülerarbeiten und Untersuchungen bieten. Der Unterricht bringt die Symbiose von Einsiedlerkrebs und Seerose, die von Ameisen und Ameisengästen; er behandelt Innen- und Außenschmarotzer und zwar letztere oft in Verbindung mit persönlicher und sozialer Hygiene. Einzelne Stoffe können sich später noch erweiternd anschließen, so etwa der Generationswechsel der Malariaerreger u. a.

III. Gemeinschaften von Pflanzen und Tieren

Alle Herbivoren können als *Feinde der Pflanzen* bezeichnet werden. Viele Gewächse schützen sich durch Haarbildungen, Stacheln, Dornen, Ausscheidung von Kristallen und Giften. Derartige morphologische und physiologische Erscheinungen werden bereits in den ersten Schuljahren behandelt. Meist erfahren die Schüler auch etwas von Nahrungsspezialisten, so etwa der Seidenraupen, der Maden der Spargelfliege, der Gallmücken, vieler Milben, Pflanzenläuse usw. Als Pollenüberträger sind vor allem die Insekten, seltener bestimmte Vögel, Fledermäuse und Schnecken *Helfer der Pflanzen*. Viele Tiere tragen auch zur Verbreitung der Pflanzen bei. In der Sekundarschule 2 genügt es, wenn ein Schüler in einem Vortrag, verbunden mit Lichtbildern und Belegstücken, auf diese Wechselbeziehungen hinweist.

F. Lebensgemeinschaften oder Biocoenosen

I. Gesetzmäßigkeiten

1. Gesetze der Lebensgemeinschaften

Pflanzen, Tiere und Mikroorganismen des Bodens bilden eine Lebensgemeinschaft, eine Biocoenose. In ihr gelten bestimmte Gesetze:
1. Jede Lebensgemeinschaft besteht aus Produzenten, Konsumenten und Reduzenten.
2. In jeder Lebensgemeinschaft bleibt die Menge der vorhandenen Stoffe konstant.
3. In jeder Lebensgemeinschaft herrscht ein biologisches Fließgleichgewicht, das sich nach Störungen wieder von selbst einstellt.

Im Unterricht müssen diese Grundlagen der Lebensgemeinschaften deutlich werden. Auf die Produzenten und Konsumenten braucht in den oberen Klassen nicht mehr näher eingegangen zu werden. Wesentlich ist aber eine betonte Herausstellung der Reduzenten, auf deren Tätigkeit die Erhaltung der Lebensgemeinschaft beruht. Das 2. und 3. Gesetz lassen sich am besten an einer bestimmten Biocoenose der Heimat erklären.

a. *Die Produzenten*

Voraussetzung für ökologische Arbeiten ist die Kenntnis der Photosynthese. Sie ist ein Thema der Pflanzenphysiologie. Ratsam ist jedoch eine kurze Wiederholung der chemischen Vorgänge und die Bedeutung dieses lebenswichtigen Prozesses. Soweit vorhanden gestatten Kenntnisse aus dem chemischen Unterricht ein näheres Eingehen auf die Kohlenhydrate, Aminosäuren und Eiweiße sowie auf die Fettsäuren als Bestandteile der Fette und Öle. Während die wichtigsten Assimilate nochmals kurz herausgestellt werden, kann auf die anderen Pflanzenbestandteile (Alkaloide, Glykoside, organische Säuren usw.) sowie auf die Dissimilationsvorgänge verzichtet werden.

b. *Die Konsumenten*

Den autotrophen grünen Pflanzen sind die heterotrophen Tiere, den Produzenten die Konsumenten gegenüberzustellen.

Die Aufstellung von *Nahrungsketten* durch die Schüler selbst findet immer rege Anteilnahme und kann für den Lehrer ein Prüfstein dafür sein, wie weit seine Schüler biologische Zusammenhänge selbst herausfinden. Dabei wird von der „Urnahrung", den einzelligen Algen oder auch von bestimmten höheren Pflanzen ausgegangen; die Kette führt dann über pflanzenfressende Tiere zu den Fleischfressern.

c. *Die Reduzenten*

Die lückenhafte Kenntnis von den Biocoenosen hat ihre Ursache darin, daß den Schülern die Bedeutung der Reduzenten nicht deutlich genug wird. Der Abbau der organischen Substanz gehört daher in ausreichendem Maße zu einem Unterricht über Ökologie. Dabei muß, wie schon auf S. 303 bei der Humusbildung betont, die Aufeinanderfolge und das Nebeneinander der Primär- und Sekundärzersetzer mit den mineralisierenden Bakterien deutlich werden. Mit dem Berlesetrichter (S. 311) können wir meist einige Arten des *Edaphons*, die eine Eigenbewegung besitzen, nachweisen. Andere hingegen, vor allem Einzeller, sind auf diese Weise nicht gut feststellbar. Sie können aber auch im Schulunterricht sichtbar gemacht werden: Wir entnehmen einem humusreichen A-Horizont einige Krümel und zerreiben diese vorsichtig zwischen den Fingern. Das Material verteilen wir auf einem Objektträger und feuchten mit Wasser an. Schon bei schwacher Vergrößerung sind Skelette oder Skeletteile von Kieselalgen, Difflugien, Arcellen zu sehen, nicht selten auch Infusorien und Ciliaten des Bodens, auch Anguilliden. Bakterien und Pilzsporen lassen sich auf diese Weise nur schwer nachweisen, da sie von den kleinsten Bodenteilchen nicht zu unterscheiden sind.

Schimmelpilze und *Bakterien* bringen wir mit kleinen Bodenteilchen auf Nährlösungen, die in gut sterilisierten Petrischalen angesetzt werden. Die Aufbewahrung der Schalen erfolgt in einem Thermostaten bei etwa 30°. Ist ein solcher nicht vorhanden, so gibt im Winter die Zentralheizung die erforderliche Wärme zur Koloniebildung; im Sommer stellen wir die Schalen auf Fensterbänke, die nicht der direkten Sonnenbestrahlung ausgesetzt sind. An diesen Plätzen braucht die Entwicklung der Pilze und Bakterien meist etwas längere Zeit als im Brutschrank. Das Licht hat auf deren Wachstum keinen Einfluß. Um verschiedene Bakterienkolonien zu züchten, ist es ratsam, mehrere Böden zu verwenden, z. B. Sand, Kalk, Lehm, humusreiche und humusarme Böden. Eine kurze mikroskopische Untersuchung der Myzelien ist angebracht; gelegentlich werden hierbei die Sporenträger von den Schülern gefunden. Außer den Rasen von Schimmelpilzen entstehen auch die Bakterienkolonien; zuweilen können bei derartigen Züchtungen antibiotische Wirkungen beobachtet werden. Die verschiedenfarbigen Kolonien (weiß, grau, rot, gelb) werden von verschiedenen Bakterienarten gebildet. In Verbindung mit diesen Versuchen sind Berechnungen über die *Bakterienmenge* angebracht. Es ist dabei zweckmäßig, von einem Modellbakterium auszugehen, das einen würfelförmigen Körper von etwa 1/1000 mm Kantenlänge hat. Wenn 10 Teilungen täglich angenommen werden, hat ein einziges Bakterium nach einem Tag $2^{10} = 1024$, also bei vereinfachter Rechnung 10^3, und nach 4 Tagen 10^{12} Nachkommen. Diese füllen einen Würfel von 1 cm Kantenlänge aus und haben ein Gewicht von etwa 1 g. Aufschlußreich ist die Oberflächenberechnung. Sie beträgt für das Modellbakterium $6 \cdot 10^{-8}$. Nach 4 Tagen hat die Bakterienmasse eine Oberfläche von 6 qm. An dieser gewaltigen Oberfläche vollziehen sich viele reduzierende Vorgänge im Erdboden. Daraus wird verständlich, daß es den winzigen Bakterien möglich ist, eine ungeheure Menge organischer Substanz abzubauen. Der für diese Überlegung sehr ansprechbare Schüler erkennt aber auch, daß mit dem Schwund der organischen Substanz Menge und Tätigkeit der Bakterien nachläßt, daß aber der Grenzwert O nicht erreicht werden kann, da immer neue organische Substanz anfällt. Das biologische Gleichgewicht in einer Biocoenose ist also immer fließend.

2. Aufbau und Abbau von Stickstoffverbindungen

In den oberen Klassen kann bei einigermaßen ausreichenden chemischen Kenntnissen auch gezeigt werden, daß jede Bakterienart ganz bestimmte Stoffe zu ganz bestimmten Abbauprodukten reduziert, und daß andere Arten die Reduktion fortsetzen. Im Biologieunterricht kann als Beispiel hierfür *Abbau* und *Aufbau von Stickstoffverbindungen* herangezogen werden. Die Darstellung zeigt einige, auch dem Schüler verständliche Zusammenhänge: Abb. 23

Wir können auf diese chemischen Abläufe durch zwei Versuche hinweisen:
1. Bildung von Ammoniak durch Bakterientätigkeit: Wir mischen eine Handvoll

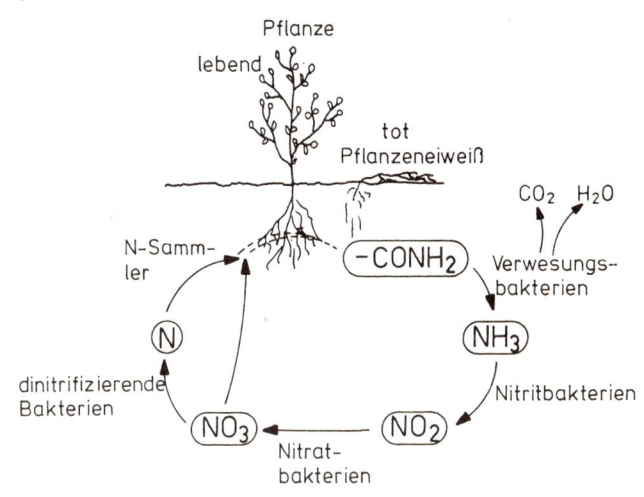

Abb. 23: Kreislauf des Stickstoffes (Faustskizze)

Gartenerde mit einem Teelöffel Harnstoff und lassen das Gemisch in einem verschlossenen Gefäß stehen. Nach 2 Tagen können wir einen kräftigen Ammoniakgeruch feststellen. Das Gas läßt sich mit conc. Salzsäure an einem Glasstab nachweisen. 2. Bildung von Nitrat durch Bakterientätigkeit: Ein Glasrohr von 1 m Länge und 2 cm Weite wird mit einem Leintuch abgeschlossen und schichtweise abwechselnd mit Erbsen und Erde gefüllt. Dann lassen wir sehr schwache Ammoniaklösung (4 $^0/_{00}$) durchlaufen. Die Flüssigkeit fangen wir in einem Glas auf und weisen mit Diphenylamin die Bildung von Nitrat aus Ammoniak nach.

Mit reiferen Schülern können auch die *aeroben* und *anaeroben Bakterien* besprochen werden und in Verbindung damit der Unterschied von *Verwesung* und *Fäulnis*.

Es ist ratsam, beide Vorgänge durch eine Gegenüberstellung voneinander abzugrenzen:

Verwesung und Fäulnis

	Mikro-organismen	Ort	Grundvorgang	wichtige Endprodukte
Verwesung	aerobe Bakterien, Schimmelpilze	an der Erdoberfläche	völliger Abbau der organischen Stoffe	Kohlendioxid, Wasser, Nitrate; geruchlos
Fäulnis	meist anaerobe Bakterien	in tieferen Schichten des Erdbodens	unvollständiger Abbau	übel riechende organische Stoffe (Indol, Skatol)

Verwesung und Fäulnis schließen sich oft gegenseitig aus. Es wird verständlich, warum in Höhlen oder Bergwerken Verwesung, in luftabgeschlossenen Behältern (Eier, eingewecktes Fleisch u. a.) Fäulnis auftreten kann; in tieferen Moorschichten wird mitunter jede Bakterientätigkeit aufgehoben.

II. Biocoenose Wald

Die bisherigen allgemeinen biocoenotischen Einsichten führen normalerweise zu einer vertieften Untersuchung einer bestimmen Lebensgemeinschaft. Da diese von den Klassen aufgesucht werden muß, bleibt dem Biologen nur eine begrenzte Auswahl, nämlich Wald und Gewässer. Wohl kann er hier und da auch eine andere, seinem Schulort naheliegende Biocoenose untersuchen lassen, aber nur selten werden Heiden, Moore, Steppenheiden, Almen erreichbar sein. Daher sollen hier nur die praktischen Untersuchungen im Wald und am Gewässer behandelt werden.

Wald liegt meist in der Nähe eines jeden Schulortes. Manche Schulen können vormittags „ihren" Wald 3 bis 4mal im Jahre aufsuchen; für die Arbeiten in weiter entfernten Wäldern müssen ganze Studientage angesetzt werden, mindestens 2—3 in der Schulzeit, auf mehrere Jahre verteilt. Jeder Lehrgang oder Studientag wird sich einer oder weniger bestimmter Untersuchungen widmen. Die kommenden Betrachtungen sind daher nicht als eine Aufeinanderfolge dieser Arbeiten anzusehen; jedes einzelne Stoffgebiet kann entweder für sich allein einmal oder auch mehrmals im Unterricht anklingen.

1. Die geologisch-geographischen Grundlagen der Wälder

Es ist den Schülern schon in den unteren Klassen bekannt, daß Deutschland in früheren Zeiten zum größten Teil mit Wald bedeckt war. Die starken Rodungen, die etwa um 1400 ihren Abschluß fanden, verwandelten Waldland in Äcker und Wiesen. Darum muß eine der ersten Fragen über den Wald lauten: Warum ist der Wald an dieser Stelle erhalten geblieben? Unter den zuweilen eigenartigen Antworten sind immer die richtigen dabei: Das liegt am Boden, am Klima, an der Beschaffenheit der Erdoberfläche. Unschwer ist herauszuarbeiten, daß auf Sand Kiefern vorherrschen, auf Kalk Buchen, auf Lehm und Mergel Mischwald und auf Ton Erlen. Durch Windbrüche entstandene Baumlöcher, Hänge an Hohlwegen, sogar Wagenspuren im Waldboden sagen immer reiches über den Boden aus. Zu Beginn eines Lehrganges in den Wald kann in kurzer Zeit die obige Frage geklärt sein. Dabei kann die folgende Übersicht mehrfach zum Vergleich herangezogen werden:

Ansprüche unserer Waldbäume an die Umwelt
1. In der Übersicht stehen die anspruchsvollen Bäumen oben, die anspruchslosen unten.
2. Die kleinen Abschnitte innerhalb der Spalten drücken aus, daß die zusammenstehenden Bäume etwa die gleichen Ansprüche stellen.
3. Einige Bäume sind in allen Spalten vertreten, bei anderen ist das nicht möglich, da sie wegen ihrer großen Anpassungsfähigkeit an einzelne Faktoren nicht eingeordnet werden.

Ansprüche	Wärme	Frostempfindlichkeit	Feuchtigkeit	Licht	Boden
hoch	Kastanie	Esche	Erle	Lärche	Esche
	Ulme	Kastanie	Weide	Birke	Ahorn
	Eiche	Robinie	Pappel	Kiefer	Ulme
				Erle	Eiche
		Buche			
	Tanne		Ahorn		
	Buche		Ulme	Eiche	Buche
	Linde	Eiche		Esche	Hainbuche
	Kiefer	Tanne	Fichte	Ulme	Tanne
		Fichte	Tanne		Lärche
	Ahorn		Buche	Linde	Fichte
	Birke	Birke	Eiche	Ahorn	
	Erle	Lärche			Birke
	Esche	Kiefer		Fichte	Kiefer
				Hainbuche	
	Fichte			Rotbuche	
				Tanne	
	Lärche			Eibe	
gering					

2. Die Artenkenntnis

Gute Einsichten in die Lebensgemeinschaft Wald erfordern einige Kenntnisse seiner wichtigsten Pflanzen und Tiere. Leider ist es um die Artenkenntnis heimischer Lebewesen schlecht bestellt. Die gegenwärtigen Tendenzen in der biologischen Bildung sind auch nicht dazu angetan, Artenkenntnis zu fördern, obgleich schon seit langem erschütternde Beweise für diese Unkenntnis von Abiturienten, die die Gymnasien besucht haben, vorliegen. So wurden z. B. Studenten der Medizin und Pädagogik (Königsberg, Oldenburg u. a. O.) 50 biologische Objekte vorgelegt. Dabei kannten über die Hälfte der Befragten nicht die Kohlmeise, zwei Drittel nicht den Star, 4/5 nicht den Buchfink; der Biber wurde von einigen für eine Schafsart, der Dachs für ein Wildschwein, der Eichelhäher für einen Buchfink, das Hausrotschwänzchen für einen Mauersegler gehalten. Ein Student schrieb: „Im Frühling unterbricht der Kuckuck seinen Winterschlaf". Die Beispiele ließen sich vermehren. Es steht sehr zu befürchten, daß diese Unkenntnis noch zunimmt, da bei der wachsenden Verstädterung viele biologische Objekte dem jungen Menschen immer mehr entrücken.

Es ist eine der vordringlichsten Aufgaben der Schulbiologie, dieser zunehmenden Lebensferne Einhalt zu gebieten. Als geeignete Maßnahme kann z. B. eine *Blättersammlung* dienen. Schon die 10jährigen sammeln und pressen Blätter der heimischen Holzgewächse gern; es ist dabei aber eine starke Führung durch den Lehrer nötig, denn in diesem Alter wird wahllos drauflos gesammelt. Das Sammeln kann auch noch einmal in der Oberstufe gemacht werden, denn nach Jahren haben die Primaner das meiste wieder vergessen und können oft eine Buche nicht mehr von einer Linde unterscheiden. Vorbereitend für einen Waldgang mit der Oberstufe kann ein Wettbewerb durchgeführt werden: Die Klasse wird in Gruppen eingeteilt. Jede erhält nach und nach das numerierte, doch nicht signierte Blatt je eines Baumes oder Strauches und notiert den Namen. Am Schluß wird festgestellt, welche Gruppe am besten abgeschnitten hat. Bei einem derartigen „Quiz" ist die Gruppenarbeit dem der einzelnen Schüler vorzuziehen, da im leisen Wechselgespräch innerhalb der Gruppe eine intensivere Beschäftigung mit dem Objekt erreicht wird. Derartige Auffrischungen der Artenkenntnis schaffen Spannung und auch Freude, und das bürgt für einen guten Erfolg.

Es empfiehlt sich immer, vor einem Lehrgang einige Schüler in den „Schulwald" zu schicken und von dort Belegstücke der häufigsten Bodenpflanzen zu holen. Dabei können auch Farne, Moose und Pilze mitgebracht werden. Es wird kurz auf die wichtigsten Artmerkmale hingewiesen. Nach einer derartigen Vorbereitung gehen die Schüler viel aufmerksamer durch den Wald.

Zur Steigerung der Artenkenntnis der Waldtiere ist ebenfalls eine Vorbereitung angebracht. Einige Schüler stellen 8 Tage vor dem Waldgang die in der Sammlung vorhandenen Waldtiere (Vögel, Säuger, Lurche, Insekten, Schnecken) zusammen, fügen vereinzelt Bilder hinzu und gestalten so eine kleine Ausstellung. Im Walde selbst wird die Artenkenntnis durch Fährten, Spuren und durch Fraßspuren erweitert: Miniergänge, Blattskelette, charakteristische Fraßspuren (Blattschneiderbiene), Löcher von Borkenkäfern, Gänge der Buchdrucker, Gallen. Beliebt und auch recht wertvoll sind Arbeiten an einem *Ameisenhaufen*. Es wird geachtet auf Lage und Größe des Nestes, Material, Eingänge, Herbeischleppen der Beute, des Baumaterials, auf Ameisenstraßen (schmal oder breit), Unterbrechung derselben, Ameisen auf Bäumen, Kolonien, Verhalten bei Sonnenschein oder Regen, bei Störungen (Taschentuch auf das Nest legen, Hand knapp darüber halten). Dabei werden die Tierschutzbestimmungen streng beachtet. Zuweilen kann man geschickten reiferen Schülern auch die Durchführung folgenden Versuches anvertrauen: Einige Tage vor dem Waldgang mit der gesamten Klasse suchen sie den Ameisenhaufen auf und legen in eine Ameisenstraße ein Brett möglichst in genau gleicher Höhe mit dem Boden. Die Ameisen gewöhnen sich an das Brett und ziehen über dasselbe ihre Duftspur. Wenn die Klasse am Bau steht, darf keiner dem Brett zu nahe kommen. Die Experimentatoren drehen dann das Brett vorsichtig um 180° und fügen es dem Waldboden genau wieder ein. Jetzt stellen alle Schüler eine „Verkehrsstockung" fest, denn die Ameisenstraße ist vom Nest aus „polarisiert", d. h. nach dem Nest zu riechen die Tiere „nestwärts, entgegengesetzt waldwärts". Nach einiger Zeit überwinden die Ameisen den Duftsprung.

Nur ausnahmsweise wird es möglich sein, daß Schüler an einer Jagd teilnehmen können. Es kommt aber vor, daß ein oder 2 Primaner von einem Jäger oder Förster auf einen Pirschgang mitgenommen wurden. Dabei wird natürlich viel über die jagdbaren Tiere gesprochen. Erfolgreich ist auch eine Kontaktaufnahme mit Förstereien oder Forstämtern in der weiteren Umgebung des Schulortes oder Landheimes, die dann von Schülern besucht werden. Sie lassen sich vorbereitete Fragen (Fragebögen) beantworten und berichten dann der Klasse darüber. Auch derartige „Interviews" tragen dazu bei, die Kenntnisse über den Wald, seine Pflanzen und Tiere zu erweitern.

3. Einflüsse des Wetters auf den Wald

Die Wirkung des Klimas auf die Lebewesen ist bekannt. Im Unterricht besteht allerdings nur wenig Gelegenheit, durch Schülerbeobachtungen diese Zusammenhänge deutlich zu machen. Eine Möglichkeit hierzu bietet die Untersuchung von *Jahresringen*. Sie kann von einzelnen Schülern, von Schülergruppen oder auch von einer ganzen Klasse bei einem Waldgang durchgeführt werden. An je einem noch gut erhaltenen Baumstumpf werden 2—3 Schüler beordert, die die Jahresringe zählen. Damit wird das Alter des gefällten Baumes bestimmt. Zugleich wird aber auch auf die Breite der Ringe geachtet. Bekanntlich weisen breite Ringe auf fruchtbare, enge auf unfruchtbare Jahre hin. Es kommt bei Schüleruntersuchungen immer zu Ungenauigkeiten in der Übereinstimmung der Folge guter und schlechter Jahre. Die Ursachen hierfür müssen geklärt werden. Zuweilen sind die Strünke zum Durchzählen nicht geeignet, wenn sich im Innern schon Mulm gebildet hat. Nicht selten ist der Jahresring „1" nicht eindeutig bestimmbar; oft sind die Jahresringe auch ungleichmäßig und zeigen in ihrer Weite Schwankungen, so daß mitunter die eine Stelle auf ein mittelgutes Jahr, eine andere desselben Ringes auf ein recht gutes Jahr hinweist. Immer zeigen aber diese Untersuchungen zumal wegen ihrer Beliebtheit, daß das Wetter bleibenden Einfluß auf die Entwicklung der Pflanzenwelt hinterläßt. Durch Beobachtung des Moos- und Flechtenwuchses auf Baumstämmen kann die Hauptrichtung, aus der der Regen kommt, festgestellt werden (bei uns meistens W-NW).

4. Einfluß des Waldes auf die Umwelt

Um den Einfluß des Waldes auf die Umwelt nachzuweisen, sind Vergleiche mit den Umweltbedingungen im Freiland erforderlich. Dabei zeigen allerdings die bestandsbildenden Bäume erhebliche Unterschiede (s. Tabelle S. 321). Durch Beobachtungen und Messungen kann der Schüler vieles selbst erarbeiten.

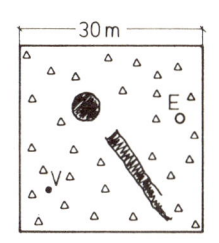

Abb. 24: Das „Drama der Eiche" im Neuenburger Urwald (Schülerarbeit). Um die Reste der abgestorbenen Eiche bis auf eine kümmernde junge Eiche (E) und einen Vogelbeerstrauch (V) nur Buchen

a. *Licht:* Wenn wir unter Bäumen nach oben blicken, erkennen wir die großen Unterschiede in der Dichte der Kronen. Gleichzeitig stellen wir fest, daß unter manchen Baumarten eine reiche Bodenflora auftritt und unter anderen so gut wie keine. Damit ist der Unterschied von Lichtbäumen (Lärche, Birke, Kiefer, Zitterpappel, Eiche) und Schattenbäumen (Rotbuche, Hainbuche, Tanne, Fichte) gegeben. Oft unterdrücken die Schattenbäume die Lichtbäume oder verdrängen sie zum Waldesrand. Das haben Schüler im Neuenburger Urwald bei Oldenburg durch Kartierung festgehalten (Abb. 24). Sie nannten ihre Darstellung „Das Drama der Eiche". Verbunden mit Messungen über Temperatur und Feuchtigkeit können auch Lichtstärkebestimmungen an besonderen Meßstellen (s. u.) im Walde durchgeführt werden.

Bei einem Gang durch den Wald können die Zusammenhänge zwischen Licht und Pflanzenbestand an einem Kahlschlag, einer Lichtung und Schneise oder in der Schonung, im Jung-, Mittel- und Hochwald gut erkannt werden. Die Abbildung 25

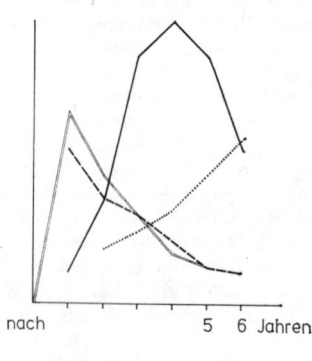

Abb. 25: Pflanzensukzession auf Kahlschlägen
(aus Stengel: Lebendige Natur)
Doppellinie = Erste Schlagpflanzen: Tollkirsche; Greiskräuter, Weidenröschen
einfache Linie = später auftretende Schlagpflanzen: Erdbeere, Himbeere, Honiggras, Hohlzahn, Ruhrkraut u. a.
gestrichelt = letzte Waldpflanzen: Heidelbeere, Ehrenpreis, Hainsimse, Habichtskraut, Glanzmoos u. a.
Punktlinie = neu auftretende Waldpflanzen: Holunder, Vogelbeere, Birke, Heidekraut, Bürstenmoos, Fichtenjungwuchs

zeigt die Pflanzenfolge, die auf einem Kahlschlag siedelt. Der Schulbiologe wird unterrichtlich sehr selten in der Lage sein, eine derartige soziologische Sukzession herauszuarbeiten. Es genügt aber zu erkennen, daß mit dem Heranwachsen der Fichten die Pflanzenassoziation immer artenärmer wird, bis zuletzt im Fichtenmittel- bzw. Hochwald keine Bodenpflanzen mehr gedeihen können mit Ausnahme der heterotrophen, z. B. der Pilze. Wenn der Biologe Jahr für Jahr mit seinen Schülern den gleichen Wald aufsucht, dann kann er alljährlich eine Bestandsaufnahme in dem sich ändernden Forstort machen. Er selbst oder seine Schüler können auch jährlich bestimmte Waldstellen vom gleichen Standpunkt aus photographieren und auf diese Weise vergleichbare Bilddokumente schaffen. — In den Buchenwäldern erkennen wir am Auftreten der Buchenbegleiter die Zusammenhänge zwischen Licht und Pflanzenassoziation (S. 313). Die Abbildung 26 zeigt die verschiedenen Lichtverhältnisse im Buchen- und Fichtenwald, im Gegensatz zum Freiland.

b. *Wärme.* In der Mitte des Waldes ist es im Sommer kühler, im Winter wärmer als im benachbarten Freiland. Das können Schüler durch Messungen nachweisen. In jeder 11. Klasse finden sich einige, die abwechselnd ein ganzes Jahr hindurch allwöchentlich zu einer bestimmten Tagesstunde Messungen im Walde durchführen. Zusammen mit dem Biologielehrer werden bestimmte Punkte festgelegt. In 1 m Abstand vom Boden wird in Licht- und Windschatten ein kleiner Nagel in den Baum geschlagen, an dem zur Meßzeit das Thermometer etwa 5 Minuten lang aufgehängt wird. Wünschenswert ist es, wenn die Wärmeschwankungen in verschiedenen Waldarten gleichzeitig gemacht werden, wie dies die Abbildung 27 zeigt.

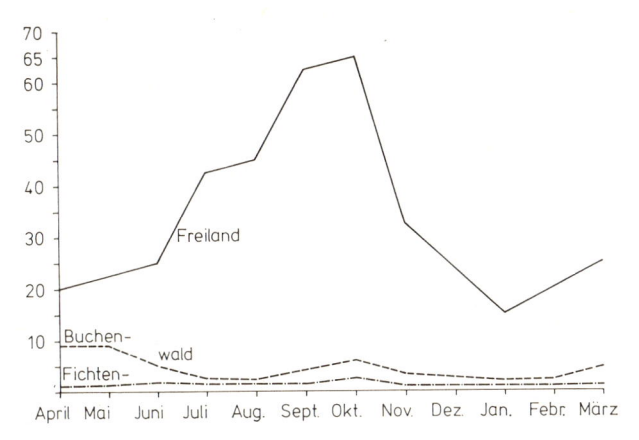

Abb. 26: Die Lichtverhältnisse während eines Jahres im Walde (Schülerarbeit)

Derartige Jahresarbeiten erfordern Bereitschaft und Ausdauer; sie sind daher außer ihren Erkenntnisinhalten wertvolle erzieherische Maßnahmen. Erlebnisreich ist die Feststellung der Wärmeschwankung im Tag-Nacht-Rhythmus. Es muß dann an den Meßpunkten im Abstand von 2 Stunden gemessen werden und zwar von 12^h des ersten bis 12^h des zweiten Tages. Es können aber auch andere Anfangs- und entsprechende Schlußzeiten gewählt werden. Diese Schwankungen wurden sogar mit begeisterungsfähigen Klassen festgestellt. So bekamen an einer Schule mehrere Jahre hindurch die 10. Klasse einen Studientag zugebilligt, ließ sich in einem Blockhaus häuslich nieder und suchte gruppenweise die Meßpunkte auf. Mit Ablösung geschah das auch während der Nacht; dann ging es z. T. durch starkes Dickicht mit Taschenlampen zu den Meßpunkten.

c. *Wasser:* Für eine Schule wird es kaum möglich sein, in einem Wald an verschiedenen Plätzen Regenmesser aufzustellen, um den Einfluß der Bäume auf die Niederschläge zu erarbeiten. Allgemeine Beobachtungen vermögen einige Hinweise zu geben. Wo suchen wir bei Regen Schutz? Unter Buchen oder Fichten, also unter Schattenbäumen mit dichten Kronen. Die Bodennässe unter den Bäumen sagt ebenfalls einiges aus. Diese Beobachtungen können durch die folgende Tabelle erweitert werden:

Beeinflussung der Niederschläge durch Bäume

	Buche	Eiche	Fichte
Durch die Kronen fließen:	65 v. H.	74 v. H.	40 v. H.
Am Stamm fließen ab:	13 v. H.	6 v. H.	1 v. H.
In den Kronen verdunsten:	22 v. H.	20 v. H.	59 v. H.

Die Verdunstung der Niederschläge und die Ausscheidung von Wasser aus Spaltöffnungen und Wasserspalten sorgen dafür, daß die *Luftfeuchtigkeit* im Walde größer ist als im Freien. Auch das kann von Schülern durch Messungen erhärtet

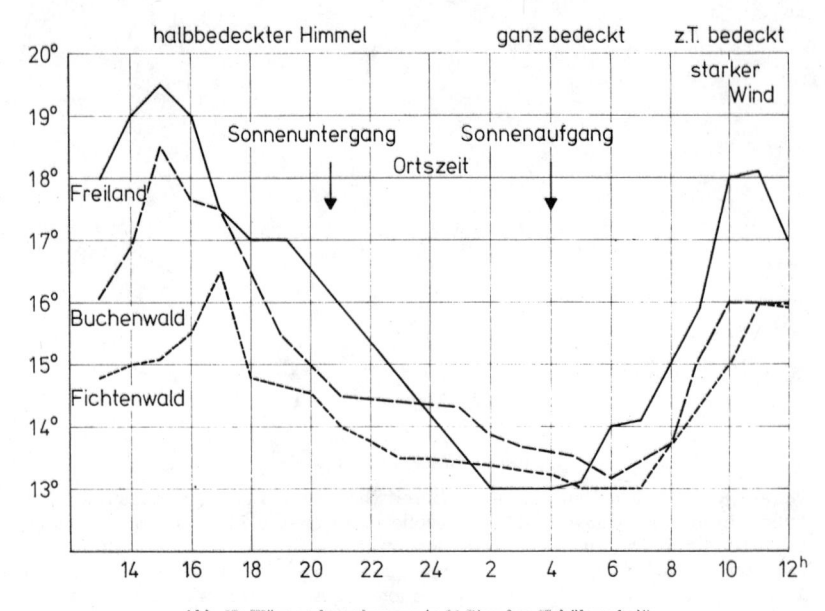

Abb. 27: Wärmeschwankungen in 24 Stunden (Schülerarbeit)

werden. Durch die Anschaffung einer erforderlichen Zahl von Haarhygrometern kann zugleich mit den Wärmemessungen die Luftfeuchtigkeit bestimmt werden.
d. *Boden:* Über Bodenuntersuchungen ist auf S. 297—307 berichtet. Eine größere Zahl von ihnen ist für die Untersuchung des Waldbodens geeignet.

5. Lebensbezirke des Waldes

Jeder Wald gliedert sich in mehrere Bezirke. Ihre Besonderheiten müssen erkannt werden. Dabei können wir von einer Kartierung ausgehen. In einem nicht zu einseitigen Waldgebiet stecken die Schülergruppen Quadrate von 10 bis höchstens 25 m Seitenlänge ab. Auf einer maßstabgerechten Skizze werden die Bäume eingetragen und dabei durch entsprechende Größe der Zeichen oder Buchstaben Hinweise auf das Alter der Bäume gegeben, auch die Standorte der Sträucher und der wichtigsten Bodenpflanzen sind einzutragen. Dann wird durch das ausgewählte Quadrat eine Diagonale gezogen und die auf dieser oder in ihrer Nähe stehenden Holzgewächse, Stauden und Kräuter skizziert. Es entsteht so eine Profilzeichnung, die den Schichtenaufbau des Waldes gut erkennen läßt: Baumkronen, Stämme, Buschwerk (Unterholz), Pflanzen des Bodens und Waldboden selbst. In manchen Wäldern fehlt das Gebiet des Buschwerkes; der Bezirk der

Stämme oder des Holzes ragt in die Kronenregion und auch in die des Waldbodens hinein. Trotz dieser Schwierigkeiten in der Abgrenzung finden die Schüler immer Unterschiede in den Außenfaktoren wie auch in den Pflanzen- und Tierbeständen. Dabei kann die folgende Zusammenstellung behilflich sein.

a. *Gebiet der Baumkronen*
Starke Belichtung, starker Windeinfluß, Wärmeverhältnisse ähnlich denen des Freilandes, geringer CO_2-Gehalt der Luft, ungehemmte Einwirkung der Niederschläge. Hauptwohnbezirk der Raupen der Waldgroßschädlinge; ihnen folgen Schlupfwespen, insektenfressende Vögel; Wohnbezirk der meisten Großvögel unserer Wälder und vieler samenfressender Arten.

b. *Gebiet der Stämme*
Herabgesetzte Belichtung, Windeinfluß nicht sehr groß, Tageswärme herabgesetzt, CO_2-Gehalt größer als im Kronengebiet, bei starkem Regen Wasserablauf am Stamm. Wohnbezirk der Überpflanzen (Moose, Flechten). Überwinterungsgebiet vieler Gliedertiereier, Larven und Gliedertiere selbst; Lebensraum der holzfressenden Insekten und deren Larven, Wohngebiet räuberischer Insekten und Spinnen, Nistgebiet der Höhlenbrüter.

c. *Gebiet des Buschwerkes*
Herabgesetzte Belichtung, Windeinfluß vor allem im Waldinnern gering, sommerliche Wärme herabgesetzt und gleichmäßig, CO_2-Gehalt wie im Bereich der Stämme, keine starke Auswirkung der Niederschläge. Pflanzengesellschaft der Waldsträucher, Jungbäume, Schlinggewächse. Lebensraum sehr vieler Insektenarten (Blattläuse, Gallwespen) und Spinnen; viele Vogelarten; Wohngebiet des Großwildes und der Schlafmäuse.

d. *Gebiet der Bodenpflanzen*
Sehr stark herabgesetzte Belichtung, annähernde Windstille, gleichmäßige Wärme, CO_2-Gehalt groß, Niederschlagsmenge stark herabgesetzt. Begleitpflanzen unserer Waldbäume: Buchenbegleiter, Gräser, Farne, Moose, Pilze. Lebensraum sehr vieler Tierarten (Spitzmäuse, Scharrvögel, Kröten, Salamander, Käfer, Ameisen, Tausendfüßer, Schnecken, Würmer).

e. *Gebiet des Waldbodens*
Dunkelheit, ganz langsame Bewegung der Bodenluft, gleichmäßige Wärme im Sommer unter, im Winter über Lufttemperatur, immer feucht, wenn auch Grundwasser gegenüber Freiland tiefer liegend. Bezirk der Mineralisation aller organischen Stoffe. Zusammenwirken von Zersetzern (Würmer, Tausendfüßer, Insektenlarven) und der mineralisierenden Bakterien, Pilze, Protozoen.

Beispiel: Der Abbau eines Baumstumpfes

Der Abbau organischer Substanz ist im Verfall von Baumstümpfen besonders gut zu beobachten. Bisher haben derartige Untersuchungen kaum Eingang in die Praxis der Schuluntersuchungen gefunden. Bei diesen Vorgängen können wir verschiedene Stadien feststellen. Wir wollen uns auf 4 beschränken, wenn auch die Fachliteratur noch mehr Stadien unterscheidet. Allerdings muß der Lehrer einleitend darauf hinweisen, daß der Abbau von verschiedenen makro- und mikroklimatischen Faktoren abhängt und daher ungleichmäßig schnell verläuft. Die im folgenden angegebenen Jahre können nur orientierend sein. Die Untersuchung erfolgt am besten bei einem Waldgang. Die älteren Schüler sind mit

Sammelgläsern (Tötungsgläsern) und Lupen ausgerüstet und führen zum Durchsieben evtl. auch ein kleines Netz mit. Ihre Gruppen suchen 6-8 Baumstrunke auf, die sich durch verschieden weit fortgeschrittene Zersetzung unterscheiden. Diese werden untersucht, skizziert und die gefundenen Tiere gesammelt. Es ist dem Fachlehrer überlassen, wie weit die Untersuchung geführt werden soll. Natürlich

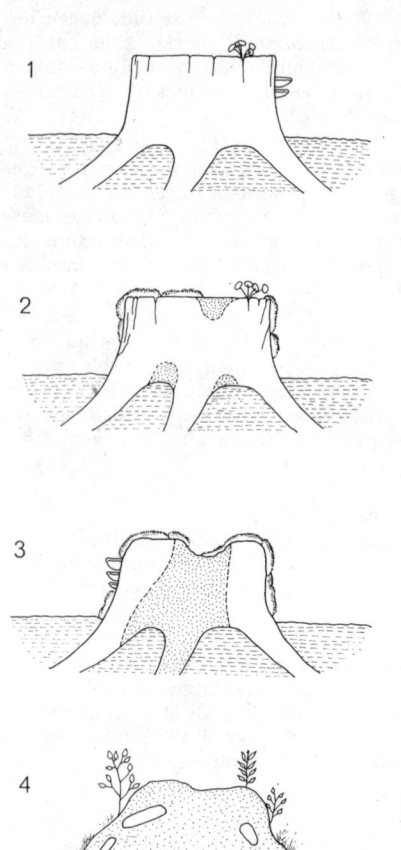

Abb. 28: Abbau eines Baumstumpfes (aus Kühnelt: Bodenbiologie, vereinfacht)

ist es möglich, daß anstelle einer ganzen Klasse auch einzelne als Sonderaufgabe derartige Arbeiten durchführen und dann über die Ergebnisse berichten. Die erwähnten 4 Abbaustadien lassen sich folgendermaßen benennen und charakterisieren; dazu die Abbildungen 28.

1. Stadium (Anfangsstadium): Lockerung der Rinde, Befall des Holzes
Dauer 2—4 Jahre
Nach dem Absägen des Baumes werden am Stumpf zuerst die weichen Zellwände des Kambiums befallen. Dort stellen sich Bockkäfer und Borkenkäfer ein, denen räuberische Käfer folgen. Von den Abfallstoffen der Holzfresser leben Larven der Pilz- und einiger Gallmücken. Auf der Rinde und in deren Spalten siedeln sich Schwefelkopf, Hallimasch und Polyporusarten an. Von ihrem Myzel ernähren sich die Larven einiger Käferarten und der Pilzmotten. Unter die Rinde dringen Milben, Fadenwürmer, Springschwänze ein; auch Drahtwürmer treten auf und vielfach beginnen Ameisen (Lasiusarten) den Strunk zu besiedeln.

2. Stadium: Bewuchs des Strunkes
Dauer 2—4 Jahre
Bei ausreichender Feuchtigkeit siedeln sich auf der Rinde und in den Rissen des Holzes Algen und Flechten an. Diese werden von Schnecken beweidet. Die Ausscheidungen dieser Tiere fördern das Auftreten von Moosen, die sich in breitflächigen Fladen vom Holz abheben lassen. In der Moosschicht halten sich viele Tiere auf; wir können die dort lebenden Rädertiere, Bärentierchen, Milben, Ameisen und dazu die Kieselalgen, Volvocalen und Bakterien als ausgeprägte Standortsgemeinschaft bezeichnen. Die Moose begünstigen die Humifizierung, da es unter ihnen immer feucht ist. Die Zahl der hier gute Lebensbedingungen findenden Tiere steigt; wir finden in reicher Menge Urinsekten, Milben, Mückenlarven, Regenwürmer. Das Holz wird sehr gelockert; verschiedene Tierarten bilden in ihm Gänge und Röhren, in denen neue Arten in das Holz vordringen. Der Stoffwechsel der gesamten Fauna im Strunk wird größer, die Stoffwechselprodukte zahlreicher und immer mehr Teile des Holzes werden von diesen Veränderungen betroffen.

3. Stadium: Zunehmende Bildung von Mulm
Dauer 4—5 Jahre
Die zersetzten Teile des Holzes werden erdig; wir sprechen dann von Baumerde oder Mulm. Er bildet sich ungleichmäßig. Meist entsteht er zuerst oben an der Schnittfläche des Stumpfes. In ihm siedeln sich Fadenwürmer, kleine Gehäuseschnecken, Nacktschnecken und Engerlinge verschiedener Käfer an (z. B. Hirschkäfer, Nashornkäfer, Goldkäfer, Drahtwürmer); zu ihnen kommen Spinnen, Milben und vor allem Regenwürmer. Infolge der größeren Feuchtigkeit wird das Holz aber auch vom Boden her zerstört und zwar meist schneller als von oben. Der feuchte Wurzelhals und auch die Wurzeln selbst werden von Pilzen und Bakterien befallen. Es handelt sich oft um anaerobe Arten. Sie lockern und zersetzen das Holz und schaffen Lebensraum für Urinsekten, Engerlinge, Tausendfüßer, Landasseln, Spinnen und Regenwürmer. Die Zerfallsstellen des Strunkes von oben und von unten nähern sich allmählich; schließlich vereinigen sie sich und es entsteht im Baumstumpf ein Zylinder, der mit Mulm gefüllt ist. Durch die Tätigkeit, vor allem der Regenwürmer, gelangen immer mehr mineralische Stoffe in die Baumerde, deren organischer Anteil allmählich geringer wird. Der Strunk ist nach außen meist noch fest, innen zerstört; in diesem Zustand wird er zum Jagdgebiet und auch zum Winterquartier vieler Tiere (Laufkäfer, Spinnen, Schlupfwespen, räuberische Fliegenlarven u. a.).

4. Stadium (Endstadium): Verschwinden des Stumpfes
Nach 10—12 Jahren

Die dünn gewordenen Reste des Stumpfes halten sich einige Zeit, dann zerfallen auch sie. Allmählich verliert der Strunk seine Gestalt und wird zu einem kleinen Erdhügel, auf dem sich neue Pflanzen ansiedeln, und in dem die Wurzeln benachbarter Bäume eindringen. Der Unterschied zwischen dem Mulm und dem benachbarten Erdboden wird immer geringer und verschwindet allmählich nahezu ganz. Einige Zeit noch halten sich in den letzten Holzresten die Larven der Bockkäfer (Mulmbock), einiger Borkenkäfer und Rüsselkäfer.

Immer sind Zersetzer die Wegbereiter für die mineralisierenden Mikroorganismen, vor allem für die abbauenden Bakterien. Bei der Reduktion der organischen Substanz darf keine dieser Organismengruppen fehlen. Sie sind aufeinander angewiesen. Ihr ununterbrochenes und sich selbst regulierendes Zusammenwirken ermöglicht die Umwandlung der organischen Substanz. Von diesem Vorgang wiederum ist der Bestand der gesamten Biocoenose abhängig.

6. Kreislauf der Stoffe

Mit der Einsicht in die Lebensbezirke und den Abbau der organischen Substanz ist die Biocoenose Wald schon recht gut erfaßt. Mit Hilfe einiger einfacher chemischer Kenntnisse kann der ältere Schüler noch tiefer in die Zusammenhänge eindringen. Dabei können einige für die Assimilation wichtige Stoffe im Erdboden nachgewiesen werden (S. 319). Den Wechsel zwischen Produktion und Reduktion gibt die Abbildung 29 wieder. Wir erkennen, daß der im Stamm verbleibende

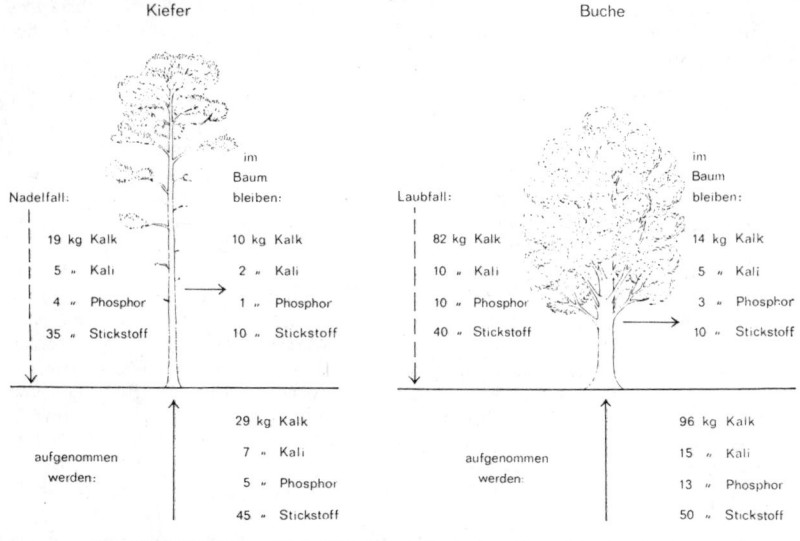

Kiefer			Buche		
Nadelfall:		im Baum bleiben:	Laubfall:		im Baum bleiben:
19 kg Kalk		10 kg Kalk	82 kg Kalk		14 kg Kalk
5 " Kali		2 " Kali	10 " Kali		5 " Kali
4 " Phosphor		1 " Phosphor	10 " Phosphor		3 " Phosphor
35 " Stickstoff		10 " Stickstoff	40 " Stickstoff		10 " Stickstoff
aufgenommen werden:		29 kg Kalk	aufgenommen werden:		96 kg Kalk
		7 " Kali			15 " Kali
		5 " Phosphor			13 " Phosphor
		45 " Stickstoff			50 " Stickstoff

Abb. 29: Stoffumsetzungen bei Kiefer und Buche (aus Stengel: Behandlung der Lebensgemeinschaften)

Mineralstoffgehalt vor allem bei der Buche nur etwa ¼ der durch das Fallaub zurückgeführten Stoffe ausmacht. Aus den Untersuchungen an den Baumstümpfen wissen wir, daß auch der Mineralgehalt des Holzes an den Boden zurückgegeben wird.

Durch diese Arbeiten und Betrachtungen hat jetzt der Schüler ein Optimum an Einsichten über den Wald als Biocoenose gewonnen. Er weiß um die Produzenten, Konsumenten, Reduzenten, er kennt die Gliederung in Lebensbezirke; er ahnt die Selbstregulierung in dieser Biocoenose.

7. Waldsukzessionen

Trotz dieser biocoenotischen Ausgeglichenheit unterliegt der Wald in seinem Bestand und seiner Zusammensetzung Schwankungen, die durch den klimatischen Ablauf in geologischer Folge bedingt sind. Für Mitteleuropa ist die Eiszeit der große Einschnitt in die Entfaltung alles Lebens. Falls im Unterricht genügend Zeit vorhanden ist oder falls einige Schüler den Fragen der Waldsukzession nachgehen wollen, ist die Einführung in die *Pollenanalyse* gegeben. Den Beginn dieser interessanten Forscherarbeit setzen wir am besten in die 2. Maihälfte, also an das Ende der Fichten- und der Kiefernblüte. Dann streut der Wind den Baumpollen auf den Waldboden und über die Nachbarfluren aus. Wir suchen einige feuchte Stellen am Waldboden, eventuell auch Wagenspuren, die Regenwasser enthalten, tupfen mit Deckgläschen vorsichtig auf die Oberfläche und untersuchen. Am besten ist es, wenn in einem Pkw Mikroskop und Zubehör mitgenommen werden, um an Ort und Stelle eine größere Zahl der Proben zu untersuchen. Immer finden wir Pollen der Nadelhölzer. Er ist auch oft in sehr großen Mengen in der Kahmhaut stehender Gewässer oder auf stillen Flußbuchten, die sich in Waldnähe befinden.

Wünschenswert ist, wenn sich an eine solche Arbeit eine einfache *Mooranalyse* anschließt: Auf einer Studienfahrt wird ein Moor aufgesucht, in einem Abstich Proben in verschiedenen Tiefen entnommen und in geeigneten Gefäßen ins Schullaboratorium gebracht. Dort werden unter Lupenverwendung mit Pinzetten die gröberen Bestandteile herausgelesen, der Rest mit 25 % Kalilauge aufgekocht und dann geschleudert. Aus dem abgesetzten Moorschlamm sind Proben zu entnehmen, die auf einem Objektträger gestrichen, über der Flamme vorsichtig eingetrocknet, in Glyceringelatine eingebettet und mit einem kleinen Schildchen versehen werden, das die Tiefe der Moorprobe angibt. Für diese Arbeit benötigt man etwa eine Stunde. In einer anderen erfolgt die mikroskopische Untersuchung. Immer werden Pollen gefunden, deren harte Zellwände nicht zersetzt wurden. Liegen Proben aus verschiedenen Tiefen vor, dann ist oft eine Veränderung im Pollenspektrum nachweisbar.

Derartige Untersuchungen sind bei Schülern beliebt. Sie schaffen eine gute Grundlage zum Verständnis der Waldsukzessionen, die nach dem Abschmelzen des Eises in Mitteleuropa stattgefunden haben. Es ist eine Frage der Zeit und der Neigung des Biologielehrers, ob er diese historischen Momente in der Biologie, die gute Querverbindungen zur Kulturgeschichte beinhalten, weiter ausbauen will, ob er ferner auf die Abweichungen in der Waldfolge eingehen will und etwa das Fehlen der Kiefer in England, das massenhafte Auftreten der Hasel in einigen Mittelgebirgen u. ä. in den Kreis der pollenanalytischen Untersuchungsergebnisse einfügt.

An den Veränderungen im Waldbestand der engeren Heimat sind immer auch ältere Schüler interessiert. Wir können sie dabei zu Studien über Flurnamen in den Gemarkungen der Dörfer und Städte anregen und ermöglichen ihnen Einsichten in Forstkarten, die die Namen der Forstorte enthalten. Dabei finden wir heute immer wieder Bezeichnungen, die über die Beschaffenheit der Flur, über das Auftreten von Großwild und über andere Begebenheiten aussagen und dadurch historisch-biologische Einsichten vermitteln (Wolfsschlucht, Bärenfang, Hirschgraben, Biberburg usw.).

8. *Waldwirtschaft*

Nahezu jeder Gang in den Wald gibt Einblicke in die Waldwirtschaft. In sehr vielen Gegenden Deutschlands ist zu erkennen, daß die Forstbehörden zu Mischbeständen zurückkehren und für Bodenpflege und allmähliche Verjüngung sorgen. Dabei wird der Plenterschlag angewandt, bei dem jeweils schlagreife Bäume an verschiedenen Stellen herausgeschlagen werden. Auf den frei gewordenen Stellen kommt es durch Anflug oder Abfall von Samen zur Entwicklung von Jungholz, von sogenannten „Horsten". Der radikale Kahlschlag ist aber auch noch gebräuchlich. Er entfernt im Hochwald die gleichaltrigen Bestände auf größeren Flächen, die dann neu bepflanzt werden. Auch die Durchforstung ist bei einem Waldgang immer nachweisbar.

Jede *Durchforstung* verringert die Zahl der Bäume. Das kann unschwer festgestellt werden: Bei einem Waldgang werden auf einer Fläche von 10 mal 10 m die Fichten ausgezählt und zwar in einer Schonung, einem Nieder-, einem Mittel- und einem Hochwald. Die Abnahme ist enorm. Sie wird etwa folgenden Zahlen entsprechen: Schonung 100 000 Pflanzen, nach 10 Jahren noch 10 000, nach 30 Jahren 6 500, nach 40 Jahren 2 500 und bei der Schlagreife nur noch 300—400.

Zuweilen ist auch die Möglichkeit gegeben, eine Mischwaldschonung zu betrachten. Der Schüler kann hier seine Baumkenntnis gut prüfen, denn er findet je nach dem Standort Sommereiche, Roteiche, Rotbuche, Hainbuche, Fichte, die europäische Lärche und ihre japanische Verwandte, Weymouthskiefer, Douglastanne, Linde, Erle u. a.

Die Fichtenschonung wird zu einem Fichtenhochwald, die Mischwaldschonung zu einem Mischwald. Beide Waldarten zeigen erhebliche Unterschiede, die die Schüler selbst zusammenstellen können. Dabei mag folgende Gegenüberstellung behilflich sein:

	Mischwald	Fichtenforst
Zusammensetzung:	Laub- und Nadelbäume verschiedenen Alters	Fichten gleichen Alters
Wachstum:	ungleichmäßig	nahezu gleichmäßig
Unterholz:	vorhanden	nicht vorhanden
Boden:	verwesendes Laub, Humus	feste Nadelstreu, saurer Boden
Verjüngung:	oft natürlich, durch Samenanflug	künstlich durch Anpflanzung
natürliches Gleichgewicht:	zwischen Vögeln und Waldinsekten vorhanden	gestört; Zunahme der forstschädlichen Insekten.

Der Schulbiologe muß stark eine Bewegung fördern, die dem Wald dient und zugleich die Jugend naturverbunden erhält, nämlich die Einrichtung der „*Waldläufer*", die von der „Schutzgemeinschaft deutscher Wald" geschaffen wurde. Jeder Junge und jedes Mädchen, das sich in den Dienst des Waldes stellt, bekommt nach einiger Bewährung einen „Waldläuferbrief" und wird dann bei Wild- und Vogelschutz, Fledermaus- und Ameisenschutz, zuweilen auch bei Durchforstungsarbeiten und anderer waldverbundener Tätigkeit herangezogen.

Literatur

Bertsch, K. Der Wald als Lebensgemeinschaft. Maier, Ravensburg 1947
Böhlmann, D. Landschaftsschutz und Waldpflege. Praxis 1969/5, S. 92
Bolm, K. Gedanken zum Waldläuferbrief der Schutzgemeinschaft Deutscher Wald. Praxis 1957/1, S. 1
Broihan, F. Ein Beitrag zur nacheiszeitlichen Waldgeschichte des Hannoverschen Flachlandes auf Grund pollenanalytischer Untersuchungen. MNU 1960/61/13, S. 33
Budde, H. Der Wald im Unterricht. Rheinhausen 1951
Der Biologieunterricht 1967, Heft 3 bringt Arbeiten über den Wald: *Hager, P.* Der Lehrgang in den Wald — *Böhlmann, D.* Der Wald im Landschaftsgefüge — *Kettling, A.* Der Wald als Lebensraum unter besonderer Berücksichtigung des Stockwerkbaues — *Hager, P.* Wald und Boden.
Der Biologieunterricht 1967, Heft 4 bringt: *Zauner, F.* Die Untersuchung von Waldstandorten — *Grüninger, W., Rupprecht, W.* Die Lebensgemeinschaft der Baumrinden.
Dietrich, H., Müller, S. Bannwälder. Kosmos 1970/10, S. 413
Feucht, O. Der Wald als Lebensgemeinschaft. Öhringen 1936
Firbas, F. Spät- und nacheiszeitliche Geschichte Mitteleuropas. Jena 1952
Giesbrecht, E. Lebensgemeinschaft Wallhecke. Praxis 1953/7, S. 73
Gößwald, K. Die rote Waldameise im Dienste der Waldhygiene. Lüneburg 1951
Gößwald, K. Pflegemaßnahmen im Natur- und Landschaftsschutz mit dem Schwerpunkt Waldameisengehege des Bundes für Waldhygiene in Zusammenarbeit mit der Jugend. Praxis 1971/3, S. 41
Grupe, Hans. Naturkundliches Arbeitsbuch für die Weiterbildung der Lehrer. Frankfurt und Bonn 1951
Grupe, Heinrich. Naturkundliches Wanderbuch. Oberursel und Braunschweig ab 1949
Grümmer, F. Die gegenseitige Beeinflussung von Pflanzen. Jena 1955
Hartmann, F. Der Waldboden. Humus-, Boden- und Wurzeltypen als Standortsanzeiger. Wien 1951
Häusler, K. Nur Hecken. Praxis 1964/7, S. 125.
Metzger, R. Einsatzmöglichkeiten von Fallen für ökologische Untersuchungen. Biolog. i. d. Schule 1972/7
Rühl, K. Freilandbeobachtungen und einige Experimente bei der roten Waldameise. Praxis 1967/3, S. 41
Ruppelt, W. Pflanzliche Gallen als Studienobjekte bei Übungen im Wahlpflichtfach. MNU 1967/5/6, S. 225
Schwab, F. Die Herstellung und Hegung lebender Hecken. Urquell, Mühlhausen-Thüringen
Schwertfeger, F. Die Waldkrankheiten. Parey. Hamburg 1957
Unser Wald. Zeitschrift der Schutzgemeinschaft Deutscher Wald. Rheinhausen.

III. Biocoenose Teich (See)

Fließende Gewässer sind zweifellos wertvolle Unterrichtsgegenstände der Biologie, denn jeder Bach und auch jeder Fluß bietet mannigfache Einsichten in seine geographischen Bedingtheiten, seine Pflanzen- und Tierwelt. Nur begrenzt wird es aber an ihnen möglich sein, biocoenotische Zusammenhänge herauszuarbeiten. Wohl kommt es in den Kolken größerer Bäche oder zwischen den Buhnen an Flüssen zu starken Entwicklungen der Pflanzen und Tiere, auch zu Ansiedlungen von Reduzenten, jedoch wird von Zeit zu Zeit durch Hochwasser und Überschwemmungen ein derartiger Standort stark beeinflußt und mindestens für eine gewisse Zeit verändert. Bei *stehenden Gewässern* wirken sich Hoch- oder Niedrigwasser nicht so sehr aus. Die Produzenten, Konsumenten und Reduzenten bleiben in ihrem Fließgleichgewicht. Daher sind Teiche und Seen für den biologischen Unterricht günstiger als Bäche und Flüsse. Dabei sind die Teiche wegen ihrer besseren Übersichtlichkeit vorteilhafter, auch wenn sie nur das Litoral und kaum ein Pelagial und Profundal aufzuweisen haben.

1. Die geographischen Gegebenheiten

Zuerst muß die Frage nach der *Entstehung des Teiches* gestellt werden; sie ist leicht zu beantworten. Immerhin gehört eine knappe Beschäftigung mit den landschaftlichen Gegebenheiten dazu, um festzustellen, ob ein Altwasser oder ein Stauteich vorliegt, ob es sich um eine durch Regen- und Grundwasser gespeiste Bodensenke oder um einen geologisch bedingten Erdfall handelt, wie er z. B. durch Auslaugung tiefer liegender Salz- und Gipslager entsteht. Die *Wasserversorgung* durch Grundwasser, Regenwasser oder durch einen Zufluß muß erkannt werden und ebenso, ob und wieviel Wasser durch einen Abfluß den Teich verläßt. Mit diesen Überlegungen ist die Herstellung einer Teichkarte zu verbinden. Die Uferlinie wird so genau wie möglich mit Bandmaß oder auch unter Benutzung eines Theodoliten herausgearbeitet und einige wenige markante Stellen eingetragen z. B. Inselbildungen, Einfluß, Abfluß. Von der Karte wird ein Druckstempel oder eine Strichätzung angefertigt, wodurch jeder Schüler die Umrißzeichnung erhält, sich orientiert und dann die jeweiligen Beobachtungen einträgt.

Falls der „Schulteich" der Öffentlichkeit nicht oder nur wenig zugängig ist, wird ein Lattenpegel in kurzer Entfernung vom Ufer eingeschlagen, um den *Wasserstand* laufend zu beobachten. Das geschieht in jeder Woche durchschnittlich einmal. Sollten aber durch sehr starke Regenfälle Hochwasser oder Überschwemmungen auftreten, dann muß der Wasserspiegel mehrmals in der Woche festgestellt werden. Es finden sich immer einige Schüler, die im regelmäßigen Wechsel zu Fuß, mit dem Rad oder mitunter sogar im Pkw zum Teiche gehen bzw. fahren, dort den Pegelstand ablesen und zugleich einige anfallende Beobachtungen machen.

An manchen Teichen ist es möglich, sich einen Einblick in die Schlammzuführung zu verschaffen. Wenn nach starken Regengüssen der Zufluß viel Sedimente führt, werden etwa 10 l entnommen, filtriert und der getrocknete Rückstand gewogen. Derartige Messungen erlauben genauere Rückschlüsse auf die Veränderungen der Uferlinie und die Hebung des Teichgrundes. Damit ist es möglich, kleinste „Alluvionen" in ihren Anfängen zu erkennen.

Wichtig für jede Arbeit am Teich ist die Feststellung der *Wassertiefe*. Von etwa 2—4 gegenüber liegenden Uferpunkten werden Fluchtlinien anvisiert. Einige Schüler stehen an diesen Punkten und lenken 2—3 andere, die durch das Wasser waten und die Tiefe messen. Es muß allerdings dabei sehr beachtet werden, ob nicht zu massige Algenwatten oder zu hohe Faulschlammlager derartige Gänge durch das Wasser gefährlich machen. In solchen Fällen wird wie auch bei tieferen Teichen und Seen von einem Kahn aus die Wassertiefe gelotet oder mit einer Meßlatte gemessen. Je nach der Größe des Teiches ist seine Tiefe in etwa 5—10 m Abstand zu bestimmen. Das Ergebnis sind Profillinien (s. Abb. S. 284), die auch die Hängigkeit des Ufers einbeziehen können.

2. Artenkenntnis

Ohne eine bescheidene Kenntnis von Pflanzen- und Tierarten ist ein Verständnis für die Biocoenose Teich nicht möglich.

a. *Pflanzen*
Von jedem Gang an den Teich, der im Klassenverband oder einzeln gemacht wird, werden einige blühende Pflanzen mitgebracht, die möglichst vielen Schülern gezeigt werden, und von denen diese einige Merkmale kennen lernen. Am Teich selbst werden die Uferbäume bestimmt und anschließend die vom Ufer erreichbaren Pflanzen. Schwieriger ist die Beschaffung der schwimmenden oder untergetauchten Gewächse. Von einem Kahn aus ist das leicht; fehlt aber ein solcher, dann werden die Pflanzen von einer geeigneten Uferstelle aus mit einem Wurfhaken herangezogen. Dieser muß fest angebunden sein und darf keine scharfen Ränder haben. Er wird gleich nach dem Einwurf angezogen, denn sonst sinkt er zu tief und kann dann so viele Pflanzen erfassen, daß ein Herausziehen an das Ufer sehr schwierig oder gar unmöglich wird.

Während sich der Unterricht über die Teichpflanzen in den unteren Klassen auf die Artenkenntnis beschränkt und nur einige charakteristische morphologische und anatomische Einzelheiten bringt, können 12- bis 14jährige schon die Frage nach der verschiedenen Ernährungsweise erörtern. Sie begreifen sofort, daß die aus dem Wasser herausragenden Pflanzen ihr CO_2 aus der Luft holen und, da sie bewurzelt sind, ihre Nährstoffe aus dem Teichgrund. Die wurzellosen Pflanzen erreichen kaum die Wasseroberfläche und nehmen daher ihren CO_2-Bedarf und ihre Nährsalze aus dem Wasser und zwar mit ihrer ganzen Oberfläche. Diese Betrachtungen führen zu einer ökologischen Dreiteilung der Teichpflanzen:

Sumpfpflanzen: Ragen über die Wasseroberfläche, wurzeln im Teichgrund, entnehmen CO_2 und Nährsalze aus Luft, bzw. Boden. Schilf, Rohrkolben, Wasserschwertlilie, Blutweiderich, Seerose, Teichrose, schwimmendes Laichkraut u. a. Sumpfpflanzen gehen bei lang anhaltender Überschwemmung zugrunde.

Echte Wasserpflanzen: Haben keine Verwurzelung im Teichgrund, ragen nicht über die Wasseroberfläche, entnehmen Nährsalze und CO_2 nur aus dem Wasser. Zu ihnen gehören z. B. Tausendblatt, Hornkraut, Nixkraut, Wasserpest, Schraubenalge. Echte Wasserpflanzen sterben bei lang anhaltender Trockenheit ab.

Doppellebige Pflanzen: Wurzeln im Teichgrund und entnehmen ihm die Nährsalze. Bei Hochwasser bilden sie untergetauchte Blätter, die das CO_2 dem Wasser entnehmen. Sinkt der Wasserspiegel, dann entstehen Luftblätter. Daher überdauern Froschlöffel, Wasserhahnenfuß und Pfeilkraut Hochwasser und Austrocknung.

Besonderes Interesse und damit auch intensiven Forscherdrang erregen immer die doppellebigen Pflanzen. Das gilt auch für die Untersuchung des *Aufwuchses* an untergetauchten Pflanzenteilen, Pfählen, Steinen; sie wird am besten mit Planktonarbeiten verbunden.

b. *Tiere*
Säugetiere am und im Wasser werden sehr selten beobachtet, doch bieten Biber, Fischotter, Bisamratte, Wasserratte (Mollmaus) dankbare Besprechungsstoffe. Die Beobachtung der *Vögel* ist ergebnisreicher, denn fast jeder Gang an den Teich bringt die eine oder andere Art in das Blickfeld des Schülers. Bei einigermaßen guter Ornis kann man folgendermaßen verfahren: Einzeln oder zu 2—3 werden die Schüler an geeigneten Plätzen am Ufer verborgen postiert. Sie müssen möglichst unter Benutzung von Feldstechern eine Zeitlang auf die Vögel achten, die auf dem Wasser oder im Bereich der Ufer festzustellen sind. Diese Aufgabe erfordert ein ruhiges Verhalten, genaues Beobachten, Aufschreiben des Erkannten. Bei

diesen Arbeiten fühlt sich der Schüler, auch der aus der Großstadt, als junger Naturforscher; die gemachten Erfahrungen waren stets günstig, zumal bei der anschließenden Besprechung die Schüler genau darauf achten, ob der eine oder andere blufft.

Zu der Bestimmung der Arten kommen Beobachtungen über die Nahrungsaufnahme, Besprechungen über Schnabelbau (Enten, Bläßhühner), über Schwimmen und Tauchen (Enten, Taucher, Teichhuhn) oder einiges über das Flugvermögen noch hinzu.

Bei Beobachtungen am Teich findet man fast immer *Lurche* oder deren Laich. Zwischen den einzelnen Beobachtungen liegen aber immer größere Zeitabstände. Daher ist es für eine ganze Klasse nicht möglich, die Entwicklung der Frösche und Molche am Teich selbst zu erkennen. Hier leisten Aquarien, die im Biologie- oder im Klassenzimmer aufgestellt werden, wertvolle Hilfe. Im Freien sind Quaken, Schwimmen, Tauchen, Art des Laiches, Entwicklungszustände der Kaulquappen oder Jungfrösche u. ä. lohnende Objekte.

Nur wenigen Schulen ist es möglich, in ihrem „Schulteich" die Erlaubnis zum Fangen von *Fischen* zu erhalten. Ist das der Fall, dann kommt es zu erlebnisreichen Stunden am Wasser: Auslegen der Garnsäcke oder Reusen, evtl. Legen von Nachtschnüren, Heben der Netze, Entnahme der gefangenen Fische, Bestimmung der Arten usw. Es kommt auch nur vereinzelt vor, daß ein Schüler mit Binnenfischern an den Teich, See oder Fluß geht, das Heben der Netze erlebt oder gar selbst eine Angel betreut.

Reiches Anschauungs- und Bestimmungsmaterial geben Netzfänge von *wirbellosen Tieren*. Wasserinsekten und ihre Larven, Wasserspinnen und -Milben, Kleinkrebse, Schnecken, hie und da noch Muscheln, Egel, Strudelwürmer, Süßwasserpolypen u. a. lassen den Schüler eine ganz neue Welt von Lebewesen erkennen, denen er immer wieder mit großer Entdeckerfreude nachspürt. Dabei ergeben sich von selbst eine ganze Fülle anatomischer und physiologischer Einsichten. Die Organe der Bewegung sind mannigfaltig: Beine, Flossen, Schwanz, Ruderantennen, Spannbewegungen, Kriechfüße, Rückstoßeinrichtungen. Das gilt auch für die verschiedene Art der Atmung: Kiemen, Kiemensäcke, Tracheen und Tracheenkiemen, Darmtracheen, Atemröhren, Hautatmung, Taucherglocken. Im Bereich der Ernährung und der Fortpflanzung lassen sich im Anschluß an die Netzfänge ebenfalls mancherlei Erkenntnisse erzielen, die durch Versuche im Unterrichtszimmer noch vertieft werden können.

c. *Plankton*

Das Plankton verdient eine besondere Herausstellung. Es ist einer der beliebtesten Untersuchungsstoffe der Schulbiologie, allerdings müssen die Schüler etwas mit dem Mikroskop und der Herstellung einfacher Präparate vertraut sein. Ein Planktonnetz, das vom Kahn oder vom Ufer aus gezogen wird, ist erforderlich, desgleichen eine einfache Planktonschleuder. Wenn ein größerer Teich oder ein See untersucht wird, kann auch mit einem Schließnetz gearbeitet werden, das bei bestimmten Tiefen durch Lockerung seiner Schließleine geöffnet und beim Hochziehen geschlossen wird. Derartige speziellere Untersuchungen können nur mit reiferen Schülern gemacht werden.

Sofort nach dem Fang wird das Material gesichtet. Zuerst zählen die Schüler die größeren Arten mit Eigenbewegung. Zu diesem Zwecke gießen sie den Inhalt des

Planktoneimerchens in eine Petrischale, die auf einem deutlich sichtbaren Kreuz steht, das auf die Unterlage gezeichnet wurde. Die in jedem Viertelkreis sichtbaren Tiere werden schnell durchgezählt. Mitunter ist allerdings ihre Zahl so groß, daß nur allgemein gehaltene Angaben möglich sind. Eine andere Fangprobe kommt in die Schleuder und wird etwa eine Minute lang vorsichtig zentrifugiert. Die Großformen mit Eigenbewegung lösen sich bald vom Schleuderrückstand ab und suchen das überstehende Wasser auf. Da sie dem Schüler meist bekannt sind, lenken sie ihn nicht oder kaum von den kommenden Untersuchungen ab. Mit einer Pipette entnimmt er etwas vom oben abgesetzten Material und untersucht. Der Klassenunterricht muß sich darauf beschränken, nur wesentliche Formen aus dem Pflanzen- und Tierreich zu bestimmen und einige Eigenheiten dieser Mikrowelt aufzuzeigen.

Fast immer finden sich einige Schüler, die gern tiefer in den Stoff eindringen möchten. Sie erhalten bei mehrmaligen Planktonuntersuchungen im Verlaufe eines Jahres zunehmende Einsichten in die Eigenbewegungen und die Schwebeeinrichtungen der Planktonten, sie entdecken Kolonien von Grün- und Kieselalgen und stellen mancherlei über die Fortpflanzung dieser Kleinwesen fest. Es wird vielfach möglich sein, zu gleicher Zeit Teiche in verschiedener Lage auf ihr Plankton zu untersuchen, so etwa einen Waldteich, ein Altwasser, einen Teich in einem Sand- oder Kalkgebiet. In ihnen werden die Untersucher niemals eine völlige Übereinstimmung der Planktonzusammensetzung finden. Wenn die Möglichkeit besteht, vom zeitigen Frühjahr bis zum Spätherbst monatlich etwa einmal eine einfache Bestandsaufnahme des Planktons zu machen, dann ergeben sich immer wertvolle Einblicke in den jahreszeitlichen Ablauf des Lebens. Regelmäßig wird ein zeitlicher Wechsel in der Häufung der Planktonarten festgestellt. Es entsteht so ein „Planktonkalender" für den betreffenden oder die betreffenden Teiche, in dem jeweils Kieselalgen, Grünalgen, Volvocale, Rädertiere oder Kleinkrebse auftreten oder vorherrschen. Für ein Flußaltwasser stellten Schüler folgenden Kalender auf: Im März starke Rädertierentwicklung; im April erste Kieselalgenperiode; im Mai Vorherrschen der Wasserflöhe; im Juni Jochalgen, Schraubenalgen mit Konjugationen, Volvox; vom Juli bis August wieder Vorherrschen der Kleinkrebse, vor allem der Hüpferlinge; September und Oktober zweite Kieselalgenperiode. Derartige Untersuchungen führen an die Grenze der Schulbiologie. Es ist allerdings möglich, daß sich hin und wieder ein besonders stark interessierter Schüler findet, der sich noch eingehender mit dem Plankton und zugleich auch mit dem Aufwuchs eines Teiches beschäftigen will. Er kann dann anhand von Fachliteratur das Herstellen von Dauerpräparaten versuchen; er kann sogar bei mehrfachen Tag- und Nachtuntersuchungen die vertikale Ortsveränderung des Planktons feststellen.

3. Lebensbedingungen im Teich

Die abiotischen Lebensbedingungen in der Biocoenose Teich sind schlechthin die Lebensbedingungen des Wassers. Durch eigene Beobachtungen und Feststellungen werden sie dem Schüler besonders vertraut.

a. *Licht*

Abgesehen von der Beschattung durch Uferbäume bestimmen Menge der mineralischen Schwebstoffe und Dichte des Planktons, wie weit das Licht in das Wasser eindringt. Um die Tiefe des eindringenden Lichtes festzustellen, genügt für Schulversuche das Arbeiten mit einer *Senkscheibe*. Eine kreisrunde, weiß lackierte Metallscheibe von etwa 25—30 cm Durchmesser erhält in Randnähe 3—4 Durchbohrungen, durch die kurze Stricke oder Messingketten geführt und zu einer einzigen Halteleine vereint werden. Die Senkscheibe wird von einem Steg oder vom Kahn aus in das Wasser eingelassen. Wenn sie unsichtbar wird, heftet der Beobachter an die Leine eine Marke (Klemme). Dann wird die Scheibe noch etwas tiefer gesenkt und anschließend wieder gehoben. Eine zweite Marke gibt an, wann die Scheibe wieder sichtbar wurde. Das Mittel zwischen beiden Angaben ist die Sichttiefe. Störungen durch den Wind und damit verbundene Kräuselungen des Wassers treten nicht auf, wenn die Scheibe an der Leeseite des Bootes gesenkt wird. Wenn sich der beobachtende Schüler über den Bootesrand beugt, wird die Lage des Kahnes unsicher. Ein Kentern wird vermieden, wenn sich der Schüler auf den Boden des Kahnes kniet.

Um die eigenen Beobachtungen in Beziehung zu den allgemeinen Verhältnissen vom Licht in Wasser zu setzen, können folgende Zahlen genannt werden: Mit Hilfe photographischer Platten konnten im Genfer See noch Lichtspuren bei 200 m Tiefe nachgewiesen werden. Sehr anspruchslose Pflanzen dringen noch bis 60 m Tiefe vor; blaugefärbte Alpenseen haben eine Sichttiefe von 15—20 m, gelblich bis grüngefärbte norddeutsche Seen 8—10 m. In Teichen ist bei starker Entwicklung von Plankton (Wasserblüte) die Sichttiefe oft nur wenige Dezimeter.

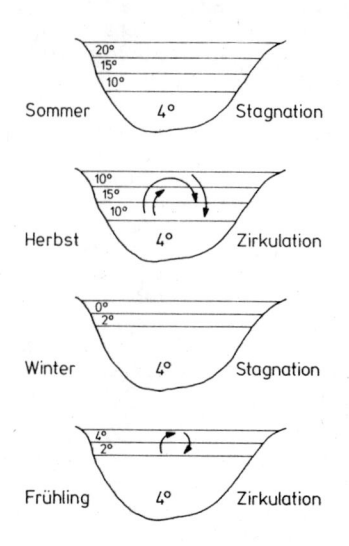

Abb. 30: Wärmeverteilung in einem See
(aus Stengel, Lebendige Natur)

b. *Wärme*

In Licht- und Windschatten ist die Wassertemperatur direkt an der Oberfläche zu messen und anschließend in einer Tiefe von etwa 10—15 cm. Um die Wärme in

größeren Tiefen zu bestimmen, fertigen wir eine *Senkflasche* an. Diese muß dicke Wände haben und in geeigneter Weise beschwert sein. Eine Halteleine dient zum Einlassen, eine Reißleine führt zum Stopfen und wird in der gewollten Tiefe gezogen. Das Tiefenwasser strömt ein, die Flasche wird sofort hochgezogen und die Temperatur des Tiefenwassers gemessen. Im Winter wird die Oberflächentemperatur ebenfalls gemessen, eine etwa vorhandene Eisschicht durchschlagen, die Wärme unter dem Eis gemessen und eventuell auch die Senkflasche eingeführt, mit deren Hilfe die winterliche Wasserwärme in der Tiefe bestimmt wird.
Werden im Frühjahr und im Herbst eine größere Zahl von Messungen durchgeführt, so wird die Zirkulation des Wassers in den obersten Schichten festgestellt (Abb. 30). Unter der sogenannten Sprungsschicht bleibt die Wasserwärme konstant, und damit wird auch keine Veränderung im spezifischen Gewicht des Wassers ausgelöst.

c. *Chemie des Wassers*

Einfache Wasseranalysen sind in Verbindung mit dem Chemieunterricht zu machen. Für eine biocoenotische Betrachtung werden die Ergebnisse wertvoller, wenn verschiedene Gewässer (Teich, Altwasser, sowie Fluß, Bach, Leitungswasser) untersucht werden. Erforderlich ist, daß gleiche Mengen der Wasserprobe mit gleichen Mengen des Reagenzes bei gleicher Konzentration zur Reaktion gebracht werden (S. 304). Quantitative Analysen gehen meist über den schulischen Bereich hinaus.
Wertvoll für den Biologieunterricht ist immer eine *Sauerstoffbestimmung*. Sie muß am Teich sofort nach der Wasserentnahme erfolgen. Man füllt eine Flasche von ungefähr 200 ccm Inhalt vollständig mit Teichwasser. Auf den Grund der Flasche werden mit Pipetten je 3 ccm 33 % Natronlauge und Mangan(2)chlorid $MnCl_2$ eingeführt. Die Flasche ist gut zu verschließen; es dürfen dabei keine Luftblasen hineingelangen. Dann wird der Inhalt kräftig geschüttelt. Tritt keine Färbung ein, dann herrscht im Teich Sauerstoffmangel; lebhafte Braunfärbung verrät reichen Sauerstoffgehalt. Bei derartigen Untersuchungen ist zu beachten, daß der O_2-Gehalt im Wasser von der Temperatur abhängt: 1 l Wasser enthält bei 0° 9,7 cm^3, bei 10° 7,8 cm^3 und bei 20° nur noch 6,2 cm^3 Sauerstoff. Starke Fäulnis ruft Sauerstoffschwund hervor; lebhafter Wellenschlag steigert den Sauerstoffgehalt.
Die chemische Zusammensetzung des Wassers beeinflußt stark Flora und Fauna. Das gilt besonders, wenn das Wasser durch irgendwelche Zuflüsse verunreinigt wird. Eine *biologische Wasseranalyse* kann Auskunft über den Grad der Verschmutzung geben. Dabei ist die nebenstehende Abbildung 31 auszuwerten. An eine derartige Analyse schließt sich zwanglos eine Betrachtung über die *Selbstreinigung* der Gewässer an, vor allem der Bäche und Flüsse (Abb. 32 u. 33). Auf die Schüler macht es immer einen sehr starken Eindruck, wenn in Zusammenhang mit diesen wichtigen Fragen eine Wasserreinigungsanlage aufgesucht wird, wie wir sie jetzt in jeder Stadt finden. Dabei entnehmen wir einem Tropfkörper einige mit schleimigen Schichten überzogene Steine und untersuchen diese gallertige Masse. Im Mikroskop offenbaren sich dem Auge eine ungeheure Fülle von reduzierenden Organismen.
Einer oder mehrere Schüler können weitere Untersuchungen anschließen. Sie studieren die Presse ihrer Heimat und schneiden alle Artikel und Hinweise her-

aus, die irgendwie Bezug auf die Abwässerfrage nehmen. Diese zunächst rein sammelnde Tätigkeit erweitert sich nach einigen Monaten zu einer zeitgemäßen Studie. Dabei werden die Ansichten einzelner Bevölkerungsgruppen beachtet, zugleich aber auch Fragen des Allgemeinwohles, des Naturschutzes und manch andere Probleme angeschnitten, so daß sich unter Verwendung einiger Literatur eine recht beachtliche orts- und zeitgebundene Arbeit ergibt.

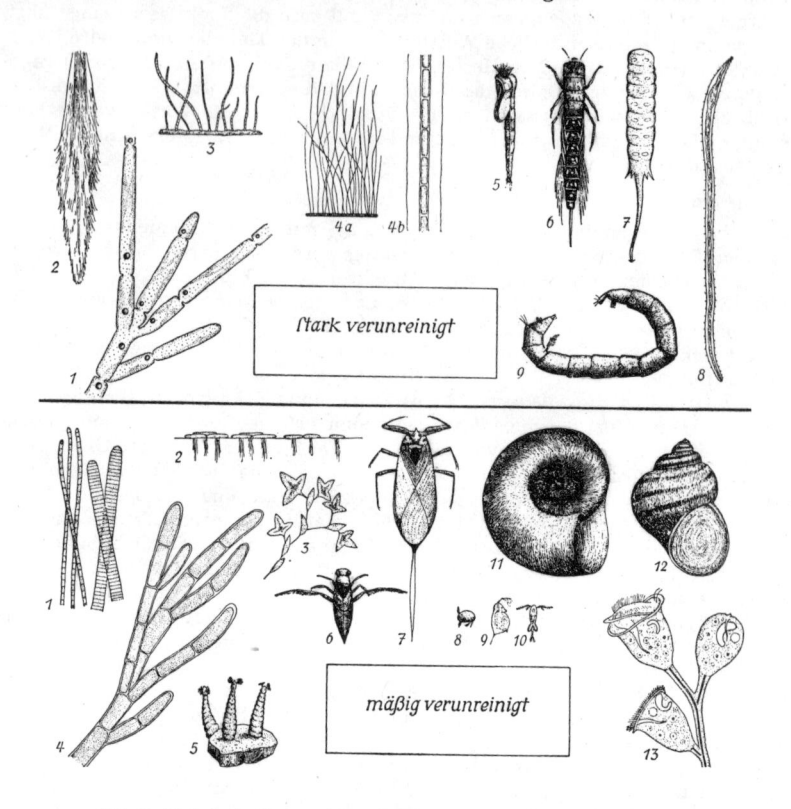

Abb. 31: Biologische Wasseranalyse nach Helfer (aus Steche-Stengel-Wagner: Lehrbuch der Biologie)

Im stark verunreinigten Wasser: 1 Abwasserpilz (stark vergr.), 2 Pilzbesatz, 3 Schlammröhrenwürmer (Tubifex), 4a Abwässerpilz mit Scheinverzweigung, 4b stark vergrößertes Fadenstück, 5 Puppe der Zuckmücke Chironomus, 6 Larve der Wasserflorfliege, 7 Larve der Schlammfliege, 8 Schlammröhrenwurm, 9 Zuckmückenlarve.

Im mäßig verunreinigten Wasser: 1 Blaualgen, 2 Wasserlinsen, 3 untergetauchte Wasserlinse, 4 Pfahlalge (Cladophora), 5 Kriebelmückenlarven, 6 Rückenschwimmer, 7 Wasserskorpion, 8 Muschelkrebs (Cypris), 9 Wasserfloh (Daphnia), 10 Hüpferling (Cyclops), 11 Posthornschnecke (Planorbis), 12 Sumpfdeckelschnecke (Vivipara), 13 Glockentierchen (Carchesium).

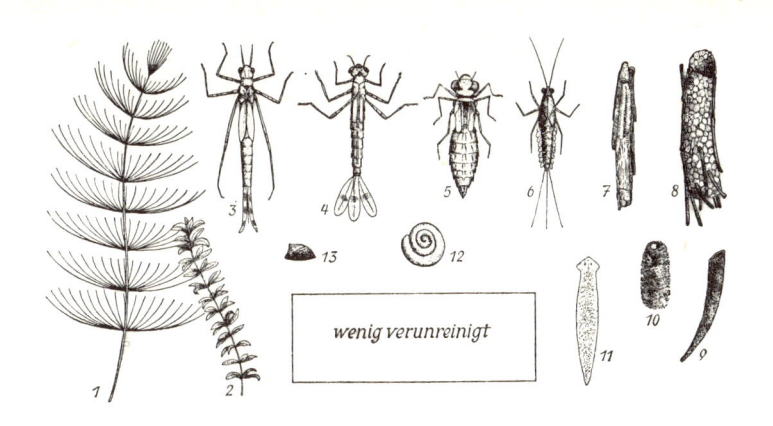

Im wenig verunreinigten Wasser: 1 Tausendblatt, 2 Wasserpest, 3 Larven der großen Wasserjungfer (Calopteryx), 4 Larven der kleinen Wasserjungfer (Agrion), 5 Larve der Plattbauchlibelle (Libellula), 6 Larve der Eintagsfliege (Cloeon), 7—10 Gehäuse der Larven von Köcherfliegen, 11 Strudelwurm (Planaria), 12 Tellerschnecke (Planorbis), 13 Napfschnecke (Ancylus).

4. Lebensbezirke im stehenden Gewässer

a. *Die Zonen*

In vielen Teichen sind Pflanzenassoziationen zu erkennen, so das Röhricht, die schwimmenden und die untergetauchten Wasserpflanzen. Zwischen ihnen gibt es meist keine deutlichen Grenzen. Sie bilden zusammen die *Uferzone* oder das *Litoral*. Der See unterscheidet sich vom Teich dadurch, daß er noch zwei weitere Zonen aufweist, die *Freiwasserzone* oder das *Pelagial* und die *Tiefenzone,* das

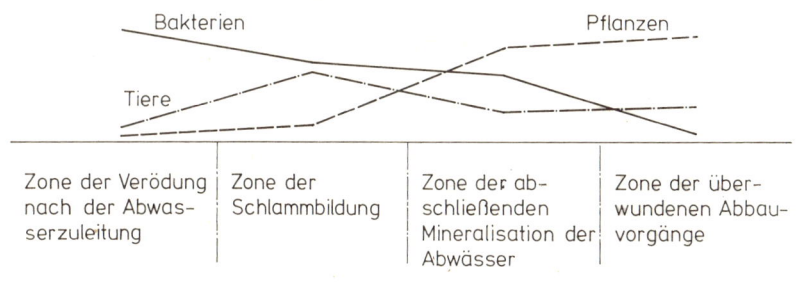

Abb. 32: Selbstreinigung der Flüsse (aus Jahresarbeit eines Schülers)

Profundal. Durch eine Kartierung können wir die Pflanzenassoziationen und evtl. auch die Zonen wesentlich verdeutlichen. In die Umrißlinien des Gewässers werden Röhricht, schwimmende und untergetauchte Pflanzen eingetragen und dabei einige markante Arten mit besonderen Zeichen bedacht, etwa Wasserschwertlilie, Pfeilkraut, Igelskolben, Wasserliesch u. a.

Die Zonen eines stehenden Gewässers unterscheiden sich folgendermaßen:
Uferzone, Litoral: Große Verschiedenheiten durch Wellenschlag, Bodenbeschaffenheit, Beschattung durch Uferbäume. Einfluß der Abwässer. Sauerstoffreichtum, großer Nährstoffgehalt. Großer Artenreichtum.

Fundstellen von:
- ◻ Köcherfliegenlarven
- ○ Bachflohkrebs
- △ Planaria gonocephala
- ⋕ Ufersteinfliegenlarven
- D Helodeslarven

- ● Abwasserpilze
- ▲ Kriebelmückenlarven
- ᴄ Zuckmückenlarven
- ■ schwarzer Niederschlag

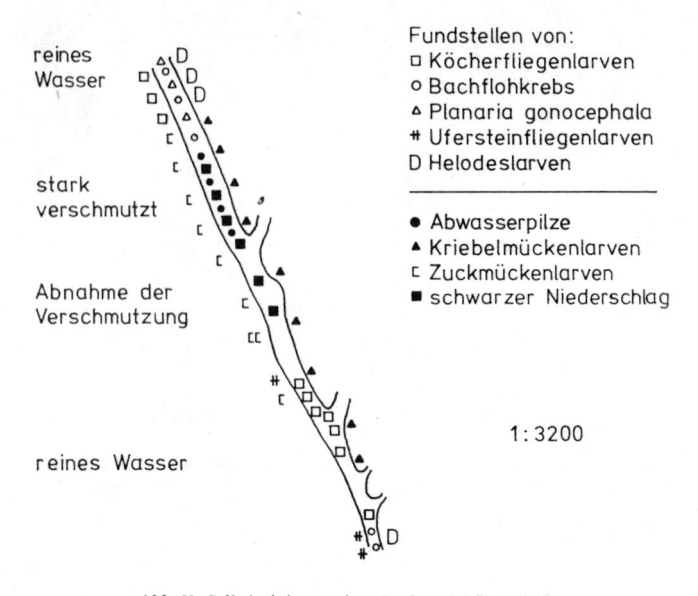

1 : 3200

Abb. 33: Selbstreinigung eines Baches (Schülerarbeit)

Freiwasserzone, Pelagial: Viel einheitlichere Lebensbedingungen, großer Artenreichtum und große Zahl der Organismen selbst; es sind kleine bis sehr kleine Pflanzen und Tiere des Planktons.

Tiefenzone, Profundal: Eintönigkeit der Lebensbedingungen, kein Licht, wenn starker Sauerstoffschwund, dann Faulschlammbildung, große Artenarmut, doch tritt die einzelne Art oft sehr zahlreich bis massenhaft auf.

b. *Die Verlandung*

Aus diesen Betrachtungen ergeben sich Einsichten über die Verlandung. Falls die Schüler mehrmals während ihrer Schulzeit an denselben Teich kommen, stellen sie fest, daß die Pflanzen nach dem Teichinnern vordringen, und schließen, daß das Gewässer allmählich verschwinden wird. Sie fragen nach der weiteren Entwicklung des verlandeten Gewässers und erkennen, daß neue Biocoenosen entstehen. Dieser allmähliche Wechsel wird durch klimatische Gegebenheiten beeinflußt. Je nach der vorhandenen Zeit wird der Schulbiologe auf die *Bildung der Moore* eingehen, die er in knappster Weise durch folgende Übersicht darstellen kann:

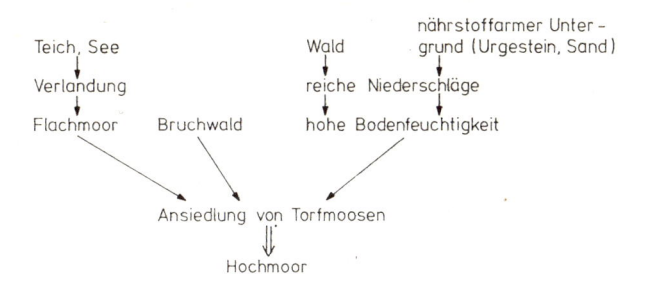

```
Teich, See              Wald         nährstoffarmer Unter-
    ↓                    ↓           grund (Urgestein, Sand)
Verlandung          reiche Niederschläge
    ↓                    ↓                   ↓
Flachmoor  Bruchwald  hohe Bodenfeuchtigkeit
        ↘      ↓       ↙
        Ansiedlung von Torfmoosen
                  ⇓
              Hochmoor
```

Tabelle IV

c. Der Nährstoffgehalt

Aus der Betrachtung der Lebensbezirke folgt, daß wir die stehenden Gewässer nach ihrem Nährstoffgehalt einteilen können. Für die Schulbiologie genügt es, wenn wir die nährstoffreichen den nährstoffarmen Gewässern gegenüberstellen. Wir benötigen dazu keine chemischen Analysen und lassen die Schüler selbst das Wesentliche finden:

Nährstoffreiche Gewässer:
Flachseen bis 18 m Tiefe, Teiche, Altwässer. Litoral sehr ausgeprägt, breite Uferbänke mit reicher Flora und Fauna; viele abgestorbene Reste, deutliche Verlandung; wenig oder kein Pelagial und Profundal; auf dem Gewässergrund starke Fäulnis, z. T. Faulschlammbildung; in der Tiefe nur wenige Tierarten, lebhafte Bakterientätigkeit; P_H 7.

Nährstoffarme Gewässer:
Meist tiefe Seen, z. B. Alpenseen. Sehr geringes Litoral, dagegen großes Pelagial und Profundal, kaum Verlandung; geringe Nährstoffzufuhr, wenig Plankton; organische Senkstoffe gering, völlige Umsetzung durch Bakterien, daher kaum Fäulnis, kein Faulschlamm.

Als willkommene Ferienaufgabe können Schüler der Mittel- und Oberstufe bei ihren Fahrten in die Alpen oder nach Norddeutschland Aufnahmen von diesen beiden Gewässertypen machen, vor allem von der Uferregion.

5. Der Kreislauf der Stoffe

Alle bisherigen mehrjährigen Betrachtungen streben dem Ziele zu, den Teich als Biocoenose zu erfassen. Es muß deutlich werden, daß Produzenten, Konsumenten und Reduzenten aufeinander angewiesen sind, daß unbelebte Faktoren auf sie wirken, daß letzten Endes die gleichen oder ähnliche Stoffe einen Kreislauf bilden.

Literatur

Beger, H. Leitfaden der bakteriologischen Trinkwasseruntersuchung. Berlin, München, Wien 1946
Beger, H. Leitfaden der Trink- und Brauchwasserbiologie. Stuttgart 1952
Bodenseeprojekt. Deutsche Forschungsgesellschaft. Wiesbaden. 1. Bericht 1963, 2. Bericht 1968
Böhmann, D. Müllgrube Meer. Kosmos 1971/7, S. 275
Der Biologieunterricht, 1970, Heft 4 bringt: *Böhlmann, H.* Die Bedeutung des Waldes für den Wasserhaushalt einer Landschaft — *Drutjons, P.* Unsere Trinkwasserversorgung — *Schlebusch, F.*

Die Aufbereitung von Rohwasser zu Trinkwasser — *Mevius*, W. Hygienische Probleme unserer Wasserversorgung — *Schwarzmaier*, W. Bakteriologische Wasseruntersuchung.
Döll, W. Einführung in die Hygiene und Bakteriologie des Wassers. MNU 1967/68, 5/6, S. 201
Doerffer, R. Untersuchung des Altwassers auf Colibakterien. Praxis 1966/10, S. 181
Freytag, K. Bakteriologische Wasseruntersuchungen in der Schule. MNU 1955/56/8, S. 133
Gessner, F. Meer und Strand. Dt. Verl .d. Wissenschaften. Berlin 1957
Grim, J. Besondere Probleme bei der Trinkwassergewinnung aus dem Bodensee. Zürich, Sipplingen 1970
Hensel, G. Eine Schülerfahrt mit einer 12. Klasse nach List (Sylt) zur Einführung in die Ökologie. MNU 1961/62/14, S. 130
Hentschel, E. Das Leben des Weltmeeres. Springer, Berlin 1929
Heyn, E. Wasser, ein Problem unserer Zeit. Diesterweg. Frankfurt 1969
Klee, O. Die Selbstreinigung der Gewässer. Mikrokosmos 1968/7, S. 200
Klee, O. Wie stirbt ein Fluß? Kosmos 1971/1, S. 11
Klee, O. In welchem Zustand sind die deutschen Seen? Kosmos 1971/10/11/12, S. 422, 464, 504
Kluth, H., *Obzewski*, W. Untersuchung des Wassers an Ort und Stelle. Berlin 1945
Kolkwitz, R. Ökologie der Saprobien. Über die Beziehung der Wasserorganismen zur Umwelt. Stuttgart 1950
Kuckuck, P. Der Strandwanderer. Flora und Fauna der Nord- und Ostsee. 1953
Kühn, H. Gewässerleben und Gewässerschutz. Zürich 1952
Kühn, W. Brauchwasser und Abwasser. Praxis 1957/11, S. 226
Liebmann, H. Handbuch der Frischwasser- und Abwasserbiologie. Oldenbourg, München 1960
Löbsack, Th. Unsere Gewässer verfaulen. Kosmos 1971/5, S. 200
Marshall, N. B. Tiefseebiologie. Fischer. Jena 1957
Müller, J. Der Süßwassersee. Quelle und Meyer, Leipzig 1940
Overbeck, F. Die Moore Niedersachsens. Bremen 1950
Remane, A. Einführung in die zoologische Ökologie der Nord- und Ostsee. Akadem. Verlagsgesellschaft, Leipzig 1940
Ruttner, E. Grundriß der Limnologie. Berlin 1952
Schmidkunz, H., *Neufahr*, A. Biologische Abwasserreinigung im Schulversuch. Praxis 1966/6, S. 103
Sernow, S. A. Allgemeine Hydrobiologie. Dt. Verlag der Wissensch. Berlin 1958
Steinecke, F. Der Süßwassersee. Quelle u. Meyer. Leipzig 1940
Stengel, E. Bodensee — ein Beispiel zum Thema Umweltschutz und Schule. MNU 1972/73
Wesenberg-Lund. Biologie der Süßwassertiere. Wirbellose Tiere. Springer, Wien 1930
Wolf, H. Der Rhein wälzt sich im Krankenbett. Kosmos 1971/1, S. 1

G. Der Mensch und seine ökologischen Gegebenheiten

Es gibt in Forschung und Lehre keinen Bereich, der nicht irgendwie direkt oder indirekt Bezug nimmt auf den Menschen. Es ist dabei vielfach üblich geworden, ihn mehr als einziges kulturschaffendes Wesen und weniger als Naturwesen zu betrachten. Die Folge davon ist eine ungerechtfertigte Trennung in geisteswissenschaftliche und naturwissenschaftliche Anthropologie. Unsere Bildungsstätten pflegen mit Recht die Schulung des Geistes, sie vernachlässigen aber in beinahe sträflicher Weise eine hinreichende Einsichtnahme in die Körperlichkeit des Menschen. Die unerfüllte Notwendigkeit einer intensiven Leibeserziehung sowie die Entwertung der Lebenskunde unter den Bildungsfächern reden eine warnende Sprache. Dabei wird weitgehend übersehen, daß der moderne Mensch die vielfach instinktsichere Einstellung seiner Vorfahren zu vielen Erfordernissen des Lebens nicht mehr besitzt; er müßte daher eigentlich danach streben, hierfür aus rationalen Einsichten in biologische Abläufe Ersatz zu schaffen. Die Lehre vom Menschen darf sich aber nicht nur auf Anatomie und Physiologie, auf Phylogenie, Ontogenie und Genetik beschränken, sondern muß auch die Ökologie unbedingt einbeziehen und dabei seine ökologischen Situationen kritisch und verpflichtend betrachten.

I. Die natürlichen Biotope des Menschen

Der Mensch ist ein Ubiquist des Festlandes. Schon in vorgeschichtlicher Zeit durchstreifte er als Jäger und Sammler weite Räume aller Erdteile, mußte aber vor den Polargebieten, vor den hohen Regionen der Hochgebirge, vor Wüsten und am Rande großer Gewässer haltmachen. Als er Ackerbauer und Viehzüchter geworden war, schuf er sich feste Wohnräume. Dabei drängten hoch entwickelte Rassen und Stämme die primitiv gebliebenen in *Rückzugsgebiete* ab, so z. B. die Negritos auf die Inseln der Adamanen und Philippinen, die Weddas in die Urwälder von Ceylon, die Kubus in die von Sumatra, die Buschmänner in die ariden Gebiete der Kalahari und der Namib, die Bambuti in die Urwälder des Kongo.

Diese Biotope waren für die Primitiven Notgebiete. In ihnen ging deren Kopfzahl zurück; heute sind einige von ihnen vom Untergang bedroht, einige sogar völlig ausgestorben, wie z. B. die Ureinwohner Tasmaniens.

Bereits die ersten Errungenschaften im kulturellen Bereich ermöglichten den Menschen die *Besiedlung neuer Lebensräume* von den gemäßigten Zonen bis zu den Grenzen der Arktis. Durch Kleidung, Feuer und den Bau von Hütten überwand er kalte Wochen und Monate, mit seinen Jagdwaffen versorgte er sich auch im Winter mit Nahrung. Im Verlauf von Jahrtausenden machte ihn diese Entwicklung allmählich unabhängiger von der Umwelt; sie nimmt seit mehr als hundert

Jahren, seit Beginn der Industrialisierung, eine ungeahnte Schnelligkeit an. Dank den Errungenschaften seiner Technik dringt der Mensch immer weiter vor. In den Polargebieten und auf den Höhen der Hochgebirge hat er ständige Beobachtungsstellen errichtet, er dringt in die Wüsten vor, überwindet trennende Ozeane, erobert die Luft, erreicht die Tiefsee. Diese irdischen Lebensräume bleiben ihm aber immer feindlich. Er muß dorthin alles, was er zu seinem Leben braucht, mitnehmen. Noch mehr gilt dies für die „Eroberung des Weltalls". Phantasien über die Besiedlung anderer Weltkörper von der Erde aus können auch mit ökologischen Erkenntnissen ad absurdum geführt werden. Nie kann der Mensch längere, zuweilen auch nur für kürzere Zeit sich Räume erobern, die keine ihm gemäßen Biotope sind, selbst wenn er sie erreichen und erforschen kann.

II. Die Umgestaltung der natürlichen Biotope

1. Das Kulturschaffen des Menschen

Die Herauslösung des Menschen aus seiner natürlichen Umwelt vollzog sich in Jahrtausenden. Sie begann mit einer Feuerstelle unter wettergeschütztem Felsvorsprung und hat heute in den Hochhausvierteln der Großstädte ihr Extrem erreicht. Der Unterricht an unseren Schulen zeigt diese Entwicklung an mehreren Beispielen auf. Sie wird bei der Entstehung der Hochsprachen erwähnt, im Werden von Literatur und Kunst deutlich, vor allem auch bei Hinweisen auf die Technik in ihren mannigfachen Sparten. Die biologische Seite dieser Abläufe kommt vor allem in der Pflanzen- und Tierzüchtung zu Wort. Sie darf aber darauf nicht beschränkt bleiben. Die zunehmende Beherrschung der Naturkräfte läßt manche hoffen, daß wir völlig unabhängig von der natürlichen Umwelt werden könnten. Philosophen und Theologen erheben von ihrer Einsicht in das menschliche Leben aus ihre warnenden Stimmen, Mediziner machen bereits auf biologische Schäden aufmerksam.

Es kann wohl gesagt werden, daß die Forschung gegenwärtig die humanbiologische Seite dieser Entwicklung noch nicht zu einer gesicherten Synthese hat führen können. Die Lehre über eine Humanökologie steht daher erst am Anfang einer erforderlichen, in die Breite und in die Tiefe gehenden Bildungs- und Erziehungsarbeit. Die Öffentlichkeit beginnt seit wenigen Jahren langsam zu ahnen, welche Folgerungen aus der Abkehr von einer natürlichen Umwelt entstanden sind. Auf diese unter den Begriffen Umweltgefährdung und Umweltschutz bekannten Vorgänge werden wir noch einzugehen haben. Zunächst sei aber betont, daß alle diese Änderungen mit dem Vorgang der Industrialisierung und mit der Entwicklung neuer Umwelten in Form von Großstädten zusammenhängt.

2. Die abiotischen Lebensbedingungen im Biotop Großstadt

a. *Messungen:*

Gehen wir von der Erkenntnis aus, daß die moderne Großstadt der ausgeprägteste kultürliche und zugleich der unnatürlichste Biotop ist, dann zwingt diese Situation zu der Frage, ob die Organisation des menschlichen Körpers den entstandenen Veränderungen noch entspricht. Zunächst müssen diese einwandfrei festgestellt werden. Dazu können reifere Schüler einige Beobachtungen durchführen. Sie arbeiten mit den Thermometern, Hygrometern und Belichtungsmessern, die sie schon im Wald verwendet haben. Einer oder zwei von ihnen messen am Bahnhof, andere auf dem Markt oder in einer verkehrsreichen Straße, wieder andere in ruhigen Straßen, im Park oder am Rande von Siedlungen; unbedingt müssen aber auch etwa 1—2 km vor der Stadt die gleichen Beobachtungen angestellt werden, um so den Unterschied Stadt—Land zu erarbeiten. Diese Untersuchungen brauchen nicht den jährlichen Ablauf der Klimafaktoren zu bestimmen; es genügt, wenn der Unterschied dieser abiotischen Lebensbedingungen erkannt wird. Es wird also einige Male im Jahre vormittags in der Schule gesagt, daß heute nachmittag 15 Uhr gemessen wird. Im allgemeinen reichen 5—6 Messungen im Jahr aus, um die Wärme-, Feuchtigkeits- und Lichtmengenunterschiede im Bereich einer Großstadt zu erkennen und sie mit den Verhältnissen im Freiland zu vergleichen. Graphische Darstellungen unterstreichen diese Verschiedenheiten.

b. *Auswertung langfristiger Untersuchungen:*
Die Selbsttätigkeit der Schüler bei diesen Messungen wird ergänzt durch die Auswertung der Ergebnisse, die die Gesundheitsämter und die hygienischen Institute vieler Städte vorlegen und die auch in der Tagespresse immer wieder erwähnt werden. Sie geben vor allem Auskunft über die Anreicherung fester und gasförmiger Bestandteile in der Luft, die oft recht nachteilige Folgen haben. Wenn die Zahl der Kondensationskerne in der Großstadtluft gegenüber der des freien Landes auf das Tausendfache, der CO_2-Gehalt um 700 % steigen kann, der Gehalt an SO_2 wesentlich zunimmt, dann können die Wirkungen auf den großstädtischen Menschen kaum übersehen werden, der ja täglich 13—15 m³ dieser Luft durch seine Lungen pumpt. Auf die Herabsetzung der Sonnenbestrahlung muß hingewiesen werden; sie beträgt 10—15 %, kann sich aber zeitweise bis zu 90 % steigern. Dabei gehen vor allem ultraviolette Strahlen verloren. Da die über der Stadt liegende Dunstschicht die Sonnenstrahlen absorbiert, bringt die Strahlenminderung keine Abkühlung. Im Freien verdunstet das Regenwasser und entzieht dabei dem Boden Wärme. In der Stadtstraße läuft das meiste Regenwasser ab, nur ein geringer Rest verdunstet. Daher ist im Freien nach dem Regen meist eine Abkühlung spürbar, in der Stadt dagegen vielfach nicht. Der Stadtkern erhält dadurch einen Wärmeüberschuß von durchschnittlich 1—1,5° gegenüber dem Freiland. Im Biotop Großstadt kennt der Mensch kaum noch reines Wasser; er bewegt sich nicht mehr auf natürlichem Boden.

c. *Armut an natürlichen Reizen:*
Eigene bescheidene Messungen und Betrachtungen und die Ergebnisse langfristiger Untersuchungen durch die zuständigen Behörden und Institute zeigen dem Schüler, daß der Lebensraum Großstadt an natürlichen Reizen wesentlich ärmer als das Freiland ist, daß er also bei weitem den Körper nicht so beansprucht, zugleich aber auch die Widerstandsfähigkeit und die Abhärtung herabsetzt. Es ist zu empfehlen, wenn der Biologielehrer mit Ärzten der Hygienischen Institute oder der Gesundheitsämter einen Aussprachenachmittag über die biologische Seite des großstädtischen Lebens vereinbart und zwar, wenn er mit seinen Schülern an den Abschluß seiner diesbezüglichen Unterrichtsarbeit gekommen ist. Erfahrungsgemäß bringen die jungen Menschen viele Fragen und Kritiken vor.
Das Ergebnis der Untersuchungen über abiotische Lebensfaktoren in der Großstadt läßt überall Veränderungen erkennen. Sie sind aber meist nicht lebensgefährdend, zumal die moderne Stadtplanung und Wohnungsgestaltung auf die

Gesundheit der Lebensbedingungen besser achtet. Dazu kommt, daß die Anpassungsfähigkeit des Menschen sich ebenfalls günstig auswirkt.

d. *Die Auflösung der biocoenotischen Bindungen:*
Jede ökologische Betrachtung untersucht neben den Umweltfaktoren auch die biocoenotischen Verhältnisse (S. 317). Noch bis in die jüngste Vergangenheit waren bei vielen Menschen, auch der modernen Kulturvölker, biocoenotische Bindungen noch vorhanden. Sie offenbaren sich vor allem darin, daß der Mensch seine Nahrung von den Produkten seiner Landschaft erhielt. Er konsumierte also die in seinem Lebensbereich von Pflanzen und Tieren gebildeten organischen Stoffe. Bewußt und unbewußt sorgte er auch für die Reduktion der organischen Substanz, indem er Abfälle des Haushaltes und des Garten kompostierte, Wirtschaftsdünger in Gärten und Felder eingrub und auch Jauche dahin fuhr. Derartige biocoenotische Zusammenhänge sind in der Großstadt nicht mehr vorhanden. Die Nahrungsmittel kommen aus allen Ländern, sie sind vielfach, wie etwa Zucker und Weißmehl, industriell aufbereitet, konserviert, lange gelagert. Auf die ernährungsphysiologische Bedeutung dieser Änderungen braucht in der Ökologie nicht eingegangen zu werden; es genügt ihr die lapidare Feststellung, daß der moderne Mensch nicht mehr ein Teil einer Biocoenose ist.

Es kann hier der Einwand erhoben werden, daß die Pflege von *Zierpflanzen* in Zimmern und Gärten und auch die *Liebhaberhaltung von Tieren* (Hunde, Katzen, Stubenvögel, Vivarientiere u. a.) neue Beziehungen zwischen dem Menschen und seinen Mitgeschöpfen schaffen kann. Ein Schüler kommt jedoch schnell zu der Überzeugung, daß dabei keinerlei biocoenotische Zusammenhänge entstehen. Das Biotop „Zimmer" ist für die dort gedeihenden Pflanzen etwas anderes als der natürliche Standort seiner Stammformen. Sie sind den mannigfachen fördernden und hemmenden Einflüssen des Freien entzogen, denn der Mensch sorgt für Wasser und Nährsalze, er bekämpft auftretende Schädlinge und duldet keine anderen Pflanzen, die dem Zimmergewächs Boden und Licht streitig machen. Bei den aus Liebhaberei gehaltenen Tieren ist deren Abstand von den natürlichen Verhältnissen noch größer. In einer biologischen Arbeitsgemeinschaft gingen Primaner dieser Frage nach. Sie nannten ihre Untersuchung „Der Großstädter und sein Tier" und konnten sich auch mit einigen Tierärzten über anfallende Fragen unterhalten. Über ihre allgemeinen Kenntnisse hinaus erfuhren sie viel Zusätzliches über Ernährung, Sterilisation, Kastration von Hunden und Katzen. Sie stellten eigene Betrachtungen an über Hundemoden, Hunde- und Katzenwohnungen, Hundefriedhöfe. Aus allem zogen sie den Schluß, daß die Liebhabertierhaltung den Menschen nicht zu natürlichen Bindungen zurückführt, daß vielmehr das Tier den immer mehr unnatürlicher werdenden Situationen ausgesetzt wird und dabei ebenso wie der Mensch „verstädtert".

III. Die Veränderungen in dem Verhalten des Menschen

Wohl ergeben unsere Einsichten, daß die Veränderungen der natürlichen abiotischen Lebensbedingungen keine bleibenden Störungen im allgemeinen auslösen. Wie die Herauslösung aus einer Biocoenose wirkt, ist schwer zu sagen; wir sind heute noch nicht in der Lage, einwandfreie Aussagen über diesen humanbiologischen Vorgang zu machen. Wir müssen uns aber immer bewußt bleiben, daß das Verhalten eines jeden Lebewesens sich nach seinem Biotop und der betreffenden Biocoenose richtet. Alle Grundfunktionen des Stoffwechsels (einschließlich der

Bewegung und des Wachstums), der Reizbarkeit und der Fortpflanzung sind den Durchschnittssituationen dieser beiden Bereiche bestens angepaßt. Alle höher organisierten Wesen richten also ihr Verhalten nach Biotop und Biocoenose. Gilt das auch für den Menschen? Kann er sich beliebig von diesen Bindungen lösen? Um einen gesicherten Ausgang zur Beantwortung dieser und ähnlicher Fragen zu finden, sind zwei im biologischen Unterricht entwickelte Schemata geeignet, die die ökologische Situation des naturverbundenen Menschen und des naturentfremdeten deutlich machen. „Naturverbunden" ist hier eine biologische Situation und keine gefühlsmäßige Einstellung. Entsprechend bezeichnet „naturentfremdet" einen Menschen, der sich vorwiegend in der selbstgeschaffenen Umwelt von Haus und Stadt bewegt und so gut wie keiner biocoenotischen Bindung unterworfen ist.

Naturverbundener Mensch

Licht, Wärme, Wasser, Boden → Biotop → Verhalten ← Biocoenose ← Produzenten, Konsumenten, Reduzenten

Stoffwechsel — Reizbarkeit — Fortpflanzung

in optimalem Fließgleichgewicht

Tabelle II

Naturentfremdeter Mensch

Licht, Wärme, Wasser → Biotop → Verhalten ← Mitmenschen

Stoffwechsel (oft Unterfunktion) — Reizbarkeit (oft Überfunktion) — Fortpflanzung (geschwächt, Auslese herabgesetzt)

gestörtes Verhalten in gestörter Umwelt

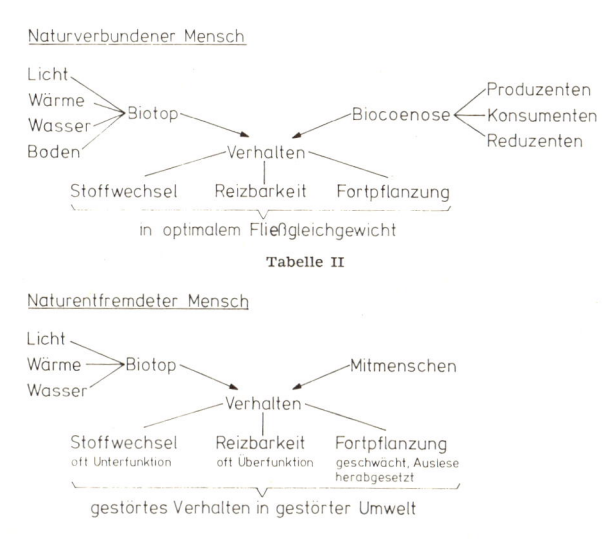

Tabelle III

Als Schema für die ökologische Situation des naturverbundenen Menschen hat sich folgende Darstellung bewährt:
Für den großstädtisch geprägten Menschen und seine Lebensferne muß die Darstellung wie folgt geändert werden:
Im biologischen Unterricht wird die *Verhaltenslehre* (Ethologie) meist an die Physiologie der Nervensysteme und des Hormonsystemes angeschlossen. Sie befaßt sich mit vielen interessanten und aufschlußreichen Erscheinungen des tierischen Lebens und stellt auch Vergleiche mit denen des Menschen an (siehe auch S. 315). Das Überdenken der ökologischen Lage des Menschen gibt, wie die Darstellungen zeigen, wertvolle Einblicke über Änderungen im Verhalten des Menschen. Sie bedürfen einer vertieften Betrachtung.

1. Akzeleration

Es ist darauf hinzuweisen, daß die *Akzeleration* von den veränderten ökologischen Zuständen mit beeinflußt wird. Die meisten europäischen Länder verzeichnen neben einer raschen körperlichen Entwicklung und früheren Geschlechtsreife eine Größenzunahme des Menschen; aber auch in überseeischen Ländern, wie z. B. in Japan, wird eine Vergrößerung von durchschnittlich 6—7 cm festgestellt. Diese Veränderungen werden wahrscheinlich von Hormonen ausgelöst, die besonders in der Hypophyse und in den Nebennieren entstehen. Vielfach wurde ein Unterschied zwischen den Stadt- und Landbewohnern gefunden. Die Städter werden durchschnittlich größer und schlankwüchsiger und besitzen eine stärkere Empfindlichkeit der Nervensysteme. Dieser Typ nimmt in der Großstadt zu. Dabei spielt auch ein Auslesevorgang mit, denn es werden vor allem hoch- und schlankwüchsige Menschen mit größerer Reizempfindlichkeit und Labilität von der Großstadt angezogen.

2. Tag-Nacht-Rhythmus

Ein eindrucksvolles Beispiel für die Anpassung des menschlichen Verhaltens ist der *Tag-Nacht-Rhythmus*. Er hat sich zusammen mit körperlichen und geistigen Merkmalen der Art homo sapiens gebildet und gehört zum Menschen schlechthin. Dieser Rhythmus schließt die Tätigkeit sehr vieler Organe ein (Atmung, Blutkreislauf, Nierentätigkeit), die zwar nicht alle gleichzeitig, aber doch in einer bestimmten Folge diesem Wechsel zugeordnet sind. Die Anpassung an Tag und Nacht wird besonders vom Sympathicus und vom Vagus gesteuert. Ersterer wirkt auf die Nebenieren, der andere auf die Inselzellen der Bauchspeicheldrüse. Dadurch wird die Ausschüttung von Adrenalin und Insulin geregelt. Beide Hormone beeinflussen den Wechsel von Wachheit und Tätigkeit und andererseits von Erholung und Schlaf. Häufige Störungen im Tag-Nacht-Rhythmus müssen sich gesundheitlich ungünstig auswirken. Wenn sie, wie es leider oft geschieht, mit einem erheblichen Verbrauch von Narkotika (Nikotin, Alkohol, Coffein u. a.) verbunden sind, tritt allmählich eine Schwächung des körperlichen Normalzustandes und der Abwehr gesundheitlicher Gefahren ein. Der Biologielehrer muß diese Frage mit seinen Schülern erörtern und sie zu einem verantwortungsbewußten Verhalten sich selbst und der Allgemeinheit gegenüber anhalten.

3. Unterfunktion

Die in der Übersicht gegebene *Unterfunktion* bezieht sich vor allem auf die Muskulatur. Das Verhalten des modernen Menschen ist bewegungsarm, seine Skelettmuskeln werden nicht genügend beansprucht. Schon vom Kleinkindalter an werden an die Kaumuskeln keine stärkeren Anforderungen mehr gestellt, denn die Zertrümmerungsgeräte des modernen Haushaltes erleichtern zwar die Arbeit der Hausfrau, nehmen aber den Kaumuskeln einen großen Teil ihrer Funktion. Die moderne Zubereitung der Nahrung setzt aber auch die Arbeit der glatten Muskulatur in Magen und Darm herab, zumal die Ballaststoffe aus der vorbereiteten und konservierten Nahrung herausgenommen werden. Nach ihrer schon in der Kindheit beginnenden Schwächung zeigen, sich im Erwachsenenalter die häufigen Darmträgheiten und Verstopfungen. Zu der Schwächung der dem Stoffwechsel dienenden Muskulatur kommt die Veränderung der Nahrung selbst, die ganz wesentlich zu Zahnkrankheiten und Krankheiten der Verdauungsorgane führt. Ein Lehrgespräch über die Folgen der Bewegungsarmut wird auch auf die veränderte Tätigkeit von Herz und Lunge eingehen müssen.

4. Überfunktion

Die *Überforderung* von Organen hängt mit der Überflutung des menschlichen Organismus durch mannigfache Reize zusammen. Sie lassen sich durch einfache Beobachtungen sehr treffend aufzeigen. Zwei reifere Schüler suchen nach Einbruch der Dunkelheit das Zentrum der Stadt auf und stellen fest, wieviel Blinkreize in 5 Minuten ihr Auge aus einer Richtung erreichen, wobei die Reizstärke aus praktischen Gründen unbeachtet bleiben muß. Dann verlassen sie ihren Beobachtungsplatz und suchen in der Umgebung der Stadt abseits von den großen Ausfallstraßen einen geeigneten Platz auf, blicken in eine bestimmte Richtung und zählen 5 Min. lang die Lichtreize, die ihr Auge hier erreichen. Es finden sich auch immer einige reifere Schüler, die im Pkw auf einer Fahrt durch die Innenstadt und dann in Stadtferne auf einer gleich großen Strecke die auf sie zukommenden Lichtreize ermitteln. In ähnlicher Weise kann auch die Überlastung der Gehörfunktionen durch Zählungen nachgewiesen werden, wobei die bekannten Phonzahlen zu Vergleichen herangezogen werden (S. 365). Diese und andere Reizüberflutungen im Biotop Großstadt sind die Ursache der Überforderung der Nervensysteme, die ihrerseits das Hormonsystem nachteilig beeinflussen. Die Folge: Zivilisationsschäden schon im Kindesalter.

5. Fortpflanzung

Die ökologische Situation wirkt sich auch auf die dritte Lebensgrundlage aus, auf die *Fortpflanzung*. Ihre Schwächung beruht auf mannigfachen Haltungen und Einstellungen. Sie darf aber bei den vorliegenden Erwägungen nicht vergessen werden, denn die Störungen im Bereich des Stoffwechsels und der Reizbarkeit wirken sich auch verändernd auf den Fortpflanzungswillen und die Fortpflanzungsfähigkeit aus. Nicht die explosionsartige Bevölkerungszunahme in überseeischen Ländern darf der Schwerpunkt einer fortpflanzungsbiologischen Betrachtung an unseren Sekundarschulen sein, sondern der „Bevölkerungsschwund", bedingt durch das im deutschen Volk vorherrschende Zweikindersystem, dessen Auswirkungen auf den Rückgang der Volkskraft, der wirtschaftlichen und politischen Bedeutung jeder reife Schüler einsieht. Daß mit dem Nachlassen der Fortpflanzung auch eine Schwächung der Auslese verbunden ist, bedarf ebenfalls eines Hinweises.

Der moderne Mensch darf seine Zukunft nicht nur an politischen, wirtschaftlichen, militärischen, kulturellen Zuständen und Entwicklungsmöglichkeiten ermessen, er muß in seine Überlegungen unbedingt seine biologische Situation einbeziehen. Es darf aus dem Vorhergehenden als erwiesen gelten, daß hierbei der Ökologie eine besondere Bedeutung zukommt vor allem, wenn wir bekennen: *Umweltschutz ist angewandte Ökologie!*

H. Umweltschutz

Einige Jahreszahlen markieren die Entwicklung von Beginn des Naturschutzes bis zum Umweltschutz von heute:

1830: Gefährdung des Drachenfelses am Rhein durch große Steinbrucharbeiten. Prügeleien zwischen Heimatschützlern u. Steinhauern. Unter dem Einfluß romantischer Geistesströmungen entsteht eine ungeordnete, aber liebevolle Beschäftigung mit der Natur.

1880: *Hugo Conwentz*, einer der Begründer des deutschen Naturschutzes, veröffentlicht die sehr beachtete Denkschrift: „Über die Verhältnisse des modernen Lebens zur Natur". Die Bestrebungen des Naturschutzes haben überall Anklang gefunden. Die Registrierung und der Schutz besonderer Bäume und Baumgruppen, seltener Pflanzen, vieler Vögel und anderer „Naturdenkmäler" nimmt zu.

1935: In einem Reichsnaturschutzgesetz werden klare Bestimmungen über den Schutz von Pflanzen und Tieren getroffen. Es ist die Grundlage für spätere Naturschutzbestimmungen.

1970: Das Jahr wird in Europa zum „Naturschutzjahr" erklärt. Damit wird die übernationale Bedeutung des Naturschutzes betont.

1972: Die rasante Verschlechterung der Umwelt und die damit verbundenen Gefahren führen zur Umweltkonferenz der UNO in Stockholm: Natur- und Umweltschutz sind Angelegenheiten der ganzen Menschheit.

Diese Daten können durch viele andere erweitert werden. Dabei ist es pädagogisch wertvoll, wenn Objekte des Natur- u. Umweltschutzes den Schülerjahrgängen aus dem engeren Bereich des Schulortes deutlich gemacht werden. Knappe Hinweise auf geschichtliche Entwicklungen haben unzweifelhaft bestimmte Werte: Sie zeigen, daß sich schon viele Generationen um den Schutz der Natur bemühen; sie lassen erkennen, daß unsere natürliche Umwelt von Jahrzehnt zu Jahrzehnt immer mehr zerstört wurde; sie beweisen damit, daß eine schnelle Beseitigung der Umweltgefährdung nicht zu erwarten ist, daß also der Umweltschutz eine Aufgabe der heutigen wie auch der kommenden Generationen ist.

I. Die Alarmierung der Öffentlichkeit

Über ein Jahrzehnt hat der 2. Weltkrieg und die Überwindung der durch ihn entstandenen Schäden die geistigen und wirtschaftlichen Anstrengungen vieler Völker beansprucht. Mit der allmählichen Besserung der Lebensverhältnisse wurden sich immer mehr Menschen der Gefährdung ihrer Umwelt bewußt. Täglich werden heute in der Presse, in Zeitschriften, im Rundfunk wie auch im Fernsehen immer wieder Beispiele von der Zerstörung gesunder Landschaftsteile, von der Vergiftung menschlicher Lebensgrundlagen der weitesten Öffentlichkeit bekannt gemacht, sei es als kleine örtliche Geschehnisse, sei es in weltweiten Veränderungen der Atmosphäre, des Bodens, der Gewässer. In den hochentwickelten Industrieländern ist jedermann zutiefst erschrocken und fragt sich: Wie konnte es soweit kommen? Was müssen wir tun? Auch die Frage nach der Schuld ist schnell gestellt. Sie ist nicht einfach zu beantworten. Eine persönliche Schuld mag in den einzelnen Fällen, die sich meist auf kleinere örtliche Vorkommnisse erstrecken, nachgewiesen werden. Die tiefere Schuld an der Zerstörung unserer Umwelt liegt jedoch in wirtschaftlichen Entwicklungen, die ihrerseits von dem unbegrenzten Streben nach wirtschaftlichem Wachstum, nach Ausweitung von Märkten und im Glauben der meisten an die unbegrenzten Möglichkeiten des Menschen schlechthin beruhen. Diese Einstellungen führen zur Überproduktion kurzlebiger Gegenstände, zu einer Art „Wegwerfphilosophie" und damit zur Häufigkeit von Unrat, zur Vergiftung von Luft und Boden und Wasser.

Jedermann wird davon betroffen und ahnt ernste Entwicklungen auch in seinem engeren Wirkungsbereich. Der Wirtschafter weiß um die dauernde Abnahme der Rohstoffe, die nicht immer durch Kunststoffe ersetzt werden können; er macht sich Gedanken über die Verknappung des Wassers, das nicht beliebig zur Verfügung steht. Der Landwirt begreift, daß die Verwendung von Pflanzenschutzmitteln, z. B. von DDT, eine bedenkliche Kehrseite hat, und daß bisher noch kein Ausweg von diesem Teufelskreis gefunden wurde. Dem Soziologen macht die Vermassung des Menschen und die gleichzeitige Lockerung der Familienbindungen ernste Sorgen. Vor allem sind aber die von einer starken Unruhe befallen, deren Berufe mit der Humanbiologie zusammenhängen. An der Spitze ihrer Überlegungen steht der Satz: „Der Mensch ist ein Lebewesen wie andere auch". Wenn ein international anerkannter Forscher wie *Konrad Lorenz* fordert, daß sich jeder dieser simplen Tatsache wieder voll bewußt werde, dann weiß er, daß mit dieser Selbstverständlichkeit die Gesundung unserer Umwelt beginnen muß. „Die Natur setzt absolute Grenzen für das vom Menschen Machbare". Dieses Leitmotiv der neu gegründeten mitteleuropäischen Forscher-„Gruppe Ökologie" muß Richtschnur für alle Planungen der Technik, der Wirtschaft, der Verwaltung und der Politik werden.

Jedoch sind die Funktionen des Menschen als Teile eines Ökosystems noch recht wenig bekannt. Die interdisziplinäre Umweltforschung hat noch ein weites Feld vor sich. Die UNESCO trug dem Rechnung, indem sie 1968 das Thema „Der Mensch und die Biosphäre" zum internationalen Forschungsprogramm der Gegenwart gemacht hat. Die Intensität, mit der weltweit das Problem Umweltgefährdung und Umweltschutz angegangen wird, läßt hoffen.

Wo aber steht die Schule?

II. Der Stellenwert der Schule im Umweltschutz

Wer aufmerksam das Schrifttum zum Thema „Gefährdung und Schutz der Umwelt" studiert, ist erstaunt, daß von einer Mitarbeit der Schule wenig geschrieben wird. Das gilt auch für die vielseitigen Sendungen im Rundfunk und Fernsehen. Ein Grund liegt wohl darin, daß in erster Linie Wissenschaftler, Wirtschaftler, Techniker, Politiker mit den Ursachen für die Umweltstörungen und Zerstörungen konfrontiert werden. So könnte man meinen, daß der Umweltschutz eine Sache der Erwachsenen sei. Zum Anderen ist die Schule als Institution gesehen, viel zu wenig auf eine Mitarbeit für dieses entscheidende Problem der Gegen-

wart vorbereitet. Gewiß weisen viele Lehrer auf Umweltschäden hin und erörtern dann und wann Maßnahmen des Schutzes. Jedoch ist der Umweltschutz noch lange nicht zu einer allgemein gültigen, jeden Lehrer verpflichtenden Bildungs- und Erziehungsaufgabe geworden, auch wenn die Kultusministerien einige Verordnungen erlassen haben.
Dabei fehlt es nicht an Äußerungen außerschulischer Kreise, die eine weitgehende Erziehungsarbeit aller fordern. Auf dem UNO-Kongress in Stockholm wurde gesagt: *Die Umwelt beginnt beim einzelnen!* Weiter heißt es vielfach, daß die Umweltfrage eine psychische Seite habe, die jeden angeht, zumal ein jeder seinen Teil an der Gesundheit seiner kleinen persönlichen wie an der großen Umwelt aller beitragen muß. Deklarationen und Gesetze vermögen viel; Techniker und Wissenschaftler haben die praktischen Fragen zu lösen; Politiker werden die erforderlichen Mittel bereitstellen — nötig ist und bleibt aber die Haltung eines jeden einzelnen, damit aus der Summe positiver Einstellungen eine wirksame Haltung und Teilnahme aller am Umweltgeschehen entsteht. Das Aufkommen des Wortes „Umweltmoral" in jüngster Zeit ist Ausdruck dieses Denkens. Hier ist der Aufgabenbereich der Schule: Ein jeder muß schon in jungen Jahren in der Schaffung und Erhaltung einer gesunden Umwelt eine Aufgabe sehen ,die für ihn selbst und für seine Generation von größter Bedeutung ist. Ein jeder muß wissen und bejahen, daß er selbst zur Erfüllung dieser Ziele ideelle und materielle Beiträge zu leisten hat. Dazu kommt ein Drittes: Ein jeder muß eine klare Vorstellung dafür bekommen, was in seiner Umwelt gesund, was störend und was gefährlich ist.
Umweltsfragen als allgemeine Bildungs- und Erziehungsziele dürfen nicht zum Inhalt eines einzelnen Faches gemacht werden. In allen Bildungsstätten, in allen Altersstufen, in allen Fächern muß eine immerwährende Bereitschaft vorhanden sein, auf örtliche und zeitlich begrenzte Vorgänge, aber auch auf sehr langfristige, weltweite, schwer erkennbare einzugehen, wenn die pädagogische Situation hierzu die Möglichkeit gibt. Dabei kommt dem Biologieunterricht eine besondere Aufgabe zu, denn die bei all diesen Überlegungen gemeinten Umweltsfragen sind vorwiegend ökologische Fragen, und Ökologie ist ein Teil der Biologie. Man hat sie mitunter sogar als „Überbiologie" bezeichnet, um die notwendigen Einbeziehungen chemischer, physikalischer, soziologischer und anderer Erkenntnisse zum Ausdruck zu bringen. Darum werden auch die unterrichtlichen Maßnahmen des Biologielehrers die fachliche Enge sprengen müssen, damit durch Synthese verschiedener Einsichten und Erkenntnisse der Beitrag der Schule zu den Fragen der Umwelt und ihres Schutzes erfolgreich wird.

III. Umweltsthemen im biologischen Unterricht

Alle ökologischen Stoffe sind Umweltsthemen. Sie bilden daher den Hauptteil dieser Arbeit. Immer bieten sich Möglichkeiten, den Schülern von den normalen Verhältnissen aus die Vorgänge der Gefährdung und die Probleme des Schutzes unserer Umwelt aufzuzeigen. Auch die umgekehrte Gedankenführung wird sich ergeben, nämlich bei Erörterungen größerer Umweltschäden oder gar von Umweltvernichtungen auf den ursprünglichen ökologischen, also gesunden Zustand zurückzuweisen. Das Erkennen des Gegensatzes gesund-gestört ist für unsere Bildungs- und Erziehungsaufgabe sehr fruchtbar, zumal wenn der unnatürliche Abstand zwischen Mensch u. Natur, also die Naturentfremdung, einbezogen wird.

Dabei ist es von einem kaum zu überschätzenden Vorteil, wenn der Lehrer seine Schüler hin und wieder ins Freie führt und sie dort auch die der Umwelt geschlagenen Wunden studieren läßt. Davon soll im Kommenden die Rede sein. Sachliche und methodische Schwierigkeiten bestehen nicht. Generell kann gesagt werden, daß viele Stoffe in verschiedenen Altersstufen auch wiederholend und vertiefend gebracht werden können (Spiralprinzip).

1. *Das Ausräumen der Landschaft*

Dieser heute gebräuchliche Begriff umfaßt die vielen Maßnahmen, die zu einer Verarmung der Umwelt führen. Im Bereich einer jeden Schule können *Gewässerregulierungen* studiert werden. Im Unterricht finden die Schüler hinreichend gute Antworten auf die Fragen, was ein natürlicher Teich sei, oder woran man einen natürlichen Bach erkennt. Eine Zusammenstellung der gefundenen Fakten an der Tafel unterstreicht das Diskussionsergebnis. Sie leitet die nächste Frage ein: Gibt es in unserer Umgebung noch natürliche Gewässer? Was ist aus ihnen geworden? Mit diesem Gedankengang sind die Schüler an die Gewässerregulierungen herangeführt worden. Falls kein Ausflug an gesunde und gestörte Gewässer gemacht werden kann, werden die Schüler aufgefordert, bei Spaziergängen, Ausflügen, Streifzügen oder in den Ferienorten Beispiele für die Kanalisierung unserer Bäche und Flüsse zu erbringen und diese, falls möglich, durch Fotos zu belegen.

Die unterrichtlichen Hinweise auf die unter Naturschutz stehenden Pflanzen und Tiere sind durch einfache Feststellungen der Schule zu ergänzen. Lehrer und Schüler erfragen von Kennern der heimischen Flora, von Bauern und Förstern, in welchem Ausmaß bestimmte Pflanzen in Wald und Flur zurückgegangen sind. Das mag sich auf Schlüsselblumen, auf Rittersporn, Mohn, Wiesensalbei oder auf Wolfsmilcharten beziehen. Ergänzungen über den Rückgang von Sumpfpflanzen, Farnen, Riesenschachtelhalmen, eßbaren Pilzen sind später möglich. Derartige Erkundigungen erbringen in den meisten Gegenden Mitteleuropas den Beweis für die *ungeheure Verarmung* unserer Wiesen z. T. durch Düngungen, unserer Wälder durch Monokulturen. Zugleich wird vielerorts die Zunahme von Birke und Salweide, von Ruderalpflanzen, vor allem von der Großen Brennessel festgestellt.

Wo sind in unserer Heimat noch *Hecken*? Wo natürliche, dichte Waldränder? Wo stehen markante Einzelbäume oder Baumgruppen in den Fluren, evtl. als Naturdenkmäler? Die Schüler suchen sie und tragen auf einer geeigneten Karte ihre Ergebnisse ein. Facit: Heute ist unsere Heimat sehr arm an Hecken. Dasselbe gilt von den *Rainen*. Müssen alle Bäume an den Straßen im Interesse des motorisierten Verkehrs verschwinden? Gibt es bei uns Beispiele, die dafür, andere, die dagegen sprechen? Jede Klasse geht auf diese zeitnahe Frage lebhaft ein; der Lehrer läßt dabei allgemeinere Umweltfragen anklingen.

Wir begnügen uns nicht damit, Kritik am Abschlagen der Uferbäume und Büsche zu üben, auch nicht an einer übertriebenen Kanalisierung unserer fließenden Gewässer. Wir wollen auch prüfen, ob die zunächst entstandenen *Verödungen* z.B. unserer Täler etwas ausgeglichen werden können. Das tat eine Schülergruppe, die beide Ufer ihres Heimatflusses beging. Auf den 8 km Flußufern gab es nahezu keine Holzgewächse. Sie fertigten eine Karte an, die zeigte, wo einzelne Bäume, wo Baumgruppen angepflanzt werden könnten, ohne die berechtigten Wünsche der Anrainer zu verletzen. An einer Stelle schlugen sie

355

sogar die Entwicklung eines kleinen Auwaldes vor, um die Tarnung einer großen Industrieanlage zu erreichen.

Der *Rückgang der Tierwelt* findet bei der Jugend ebenfalls großes Interesse. Manch einer vermag hierfür Beispiele vorzutragen; andere berichten von Hörensagen, wieder andere verweisen auf eindrucksvolle Sendungen des Fernsehens. Die meisten sind bereit, weitere Rundfragen zu starten. Diese betreffen Hoch-, Nieder- und Raubwild, Vogelarten, bestimmte Kriechtiere und Lurche, auch Fische, Insekten und Muscheln. Es wird erkannt, daß Bisamratten, Kartoffelkäfer, Türkentauben und Marderhunde die entstandenen ökologischen Nischen ausfüllen. Im Fachschrifttum ist der Rückgang der Tiere verstreut und zuweilen auch nicht der neueste Stand ersichtlich. Von Zeit zu Zeit kann sich eine Schule an eine Vogelwarte wenden und eine bestimmte Auskunft erbitten. Über die heimische Ornis sind die Warten in Ludwigsburg, Garmisch-Partenkirchen, Essen-Bredeney, Frankfurt, Steinberg am Deister und Kiel am besten orientiert. Einen anderen, pädagogisch wertvollen Weg ging eine Klasse bei der Besprechung der Schwalben. Die Schüler schrieben 40 Postkarten mit Rückantwort an je 20 Dorfschulen in der Münsterer Bucht und im Sauerland. Gefragt wurde nach der Abnahme der Schwalben in dem betreffenden Dorf und nach den Ursachen. Sie erhielten 37 Antworten. 32 bestätigten die Abnahme, 4 meldeten keine und eine Angabe wurde nicht gewertet, da eine Verwechslung mit dem Mauersegler vorliegen konnte. Interessant waren die Aussagen über die Ursachen des Rückganges. 11 Mitteilungen sprachen von der modernen Bauweise mit glatten Wänden und dem Fehlen geeigneten Baumaterials; 4 gaben das Fehlen ausreichender Insektennahrung infolge der chemischen Bekämpfung an; eine nannte den Lärm und eine die Ölverschmutzung der Dorfstraßen. Eine Angabe war besonders genau, denn sie verglich den Bestand von 1959 von 65 Rauchschwalben- und 24 Mehlschwalbenpaaren mit einer etwa 30 Jahre früher erfolgten Zählung, bei der 163 Nester der Rauchschwalbe und sogar über 500 Nester der Mehlschwalbe festgestellt wurden.

Regen wir unsere Schüler an, mit Eltern und Großeltern über die „Ausräumung der Landschaft" zu sprechen. Bringen wir dieses Thema auch einmal auf Elternabenden vor, und wir Lehrer werden erkennen, welch große Zahl von Beispielen die älteren Generationen zu unserem Spezialthema beitragen können und damit auch zu der Frage der Umweltsänderungen.

Auf die Ausweitung unserer Städte und Gemeinden und auf die Vergrößerung der sogenannten Verkehrslandschaft kann der Biologielehrer auch dann und wann hinweisen. Die Landschaft wird zurückgedrängt, mehr und mehr Pflanzen und Tiere verschwinden aus unserem Blickfeld. Dazu kommen die z. T. in der Landschaft liegenden größeren Siedlungen oder die Häufung von Wochenendhäusern. Man spricht von einer *Zersiedelung der Landschaft* und denkt dabei vordergründig an wirtschaftliche Fragen und Verkehrsprobleme. Kaum einmal ist die Rede davon, daß der ökologische Haushalt der Landschaft und sein Fließgleichgewicht verändert, ja empfindlich gestört werden. In zunehmendem Ausmaß ist auch die umgekehrte Entwicklung festzustellen, nämlich die Verwilderung der Kulturlandschaft durch ausbleibende Nutzung von Äckern und Wiesen. Es ist nicht gleichgültig, was aus dem neuen Brachland wird. Es ist fraglich, ob die Entstehung neuer Wälder immer die beste Lösung ist. Können überhaupt die alten, natürlichen Waldarten wieder entstehen? Zu den wirtschaftlichen und soziologischen Aspekten dieser gegenwärtigen Abläufe müssen auch ökologische Überlegungen kommen, um zu prüfen, ob und in welchem Ausmaß der Gesamthaushalt der Natur gestört wird. Hier vermag der Biologieunterricht Einsichten zu vermitteln, die für die späteren Volkswirte, Techniker, Soziologen u. a. von erheblichem Wert sind.

2. Die Vergiftung von Wasser und Boden

Ökologische Arbeiten über die Gewässer werden auf S. 334 ff. gegeben, über Bodenuntersuchungen wurde auf S. 297 ff. gesprochen. Sie betrafen in erster Linie die gesunden Verhältnisse in diesen Teilen unserer Umwelt. Heute jedoch gelangen in den Boden und ins Wasser viele Fremdstoffe, von denen einige sehr giftig wirken. Der Biologieunterricht muß auf diese Veränderungen hinweisen und auf die erforderlichen Schutzmaßnahmen eingehen.

Die *Abwässer* von menschlichen Wohnungen und von Industrieanlagen verdienen unterrichtliche Beachtung. An Bächen, die nur wenige Kilometer lang sind, kann die Selbstreinigung von Schülern untersucht werden. Davon gibt die Abb. 33 ein Beispiel. Sie ist das Ergebnis einer Untersuchung von Schülern der Sekundarstufe 1. An größeren Gewässern können unschwer besonders auffällige Vertreter der Schmutzwasserorganismen nachgewiesen werden, so die flutenden Fetzen der vielfach noch als Abwässerpilze bezeichneten Fadenbakterien (Sphärotilus) oder die weißlichen Überzüge auf den Gewässerböden, hervorgerufen durch Schwefelbakterien (Beggiatoa). Bei mittlerer Vergrößerung sind die Schwefeltropfen in den Fäden gut erkennbar. Zuweilen entpuppen sich große weißliche Bodenbeläge als Riesenkolonien von Geißlern (Carchesium). Häufig sind die schmutzig-blaugrünen Überzüge von Cyanophyceen. Die biologische Wasseranalyse, die auf S. 340 die wichtigsten Leitformen der Verschmutzungsgrade darstellt, kann von Schülergruppen, wie von einzelnen Schülern, kaum aber von einer Klasse, zur Untersuchung der Heimatgewässer verwendet werden. Von zweitrangiger Bedeutung ist, ob die Namen der Verschmutzungsstufen im Unterricht genannt werden:

oligosaprobe Stufe: geringe Verschmutzung, ausreichend Sauerstoff, Wasser klar. Tier- und Pflanzenleben nahezu wie in normalen Gewässern.

mesosaprobe Stufe: mittelstarke Verunreinigung, Wasser etwas getrübt, noch reichlich Pflanzenleben und ausreichende Sauerstoffbildung, reiches Tierleben.

polysaprobe Stufe: sehr starke Verschmutzung, Wasser immer getrübt, die normale Gewässerflora verschwunden, nur teilweiser Abbau der organischen Substanz, Faulschlammbildung.

Es ist durchaus möglich, daß Schüler bei ihren Beobachtungen den Verschmutzungsgrad der von ihnen untersuchten Gewässer farbig in eine Karte eintragen. Sie kann verglichen werden mit *Verschmutzungskarten* (Gewässergütekarten) ganzer Flußsysteme oder Städte, die erstmalig 1961 von der Bundesanstalt für Gewässerkunde erarbeitet wurden. Zuweilen erscheinen derartige Spezialkarten auch in der Tagespresse, wie im Hamburger Abendblatt vom 6. 3. 1971. Anfragen bei Hygienischen Instituten, Gesundheitsämtern, bei den Wasser- und Schiffahrtsdirektionen (Kiel, Hamburg, Bremen, Aurich, Hannover, Münster, Lüneburg, Mainz, Freiburg, Würzburg, Stuttgart und Regensburg) können Material für den Unterricht erbringen.

Pädagogisch wertvoller und auch erfolgreicher ist eine andere Möglichkeit: Die Schüler einer Klasse sammeln mehrere Monate hindurch aus allen ihnen erreichbaren Zeitungen und Zeitschriften Meldungen über die Gewässerverschmutzung, die Ölpest, das Fischsterben. Auch Nord- und Ostsee sind eingeschlossen. Einige Freiwillige sichten abschließend das Material und berichten. Dabei zeigt sich fast immer, daß die Informationen über den gleichen Vorgang zuweilen nur teilweise oder gar nicht übereinstimmen. Darüber entsteht eine lebhafte Debatte. Liegen gesteuerte Informationen an die Öffentlichkeit vor? In besonderen Zweifelfällen werden Fachinstitute um Stellungnahme gebeten.

Über die Aufbereitung des Abwassers durch *Kläranlagen* sollte jeder junge Mensch etwas erfahren. Wünschenswert ist der Besuch einer derartigen, immer wichtiger werdenden Anlage. Dabei werden aus den Tropfkörpern (Abb. 35)

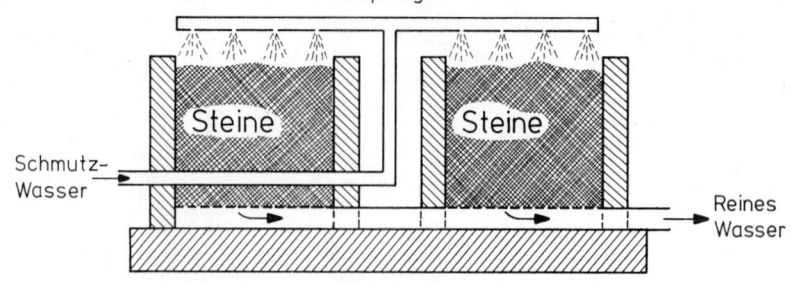

Abb. 34: Tropfkörper (Faustskizze)

einige wenige Füllsteine mitgenommen, die dann in der Schule untersucht werden. Ein Schüler berichtet: „Eine außerordentlich zahlreiche und auch verschiedenartige Mikrowelt zeigte sich unserem Blick. Sehr häufig waren die Schlammröhrenwürmer (Tubifex), die oft in Gruppen nebeneinanderstanden. Zwischen den Gallerten schwammen unzählige Wimpertierchen (Paramaecium). Auch Glokkentierchen konnten festgestellt werden. Nur vereinzelt waren Fadenwürmer der Anguillagruppen zu erkennen. Nicht klassifizieren konnten wir die Bakterien, doch sind unter ihnen neben Eubakterien (Kokken, Bakterien, Spirillen) auch fadenförmige Chlamydobakterien, vielleicht auch Vertreter der jetzt zu den Bakterien gerechneten Actinomyceten."

Außer derartigen „Schulforschungen" wird es kein Biologielehrer versäumen, auf größere Vorgänge in der Wasserverschmutzung hinzuweisen. Die Deutsche Forschungsgemeinschaft hat von 1960—1968 ein *„Projekt Bodensee"* durchgeführt und eine gründliche, umfassende Studie über dieses Gewässer vorgelegt. Sie diente mit anderen Untersuchungen als Grundlage für eine Arbeit, die die Auswertbarkeit für den biologischen Unterricht herausstellt. Der große Wert der Forscherarbeit liegt darin, daß einwandfreie Versuchsergebnisse die kausalen Zusammenhänge aufzeigen, die zur heutigen Bedrohung dieses großen Süßwassersees und Trinkwasserspeichers geführt haben.

Von besonderem Interesse ist die *Vergiftung* unserer Gewässer durch bestimmte Chemikalien. Als Beispiel hierfür kann in erster Linie das berühmte, berüchtigte DDT (Dichlor-Triphenyl-Trichloraethan $C_{14}H_9Cl_5$) dienen. Der hohe Anteil an Chlor in dieser organischen Verbindung wird gefährlich, zumal sich das Gift in den einzelnen Gliedern von Nahrungsketten steigert:

Ausgangsnahrung	Gruppe der ersten Verbraucher	Endverbraucher
Kleinkrebse / 0,04 %	Planktonfressende Fische / 0,21 %	Seeschwalben / 3,1—6,4 %
	Muscheln / 0,4 %	Eier der Fischadler / 13,8 %
Wasserpflanzen / 0,8 %	Schnecken / 0,26 %	Möven / 3,5—18,5 %

Der Mensch als Endglied vieler Nahrungsketten speichert auch DDT. Bereits mit der Milch kommt es in den Körper der Säuglinge und Kleinkinder. Dort lagert es sich jahrelang und häuft sich an.

Eine der deutlichsten Wirkungen dieses Stoffes zeigt folgender Vorgang, der unseren Schülern nicht vorenthalten werden darf: 1951 brach an der kalifornischen Küste die sehr bedeutsame Fischindustrie völlig zusammen. Als Ursache nahm man zunächst die Überfischung der Küstengebiete an. *Walter Thomson*, ein Spezialist für Meeresbiologie, stellte bei seinen Untersuchungen fest, daß vor allem die Jungfische ausblieben, eine Erscheinung, die bei plötzlichen Populationsschwankungen ungewöhnlich ist. Normalerweise folgt auf ein plötzliches Massensterben von erwachsenen Tieren eine erhebliche Zunahme von Jungtieren. *Thomson* suchte nach der Ursache dieser rätselhaften Erscheinung und fand, daß 1940 die kalifornischen Farmer zur Bekämpfung schädlicher Insekten DDT zu verwenden begannen. Der Verbrauch stieg 1963 auf 16 000 t. Nur ein geringer Teil wird von den Insekten gefressen, das meiste Gift wird vom Regen, z. T. auf dem Umweg über den Boden, in die Bäche, Flüsse und ins Meer gespült. Der Forscher fertigte eine Karte über die Gebiete an, in denen DDT verwendet wurde und verglich sie mit den Fangergebnissen der einzelnen Küstenabschnitte. Es zeigte sich eine beklemmende Bestätigung seiner Vermutung. Der Reichtum des Meeres an Sardinen nahm in gleichem Maße ab, wie der Gebrauch von DDT in küstennahen Gebieten zunahm. Die Behörden zeigten sich zunächst zurückhaltend. Inzwischen wurde aber die Schädlichkeit des DDT besonders für Jungfische bestätigt. So stellte man an den Westküsten der USA fest, daß sich die Seeforellen nicht mehr vermehren, wenn ihre Brut an eine DDT-Konzentration von 2,75 pmm geriet. Die Jungfische leben nur so lange, wie der Nahrungsvorrat im Dottersack ausreicht. Das einst so gerühmte DDT als „Wohltat für die Menschheit" wurde als „Gift für die Umwelt" erkannt.

Diese Zusammenhänge zwischen Bodenvergiftung und *Meeresvergiftung* durch DDT sind augenscheinlich. Noch nicht restlos geklärt ist die Frage, ob das Absterben der Korallentiere in den Riffen des Großen Ozeans ebenfalls ursächlich mit DDT zusammenhängt. Ein Seestern, Dornenkrone genannt, hat explosionsartig zugenommen. Da seine Hauptnahrung die Korallenpolypen sind, sind diese auf Kilometerweite und -breite verschwunden. Die Zunahme der Seesterne hängt mit dem Verschwinden vieler Korallenfische zusammen, deren Hauptnahrung die Eier des Seesternes sind. Aus den abgelegten Eiern der Fische entstehen aber infolge DDT-Vergiftung keine Jungtiere mehr. Der Kreis ist geschlossen. Die Forscher arbeiten noch daran, angenommene Zusammenhänge weiter zu klären, ein sehr schwieriges Unterfangen. Der Biologielehrer wird diese Arbeiten weiter verfolgen, handelt es sich doch um eine Umweltvernichtung, die an vielen Inseln des Stillen Ozeans und auch an der Ostküste Australiens sehr ernste Wirkungen auslösen kann. Leider ist noch kein gleich wirksames ungiftiges Insektenvertilgungsmittel entdeckt worden. So ist DDT z. B. in malariaverseuchten Gebieten immer noch unentbehrlich.

Es geht nicht an, daß die europäische Jugend diese Vorgänge bei den Antipoden als für sie nicht praktikabel beiseite schiebt. Es gibt andere Vorgänge, die in ihrer engsten Umgebung, in ihrer Wohnstraße nachweisbar sind. Auch unser Boden wird vergiftet, ist doch der Begriff des *„Salztodes der Bäume"* in den letzten Jahren immer bekannter geworden. Die Verwendung der sogenannten Auftausalze, vor allem von Kochsalz NaCl denaturiert mit Fe_2O_3, hat in vielen Städten bedenkliche Folgen gehabt. Der Salztod beginnt, für jeden sichtbar, mit einer herbstlichen Laubfärbung während der Sommerwochen. Die Assimilation wird gestört, die Bäume kränkeln, doch treiben sie neu. Diese Anomalie führt zur Erschöpfung und zum Absterben der Bäume. Aus Hamburg wird berichtet, daß dort jährlich etwa 4000 Bäume auf diese Weise vergiftet werden. Die ungeheure „Versalzung" unserer Straßen wird durch folgende Zahlen deutlich:

	Durchschnittswinter 1967/68	im strengen Winter 1969/70
Auf 1 km Bundesstraße wurden	4,56 t	6,6 t
und auf 1 km Autobahn	16,95 t	33,01 t Salz gestreut.

Eine Million Tonnen Auftausalze auf unseren Straßen führt nicht nur zur Korrosion der Karosserien oder zu der von Betonfundamenten unserer Bauwerke, sondern auch zum Tod vieler Pflanzen. Es wird versucht, das NaCl durch $MgCl_2$ zu ersetzen, denn dieses Salz wird nicht so stark von den Pflanzen aufgenommen und versickert auch schneller in größere Bodentiefen, aber noch sind diesbezügliche Versuche bisher ohne brauchbare Erfolge geblieben.

Mancher Schüler bringt auch kleineren, besonderen Vorgängen Interesse entgegen und nimmt z. B. aufmerksam zur Kenntnis, daß in Wiesen und Fluren, die bei Hochwasser auch Abwässer der Kaliindustrie aufnehmen, sich salzliebende Pflanzen ansiedeln, so das salzige Milchkraut (Glaux maritima) und der Strandbeifuß (Artemisia maritima).

Bei Jung und Alt, in der Stadt wie auf dem Lande, wird stärkstes Interesse allen Fragen entgegengebracht, die mit dem *Müll* zusammenhängen. Die Schule hat vielerlei Möglichkeiten, auf diese Belastungen der Privathaushalte, der Stadtsäckel und der Landschaft hinzuweisen. Vielseitige Untersuchungen haben die Zusammensetzung des Mülls in Deutschland wie folgt bestimmt:

	Gewichtsanteil	Wertung
Sand, Asche (Feinmüll)	20—30 %	keine Veränderung, z. T. brauchbar
Papier, Feinpappe	20—30 %	brennbar
organ. Küchenreste	10—20 %	verrotten
Glas	8—10 %	keine Veränderung
Metall	4— 9 %	sehr langsame Oxidationen
Holz, Leder, Gummi, Grobpappe, Knochen	2— 6 %	z. T. brennbar
Kunststoffe	2— 4 %	verändern sich nicht

Schon die Kinder in der Grundschule können feststellen, was alles auf den Müll kommt. Die 10—12jährigen sind in der Lage, die *Müllkippen* kritisch zu betrachten. Sie sind empört, wenn der Müll wahllos in die Wälder, an Wegränder, auf Wiesen oder in die Gewässer geworfen wird. Sie sind auch bereit, wie es Beispiele aus Deutschland, Österreich, der Schweiz und anderen Ländern aus jüngster Zeit beweisen, in einem bestimmten, nicht zu großen Gebiet den Müll zu sammeln und in Handwagen wegzufahren. Es ergeben sich für die Jugend auch andere Fragen: Wie liegen die sogenannten Mülldeponien zur Ortschaft, zu Straßen, zu Feldern und Wiesen; können sie das Grundwasser evtl. beeinflussen? Welche Flächen werden benötigt? Wird der Müll verbrannt? Die Regenerationen der Schuttplätze, Halden, Kiesgruben usw. im Rahmen der Landschaftsgestaltung, ihre Bedeutung in einer Erholungslandschaft, ihr wirtschaftlicher Wert und ähnliches geben Anlaß zu kritischen Betrachtungen. Wie sieht der Endzustand einer Müllkippe aus? Ökologische Fragen klingen an, wenn geprüft wird, ob die neu entstandene Vegetation der ursprünglichen gleicht. Diese Kehrseite der, zivilisatorischen Entwicklung wird deutlicher, wenn wir auf einer Wanderkarte die Müllkippen und Autofriedhöfe eintragen. Schüler der Sekundarstufe 1 suchen in Gruppen jeweils einige Dörfer auf, erfragen die Lage der Müllkippen, fahren dorthin, beurteilen sie und tragen auf einer Karte ein. Durch eine derartige gemeinsame Arbeit werden die kleineren und größeren „Geschwüre" einer Landschaft herausgehoben und vielerlei Fragen der Müllbeseitigung für die Teilnehmer einer solchen einfachen Arbeit bewußter.

Eine Auseinandersetzung mit den Fragen des *Atommülls* führt reifere Schüler wieder zu weltweiten Betrachtungen. Die Jugend ist für atomare und chemische Gefahren, die latent unsere Umwelt bedrohen, sehr aufgeschlossen. Sie erörtert gern derartige Probleme. Aus der großen Zahl von Beispielen, die in immer neuen Variationen der Öffentlichkeit bekannt werden, sei aus einem Aufsatz von Prof. *B. Grzimek* (April 1971) zitiert: „Die US-Atomenergie-Kommission hat vor einiger Zeit Stahldosen im Atlantik versenkt, die mit einem Gemisch aus Zement und hochgiftigen radioaktiven Abfall gefüllt waren. Erst kürzlich wurde dieser Testmüll nur 300 km vor der spanischen und portugiesischen Küste wieder gefunden. Über die horizontalen Verschiebungen der Wassermassen ist wenig bekannt. Kaum bekannt war auch bisher, daß Stahltrommeln mit giftigem Laborgeräteabfall, die im Atlantik versenkt wurden, später an der Küste Oregon wieder gefunden wurden. Wie sie in den Pazifik gelangt sind, bleibt ein quälendes Geheimnis." Bei der Erörterung derartiger Vorfälle hat der Lehrer eine sehr wichtige Aufgabe. Er muß überhitzten, emotionalen Aufregungen eine nüchterne, naturwissenschaftliche Betrachtung entgegensetzen, denn nur dadurch können die vielseitigen Störungen der Umwelt erfaßt und dann ausgeschaltet werden. Wirtschaftliche, soziale Gegebenheiten sowie technische Möglichkeiten sprechen dabei mit und machen die Problematik dieser schwerwiegenden, gefährlichen Umweltstörungen noch verwickelter.

3. Störungen in der Biosphäre

Die Verschmutzung der Luft und die Belastung durch den Lärm sind weitere Schwerpunkte in der Gefährdung der menschlichen Umwelt. Auch diese Bereiche sind Gegenstand vieler wissenschaftlicher Untersuchungen. Einige von ihnen geben dem Unterricht gesicherte Grundlagen. Sie betreffen z. B. den Gehalt der Luft an *Staub*. Schon vor Jahrzehnten wurde festgestellt, daß der Wind die über den Städten sich bildenden Staubschichten viele Kilometer weit über das Land trägt, so z. B. der Westwind von Berlin aus über Fürstenwalde bis an die Oder bei Küstrin oder Frankfurt. Diese Beobachtungen wurden in letzter Zeit erweitert und führten zu umfangreichen Messungen, aus denen „Staubkarten" von Städten mit Umgebung, z. B. aus dem Ruhrgebiet, entstanden. Als Beispiel der Luftverstaubung nur eine Angabe: An einem bestimmten Tag wurden in einem cm^3 über Karlsruhe 2 140, über Düsseldorf 7 250 und über Dortmund 19 900 Staubteilchen gezählt.

Für den biologischen Unterricht ist der Gehalt der Luft an *Keimen* von besonderer Bedeutung. Ihr Vorhandensein wurde von Schülern der 2. Sekundarstufe viele Jahre hindurch in verschiedenen Stadtteilen auf folgende Weise nachgewiesen: 3 Schüler füllten etwa 10 Petrischalen mit Nährlösungen (S. 318). Dann wurde eine Stunde für das Einholen der Proben angesetzt. 2—3 Schüler gingen mit je einer Schale an eine bestimmte Stelle der Stadt: Verkehrsreiche Straßenkreuzung, Fabrikhalle, Bahnhofshalle, in eine Straßenbahn, Spielhalle, Rand des Parkteiches, Schulhof, Sportplatz, Schlafzimmer eines Schülers. Sie öffneten dort ihre Schalen für 5 Minuten und brachten sie dann in die Schule zurück. Dort blieben sie nebeneinander einige Tage ruhig stehen. Dann traten die Bakterienkolonien und Schimmelpilzrasen auf. Ihre Größen und Farben lassen Rückschlüsse auf den Keimgehalt der Luft an der betreffenden Stelle zu.

Diese Dutzende von Malen ausgeführten Versuche haben bis auf eine einzige Ausnahme Erfolg gehabt. Außerdem wurden sie noch durch Ergebnisse des Gesundheitsamtes und einmal eines Hygienischen Institutes ergänzt. Auch folgende langfristigen Untersuchungsergebnisse können zum Vergleich mit eigenen Untersuchungen herangezogen werden:

In einem cm^3 Luft wurden	als Sommermittel,	Wintermittel,	Jahresdurchschnitt
in einer Großstadt	6550	3 250	4 790
auf dem benachbarten Lande	550	190	345

Keime festgestellt.

Zu den Keimen, Staubteilchen, zu Rußpartikelchen und Wassertröpfchen (Nebel) kommen als besondere Gefährdung der Biosphäre noch die *Abgase*. Ihre Wirkung auf die Pflanzen beginnen z. B. mit der rötlichen Verfärbung von Spitzen der Nadelbäume und dem teilweisen Absterben ganzer Äste von Coniferen im Windbereich bestimmter Industrien. Deutlich sichtbar werden die Emmissionen an den dunklen Rauchfahnen, die vorwiegend aus Kesselanlagen kommen und an den gelblich-braunen Schwaden chemischer Industriewerke. Sie kommen von *Stickoxiden* und überschreiten nicht selten die sogenannte Toleranzgrenze. Diese wurde im Sommer 1971 in einigen Stadtteilen Münchens als Dauerzustand überschritten, denn damals gelangten an einem Tage 105 t Stickoxide in die Luft von München. Zu diesem gefährlichen Abgas kommen noch das Kohlenmonoxid (CO), das Schwefeldioxid (SO_2), der Phosphorwasserstoff (PH_3) und verschiedene Kohlenwasserstoffe. Über ihre Anteile an der Luftverschmutzung liegen viele Untersuchungen vor; sie zeigen begreiflicherweise beachtliche Unterschiede von Stadt zu Stadt, ja auch innerhalb der Stadtteile. Die zuständigen Gesundheitsämter gewähren immer Einblicke in ihre Luftanalysen.

Starkes Interesse der Öffentlichkeit erregt seit einigen Jahren der *Bleigehalt der Luft*. Dieses Schwermetall hat normalerweise für die Umwelt des Menschen und für den menschlichen Körper keine Bedeutung. Es wird aber seit den 20er Jahren als Antiklopfmittel verschiedenen Benzinen zugesetzt. Mit den Auspuffgasen der Kraftwagen gelangt es in die Luft und wird durch Luftströmungen überall hingetragen. So gelangt es auch in das Gletschereis von Grönland, wo es mengenmäßig in den jährlichen Eisschichten bestimmt wurde. Die Abb. 35 zeigt

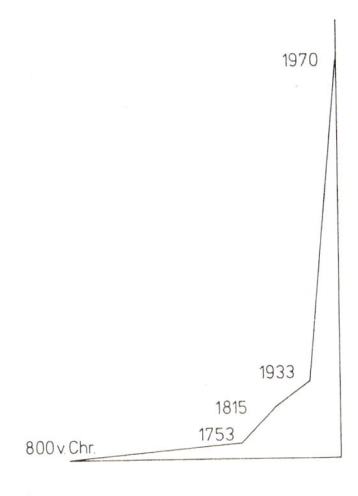

Abb. 35: Bleigehalt in den Eisschichten von Grönland (nach Widener)

das Ergebnis der Untersuchung und damit die unglaubliche Zunahme des Bleies in der Luft. Durch industrielle Abwässer kommt es auch in Bäche und Flüsse. — Fachleute schätzen, daß jährlich auf der nördlichen Halbkugel rund 500 000 t Blei in unsere Umwelt gelangen. Längs der Autobahnen und größeren Straßen nehmen die Pflanzen besonders viel Blei auf. 50—200 mgr wurden in jedem Kilogramm Pflanzensubstanz nachgewiesen, an Kreuzungen sogar 3 000 mgr. Jeder kann die Bleigefahr errechnen. Ein Liter Benzin enthält 200—600 mgr Blei, von denen über die Hälfte ins Freie kommt, also etwa 0,2 g. Daraus ergibt sich bei einem Benzinverbrauch von 10 l auf 100 km Straßenlänge eine Bleimenge von 2 g. Gehen 1000 Fahrzeuge über die gleiche Strecke, dann gelangen 2 kg in die Randstreifen der großen Straßen. Nach russischen Arbeiten vergiften 2 kg Blei rund 2 000 Millionen m^3 Atemluft. In vielen Ländern wird daran gearbeitet, das Blei aus den Benzinen zu entfernen, auch sind die ersten Gesetze hierfür erlassen. Eine völlige Entfernung wird jedoch sehr kostspielig sein. Gegenwärtig nimmt die Gefahr von Bleivergiftungen noch zu. Sie äußert sich in Verdauungsstörungen, Koliken, Lähmungen, Sehschwächen u. a. krankhaften Erscheinungen, doch zeigen sich gegenüber der Bleianfälligkeit persönliche Unterschiede. Interessant ist die Vermutung einiger Forscher, daß die Römer der Kaiserzeit starke gesundheitliche Schäden erlitten, da sie zum Essen und Trinken vielerlei Bleigeräte verwendeten.

Bekanntlich richten die Abgase oft erhebliche *Schäden an Bauwerken* an. Der Biologieunterricht wird darauf hinweisen und es gut heißen, wenn sich einzelne

Schüler mit diesen Auswirkungen der Luftvergiftung befassen und vor allem im Schulbereich eigene Feststellungen treffen.

Auch die Entstehung von *Smog* soll nicht unerwähnt bleiben. Er ist von London, Los Angeles, Tokio bekannt, trat auch im Maastal bei Lüttich auf und 1962, wenn auch in mäßigem Ausmaß, im Ruhrgebiet. In Los Angeles ist ein besonderes Smogalarmsystem entwickelt worden.

Die Beseitigung radioaktiven Abfalles wurde schon auf S. 361 erwähnt. Sie gehört zu dem umfassenden Kapitel der Strahlenbiologie, eines modernen Teilgebietes der Biologie, Physik und Medizin, das bei den Schülern immer reges Interesse hervorruft, meist jedoch aus Zeitmangel nicht eingehend behandelt werden kann.

Immer wird der Biologieunterricht auf den *Lärm,* seine Steigerung und seine Bedeutung für den Menschen eingehen. Während sich unser Körper an manche Umweltänderung einigermaßen anpassen konnte, so hat er sich an den Lärm offenbar nicht gewöhnen können. Das wird nie der Fall sein, denn durch fortwährende Lärmbelastungen entarten die außerordentlich feinen Nervenendungen im Cortischen Organ und damit geht das feinere Hörvermögen verloren: Bei plötzlichen und sehr starken Schallüberlastungen, wie zum Beispiel bei Detonationen, werden die Nervenendungen sogar zerquetscht. Die Folgen sind zunehmende Hörstörungen, die bis zur Taubheit führen. Sie haben in neuester Zeit in erschreckendem Maße zugenommen, vor allem bei Preßhämmerarbeiten, Betonmischern, Bandmusikern. Die Störungen beschränken sich aber nicht auf das schallaufnehmende Organ, vielmehr wird die dort entstehende Überbelastung auf das ganze Nervensystem ausgeweitet und ist z. T. eine Mitursache von allgemeiner Nervosität, von vegetativen Neurosen, von der sogenannten Managerkrankheit. In einer einfachen Darstellung machen wir unsere Schüler mit den Phonstärken verschiedener Geräusche bekannt (Abb. 36). Im Gespräch ordnen wir noch weitere Lärmquellen ein. Durch häufigen Lärm fühlen sich gestört

im Alter von		nach Berufen	
16—25jährig	26 %	Arbeiter	35 %
25—30jährig	40 %	Angestellte	50 %
30—50jährig	42 %	Beamte	53 %
50—65jährig	48 %	Selbständige	49 %
über 65jährig	51 %	Landwirte	20 %

Wir nutzen auch das Ergebnis einer Umfrage durch ein Meinungsforschungsinstitut.

Wir verwenden die Tabelle für eine Umfrage der Schüler, die bei Verwandten und Bekannten erkunden, welche Lärmquellen der einzelne in seinem jetzigen Lebensalter für besonders schlimm empfindet. Eine 25köpfige Schülerschaft kann ohne Schwierigkeiten auf über 100 klare Aussagen kommen und so zur Frage Lärmbelästigung selbst gute Einsichten gewinnen.

Mit diesen Betrachtungen, Beobachtungen und Überlegungen sind Voraussetzungen dafür geschaffen, daß die jungen Menschen die *gesundheitliche Situation ihrer Wohnung* kritisch bewerten können. Es ist ein eindrucksvoller Beitrag zum Thema „Wohnung und Luftverschmutzung", das für das ganze Leben von erheblicher Bedeutung ist. Gestellt wird die Frage: Wohne ich gesund? Zuerst wird die Lage zur Straße bewertet. Je höher man wohnt, um so gesünder ist es, es sei denn, eine Wohnung in einem Hochhaus, 10 und mehr Meter über der Straße, kommt in den Bereich von Rauchwolken aus Industrieanlagen u. ä. Wohnungen

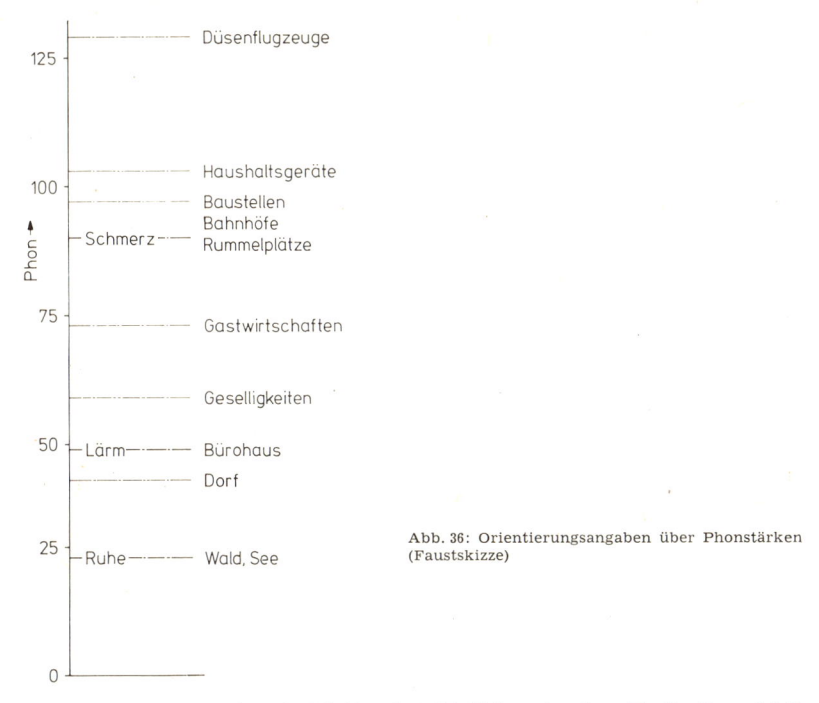

```
Phon
125 ─────────── Düsenflugzeuge

100 ─────────── Haushaltsgeräte
                Baustellen
      Schmerz   Bahnhöfe
                Rummelplätze

 75 ─────────── Gastwirtschaften

    ─────────── Geselligkeiten

 50  Lärm────── Bürohaus
    ─────────── Dorf

 25  Ruhe────── Wald, See

  0
```

Abb. 36: Orientierungsangaben über Phonstärken (Faustskizze)

im Keller- und im Erdgeschoß leiden beträchtlich unter dem Zivilisationsabfall der Stadt. Erdstaub, Abrieb von Autos, winzige Asphaltteilchen, Müllpartikelchen, Reste von Pflanzen und Tieren, Abgase aller Art benachteiligen sie erheblich. Dann wird die Lage zu den Richtungen geprüft, aus denen die meisten Winde kommen. Weiter wird beurteilt, ob das Wohnhaus in enger Straße oder lockerer Siedlung liegt, in der Nähe des Stadtrandes oder innerstädtischer Grünflächen, ob die Lärmbelästigung groß ist u. a. Wird die Arbeit von mehreren gemeinsam ausgeführt, so einigen sich diese auf den Stellenwert der einzelnen Faktoren und geben etwa der Wohnhöhe 0—10 Punkte, der Windlage 0—6, der Siedelungssituation wieder 0—10, der Stadtrandnähe bzw. der Lage zu Grünflächen 0—12, der Lärmbelästigung wiederum 0—8 oder so ähnlich. Zu Hause besprechen sie mit ihren Eltern diese Untersuchung und legen die Punktwertung ihrer Wohnung fest. Dann vergleichen sie untereinander, werden sich der Subjektivität ihrer Wertungen bewußt und haben dennoch einen sehr wertvollen, bleibenden Eindruck in eine wichtige Frage zur persönlichen Umwelt erhalten.

Literatur

Bodamer, J. Gesundheit und technische Welt. Klett, Stuttgart 1955
Das Parlament. Umweltverschmutzung und Umweltschutz in der Bundesrepublik Deutschland. 3. 7. 1971
Der Biologieunterricht, 1971, Heft 3 bringt: *Böhlmann, D.* Die Luftverschmutzung bedroht Mensch, Tier und Pflanze. — *Witte, G.* Lärmbelästigung und Lärmhygiene im Rahmen des Umweltschutzes — *Danneel, I.* Pestizide gefährden die Umwelt — *Zöller, W.* Strahlenbelastung und Strahlengefährdung des Menschen und seiner Umwelt — *Böhlmann, D.* Ökologische Probleme der Abfallbeseitigung.
Egli, E. Natur in Not — Gefahren der Zivilisationslandschaft. Hallwag, Bern und Stuttgart 1970
Faber, v. H. Die Bedeutung der Streßforschung für die Populationsökologie, Tierzucht und Medizin. Naturwiss. Rundschau 1970/8, S. 315
Fatzer, R. Zuviel Blei in unserer Atemluft. Kosmos 1967/12, S. 428
Gaudert, K. Die Bedeutung der Grünanlagen für das Leben in der Stadt. Biologie i. d. Schule 1970/1, S. 15
Geipel, R. Industriegeographie als Einführung in die Arbeitswelt. Westermann, Braunschweig 1969
Glubrecht, H. Umweltschutz und Umweltgestaltung. Umschau i. Wiss. u. Technik 1972/11, S. 339
Grandjean, E. Der Lärm. Naturwiss. Rundschau 1962/8, S. 295
Hellpach, W. Mensch und Volk der Großstadt. 1952
Informationen zur polit. Bildung. Raumordnung in der Bundesrepublik Deutschland 1968, Nr. 128
Killermann, W. Lebensgemeinschaften und menschlicher Einfluß. Praxis 1968/11, S. 210
Klopper, P. Ökologie und Verhalten — psychologische und ethologische Aspekte der Ökologie. 1968
Koek, W. Existenzfragen der Industriegesellschaft. Gefahren und Chancen des technischen Fortschritts. Düsseldorf, Wien 1962
Krebs, A. Strahlenbiologie. 1968
Lindig, W. Naturvölker in der Auseinandersetzung mit ihrer Umwelt. Praxis 1968/1, S. 5
Löbsack, Th. Die verpestete Luft — Ursachen, Formen, Kontrolle, Einwirkungen. Kosmos 1971/8/9, S. 337, 379
Mattauch, F. Der Mensch in der technisch-zivilisierten Welt und sein Lebensraum. Handbuch der praktischen und experimentellen Schulbiologie. Aulis, Köln 1970
Mattauch F. Einige Folgen in den durch die Zivilisation veränderten Lebensräume. Praxis 1966/4, S. 203
Mattauch, F. Einige Hinweise für die Strahlenschutzbestimmungen im naturwissenschaftlichen Unterricht. Praxis 1957/11, S. 208

J. Hilfs- und Anschauungsmittel

I. Arbeitsgeräte

Ökologische Arbeiten im Unterricht benötigen im allgemeinen keine besonderen Hilfsmittel. Behälter, Glassachen, Thermometer und die meisten der erforderlichen Chemikalien sind leicht zu beschaffen. Einige besondere Arbeitsgeräte sind unschwer selbst herzustellen, wie z. B. Fangtöpfe, Atmometer, Schüttelnetze. Trotzdem bleiben für einige wichtige Arbeiten spezielle Hilfsmittel erforderlich. Sie werden von einer großen Zahl von Firmen angeboten, von denen einige genannt seien:

BAKTOSTRIP-WERK: Baktostrips; Zöllikon bei Zürich
BECK & SÖHNE: Standlupen; 35 Kassel, Postfach 210
BOSKAMP: Bakterienzählgeräte; 5304 Hersel, Postfach
BRAM: Trockennährböden f. bakt. Untersuchungen; Berlin-Lichterfelde
EHREB, W: Thermostaten, Trockenschränke; 783 Emmendingen, Postfach 78
GREINER & SÖHNE: Glassachen, Petrischalen; 744 Nürtingen
HARTMANN, KARL: Binokulare Prismenlupen, Meßlupen; 633 Wetzlar, Postfach 117
HERMLE, BERTHOLD: Laborzentrifugen; 7209 Gosheim b. Tuttlingen
KOSMOS: Planktonnetze; 7 Stuttgart 1, Postfach 640
LEYBOLD-HERAEUS: Naturw.-techn. Lehrmittel; 5 Köln 51, Postfach 510760
MACK, HEINRICH: Antibiotica; 7918 Illertissen
PAULUS & THEWALT: Norm. Standflaschen; 541 Höhr-Grenzhausen
PHYWE: Instrumente, Glassachen; 34 Göttingen, Postfach 665
DR. RENSCHER: Baktostrips; 7958 Laupheim (Württ.)
SCHOEPS, RICHARD: Thermostaten, Trockenschränke; 41 Duisburg-Beck, Arnoldstraße 63

Literatur

Muller, H. Strahlenwirkungen und Mutationen beim Menschen. Naturw. Rundschau 1956/4, S. 127
Praxis der Biologie 1972 bringt in Heft 3: *Hörlein, G.* Pflanzenschutz und Umweltschutz — *Rimpau, R.* Zur Toxität von Pflanzenschutzmitteln und ihre Rückstände — Kurzberichte über Wasserverunreinigung und Fischsterben; Chemischer Pflanzenschutz oder Resistenzzüchtung; Umweltschutz und Schule; Bestrahlte Lebensmittel sind verboten.
Raumordnungsberichte der Bundesregierung; erscheinen jährlich
Schmutzige Umwelt. Zeitmagazin, Zeitverlag Hamburg 1971/40
Schwabe, G. Was ist die Umwelt des Menschen. Junk Publichers, The Hague 1970
Schönichen, W. Natur als Volksgut und als Menschheitsgut. Ulmer, Stuttgart 1950
Stengel, E. Der Großstädter und sein Tier (Schüleruntersuchungen). In „Tiere, Freunde des Menschen" Limpert, Frankfurt, Wien 1961, S. 298
Umschau in Wissenschaft und Technik 1972 enthält u. a.: *Steubing, L.* Ökologie als Grundlage des Umweltschutzes — *Ellenberg, H.* Ökologische Forschung und Erziehung als gemeinsame Aufgabe — Böden puffern Umwelteinflüsse ab
Umwelt-ABC. Hessisches Ministerium für Landwirtschaft und Umwelt. 1972
Umweltschutz. Arbeitsheft zur Sachkunde. Klett, Stuttgart 1971

Umweltschutz. In „Zur Sache", Presse- und Informationszentrum des Deutschen Bundestages, 1971/3

Voigt, J. Das große Gleichgewicht. Zerstörung und Erhaltung unserer Umwelt. Rowohlt, Reinbeck 1970

Wie gefährlich ist DDT? Weltweite Kontamination durch Pflanzenschutzmittel. Praxis 1970/2, S. 337, 339

Zeitschrift für Wirtschaft und Schule 1964, Heft 4 bringt: *Schwarzhaupt, E.* Gefahr für die Gesundheit durch industrielle Umwelt - *Heyn, E.* Gewässerschutz und Abwasservereinigung - *Genzsch, E.* Lärmbekämpfung als Gemeinschaftsaufgabe — *Puls, W.* Die Dunstglocke — *Schönsee.* Die Mülllawine — *Koek, W.* Atommüll

Zita, K. Zur zweiten Strahlenschutzverordnung. Praxis 1966/2, S. 36

Zur Belastung der Landschaft. Symposium über den Landschaftshaushalt. Bundesanstalt für Vegetationskunde, Naturschutz und Landschaftspflege. Bonn-Bad Godesberg 1969/4

II. Filme

Bekanntlich halten die Kreisbildstellen eine sehr große Zahl von Filmen, Bildreihen und Tonträgern für den Unterricht bereit. Es besteht auch die Möglichkeit, von einigen Instituten und Firmen Material, Anregungen und Ratschläge für die Herstellung und den Gebrauch von Filmen und Bildreihen zu erhalten, so z. B. von:

INSTITUT FÜR FILM UND BILD (FWU) 8022 Grünwald, Bavaria-Film-Platz 3;
   Zweigstelle Berlin 37, Schützenallee 27

DIA-VERLAG, Abt. B, 69 Heidelberg, Postfach 1940

COLLUX-DIA-INSTITUT, DIETER WISSMÜLLER, 8046 Garching, Max-Planck-Straße 1

LICHTBILDVERLAG DR. FRANZ STOEDNER, 4 Düsseldorf, Graf-Adolf-Straße 70

Die Zahl der für den ökologischen Unterricht besonders in den höheren Klassen geeigneten Filme ist nicht groß. Einige von ihnen haben biologische und zugleich geographische Inhalte. Unter den unter „Geographie" laufenden Filmen sind mehrere, die einige biologische Themen berühren; auf ihre Nennung muß in dieser knappen Zusammenstellung verzichtet werden. Im folgenden wird außer der Laufzeit ein Farbfilm mit F und ein Schwarzweißfilm mit sw gekennzeichnet;

Entstehung eines Bodens. FT 993 (Trickfilm, 19 Min. F)
Leben im Boden. FT 2146 (16 Min. F)
Das große Gleichgewicht: Das Beste ist das Wasser. FT 2265 (22 Min. F)
Das große Gleichgewicht: Kein Leben ohne Luft. FT 2266 (22 Min. F)
Bedrohter Lebensquell. Vereinigung Deutscher Gewässerschutz, 521 Bad Godesberg, Beethovenstraße 81
Wasser, Landschaft, Leben. Ebenda
Beton, Belüfter und Bakterien. Filmbericht über Kläranlagen, 623 Farbwerke Höchst, Werbeabteilung

Die folgenden Filme sind in erster Linie für jüngere Schüler geeignet. Sie haben für ökologische Unterrichtung vielfach einen beachtlichen propädeutischen Wert:

Wiesensommer. FT 468 (17 Min. F)
Am Froschtümpel. F 400 (11 Min. sw)
Konzert am Tümpel. FT 400 (13 Min. sw)
Tiergärten der Nordsee. F 377 (12 Min. sw)
Kleintierleben im Tümpel. F 453 (12 Min. sw)
Kleintierleben in der Sommerwiese. F 468 (11 Min. F)
Tierleben im Korallenriff. F 655 (7 Min. sw)
Im Watt zwischen Ebbe und Flut. FT 321 (12 Min. F)

Am Korallenriff. FT 891 (14 Min. F)
Tiere der Savanne. FT 738 (12 Min. F)
Im Lande der Känguruhs. FT 810 (19 Min. F)

III. Bildreihen

Die sehr starke Verbreitung der Photographie ermöglicht in jeder Schule die Selbstherstellung von Bildreihen über ökologische Themen, besonders wenn sie sich auf Vorgänge und Zustände im Bereich des Schulortes beziehen. Sie können sich mit dem Ausräumen der Landschaft, mit Naturdenkmälern, mit der Verschmutzung von Wasser und Luft, mit der Zerstörung von Baudenkmälern u. ä. befassen. Die Zusammenstellung von ökologischen Bildreihen aus ganz Europa durch Lehrer und Schüler während der Ferien ist eine zweite, gut durchführbare Materialbeschaffung. Trotz dieser pädagogisch wertvollen Möglichkeiten behalten Standardbildreihen zu verschiedenen Themen ihren bleibenden Wert. Wie bei den Filmen gehen einige auf genau umrissene Vorgänge ein, andere haben einen propädeutischen Wert und außerdem gibt es geographisch bestimmte Bildreihen, die mancherlei ökologische Hinweise enthalten:
Bodenprofile. R 666 (17 Dias, F)
Mikroorganismen im Boden. R 792 (16 Dias, F)
Bodenzerstörung — Grundwasserschwund. R 209 (22 Dias, sw)
Die Pflanze in der werdenden Landschaft. 51 Dias. Westermann, 33 Braunschweig, Westermann-Allee 66
Als propädeutische Bildreihen seien genannt:
Vögel der Feldflur. R 997 (18 Dias, F)
Vögel an offenen Gewässern. R 682 (14 Dias, F)
Vögel der Wiesen, Sümpfe und Moore. R 665 (18 Dias, F)
Vögel des Rohrwaldes. R 663 (17 Dias, F)
Strand- und Seevögel. R 487 (10 Dias, F)
Tiere überwintern. R 319 (16 Dias, sw)
Eine Zwischenstellung nehmen ein:
Eiche und Buche im Eichenmischwald. R 939 (14 Dias, F)
Im Auenwald. R 771 (14 Dias, F)
In den Seevogelschutzgebieten der Nordsee. R 486 (22 Dias, F)
Tierleben in einem Korallenriff. R 690 (20 Dias, F)

Namen- und Sachregister

Auf- und abbauender Stoffwechsel

ATP, ADP (energiereiche Phosphate) 7
Aeskulin 104
Allelopathie (Molisch) 74
Amylase (s. a. Diastase) 180, 202
Amyloblasten 99
Anthocyan 92
Askorbinsäure 103
Assimilation der CO_2 s. Photosynthese
Atmung 18 ff, 130 ff
— Fermente 5 ff, 204
— intramolekulare 145
— Quotient 133
Autoradiografie (C^{14}) 16
Azetaldehyd (Aethanal)
— bei Gärungsumlenkung 153
— dch. Oxid. v. Alkohol 153
— Nachweis (Rimini) 153

Bakterien, Arbeiten mit Bezugsquellen 22
— Laboreinrichtg. 21 f
— Organismen 22 f
— Reagentien 21
— Spezialpräp. (Enzyme) 22, 197
Blattpigmente
— Analyse 90 ff
Blastokoline 75
Blut 116 ff
— Farbstoff 117 ff, 125
— Gerinnung 122
— Mineralstoffe 119 ff
— Serum 120
— Strömung 116, 118
— Teichmann-Probe 117
— Zellarten 123 f
— Zellen, osmot. Verhalten 124
Boden-Kolloide 63 ff
— Salzgehalt 62 f
— Organismen, Aktivität 171, 173
— Stickstoffbindung im 187 ff
Buchners Versuch 154, 197

Calvin-Zyklus (Photosynth.) 15 f
Chloroplasten
— Feinbau 11 ff
— Hillreaktion 95
— Pigmente 90 ff

Chlorophyll s. Blattpigmente
Chromatin s. auch DNS
— Färbungen 29 ff
— Nachweise 30 ff
Chromatografie 32, 35
— Anthozyan 92
— Blattfarbstoffe (DC) 93
— Flechtensäuren 106
— Nukleinsäuren 32
CO_2-Assimilation s. Photosynthese
Cytochrome 6 f, 18, 168 f

Dehydrogenasen 5 ff, 161, 167 f
Diastase (Amylase) 180
— Temperaturabhängigkeit 181
DNS-Nachweis 29 ff
— Präparation 32

Eiweiß (Proteine) 121
— Gehalt im Blut 121 in Milch 182
— Gerinnung, Farbreaktionen 182, 186
„Elementaranalyse" (vereinfacht) 185
Energiegewinn (s. a. ATP) 17 ff, 132, 203
Enzyme siehe Fermente
Evaporation 49

Feulgen-Reaktion (DNS) 29
Fermente 197
— Blockade 200
— im Blut 125
— Reinpräparate 183, 197
Fett
— Bildung bei Hefe 155
— Bildung in Samen 156
— Spaltung (Lipase) 133, 204
Flechten 47
— Inhaltsstoffe 105

Gärung
(s. a. Glykolyse) 130
— alkoholische 146 ff, 201
— Hemmung durch Chemikalien 151
— Essigsäure 162 f
— Milchsäure 160 f
Glukose (Traubenzucker) 96 ff

— enzymat. Nachweis 96
Glykogen 33
Glykolyse 17 ff
Grana (in Chloroplasten) 11, 88
Grenzschichten des Plasmas 9, 35
— Permeabilität 36 f
Guttation 47

Hämoglobin (roter Blutfarbstoff) 126 f
Hämolyse 45
Halbschmarotzer 108 f
Harnsäure 128
Harnstoff 129
— Spaltung (Urease) 191, 199
Hautatmung 139 f
Hefe 31
— Gärung (s. a. Alkohol-G.) 146, 148, 201
— Einflüsse auf 148
— Fraktionierung der Inhaltsstoffe 31 ff
— Proteine (PC-Analyse) 35
— Cytochrome 168
— zellfreie Gärung 154, 197
Hemizellulosen 72
Herztätigkeit 119
Heterotrophie 107 ff
— bei Pilzen 109
Hormonwirkung (Kaulquappe) 130
Humus, Huminsäuren 67 ff
Hydroponik (Wasserkultur) 59

Ionen. Adsorption (Boden) 63
— Nachweis im Boden 62
— Nachweis im Blut 119
Insektivorie 107 f
Intramolekulare Atmung 71, 145
Invertase (Saccharase) 171, 201
Isermeyer-Methode 158

Kappenplasmolyse 36
Karotinoide s. Blattpigmente
Katalase 174, 198
Keimung s. Samen
Kohlendioxidnachweise 132 ff
— quantitativ 138, 158
Kodehydrogenasen 5 ff
Kokarboxylase 8
KREBS-Zyklus s. Trikarbonsäurezyklus, Atmung

371

Lab-Ferment 182, 204
Leg-Hämoglobin
 (Leguminosen) 189
Lignin (Holzstoff) 103
Lipase 204
Lip(o)ide
 — in Membranen 9
 — in Thylakoiden (Grana) 11

Makromoleküle 13, 28 ff
Membran-Feinbau 9
Mesosomen 167 ff
Milch 119
Mitochondrien 12 f, 164 f
 — Färbungen 166 f
Moose-Chloroplasten 88, 98
 — Wasseraufnahme 48
MTT (Tetrazoliumsalz) 167

NAD$^+$, NADP$^+$ (Kodehydrasen) 5
Nahrungsaufnahme
 — bei Pflanzen
  (Mineralstoffe) 59
 — bei Tieren 112 ff
Nitratreduktion 147
Nitritnachweis 147
Nukleinsäuren
 (DNS, RNS) 29 f, 32

Oligodynamie 187
Osmose 40 ff
 — Versuche am Hühnerei 43
 — Wasseraufnahme
  b. Tieren 43 ff
Osmotischer Druck 46
Osmotischer Wert (Kartoffel) 42
 — der Blutzellen 45
Oxidasen 169 ff, 175 f

Pepsin 184, 198
Peroxidasen 171
Photosynthese
 (CO_2-Assim.) 14 ff, 77 ff
 — Analyse der
  Bedingungen 93 f
 — Dunkelreaktion 16
 — Hillreaktion 95
 — Lichtreaktionen 15
Phototaxis 76
Plasma s. a. Protoplasma

Plasmoptyse 41
Plastiden 11
 — Grana 88
Polarisation 88
Protoplasma (Plasma) 3 f, 36
 — Granzschichten 35
 — Permeabilität 36
 — Viskosität 37 f

Quellung
 — des Protoplasmas 36
 — von Samen 69 f

„Rohchlorophyll"-Lösung 90 ff
 — Trennung der Komponenten
 — durch Entmischung 92
 — Dünnschichtchromato-
  grafie 93
 — Spektroskopie 91

Saccharose (Rüben-
 zucker) 42, 131, 150 ff, 171
Saftstrom in Pflanzen 50 f
Samen
 — Keimfähigkeit (m. TTC) 69
 — Keimungsbedingungen 70 ff
 — Einfluß anderer Pflanzen
  auf Keimung 74
Sauerstoff
 — Abscheidung im Licht 77 ff
 — chem. Bestimmung 82
 — elektrometr. Best. 84
 — Farbreaktionen 79 ff, 85 ff
Schardinger-Enzym 161
Spaltöffnung s. Stomata
Spektroskopie
 — Blattfarbstoffe 91
 — Flammenfärbung
  (Li, Na, K) 51, 121
 — Hämoglobin 117, 126
 — Leg-Hämoglobin 189
 — Cytochrome 169
Stärke 97 ff
 — abbau 102, 180, 202
 — aufbau 97, 203
 — im Polarisationsmikroskop,
  Struktur 100 f
Stomata
 (Spaltöffnungen) 54 ff
Plasmaströmung 163

Tierversuch (allgemein) 11
Thylakoide 24
Transpiration (Pflanzen) 50
Trikarbonsäurezyklus
 (Zitratzyklus, KREBS-
 Zyklus 19 ff
Trypsin 199
Turgor (Gewebespannung) 39 f
TTC (Tetrazoliumsalz) 69, 164
Tyrosinase 171

Urease 128, 183 ff, 186, 187, 197, 199
 — Abbau dch. Pepsin 183
 — Vergiftung 187

Vitamin B_1 (Aneurin) 8, 110, 179
 — B_2 (Laktoflavin) 6, 178
 — C s. Askorbinsäure
Vollschmarotzer (Pflanzen) 111

Wärmeentwicklg. b. Atmung 163
Wasseraufnahme (Moose,
 Flechten) 48
Wasserhaushalt
 (höhere Pflanzen) 39 ff
 — (Tiere) 43 ff
Wasserwegigkeit (Hölzer) 52 f
Wurzeldruck 47
Wurzelsäuren 65

Xylem (Leitbündel)
 — Anfärbung (Saftstrom) 50 f.
 — Holzreaktionen
  (n. Wiesner) 103

Zelle 3 f
Zellkern 3 f
 — Teilung (Mitose) 28
Zellorganelle 3 ff
 — Feinbau 8 ff
 — Membrane 9, 13
 — Saftkonzentration 41
Zellulose 13, 66
Zitrat-Zyklus s. Trikarbon-
 säure-Zyklus (Atmung)
Zucker (s. a. Glukose,
 Saccharose) 17, 96, 131
 — Vergärbarkeit 152
Teichmann-Häminprobe 117

Sinnesphysiologie

Abklingzeit d. Erregung 225
Adaption 226
Ameisen 245
Artemia 235
Astigmatismus 225
Auflösungsvermögen, Auge 224
— für Berührungsreize 238
Augenbewegung 271
Augenlinse 223
— modell 228
Augenpräparation 222

Bewegungssinn 239
Blinder Fleck 227, 230
Blutegel 247
— Anatomie 251
— Bauchmarkfunktion 250
— Nahrung 248
— Nephridien 250
— Saugkraft 249
— Saugnapffunktion 248
Bienen 230
binokulares Sehen 232
Blockschaltbild 267
Bohne 209, 216, 252
Brillen 228
Bryonia 217

Chemische Sinne 244
Chemotaxis 244
Chemotropismus 219
Coleus 215

Daphnien 235, 261
Drehsinnesorgane 239
Dressur 230, 241, 242
Drosophila 245
Druckpunkte 237
Dunkelkasten 209

Elritze 241
Erbsen 209, 253
Euglena 213, 234

Facettenauge 222
Farbzerlegung, -Mischung 228
Fehlsichtigkeit 227
Fliehkraft 215
Forficula 234. 237
Fovea centralis 224
Froschei 260, 262
Frostkeimer 254
Fühler 245

Gelbrandkäfer 240
Geoelektr. Phänomen 217
Geotropismus 213
Geradeauslauf 235
Geruchssinn 244
Geruchsspur 245

Geschmackssinn 244
Getreidehalm 214
Gleichgewicht, Regelung 268
Gleichgewichtssinn 239
Hirudin 250
Hörgrenzen 242
Hörsinn 240
Hühnchenentwicklung 262
Hydra 236, 264
Hydrotropismus 218

Insekten 234, 261

Kältepunkt 243
Kaulquappen 234
Keimfähigkeit 253
Keimung 252
— Hemmung 255
Klinostat 210, 214
Kniesehnenreflex 269
Korrespondierende Punkte 232
Kresse 219
Kurzsichtigkeit 225
Kybernetik 265

Lagesinn 238
Latenzzeit 215, 226
Lichtorientierung 235
Lichtrezeptionsort 212
Lichtrückenreflex 235
Lichtsinn 222
Lichtsinneszellen 222
Linaria 212
Linum 217

Mechan. Sinne 236
Mitosen 260
Muskelreflex 269

Nachbilder 226, 231
Nachtschmetterlinge 241
Nematodenei 261
Netzhaut 223, 224

Ontogenese 260
Optomotorik 233
Orientierung n. Licht 235

Paramaecium 233, 236, 243, 244
Phototaxis 213, 234
Phototropismus 210
phototrop. Umstimmung 212
Pigmentwanderung 232
Pilobolus 213
Planarien 244, 264
Polarität 258
Pollenschläuche 213
Propriozeption 238
Pseudomonas hirudinis 251

Pupillenreflex 226
Pulsfrequenz 269
Purkinje-Phänomen 231

Quellung 253

Ranken 218
Regeneration 258, 264
Regelung 265
Regenwurm 222, 244
Reizschwelle 246
Rheotaxis 237, 250
Rinderauge 222
Rotgrünblindheit 231
Rotlicht 211
Ruheperiode 259

Salze, Reaktion auf 219
Samen 252
Sauerstoff 254
Schallrichtung 242
Schaltzeichen 266
Schnecken 247
Schneckeneier 261
Seeigelei 260
Sehleistung 225
Sehschärfe 224
Senf 209
Seismotropismus 217
Seitenlinienorgan 237
Sinnesphysiologie 221
Sollwertverstellung 269
Stereoskop 232
Statolithen 239
— Stärke 216
Stärkeabbau 253
Streckungswachstum 256

Tastsinn 236
Temperaturregelung 267
Temperatursinn 243
Thigmotaxis 236
Tiefenschärfe 226

Umdrehreflex 240

Vernalisation 259

Wachstum 255
Wärmepunkte 243
Wasseraufnahme 253
Webersches Gesetz 238
Weitsichtigkeit 225
Wuchsstoffe 256
— Paste 257
Wundhormone 258
Wurzelbildung 257

Zellteilung 259
Zunge 246

Ökologie

Abbau e. Baumstumpfes 327
abiotische Faktoren 279, **291**
Abgase 362
Abwässer 357
Akzeleration 350
Ameisen 322
Angewandte Ökologie 278
Anspruch der Bäume 321
Areal 282
Artenkenntnis 321, 334
Assoziation 279, 313
Atmometer 302
Atommüll 361
Aufwuchs 335

Biotische Faktoren 279
Biotop 277
Blättersammlung 322
Bleigehalt der Luft 362
Bodenanzeiger 307
Bodenarten 302
Bodenprofile 295
Bodensee 358
Bodentemperatur 301
Bodenverhältnisse 285
Bakterien 280, 318
Baumstumpf 327
Berlesetrichter 311
Beobachtungsbuch 282
Beobachtungsgebiete 284
Besenginster 308
Biocoenose 277, 279, **317**
biolog. Wasseranalyse 339

causal 278

DDT 258
Disziplinschwierigkeiten 281
doppellebige Pflanzen 335
Dorfuntersuchungen 275
Durchforstung 332

echte Wasserpflanzen 335
Edaphon 311, 318
Ethologie 277, 349

Fangtöpfe 309
Fäulnis 320
Fichtenforst 332
Flechten 314
Fließgleichgewicht 277
Fortpflanzungsgemein-
  schaften 315
Fraser-Darling, F. 276
Freilandarbeiten **280**, 287
Freiwasserzone 342
Freßgemeinschaften 314

Gewässer 333
Gewässerregulierung 355
Großstadt 283
Grundwasserspiegel 300
Grzimek, Bernhard 361

Haeckel, Ernst 277
Hecken 307, 355
Hering und Rein 288
Horste 332
Humus 302, 307

Induktiv 278
Industrialisierung 346

Jagd 322
Jahresringe 323
Junge, Friedrich 288

Kalk 302, 304
kalkliebend 308
kalkmeidend 308
Kahlschlag 332
Kardinalpunkte 293
Kartierungen 282
Kläranlagen 358
Knöllchenbakterien 313
Kondensationskerne 347
Konsumenten 317
Konvergenz 294
Krümelstruktur 300

Lärm 364
Lebensgemeinschaft 277, 279, **317**
Lebensraum 277, 291
Lebensrhythmus 295
Lehm 302
Lehrpfade 287
Licht 291, 295
Literatur 289, 296, 312, 333, 343, 366
Litoral 342
Lorenz, Konrad 353
Luftfeuchtigkeit 291, 295

Magnesium 304
Makroklima 296
Meeresvergiftung 359
Merkwelt 279
mesosaprobe Stufe 357
Mikroklima 295
Mischwald 332
Mohngewächse 308
Mooranalyse 331
Moore 343
Müll 360
Müller, Hermann 288
Mykorrhiza 313

Nährstoffarme Gewässer 343
nährstoffreiche Gewässer 343
Nahrungsketten 317, 359
Naturpfade 286
Niederschläge 291

Oligosaprobe Stufe 357
Otto und Stachowitz 287

Papaver 308
Parasitismus 314, 316
Pelagial 342

Phon 364
Photosynthese 317
Pilze, schmarotzende 314
Plankton 336
Plenterschlag 332
Ploch, Ludwig 283
Pollenanalyse 331
polysaprobe Stufe 357
Primula 307
Produzenten 317
Profil 284, 326
Profundal 342
Projekt Bodensee 358

Raine 307, 355
Rangordnung 315
Reduzenten 280, 318
Reh 282
Regenwürmer 310
Roßmäßler, Emil 288
Rohhumus 304
Rückgang der Tierwelt 356
Rückzugsgebiete 345

Salbei 308
Salztod der Bäume 360
Sand 302
Sauerstoffbestimmung 339
Schimmelpilze 318
Schlämmanalyse 298
Schmarotzer 314
Schmeil, Otto 285, 288
Schulgarten 287
Schulgebiete, biologische 284, 285
Schulteich 334
Schulwald 322
Selbstreinigung 339
Senkflasche 339
Senkscheibe 338
Siebanalyse 298
Smog 364
Standortsgemeinschaften 313
Staub 361
Steinecke, Friedrich 284
Stengel, Erich 288
stickstoffliebend 308
Stoffumsetzungen 330
Studientage 281, 320
Sukkulenten 294
Sumpfpflanzen 335
Symbiose 313, 316

Tag-Nacht-Rhythmus 350
Thienemann, August 277
Thomson, Walter 359
Tiefenzone 341
Tierfamilien 315
Tierstaaten 315
Tierstöcke 315
Toleranzgrenze 362
Ton 302
Trockenheitspflanzen 285
Tropfkörper 358

Uferzone 342
Ueberfunktion 351
Umwelt 279
Unterfunktion 350

Verlandung 342
Verödungen 355
Verschmutzungskarten 357
Verwesung 320
Vogelwelt 283

Wasserverdunstung 301
Wind 291
Wohnung 364

Verarmung der Landschaft 355
Vergiftung der Gewässer 358
Verhaltenslehre 349
Verhaltensweisen 378
Verkehrslandschaft 356

Waldläufer 333
Wärme 291
Wasserdurchlässigkeit 299
Wasserstoffionen-
 konzentration 306

Zecke 279
Zentralamt des
 Wetterdienstes 294
Zersiedelung der Landschaft 356
Zirkulation des Wassers 339

Verbesserung von sinnentstellenden Druckfehlern im Handbuch

Seite 14: In den Zeilen 10 und 11 sind die Wörter „katabolische" und „anabolischen" zu vertauschen.

Seite 14: Zeile 29: In der Formelgleichung statt „+ 675 Kalorien": 2385 K-Joule